UG NX1926 基础教程 实战案例版

高长银 主编 / 李亚敏 赵亚利 副主编

化学工业出版社
·北京·

内容简介

本书以 UG NX1926～1980 中文版为基础，详细地讲述了 UG NX 的基础操作、实体造型、曲面造型、模具设计、机电概念设计、运动仿真和结构仿真等产品设计全模块功能。全书按照基础知识＋实战案例模式组织内容：基础知识部分详细介绍草图、实体、曲面、注塑模具、机电概念设计、运动仿真和结构仿真等命令参数，并以操作实例进行命令应用讲解，章后配置上机习题（视频）；实战案例部分以典型案例为主，由设计思路分析出发到整个设计过程，讲述应用 UG NX 软件进行一个完整的机械产品设计的方法和过程。

本书结构合理，图文并茂，在每项操作讲解的同时提供了大量丰富的应用实例以便读者进一步巩固该知识点。本书既可作为高等院校工科专业的教材，也可作为工程技术人员的自学参考书。

图书在版编目（CIP）数据

UG NX1926 基础教程：实战案例版/高长银主编；李亚敏，赵亚利副主编．—北京：化学工业出版社，2023.3

ISBN 978-7-122-42534-8

Ⅰ.①U…　Ⅱ.①高…②李…③赵…　Ⅲ.①计算机辅助设计-应用软件-教材　Ⅳ.①TP391.72

中国版本图书馆 CIP 数据核字（2022）第 215469 号

责任编辑：王　烨　张海丽　　　　装帧设计：刘丽华
责任校对：边　涛

出版发行：化学工业出版社（北京市东城区青年湖南街 13 号　邮政编码 100011）
印　　装：大厂聚鑫印刷有限责任公司
787mm×1092mm　1/16　印张 28¼　字数 734 千字　2023 年 11 月北京第 1 版第 1 次印刷

购书咨询：010-64518888　　　　售后服务:010-64518899
网　　址：http://www.cip.com.cn
凡购买本书，如有缺损质量问题，本社销售中心负责调换。

定　　价：128.00 元

前言

UG NX是SIEMENS公司（前身美国Unigraphics Solutions公司，简称UGS）推出的集CAD/CAM/CAE于一体的三维参数化设计软件。在汽车与交通、航空航天、日用消费品、通用机械以及电子工业等工程设计领域得到了大规模的应用，功能涵盖从概念设计、工程分析、加工制造到产品发布等产品生产的整个过程。

1. 本书内容

为了满足广大中、高级读者学习UG NX的需要，我们特编写了《UG NX1926基础教程（实战案例版）》一书，全书分基础知识和实战案例两大部分，共23章。具体内容安排如下：

第1章详解UG NX基础知识，包括UG NX概貌、用户操作界面以及帮助系统的使用方法等。

第2章详解UG NX常用工具，包括分类选择器、点构造器、矢量构造器、坐标系构造器、平面构造器以及信息与测量工具等命令参数，并以操作实例进行命令应用讲解。

第3章详解UG NX草图设计，包括草图生成器、草图绘制、草图编辑、草图操作、草图约束等命令参数，并以操作实例进行命令应用讲解，同时配置上机习题。

第4章详解UG NX实体设计，包括实体造型方法、基本体素特征、扫描设计特征、基础成型特征、实体特征操作等命令参数，并以操作实例进行命令应用讲解，同时配置上机习题。

第5章详解UG NX同步建模，包括同步建模介绍、修改面、重用、约束、尺寸等命令参数，并以操作实例进行命令应用讲解，同时配置上机习题。

第6章详解UG NX产品与制造信息，包括产品与制造信息介绍、标注尺寸、中心标记和中心线、文本注释、基准特征与形位公差、表面粗糙度等命令参数，并以操作实例进行命令应用讲解，同时配置上机习题。

第7章详解UG NX曲线设计，包括曲线设计介绍、曲线创建、曲线编辑、曲线操作等命令参数，并以操作实例进行命令应用讲解，同时配置上机习题。

第8章详解UG NX曲面设计，包括曲面设计介绍、基于点的曲面、基于曲线的曲面、基于片体的曲面等命令参数，并以操作实例进行命令应用讲解，同时配置上机习题。

第9章详解UG NX装配体设计，包括装配用户界面、装配引用集、装配导航器、约束导航器、组件管理、组件位置、爆炸图等命令参数，并以操作实例进行命令应用讲解，同时配置上机习题。

第10章详解UG NX工程图设计，包括工程图介绍、制图首选项、创建图纸页、工程视图、工程视图编辑、中心线符号标注、尺寸标注、表面粗糙度、基准特征和形位公差等命令参数，并以操作实例进行命令应用讲解，同时配置上机习题。

第11章详解UG NX注塑模具设计，包括注塑模具介绍、加载产品、定义模具坐标系、成型工件、型腔布局、模具修补、分型线、分型面、创建型芯和型腔等命令参数，并以操作实例进行命令应用讲解，同时配置上机习题。

第12章详解UG NX机电概念设计，包括机电概念设计介绍、基本机电对象、运动副和耦合副、传感器与执行器、仿真序列等命令参数，并以操作实例进行命令应用讲解，同时配置上机习题。

第 13 章详解 UG NX 运动仿真，包括运动仿真介绍、创建运动体、定义材料、运动副、约束、力和力矩、运动驱动、解算方案与求解、运动仿真结果输出等命令参数，并以操作实例进行命令应用讲解，同时配置上机习题。

第 14 章详解 UG NX 结构仿真，包括结构仿真介绍、几何体理想化、材料与单元属性、网格划分、约束边界条件与载荷、求解和后处理等命令参数，并以操作实例进行命令应用讲解，同时配置上机习题。

第 15 章以典型案例来讲解 UG NX 实体特征建模的设计思路和设计过程，包括航模发动机机座、平口钳组件造型等。

第 16 章以典型案例来讲解 UG NX 产品与制造信息的设计思路和设计过程，包括支架和三通三维标注等。

第 17 章以典型案例来讲解 UG NX 曲面特征造型的设计思路和设计过程，包括卡盘和显示器外壳曲面造型等。

第 18 章以典型案例来讲解 UG NX 装配体的设计思路和设计过程，包括落地风扇和平口钳装配体设计等。

第 19 章以典型案例来讲解 UG NX 工程图的设计思路和设计过程，包括支架零件工程图和阀盖零件工程图。

第 20 章以典型案例来讲解 UG NX 注塑模具的设计思路和设计过程，包括游戏手柄和转盘多件模具设计。

第 21 章以典型案例来讲解 UG NX 机电概念设计的设计思路和设计过程，包括曲柄活塞机构、机器臂分拣机构机电概念设计等。

第 22 章以典型案例为例来讲解 UG NX 运动仿真的设计思路和设计过程，包括电风扇和探针机构运动仿真设计等。

第 23 章以典型案例为例来讲解 UG NX 结构仿真的设计思路和设计过程，包括旋转光盘和手工钳装配体结构仿真分析等。

2. 本书特点

① 易学实用的高级入门教程，展现数字化设计全流程。

② 按照“基础应用（功能模块）＋高级应用（思路分析）”的模式组织内容。

③ 全书以实例贯穿，典型工程案例精析，直击难点、痛点。

④ 分享设计思路与技巧，举一反三不再难。

⑤ 书中配置大量二维码，教学视频同步精讲，手机扫一扫，技能全掌握。

⑥ 赠送全书实例素材文件，读者可扫描封底二维码下载或到化学工业出版社官网的资源下载区下载。

3. 读者对象

本书面向 UG NX 的中级、高级用户，具有很强的实用性，既可作为高等院校机械类相关专业学生的教材，也可作为工程技术人员自学机械设计的实用教程。

本书作者都是长期从事 UG NX 教学以及研究工作的人员，由高长银主编，李亚敏、赵亚利副主编，此外参加编写及资料收集整理工作的还有马龙梅、熊加栋等，在此一并表示衷心的感谢！

由于时间有限，书中不足之处，欢迎广大读者及业内人士予以批评指正。

编者

目录

第 1 章　UG NX1926 概述　/ 001

第 2 章　UG NX 常用工具　/ 016

第 3 章　UG NX 草图设计　/ 037

第 4 章 UG NX 实体设计 / 061

第 5 章 UG NX 同步建模 / 099

第 8 章 UG NX 曲面设计 / 186

第 9 章 UG NX 装配体设计 / 215

第 10 章 UG NX 工程图设计 / 243

第 11 章 UG NX 注塑模具设计 / 282

第 12 章 UG NX 机电概念设计 / 317

第 13 章 UG NX 运动仿真 / 337

第 14 章 UG NX 结构仿真 / 371

第 15 章 UG NX 实体设计典型案例 / 406

第 16 章　UG NX 产品与制造信息设计实例　/ 411

第 17 章　UG NX 曲面设计典型案例　/ 414

第 18 章　UG NX 装配体设计典型案例　/ 418

第 19 章　UG NX 工程图设计典型案例　/ 424

第 20 章　UG NX 注塑模具设计典型案例　/ 427

第 21 章　UG NX 机电概念设计典型案例　/ 430

第 22 章 UG NX 运动仿真设计项目式案例 / 432

第 23 章 UG NX 结构仿真分析典型案例 / 435

第1章
UG NX1926概述

UG NX是SIEMENS公司［前身美国Unigraphics Solutions公司（简称UGS）］推出的集CAD/CAM/CAE于一体的三维参数化设计软件。在汽车与交通、航空航天、日用消费品、通用机械以及电子工业等工程设计领域得到了大规模的应用，功能涵盖从概念设计、工程分析、加工制造到产品发布等产品生产的整个过程。

本章介绍UG NX软件的基本情况，包括NX应用、用户操作界面、常用工具和帮助系统等。

本章内容

- UG NX概述
- UG NX用户操作界面
- UG NX常用工具
- UG NX帮助

1.1 UG NX概述

UG NX是交互式计算机辅助设计、计算机辅助制造和计算机辅助工程（CAD/CAM/CAE）软件系统，下面简单介绍UG NX的基本概况。

1.1.1 UG NX在制造业和设计界的应用

UG NX源于航空航天工业，被广泛应用于航空航天、汽车工业、造船工业、机械制造、电子\电器、消费品等行业。

（1）航空航天

UG NX以其精确性、安全性和可靠性满足了商业、防御和航空航天领域各种应用的需要。在航空航天业的多个项目中，UG NX被用于开发虚拟的原型机，其中包括Boeing777和Boeing737，Dassault飞机公司的阵风、GlobalExpress公务机，以及Darkstar无人驾驶侦察机等。图1-1为UG NX在飞机设计中的应用。

（2）汽车工业

UG NX是汽车工业的事实标准，是欧洲、北美和亚洲顶尖汽车制造商所用的核心系统。UG NX在造型风格、车身及引擎设计等方面具有独特的长处，为各种车辆的设计和制造提供了端对端（end to end）的解决方案。一级方程式赛车、跑车、轿车、卡车、商用车、有轨电车、地铁列车、高速列车等各种车辆都可用UG NX进行数字化产品设计，如图1-2所示。

图 1-1　UG NX 在飞机设计中的应用

图 1-2　UG NX 在汽车工业中的应用

(3) 造船工业

UG NX 为造船工业提供了优秀的解决方案，包括专门的船体产品和船载设备、机械解决方案。船体设计解决方案已应用于众多船舶制造企业，涉及所有类型船舶的零件设计、制造、装配。参数化管理零件之间的相关性，相关零件的更改，可以影响船体的外形，如图 1-3 所示。

(4) 机械设计

UG NX 机械设计工具具有超强的能力和全面的功能，更加灵活，更具效率，更具协同开发能力。图 1-4 所示为利用 UG NX 建模模块设计机械产品。

图 1-3　UG NX 在造船工业中的应用

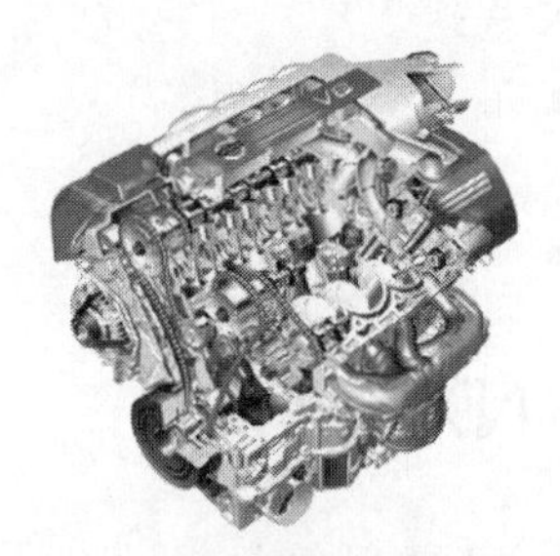

图 1-4　UG NX 在机械产品设计中的应用

(5) 工业设计和造型

UG NX 提供了一整套灵活的造型、编辑及分析工具，构成数字化产品开发解决方案中的重要一环。图 1-5 所示为利用 UG NX 创成式外形设计模块设计工业产品。

(6) 机械仿真

UG NX 提供了多学科领域仿真解决方案，通过全面高效的前后处理和解算器，充分发挥其在模型准备、解析及后处理方面的强大功能。如图 1-6 所示为利用运动仿真模块对产品进行运动仿真的范例。

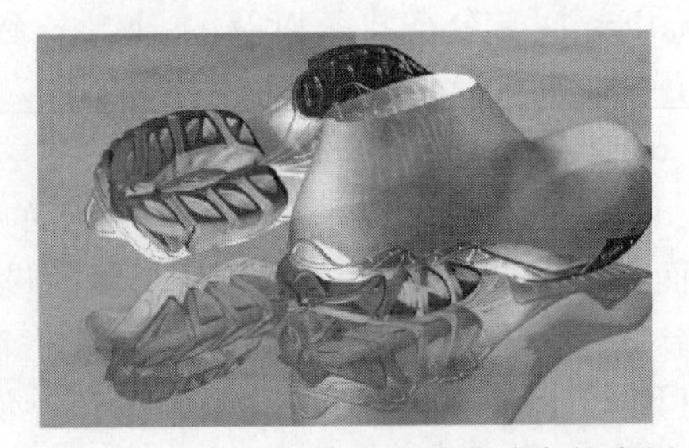

图 1-5　UG NX 在工业产品设计中的应用

图 1-6　UG NX 在运动仿真中的应用

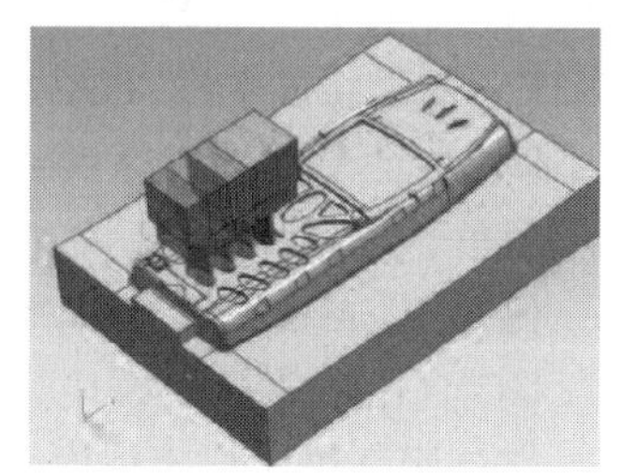

图 1-7　UG NX 在模具设计中的应用

(7) 工装模具和夹具设计

UG NX 工装模具应用程序使设计效率延伸到制造，与产品模型建立动态关联，以准确地制造工装模具、注塑模、冲模及工件夹具。如图 1-7 所示为利用注塑模向导模块设计模具的范例。

(8) 机械加工

UG NX 为机床编程提供了完整的解决方案，能够让先进的机床实现高产量。通过实现常规任务的自动化，可节省多达 90%的编程时间；通过捕获和重复使用经过验证的加工流程，实现更快的可重复 NC 编程。如图 1-8 所示为利用 UG NX 加工模块来加工零件的范例。

(9) 消费品

全球有各种规模的消费品公司信赖 UG NX，其中部分原因是 UG NX 设计的产品风格新颖，而且具有建模工具和高质量的渲染工具。UG NX 已被用于设计和制造如下多种产品：运动装备、餐具、计算机、厨房设备、电视和收音机以及庭院设备。如图 1-9 所示为利用 UG NX 进行运动鞋设计。

图 1-8　UG NX 在零件加工中的应用

图 1-9　UG NX 在消费品设计中的应用

1.1.2　UG NX 主要模块

UG NX 软件的强大功能是由它所提供的各种功能模块组成，可分为 CAD、CAM、CAE、注塑模、钣金件、逆向工程等应用模块，其中每个功能模块都以 Gateway 环境为基础，它们之间既相互联系，又相对独立。

1.1.2.1　Gateway 模块

Gateway 是用户打开 UG NX 进入的第一个应用模块，Gateway 是执行其他交互应用模块的先决条件，该模块为 UG NX 的其他模块运行提供了底层统一的数据库支持和一个图形交互环境。在 UG NX 中，通过单击“标准”工具栏中“起始”按钮下的“基本环境”命令，便可在任何时候从其他应用模块回到 Gateway。

Gateway 模块功能包括打开、创建、保存等文件操作；着色、消隐、缩放等视图操作；视图布局；图层管理；绘图及绘图机队列管理；模型信息查询、坐标查询、距离测量；曲线曲率分析、曲面光顺分析、实体物理特性自动计算；输入或输出 CGM、UG/Parasolid 等几何数据；Macro 宏命令自动记录和回放功能等。

1.1.2.2　CAD 模块

(1) UG 实体建模 (UG/Solid Modeling)

UG 实体建模模块提供了草图设计、各种曲线生成和编辑、布尔运算、扫掠实体、旋转实体、沿引导线扫掠、尺寸驱动、定义和编辑变量及其表达式等功能。实体建模是“特征建模”和“自由形式建模”的先决条件。

（2）UG 特征建模（UG/Feature Modeling）

UG 特征建模模块提供了各种标准设计特征的生成和编辑，孔、键槽、腔体、圆台、倒圆、倒角、抽壳、螺纹、拔模、实例特征、特征编辑等工具。

（3）UG 自由形式建模（UG/Freeform Modeling）

UG 自由形式建模模块用于设计高级的自由形状外形，支持复杂曲面和实体模型的创建。它包括直纹面、扫掠面、通过一组曲线的自由曲面、通过两组正交曲线的自由曲面、曲线广义扫掠、等半径和变半径倒圆、广义二次曲线倒圆、两张及多张曲面间的光顺桥接、动态拉动调整曲面、等距或不等距偏置、曲面裁剪、编辑、点云生成、曲面编辑。

（4）UG 工程制图（UG/Drafting）

UG 工程制图模块可由三维实体模型生成完全双向相关的二维工程图，确保在模型改变时，工程图将被更新，减少设计所需的时间。工程制图模块提供了自动视图布置、正交视图投影、剖视图、辅助视图、局部放大图、局部剖视图、自动和手工尺寸标注、形位公差、粗糙度符号标注、支持 GB 标准汉字输入、视图手工编辑、装配图剖视、爆炸图、明细表自动生成等工具。

（5）UG 装配建模（UG/Assembly Modeling）

UG 装配建模模块具有并行的自顶而下和自底而上的产品开发方法，装配模型中零件数据是对零件本身的链接映像，保证装配模型和零件设计完全双向相关，并改进了软件操作性能，减少了存储空间的需求，零件设计修改后装配模型中的零件会自动更新，同时可在装配环境下直接修改零件设计。

1.1.2.3 MoldWizard 模块

Moldwizard 是 SIEMENS 公司提供的运行在 UG NX 软件基础上的一个智能化、参数化的注塑模具设计模块。Moldwizard 为产品的分型、型腔、型芯、滑块、嵌件、推杆、镶块，为复杂型芯或型腔轮廓创建电火花加工的电极以及模具的模架、浇注系统和冷却系统等提供了方便、快捷的设计途径，最终可以生成与产品参数相关的、可用于数控加工的三维模具模型。

1.2.2.4 CAM 模块

CAM 模块是 UG NX 的计算机辅助制造模块，可以进行数控铣、数控车、数控电火花线切割编程。UG NX CAM 提供了全面的、易于使用的功能，以解决数控刀轨的生成、加工仿真和加工验证等问题。

（1）UG CAM 基础（UG/CAM Base）

UG CAM 基础模块是所有 UG NX 加工模块的基础，它为所有数控加工模块提供了一个相同的、面向用户的图形化窗口环境。用户可以在图形方式下观察刀具沿轨迹运动的情况并可进行图形化修改，如对刀具轨迹进行延伸、缩短或修改等。

（2）UG 车加工（UG/Lathe）

UG 车加工模块为高质量生产车削零件提供所需的能力，模块以在零件几何体和刀轨间全相关为特征，可实现粗车、多刀路精车、车沟槽、螺旋切削和中心钻等功能，输出时可以直接进行后置处理产生机床可读的输出源文件。

（3）UG 铣加工（UG/Mill）

UG 铣加工模块可实现各种类型的铣削加工，包括平面铣、型腔铣、固定轴曲面轮廓铣、可变轴曲面轮廓铣、顺序铣、点位加工和螺纹铣等。

(4) UG 后置处理 (UG/Postprocessing)

UG 后置处理模块包括一个通用的后置处理器(GPM),使用户能够方便地建立用户定制的后置处理。该模块适用于目前世界上主流的各种钻床、多轴铣床、车床、电火花线切割机床。

1.1.2.5 钣金模块

钣金模块是基于实体特征的方法来创建钣金件,它可实现如下功能:复杂钣金零件生成;参数化编辑;定义和仿真钣金零件的制造过程;展开和折叠的模拟操作;生成精确的二维展开图样数据;展开功能可考虑可展和不可展曲面情况,并根据材料中性层特性进行补偿。

1.1.2.6 运动仿真模块

运动仿真模块提供机构设计、分析、仿真和文档生成功能,可在 UG NX 实体模型或装配环境中定义机构,包括铰链、连杆、弹簧、阻尼、初始运动条件等机构定义要素。定义好的机构可直接在 UG NX 中进行分析,可进行各种研究,包括最小距离、干涉检查和轨迹包络线等选项,同时可实际仿真机构运动。另外,用户还可以分析反作用力,图解合成位移、速度、加速度曲线。

1.2 UG NX 用户界面

应用 UG NX 软件首先进入用户操作界面,可根据习惯选择用户界面的语言,下面分别加以介绍。

1.2.1 UG NX 用户操作界面

启动 UG NX 后首先出现欢迎界面,然后进入操作界面,如图 1-10 所示。UG NX 操作界面友好,符合 Windows 风格。

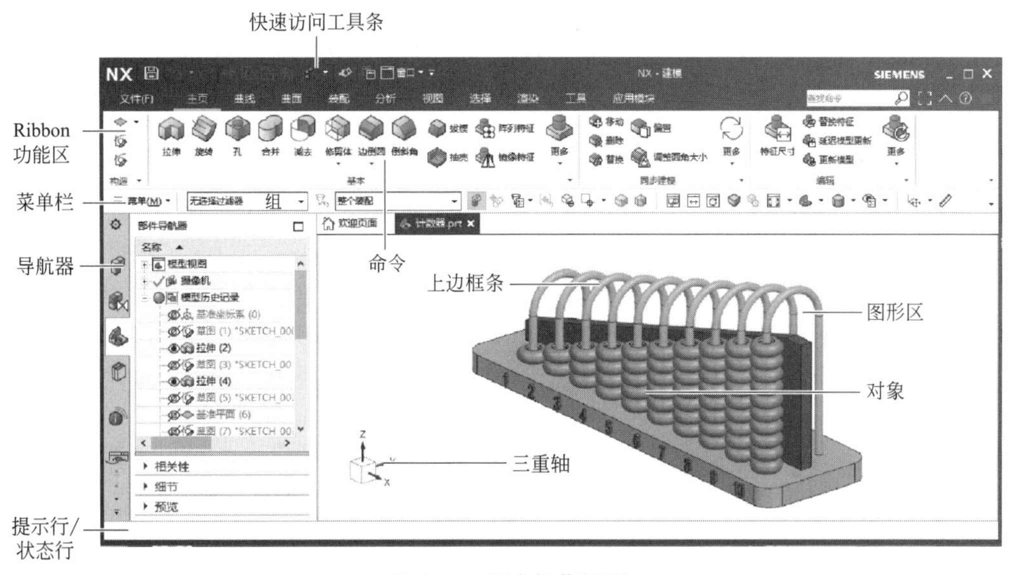

图 1-10 用户操作界面

UG NX 用户界面主要由标题栏、菜单栏、工具栏、绘图区、坐标系图标、命令提示窗口、状态栏和资源导航器等部分组成。

（1）标题栏

标题栏位于用户界面的最上方，它显示软件的名称和当前部件文件的名称。如果对部件文件进行了修改，但没有保存，在后面还会显示“（修改的）”提示信息。

（2）菜单栏

菜单栏位于标题栏的下方，包括了该软件的主要功能，系统所有的命令和设置选项都归属于不同的菜单下，他们分别为文件、编辑、视图、插入、格式、工具、装配、信息、分析、首选项、窗口和帮助的菜单。

• 文件：实现文件管理，包括新建、打开、关闭、保存、另存为、保存管理、打印和打印机设置等功能。

• 编辑：实现编辑操作，包括撤销、重复、更新、剪切、复制、粘贴、特殊粘贴、删除、搜索、选择集、选择集修订版、链接和属性等功能。

• 视图：实现显示操作，包括工具栏、命令列表、几何图形、规格、子树、指南针、重置指南针、规格概述和几何概观等功能。

• 插入：实现图形绘制设计等功能，包括对象、几何体、几何图形集、草图编辑器、轴系统、线框、法则曲线、曲面、体积、操作、约束、高级曲面和展开的外形等功能。

• 工具：实现自定义工具栏，包括公式、图像、宏、实用程序、显示、隐藏、参数化分析等。

• 窗口：实现多个窗口管理，包括新窗口、水平平铺、垂直平铺和层叠等。

• 帮助：实现在线帮助。

（3）图形区

图形区是用户进行3D、2D设计的图形创建、编辑区域。

（4）提示栏

提示栏主要用于提示用户如何操作，是用户与计算机信息交互的主要窗口之一。在执行每个命令时，系统都会在提示栏中显示用户必须执行的动作，或者提示用户下一个动作。

（5）状态栏

状态栏位于提示栏的右方，显示有关当前选项的消息或最近完成的功能信息，这些信息不需要回应。

（6）Ribbon 功能区

Ribbon 功能区是新的 Microsoft Office Fluent 用户界面（UI）的一部分。在仪表板设计器中，功能区包含一些用于创建、编辑和导出仪表板及其元素的上下文工具。它是一个收藏了命令按钮和图示的面板。它把命令组织成一组“标签”，每一组包含了相关的命令。每一个应用程序都有一个不同的标签组，展示了程序所提供的功能。在每个标签里，各种相关的选项被组在一起。Windows Ribbon 是 Windows Vista 或 Windows 7 自带的一个 GUI 构架，外形更加华丽，但也存在一部分使用者不适应、抱怨无法找到想要的功能的情形。

（7）坐标系图标

在 UG NX 的窗口左下角新增了绝对坐标系图标。在绘图区中央有一个坐标系图标，该坐标系称为工作坐标系 WCS，它反映了当前所使用的坐标系形式和坐标方向。

（8）资源导航器

资源导航器用于浏览编辑创建的草图、基准平面、特征等。在默认的情况下，资源导航器位于窗口的左侧。通过选择资源导航器上的图标，可以调用装配导航器、部件导航器、操作导航器、Internet、帮助和历史记录等。

1.2.2 Ribbon 功能区

UG NX 功能区拥有一个汇集基本要素并直观呈现这些要素的控制中心，如图 1-11 所示。

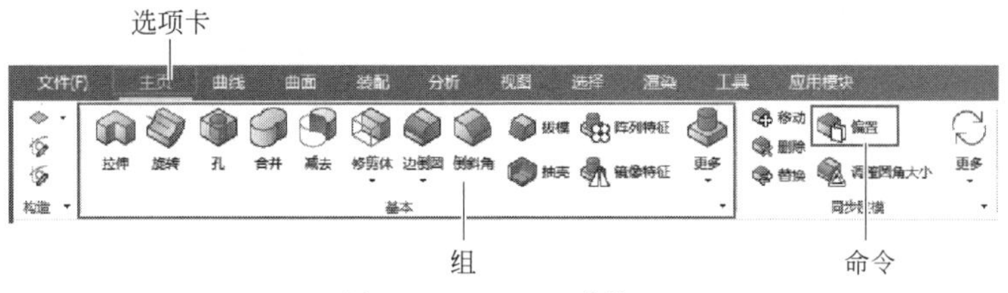

图 1-11 Ribbon 功能区

Ribbon 功能区由 3 个基本部分组成：

• 选项卡：在功能区的顶部，每一个选项卡都代表着在特定程序中执行的一组核心任务。

• 组：显示在选项卡上，是相关命令的集合。组将用户所需要执行某种类型任务的一组命令直观地汇集在一起，更加易于用户使用。

• 命令：按组来排列，命令可以是按钮。

Ribbon 功能区常规操作简单介绍如下。

1.2.2.1 添加和移除选项卡

将鼠标移动到功能区上部，单击鼠标右键，在弹出的菜单中选中【装配】选项，此时装配自动增加到选项卡中，如图 1-12 所示。

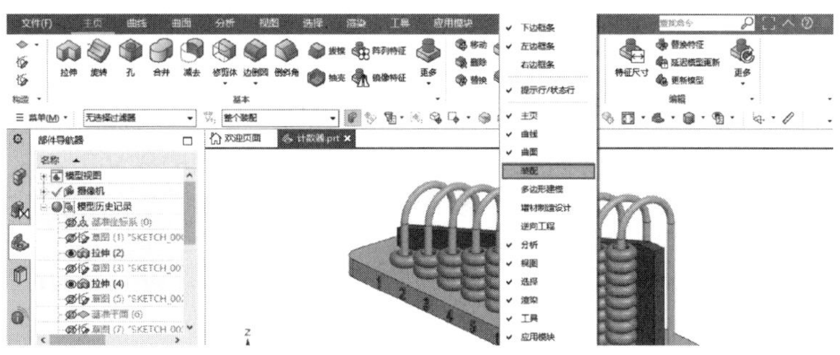

图 1-12 增加选项卡

1.2.2.2 添加和移除组

单击选项卡右下角向下箭头▾，弹出所有该选项卡快捷菜单，可选择所需的组，在前面打钩将其添加到功能区中，如图 1-13 所示。

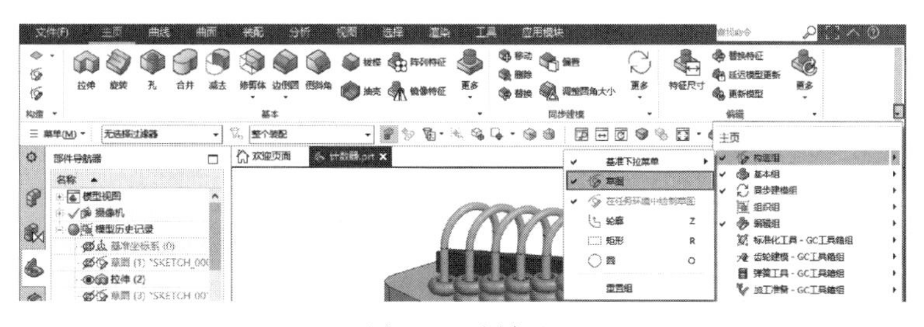

图 1-13 添加组

1.2.3 上边框条

上边框条显示在 UG NX 窗口顶部的带状组下面，包括 3 个部分：选择选项、选择意图和捕捉点，如图 1-14 所示。

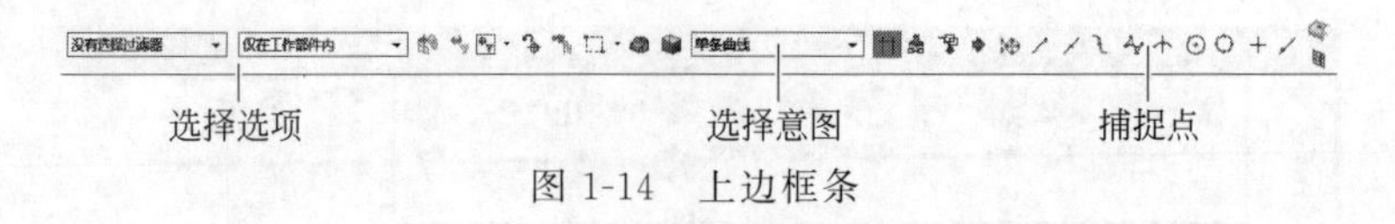

图 1-14 上边框条

上边框条相关选项参数含义如下。

1.2.3.1 选择选项

(1) 类型过滤器

过滤特定对象类型的选择内容，如图 1-15 所示。列表中显示的类型取决于当前操作中的可选择对象。

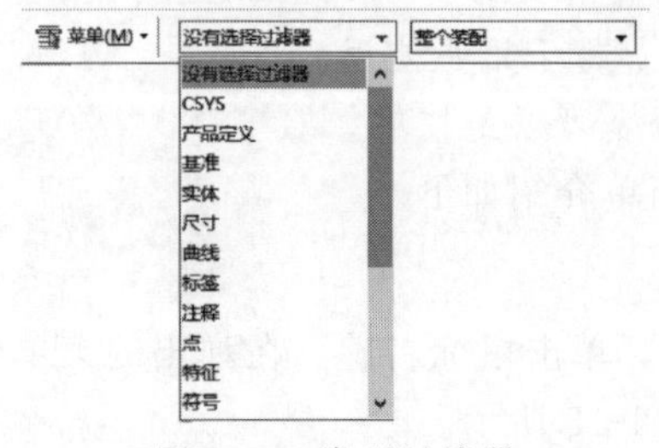

图 1-15 类型过滤器

(2) 选择范围

按选择范围来选择在范围内的对象，如图 1-16 所示。

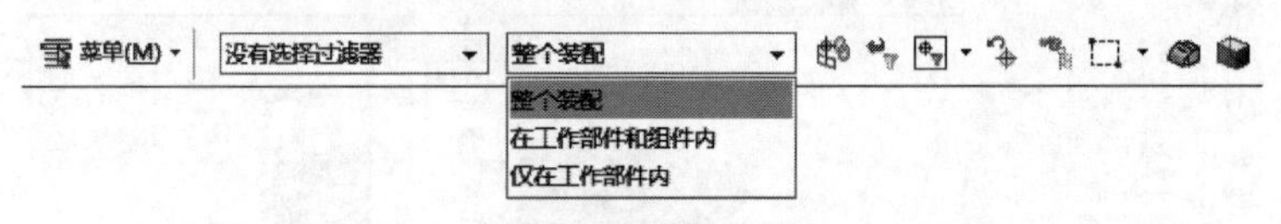

图 1-16 选择范围

- 整个装配：选择整个装配体中所有组件。
- 仅在工作部件内：仅能在工作部件内进行选择。
- 在工作部件和组件内：仅能在工作部件和组件中进行选择。

1.2.3.2 选择意图

(1) 体选择意图

当需要选择体时，弹出体选择意图选项，如图 1-17 所示。

图 1-17 体选择意图

- 单个体：在没有任何选择意图规则的情况下选择各个体。
- 特征体：从选定特征中选择所有输出体，如拉伸特征。

• 组中的体：选择属于选定组的所有体。

（2）面选择意图

当需要选择面时，弹出面选择意图选项，如图 1-18 所示。

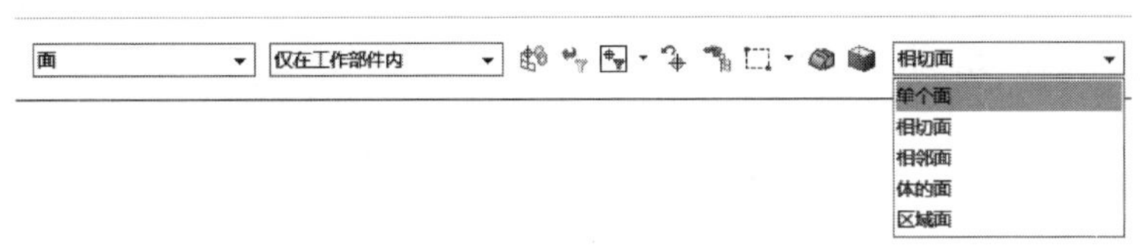

图 1-18　面选择意图

• 单个面：在简单列表中逐个选择面，可多选，无需任何选择意图列表，如图 1-19 所示。

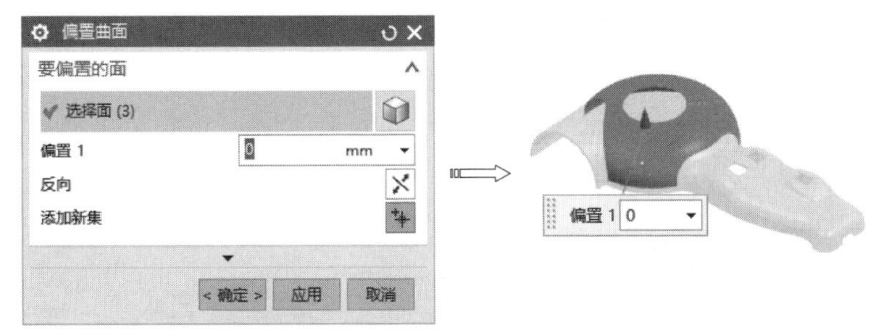

图 1-19　单个面

• 区域边界面：选择一个面的区域，而不进行分割，这些区域由面上的现有边和曲线决定。

• 区域面：选择与某个种子面相关并受边界面限制的面的集合（区域）。必须先选择一个种子面，然后选择边界面，选择边界面后按 MB2 键确认，如图 1-20 所示。

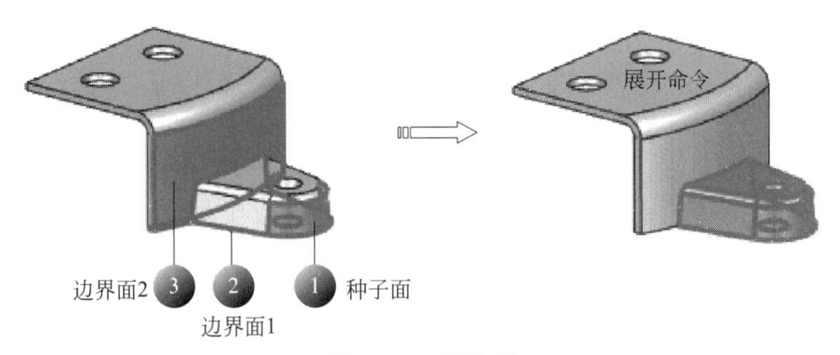

图 1-20　区域面

• 相切面：选择单个种子面，也可从它选择所有光顺连接的面。

• 相切区域面：选择与某个种子面相关并受边界面限制的相切面的集合（区域），如图 1-21

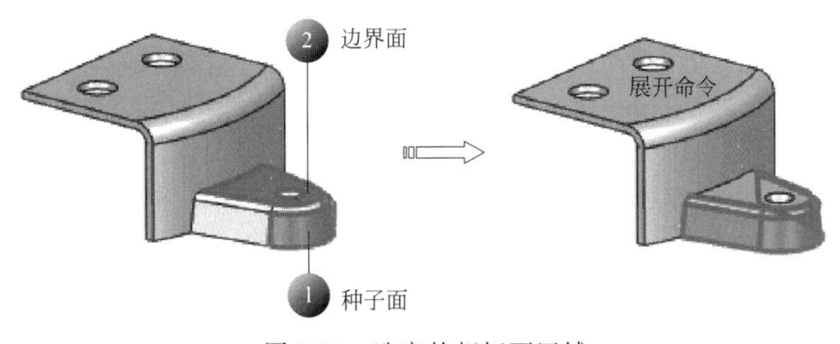

图 1-21　选定的相切面区域

所示。

• 体的面：选择属于所选的单个面的体的所有面，如图 1-22 所示。

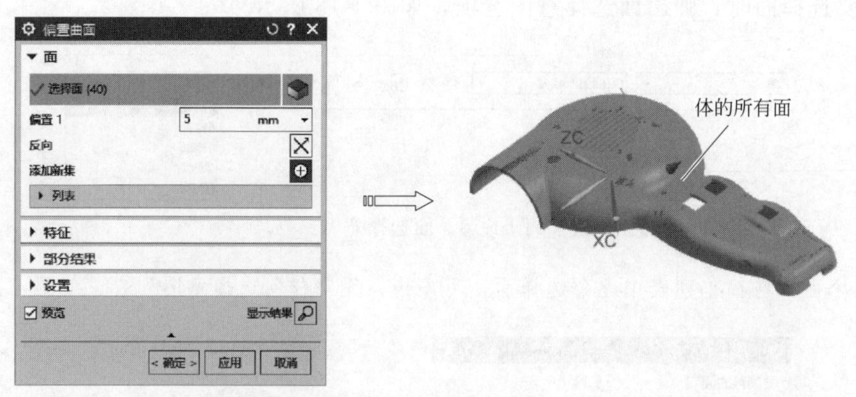

图 1-22　体的面

• 相邻面：选择紧挨着所选的单个面的其他所有面，如图 1-23 所示。

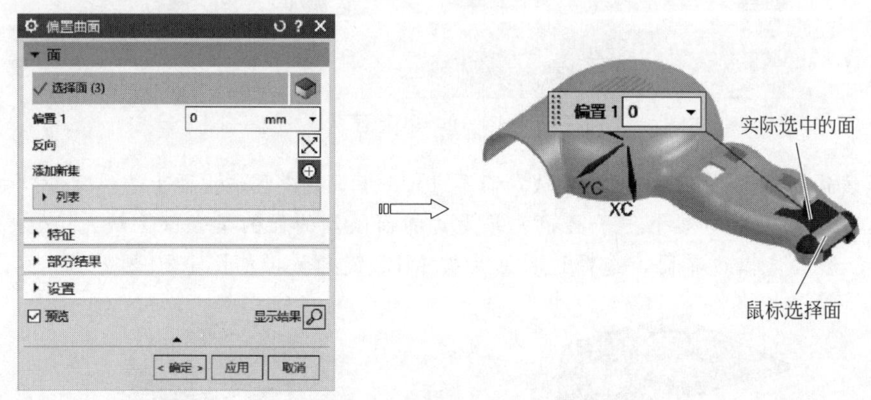

图 1-23　相邻面

• 特征面：选择属于所选面的特征的所有面。如果选择的面为多个特征所拥有，快速拾取对话框将打开并显示一个特征列表，可从其中进行选择。

(3) 曲线选择意图

当需要选择线时，弹出曲线选择意图选项，如图 1-24 所示。

图 1-24　曲线选择意图

• 单条曲线：为某个截面选择一条或多条曲线或边。这是不带意图（无规则）的简单对象列表，如图 1-25 所示。

• 相连曲线：选择共享端点的一连串首尾相连的曲线或边，如图 1-26 所示。

• 相切曲线：选择切向连续的一连串曲线或边，如图 1-27 所示。

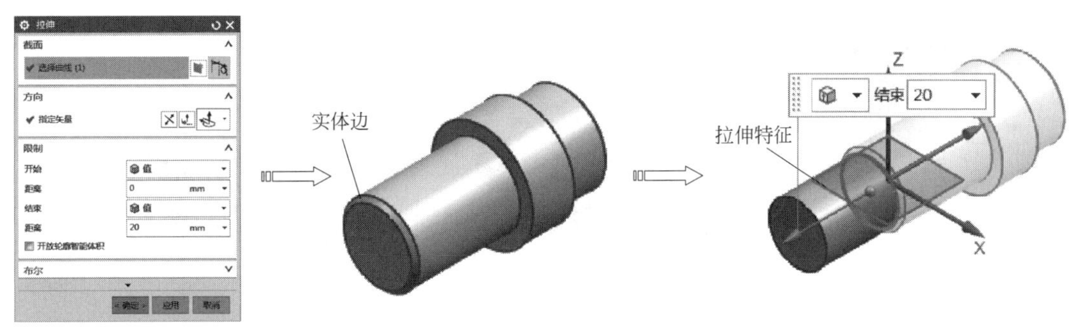

图 1-25　单条曲线拉伸特征

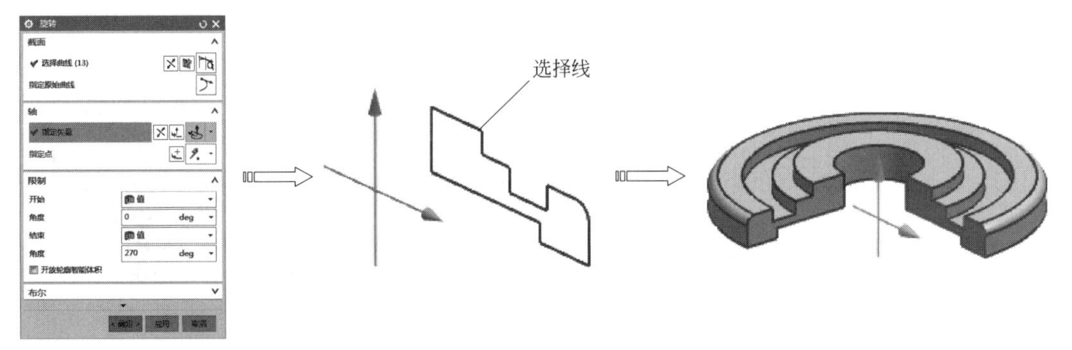

图 1-26　相连曲线旋转特征

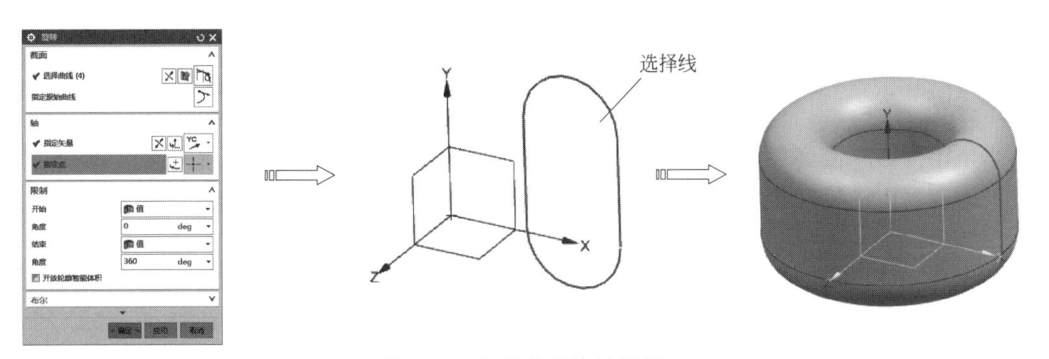

图 1-27　相切曲线旋转特征

- 特征曲线：从选定的曲线特征（包括草图）中选择所有输出曲线，如图 1-28 所示。

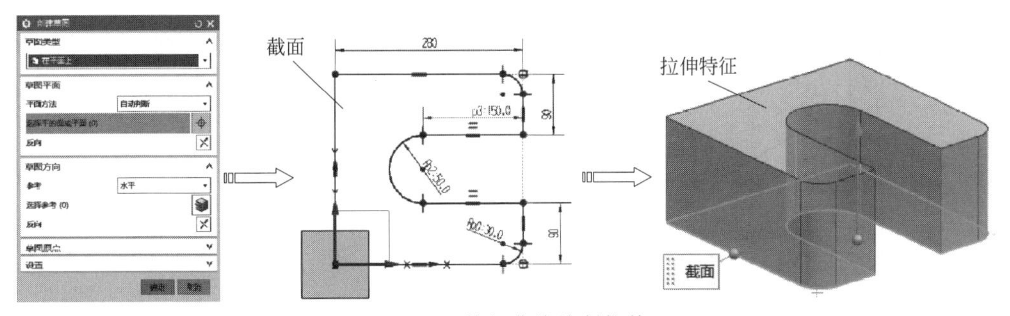

图 1-28　特征曲线绘制拉伸

• 面的边：从面上选择边界而不必先抽取曲线，如图 1-29 所示。

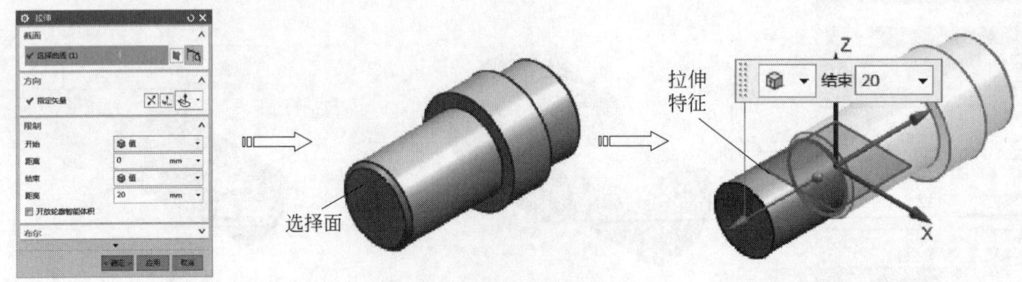

图 1-29　面的边

• 片体边：选择所选片体的所有层边，如图 1-30 所示。

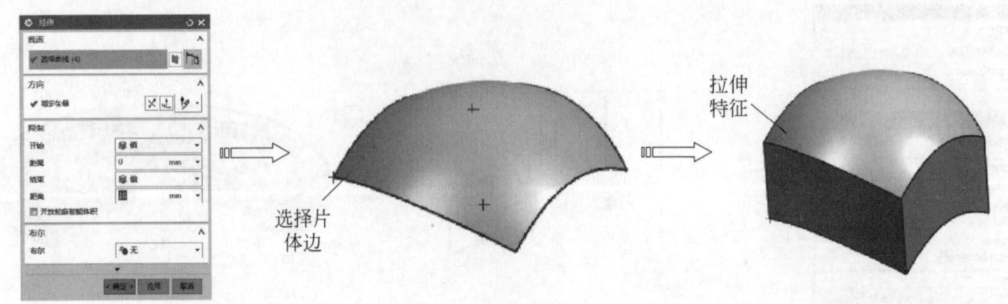

图 1-30　片体的边

• 自动判断曲线：根据所选对象的类型系统自动得出选择意图规则。例如，创建拉伸特征时，如果选择曲线，产生的规则可以是特征曲线；如果选择边，产生的规则可以是单个。

1.2.3.3　捕捉点

当使用的命令需要某个点时，捕捉点选项即显示在上边框条上。使用捕捉点选项可选择曲线、边和面上的特定控制点，如图 1-31 所示。可通过单击来启用或禁用各个捕捉点。

图 1-31　捕捉点选项

捕捉点选项如下：

•【启用捕捉点】：启用捕捉点选项，以捕捉对象上的点。

•【清除捕捉点】：清除所有捕捉点设置。

•【终点】：选择直线、圆弧、二次曲线、样条、边、中心线（圆形中心线除外）这些对象的终点，如图 1-32 所示。

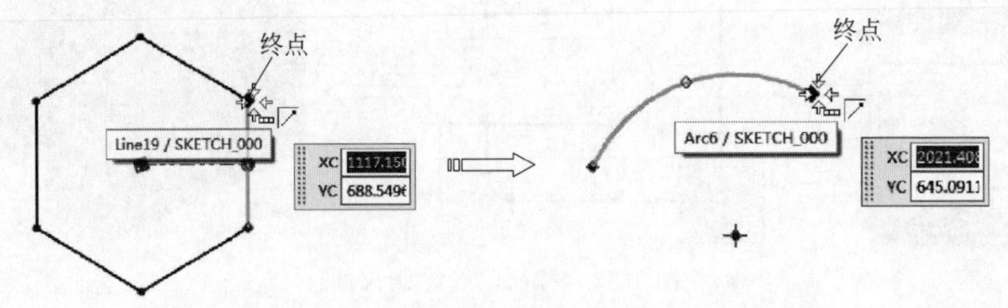

图 1-32　终点

•【中点】：选择线性曲线、开放圆弧和线性边的中点，如图 1-33 所示。

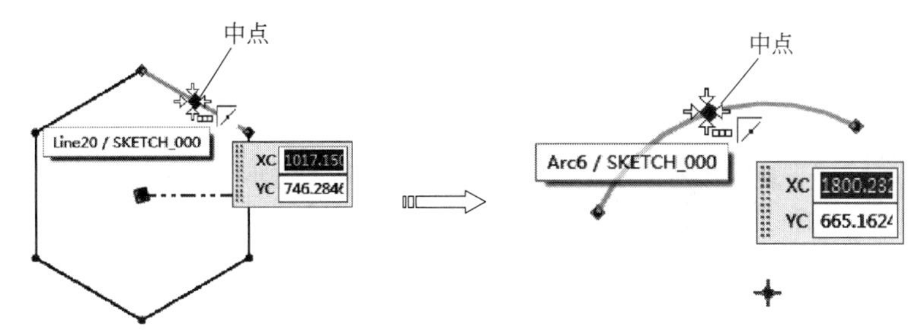

图 1-33　中点

•【控制点】：选择几何对象的控制点，如图 1-34 所示。控制点包括：现有的点、二次曲线的端点、样条的端点和节点、直线和开放圆弧的端点和中点。

•【交点】：在两条曲线的相交处选择一点。该点必须与两条曲线均吻合，且处于选择球范围内，如图 1-35 所示。

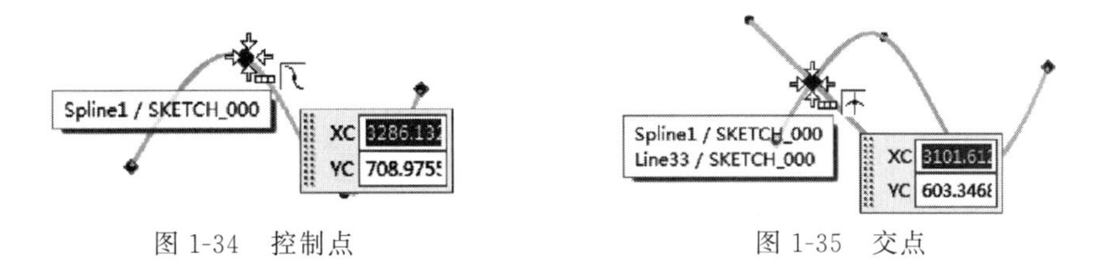

图 1-34　控制点　　图 1-35　交点

•【圆弧中心】：选择圆弧中心点、圆形中心线和螺栓圆中心线，如图 1-36 所示。

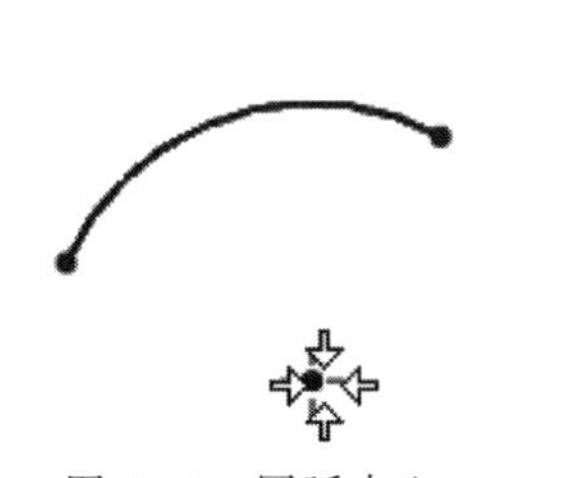

图 1-36　圆弧中心

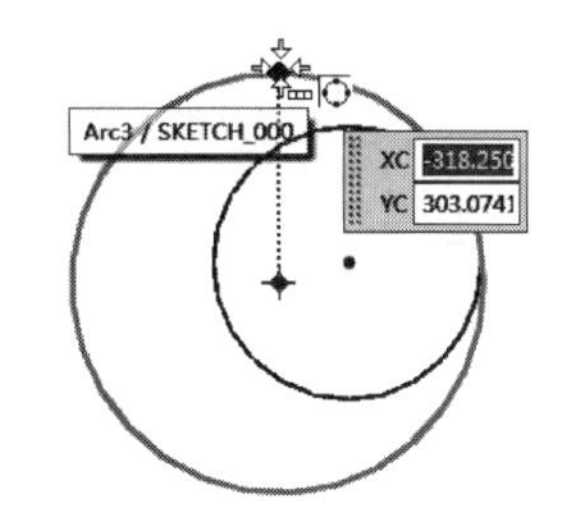

图 1-37　象限点

•【象限点】：选择圆的象限点，如图 1-37 所示。

•【现有点】：选择现有的点。系统支持以下制图对象类型：偏置中心点、交点、目标点、公差特征、实例、直的中心线，如图 1-38 所示。

•【相切点】：在圆、二次曲线、实体边、截面边、实体轮廓线、完整和不完整螺栓圆、完整和不完整螺栓中心线这些对象上选择相切点，如图 1-39 所示。

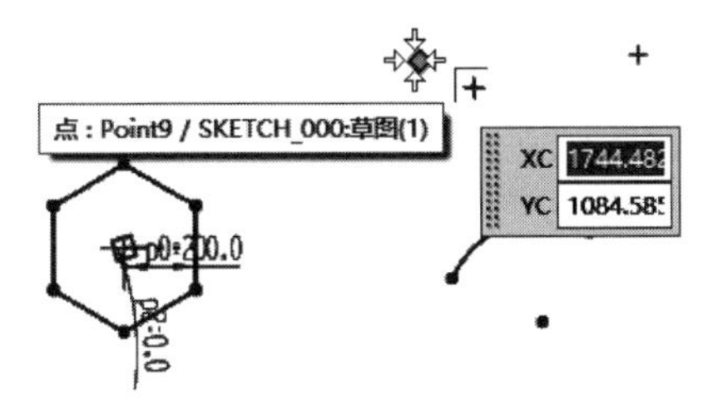

图 1-38　现有点

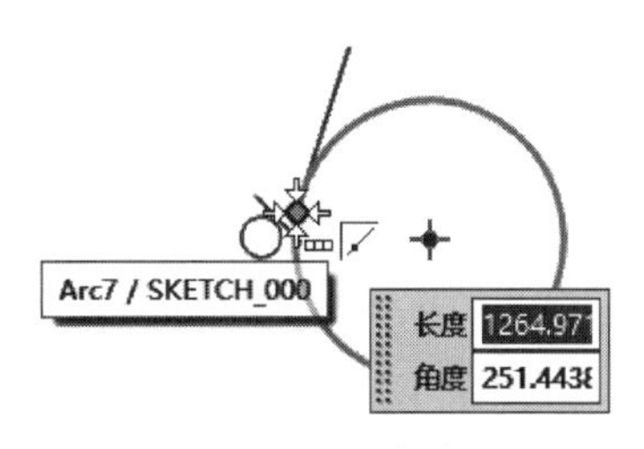

图 1-39　相切点

• 【两曲线交点】：选择不在选择半径范围内的两个对象的交点，方法是进行两次独立拾取。系统支持以下对象：直线、圆形、二次曲线、样条、实线、边、截面边、实体轮廓线、截面段、直的中心线、直径中心线、长方体中心线。

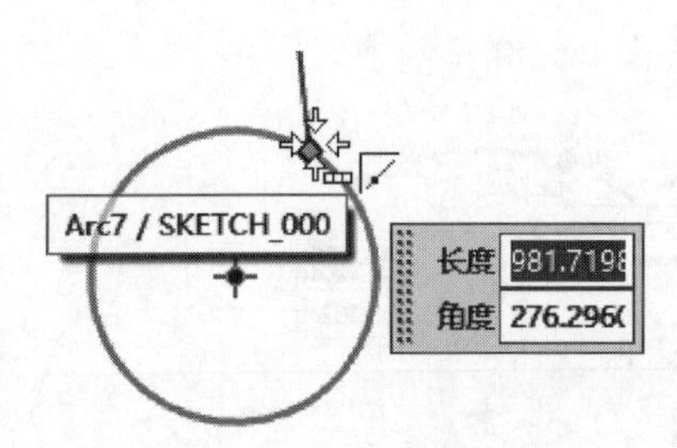

图 1-40　点在曲线上

• 【点在曲线上】：在曲线上选择点，如图 1-40 所示。

• 【点在面上】：在曲面上选择点。

• 【有界栅格上的点】：将光标选择捕捉到基准平面节点和视图截面节点上定义的点。

• 【点构造器】：单击，打开【点构造器】对话框。

1.3　UG NX 的帮助系统

UG NX 提供了超文本格式的全面和快捷的帮助系统，可通过以下三种方式来使用 UG NX 的帮助系统。

1.3.1　UG NX 帮助

选择下拉菜单【帮助】|【UG NX 帮助】命令，弹出帮助页面，在【搜索】窗口中输入要查询的内容，按 Enter 键即可，如图 1-41 所示。

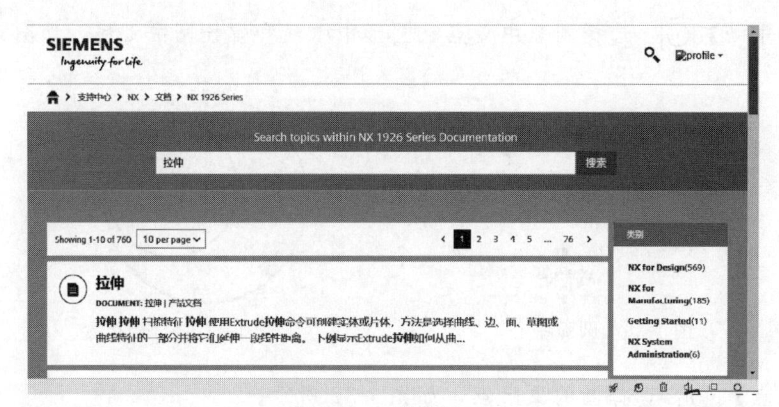

图 1-41　帮助界面

1.3.2　UG NX 上下文帮助（F1 键）

在使用过程中遇到问题可按快捷键 F1，系统会自动查找 UG NX 的用户手册，并定位在当前功能的说明部分，如图 1-42 所示为在【直线】窗口中按 F1 键弹出的帮助界面。

1.3.3　命令查找器

选择下拉菜单【帮助】|【命令查找器】命令，弹出【命令查找器】对话框，如图 1-43 所示。

例如，在【搜索】框中输入“拉伸”，按 Enter 键，显示找到的拉伸结果，如图 1-44 所示。

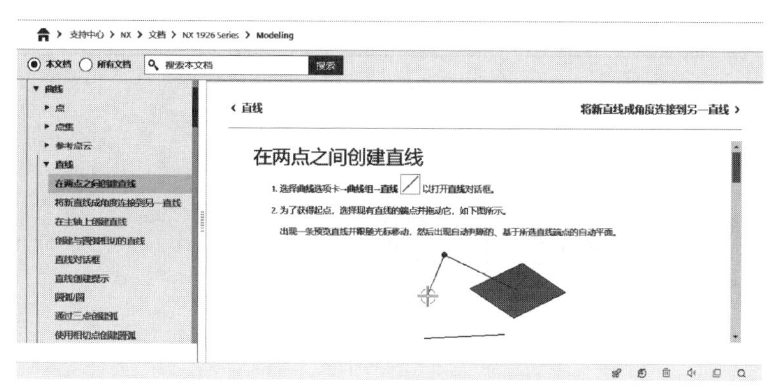

图 1-42　按 F1 键弹出的帮助界面

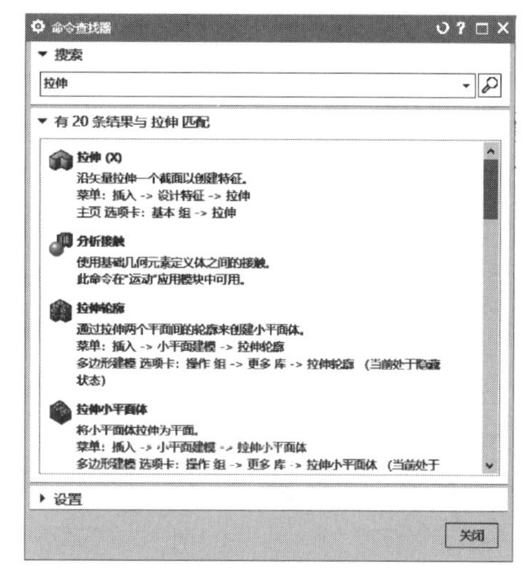

图 1-43　【命令查找器】对话框

图 1-44　查找结果显示界面

将鼠标移动到需要的结果上时，可显示相应命令所在的位置，如图 1-45 所示。

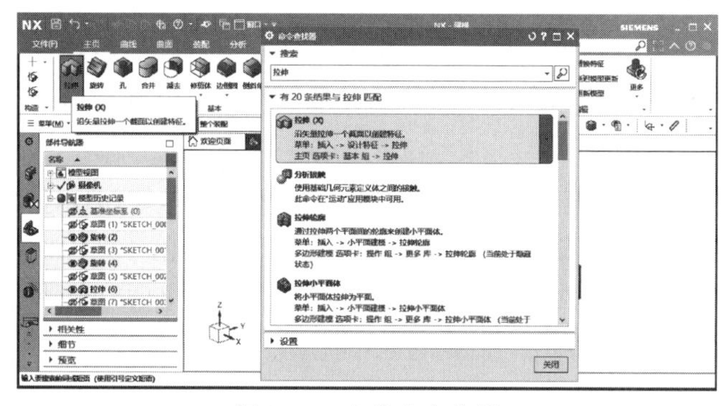
图 1-45　查找命令位置

本章小结

本章简要介绍了 UG NX 软件的主要功能模块、用户界面和帮助系统等内容。通过本章学习，读者可对该软件有一个初步的了解，为下一阶段的学习打下基础。

第2章 UG NX常用工具

NX 常用工具支持 UG NX 各个应用模块（特别是各种操作模式）的用户操作和功能，因此称为“常用工具”。本章将介绍 UG NX 系统中最常使用的系统工具，包括点构造器、分类选择器、矢量构造器、坐标系构造器和平面构造器等。

本章内容

- 分类选择器
- 点构造器
- 矢量构造器
- 坐标系构造器
- 平面构造器
- 信息与测量工具

2.1 分类选择器

在 UG NX 中，当系统提示选择对象时，可以使用鼠标直接选择，也可以借助分类选择器对话框进行选择。

2.1.1 鼠标选择对象

当系统提示选择对象时，鼠标在绘图区中的形式变为选择球形式。它不但可以选择对象，而且还可以进行各种绘图操作。常用的鼠标选择对象的方式有以下两种。

2.1.1.1 单击逐个选择对象

可以在 UG NX 中按任何顺序逐个选择对象。对象不一定要相连才能选择。

将鼠标移动到要选择的对象，该对象颜色将变为预选颜色，光标处于所需对象上且其颜色变为预选颜色时单击鼠标，对象被选定，其颜色变为选择颜色，表明该对象已经被选中，如图 2-1 所示。

2.1.1.2 拉框选择对象

（1）拖动套索进行绘制

从上边框条中选择【套索】多选动作选项，并围绕要选择的对象绘制手绘轮廓线，如图 2-2 所示。

（2）拖动矩形选择对象

从上边框条中选择【矩形】多选动作选项，并围绕要选择的对象拖动矩形，如图 2-3 所示。

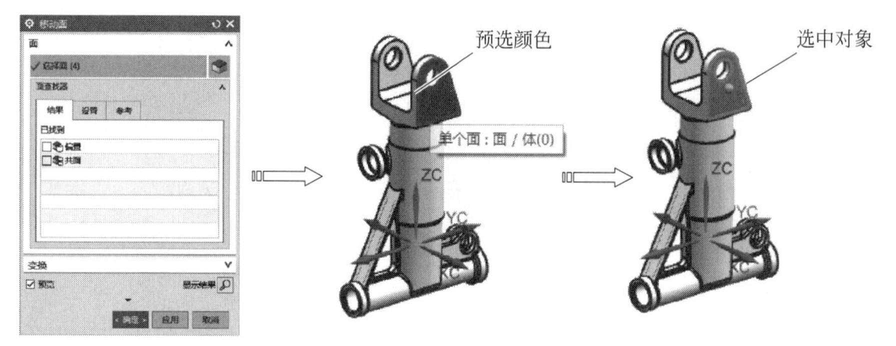

图 2-1　逐个选择对象

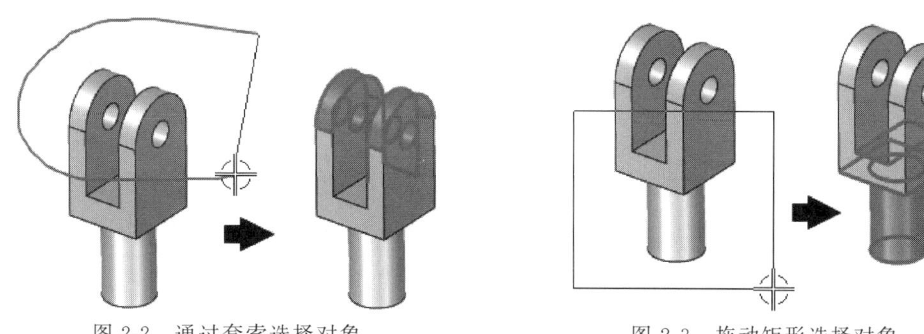

图 2-2　通过套索选择对象　　　　图 2-3　拖动矩形选择对象

2.1.1.3　取消对象选择

用户可根据需要取消选择单个对象或多个对象，主要有以下两种方法。

(1) 取消单个对象选择

要取消选择单个对象，则按 Shift 并单击某个对象。如图 2-4 所示为在移动面选中的对象，按 Shift 键移动使对象提示预选，单击鼠标左键选择取消。

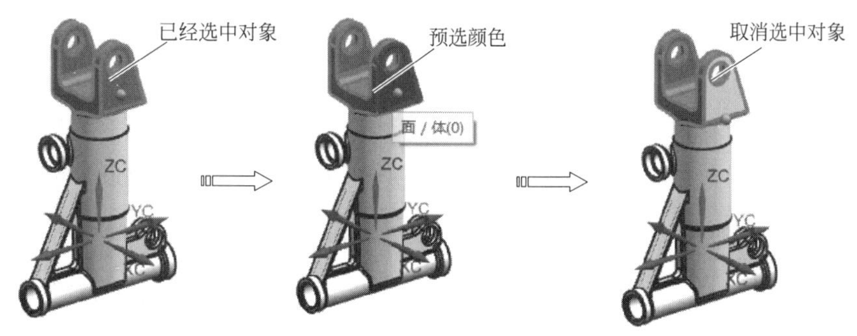

图 2-4　逐个取消选中对象

(2) 框选取消选中对象

要取消选择一组对象，则按 Shift 和鼠标左键，并将光标拖动到要取消选择的对象上方。这些对象高亮显示后，释放按钮，如图 2-5 所示。

2.1.2　分类选择器对话框选择对象

分类选择器提供了一种限制选择对象和设置过滤方式的方法，特别是在零部件比较多的

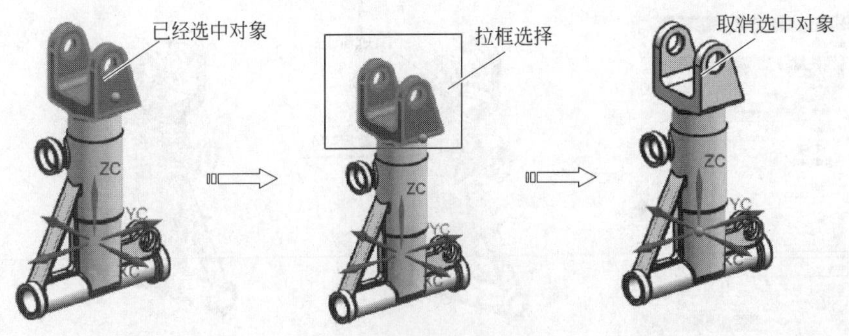

图 2-5　框选取消选中对象

情况下，以达到快速选择对象的目的。

启动分类选择器方法主要集中在【编辑】菜单和【格式】菜单下，选择下拉菜单【编辑】|【对象显示】命令，弹出【类选择】对话框，如图 2-6 所示。

图 2-6　【类选择】对话框

使用【类选择】对话框一般过程是：首先利用该对话框中的【过滤器】限制选择对象的类型，然后选用合适的选择方式来选择对象，所选对象在绘图区会高亮显示。下面分别介绍【类选择】对话框中各选项的含义。

2.1.2.1　对象

【对象】组框列出了所选对象的数量以及选择对象方法，包括以下 3 个选项：

（1）选择对象（X）

列出所选对象的数量为 X 个。在【选择对象】前的星号✱指出其中尚未选择几何图形的必需项，打钩标记✔指出已完成的项。

（2）全选

单击【全选】按钮，系统会选取符合过滤器条件的所有对象。如果不指定过滤器，则系统会选取全部的对象。

（3）反选

单击【反选】按钮，用于选取在绘图工作区中末被用户选中的对象。

2.1.2.2　其他选择方法

（1）按名称选择

在【按名称选择】文本框中输入要选择对象的名称，单击“确定”按钮，可完成该对象选取。

（2）选择链

用于选择首尾相接的多个对象。选择方法是先用鼠标左键单击对象链中第一个对象，再单击最后一个对象，一次将所有链接对象全部选中。

（3）向上一级

用于选取上一级的对象。仅当选取了组群对象时，该选项才会激活。单击该按钮，系统会选取组群中当前对象的上一级对象。

2.1.2.3 过滤器

“过滤器”用于限制对象的选择类型，即所选的对象必须符合过滤器中所做的设置，共以下5个选项。

(1) 类型过滤器

单击【类选择】对话框中的【类型过滤器】按钮，弹出【按类型选择】对话框，用户可根据需要设置选择对象的类型（组件、曲线、草图、实体和基准等）。

(2) 图层过滤器

单击【类选择】对话框中的【图层过滤器】按钮，弹出【根据图层选择】对话框，用户可通过对象所在的层来限制选择对象的范围。

(3) 颜色过滤器

单击【类选择】对话框中的【颜色过滤器】按钮，弹出【颜色】对话框，用户可指定颜色来让系统仅允许选取该颜色的对象。

(4) 属性过滤器

单击【类选择】对话框中的【属性过滤器】按钮，弹出【按属性选择】对话框，用户可根据各种线型和线宽等对象的属性来限制选择对象的范围。

(5) 重置过滤器

单击【重置过滤器】按钮，可取消之前设置的所有过滤方式，恢复到系统的缺省状态设置。

操作实例——分类选择器操作实例

扫码看视频

模型隐藏基准面和曲线如图2-7所示。

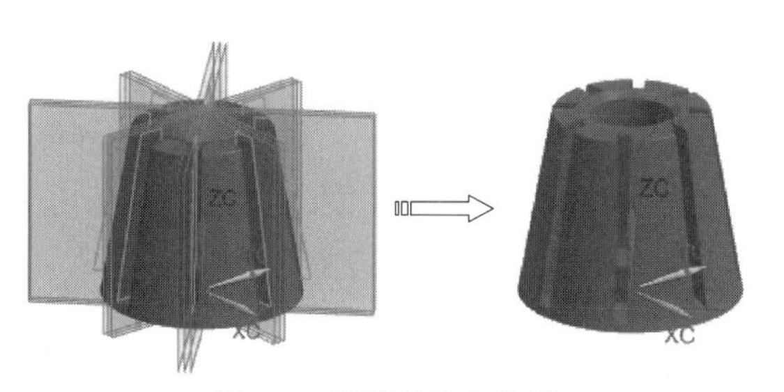

图2-7 隐藏基准和曲线

操作步骤

(1) 打开模型文件

Step 01 在功能区中单击【主页】选项卡中【标准】组中的【打开】按钮，弹出【打开】对话框，选择素材文件[1]“实例\第2章\原始文件\分类选择器.prt”。单击【打开】按钮打开模型文件，如图2-8所示。

(2) 类型过滤器选择

Step 02 选择下拉菜单【编辑】|【显示和隐藏】|【隐藏】命令，或选择【视图】选项卡中的【可见性】组中的【隐藏】命令 隐藏，弹出【类选择】对话框，如图2-9所示。

[1] 本书实例的素材文件，读者可扫描封底二维码下载，或到化学工业出版社官网的资源下载区下载。

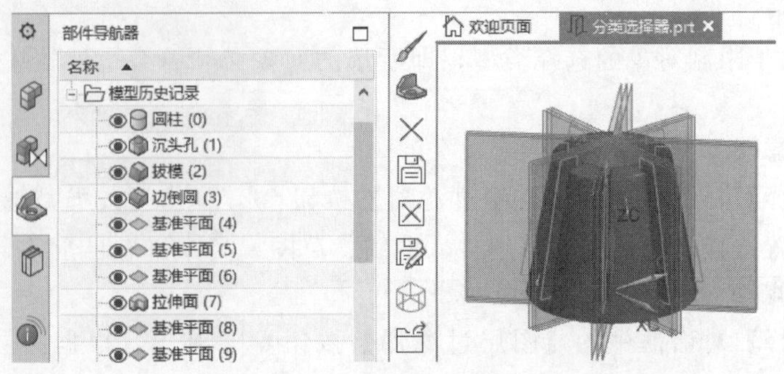

图 2-8　打开模型文件

Step 03　单击【类型过滤器】按钮，按住 Ctrl 键，在【根据类型选择】对话框中选择“曲线”和“基准”2 个类型，单击【确定】按钮，返回【类选择】对话框，如图 2-10 所示。

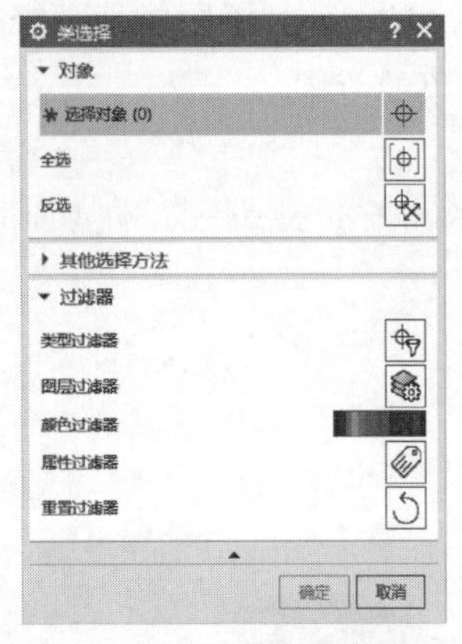

图 2-9　【类选择】对话框

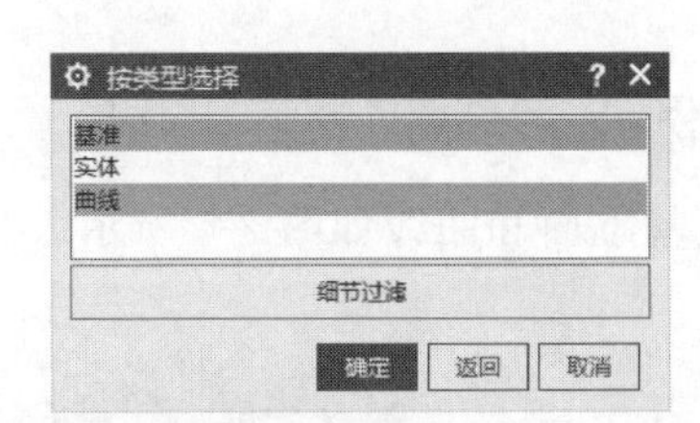

图 2-10　【按类型选择】对话框

Step 04　单击【类选择】对话框中的【全选】按钮，如图 2-11 所示。

Step 05　单击【确定】按钮，可隐藏曲线和基准对象，如图 2-12 所示。

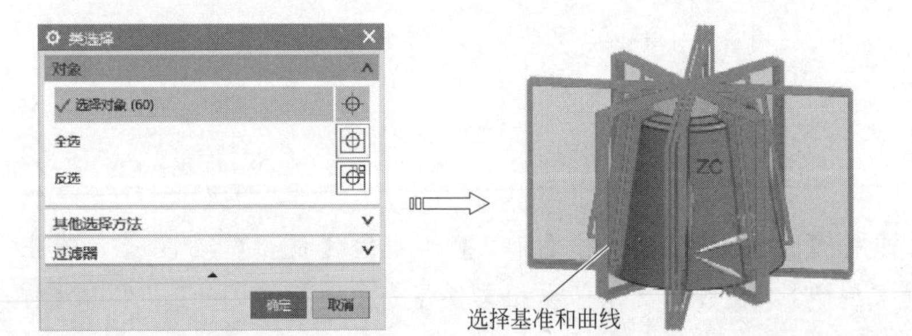

图 2-11　全选

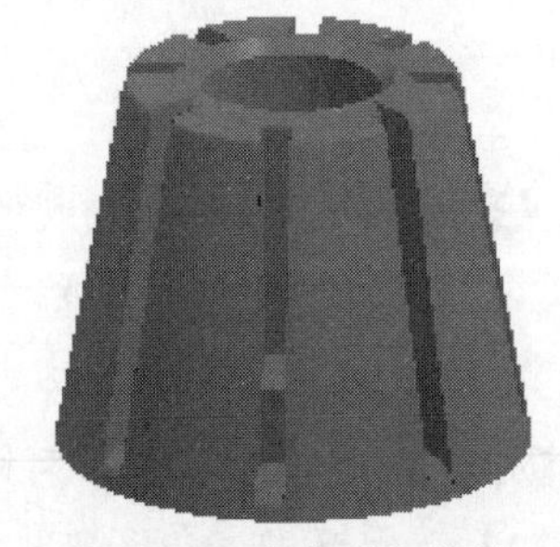

图 2-12　隐藏对象效果

2.2　点构造器

用户在设计过程中需要在图形区确定一个点时，如查询一个点的信息或者构造直线的端点等，UG NX 会弹出【点构造器】对话框来辅助用户确定点。

2.2.1 点类型

在功能区中单击【曲线】选项卡中【基本】组中的【点】命令，或选择菜单【插入】|【基准/点】|【点】命令，弹出【点】对话框，如图 2-13 所示。

图 2-13 【点】对话框

在【点构造器】对话框的【类型】组框中选择相关方法，然后在图形区直接单击鼠标来选择点。【类型】组框中各选项的含义如下。

(1) 自动判断的点

根据鼠标所指的位置自动推测各种离光标最近的点。可用于选取光标位置、存在点、端点、控制点、圆弧/椭圆弧中心等，它涵盖了所有点的选择方式。

(2) 光标位置

通过定位十字光标，在屏幕上任意位置创建一个点。该方式所创建的点位于工作平面上。

(3) 现有点

在某个存在点上创建一个新点，或通过选择某个存在点指定一个新点的位置。该方式是将一个图层的点复制到另一个图层最快捷的方式。

(4) 端点

根据鼠标选择位置，在存在的直线、圆弧、二次曲线及其他曲线的端点上指定新点的位置。如果选择的对象是完整的圆，那么端点为零象限点。

(5) 控制点

在几何对象的控制点上创建一个点。控制点与几何对象类型有关，它可以是：存在点、直线的中点和端点、开口圆弧的端点和中点、圆的中心点、二次曲线的端点或其他曲线的端点。

(6) 交点

在两段曲线的交点上，或一曲线和一曲面，或一平面的交点上创建一个点。若两者的交点多于一个，则系统在最靠近第二对象处创建一个点或规定新点的位置；若两段平行曲线并未实际相交，则系统会选取两者延长线上的相交点；若选取的两段空间曲线并未实际相交，则系统在最靠近第一对象处创建一个点或规定新点的位置。

(7) 圆弧中心/椭圆中心/球心

在选取圆弧、椭圆、球的中心创建一个点。

(8) 圆弧/椭圆上的角度

在与坐标轴 XC 正向成一定角度（沿逆时针方向测量）的圆弧、椭圆弧上创建一个点。

(9) 象限点

在圆弧或椭圆弧的四分点处指定一个新点的位置。需要注意的是，所选取的四分点是离光标选择球最近的四分点。

(10) 点在曲线/边上

通过设置“U 参数”值在曲线或者边上指定新点的位置。

(11) 点在面上

通过设置“U 参数”和“V 参数”值在曲面上指定新点的位置。

(12) 两点之间

通过选择两点，在两点的中点创建新点。

2.2.2 输出坐标

根据坐标值确定点的位置有两种方法：一种是绝对坐标（ACS）值，另一种是工作坐标（WCS）值。

当用户在【输出坐标】中选择了“绝对”时，输入的坐标值X、Y和Z是相对绝对坐标系原点而言的；当用户选择了“WCS”时，“点构造器”对话框中的X、Y和Z变成XC、YC和ZC，输入的坐标值是相对当前工作坐标系原点而言的，如图2-14所示。

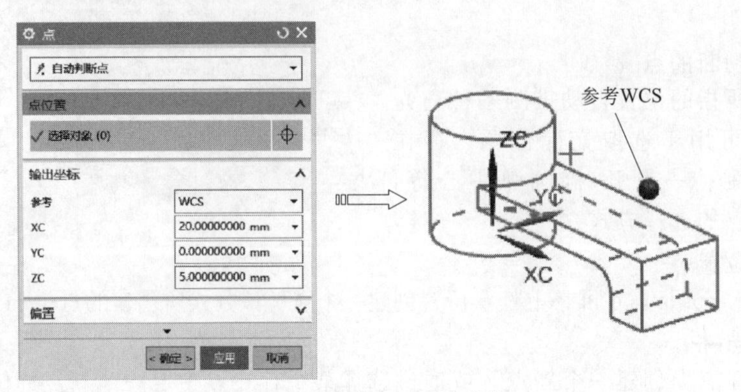

图 2-14　参考 WCS 创建点

2.2.3 偏置创建点

偏置就是指相对于某个已知点或选择点移动一定的角度或坐标值，从而确定新点，如图2-15所示。

在【偏置选项】下拉列表选择“直角坐标”，在【X增量】、【Y增量】、【Z增量】中输入相对坐标值，从而偏置一个点，如图2-15所示。

技术要点

这在绘图时非常有用，因为我们往往需要选择某个空间点作为参考点来确定其他点，这样可以减少查找该点绝对坐标值的麻烦。

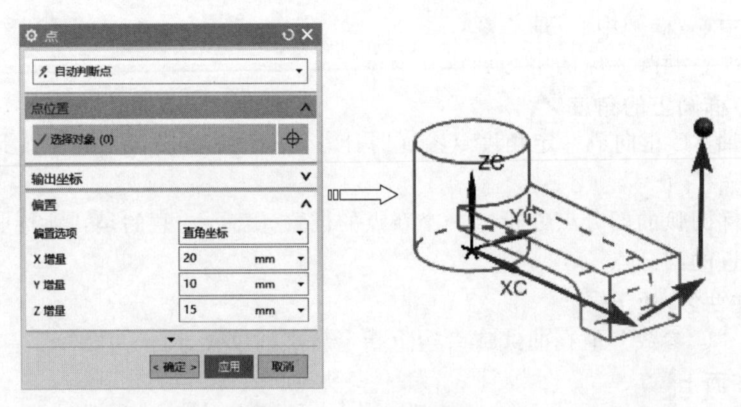

图 2-15　偏置创建点

操作实例——点构造器操作实例

在两点之间创建新点，如图 2-16 所示。

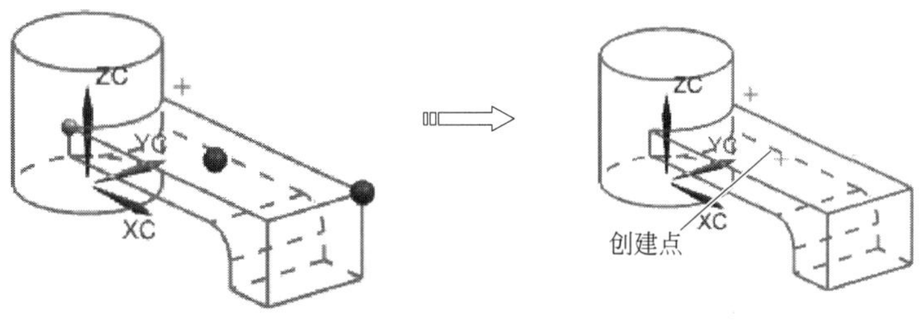

图 2-16　在两点之间创建新点

扫码看视频

操作步骤

(1) 打开模型文件

Step 01　在功能区中单击【主页】选项卡的【标准】组中的【打开】按钮，弹出【打开】对话框，选择素材文件“实例\第 2 章\原始文件\点构造器 .prt”。单击【打开】按钮打开模型文件，如图 2-17 所示。

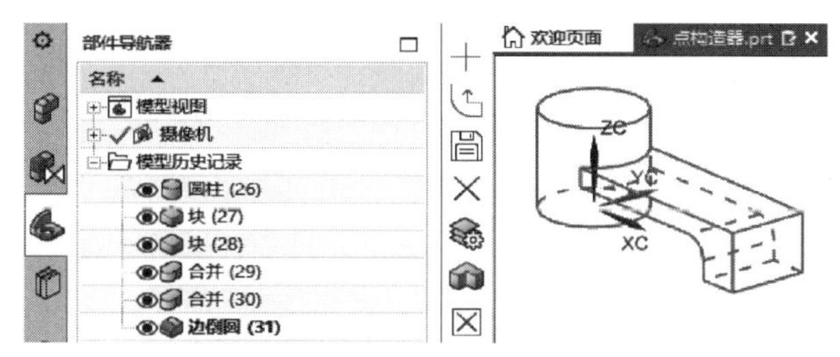

图 2-17　打开模型文件

(2) 创建新点

Step 02　在功能区中单击【曲线】选项卡中【基本】组中的【点】按钮，或选择下拉菜单【插入】|【基准/点】|【点】命令，弹出【点构造器】对话框，选择“两点之间”类型，选择如图 2-18 所示的点，单击【确定】按钮创建新点。

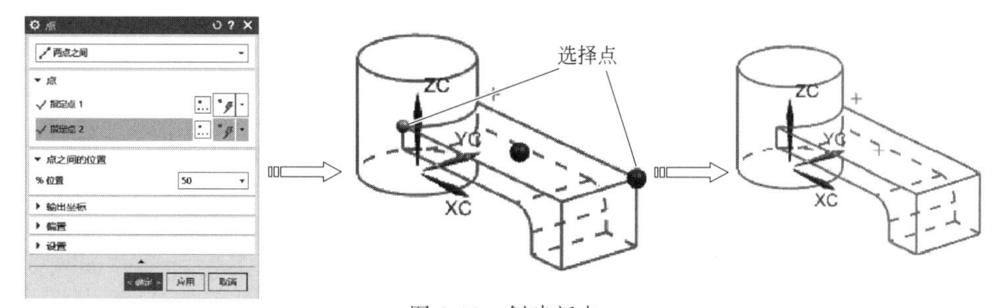

图 2-18　创建新点

2.3　矢量构造器

在 UG NX 应用过程中，经常需要确定一个矢量方向，如圆柱体或圆锥体轴线方向、拉伸特征的拉伸方向、曲线投影的投影方向等，矢量的创建都离不开“矢量构造器”。不同的功能，矢量构造器的形式也不同，但基本操作是一样的。

2.3.1 类型

在 UG NX 中，矢量构造器中仅定义矢量的方向。常用矢量构造器的对话框如图 2-19 所示。

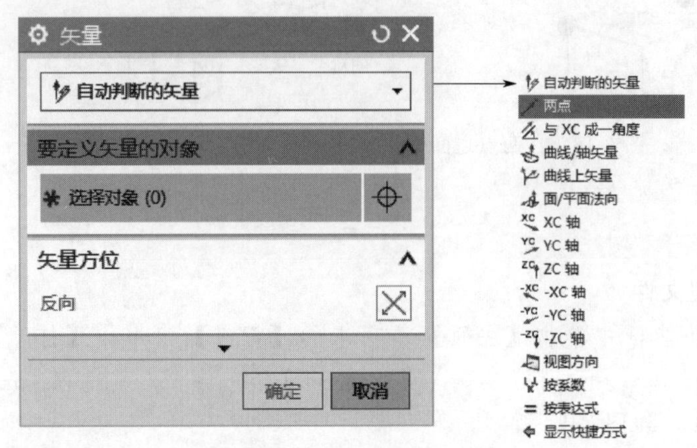

图 2-19 【矢量】对话框

在【类型】组框中共提供了 10 种方法，各方法的具体含义如下。

(1) 自动判断的矢量

根据选择对象的不同，自动推断创建一个矢量。

(2) 两点

在绘图区任意选择两点，新矢量将从第一点指向第二点。

(3) 与 XC 成一角度

在 XC-YC 平面上，定义一个与 XC 轴成指定角度的矢量。

(4) 曲线/轴矢量

选择边/曲线建立一个矢量。当选择直线时，创建的矢量由选择点指向与其距离最近的端点；当选择圆或圆弧时，创建的矢量为圆或圆弧所在的平面方向，并且通过圆心；当选择样条曲线或二次曲线时，创建的矢量为离选择点较远的点指向离选择点较近的点。

(5) 曲线上矢量

选择一条曲线，系统创建所选曲线的切向矢量。

(6) 面/平面法向

选择一个平面或者圆柱面，建立平行于平面法线或者圆柱面轴线的矢量。

(7) 基准轴

建立与基准轴平行的矢量。

(8) 平行于坐标轴 X Y Z -X -Y -Z

建立与各个坐标轴方向平行的矢量。

(9) 视图方向

指定与当前工作视图平行的矢量。

(10) 按系数

选择直角坐标系和球形坐标系，输入坐标分量来建立矢量。当选择【笛卡尔】单选按钮时，可输入 I、J、K 坐标分量确定矢量，当选择【球坐标系】单选按钮，可输入 Phi 为矢量与 XC 轴的夹角，Theta 为矢量在 XC-YC 平面上的投影与 XC 轴的夹角，如图 2-20 所示。

图 2-20　按系数判断矢量

2.3.2　矢量方位

单击【矢量构造器】对话框中【矢量方位】组框中的【反向】按钮，系统将改变矢量的方向，如图 2-21 所示。

图 2-21　改变矢量方向

技术要点

通常构建矢量时，在图形区将显示一个临时的矢量符号。一般操作结束后，该矢量符号即消失，也可利用视图“刷新”功能消除显示。

操作实例——矢量构造器操作实例

扫码看视频

创建新的矢量，如图 2-22 所示。

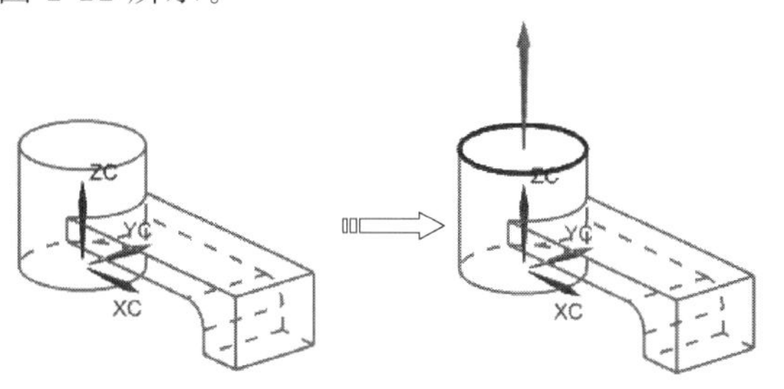

图 2-22　创建矢量

操作步骤

Step 01 在功能区中单击【主页】选项卡的【标准】组中的【打开】按钮，弹出【打开】对话框，选择素材文件“实例\第 2 章\原始文件\矢量构造器 . prt”。单击【打开】按钮打开模型文件，如图 2-23 所示。

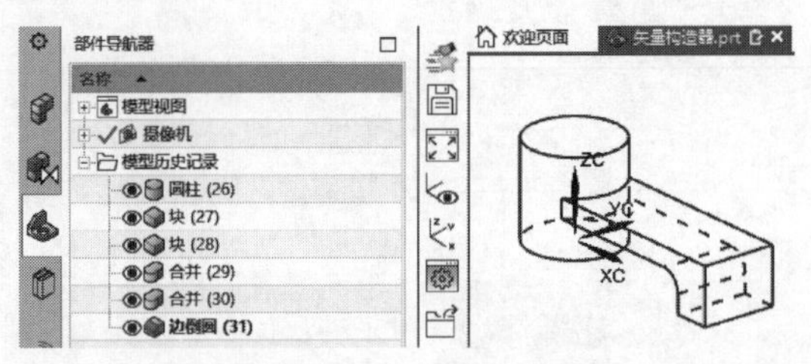

图 2-23 打开模型文件

Step 02 在功能区中单击【主页】选项卡中【基本】组中的【拉伸】命令，或选择菜单【插入】|【设计特征】|【拉伸】命令，弹出【拉伸】对话框，如图 2-24 所示。

Step 03 单击【指定矢量】选项中的【矢量对话框】按钮，打开【矢量】对话框，【类型】为“自动判断的矢量”，选择模型中的一个平面作为矢量参考，程序会自动生成矢量预览，如图 2-25 所示。最后单击【矢量】对话框中的【确定】按钮，完成矢量的定义。

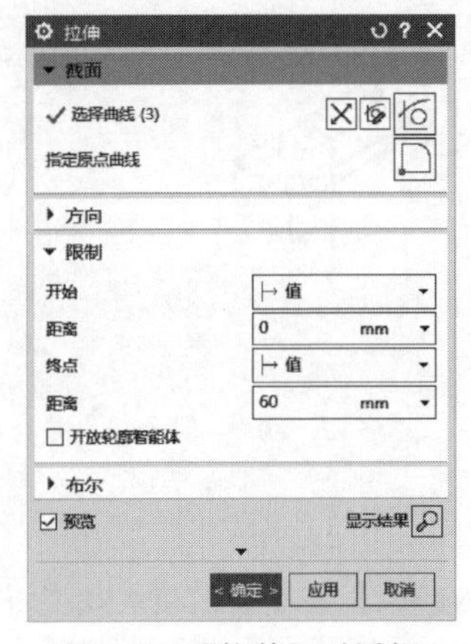

图 2-24 【拉伸】对话框

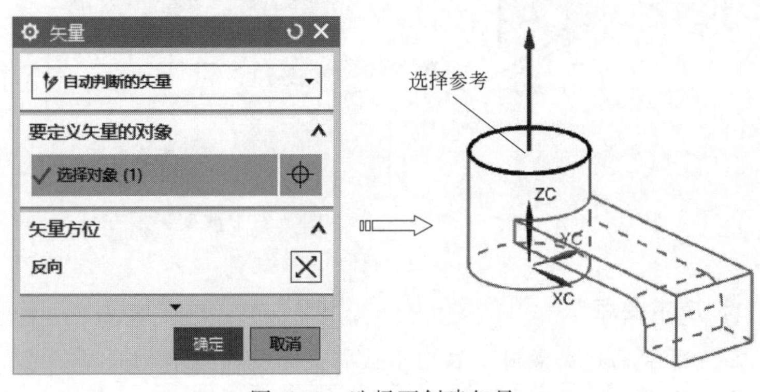

图 2-25 选择面创建矢量

2.4 坐标系构造器

坐标系是所有图形绘制的基础，它由 X、Y、Z 坐标轴组成，图形上的所有点都是位于坐标系上。一般来说，X 坐标表示水平距离，Y 坐标表示垂直距离，Z 坐标表示厚度方向，X、Y、Z 轴的原点值均为零。

2.4.1 坐标系类型

在设计阶段 UG NX 提供了 3 种坐标系的类型：基准坐标系、工作坐标系（WCS）和绝对坐标系（ACS），如图 2-26 所示。当用户查询一个数据点时，它总是给出这 3 个坐标系下的值，但用户输入数据时，则仅是相对于工作坐标系的。

2.4.1.1 绝对坐标系

绝对坐标系也称为模型空间，是开始建立一个新模型文件时的坐标系。在整个设计过程中不改变位置和方位，用 X、Y、Z 表示，系统默认初始的 WCS 与绝对坐标系是重合的，绝对坐标系在屏幕上是不显示或不可移动的。

技术要点

要找到绝对坐标系，可以将 WCS 设置为绝对坐标系，此时就可以找到绝对坐标系的位置和方向。

2.4.1.2 工作坐标系

工作坐标系用 XC、YC、ZC 表示，在建模过程中，某一个特定的坐标系被称为工作坐标系。工作坐标系的 XC-YC 平面称为工作平面，一般当前操作或输入数据时的参考就是工作坐标系。同一时刻只有一个工作坐标系存在，工作坐标系的原点和各坐标轴的方向由用户灵活定义，根据设计的方便，可以以各种方式定义它的位置和方向，也可随时可以移动、旋转等。在实际建模过程中，常使用工作坐标系，一般不用绝对坐标系。

2.4.1.3 基准坐标系

基准坐标系一般来说是辅助建模用的，这类坐标建立以后一般是不会动的，因为它是作基准用的。建模的时候很多时候选择平面等对象不是很方便，就可采用基准坐标系。基准坐标系可创建多个。

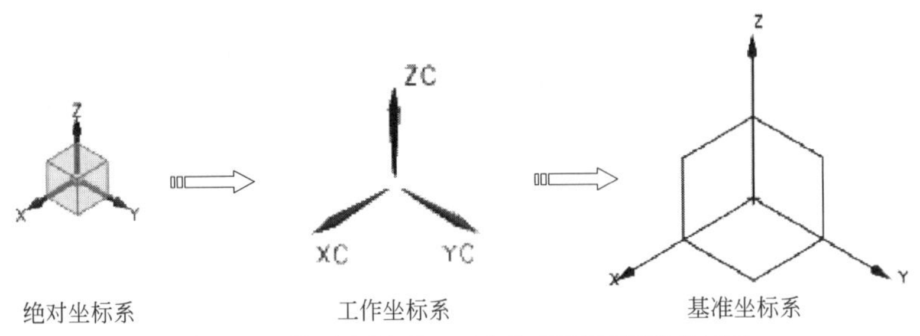

图 2-26 绝对坐标系、工作坐标系和基准坐标系

2.4.2 WCS 坐标系操作

选择下拉菜单【格式】|【WCS】下相关命令，可进行 WCS 坐标系的操作和设置，如图 2-27 所示。

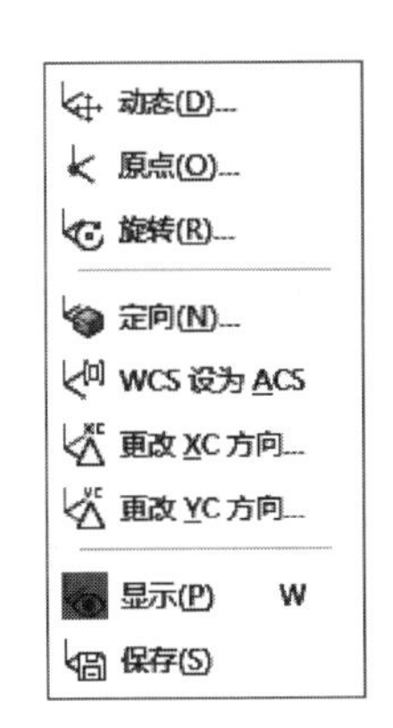

图 2-27 【WCS】菜单命令

【WCS】菜单中相关命令含义如下。

(1) 动态

选择下拉菜单【格式】|【WCS】|【动态】命令，将显示工作坐标系操作手柄，可通过手柄调整坐标系的方向与位置。

(2) 原点

选择下拉菜单【格式】|【WCS】|【原点】命令，移动坐标系原点到选定点。

(3) 旋转

选择下拉菜单【格式】|【WCS】|【旋转】命令，弹出【旋转

WCS绕】对话框，原点不变，WCS坐标系绕坐标轴旋转。

（4）定向

选择下拉菜单【格式】|【WCS】|【定向】命令，弹出【CSYS构造器】对话框，可通过坐标系来调整WCS坐标系的方向和位置。

（5）WCS设为ACS

选择下拉菜单【格式】|【WCS】|【WCS设置为绝对】命令，将WCS坐标系设置为与ACS坐标系完全重合。

（6）更改XC方向

选择下拉菜单【格式】|【WCS】|【更改XC方向】命令，在屏幕上选择一点并单击，则坐标系原点不动，X轴方向更改为由原点指向所选择的点。

（7）更改YC方向

选择下拉菜单【格式】|【WCS】|【更改YC方向】命令，在屏幕上选择一点并单击，则坐标系原点不动，Y轴方向更改为由原点指向所选择的点。

（8）显示

选择下拉菜单【格式】|【WCS】|【显示】命令，可在图形区显示出WCS坐标系，以便于操作。

操作实例——调整WCS坐标系实例

如图2-28所示，调整WCS坐标系。

扫码看视频

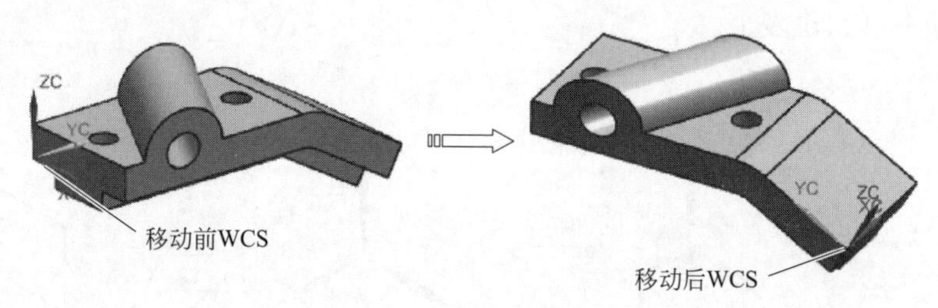

图2-28　调整WCS坐标系

操作步骤

（1）打开模型文件

Step 01　在功能区中单击【主页】选项卡中【标准】组中的【打开】按钮，弹出【打开】对话框，选择素材文件“实例\第2章\原始文件\WCS坐标系.prt”，如图2-29所示。

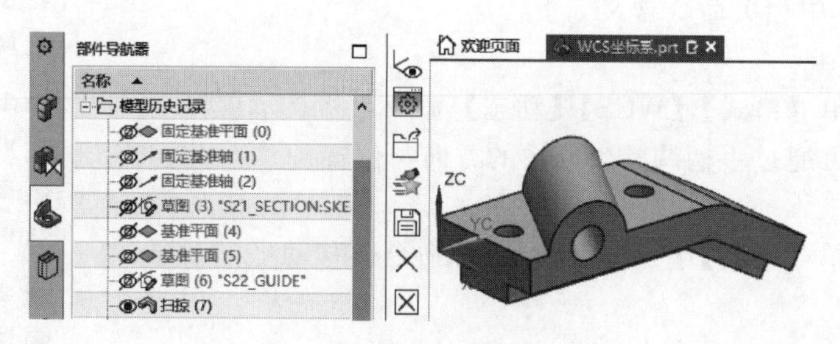

图2-29　打开模型文件

（2）移动坐标原点

Step 02 在屏幕上双击 WCS 坐标系，激活坐标系，显示坐标系手柄，在图形区单击如图 2-30 所示的角点，将坐标系原点移动到角点。

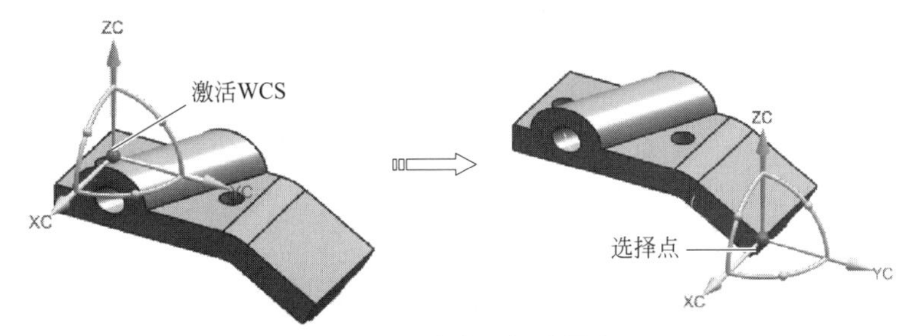

图 2-30 移动坐标系原点

（3）对齐坐标轴

Step 03 点击 XC 轴，弹出【WCS 动态】对话框，单击模型上的边，使 XC 轴方向与边的方向相同，如图 2-31 所示。

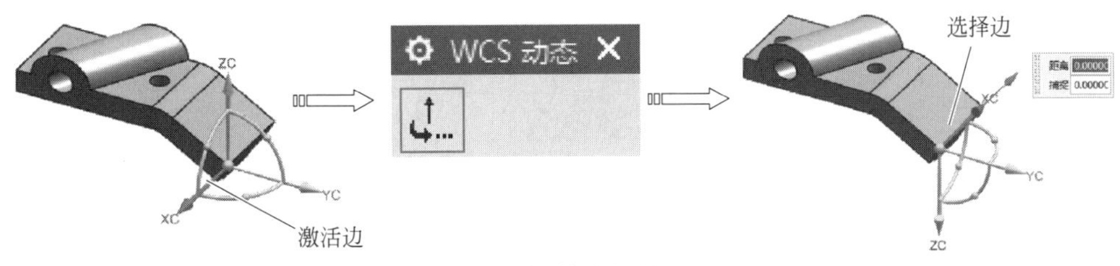

图 2-31 调整坐标轴方向

Step 04 点击 YC 轴，弹出【WCS 动态】对话框，单击模型上的边，使 YC 轴方向与边的方向相同，如图 2-32 所示。

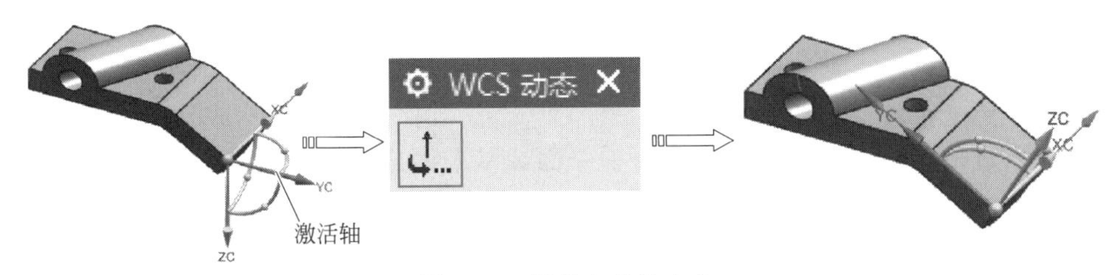

图 2-32 调整坐标轴方向

Step 05 按 ESC 键或按鼠标中键 MB2，取消坐标编辑，完成坐标系操作，如图 2-33 所示。

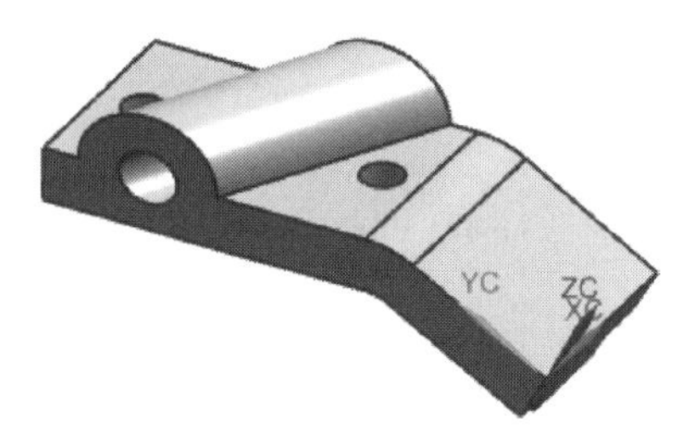

图 2-33 调整后的 WCS 坐标系

2.5 平面构造器

在 UG NX 建模过程中经常用到平面工具，如基准平面、参考平面、裁剪平面和定位平面等。

2.5.1 类型

在 UG NX 中，常用的平面构造器对话框如图 2-34 所示（以镜像特征为例启动平面构造器对话框）。

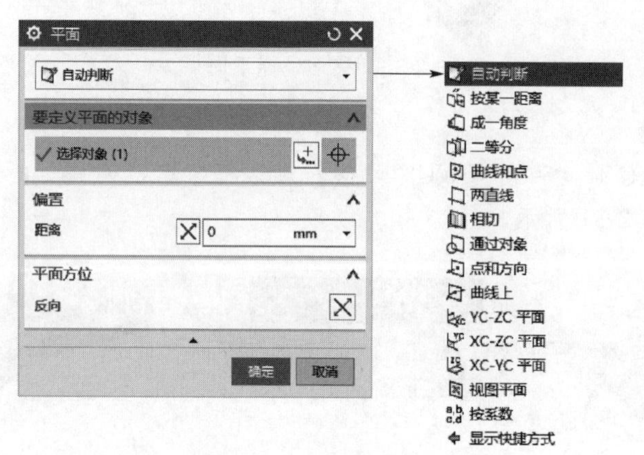

图 2-34 平面构造器框

在【类型】组框中共提供了 12 种方法，各方法的具体含义如下。

(1) 自动判断

根据选择对象不同，自动判断建立新平面。

(2) 按某一距离

通过选择一个平面，设定一定的偏移距离创建一个新平面。

(3) 成一角度

通过一条边线、轴线或草图线，并与一个面或基准面成一定角度。

(4) 二等分

通过选择两个平面，在两平面的中间创建一个新平面。

(5) 曲线和点

通过曲线和一个点创建一个新平面。

(6) 两直线

通过选择两条现有的直线来指定一个平面。如果两条直线共面，那么指定的平面就是包含这两条直线的平面，否则，创建的平面包含一条直线且垂直于或平行于第二条曲线。

(7) 相切

通过一个点或线或面并与一个实体面（圆锥或圆柱）来指定一个平面。

(8) 通过对象

通过选择对象来指定一个平面，注意不能选择直线。

(9) 点和方向

通过一点并沿指定方向来创建一个平面。

(10) 曲线上

通过选择一条曲线，并在设定的曲线位置处来创建一个平面。

(11) 按系数

通过指定系数 A、B、C 和 D 来定义一个平面，平面方程为 AX+BY+CZ=D。

(12) 固定平面

通过坐标系的六个主平面偏置创建平面，包括以下选项：

- YC-ZC plane ：指定当前坐标系中 XC 坐标值为常量的一个平面，需要在 XC 文本框中输入固定距离值。
- XC-ZC plane ：指定当前坐标系中 YC 坐标值为常量的一个平面，需要在 YC 文本框中输入固定距离值。
- XC-YC plane ：指定当前坐标系中 ZC 坐标值为常量的一个平面，需要在 ZC 文本框中输入固定距离值。

2.5.2 偏置

选中【偏置】复选框，输入【距离】或将手柄拖动所需的偏置距离，可偏置所创建的平面，如图 2-35 所示。

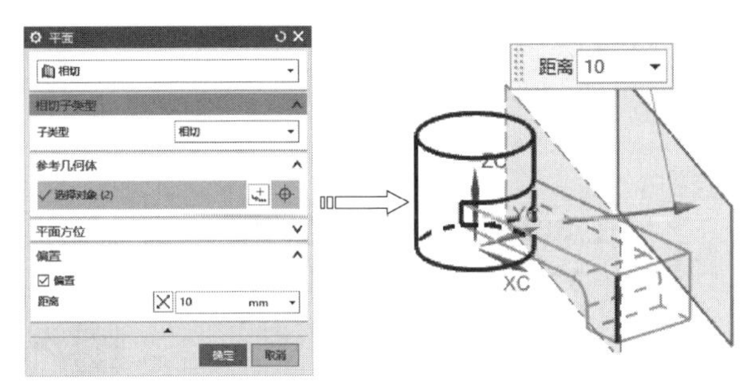

图 2-35 偏置平面

操作实例——平面构造器操作实例

创建相切平面，如图 2-36 所示。

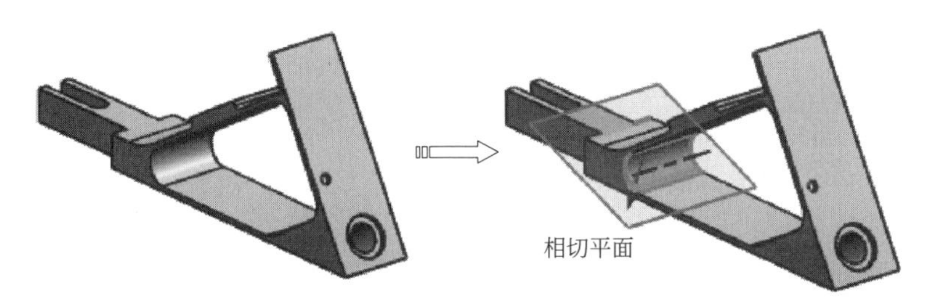

图 2-36 创建相切平面

扫码看视频

操作步骤

(1) 打开模型文件

Step 01 在功能区中单击【主页】选项卡中【标准】组中的【打开】按钮，弹出

【打开】对话框，选择素材文件“实例\第2章\原始文件\平面构造器系.prt”。单击【打开】按钮打开模型文件，如图2-37所示。

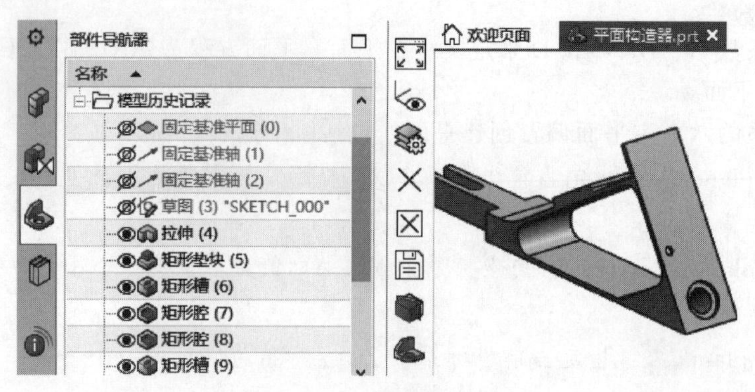

图2-37 打开模型文件

（2）创建平面

Step 02 在功能区中单击【主页】选项卡中【基本】组中的【镜像几何体】按钮，或选择下拉菜单【插入】|【关联复制】|【镜像几何体】命令，弹出【镜像几何体】对话框，如图2-38所示。

Step 03 单击【镜像平面】选项中的【平面】按钮，弹出【平面】对话框，【类型】为“相切”，选择如图2-39所示的圆弧面和直线，单击【确定】按钮创建相切平面。

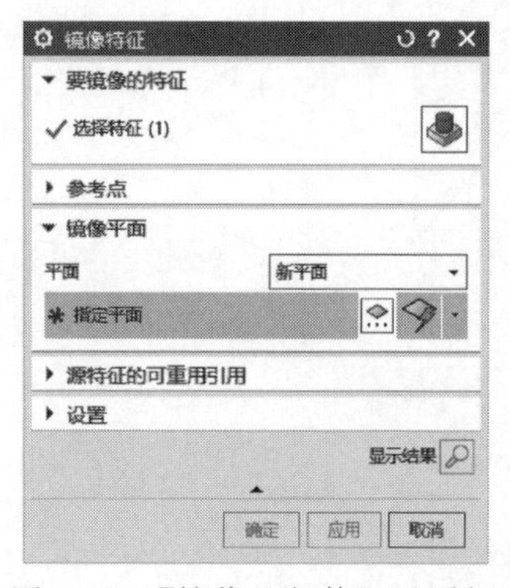

图2-38 【镜像几何体】对话框

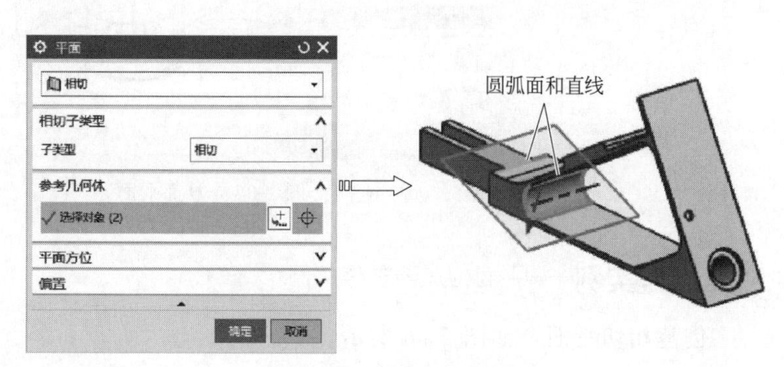

图2-39 创建相切平面

2.6 信息与测量工具

2.6.1 信息工具

使用信息工具可查看选定对象、点、表达式、部件、图层等的基本信息或特定信息。同时，可在【信息】窗口中使用剪切复制和粘贴、将输出保存到文件、将信息打印到默认打印机等操作。

2.6.1.1 对象信息

选择菜单【信息】|【对象】命令，弹出【分类选择】对话框，选择对象，如图2-40所示。

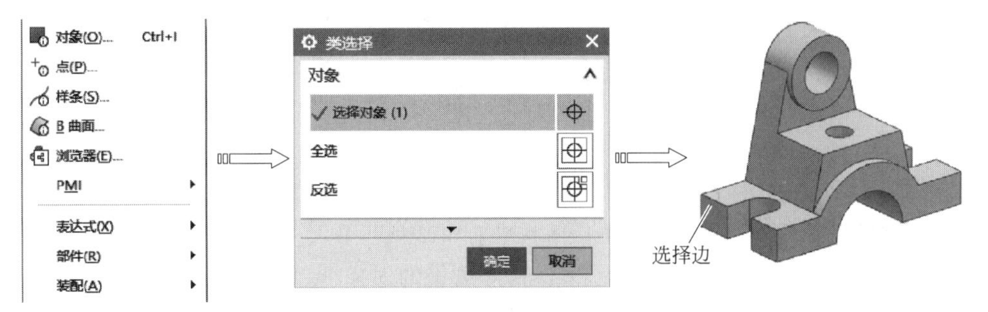

图 2-40　选择对象

单击【确定】按钮，弹出【信息】窗口，显示该对象的属性信息，如图 2-41 所示。

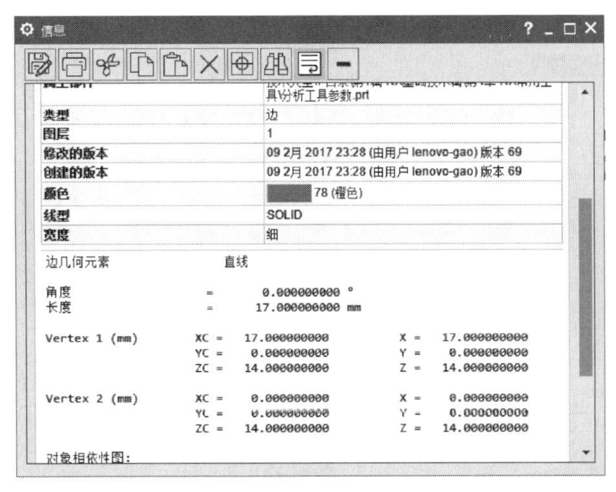

图 2-41　【信息】对话框

2.6.1.2　点

选择菜单【信息】|【点】命令，弹出【点】对话框，选择点后弹出【信息】窗口，显示该点在绝对坐标系和 WCS 坐标系中的坐标值，如图 2-42 所示。

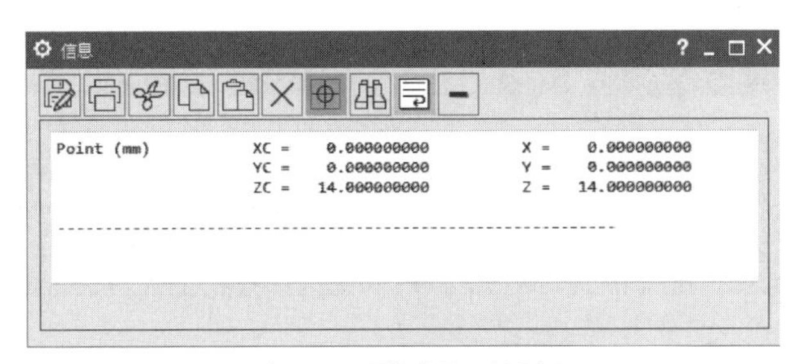

图 2-42　【信息】对话框

2.6.2　测量工具

测量工具主要用于查询物理信息，包括距离、体积、面积等，如图 2-43 所示。

单击【分析】选项卡上的【测量】组中的【测量】按钮，弹出【测量】对话框，如图 2-44 所示。

图 2-43　测量功能区命令

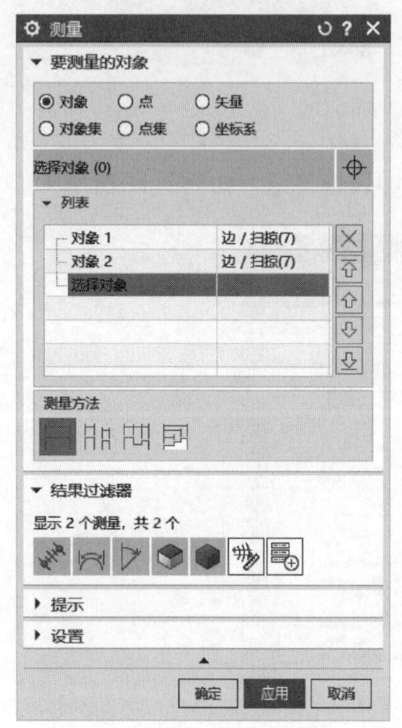

图 2-44　【测量】对话框

【测量】对话框中相关选项参数含义如下。

（1）要测量的对象

① 对象类型　用于指定可以选择的测量对象的类型，包括对象、点、矢量、对象集、点集、坐标系等。

② 列表　用于列出所选择的对象。

技术要点

如果在列表中选择一个对象，场景对话框将在图形窗口中显示该对象可能接受的测量。

③ 测量方法　用于指定对象的测量方法，包括以下选项：

- 自由：将每个对象、对象集或点集作为单独的对象处理，如图 2-45(a) 所示。
- 对象对：成对测量选定的对象，如图 2-45(b) 所示。
- 对象链：将列出的对象作为一个选定对象链处理，如图 2-45(c) 所示。
- 从参考对象：将第一个列出的对象作为参考对象处理，并显示该对象与列出的其他各个对象之间的测量关系，如图 2-45(d) 所示。

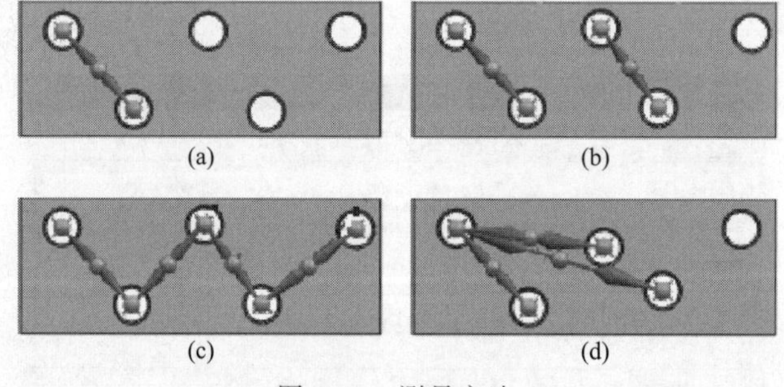

图 2-45　测量方法

（2）结果过滤器

用于在图形窗口中显示或隐藏测量类型，包括距离、曲线/边、角度、面、实体、其他等。

（3）设置

- 关联：为每个测量创建一个关联特征和一个表达式。
- 显示注释：将当前测量另存为图形窗口中的注释。

• 参考坐标系：指定测量的参考坐标系，可选择工作部件坐标系或 WCS 坐标系。

• 将结果发送到 NX 控制台：在控制台窗口中显示当前测量，该窗口会显示在资源条上。

• 在信息窗口中显示结果：在信息窗口中显示当前测量结果。

操作实例——测量操作实例

测量两点的距离和沿 ZC 轴的投影距离，如图 2-46 所示。

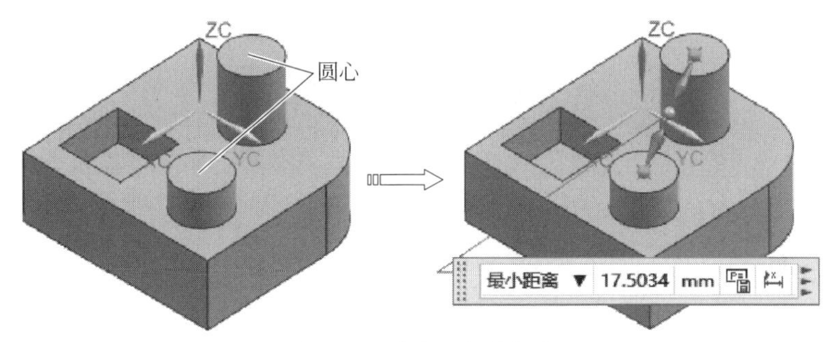

图 2-46 测量两点的距离

扫码看视频

操作步骤

(1) 打开模型文件

Step 01 在功能区中单击【主页】选项卡中【标准】组中的【打开】按钮，弹出【打开】对话框，选择素材文件“实例 \ 第 2 章 \ 原始文件 \ 测量工具 .prt”。单击【打开】按钮打开模型文件，如图 2-47 所示。

(2) 测量距离

Step 02 单击【分析】选项卡上的【测量】组中的【测量】按钮，弹出【测量】对话框，【类型】为“点”，如图 2-48 所示。

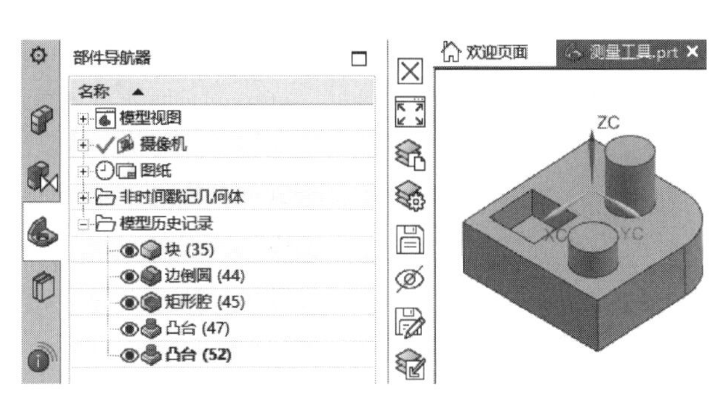

图 2-47 打开模型文件

图 2-48 【测量】对话框

Step 03　选择如图 2-49 所示的圆心，在图形区显示两点之间的最小距离。

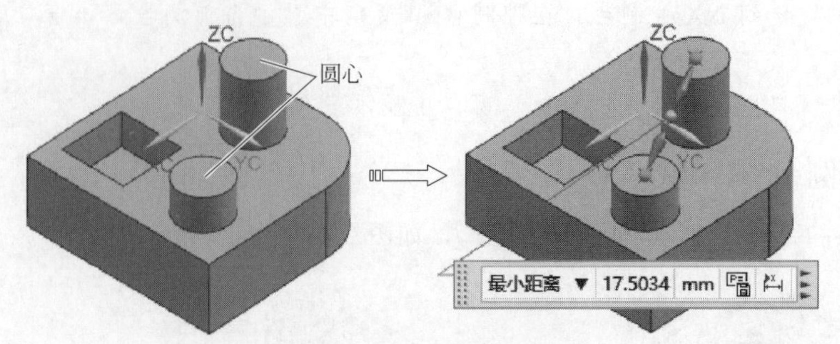

图 2-49　测量两点的距离

Step 04　在【测量】对话框中选择“矢量”，【指定矢量】为“ZC”，显示两点沿着 ZC 轴的投影距离，如图 2-50 所示。

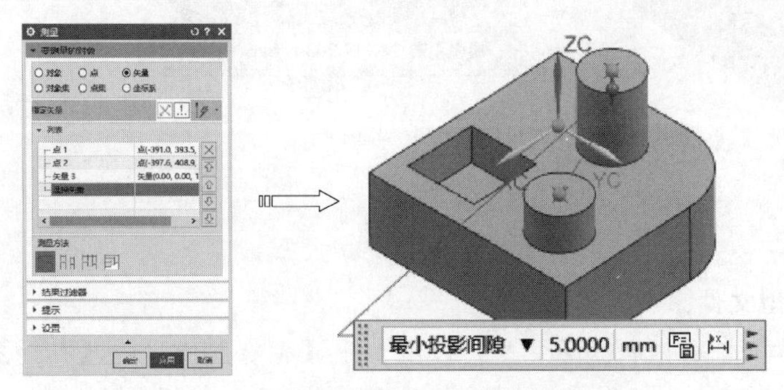

图 2-50　测量两点沿着 ZC 轴的投影距离

本章小结

本章对 UG NX 软件常用工具进行了介绍，主要内容包括分类选择器、点构造器、矢量构造器、坐标系构造器、平面构造器等工具，所述内容基本上在 UG NX 各个应用模块都有广泛的应用。读者熟练掌握本章知识将对以后学习建模、数控、模具设计有很大的帮助，会使后面的操作更加得心应手。

第3章 UG NX草图设计

草图是UG NX创建在规定平面上的命了名的二维曲线集合。创建的草图可实现多种设计需求：通过扫略、拉伸或旋转草图来创建实体或片体、创建2D概念布局、创建构造几何体，如运动轨迹或间隙弧。UG NX通过尺寸和几何约束可以用于建立设计意图并且提供通过参数驱动改变模型的能力。

本章内容

- 草图简介
- 草图用户界面
- 草图绘制命令
- 草图编辑命令
- 草图操作命令
- 草图约束命令
- 草图绘制范例

3.1 UG NX草图简介

二维草图是UG NX三维建模的基础，草图就是创建在规定平面上的命了名的二维曲线集合，常通过拉伸、旋转、扫掠草图等特征创建方法来创建实体或片体。

3.1.1 草图生成器

草图生成器是UG NX进行草图绘制的专业模块，常与其他模块相配合进行3D模型的绘制。草图生成器不仅可以创建、编辑草图元素，还可以对草图元素施加尺寸约束和几何约束，从而精确、快速地绘制二维轮廓。

在草图功能区中单击【主页】选项卡中【直接草图】组中的【草图】命令，弹出【创建草图】对话框，【草图类型】选“在平面上”，单击【确定】按钮，进入草图生成器。草图生成器用户界面主要包括菜单、导航器、选项卡、图形区、状态行等，如图3-1所示。

3.1.2 草图元素

UG NX草图生成器中常用的草图元素，主要包括草图对象、尺寸约束、几何约束，如图3-2所示。

(1) 草图对象

草图对象是指草图中的曲线和点。建立草图工作平面后，就可在草图工作平面上建立草

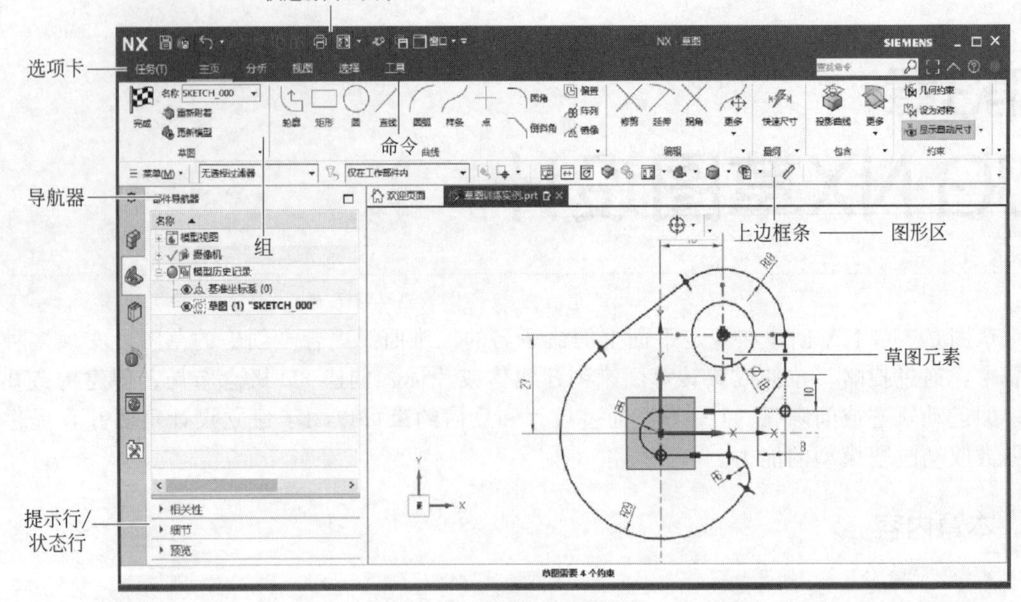

图 3-1　草图生成器界面

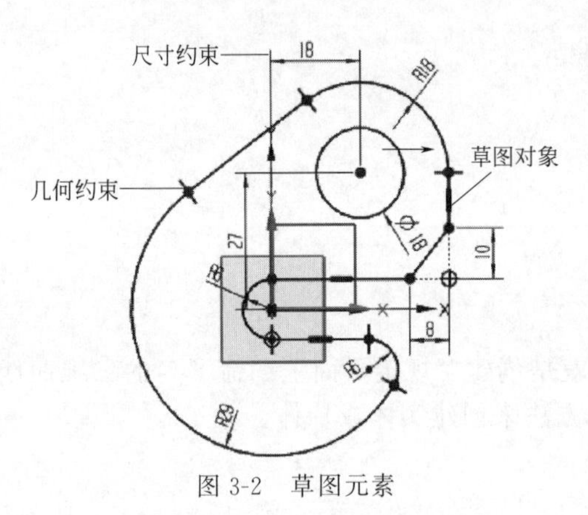

图 3-2　草图元素

图对象了。建立草图对象的方法有多种：可以在草图工作平面中直接绘制曲线和点；也可以通过草图操作功能中的一些方法，添加绘图工作区中存在的曲线或点到当前草图中；还可以从实体或片体上抽取对象到草图中。

（2）尺寸约束

尺寸约束可定义零件截面形状和尺寸，如矩形的尺寸可以用长、宽参数约束。

（3）几何约束

几何约束可定义几何之间的关系，如两条直线平行、共线、垂直直线与圆弧相切、圆弧与圆弧相切等。

技术要点

绘制草图曲线时，不必在意尺寸是否准确，只需绘制出近似形状即可。此后，通过尺寸和几何约束来精确定位草图。

3.2　草图绘制命令

UG NX 草图生成器【主页】选项卡的【曲线】组中提供草图实体绘制工具。

3.2.1　绘制点

【点】命令用于在草图上建立一个点。

在草图功能区中单击【主页】选项卡中【曲线】组中的【点】命令十，或选择菜单【插入】|【曲线】|【基准/点】|【点】命令，弹出【草图点】对话框，如图 3-3 所示。

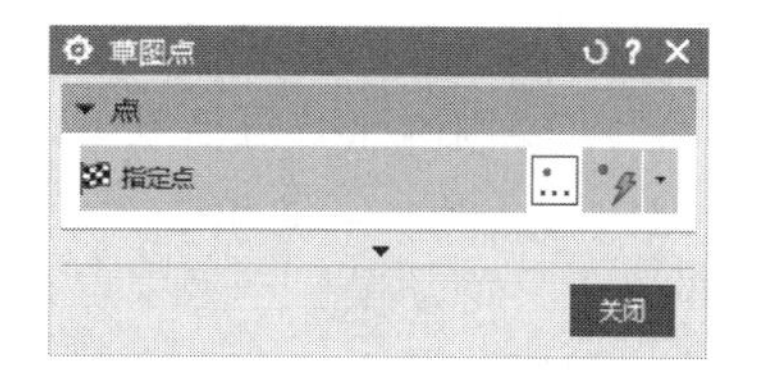

图 3-3 【草图点】对话框

单击【点对话框】按钮，弹出【点构造器】对话框。利用该对话框，可根据点的各种创建类型来创建点，创建后的点可通过几何约束和尺寸约束进行定位。

技术要点

点构造器的使用请参考“第 2 章 2.2 节 点构造器”相关内容进行学习。

3.2.2 绘制轮廓线

【轮廓线】用于在草图平面上连续绘制直线和圆弧，前一段直线或者圆弧的终点是下一段直线或者圆弧的起点。

技术要点

轮廓线包括直线和圆弧，轮廓线命令与直线或圆弧命令的区别在于它可以连续绘制线段和圆弧。

在草图功能区中单击【主页】选项卡中【曲线】组中的【轮廓】命令，或选择菜单【插入】|【曲线】|【轮廓】命令，弹出【轮廓】工具栏，如图 3-4 所示。

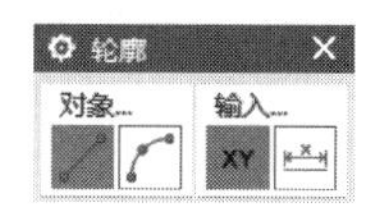

图 3-4 【轮廓】工具栏

【轮廓】工具栏中提供了两种草图绘制类型，分别介绍如下。

(1) 直线

选中【直线】按钮，可绘制连续折线图形。单击选中该按钮，在草图平面中，任意选择一点作为直线的起点；单击鼠标左键，沿着某一方向拖动鼠标；再单击鼠标左键，以确定直线的转折点。以此类推，直至完成所有的直线，单击鼠标中键结束命令，如图 3-5 所示。

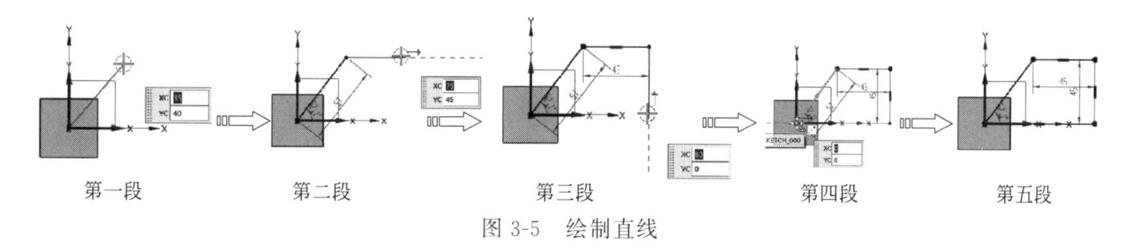

图 3-5 绘制直线

技术要点

当绘制轮廓线结束后可以通过单击其他绘图按钮切换绘图模式，或者按 ESC 键结束绘图。

(2) 圆弧

用于绘制圆弧，包括以下两种类型：

① 三点弧　单击并选中该按钮，在绘图平面中选择任意一点，单击鼠标左键，确定圆弧的起点；拖动鼠标至另一点，单击鼠标左键，确定圆弧的终点；再拖动鼠标，确定圆弧上的点，以定义圆弧的大小，单击鼠标左键结束，如图 3-6 所示。

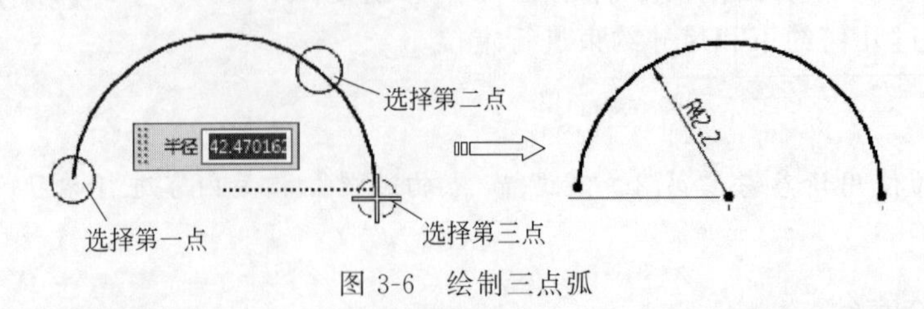

图 3-6　绘制三点弧

② 相切弧或垂直弧　在完成一条圆弧绘制的基础上，单击并选中该按钮，可绘制与上一个图素相切的圆弧。首先启动轮廓线命令绘制一段直线，然后单击【圆弧】按钮，绘制与上一条直线相切的圆弧，如图 3-7 所示。

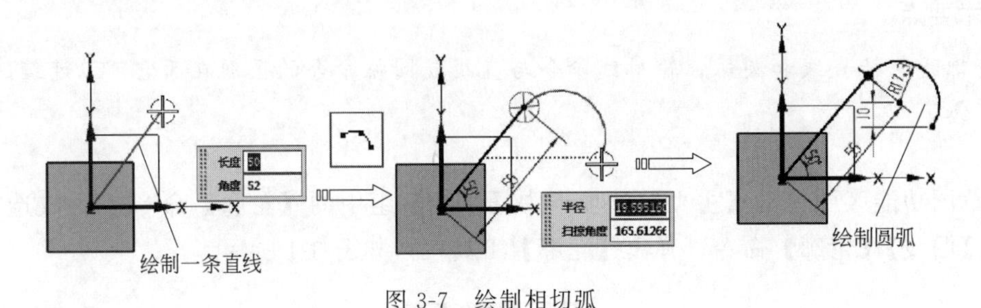

图 3-7　绘制相切弧

技术要点

要从直线切换到圆弧模式，也可按住鼠标左键，并在圆弧方向移动光标即可绘制相切弧或者垂直弧。

3.2.3　绘制直线

【直线】用于通过两点来创建直线，直线创建有两种输入模式：坐标模式和参数模式。

在草图功能区中单击【主页】选项卡中【曲线】组中的【直线】命令，或选择菜单【插入】|【曲线】|【直线】命令，弹出【直线】工具栏，如图 3-8 所示。

图 3-8　【直线】工具栏

在图形区单击选择一点作为直线起点（或者利用输入模式输入点坐标），移动鼠标在图形区所需位置单击选择一点作为直线终点，系统自动创建直线，按 ESC 键结束，如图 3-9 所示。

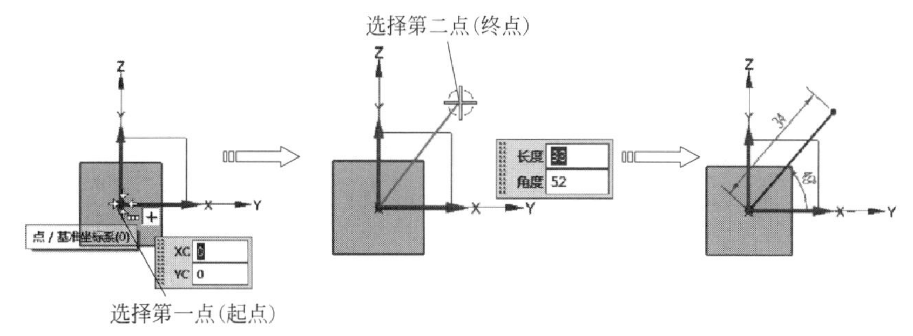

图 3-9　绘制直线

3.2.4　绘制圆弧

【圆弧】是指绘制圆的一部分，圆弧是不封闭的，而封闭的图形称为圆。

在草图功能区中单击【主页】选项卡中【曲线】组中的【圆弧】命令，或选择菜单【插入】|【曲线】|【圆弧】命令，弹出【圆弧】工具栏，如图 3-10 所示。

【圆弧】工具栏中提供了两种圆弧绘制类型，分别介绍如下。

(1) 三点定圆弧

三点弧用于通过依次定义弧的起点、第二点和终点来创建圆弧。

① 端点-中间点-端点创建圆弧　选中【三点定圆弧】按钮，在绘图平面中选择任意一点，单击鼠标左键，确定圆弧的起点；拖动鼠标至另一点，单击鼠标左键，确定圆弧的终点；再拖动鼠标，确定圆弧上的点，以定义圆弧的大小，如图 3-11 所示。

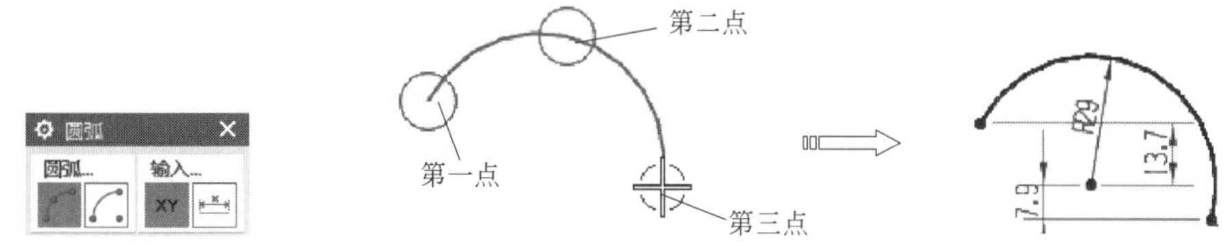

图 3-10　【圆弧】工具栏　　图 3-11　端点-中间点-端点创建圆弧

② 端点-端点-中间点创建圆弧　在圆弧的绘制过程中，若移动光标穿过所绘制圆弧的一个圆形标记，则系统可将第三个点由圆弧端点上的一点变为圆弧上的一点，如图 3-12 所示。

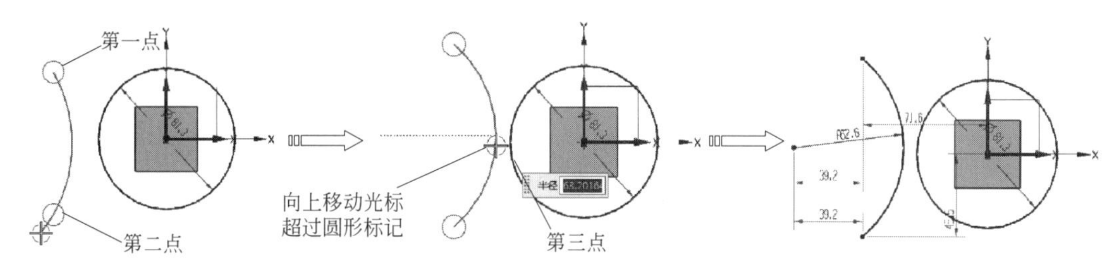

图 3-12　端点-端点-中间点创建圆弧

(2) 中心和端点定圆弧

单击并选中该按钮，在绘图平面中选择任意一点，单击鼠标左键，确定圆弧的中心；拖动鼠标至另一点，单击鼠标左键，确定圆弧的半径；再拖动鼠标，确定圆弧的终点，单击鼠标左键结束，如图 3-13 所示。

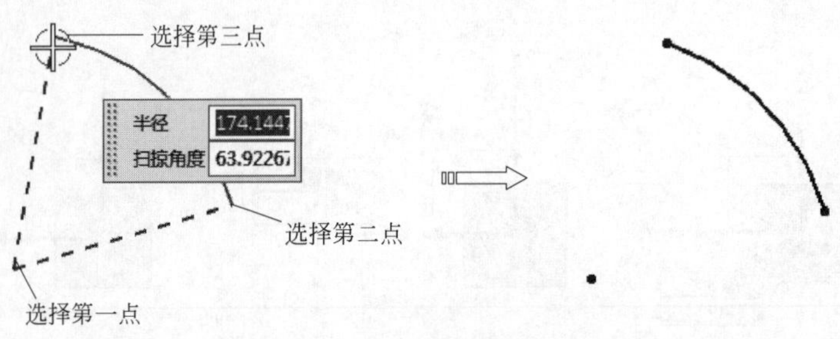

图 3-13　中心和端点定圆弧

3.2.5　绘制圆

在草图功能区中单击【主页】选项卡中【曲线】组中的【圆】命令，或选择菜单【插入】|【曲线】|【圆】命令，弹出【圆】工具栏，如图 3-14 所示。

【圆】工具栏中提供了两种圆绘制类型，分别介绍如下。

(1) 圆心和直径定圆

【圆心和直径定圆】是指通过圆心和半径创建圆。

在绘图平面中指定圆心的位置，单击鼠标左键后，沿径向拖动鼠标，以确定直径的大小。为获得精确的直径大小，可以在文本框中输入直径的值，如图 3-15 所示。

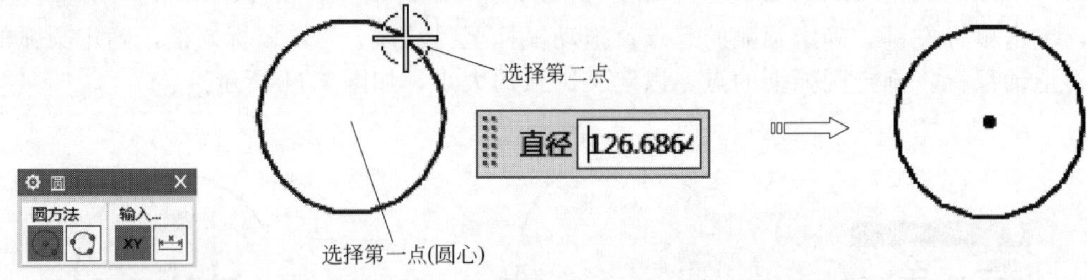

图 3-14　【圆】工具栏　　　　图 3-15　通过圆心和直径绘制圆

(2) 三点定圆

【三点定圆】用于通过三个坐标点创建一个圆。

在绘图平面中指定圆弧上的第一点位置，单击鼠标左键；拖动鼠标，以确定圆弧上第二点的位置，单击鼠标左键；再次拖动鼠标，确定圆弧上第三点的位置，单击鼠标左键结束，如图 3-16 所示。

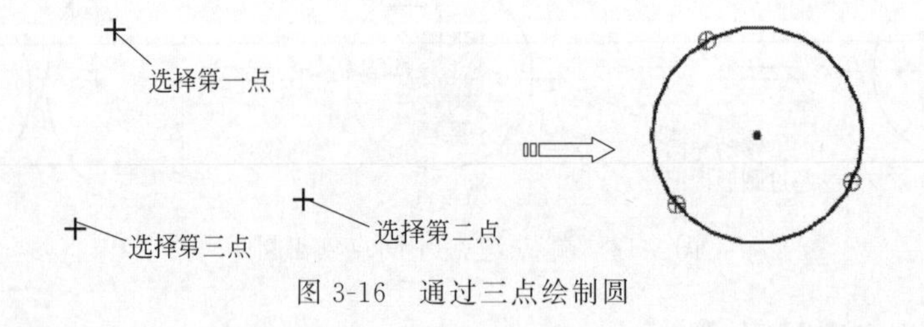

图 3-16　通过三点绘制圆

3.2.6　绘制矩形

在草图功能区中单击【主页】选项卡中【曲线】组中的【矩形】命令，或选择菜单

【插入】|【曲线】|【矩形】命令，弹出【矩形】工具栏，如图 3-17 所示。

【矩形】工具栏中提供了 3 种矩形创建方法，分别介绍如下。

(1) 按 2 点

选中【按 2 点】按钮，指定两个对角点来创建一个分别平行于 XC 和 YC 轴的矩形，如图 3-18 所示。

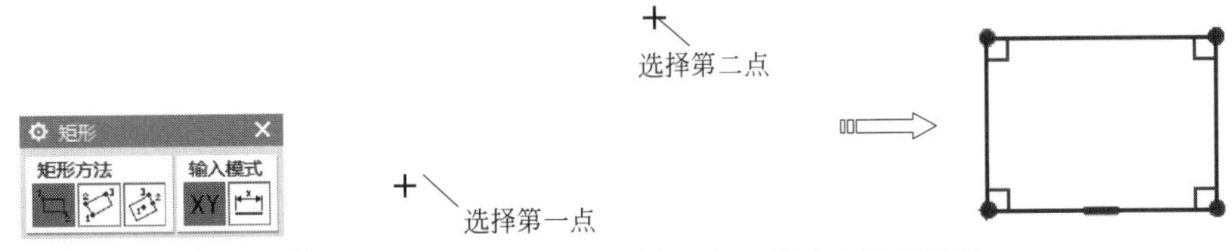

图 3-17 【矩形】工具栏

图 3-18 按 2 点绘制矩形

(2) 按 3 点

选中【按 3 点】按钮，创建与 XC 轴和 YC 轴成角度的矩形，前 2 个点显示宽度和矩形的角度，第 3 个点指示矩形的高度，如图 3-19 所示。

图 3-19 按 3 点创建矩形

(3) 从中心

选中【从中心】按钮，用中心点与第 2 个点来指定角度和宽度，并用第 3 个点来指定高度来创建矩形，如图 3-20 所示。

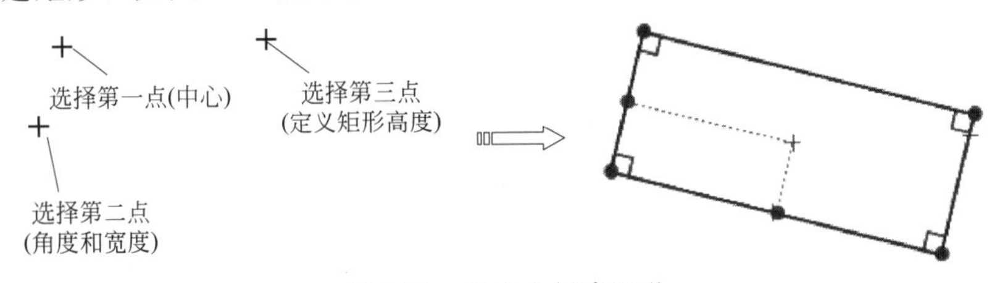

图 3-20 从中心创建矩形

3.2.7 绘制多边形

【多边形】用于通过定义中心创建正多边形。

在草图功能区中单击【主页】选项卡中【曲线】组中的【多边形】命令，或选择菜单【插入】|【曲线】|【多边形】命令，弹出【多边形】对话框，如图 3-21 所示。

图 3-21 【多边形】对话框

【多边形】对话框中相关选项参数含义如下。

(1) 中心点

【指定点】用于定义多边形的中心点。可直接在屏幕选取，或利用其后的【点对话框】按钮，使用点构造器创建中心点。

(2) 边

用于指定多边形的边数。

(3) 大小

用于定义多边形的方式、半径和旋转角等，包括 5 个选项。

① 指定点　用于选择一点以定义多边形半径。

② 大小　用于指定多边形定义方式，包括以下选项：

- 内切圆半径：指定从中心点到多边形边的中心的距离。
- 外接圆半径：指定从中心点到多边形拐角的距离。
- 边长：指定多边形边的长度。

③ 半径　当【大小】设为内切圆半径或外接圆半径时可用，用于设置多边形内切圆和外接圆半径的大小。

④ 长度　当【大小】设为边长时可用，可设置多边形边长的长度。

⑤ 旋转　用于设置多边形旋转角度，从草图水平轴开始测量，选中其前面的复选框可锁定该值。

3.3 草图编辑命令

草图绘制指令可以完成轮廓的基本绘制，但最初完成的绘制是未经过相应编辑的，需要对其进行倒圆角、倒角、修剪、镜像等操作，才能获得更加精确的轮廓。

3.3.1 定向到草图

定向到草图命令用于将草图平面调整到与视角垂直方向。

在草图功能区中单击【视图】选项卡中【草图显示】组中的【定向到草图】按钮，将草图平面与屏幕平行，如图 3-22 所示。

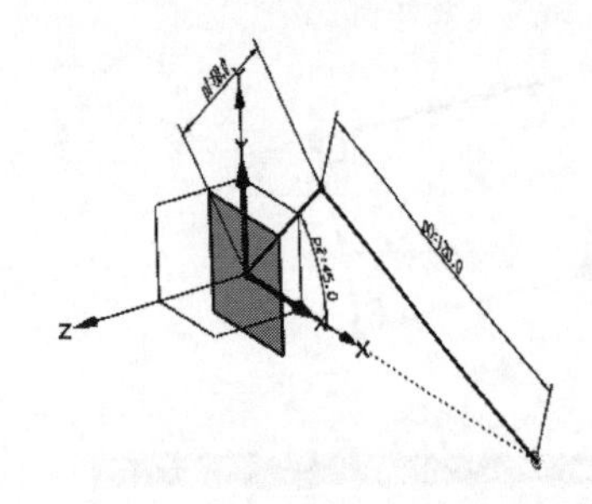
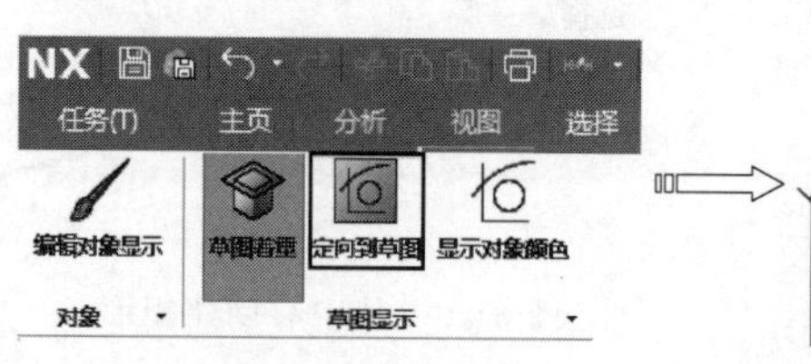

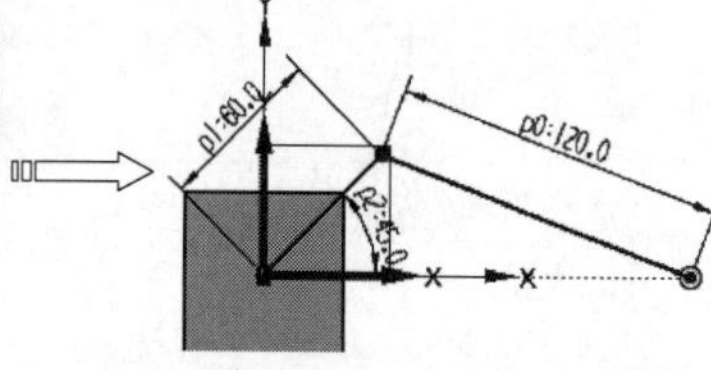

图 3-22　定向到草图

3.3.2 修剪曲线

【修剪】功能用于将一条曲线修剪至任一方向上最近的交点。如果曲线没有交点，则将其删除。

在草图功能区中单击【主页】选项卡中【编辑】组中的【修剪】按钮，或选择菜单【编辑】|【曲线】|【修剪】命令，弹出【修剪】对话框，如图 3-23 所示。

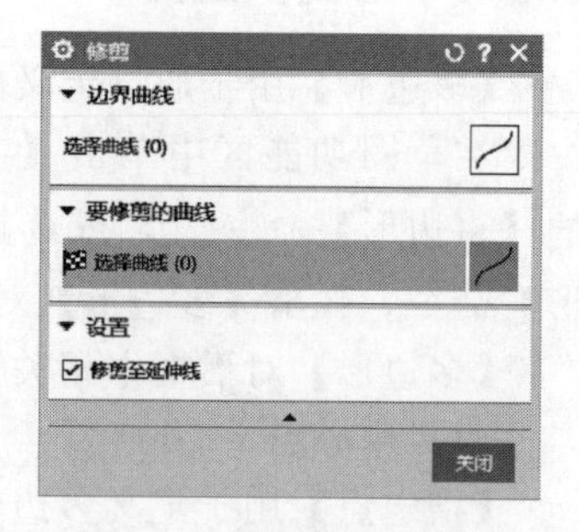

图 3-23　【修剪】对话框

【修剪】对话框中相关选项参数含义如下。

（1）边界曲线

【选择曲线】为修剪操作选择边界曲线。可以选择位于当前草图中或者出现在该草图前面（按时间戳记顺序）的任何曲线、边、点、基准平面或轴。

（2）要修剪的曲线

【选择曲线】选择一条或多条要修剪的曲线。

（3）设置

【修剪至延伸线】用于指定是否修剪至一条或多条边界曲线的虚拟延伸线。

操作实例——修剪曲线实例

扫码看视频

操作步骤

Step 01 打开素材文件“实例\第3章\原始文件\修剪曲线.prt”，在【部件导航器】窗口中双击【草图】节点，进入草图生成器，如图3-24所示。

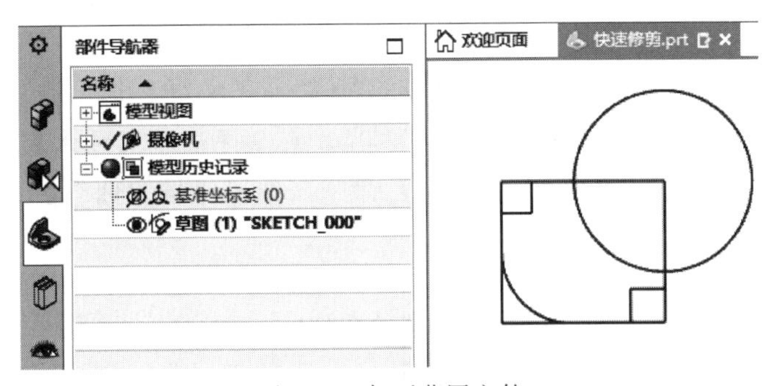

图3-24 打开草图文件

Step 02 在草图功能区中单击【主页】选项卡中【编辑】组中的【修剪】按钮，或选择菜单【编辑】|【曲线】|【修剪】命令，弹出【修剪】对话框，选择如图3-25所示曲线，自动完成修剪。

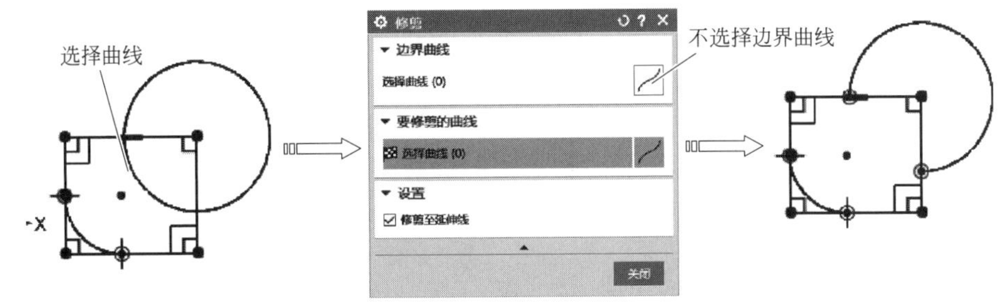

图3-25 修剪

Step 03 重复上述过程，修剪后图形如图3-26所示。

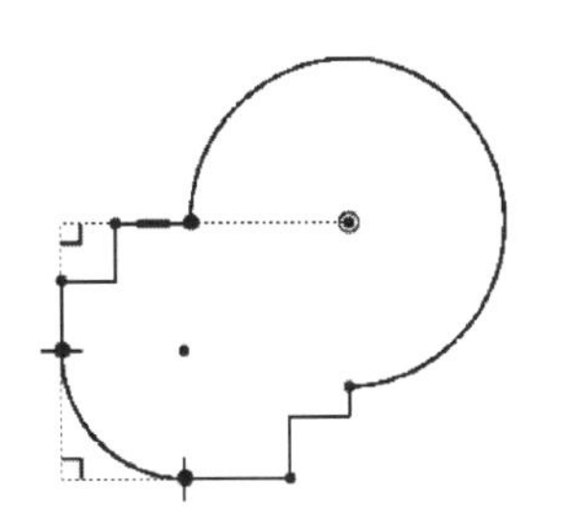

图3-26 修剪后图形

3.3.3 延伸曲线

【延伸】用于延伸草图对象中的直线、圆弧、曲线等。

在草图功能区中单击【主页】选项卡中【编辑】组中的【延伸】按钮，或选择菜单【编辑】|【曲线】|【延伸】命令，弹出

【延伸】对话框，如图 3-27 所示。

【延伸】对话框中相关参数可参考修剪操作，此处不再重复。

3.3.4 删除元素

在绘制草图时，有时需要将多余草图元素删除。删除元素可采用以下方法：首先选中要删除的元素，按 Delete 键；或选择下拉菜单【编辑】|【删除】命令即可删除元素。

图 3-27 【延伸】对话框

3.4 草图操作命令

在 UG NX 系统中提供了与草图相关的操作功能，包括偏置曲线和镜像草图等操作。

3.4.1 偏置曲线

偏置曲线是将从实体或片体抽取出的曲线沿指定方向偏置一定距离而产生的一条新曲线，并在草图中产生一个偏置约束。

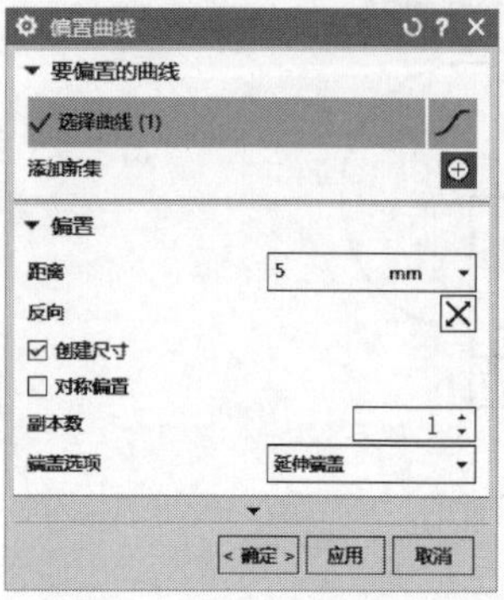

在草图功能区中单击【主页】选项卡中【曲线】组中的【偏置曲线】按钮，或选择菜单【插入】|【来自曲线集的曲线】|【偏置曲线】命令，弹出【偏置曲线】对话框，如图 3-28 所示。

图 3-28 【偏置曲线】对话框

【偏置曲线】对话框中相关选项参数含义如下。

（1）要偏置的曲线

【选择曲线】用于选择要偏置的曲线或曲线链。曲线链可以是开放的、封闭的或者一段开放一段封闭，可以包含以下类型的几何图形：直线、圆弧、圆、二次曲线、偏置链、椭圆、样条。

（2）偏置

① 距离　用于指定偏置距离，正值有效。

② 反向　单击【反向】按钮，可使偏置链的方向反向，也可双击方向手柄使其反向。

③ 创建尺寸　在基曲线和偏置曲线链之间创建一个偏置尺寸约束。

④ 对称偏置　在基本链的两端各创建一个偏置链。

⑤ 副本数　用于指定要生成的偏置链的副本数。UG NX 将偏置链的每个副本按照【距离】参数所指定的值进行偏置。

⑥ 端盖选项

- 延伸端盖：通过沿着曲线的自然方向将其延伸到实际交点来封闭偏置链。
- 圆弧帽形体：通过为偏置链曲线创建圆角来封闭偏置链。圆角半径等于偏置距离。

操作实例——偏置曲线操作实例

操作步骤

Step 01　打开素材文件“实例\第 3 章\原始文件\偏置曲线.prt”，在【部件导航器】窗口中双击【草图】节点，进入草图生成器，如图 3-29 所示。

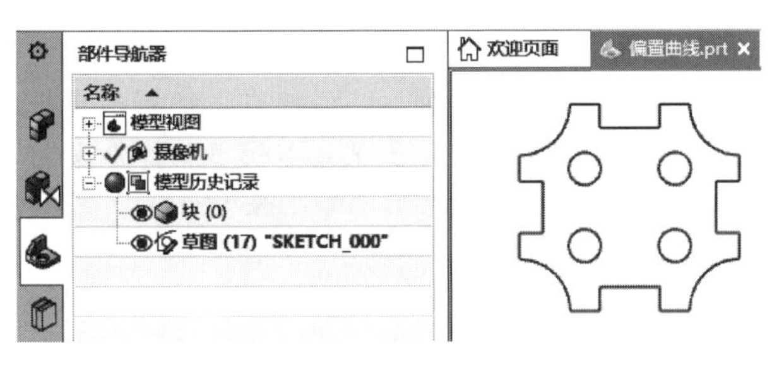

图 3-29　打开草图文件

Step 02　在草图功能区中单击【主页】选项卡中【曲线】组中的【偏置曲线】按钮，或选择菜单【插入】|【来自曲线集的曲线】|【偏置曲线】命令，弹出【偏置曲线】对话框，如图 3-30 所示。

Step 03　选择曲线，设置【距离】为 2mm，单击【确定】按钮完成操作，如图 3-31 所示。

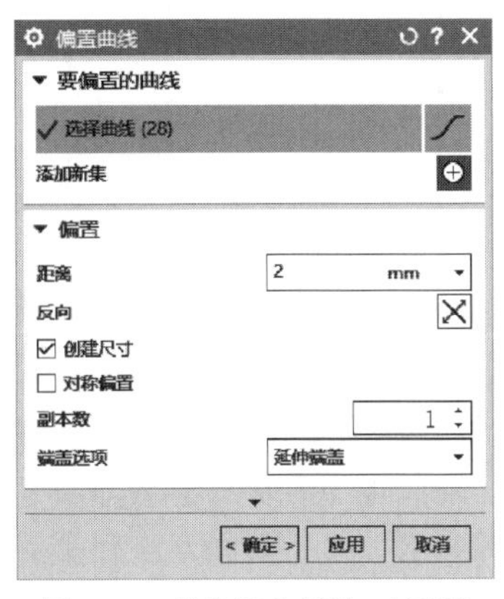

图 3-30　【偏置曲线】对话框

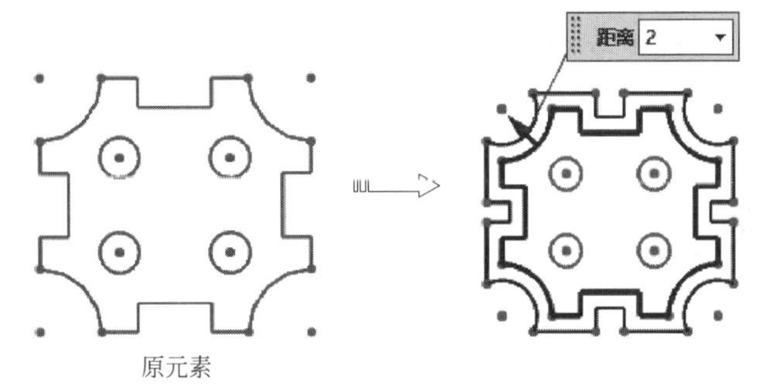

图 3-31　创建偏置曲线

3.4.2　阵列曲线

使用阵列曲线命令可对与草图平面平行的边、曲线和点设置阵列，包括线性阵列、圆形阵列、常规阵列。

在草图功能区中单击【主页】选项卡中【曲线】组中的【阵列曲线】按钮，或选择菜单【插入】|【来自曲线集的曲线】|【阵列曲线】命令，弹出【阵列曲线】对话框，如图 3-32 所示。

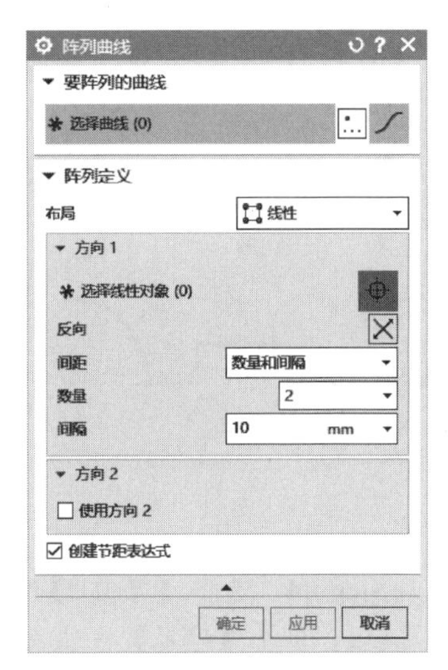

图 3-32　【阵列曲线】对话框

【阵列曲线】对话框中相关选项参数含义如下。

（1）要阵列的曲线

【选择曲线】用于选择要阵列的曲线或曲线链。

（2）选择线性对象

【选择线性对象】用于选择线性图元定义阵列方向参考元素。单击其下方的【反向】按钮可反转阵列方向。

(3) 间距

【间距】用于定义源对象在阵列方向上副本的分布数量和间距，包括以下选项：

- 数量和节距：通过指定实例数量和间距，系统自动计算总长度。
- 数量和跨距：通过指定实例数量和总长度，系统自动计算实例之间的间距。
- 节距和跨距：通过指定间距和总长度，系统自动计算实例的数量。

操作实例——阵列曲线操作实例

操作步骤

Step 01 打开素材文件“实例\第3章\原始文件\阵列曲线.prt”，在【部件导航器】窗口中双击【草图】节点，进入草图生成器，如图3-33所示。

扫码看视频

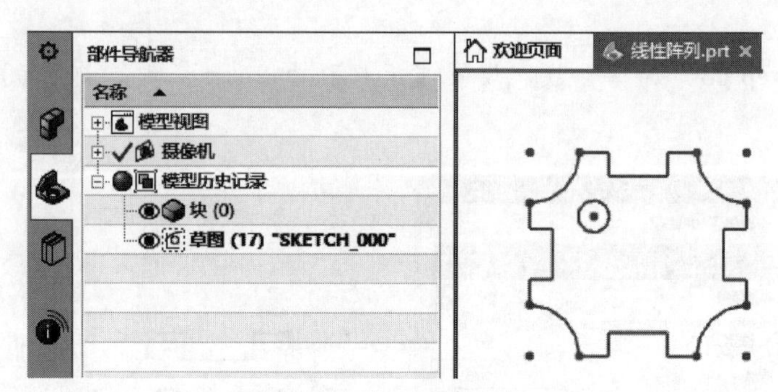

图3-33 打开草图文件

Step 02 在功能区中单击【主页】选项卡中【曲线】组中的【阵列曲线】命令，或选择菜单【插入】|【来自曲线集的曲线】|【阵列曲线】命令，弹出【阵列曲线】对话框。

Step 03 【布局】选“线性”，在【方向1】中选择曲线如图3-34所示为阵列曲线，选择阵列参考如图3-34所示，设置【数量】为2，【节距】为11.5。

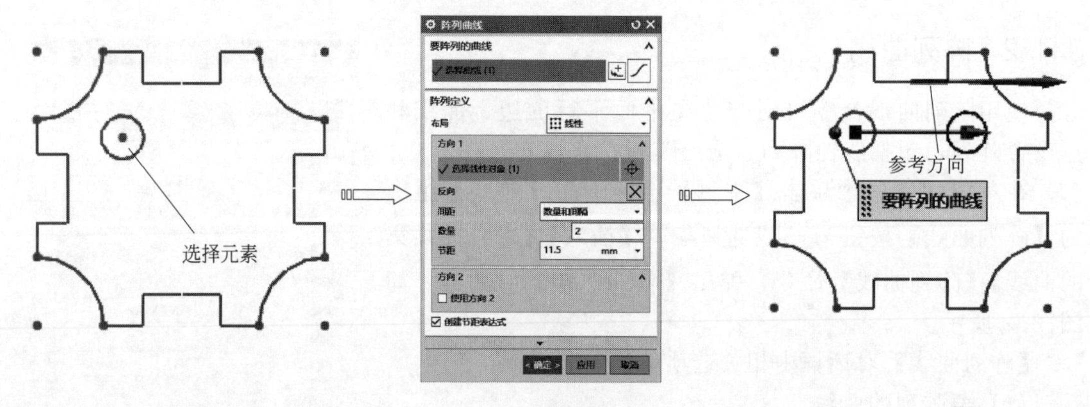

图3-34 设置方向1

Step 04 选中【方向2】，选择如图3-35所示的阵列参考，设置【数量】为2，【节距】为11.5，单击【确定】按钮完成阵列。

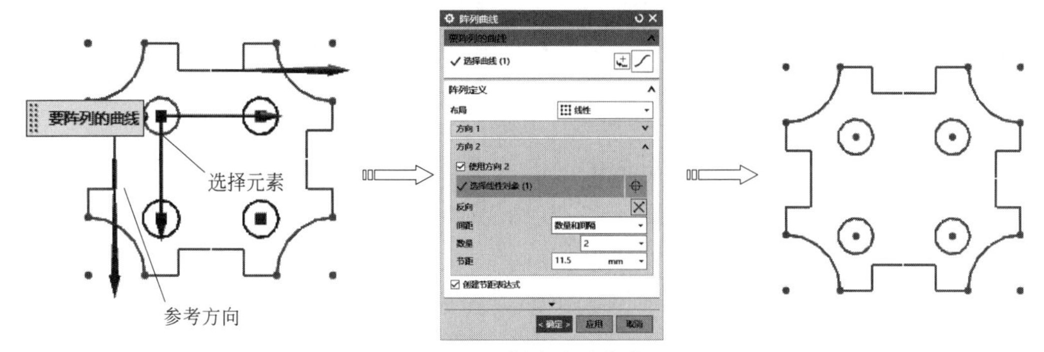

图 3-35　创建阵列曲线

3.4.3　镜像曲线

镜像命令用于生成关于草图中心线对称的几何图形。

在草图功能区中单击【主页】选项卡中【曲线】组中的【镜像曲线】命令，或选择菜单【插入】|【来自曲线集的曲线】|【镜像曲线】命令，弹出【镜像曲线】对话框，如图 3-36 所示。

图 3-36　【镜像曲线】对话框

【镜像曲线】对话框中相关选项参数含义如下。

(1) 要镜像的曲线

【选择曲线】可选定一条或多条要镜像的草图曲线。单击【要镜像的曲线】按钮，之后选择草图对象中曲线。

(2) 中心线

【选择中心线】用于指定镜像中心线，可选择当前草图内部或外部的直线、边或基准轴。

(3) 设置

【中心线转换为参考】将活动中心线转换为参考。如果中心线为基准轴，则 UG NX 沿该轴创建一条参考线。

操作实例——镜像曲线操作实例

操作步骤

Step 01　打开素材文件“实例\第 3 章\原始文件\镜像曲线.prt”，在【部件导航器】窗口中双击【草图】节点，进入草图生成器，如图 3-37 所示。

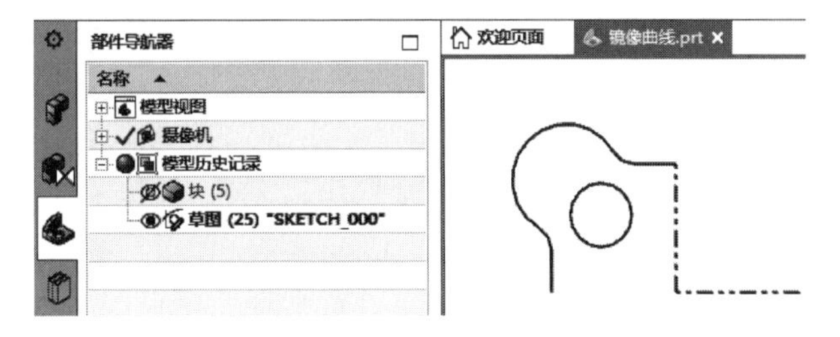

图 3-37　打开草图文件

图 3-38 【镜像曲线】对话框

Step 02 在功能区中单击【主页】选项卡中【曲线】组中的【镜像曲线】命令，或选择菜单【插入】|【来自曲线集的曲线】|【镜像曲线】命令，弹出【镜像曲线】对话框，如图 3-38 所示。

Step 03 单击【选择中心线】按钮，选择草图中的镜像中心线，然后单击【要镜像的曲线】按钮，之后选择草图对象中曲线，单击【应用】按钮，即可完成草图的镜像操作，如图 3-39 和图 3-40 所示。

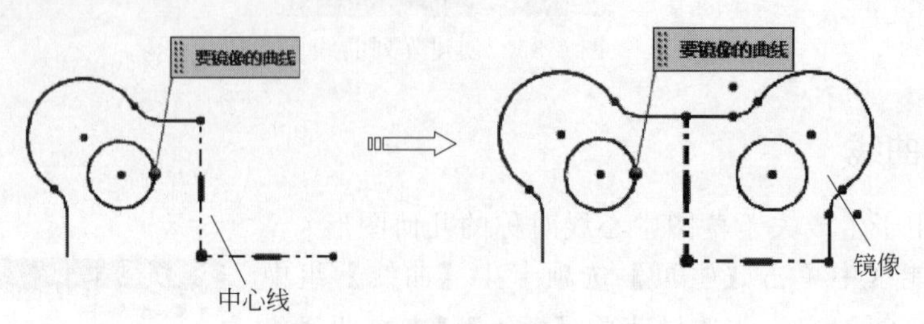

图 3-39 创建镜像曲线（一）

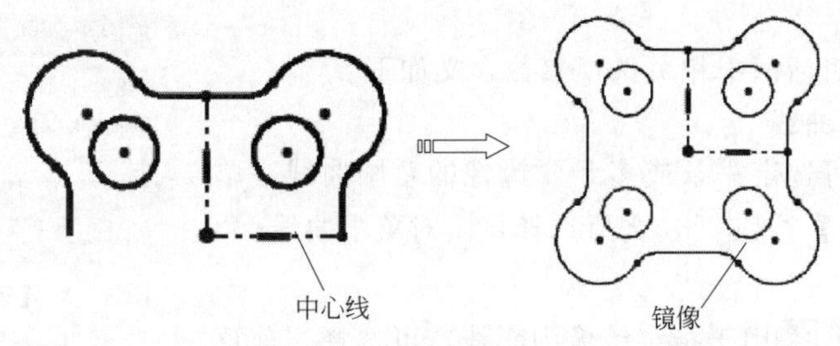

图 3-40 创建镜像曲线（二）

3.4.4 相交曲线

【相交曲线】用于在草图平面与所选连续曲面相交处创建一条光滑曲线。

在草图功能区中单击【主页】选项卡中【曲线】组中的【相交曲线】命令，或选择菜单【插入】|【来自曲线集的曲线】|【相交曲线】命令，弹出【相交曲线】对话框，如图 3-41 所示。

图 3-41 【相交曲线】对话框

【相交曲线】对话框中相关选项参数含义如下。

(1) 要相交的面

• 【选择面】：选择要在其上创建相交曲线的面。如果要选择多个面，这些面必须是连续相切的，可通过【上边框条】中的【选择意图】来实现。

• 【循环解】：UG NX 可以在孔的任一侧创建相交曲线，使用循环解可选择备选项。

(2) 设置

① 忽略孔　选中该选项，在面上创建通过任意修剪孔的相交曲线。

② 连结曲线　选中该选项，将多个面上的曲线合并成单个样条曲线，否则在每个面上单独创建草图曲线。

③ 曲线拟合

- 三次：创建一个 3 次曲线。
- 五次：创建一个 5 次曲线，其段数比用三次拟合方法创建的曲线的段数少，曲率更光顺。

操作实例——相交曲线操作实例

操作步骤

Step 01　打开素材文件"实例\第 3 章\原始文件\相交曲线.prt"，在【部件导航器】窗口中双击【草图】节点，进入草图生成器，如图 3-42 所示。

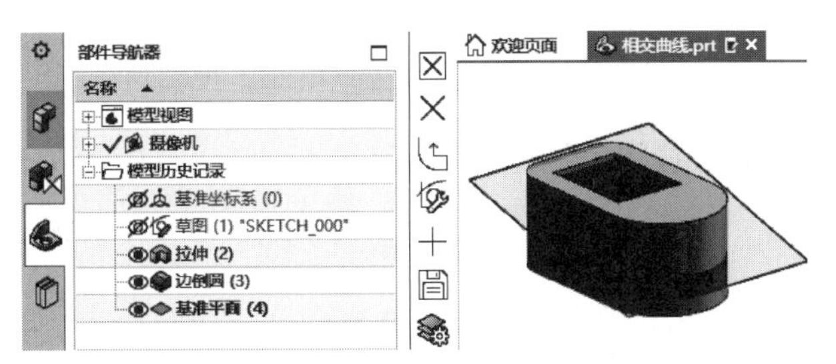

图 3-42　打开草图文件

Step 02　在功能区中单击【主页】选项卡中【曲线】组中的【相交曲线】命令，或选择菜单【插入】|【来自曲线集的曲线】|【相交曲线】命令，弹出【相交曲线】对话框，如图 3-43 所示。

Step 03　选择如图 3-44 所示的外轮廓相切面，单击【确定】按钮创建与草绘平面相交的曲线。

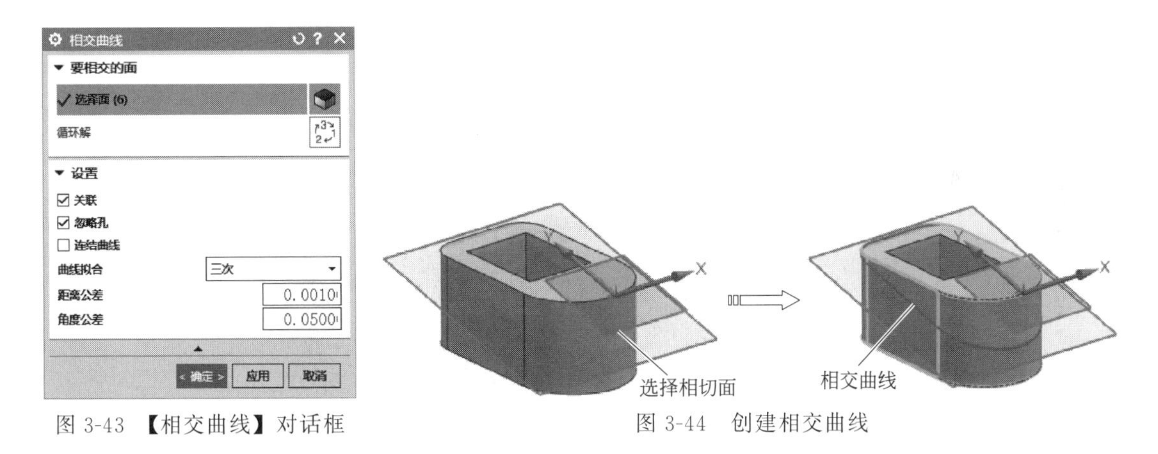

图 3-43　【相交曲线】对话框　　　图 3-44　创建相交曲线

3.4.5　投影曲线

投影曲线是指将选择的模型对象沿草图平面法向方向投影到草图中，生成草图对象。

在草图功能区中单击【主页】选项卡的【曲线】组中的【投影曲线】命令，或选择菜单【插入】|【来自曲线集的曲线】|【投影曲线】命令，弹出【投影曲线】对话框，如

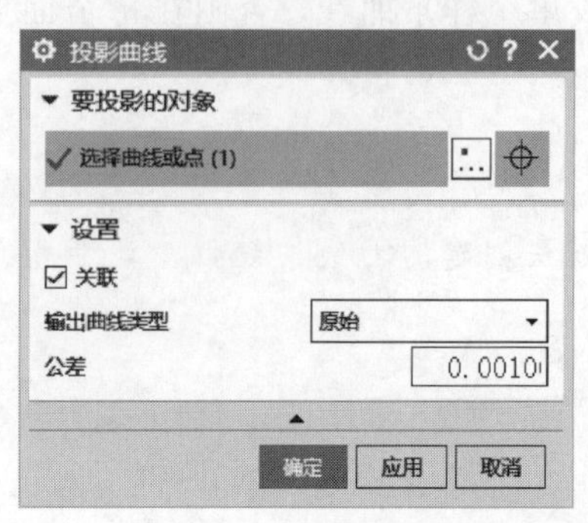

图 3-45 【投影曲线】对话框

图 3-45 所示。

【投影曲线】对话框中相关选项参数含义如下。

(1) 要投影的对象

【要投影的对象】用于选择投影对象。

(2) 设置

① 关联　勾选“关联”复选框，将指定曲线关联地投影到草图。关联的对象保持到最初几何体的链接。如果几何图形发生更改，UG NX 会按需要更新草图中的投影线串。

② 输出曲线类型

- 原始的：以原先的几何体类型创建抽取曲线。
- 样条段：投影曲线由一个个样条曲线组成。
- 单个样条：投影曲线相连并由单个样条组成。

③ 公差　当公差小于“公差”文本框中输入公差值时，投影到草图平面上时曲线是连续的。

操作实例——投影曲线操作实例

操作步骤

Step 01　打开素材文件“实例\第 3 章\原始文件\投影曲线 . prt”，在【部件导航器】窗口中双击【草图】节点，进入草图生成器，如图 3-46 所示。

扫码看视频

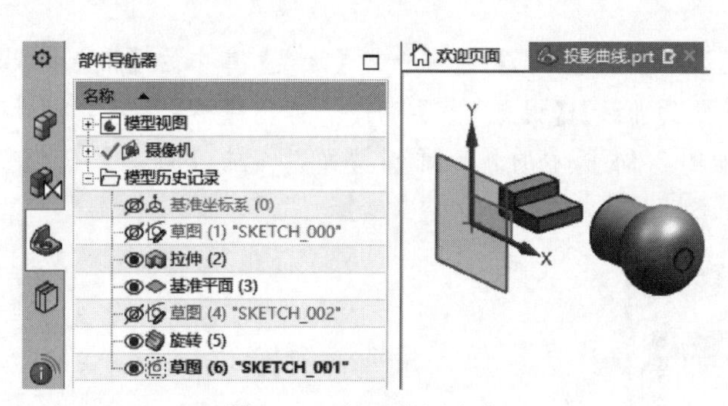

图 3-46　打开草图文件

Step 02　在功能区中单击【主页】选项卡中【曲线】组中的【投影曲线】命令，或选择菜单【插入】|【来自曲线集的曲线】|【投影曲线】命令，弹出【投影曲线】对话框，如图 3-47 所示。

Step 03　在图形区选择如图 3-48 所示的面作为投影元素，单击【确定】按钮完成投影。

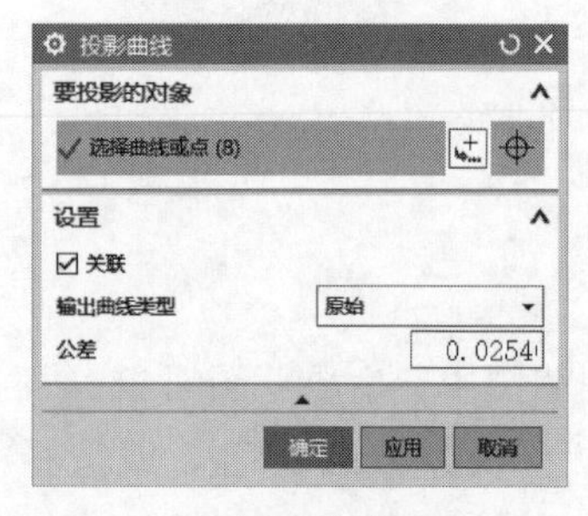

图 3-47 【投影曲线】对话框

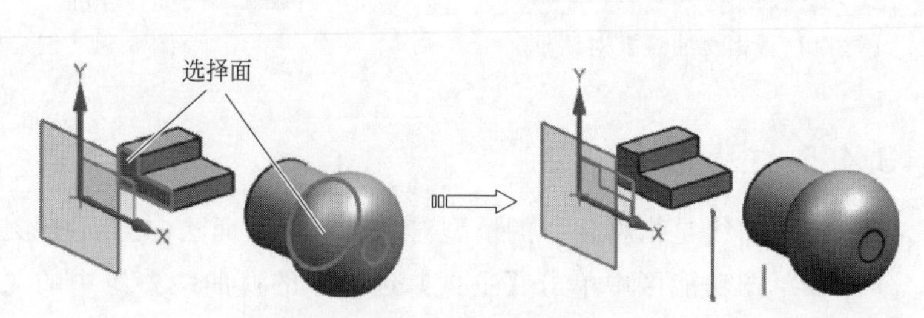

图 3-48　创建投影曲线

3.5 草图约束命令

草图设计强调的是形状设计与尺寸几何约束分开，形状设计仅是一个粗略的草图轮廓，要精确地定义草图，还需要对草图元素进行约束。草图约束包括几何约束和尺寸约束两种。

3.5.1 创建几何约束

几何约束用于建立草图对象几何特性（如直线的水平和竖直）以及两个或两个以上对象间的相互关系（如两直线垂直、平行，直线与圆弧相切等）。图素之间一旦使用几何约束，无论如何修改几何图形，其关系始终存在。

UG NX 几何约束的种类与图形元素的种类和数量有关，如表 3-1 所示。

表 3-1 几何约束的种类与图形元素的种类和数量的关系

种类	符号	图形元素的种类和数量
固定		将草图对象固定在某个位置。不同几何对象有不同的固定方法，点一般固定其所在位置；线一般固定其角度或端点；圆和椭圆一般固定其圆心；圆弧一般固定其圆心或端点
完全固定		一次性完全固定草图对象的位置和角度
重合		定义两个或多个点相互重合
同心		定义两个或多个圆弧或椭圆弧的圆心相互重合
共线		定义两条或多条直线共线
点在曲线上		定义所选取的点在某曲线上
中点		定义点在直线的中点或圆弧的中点法线上
水平		定义直线为水平直线（平行于工作坐标的 XC 轴）
垂直		定义直线为垂直直线（平行于工作坐标的 YC 轴）
平行		定义两条曲线相互平行
垂直		定义两条曲线彼此垂直
相切		定义选取的两个对象相互相切
等长		定义选取的两条或多条曲线等长
等半径		定义选取的两个或多个圆弧等半径
固定长度		定义选取的曲线为固定的长度
固定角度		定义选取的直线为固定的角度

3.5.1.1 手动几何约束

手动几何约束的作用是约束图形元素本身的位置或图形元素之间的相对位置。

在草图功能区中单击【主页】选项卡中【约束】组中的【几何约束】命令，或选择下拉菜单【插入】|【约束】命令，弹出【几何约束】对话框，如图 3-49 所示。系统会进入几何约束创建状态，可为草图对象指定几何约束。

图 3-49 【几何约束】对话框

【几何约束】对话框中相关选项参数含义如下。

(1) 约束

【约束】用于选择要创建的约束的类型。

(2) 要约束的几何体

【要约束的几何体】用于选择要约束的草图对象。系统根据所选择的约束类型，提供相应的约束对象选项。单击其后的【选择要约束的对象】按钮可激活该选项。

(3)【自动选择递进】复选框

选中该复选框后，用户无须单击确定，系统自动进入【选择要约束到的对象】选项，否则用户选择完成要约束的对象后，还需单击【选择要约束的对象】按钮，才能激活对象的选择。

(4) 设置

在【启用的约束】列表中选择约束，所选定的约束将会出现在【约束】组中，可方便用户选择操作。

3.5.1.2 设为对称

使用【设为对称】命令可在草图中约束两个点或曲线相对于中心线对称。

在草图功能区中单击【主页】选项卡中【约束】组中的【设为对称】按钮，或选择下拉菜单【插入】|【约束】|【设为对称】命令，弹出【设为对称】对话框，如图 3-50 所示。

【设为对称】对话框中相关选项参数含义如下。

(1) 主对象

- 选择对象：选择要进行约束的第一个点或草图曲线，将使其关于中心线对称。

（2）次对象

- 选择对象：选择要进行约束的第二个点或草图曲线，将使其关于中心线对称。

（3）对称中心线

- 选择中心线：选择直线或平面来作为对称中心线。

（4）设为参考

选中【设为参考】复选框，可将选定的中心线转换成参考曲线。

图 3-50 【设为对称】对话框

3.5.2 创建尺寸约束

3.5.2.1 自动尺寸约束

在草图功能区中单击【主页】选项卡中【约束】组中的【连续自动标注尺寸】命令，绘制如图 3-51 所示的图形，启动自动尺寸约束功能后，在图形的各元素上产生相应的尺寸。

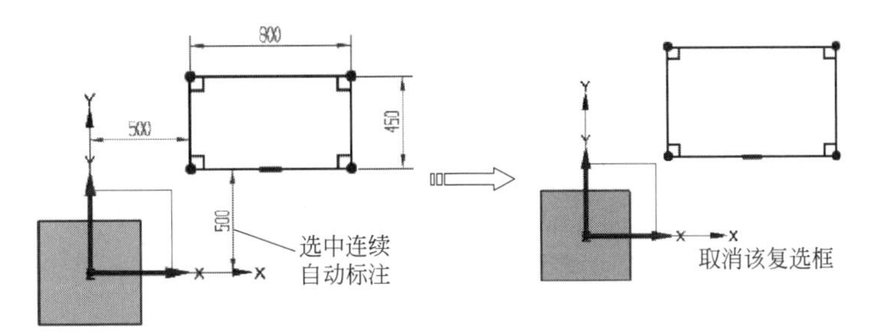

图 3-51 自动尺寸约束

技术要点

【连续自动标注尺寸】命令可创建自动标注尺寸类型的草图尺寸。自动标注尺寸完全约束草图。拖动草图曲线时，尺寸会更新。它们会从草图移除自由度，但不会永久锁定值。如果添加一个与自动标注尺寸冲突的约束，则会删除自动标注尺寸。

3.5.2.2 手动尺寸约束

在草图功能区中单击【主页】选项卡中【约束】组中的【快速尺寸】命令，打开【快速尺寸】对话框，这是逐一地选择图元进行尺寸标注的一种方式，如图 3-52 所示。

选择图形区要标注尺寸元素，系统根据选择元素的不同显示自动标注的尺寸，单击一点定位尺寸放置位置，完成尺寸标注。如果要想修改尺寸数值，双击标注的尺寸，弹出【约束定义】对话框，可在该对话框中修改尺寸数值，如图 3-53 所示。

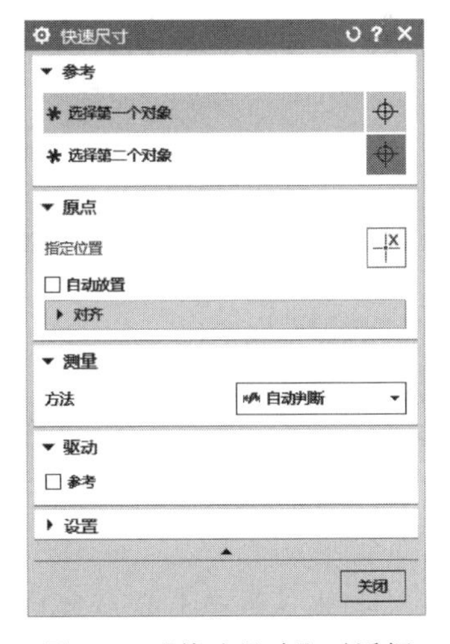

图 3-52 【快速尺寸】对话框

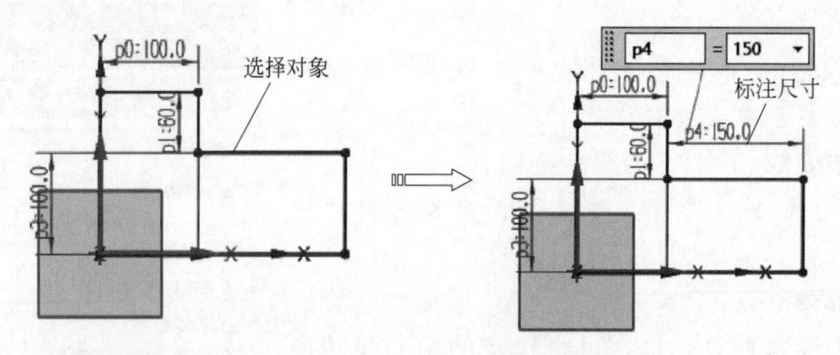

图 3-53　修改尺寸数值

操作实例——草图约束操作实例

操作步骤

Step 01　打开素材文件"实例\第3章\原始文件\草图约束.prt"，在【部件导航器】窗口中双击【草图】节点，进入草图生成器，如图 3-54 所示。

扫码看视频

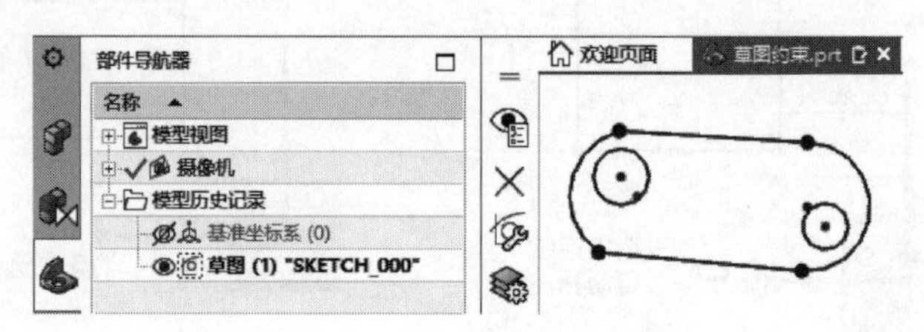

图 3-54　打开草图文件

Step 02　在功能区中单击【主页】选项卡中【约束】组中的【几何约束】命令，弹出【几何约束】对话框，选择【等半径】图标，分别选择如图 3-55 所示的圆弧，施加等半径约束。

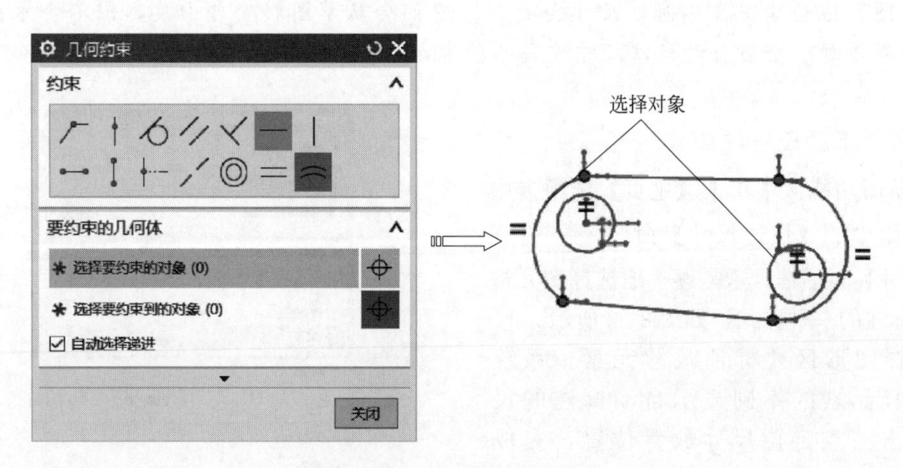

图 3-55　施加等半径约束

Step 03　选择【相切】图标，分别选择直线和圆弧，施加相切约束，如图 3-56 所示。

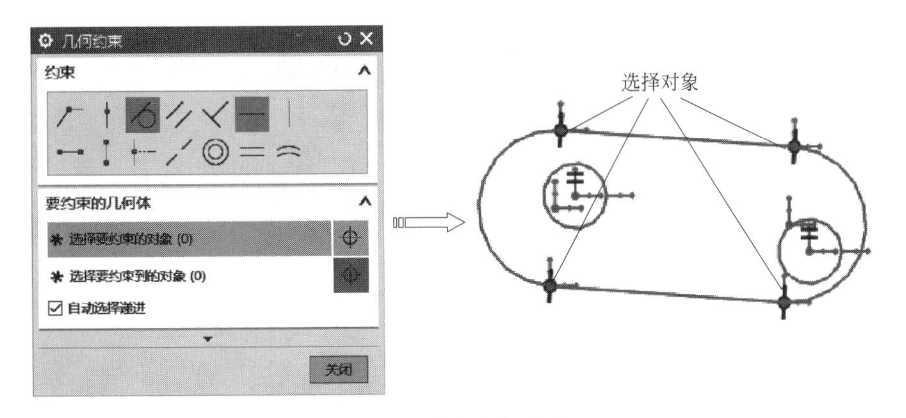

图 3-56 施加相切约束

Step 04 选择【同心】图标◎，分别选择圆弧，施加同心约束，如图 3-57 所示。

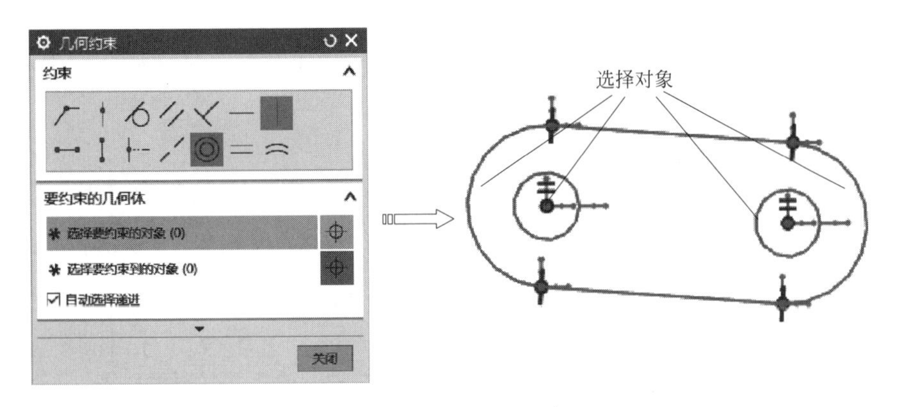

图 3-57 施加同心约束

Step 05 选择【水平对齐】图标，分别选择圆心，施加水平对齐约束，如图 3-58 所示。

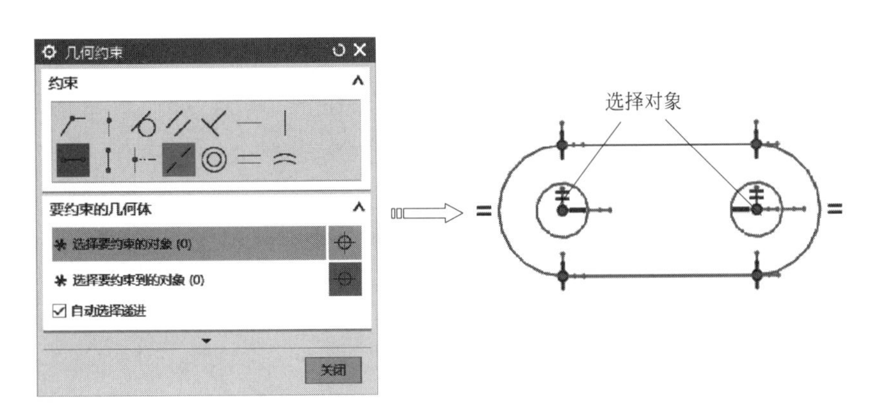

图 3-58 施加水平对齐约束

Step 06 在功能区中单击【主页】选项卡中【约束】组中的【快速尺寸】命令，打开【快速尺寸】对话框，如图 3-59 所示。

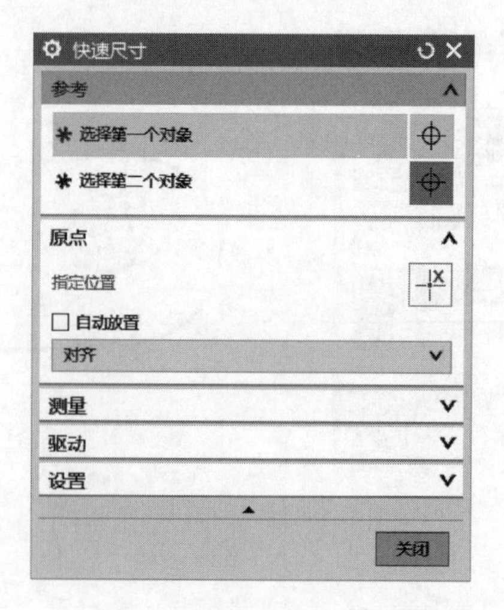

图 3-59 【快速尺寸】对话框

Step 07 选择图形区两个圆心，单击一点定位尺寸放置位置，完成尺寸标注，如图 3-60 所示。

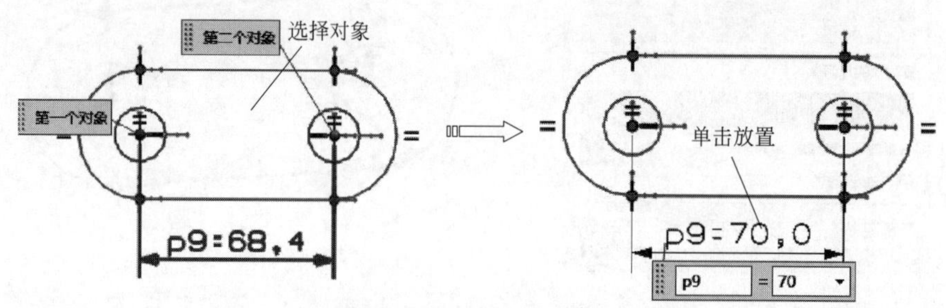

图 3-60 快速标注尺寸

Step 08 同理，重复标注圆和圆弧的尺寸，如图 3-61 所示。

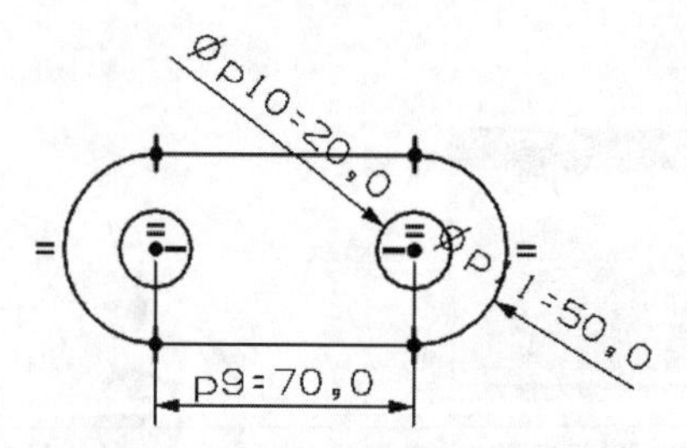

图 3-61 标注圆和圆弧的尺寸

3.6 退出草图生成器

完成草图后要首先检查草图约束，然后退出草图生成器。

3.6.1 草图约束状态

草图一般处于 3 种状态：欠约束、过约束和完全约束。草图状态由草图几何体与定义的尺寸之间的几何关系来决定。

(1) 欠约束

这种状态下草图的定义是不充分的，但是仍可以用这个草图来创建特征，这是很有用的。因为在零件早期设计阶段的大部分时间里，并没有足够的信息来完全定义草图。随着设计的深入，会逐步得到更多的信息，可随时修改草图添加约束。

(2) 过约束

草图中有重复的尺寸或相互冲突的几何关系，需修改后才能使用。过约束的草图是不允许的。

(3) 完全约束

草图需具有完整的信息。一般情况下，当零件完成最终设计要进行下一步的加工时，零件的每一个草图都应该是完全定义的。

3.6.2 退出草图生成器

绘制完草图后，在功能区中单击【草图】组上的【完成】按钮，完成草图绘制，退出草图编辑环境，如图 3-62 所示。

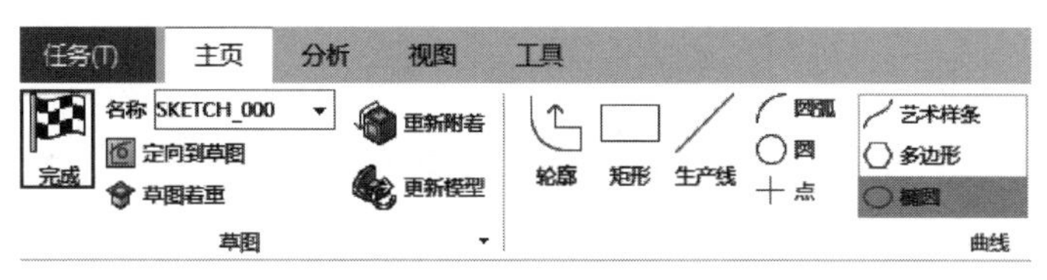

图 3-62 退出草图生成器

3.7 上机习题

习题 3-1

如图习题 3-1 所示，创建一个公制的 part 文件，应用直线和圆弧等命令绘制完全约束草图。

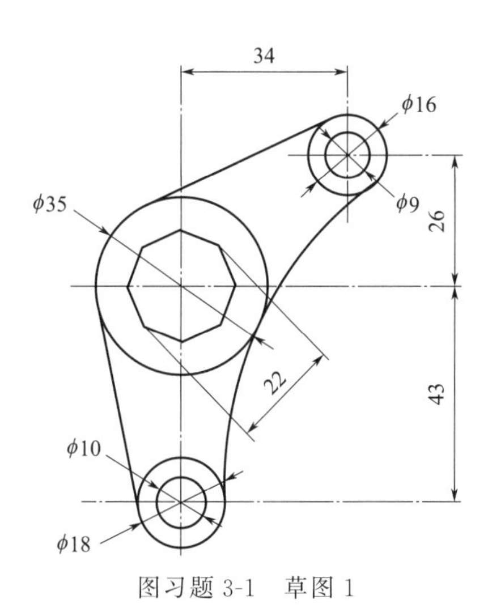

图习题 3-1 草图 1

扫码看视频

习题 3-2

如图习题 3-2 所示，创建一个公制的 part 文件，应用直线、圆弧、阵列和修剪等命令绘制完全约束草图。

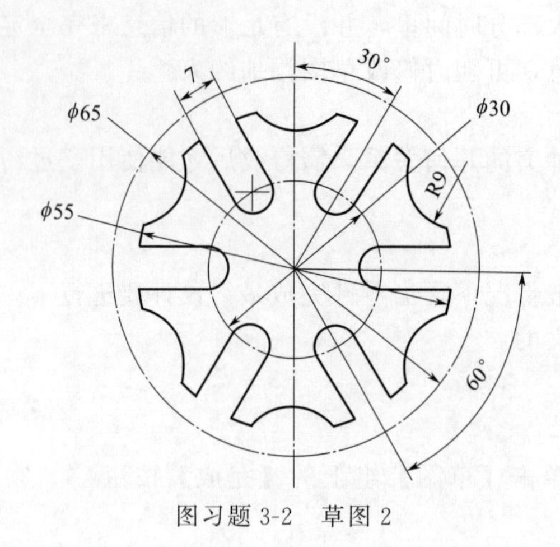

图习题 3-2 草图 2

扫码看视频

本章小结

本章介绍了 UG NX 草图的基本知识，主要内容有草图绘制方法、草图编辑方法以及草图约束，这样大家能熟悉 UG NX 草图绘制的基本命令。本章的重点和难点为草图约束应用，希望大家按照讲解方法再进一步进行实例练习。

第4章 UG NX实体设计

实体特征建模用于建立基本体素和简单的实体模型，包括块体、柱体、锥体、球体、管体，还有孔、圆形凸台、型腔、凸垫、键槽、环形槽等。实际的实体造型都可以分解为这些简单的特征建模，因此特征建模部分是实体造型的基础。

希望通过本章的学习，读者可轻松掌握 UG NX 实体特征建模的基本知识。

本章内容

- 实体设计界面
- 实体建模方法
- 基本体素特征
- 扫描设计特征
- 基础成形特征
- 实体特征操作

4.1 实体特征设计简介

实体特征造型是 UG NX 三维建模的组成部分，也是用户进行零件设计最常用的建模方法。本节介绍 UG NX 实体特征设计基本知识和造型方法。

4.1.1 实体特征造型方法

特征是一种用参数驱动的模型，实际上它代表了一个实体或零件的一个组成部分。可将特征组合在一起形成各种零件，还可以将它们添加到装配体中，特征之间可以相互堆砌，也可以相互剪切。在三维特征造型中，基本实体特征是最基本的实体造型特征。基本实体特征是具有工程含义的实体单元，它包括拉伸、旋转、扫描、混合、扫描混合等命令。这些特征在工程设计应用中都有一一对应的对象，因而采用特征设计具有直观、工程性强等特点，同时特征的设计也是三维实体造型的基础。下面简单概述 4 种特征造型方法。

（1）拉伸实体特征

拉伸实体特征是指沿着与草绘截面垂直的方向添加或去除材料而创建的实体特征。如图 4-1 所示，将草绘截面沿着箭头方向拉伸后即可获得实体模型。

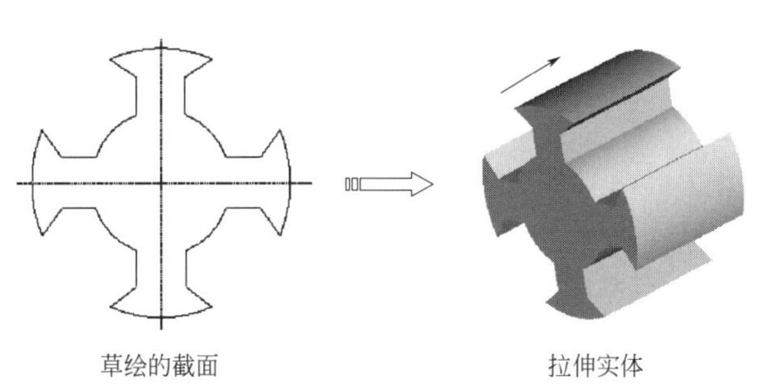

图 4-1　拉伸实体特征

（2）旋转实体特征

旋转实体特征是指将草绘截面绕指定的旋转轴转动一定角度后所创建的实体特征。如图 4-2 所示，将截面绕轴线转任意角度即可生成三维实体图形。

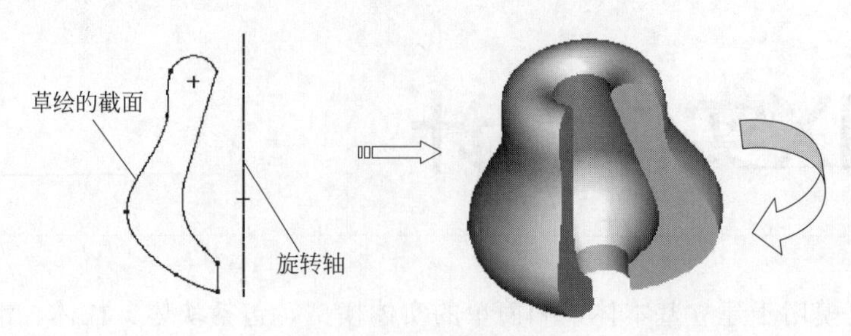

图 4-2　旋转实体特征

（3）扫描实体特征

扫描实体特征的创建原理比拉伸和旋转实体特征更具有一般性，它是通过将草绘截面沿着一定的轨迹（导引线）作扫描处理后，由其轨迹包络线所创建的自由实体特征。如图 4-3 所示，将草图绘制的轮廓沿着扫描轨迹创建出三维实体特征。

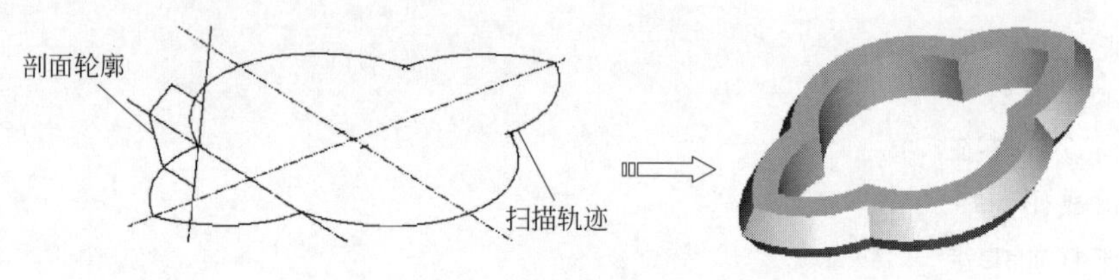

图 4-3　扫描实体特征

（4）混合实体特征

放样特征就是将一组草绘截面的顶点顺次相连进而创建的三维实体特征。如图 4-4 所示，依次连接剖面 1、剖面 2、剖面 3 的相应顶点即可获得实体模型。

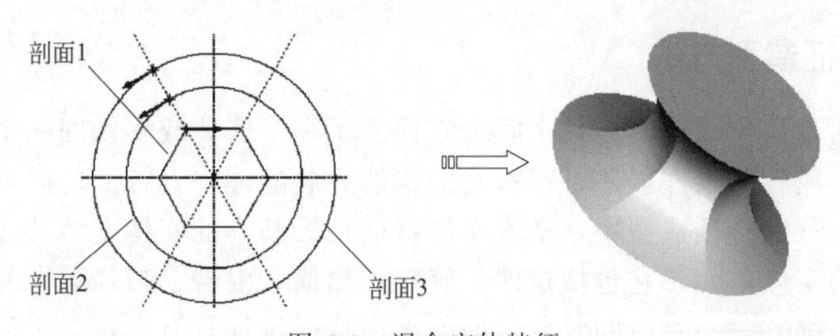

图 4-4　混合实体特征

4.1.2　实体特征建模方法

4.1.2.1　轮廓生成实体特征

在机械加工中，为了保证加工结果的准确性，首先需要画出精确的加工轮廓线。与之相对应，在创建三维实体特征时，需要绘制二维草绘剖面，通过该剖面来确定特征的形状和位置，如图 4-5 所示。

在 UG NX 中，在草绘平面内绘制的二维图形被称作草绘截面或草绘轮廓。在完成剖

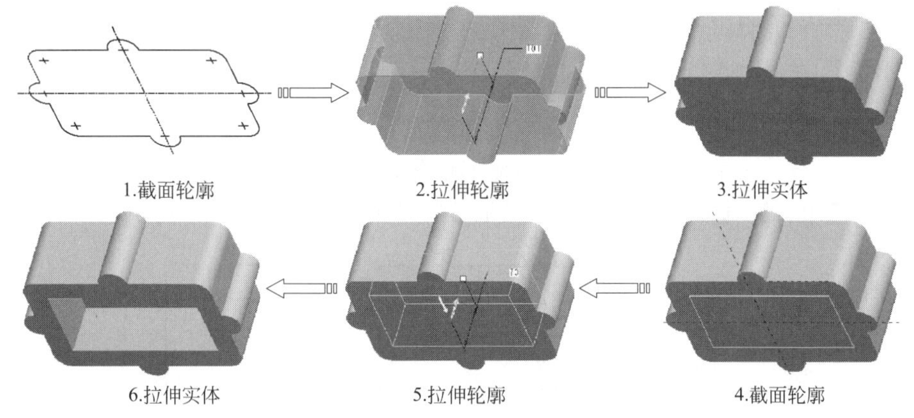

图 4-5 草图轮廓绘制实体过程

（截）面图的创建工作之后，使用拉伸、旋转、扫描、混合以及其他高级方法创建基础实体特征，然后在基础实体特征之上创建孔、圆角、拔模以及壳等放置实体特征。

4.1.2.2 实体特征堆叠创建零件

使用 UG NX 创建三维实体模型时，实际上是以【搭积木】的方式依次将各种特征添加（实体布尔运算）到已有模型之上，从而构成具有清晰结构的设计结果。图 4-6 演示了一个【十字接头】零件的创建过程。

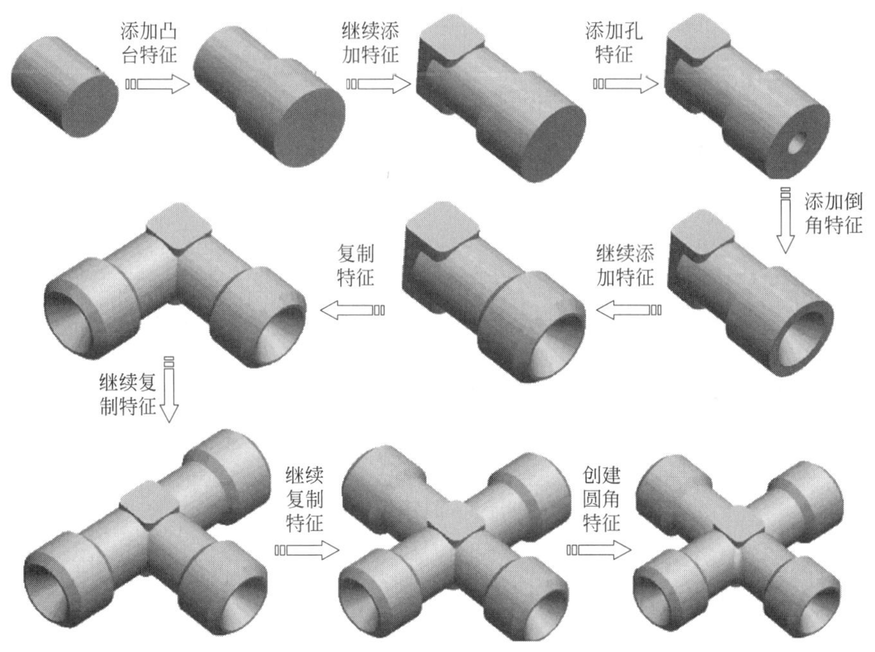

图 4-6 三维实体建模的一般过程

使用 UG NX 创建零件的过程实际上也是一个反复修改设计结果的过程。UG NX 是一个人性化的大型设计软件，其参数化的设计方法为设计者轻松修改设计意图打开了方便之门，使用软件丰富的特征修改工具可以轻松更新设计结果。此外，使用特征复制、特征阵列等工具可以毫不费力地完成特征的【批量加工】。

4.1.3 实体设计命令

4.1.3.1 菜单命令

特征建模用于建立基本体素和简单的实体模型，包括块体、柱体、锥体、球体、管体，还有孔、圆形凸台、型腔、凸垫、键槽、环形槽等，相关命令集中在【插入】|【设计特征】、【关联复制】、【组合】、【修剪】、【偏置】、【细节特征】菜单，如图 4-7 所示。

图 4-7 实体设计菜单

4.1.3.2 功能区命令

特征建模的相关命令在功能区中单击【主页】选项卡中【特征】组中，如图 4-8 所示。

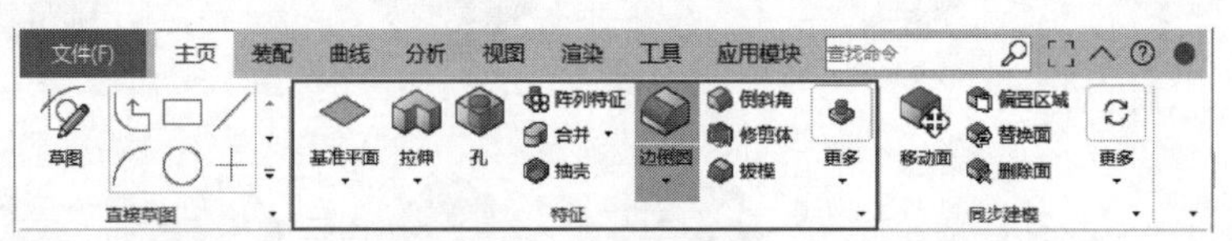

图 4-8 【特征】组

4.2 基本体素特征

基本体素特征是三维建模的基础，主要包括长方体、圆柱、圆锥和球体等。

4.2.1 长方体

在功能区中单击【主页】选项卡中【基本】组中的【块】按钮，或选择菜单【插入】|【设计特征】|【块】命令，弹出【块】对话框，如图 4-9 所示。

【块】对话框中相关选项参数含义如下。

(1) 类型

【类型】提供了 3 种创建长方体的方法：“原点和边长”、“两点和高度” 和 “两个对角点”，如图 4-10 所示。

- 原点和边长：该选项通过设置长方体的原点和三条边长建立长方体。所谓原点就是长方体的左下角点。
- 两点和高度：该选项通过定义两个点作为长方体底面对角线顶点，并指定高度来建立长方体。
- 两个对角点：该选项通过定义两个点作为长方体对角线的顶点来创建长方体。

(2) 原点

选择圆柱体的原点。

(3) 布尔

通过布尔运算方式将多个实体组合来创建新的实体，主要包括合并、减去、相交等。

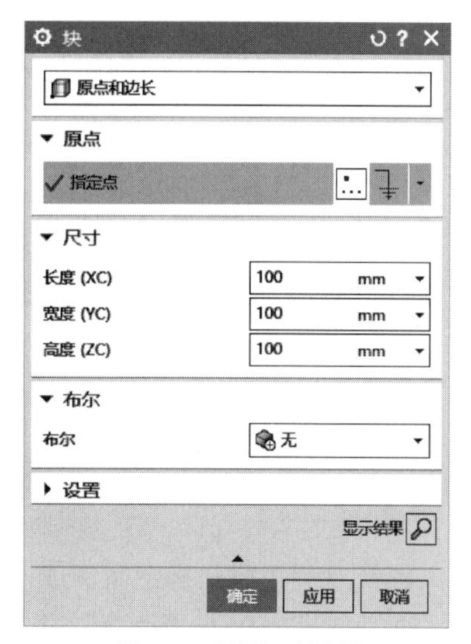

图 4-9 【块】对话框

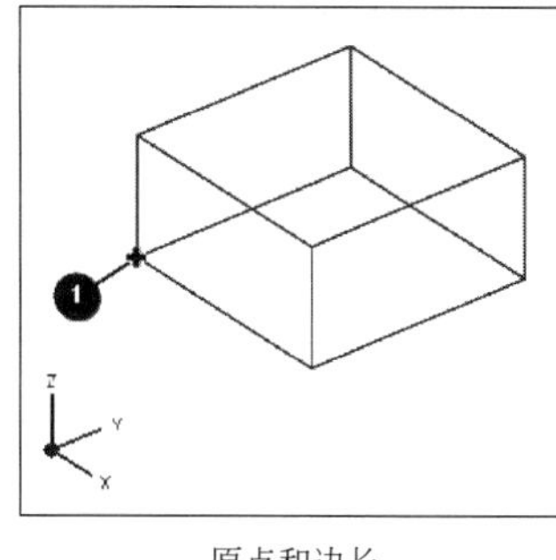

原点和边长

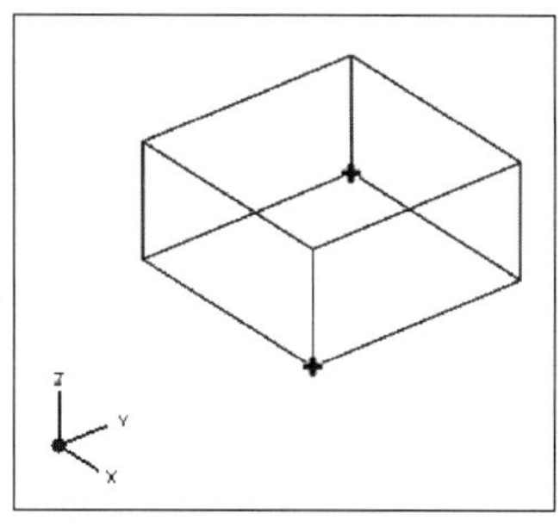

两点和高度

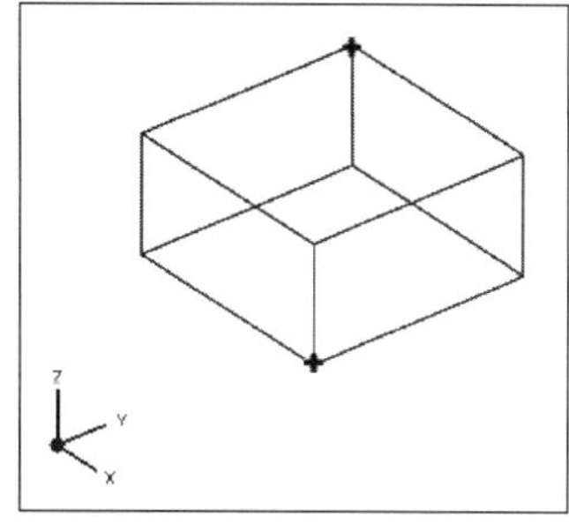

两个对角点

图 4-10 长方体创建方法

(4) 预览

勾选【预览】复选框，单击【显示结果】按钮，可在图形区预览长方体创建效果。

4.2.2 圆柱

在功能区中单击【主页】选项卡中【特征】组中的【圆柱】命令，或选择菜单【插入】|【设计特征】|【圆柱】命令，弹出【圆柱】对话框，如图 4-11 所示。

【圆柱】对话框提供了 2 种圆柱体创建方式：“轴、直径和高度” 和 “圆弧和高度”。

- 轴、直径和高度：通过设定圆柱底面直径和高度方式创建圆柱体，如图 4-12 所示。
- 圆弧和高度：通过设定圆柱底面圆的圆弧和圆柱高度来建立圆柱体，如图 4-13 所示。

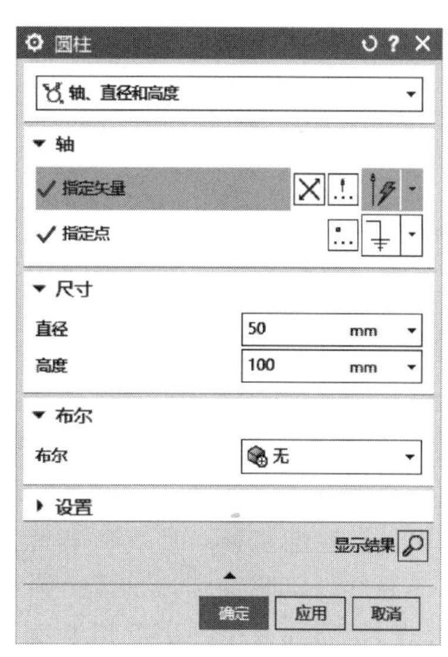

图 4-11 【圆柱】对话框

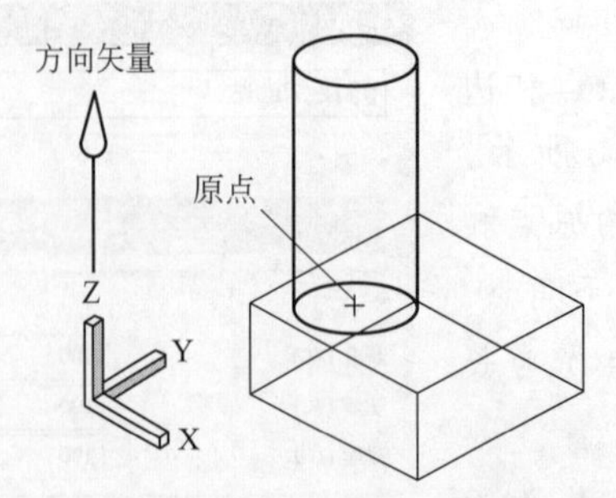

图 4-12 轴、直径和高度创建圆柱体

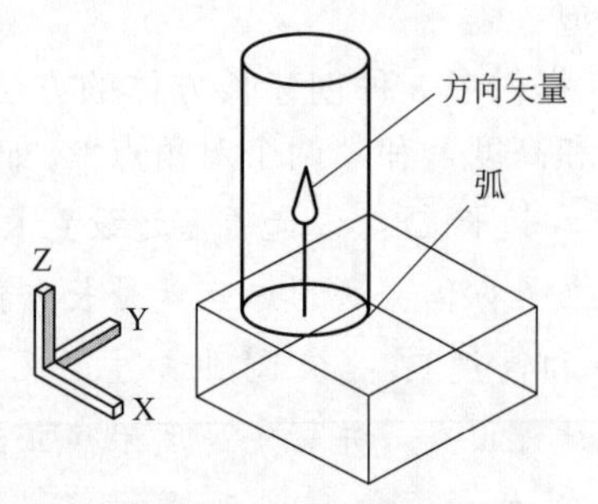

图 4-13 圆弧和高度创建圆柱

4.2.3 圆锥

圆锥造型主要是构造圆锥或圆台实体。

在功能区中单击【主页】选项卡中【特征】组中的【圆锥】命令，或选择菜单【插入】|【设计特征】|【圆锥】命令，弹出【圆锥】对话框，如图 4-14 所示。

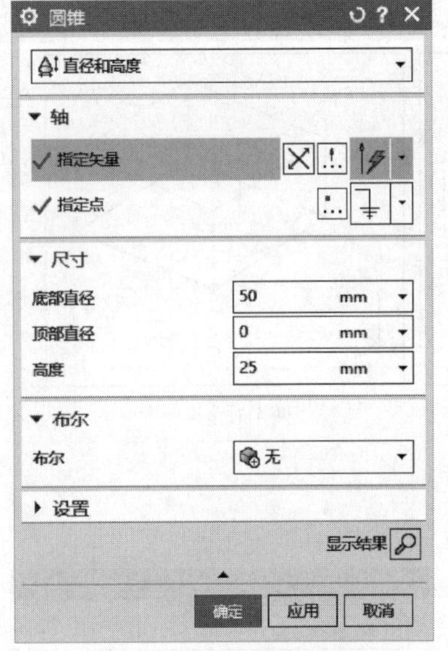

图 4-14 【圆锥】对话框

圆锥体的创建方式有 5 种，下面分别加以介绍。

(1) 直径和高度

通过设定圆锥顶圆、底圆直径和高度来创建圆锥体，如图 4-15 所示。

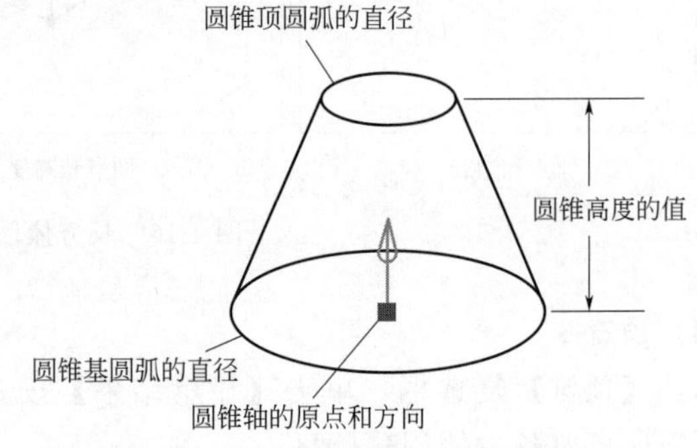

图 4-15 设定直径和高度来创建圆锥体

(2) 直径和半角

通过设定圆锥顶圆、底圆直径和圆锥半角来创建圆锥体。半角定义由圆锥轴和圆锥侧边所形成的夹角，有效的半顶角值为 1～89°，如图 4-16 所示。

技术要点

可在半角中输入负值，创建扩大的圆台。

(3) 底部直径、高度和半角

通过设定圆锥底圆直径、圆锥高度和圆锥半角来创建圆锥体。

(4) 顶部直径、高度和半角

通过设置圆锥顶部直径、圆锥高度和圆锥半角来创建圆锥体。

(5) 两个共轴的圆弧

通过选择两段参考圆弧来建立圆锥体。系统以所选的第一个圆弧作为圆锥的底圆，以通过该圆弧中心且垂直于该圆弧所在平面的矢量作为圆锥的中心轴方向，以所选的第二个圆弧直径作为圆锥顶圆的直径，以第二个圆弧中心到第一个圆弧所在平面的距离作为圆锥的高度，如图 4-17 所示。

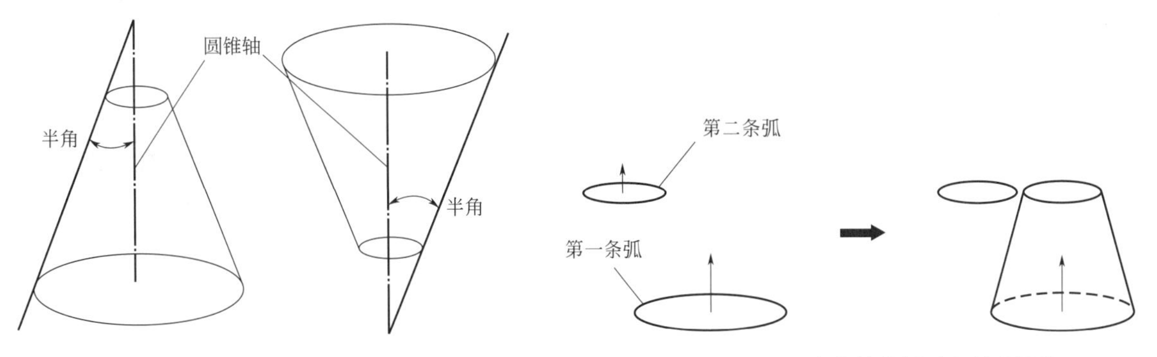

图 4-16 圆锥的半角参数

图 4-17 通过两个共轴的圆弧来创建圆锥

4.2.4 球

球体造型主要是构造球形实体。

在功能区中单击【主页】选项卡中【特征】组中的【球】命令，或选择菜单【插入】|【设计特征】|【球】命令，弹出【球】对话框，如图 4-18 所示。

图 4-18 【球】对话框

球的创建方式有 2 种：中心点和直径、圆弧。

(1) 中心点和直径

通过设定直径和中心点位置来创建球，如图 4-19 所示。

(2) 选择圆弧

通过选择一条参考圆弧来创建球，如图 4-20 所示。

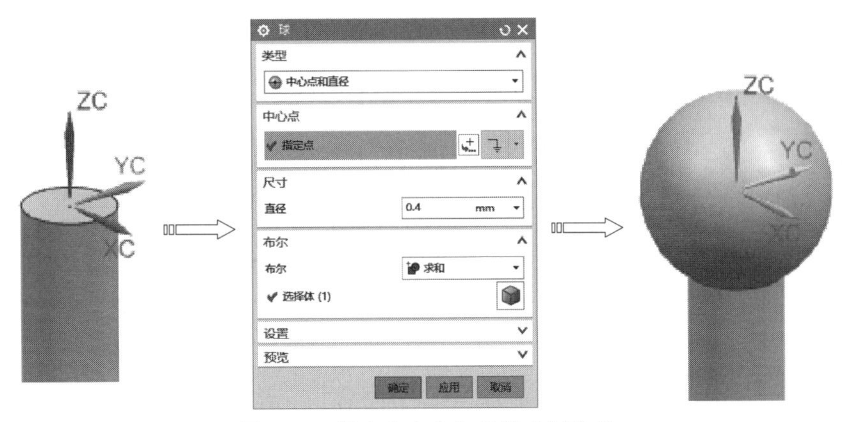

图 4-19 设定中心点和直径来创建球

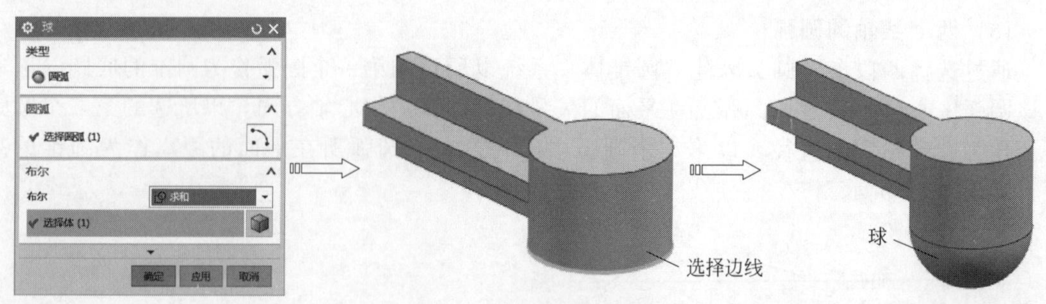

图 4-20 选择圆弧来创建球

操作实例——创建基本体素特征实例

扫码看视频

操作步骤

(1) 创建长方体（一）

Step 01 在功能区中单击【主页】选项卡中【特征】组中的【块】按钮，或选择菜单【插入】|【设计特征】|【块】命令，弹出【块】对话框，选择“原点和边长”方式，设置长宽高为（100,100,40），单击【指定点】后的按钮，弹出【点】对话框，输入原点为（0,0,0），单击【确定】按钮完成，如图 4-21 所示。

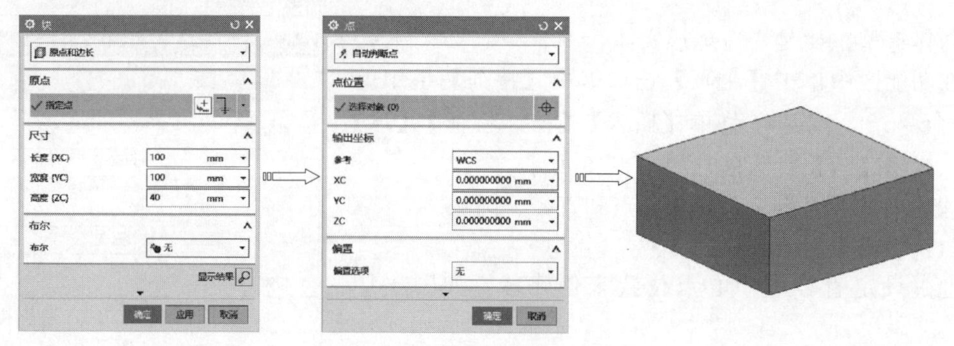

图 4-21 创建长方体（一）

Step 02 在功能区中单击【主页】选项卡中【基本】组中的【块】按钮，或选择菜单【插入】|【设计特征】|【块】命令，弹出【块】对话框，选择【布尔运算】为“减去”，选择“原点和边长”方式，设置长宽高为（50,100,10），单击【指定点】后的按钮，弹出【点】对话框，输入原点为（25,0,0），单击【确定】按钮完成，如图 4-22 所示。

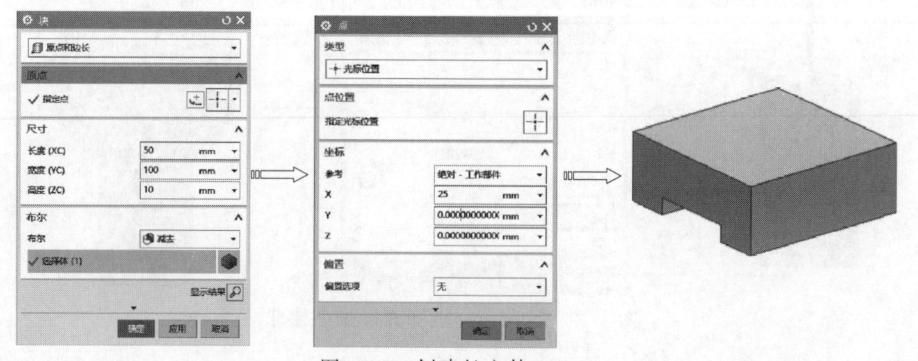

图 4-22 创建长方体（二）

Step 03 在功能区中单击【主页】选项卡中【基本】组中的【块】按钮，或选择菜单【插入】|【设计特征】|【块】命令，弹出【块】对话框，选择【布尔运算】为“减去”，选择“原点和边长”方式，设置长宽高为（50,100,10），单击【指定点】后的按钮，弹出【点】对话框，输入原点为（25,0,30），单击【确定】按钮完成，如图4-23所示。

图4-23 创建长方体（三）

Step 04 在功能区中单击【主页】选项卡中【基本】组中的【块】按钮，或选择菜单【插入】|【设计特征】|【块】命令，弹出【块】对话框，选择【布尔运算】为“减去”，选择“原点和边长”方式，设置长宽高为（100,50,10），单击【指定点】后的按钮，弹出【点】对话框，输入原点为（0,25,0），单击【确定】按钮完成，如图4-24所示。

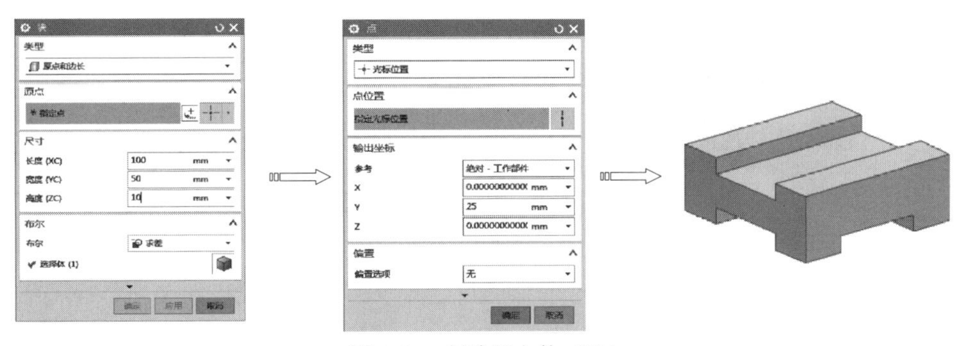

图4-24 创建长方体（四）

Step 05 在功能区中单击【主页】选项卡中【基本】组中的【块】按钮，或选择菜单【插入】|【设计特征】|【块】命令，弹出【块】对话框，选择【布尔运算】为“减去”，选择“原点和边长”方式，设置长宽高为（100,50,10），单击【指定点】后的按钮，弹出【点】对话框，输入原点为（0,25,30），单击【确定】按钮完成，如图4-25所示。

图4-25 创建长方体（五）

（2）创建圆柱

Step 06 在功能区中单击【主页】选项卡中【基本】组中的【圆柱】命令，或选择菜单【插入】|【设计特征】|【圆柱】命令，弹出【圆柱】对话框，选择“轴、直径和高度”方式，设置直径高度为（20，20），选择轴为＋ZC，单击【指定点】后的按钮，弹出【点】对话框，输入原点为（12.5,12.5,40），单击【确定】按钮完成，如图4-26所示。

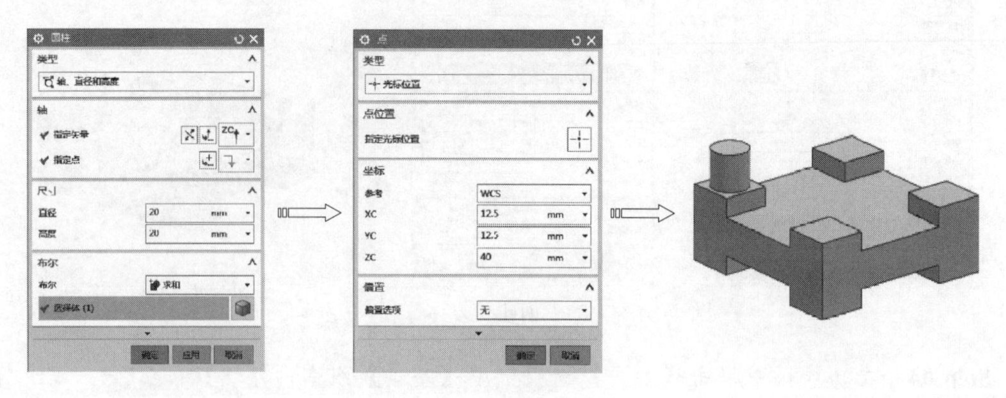

图4-26 创建圆柱（一）

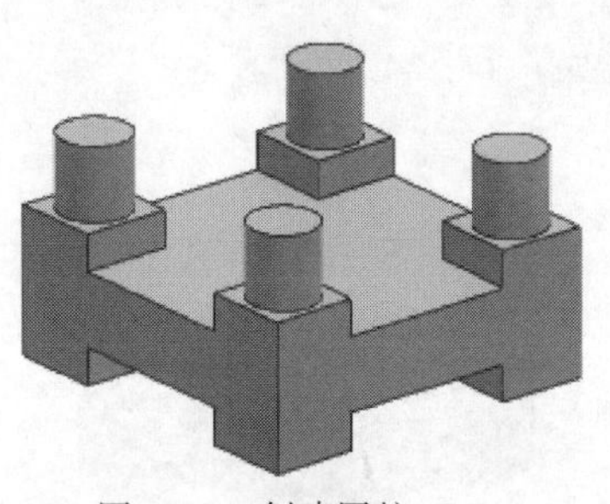

图4-27 创建圆柱（二）

Step 07 重复上述过程，分别在参考点（12.5,87.5,40）（87.5,12.5,40）（87.5,87.5,40）处创建圆柱，如图4-27所示。

（3）创建球

Step 08 在功能区中单击【主页】选项卡中【基本】组中的【球】命令，或选择菜单【插入】|【设计特征】|【球】命令，弹出【球】对话框，【类型】选“中心点和直径”，【直径】为100，点为两点之间，单击【确定】按钮完成，如图4-28所示。

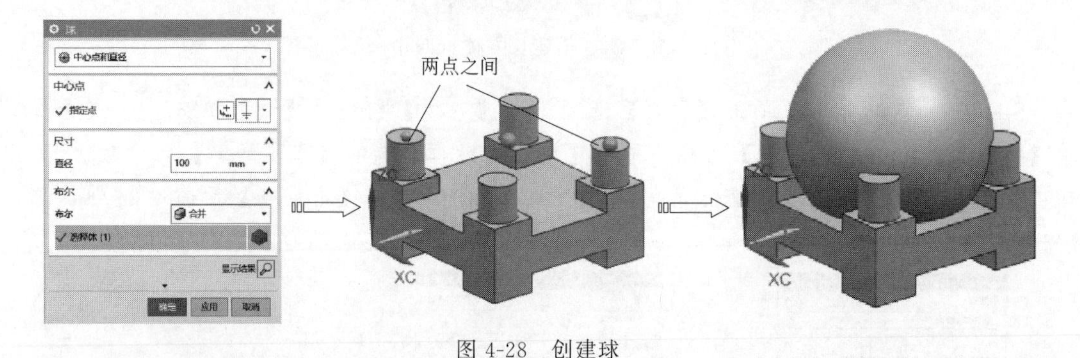

图4-28 创建球

4.3 扫描设计特征

扫描设计特征是指将截面几何体沿导引线或沿一定的方向扫描生成特征的方法，是利用二维轮廓生成三维实体最为有效的方法，包括拉伸、旋转、沿导引线扫掠管道等。

4.3.1 拉伸

拉伸是将截面曲线沿指定方向拉伸指定距离建立片体或实体特征。用于创建截面形状不规则、在拉伸方向上各截面形状保持一致的实体特征。

在功能区中单击【主页】选项卡中【基本】组中的【拉伸】命令，或选择菜单【插入】|【设计特征】|【拉伸】命令，弹出【拉伸】对话框，如图4-29所示。

图4-29 【拉伸】对话框

【拉伸】对话框中相关选项参数含义如下。

(1) 截面

【截面】用于选择拉伸截面对象。可作为拉伸对象的有实体表面、实体棱边、曲线、链接曲线、片体和草图。

① 绘制截面 单击该按钮，弹出【创建草图】对话框，可选择草绘平面，绘制拉伸截面内部草图。

② 选择曲线 选择定义拉伸的截面曲线，包括曲线、边、草图或面。

(2) 方向

【方向】用于选择截面曲线的拉伸方向。如果不选择拉伸参考方向，则系统默认为选定截面的法向。如果选择了面或片体，缺省方向是沿着选中面端点的面法向。

① 反向 选择拉伸方向的反方向作为拉伸方向。

② 矢量构造器 用于定义拉伸截面的方向，方法是从【指定矢量】选项列表或【量构造器】中选择矢量方法，然后选择该类型支持的面、曲线或边。

(3) 限制

【限制】用于限制拉伸特征的拉伸方式和距离，包括“值”“对称值”“直至下一个”“直至选定”、“直至延伸部分”和“贯通”等6种，如图4-30所示。

图4-30 拉伸深度方式

① 值 按指定方向和距离拉伸选择的对象。选择该选项，用户需要输入起始值和结束值，起始值和结束值都是相对于拉伸对象所在平面而言，单位为毫米，拉伸轮廓之上的值为

正；轮廓之下的值为负，如图 4-31 所示。

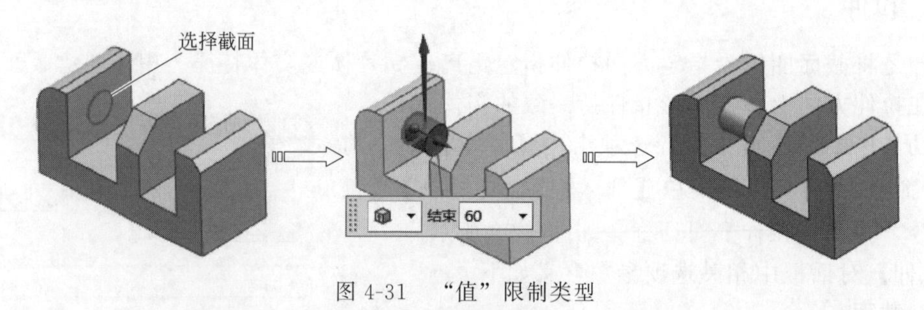

图 4-31　“值”限制类型

② 对称值　将拉伸截面面向两个方向对称拉伸。选择该选项，只需给出一个起始值或结束值，如图 4-32 所示。

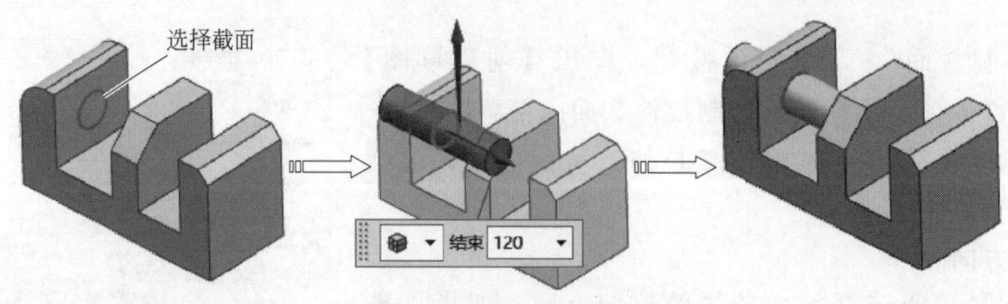

图 4-32　“对称值”限制类型

③ 直至下一个　将截面拉伸至当前拉伸方向上的下一个特征，如图 4-33 所示。

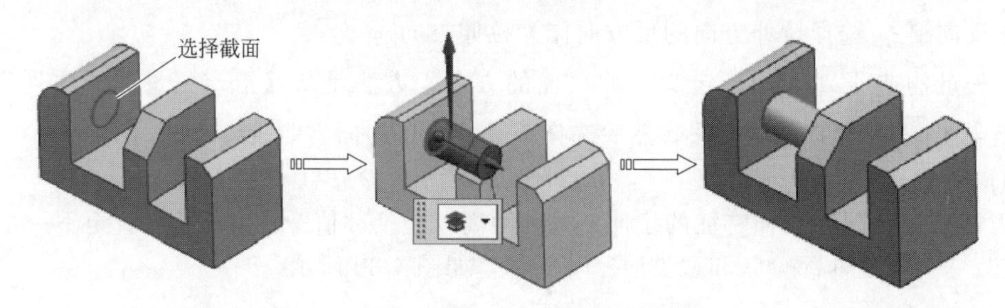

图 4-33　“直至下一个”限制类型

④ 直至选定　将拉伸截面拉伸到选择的面、基准平面或体，如图 4-34 所示。

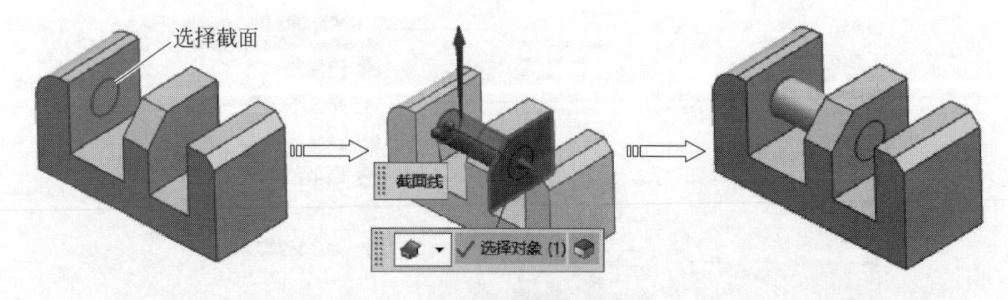

图 4-34　“拉伸直至选定”限制类型

⑤ 直至延伸部分　将拉伸截面从某个特征拉伸到另一个实体（曲面、平面），即将拉伸特征（如果是体）修剪至该面，如图 4-35 所示。

⑥ 贯通　将拉伸截面拉伸通过全部与其相交的特征，如图 4-36 所示。

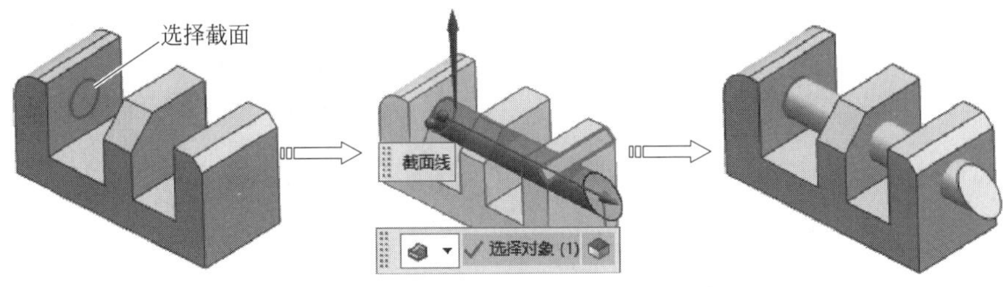

图 4-35 “拉伸直至延伸部分”限制类型

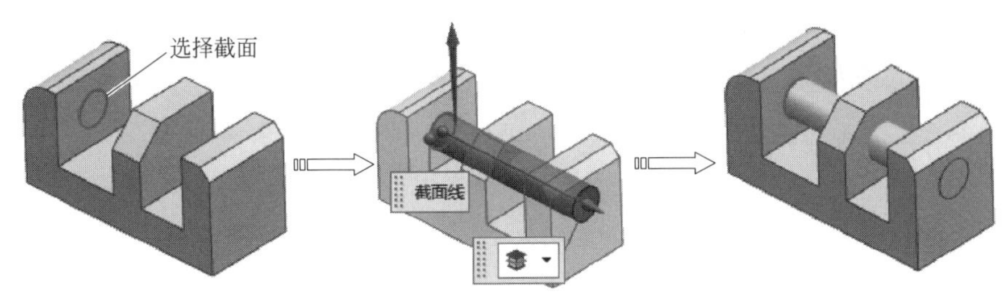

图 4-36 “拉伸贯通”限制类型

(4) 布尔

【布尔】用于选择要在创建拉伸特征时使用的布尔运算，包括“无”“求和”“求差”“求交”“自动判断”5 种选项。

① 无 直接创建独立的实体或片体。

② 求和 两个特征进行相交时，将拉伸体积与目标体合并为单个体，如图 4-37 所示。

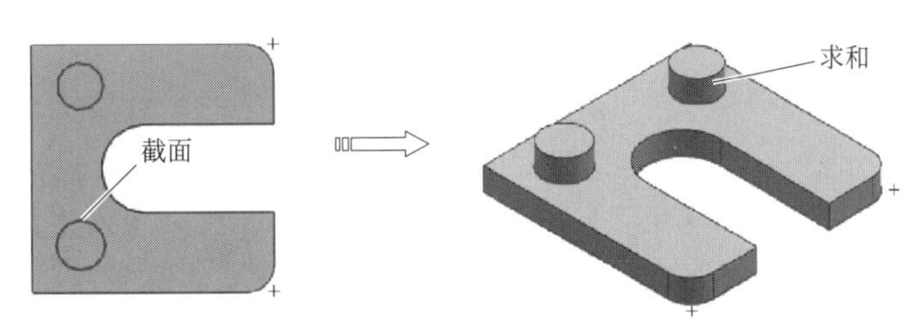

图 4-37 求和

③ 求差 两个特征进行相减时，保留相减后的部分，即从目标体移除拉伸体，如图 4-38 所示。

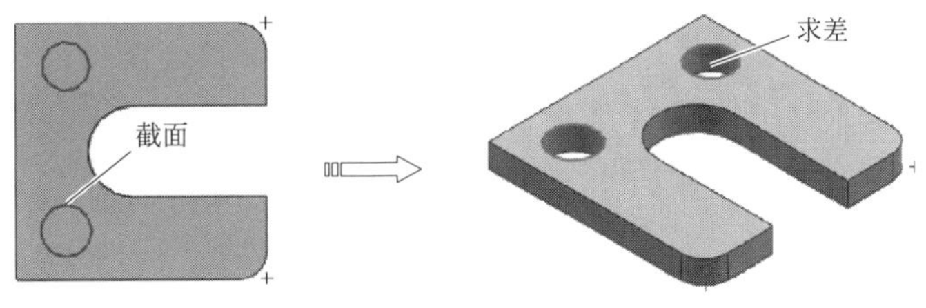

图 4-38 求差

④ 求交 两个特征进行相交时，保留相交的部分，即包含由拉伸特征和与它相交的

现有体共享的体积，如图 4-39 所示。

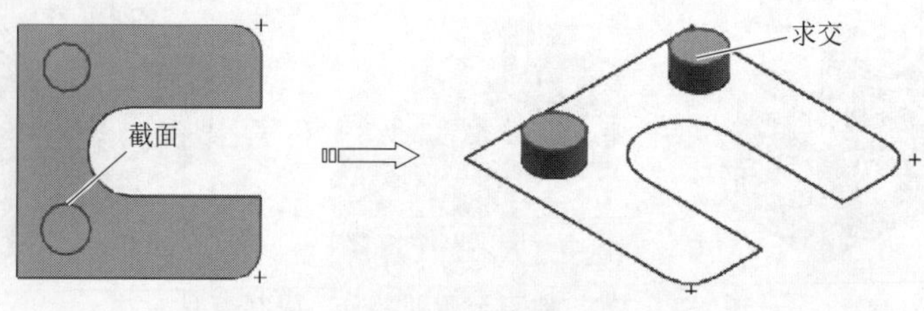

图 4-39　求交

⑤ 自动判断　根据拉伸的方向矢量及正在拉伸的对象的位置来确定概率最高的布尔运算，是系统的默认选项。

操作实例——创建拉伸特征实例

操作步骤

Step 01　在功能区中单击【主页】选项卡中【标准】组中的【打开】按钮，在弹出【打开】对话框中选择素材文件“实例\第 4 章\原始文件\拉伸特征.prt”，单击【打开】按钮打开模型文件，如图 4-40 所示。

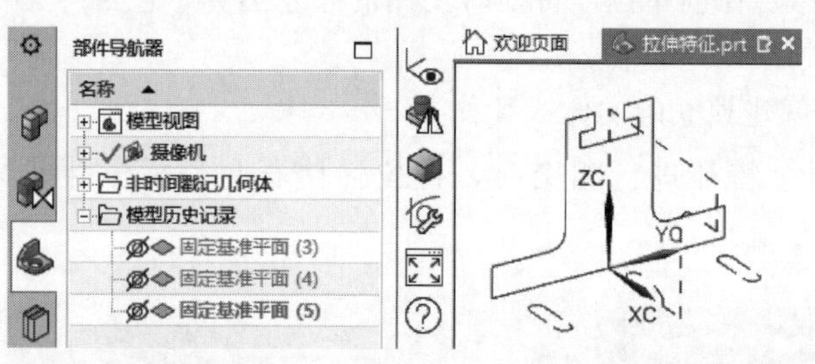

图 4-40　打开模型文件

Step 02　在功能区中单击【主页】选项卡中【基本】组中的【拉伸】命令，或选择菜单【插入】|【设计特征】|【拉伸】命令，弹出【拉伸】对话框，选择【相连曲线】选项，选择如图 4-41 所示曲线，设置拉伸长度为 3，单击【确定】按钮完成。

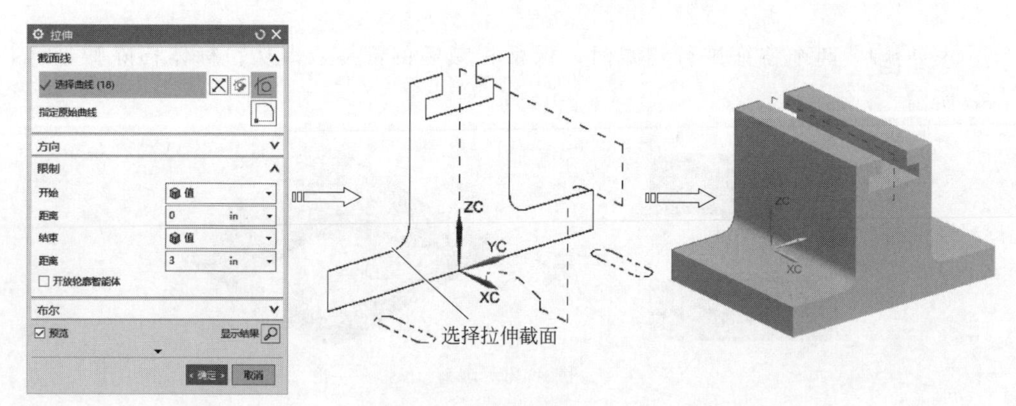

图 4-41　创建拉伸特征（一）

Step 03 在功能区中单击【主页】选项卡中【基本】组中的【拉伸】命令，或选择菜单【插入】|【设计特征】|【拉伸】命令，弹出【拉伸】对话框，选择【相连曲线】选项，选择如图 4-42 所示曲线，设置拉伸长度为“直至延伸部分”，设置【布尔】为“相交”，单击【确定】按钮完成。

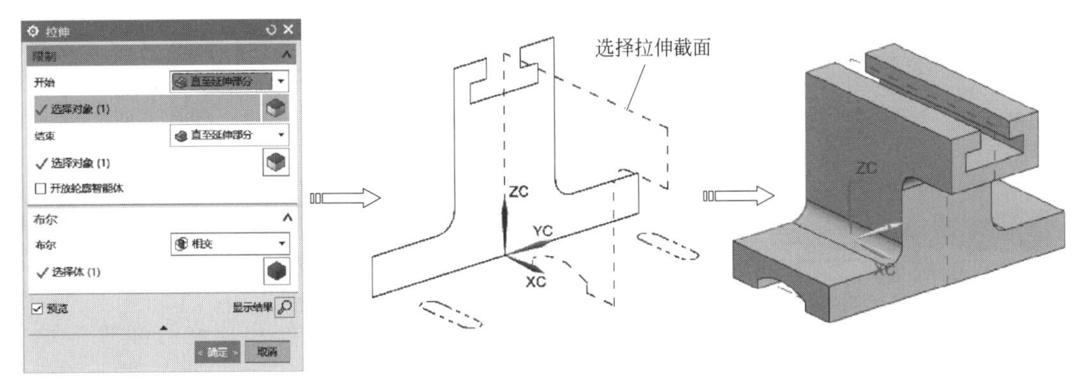

图 4-42 创建拉伸特征（二）

Step 04 在功能区中单击【主页】选项卡中【基本】组中的【拉伸】命令，或选择菜单【插入】|【设计特征】|【拉伸】命令，弹出【拉伸】对话框，选择【相连曲线】选项，选择如图 4-43 所示曲线，设置拉伸长度为 2，设置【布尔】为“减去”，单击【确定】按钮完成。

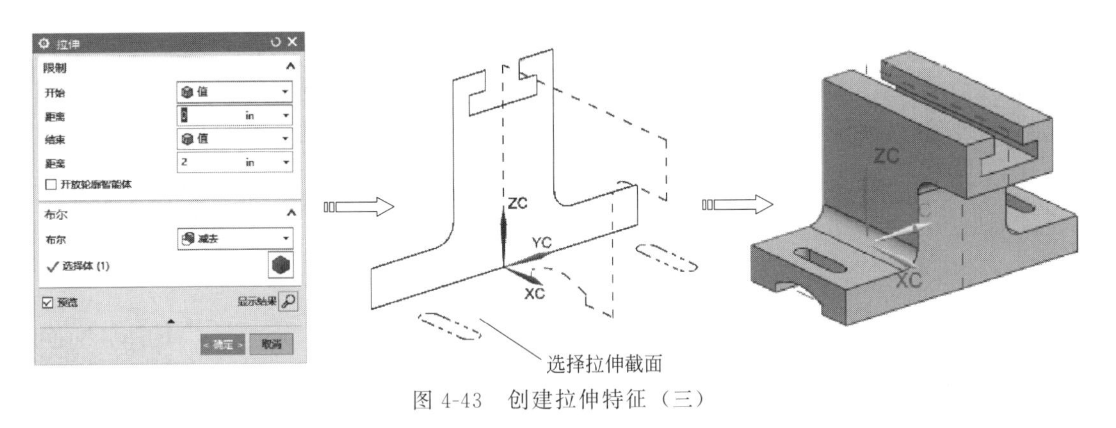

图 4-43 创建拉伸特征（三）

4.3.2 旋转

旋转是将截面曲线（实体表面、实体边缘、曲线、链接曲线或者片体）通过绕设定轴线旋转生成实体或者片体。

在功能区中单击【主页】选项卡中【基本】组中的【旋转】命令，或选择菜单【插入】|【设计特征】|【旋转】命令，弹出【旋转】对话框，如图 4-44 所示。

【旋转】对话框的主要内容与【拉伸】对话框相似，下面只作一简单介绍。

（1）截面

在【截面】组框中选择旋转对象。旋转对象用于定义旋转的截面曲线，选项与拉伸的特征相类似。

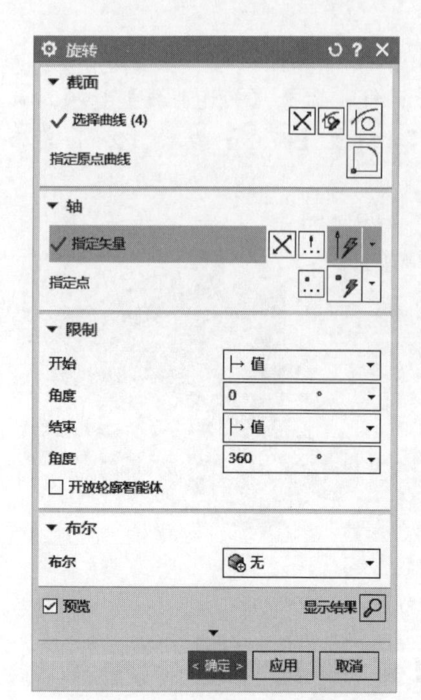

图 4-44 【旋转】对话框

(2) 轴

在【轴】组框中选择旋转轴和旋转中心。

• 旋转轴：单击【指定矢量】选项后的【矢量构造器】按钮，利用【矢量构造器】对话框，可指定截面曲线围绕旋转的轴线。

• 旋转中心点：单击【指定点】选项后的【点构造器】按钮，利用【点构造器】对话框，可指定截面曲线围绕旋转的中心位置。

(3) 限制

在“限制”组框中指定旋转方式和旋转参数，在“开始”和“结束”选项中设置旋转方式，包括“值”和“直到选定对象”2 种。

① 值　包括“开始角度”和“终点角度”两个选项：

• 开始角度：设置旋转对象旋转的起始角度，值的大小是相对于旋转截面曲线中各曲线所在平面而言，其方向与旋转轴成右手定则为正。

• 终点角度：设置旋转对象旋转的终止角度，值的大小是相对于旋转截面曲线中各曲线所在平面而言，其方向也是与旋转轴成右手定则为正。

② 直至选定对象　将旋转截面旋转到选定的对象，如图 4-45 所示。

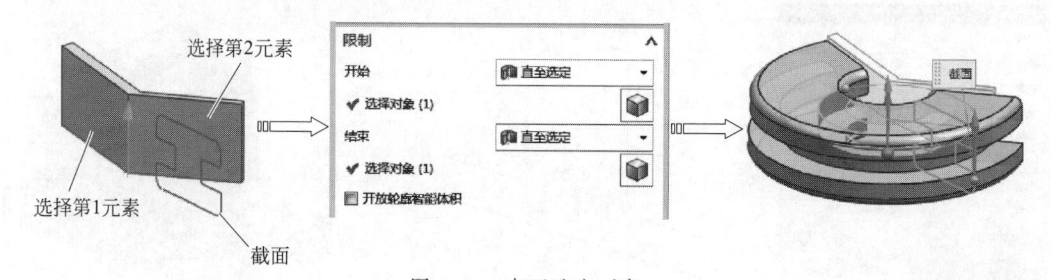

图 4-45　直至选定对象

扫码看视频

操作实例——创建旋转特征实例

操作步骤

Step 01　在功能区中单击【主页】选项卡中【标准】组中的【打开】按钮，在弹出【打开】对话框中选择素材文件“实例\第 4 章\原始文件\旋转特征 .prt”，单击【打开】按钮打开模型文件，如图 4-46 所示。

Step 02　在功能区中单击【主页】选项卡中【基本】组中的【旋转】命令，弹出【旋转】对话框，选择零件的左侧端面作为回转截面，设置旋转轴为 XC，旋转中心为 (0, 0,40)，设置【结束】为“直至选定”，选择

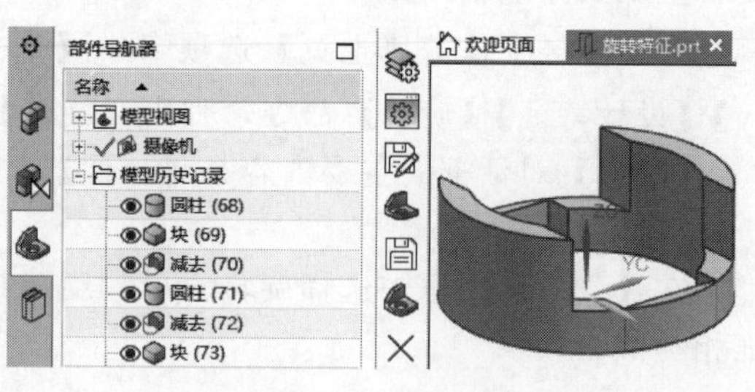

图 4-46　打开模型文件

右侧端面，设置【布尔】为“合并”，单击【确定】按钮完成，如图 4-47 所示。

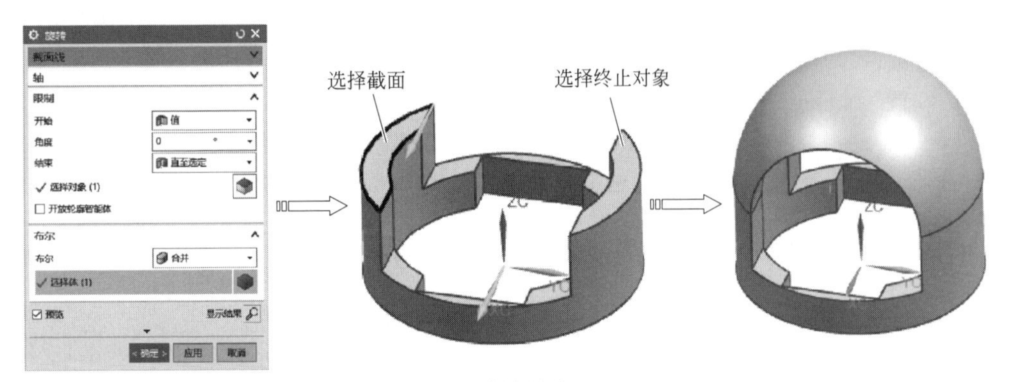

图 4-47 创建旋转特征（一）

Step 03 在功能区中单击【主页】选项卡中【基本】组中的【旋转】命令，弹出【旋转】对话框，选择零件的矩形截面作为回转截面，设置旋转轴为 YC，旋转中心为 WCS (0,0,0)，设置【结束】为“直至选定”，选择右侧端面，设置【布尔】为“合并”，单击【确定】按钮完成，如图 4-48 所示。

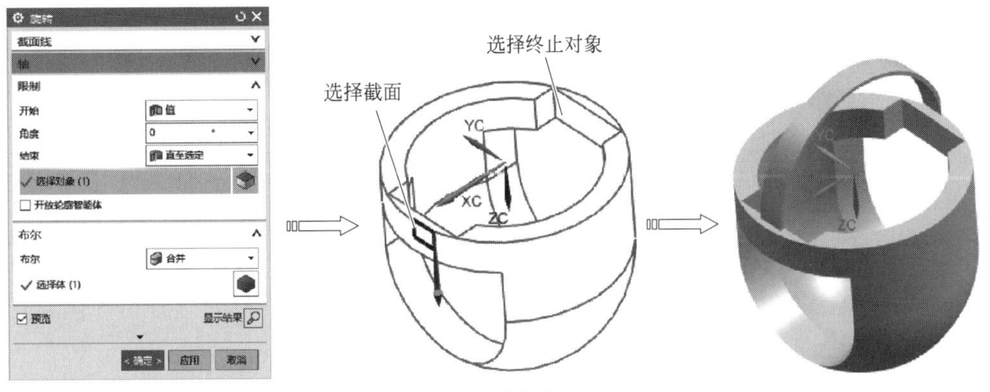

图 4-48 创建旋转特征（二）

4.3.3 沿引导线扫掠

沿引导线扫掠是将截面（实体表面、实体边缘、曲线或者链接曲线）沿引导线串（直线、圆弧或者样条曲线）扫掠创建实体或片体。

在功能区中单击【曲面】选项卡中【基本】组中的【拉伸沿引导线扫掠】命令，或选择下拉菜单【插入】|【扫掠】|【沿引导线扫掠】命令，弹出【沿引导线扫掠】对话框，如图 4-49 所示。

图 4-49 【沿引导线扫掠】对话框

【沿引导线扫掠】对话框中相关选项参数含义如下。

(1) 截面

【选择曲线】用于选择曲线、边或曲线链，或是截面的边。

（2）引导

【选择曲线】用于选择曲线、边或曲线链，或是引导线的边。引导线串中的所有曲线都必须是连续的。

（3）偏置

- 第一偏置：将扫掠特征偏置以增加厚度建立薄壁特征，向截面内部偏置。
- 第二偏置：使扫掠特征的基础偏离截面线串，截面向外偏置距离。

操作实例——创建沿引导线扫掠实例

操作步骤

Step 01 在功能区中单击【主页】选项卡中【标准】组中的【打开】按钮，在弹出【打开】对话框中选择素材文件“实例\第4章\原始文件\沿引导线扫掠.prt”，单击【打开】按钮打开模型文件，如图4-50所示。

扫码看视频

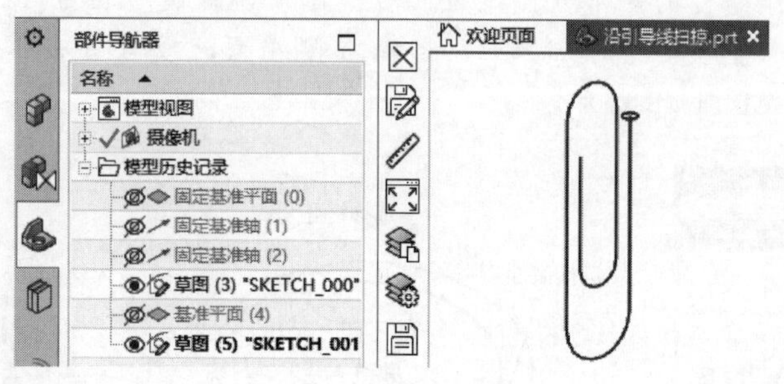

图4-50 打开模型文件

Step 02 在功能区中单击【曲面】选项卡中【基本】组中的【拉伸沿引导线扫掠】命令，或选择下拉菜单【插入】|【扫掠】|【沿引导线扫掠】命令，弹出【沿引导线扫掠】对话框，如图4-51所示，选择引导线和截面线，创建实体。

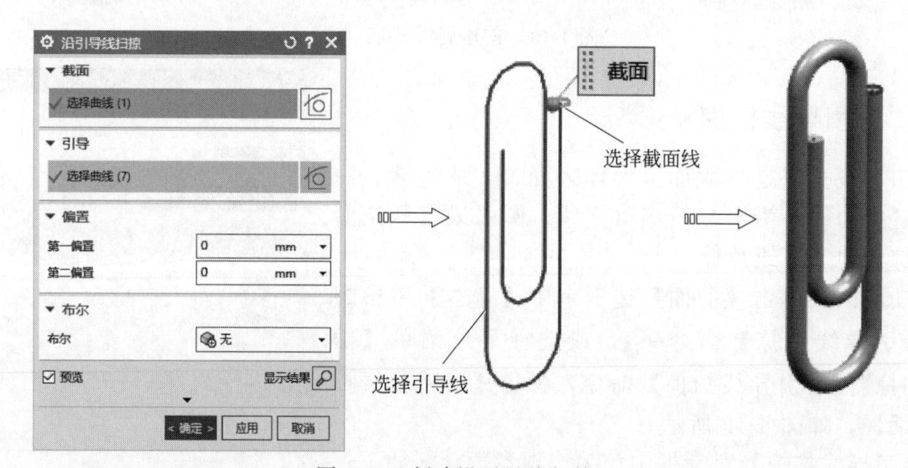

图4-51 创建沿引导线扫掠

4.3.4 管道

管道主要根据给定的曲线和内外直径创建各种管状实体，可用于创建线捆、电气线路、管、电缆或管路。

在功能区中单击【曲面】选项卡中【基本】组中的【管道】命令，选择下拉菜单【插入】|【扫掠】|【管道】命令，弹出【管道】对话框，如图 4-52 所示。

图 4-52 【管道】对话框

【管道】对话框中相关选项参数含义如下。

(1) 路径

在【外径】和【内径】文本框中设置管道的外内直径，管道的外径不能为零。

(2) 设置

用于设定管道的输出类型，包括以下 2 个选项：

- 多段：选择"多段"则生成的管道由多段表面组成。
- 单段：选择"单段"则生成的管道只具有一段或两段表面，且表面为 B 曲面。如果内直径是零，那么管道具有一个表面。

操作实例——创建管道实例

操作步骤

Step 01 在功能区中单击【主页】选项卡中【标准】组中的【打开】按钮，在弹出【打开】对话框中选择素材文件"实例\第 4 章\原始文件\管道特征 .prt"，单击【打开】按钮打开模型文件，如图 4-53 所示。

图 4-53 打开模型文件

扫码看视频

Step 02 选择下拉菜单【插入】|【扫掠】|【管道】命令，弹出【管道】对话框，设置【外径】为 10、【内径】为 7，选择如图 4-54 所示的曲线，单击【确定】按钮完成。

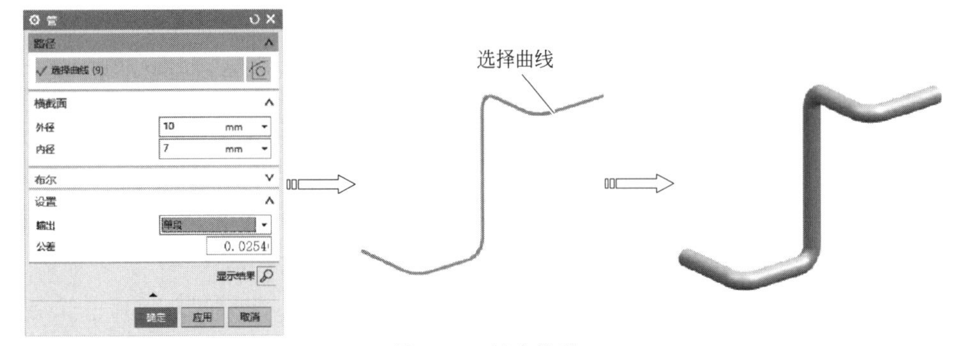

图 4-54 创建管道

4.4 基础成形特征

当生成一些简单的实体造型后，通过成形特征的操作，可以建立孔、圆台、腔体、凸垫、凸起、键槽和沟槽等。成形特征必须依赖已经存在的实体特征，如一个孔必须在一个实体上而不能脱离实体存在。成形特征的创建方法与上述的扫描特征相似，不同之处在于创建特征时必须对其进行定位操作。

4.4.1 孔

孔特征允许用户在实体上创建一个简单的孔、沉头孔或埋头孔。

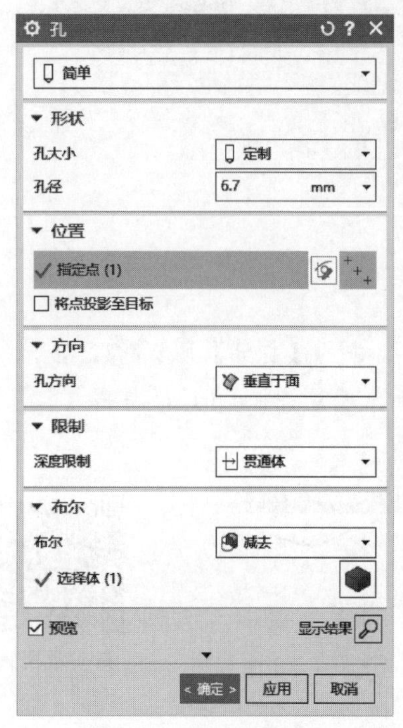

图 4-55 【孔】对话框

在功能区中单击【主页】选项卡中【基本】组中的【孔】按钮，或选择下拉菜单【插入】|【设计特征】|【孔】命令，弹出【孔】对话框，如图 4-55 所示。

【孔】对话框中相关选项参数含义如下。

(1) 类型

用于选择要创建的孔特征的类型：

• 简单孔：创建具有指定直径、深度和尖端顶锥角的简单孔。

• 沉头孔：创建具有指定直径、深度、顶锥角、沉头直径和沉头深度的沉头孔。

• 埋头孔：创建具有指定直径、深度、顶锥角、埋头直径和埋头角度的埋头孔。

• 锥孔：创建具有指定锥角和直径的锥孔。

• 螺纹孔：创建螺纹孔，其尺寸标注由标准、螺纹尺寸和径向进刀定义。

(2) 形状

① 孔大小　用于指定孔特征的形式：

• 定制：对于简单孔、沉头孔或埋头孔孔类型显示，用于指定孔尺寸。

• 钻孔尺寸：对于简单孔孔类型显示，用于根据 ANSI 或 ISO 标准创建钻孔尺寸孔特征。

• 螺钉间隙：对于简单孔、沉头孔或埋头孔孔类型显示，用于创建通孔，其设计需适应其应用场合，如螺钉的间隙孔。

② 孔径　用于指定创建钻孔尺寸孔特征的钻孔尺寸。

(3) 位置

① 指定点　用于选择孔的中心位置，包括以下 2 个选项：

• 草图定位：单击【绘制截面】按钮，进入草图编辑器，显示孔中心的位置，可调用约束功能确定孔的位置。单击【完成草图】按钮，完成草图绘制退出草图编辑器环境。

• 选择现有点：单击【点】按钮可使用现有的点来指定孔的中心。

② 将点投影至目标　如果孔的中心远离目标体，则 UG NX 会将点沿指定孔方向投影至目标体。投影点成为该孔的起点。

(4) 方向

用于指定孔方向：

- 垂直于面：沿着与公差范围内每个指定点最近的面法向的反向来定义孔的方向。
- 沿矢量：沿指定的矢量来定义孔方向。

(5) 限制

用于确定孔深限制：

- 值：创建指定深度的孔。
- 直至选定：创建一个延伸至选定对象的孔。
- 直至下一个：对孔进行扩展，直至孔到达下一个面。
- 贯通体：创建一个通孔，该孔沿矢量方向延伸至选定体的最后一个面。

操作实例——创建孔实例

操作步骤

Step 01 在功能区中单击【主页】选项卡中【标准】组中的【打开】按钮，在弹出【打开】对话框中选择素材文件"实例\第4章\原始文件\孔.prt"，单击【打开】按钮打开模型文件，如图4-56所示。

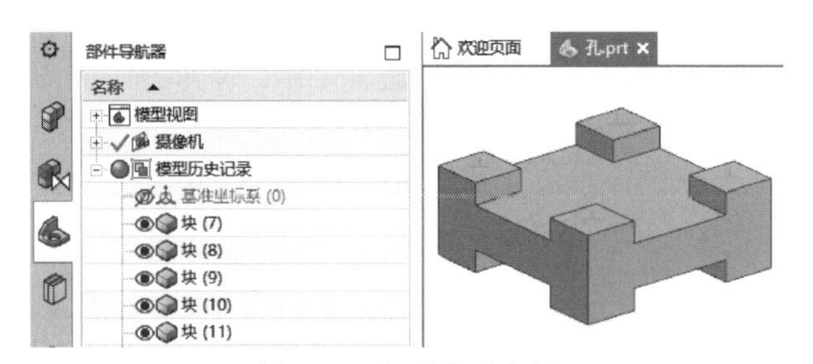

扫码看视频

图 4-56 打开模型文件

图 4-57 【孔】对话框

Step 02 在功能区中单击【主页】选项卡中【基本】组中的【孔】按钮，或选择下拉菜单【插入】|【设计特征】|【孔】命令，弹出【孔】对话框，设置【孔径】为12，【深度限制】为"贯通体"，如图4-57所示。

Step 03 单击【点】按钮，在图形区选择如图4-58所示的点，单击【确定】按钮创建孔。

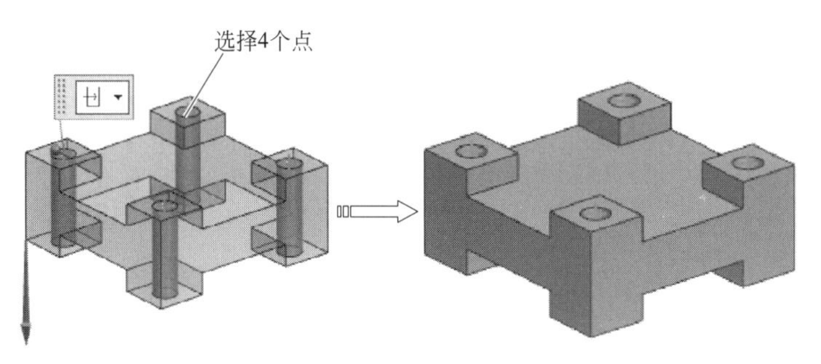

图 4-58 创建孔

4.4.2 凸起

凸起用于将截面沿矢量投影形成的面来修改体或面。要创建凸起，必须指定：封闭截面、要凸起的面、凸起方向（或接受默认值，即垂直于截面）。

在功能区中单击【主页】选项卡中【基本】组中的【凸起】按钮，或选择下拉菜单【插入】|【设计特征】|【凸起】命令，弹出【凸起】对话框，如图 4-59 所示。

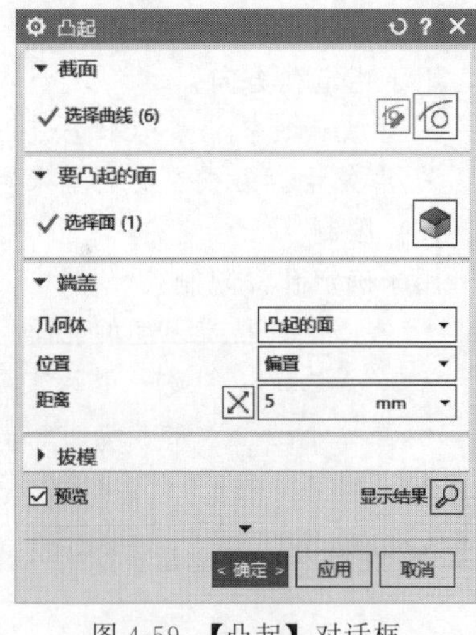

图 4-59 【凸起】对话框

【凸起】对话框中相关选项参数含义如下。

(1) 截面

【截面】用于选择创建凸起时的截面范围，要求是封闭的截面。

(2) 要凸起的面

【选择面】用于选择一个或多个面以在其上创建凸起。

(3) 凸起方向

【凸起方向】用于定义凸起方向的矢量，默认的凸起方向为垂直于凸起选定的截面。

(4) 端盖

【端盖】是指凸起的终止曲面方式，指定端盖是为了得到的几何体的底部面（腔）或顶部面（垫块）。【几何体】下拉列表中提供了端盖的定义方式有以下几种：

- 凸起的面：从选定用于凸起的面创建端盖，通过【位置】选项设置凸起的大小，如图 4-60 所示。

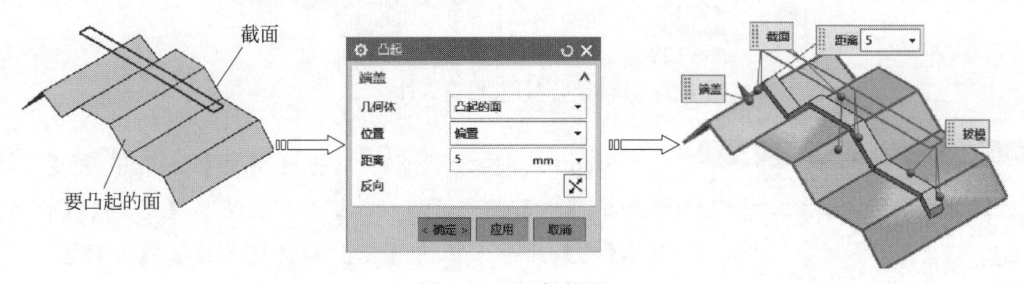

图 4-60 凸起的面

- 基准平面：从选择的基准平面创建端盖，如图 4-61 所示。

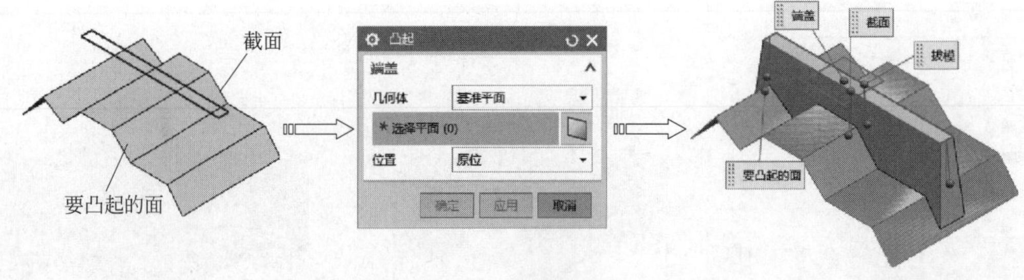

图 4-61 基准平面

- 截面平面：在选定的截面处创建端盖，如图 4-62 所示。

图 4-62　截面平面

- 选定的面：从选择的面创建端盖，面可以来自不同的体，如图 4-63 所示。

图 4-63　选定的面

扫码看视频

操作实例——创建凸起实例

操作步骤

Step 01　在功能区中单击【主页】选项卡中【标准】组中的【打开】按钮，在弹出【打开】对话框中选择素材文件“实例\第 4 章\原始文件\凸起 .prt”，单击【打开】按钮打开模型文件，如图 4-64 所示。

Step 02　在功能区中单击【主页】选项卡中【基本】组中的【凸起】按钮，或选择下拉菜单【插入】|【设计特征】|【凸起】命令，弹出【凸起】对话框，如图 4-65 所示。

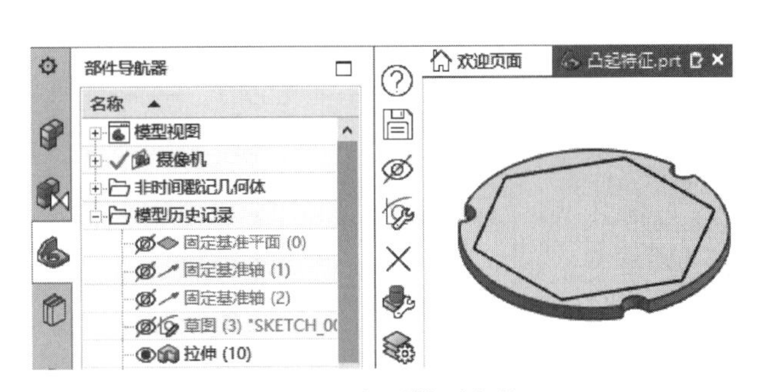

图 4-64　打开模型文件

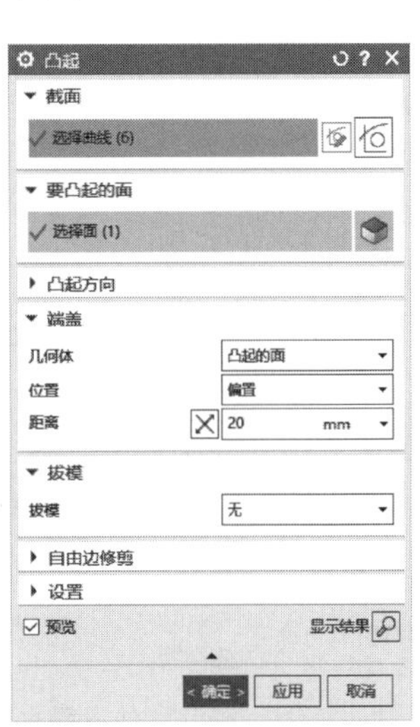

图 4-65　【凸起】对话框

Step 03 选择六边形为截面，选择上表面为凸起表面，设置【距离】为 20，单击【确定】按钮完成，如图 4-66 所示。

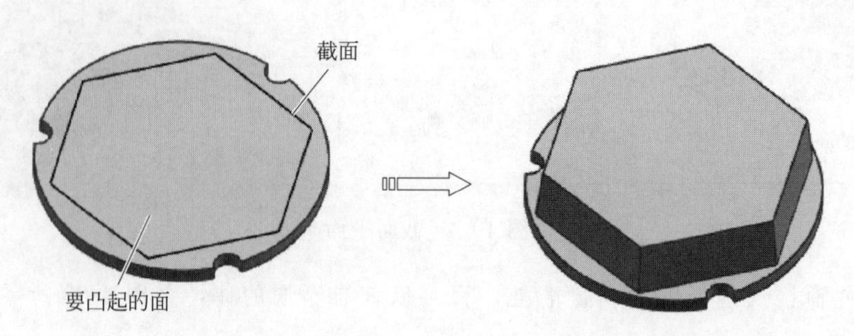

图 4-66 创建凸起

4.4.3 槽（沟槽）

沟槽是各类机械零件中常见特征，是指在圆柱或圆锥表面生成的环形槽。

在功能区中单击【主页】选项卡中【基本】组中的【槽】按钮，或选择下拉菜单【插入】|【设计特征】|【槽】命令，弹出【槽】对话框，如图 4-67 所示。

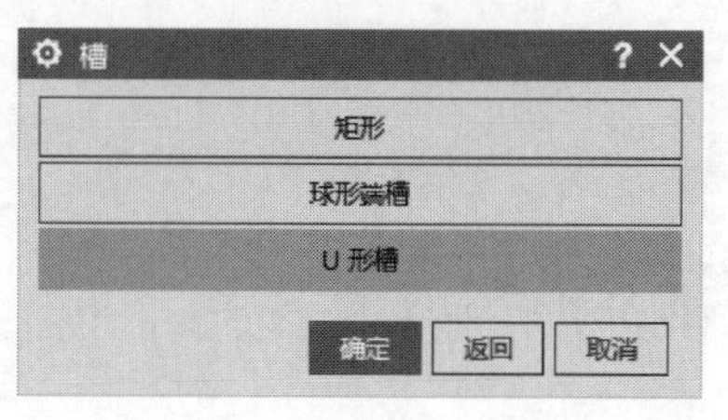

图 4-67 【槽】对话框

4.4.3.1 沟槽的位置

沟槽选项只在圆柱形的或圆锥形的面上起作用。旋转轴是选中面的轴。沟槽在选择该面的位置（选择点）附近生成并自动连接到选中的面上。可以选择一个外部的或内部的面作为沟槽的定位面。沟槽的轮廓对称于通过选择点的平面并垂直于旋转轴，如图 4-68 所示。

4.4.3.2 沟槽的定位

沟槽的定位和其他的成形特征的定位稍有不同：只能在一个方向上定位沟槽，即沿着目标实体的轴。通过选择目标实体的一条边及工具边或中心线来定位沟槽，如图 4-69 所示。

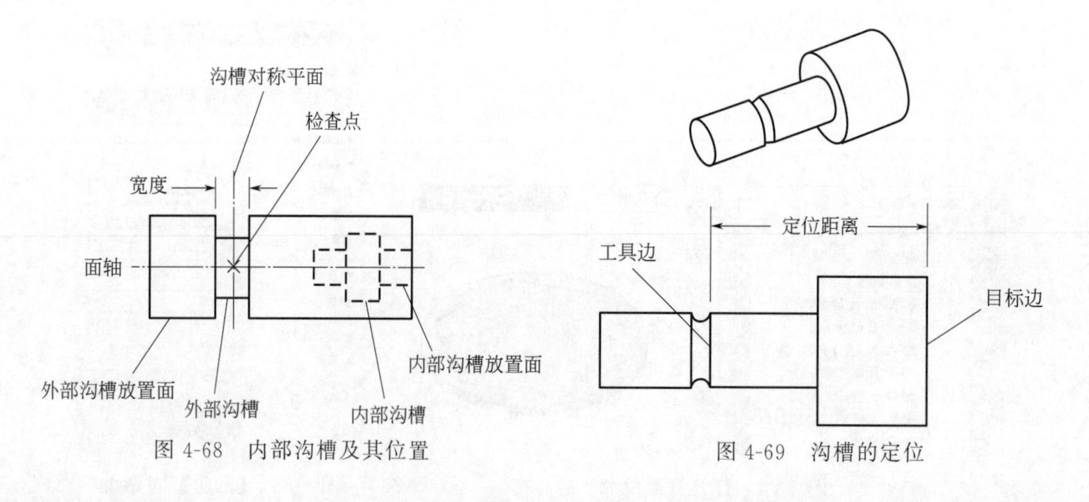

图 4-68 内部沟槽及其位置

图 4-69 沟槽的定位

操作实例——创建沟槽实例

操作步骤

Step 01 在功能区中单击【主页】选项卡中【标准】组中的【打开】按钮，在弹出【打开】对话框中选择素材文件"实例\第4章\原始文件\沟槽特征.prt"；单击【打开】按钮打开模型文件，如图4-70所示。

Step 02 在功能区中单击【主页】选项卡中【基本】组中的【槽】按钮，或选择下拉菜单【插入】|【设计特征】|【槽】命令，弹出【槽】对话框，如图4-71所示。

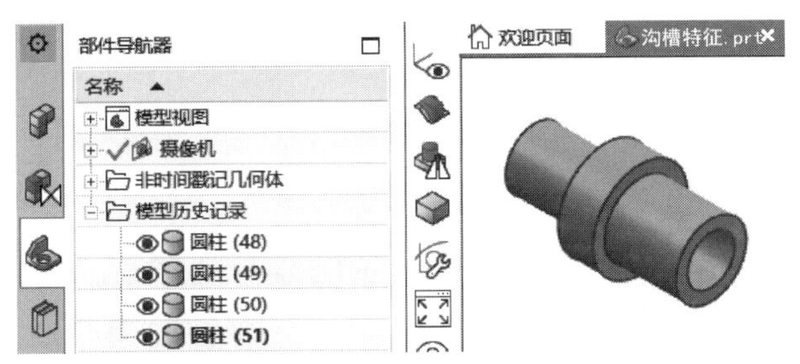

图 4-70 打开模型文件

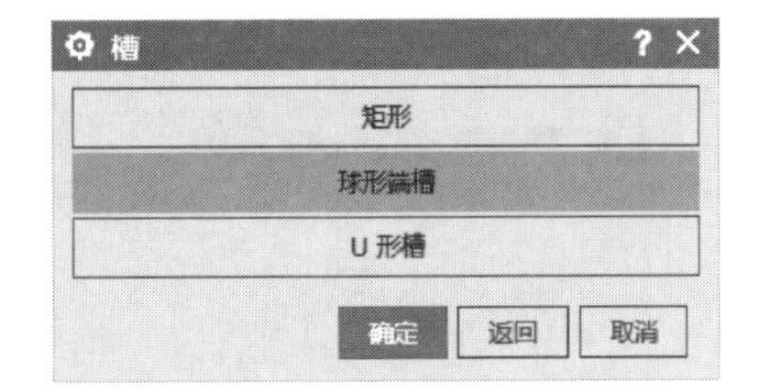

图 4-71 【槽】对话框

Step 03 单击【矩形】按钮，弹出放置面选择对话框，在图形区选择左侧圆柱面为放置面，如图4-72所示。

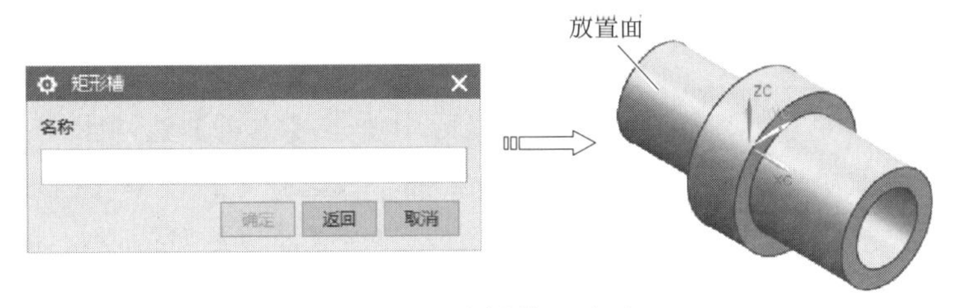

图 4-72 选择放置平面

Step 04 系统弹出【矩形槽】对话框，设置相关参数，如图4-73所示。

Step 05 单击【确定】按钮，弹出【定位槽】对话框，选择目标边，系统提示"选择目标对象"，选择如图4-74所示的圆弧；系统弹出【定位槽】对话框，选择工具边，系统提示"选择工具对象"，选择如图4-74所示的圆弧。

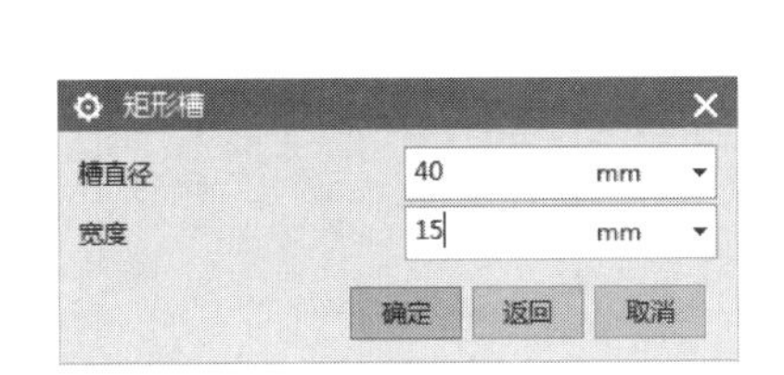

图 4-73 【矩形槽】对话框

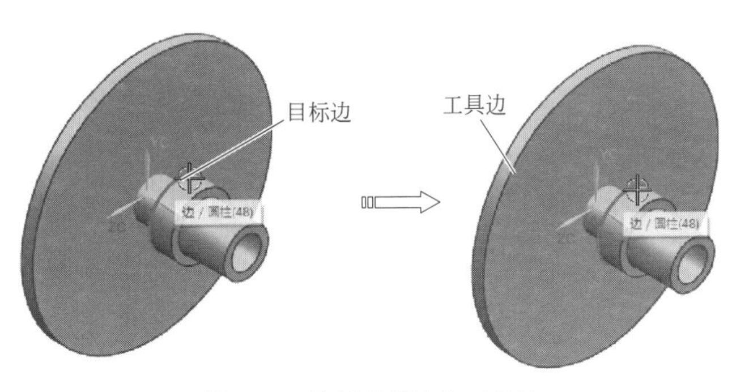

图 4-74 选择目标边和工具边

Step 06 系统弹出【创建表达式】对话框，输入 0，单击【确定】按钮，再单击【取消】按钮，关闭【槽】对话框，完成槽创建，如图 4-75 所示。

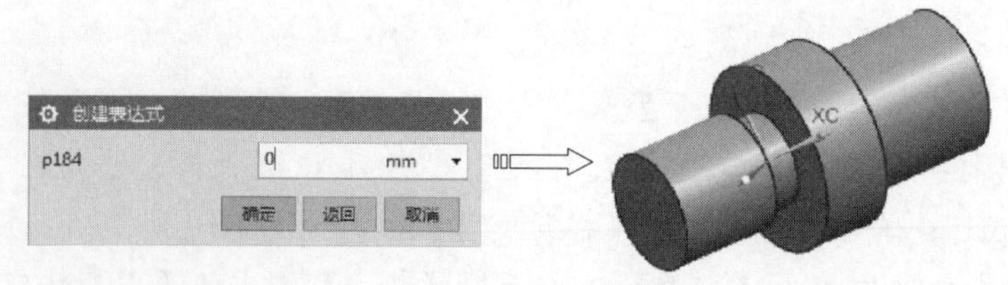

图 4-75 创建沟槽

Step 07 重复上述过程，在右侧内孔创建矩形槽，设置【槽直径】为 50，【宽度】为 15，如图 4-76 所示。

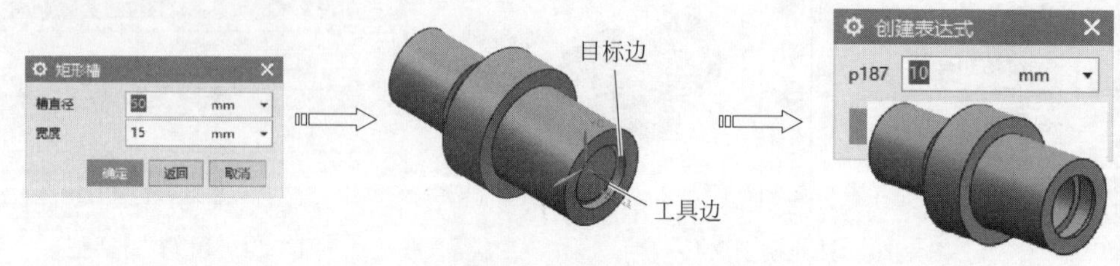

图 4-76 创建内槽

4.4.4 筋板

加强肋是指在草图轮廓和现有零件之间添加指定方向和厚度的材料，在工程上一般用于加强零件的强度。

图 4-77 【筋板】对话框

在功能区中单击【主页】选项卡中【基本】组中的【筋板】按钮，或选择下拉菜单【插入】|【设计特征】|【筋板】命令，弹出【筋板】对话框，如图 4-77 所示。

【筋板】对话框中相关选项参数含义如下。

(1) 目标

【选择体】为筋板操作选择目标体。

(2) 截面

【选择曲线】通过选择形成串或 Y 接合点的曲线指定为筋板截面，也可以绘制截面草图曲线，但截面的所有曲线必须共面。

(3) 壁

壁方向可相对于剖切平面定义筋板壁的方位，如图 4-78 所示。

- 垂直于剖切平面：使筋板壁垂直于剖切平面。
- 平行于剖切平面：仅在剖面包含单组曲线时可用，使筋板壁平行于剖切平面。
- 反转筋板侧：在使用平行于剖切平面时反转筋板的方向。
- 维度：确定如何相对于剖面应用厚度。

• 厚度：筋板厚度的尺寸值。

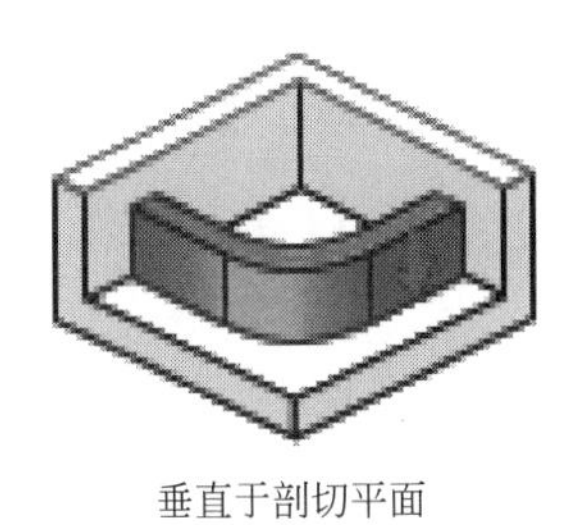

垂直于剖切平面　　　　平行于剖切平面

图 4-78　壁

操作实例——创建筋板实例

操作步骤

Step 01　在功能区中单击【主页】选项卡中【标准】组中的【打开】按钮，在弹出【打开】对话框中选择素材文件“实例\第4章\原始文件\筋板特征.prt”，单击【打开】按钮打开模型文件，如图4-79所示。

扫码看视频

图 4-79　打开模型文件

Step 02　选择下拉菜单【插入】|【在任务环境中绘制草图】命令，弹出【创建草图】对话框，在【草图类型】中选择“在平面上”，选择ZX平面为草绘平面，利用草图工具绘制如图4-80所示的草图。单击【草图】组上的【完成】按钮，完成草图绘制并退出草图编辑器环境。

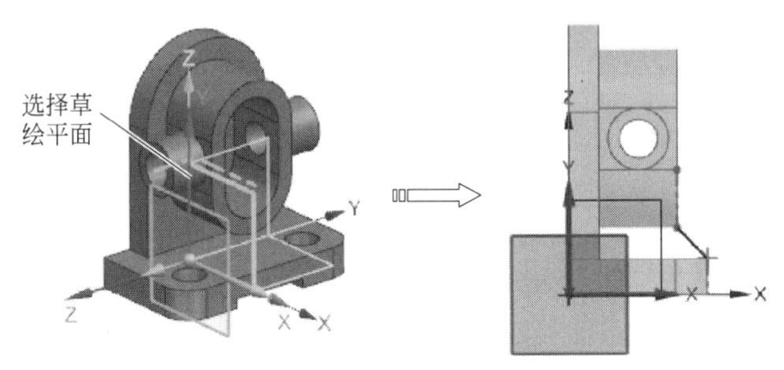

图 4-80　绘制草图

Step 03 在功能区中单击【主页】选项卡中【基本】组中的【筋板】按钮，或选择下拉菜单【插入】|【设计特征】|【筋板】命令，弹出【筋板】对话框，选择上一步草图，选中【平行于剖切平面】，设置【维度】为“对称”，【厚度】为20，单击【确定】按钮创建筋板，如图4-81所示。

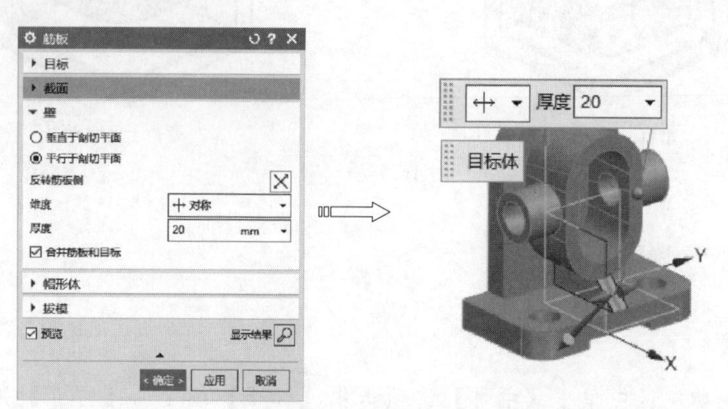

图4-81 创建筋板特征

4.4.5 螺纹

在工程设计中，经常用到螺栓、螺柱、螺孔等具有螺纹表面的零件，都需要在零件表面上创建出螺纹特征，而UG NX为螺纹创建提供了非常方便的手段，可以在孔、圆柱或圆台上创建螺纹。

在功能区中单击【主页】选项卡中【特征】组中的【螺纹】按钮，或选择下拉菜单【插入】|【设计特征】|【螺纹】命令，弹出【螺纹】对话框，如图4-82所示。

图4-82 【螺纹】对话框

【螺纹】对话框中相关选项参数含义如下。

(1) 螺纹类型

• 符号：只是在圆柱体上建立虚线圆，而不显示螺纹实体，在工程图中用于表示螺纹和标注螺纹。这种螺纹生成螺纹的速度快，计算量小，推荐采用这种形式的螺纹。

• 详细：建立真实的螺纹。可是由于螺纹几何形状的复杂性导致计算量大，创建和更新的速度减慢。

(2) 面

• 选择圆柱：选择圆柱面（圆柱或孔）作为螺纹所在的位置。

• 选择起始对象：选择平的面、非平面的面或基准平面来定义螺纹的起始位置。选择起始对象后，会有一个矢量指示新螺纹的起始位置和方向。

• 反向：用于反转螺纹方向，该方向在图形窗口中由与选定圆柱面同轴的临时矢量来指示。单击矢量可以反转其方向，仅沿选定的圆柱面创建螺纹。

(3) 牙型

• 螺纹标准：为螺纹的创建选择行业标准，如公制粗牙或英制 UNC。螺纹标准用于创建螺纹的螺纹表。

• 圆柱直径：在应用螺纹之前显示所选圆柱面的直径。

• 智能螺纹：将所选圆柱面的直径与螺纹标准中相应螺纹规格匹配。

• 螺纹规格：根据智能螺纹设置，显示螺纹规格或螺纹规格选项。选中智能螺纹时，螺纹规格显示与选定圆柱面直径匹配的螺纹规格，具体取决于孔或轴尺寸首选项；清除智能尺寸时，螺纹规格会列出螺纹标准中的所有螺纹规格以供选用。

• 旋向：指定螺纹的旋向。右旋，沿轴向朝一端观察螺纹时，螺纹按顺时针、后退方向缠绕；左旋，沿轴向朝一端观察螺纹时，螺纹按逆时针、后退方向缠绕。

• 螺纹头数：指定要创建的螺纹数。

• 方法：定义螺纹加工方法，如碾轧、切削、磨削或铣削。可用的方法由符号螺纹用户默认设置定义。

(4) 限制

① 螺纹限制　用于指定螺纹长度的确定方式。

• 值：螺纹长度为指定值。如果更改圆柱体长度，螺纹长度保持不变。

• 全长：螺纹长度为圆柱体整个长度。如果更改圆柱体长度，螺纹长度也会更新。

② 螺纹长度　用于指定从选定的起始对象测量的螺纹长度。

操作实例——创建螺纹实例

操作步骤

Step 01　在功能区中单击【主页】选项卡中【标准】组中的【打开】按钮，在弹出【打开】对话框中选择素材文件“实例\第 4 章\原始文件\螺纹特征 .prt”，单击【打开】按钮打开模型文件，如图 4-83 所示。

扫码看视频

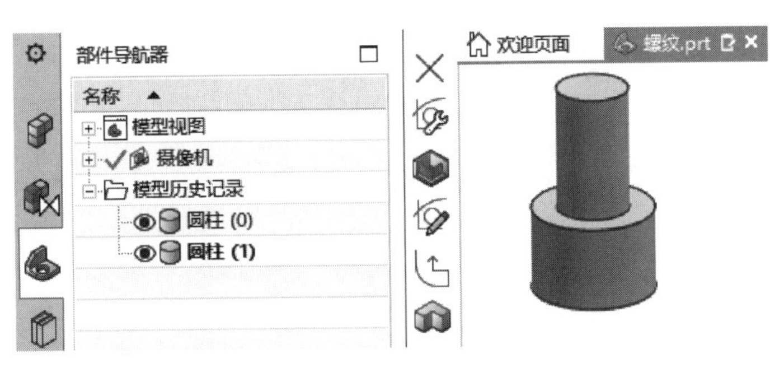

图 4-83　打开模型文件

Step 02　在功能区中单击【主页】选项卡中【特征】组中的【螺纹】按钮，或选择下拉菜单【插入】|【设计特征】|【螺纹】命令，弹出【螺纹】对话框，在【螺纹类型】中选择“详细”，选择如图 4-84 所示的圆柱表面作为螺纹生成面，设置相关参数，单击【确定】按钮完成。

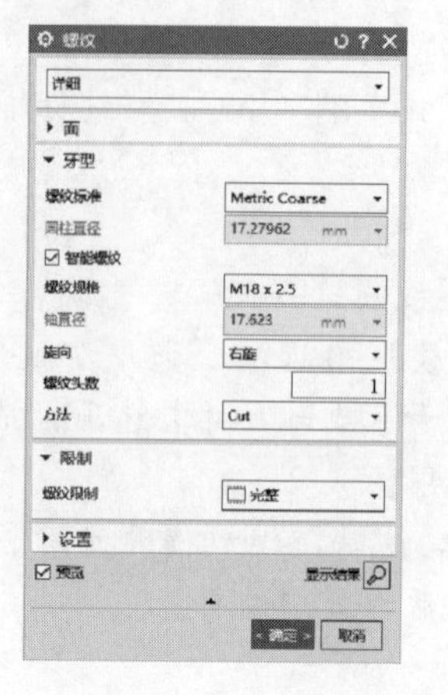

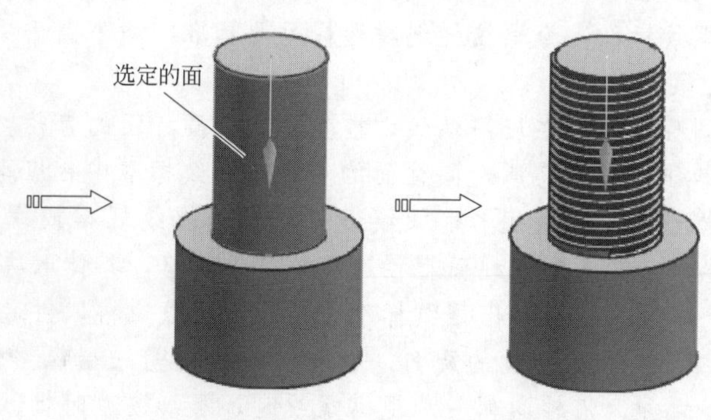

图 4-84 创建螺纹

4.5 实体特征操作

特征操作是对已存在实体或特征进行修改，以满足设计要求。用户通过特征操作，可用简单的特征建立复杂特征，如倒角、拔模、螺纹等。

4.5.1 边倒圆

倒圆是工程中常用的圆角方式，是按指定的半径对所选实体或者片体边缘进行倒圆，使模型上的尖锐边缘变成圆滑表面。

在功能区中单击【主页】选项卡中【基本】组中的【边倒圆】按钮，或选择下拉菜单【插入】|【细节特征】|【边倒圆】命令，弹出【边倒圆】对话框，如图 4-85 所示。

图 4-85 【边倒圆】对话框

【边倒圆】对话框中相关选项参数含义如下。

(1) 连续性

• G1（相切）：指定始终与相邻面相切的圆角面。

• G2（曲率）：指定与相邻面曲率连续的圆角面。

(2) 选择边

用于为边倒圆选择边。

(3) 形状

用于指定圆角横截面的形状，包括以下选项：

• 圆形：使用单个手柄集控制圆形倒圆。

• 二次曲线：二次曲线法和手柄集可控制对称边界边半径、中心半径和 Rho 值的组合，以创建二次曲线倒圆。

(4) 半径

用于设置倒圆角半径值。

(5) 添加新集

单击【添加新集】按钮，可选择另外一条边设置多边不同半径倒圆角。

操作实例——创建边倒圆实例

操作步骤

Step 01 在功能区中单击【主页】选项卡中【标准】组中的【打开】按钮，在弹出【打开】对话框中选择素材文件“实例\第 4 章\原始文件\边倒圆.prt”，单击【打开】按钮打开模型文件，如图 4-86 所示。

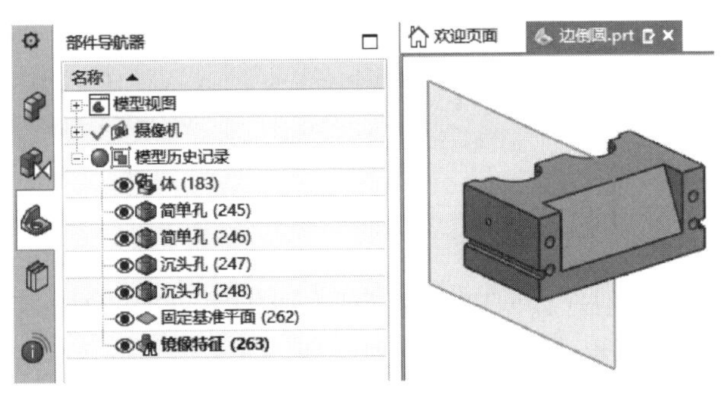

扫码看视频

图 4-86 打开模型文件

Step 02 在功能区中单击【主页】选项卡中【基本】组中的【边倒圆】按钮，或选择下拉菜单【插入】|【细节特征】|【边倒圆】命令，弹出【边倒圆】对话框，设置【半径 1】为 20mm，选择如图 4-87 所示的边。

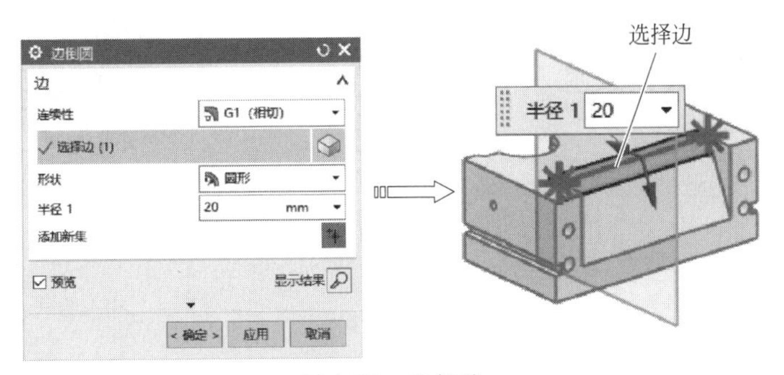

图 4-87 选择边

Step 03 选中【启用长度限制】复选框，【限制对象】选“平面”，选择如图 4-88 所示的平面，单击【确定】按钮，系统自动完成边倒圆特征。

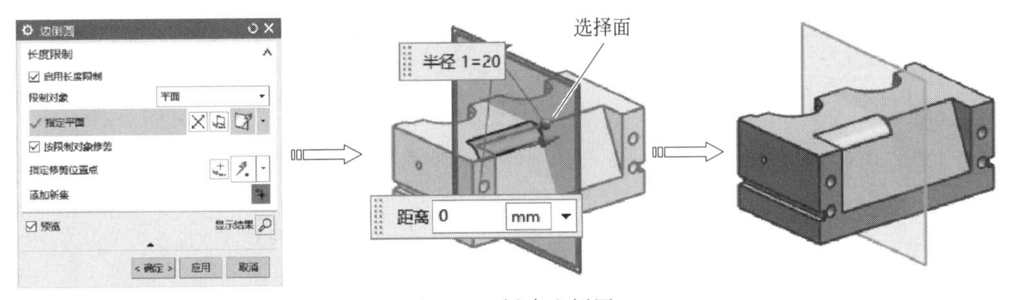

图 4-88 创建边倒圆

4.5.2 倒斜角

倒斜角是工程中经常出现的倒角方式，是指按指定的尺寸斜切实体的棱边，对于凸棱边去除材料，而对于凹棱边增添材料。

在功能区中单击【主页】选项卡中【基本】组中的【倒斜角】按钮，或选择下拉菜单【插入】|【细节特征】|【倒斜角】命令，弹出【倒斜角】对话框，如图 4-89 所示。

图 4-89 【倒斜角】对话框

【倒斜角】对话框中相关选项参数含义如下。

(1) 边

【选择边】用于选择要倒斜角的一条或多条边。

(2) 偏置

在【横截面】下拉列表中选择创建倒角特征的类型，包括“对称”“非对称”和“偏置和角度”3 种，如图 4-90 所示。

- 对称：创建两个方向切除量相同的倒角，相当于 45°倒角。
- 非对称：创建两个方向切除量不相等的倒角，切除角不等于 45°。
- 偏置和角度：通过一个角度和偏置值创建倒角。

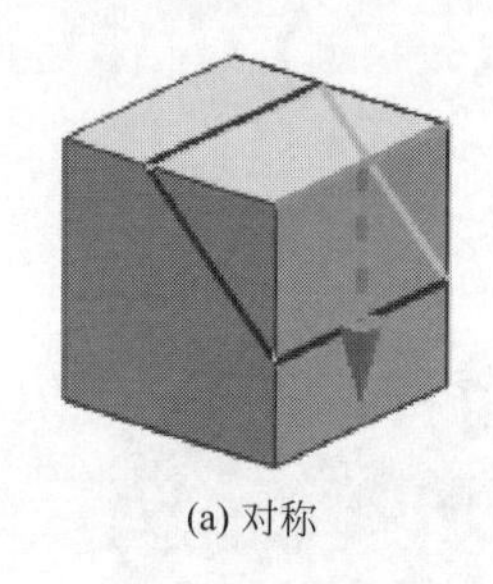
(a) 对称

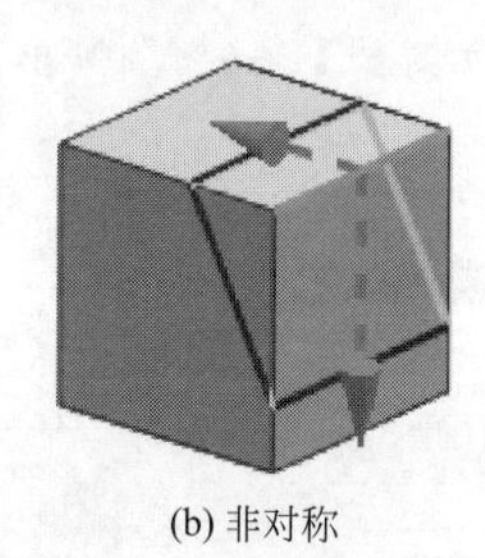
(b) 非对称

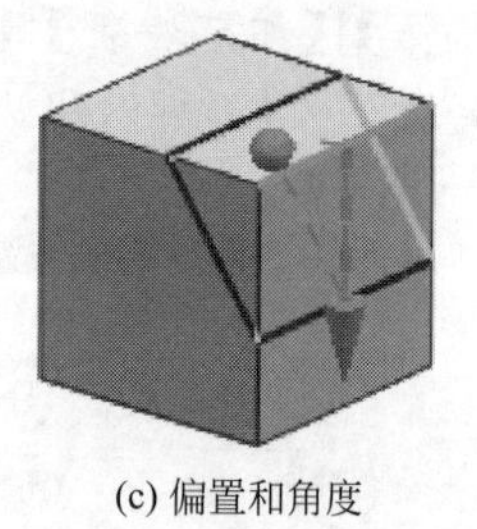
(c) 偏置和角度

图 4-90 横截面选项

4.5.3 抽壳

抽壳用于从实体内部除料或在外部加料，使实体中空化，从而形成薄壁特征的零件。

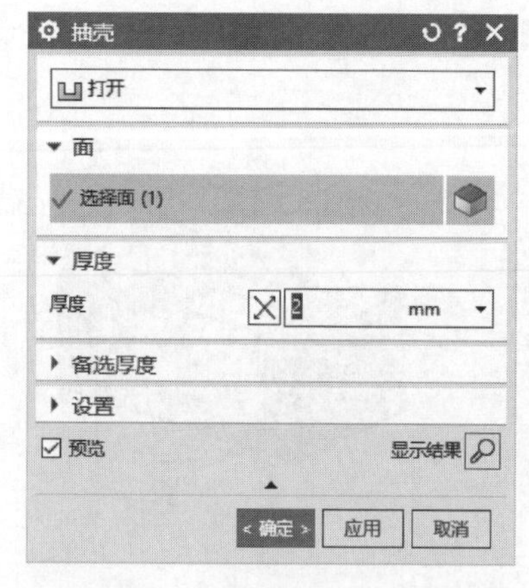

图 4-91 【抽壳】对话框

在功能区中单击【主页】选项卡中【基本】组中的【抽壳】按钮，或选择下拉菜单【插入】|【偏置/缩放】|【抽壳】命令，弹出【抽壳】对话框，如图 4-91 所示。

【抽壳】对话框中相关选项参数含义如下。

(1) 类型

用于选择抽壳类型，包括打开和封闭 2 种。

- 打开：抽掉选定的面，剩余的面以指定厚度抽壳壳体，如图 4-92 所示。
- 封闭：通过一个实体和厚度创建一个相同偏置距离的封闭壳体，如图 4-93 所示。

(2) 厚度

- 厚度：设置抽壳后壁厚度，可以拖动厚度手柄，

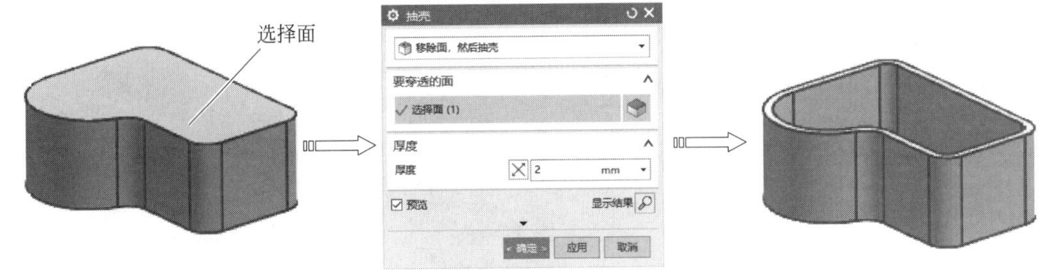

图 4-92　移除面，然后抽壳

图 4-93　对所有面抽壳

或者在厚度屏显输入框或对话框中键入值。

• 反向：更改厚度的方向，系统默认一般为向内抽壳。

操作实例——创建抽壳特征实例

操作步骤

Step 01　在功能区中单击【主页】选项卡中【标准】组中的【打开】按钮，在弹出【打开】对话框中选择素材文件"实例\第 4 章\原始文件\抽壳.prt"，单击【打开】按钮打开模型文件，如图 4-94 所示。

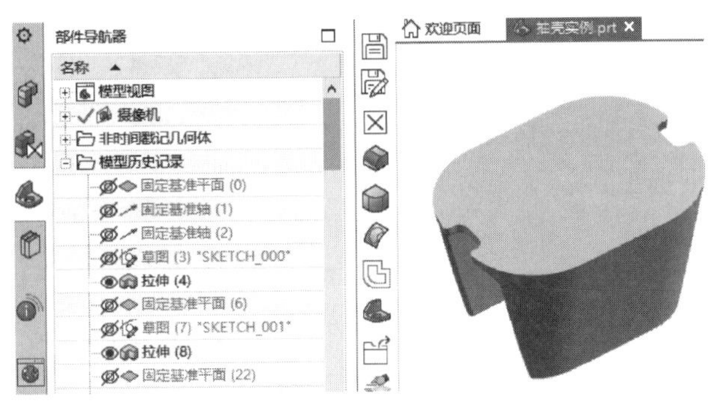

扫码看视频

图 4-94　打开模型文件

Step 02　在功能区中单击【主页】选项卡中【特征】组中的【抽壳】按钮，或选择下拉菜单【插入】|【偏置/缩放】|【抽壳】命令，弹出【抽壳】对话框，选择【打开】方式，设置【厚度】为 2，选择如图 4-95 所示抽壳时去除的实体表面，单击【确定】按钮，系统自

动完成抽壳特征。

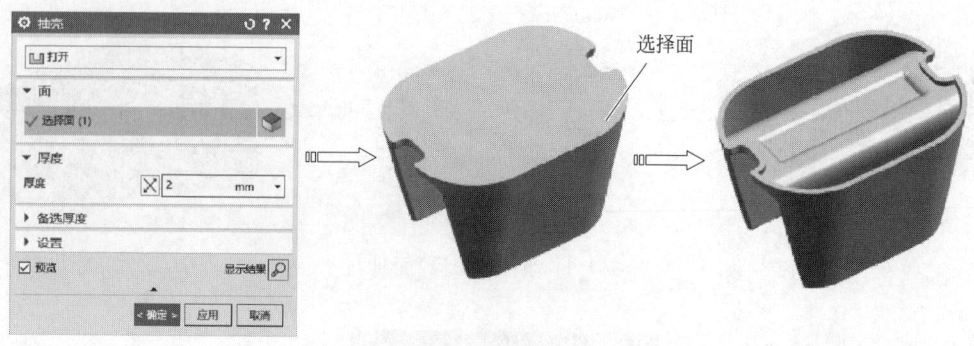

图 4-95　创建抽壳

4.5.4　阵列

阵列特征是将指定的一个或者一组特征，按照一定的规律复制以建立特征阵列，避免重复性操作。阵列中各成员保持相关性，当一个成员被修改，阵列中的其他成员也会相应自动变化。

在功能区中单击【主页】选项卡中【基本】组中的【阵列特征】按钮，或选择下拉菜单【插入】|【关联复制】|【阵列特征】命令，弹出【阵列特征】对话框，如图 4-96 所示。

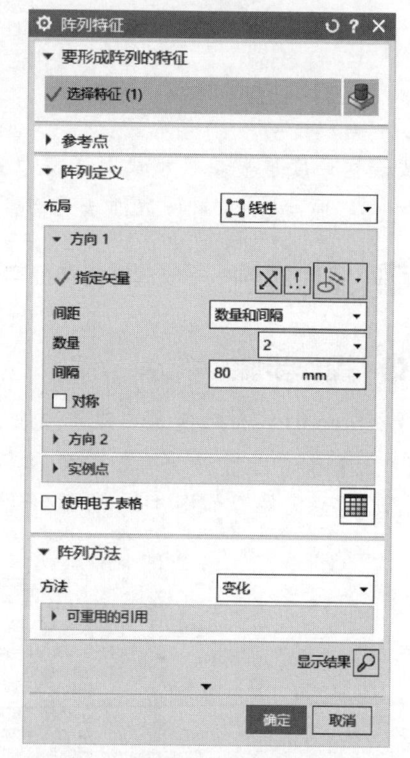

图 4-96　【阵列特征】对话框

【阵列特征】对话框中相关选项参数含义如下。

（1）要形成阵列的特征

【选择特征】用于选择一个或多个要形成图样的特征。

（2）参考点

用于指定要设置阵列的一个或多个对象时，用参考点作为阵列原点来计算阵列实例的位置。

（3）方向 1 和方向 2

① 指定矢量　用于选择线性图元定义阵列方向。单击【反向】按钮可反转阵列方向。

② 参数　用于定义源特征在阵列方向上副本的分布数量和间距，包括以下选项：

- 数量和间隔：通过指定实例数量和间距，系统自动计算总长度。
- 数量和跨距：通过指定实例数量和总长度，系统自动计算实例之间的间距。
- 节距和跨距：通过指定间距和总长度，系统自动计算实例的数量。

技术要点

可在【方向 2】中设置第二个阵列方向。

③ 对称　在所选特征的前后两个方向对称进行阵列。

④ 实例点　用于选择表示要创建的布局、阵列定义和实例方位的点。

操作实例——创建阵列特征实例

操作步骤

Step 01　在功能区中单击【主页】选项卡中【标准】组中的【打开】按钮，在弹出【打开】对话框中选择素材文件“实例\第4章\原始文件\阵列.prt”，单击【打开】按钮打开模型文件，如图4-97所示。

扫码看视频

图4-97　打开模型文件

Step 02　在功能区中单击【主页】选项卡中【基本】组中的【阵列特征】按钮，或选择下拉菜单【插入】|【关联复制】|【阵列特征】命令，弹出【阵列特征】对话框，【布局】选“线性”，如图4-98所示。

图4-98　【阵列特征】对话框

Step 03　选择如图4-99所示的圆柱特征为阵列特征，设置相关参数如图4-98所示，单击【确定】按钮完成阵列。

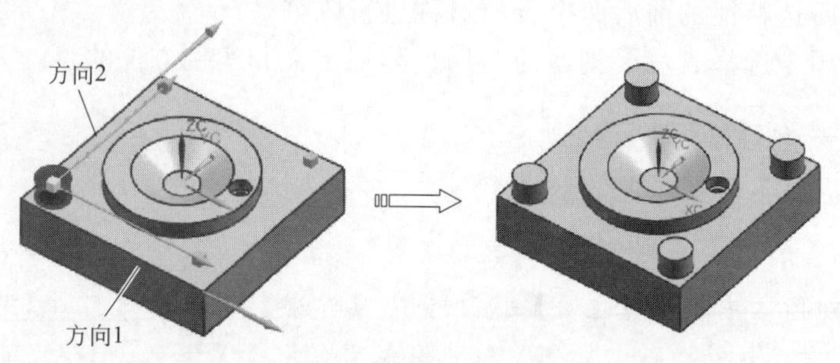

图 4-99　创建线性阵列

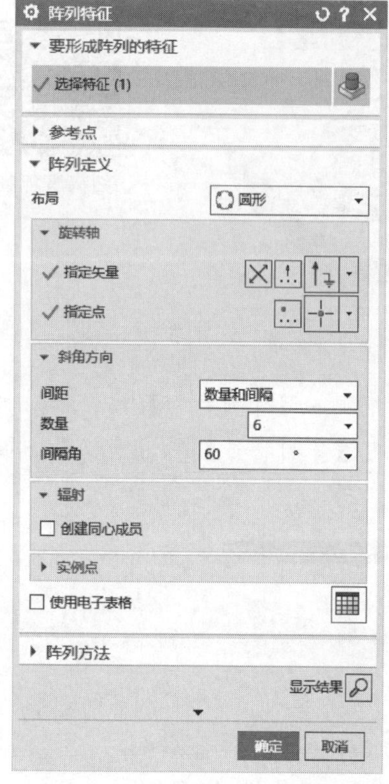

图 4-100　【阵列特征】对话框

Step 04　在功能区中单击【主页】选项卡中【基本】组中的【阵列特征】按钮，或选择下拉菜单【插入】|【关联复制】|【阵列特征】命令，弹出【阵列特征】对话框，【布局】选“圆形”，如图 4-100 所示。

Step 05　选择如图 4-101 所示的圆柱特征为阵列特征，设置相关参数如图 4-100 所示，单击【确定】按钮完成阵列。

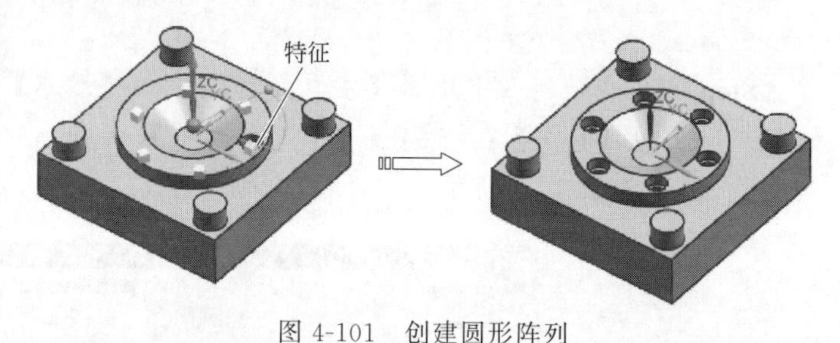

图 4-101　创建圆形阵列

4.5.5　镜像

镜像特征是指通过基准平面或平面镜像选定特征的方法来创建对称的实体模型。

在功能区中单击【主页】选项卡中【基本】组中的【镜像特征】按钮，或选择下拉菜单【插入】|【关联复制】|【镜像特征】命令，弹出【镜像特征】对话框，如图 4-102 所示。

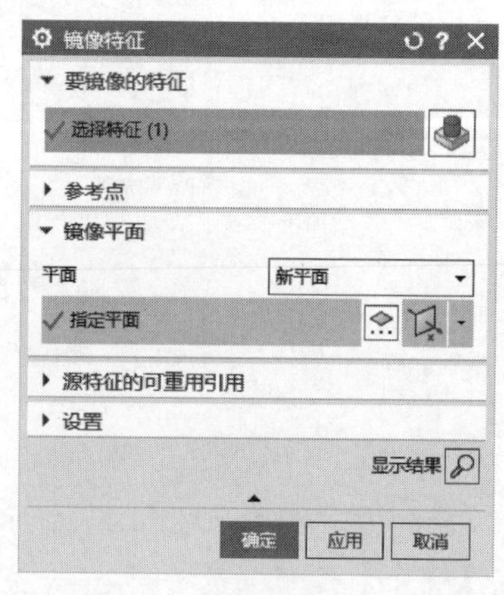

图 4-102　【镜像特征】对话框

【镜像特征】对话框中相关选项参数含义如下。

(1) 要镜像的特征

【选择特征】用于选择一个或多个要镜像的特征。

(2) 镜像平面

• 【选择平面】：选择镜像平面，该平面可以是基准平面，也可以是平的面。

• 【指定平面】：创建镜像平面。

操作实例——创建镜像特征实例

扫码看视频

操作步骤

Step 01 在功能区中单击【主页】选项卡中【标准】组中的【打开】按钮，在弹出【打开】对话框中选择素材文件“实例\第4章\原始文件\镜像.prt”，单击【打开】按钮打开模型文件，如图4-103所示。

Step 02 在功能区中单击【主页】选项卡中【基本】组中的【镜像特征】按钮，或选择下拉菜单【插入】|【关联复制】|【镜像特征】命令，弹出【镜像特征】对话框，如图4-104所示。

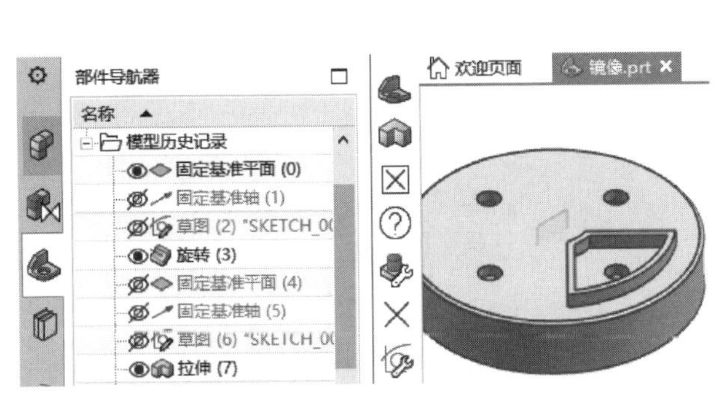

图 4-103　打开模型文件

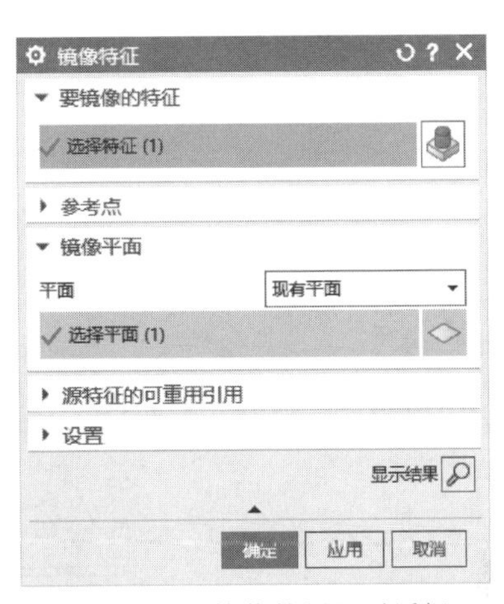

图 4-104　【镜像特征】对话框

Step 03 选择如图4-105所示的拉伸特征为镜像特征，选择镜像基准面，单击【确定】按钮完成镜像。

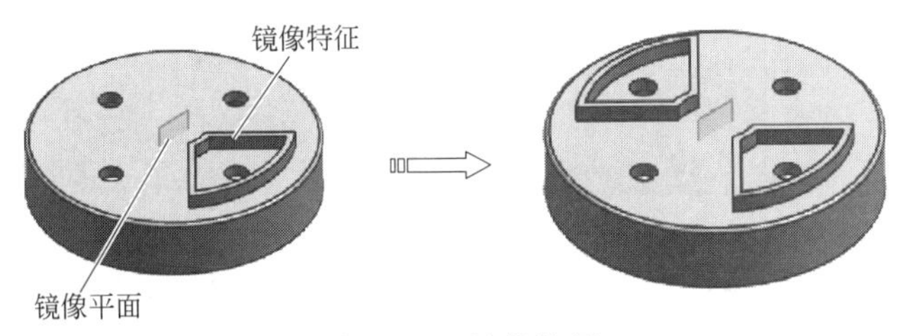

图 4-105　镜像特征

4.6　上机习题

习题 4-1

使用拉伸、筋板、圆角等指令建立如图习题4-1所示的支座模型。

习题 4-2

使用拉伸、孔、圆角等指令建立如图习题4-2所示的支座模型。

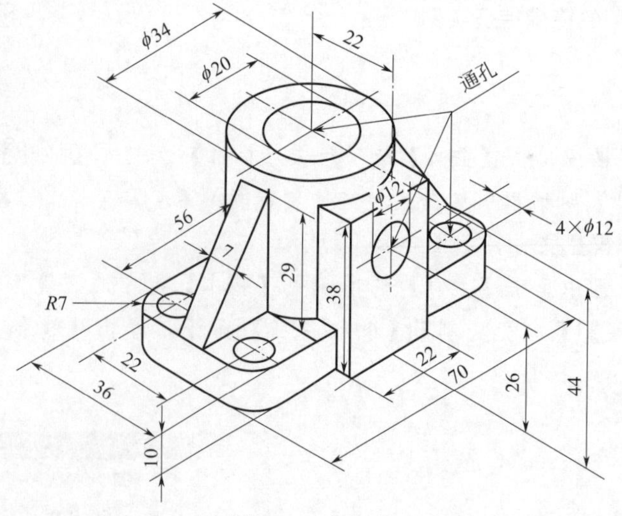

图习题 4-1　支座（一）

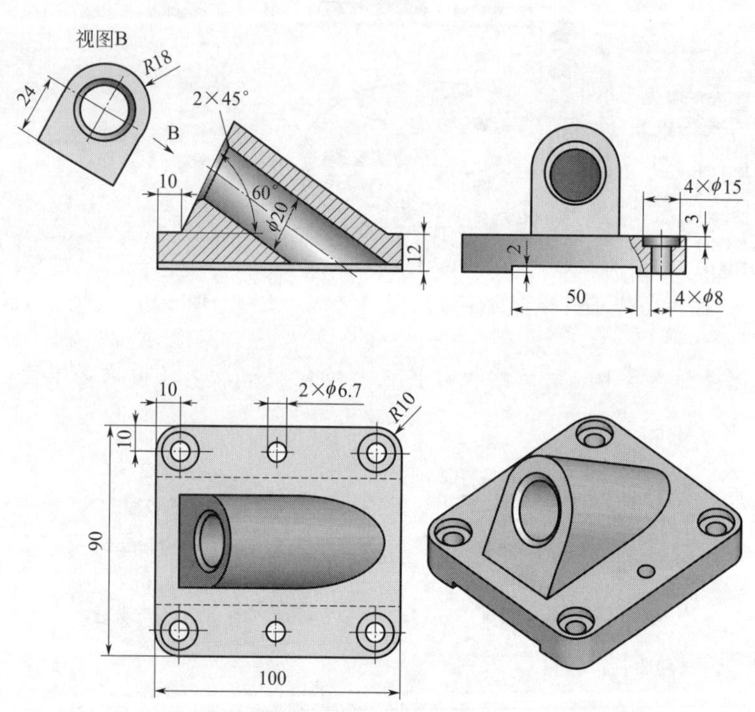

图习题 4-2　支座（二）

本章小结

本章介绍了 UG NX 实体特征的设计知识，主要内容有实体设计界面、实体建模方法、基本体素特征、扫描设计特征、基础成形特征和实体特征操作。读者通过本章可熟悉 UG NX 实体特征绘制命令，希望大家按照讲解方法再进一步进行实例练习。

第5章 UG NX同步建模

在不考虑模型的来源、关联性或特征历史记录的情况下可使用同步建模命令来修改该模型。修改的模型可以：从其他 CAD 系统导入、是非关联的，不包含任何特征原生 UG NX 模型。通过使用同步建模命令，设计人员可以在不考虑设计意图的情况下在已存储的特征历史记录中修改部件几何特性。希望通过本章的学习，读者能轻松掌握 UG NX 同步建模技术的基本应用。

本章内容

- 同步建模概述
- 同步建模修改面
- 同步建模重用
- 同步建模约束
- 同步建模尺寸

5.1 同步建模概述

UG NX 提供同步建模命令用于修改模型，它不管是否有参数存在，在不考虑模型的来源、关联性或特征历史记录的情况下，都可以修改该模型。

5.1.1 同步建模简介

模型可以是从其他 CAD 系统导入、非相关的、没有特征或本地包括特征的 UG NX 模型，同步建模主要适用于由解析面（如平面、柱面、锥面、球面和环面）组成的模型。

当工作在建模应用中时，可以有下列两种模式：基于历史的模式和独立于历史的模式

5.1.1.1 基于历史的模式

在基于历史的模式中，利用一个显示在【部件导航器】中有序的特征建立与编辑模型。这是传统的基于历史的特征建模模式，是 UG NX 中主要的设计模式。

该模式对于高度工程部件这种模式是有用的；对利用基于设计意图构画草图、特征中预定义参数修改的设计部件和特征序用于模拟部件也是有用的。

5.1.1.2 独立于历史的模式

在独立于历史的模式中，建立与编辑模型基于它的当前状态，没有一个有序的特征，唯有不依附一个有序结构的局部特征被建立，没有存贮的特征操作史，不依附一个线性年表。

局部特征是一个建立和存贮在独立于历史的模式中的特征。局部特征仅修改局部几何

体，不需要更新和回放全程特征树。这意味用户编辑局部特征比在基于历史模式中编辑局部特征快许多倍。

当需要研究设计概念而不必计划预先的建模步时，独立于历史的模式是有用的。对下游的修改，如加工，也可能是有价值的。

5.1.2 同步建模命令

5.1.2.1 菜单命令

同步建模相关命令集中在【插入】|【同步建模】菜单上，如图 5-1 所示。

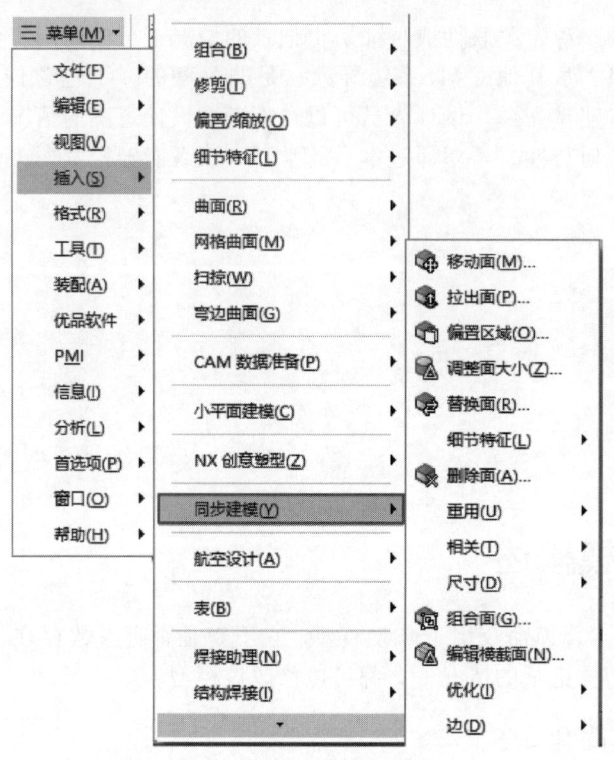

图 5-1 【同步建模】菜单

5.1.2.2 功能区命令

在功能区中单击【主页】选项卡中【同步建模】组，如图 5-2 所示。

图 5-2 【同步建模】组

5.2 同步建模修改面

同步建模修改面包括移动面、拉出面、偏置区域、替换面、删除面等，下面分别加以介绍。

5.2.1 移动面

移动面能够通过线性平移或绕某轴旋转的方式来移动实体的一个或多个面，并自动调整相邻面。

在功能区中单击【主页】选项卡中【同步建模】组中的【移动面】按钮，或选择下拉菜单【插入】|【同步建模】|【移动面】命令，弹出【移动面】对话框，如图 5-3 所示。

图 5-3 【移动面】对话框

【移动面】对话框中相关选项参数含义如下。

（1）面

① 选择面 用于选择要移动的一个或多个面。

② 面查找器 用于根据面的几何形状与选定面的比较结果来选择其他面。

（2）变换

用于为选定要移动的面提供线性和角度变换方法，包括以下选项：

- 距离-角度：绕某一轴旋转的角度来定义运动，同时沿旋转轴方向移动指定距离。
- 距离：沿着一定方向移动面到设置的距离。
- 角度：绕指定轴旋转指定的角度来移动选中的面，选中的面按照右手定则绕旋转轴旋转指定的角度。
- 点之间的距离：指定原点和测量点后，将在【距离】框中显示两点之间的距离，用于将对象沿矢量从原点移至新的位置。
- 径向距离：按测量点与某一轴之间的距离来移动面，该距离是垂直于轴而测量的。
- 点到点：在一个参考点和一个目标点之间线性移动选中的面，选中的面按这两点定义的方向和距离从它们的初始位置进行移动。
- 根据三点旋转：绕枢轴点和从起点到终点的一个指定矢量旋转。
- 增量 XYZ：由增量 X、Y 和 Z 值定义，此处 X、Y 和 Z 方向与参考 CSYS 相关。

操作实例——创建移动面实例

扫码看视频

操作步骤

Step 01 在功能区中单击【主页】选项卡中【标准】组中的【打开】按钮，在弹出【打开】对话框中选择素材文件“实例\第 5 章\原始文件\移动面 .prt”，单击【打开】按钮打开模型文件，如图 5-4 所示。

Step 02 在功能区中单击【主页】选项卡中【同步建模】组中的【移动面】按钮，或选择下拉菜单【插入】|【同步建模】|【移动面】命令，弹出【移动面】对话框，如图 5-5 所示。

Step 03 选择如图 5-6 所示的面，设置【运动】为“角度”，【指定矢量】为圆柱中心轴，【角度】为 60°，单击【确定】按钮，完成面移动。

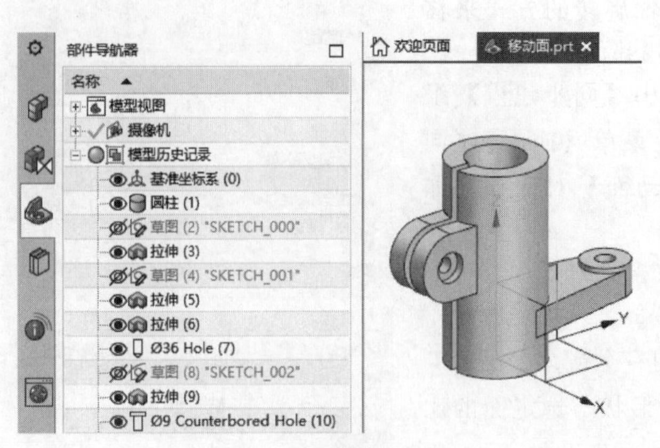

图 5-4 打开模型文件

图 5-5 【移动面】对话框

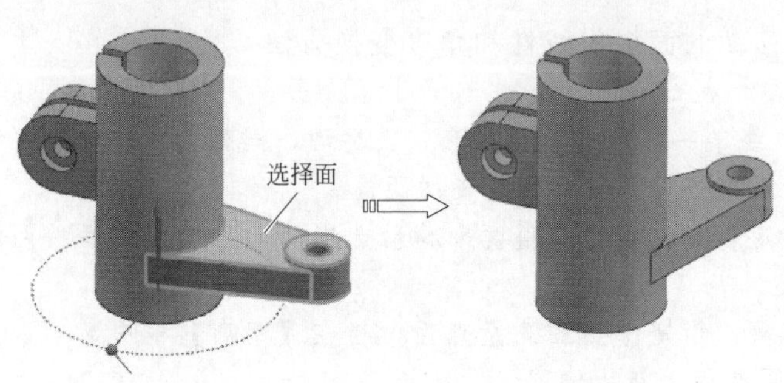

图 5-6 创建移动面

5.2.2 拉出面

拉出面是指从面区域中拉伸出体积，然后使用该体积修改模型。它保留已拉出面的区域，且不修改相邻面。

图 5-7 【拉出面】对话框

在功能区中单击【主页】选项卡中【同步建模】组中的【拉出面】按钮，或选择下拉菜单【插入】|【同步建模】|【拉出面】命令，弹出【拉出面】对话框，如图 5-7 所示。

【拉出面】对话框中相关选项参数含义如下。

(1) 面

【选择面】选择要拉出的、并用于向实体添加新空间体或从实体减去原空间体的一个或多个面，可在规则列表中选择面选择规则。

(2) 变换

【运动】列表为选定要拉出的面提供线性和角度变换方法。

• 角度：绕指定轴旋转指定的角度来移动选中的面，选中的面按照右手定则绕旋转轴旋转指定的角度。

- 距离：沿矢量运动某个距离。
- 点之间的距离：沿轴在原点和测量点之间运动某个距离。
- 径向距离：在测量点和轴之间运动某个距离。距离是基于法线到轴测量的。
- 点到点：通过变换从一个点运动到另一个点。

扫码看视频

操作实例——创建拉出面实例

操作步骤

Step 01 在功能区中单击【主页】选项卡中【标准】组中的【打开】按钮，在弹出【打开】对话框中选择素材文件“实例\第5章\原始文件\拉出面.prt”，单击【打开】按钮打开模型文件，如图5-8所示。

Step 02 在功能区中单击【主页】选项卡中【同步建模】组中的【拉出面】按钮，或选择下拉菜单【插入】|【同步建模】|【拉出面】命令，弹出【拉出面】对话框，如图5-9所示。

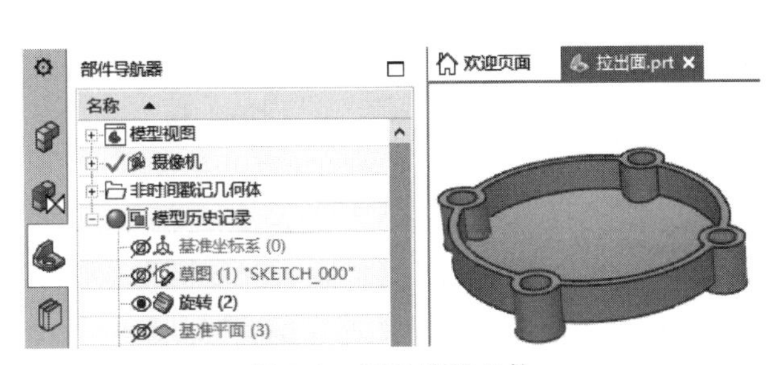

图5-8 打开模型文件

图5-9 【拉出面】对话框

Step 03 选择如图5-10所示的面，设置【运动】为“距离”，【指定矢量】为“－ZC”，【距离】为5，单击【确定】按钮，完成面拉出。

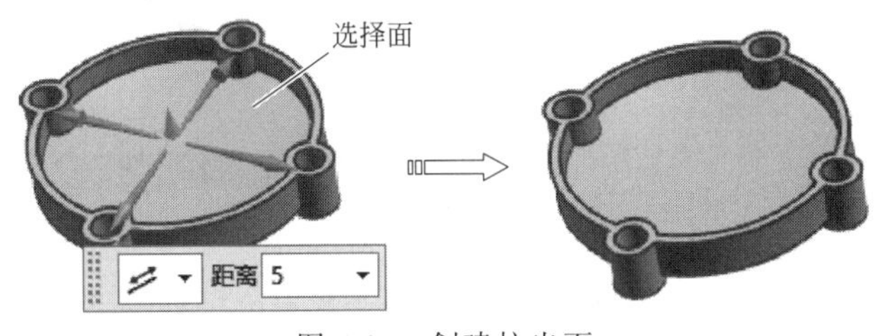

图5-10 创建拉出面

5.2.3 偏置区域

偏置区域是指从当前位置偏置一组面并调整相邻面。

在功能区中单击【主页】选项卡中【同步建模】组中的【偏置区域】按钮，或选择下拉菜单【插入】|【同步建模】|【偏置区域】命令，弹出【偏置区域】对话框，如图5-11所示。

图5-11 【偏置区域】对话框

操作实例——创建偏置区域实例

操作步骤

Step 01 在功能区中单击【主页】选项卡中【标准】组中的【打开】按钮，在弹出【打开】对话框中选择素材文件“实例\第5章\原始文件\偏置区域.prt”，单击【打开】按钮打开模型文件，如图5-12所示。

扫码看视频

图5-12 打开模型文件

Step 02 在功能区中单击【主页】选项卡中【同步建模】组中的【偏置区域】按钮，或选择下拉菜单【插入】|【同步建模】|【偏置区域】命令，弹出【偏置区域】对话框，如图5-13所示。

Step 03 选择如图5-14所示的面，设置【距离】为“2mm”，单击【确定】按钮，完成偏置区域创建。

图5-13 【偏置区域】对话框

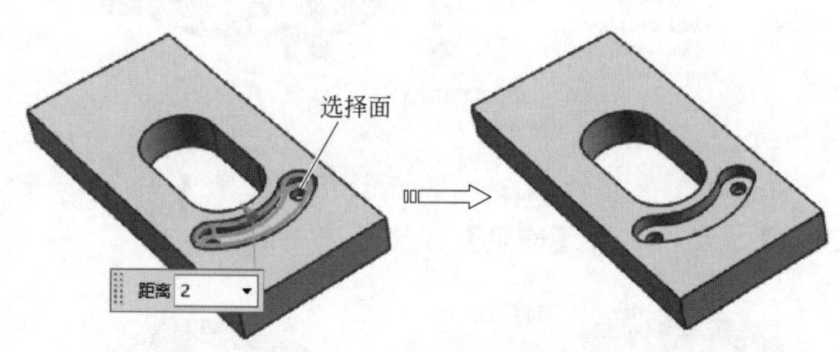

图5-14 创建偏置区域

5.2.4 替换面

替换面是用一组面替换另一组面，通过修剪来生成几何体，常用于根据已有外部曲面形状来对零件表面形状进行修改得到特殊结构。

在功能区中单击【主页】选项卡中【同步建模】组中的【替换面】按钮，或选择下拉菜单【插入】|【同步建模】|【替换面】命令，弹出【替换面】对话框，如图5-15所示。

【替换面】对话框中相关选项参数含义如下。

图5-15 【替换面】对话框

(1) 原始面

选择零件模型上需要替换的一个或多个表面。

(2) 替换面

• 选择面：为要替换的面选择一个或多个面，或者单一基准平面作为替换面。选定的替换面可以来自不同的体，也可以来自要替换的面相同的体，如图 5-16 所示。

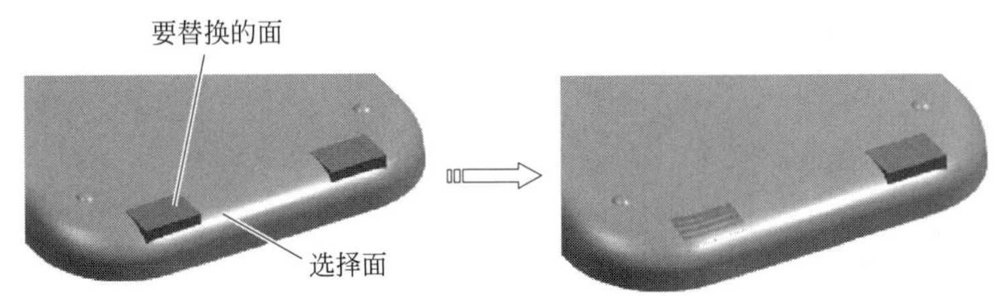

图 5-16 选择面

• 偏置：指定从替换面到最终被替换面的偏置，如图 5-17 所示。

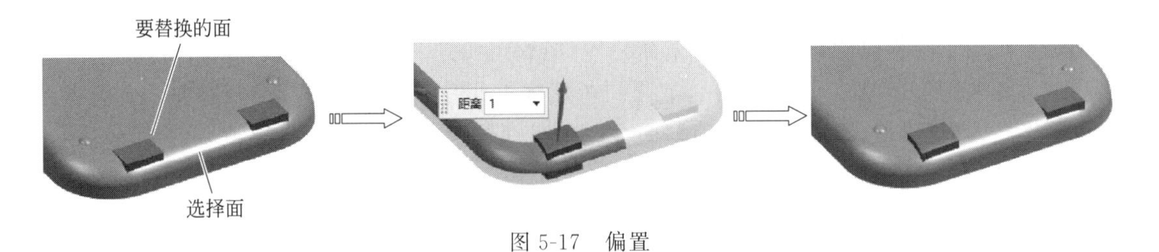

图 5-17 偏置

操作实例——创建替换面实例

操作步骤

Step 01 在功能区中单击【主页】选项卡中【标准】组中的【打开】按钮，在弹出【打开】对话框中选择素材文件“实例 \ 第 5 章 \ 原始文件 \ 替换面 . prt”，单击【打开】按钮打开模型文件，如图 5-18 所示。

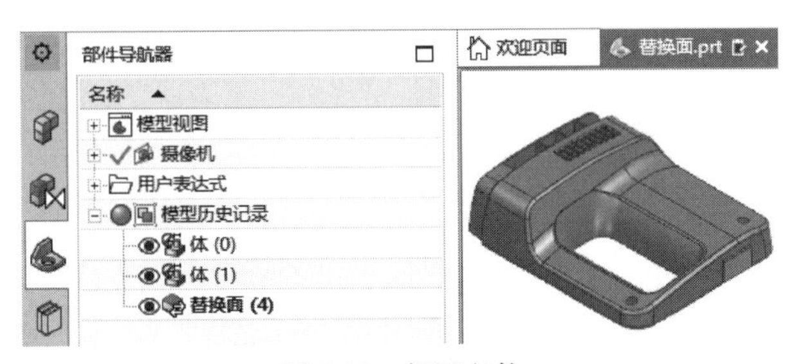

图 5-18 打开文件

Step 02 在功能区中单击【主页】选项卡中【同步建模】组中的【替换面】按钮，或选择下拉菜单【插入】|【同步建模】|【替换面】命令，弹出【替换面】对话框，如图 5-19 所示。

Step 03 选择如图 5-20 所示的原始面和替换面，设置【距离】为 2，单击【确定】按钮完成。

图 5-19 【替换面】对话框

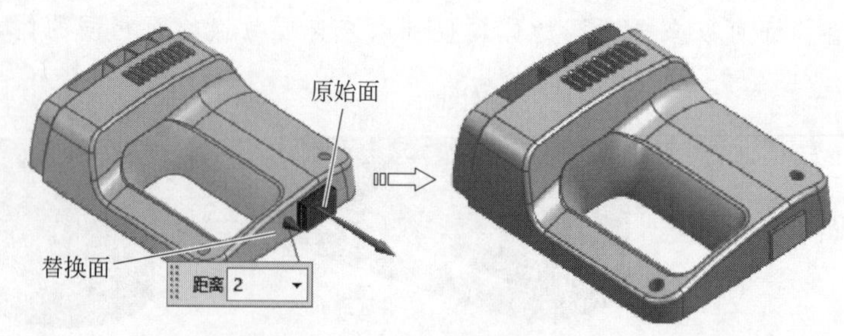

图 5-20 替换面

5.2.5 删除面

删除面用于在零件上移除一些面来简化零件操作。

在功能区中单击【主页】选项卡中【同步建模】组中的【删除面】按钮，或选择下拉菜单【插入】|【同步建模】|【替换面】命令，弹出【删除面】对话框，如图 5-21 所示。

【删除面】对话框中相关选项参数含义如下。

(1) 类型

用于指定要删除的特征的类型。

- 面：选择要删除的面（选择意图选项可用）。
- 圆角：选择要删除的圆角面。圆角可以是恒定半径或可变半径倒圆，也可以是陡峭倒圆或凹口倒圆。
- 孔：选择要删除的孔面，并通过选项来限制孔的大小。
- 圆角大小：选择圆角，以删除那些半径小于等于给定半径的圆角。

(2) 面

用于选择要删除的面。

(3) 截断面

用于指定截断面的类型，指定删除面无法闭合时区域的修复方式，如图 5-22 所示。

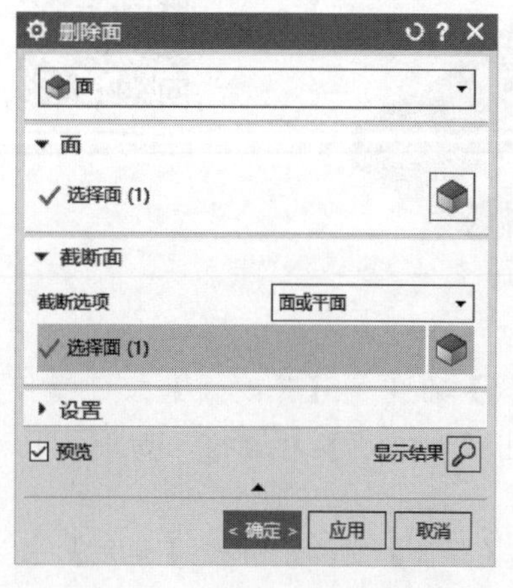

图 5-21 【删除面】对话框

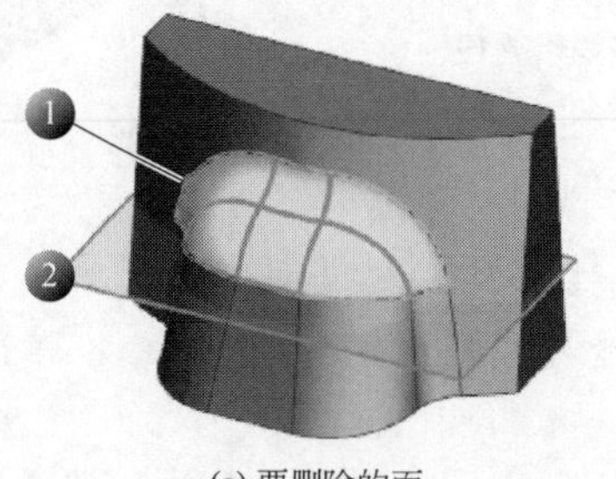

(a) 要删除的面

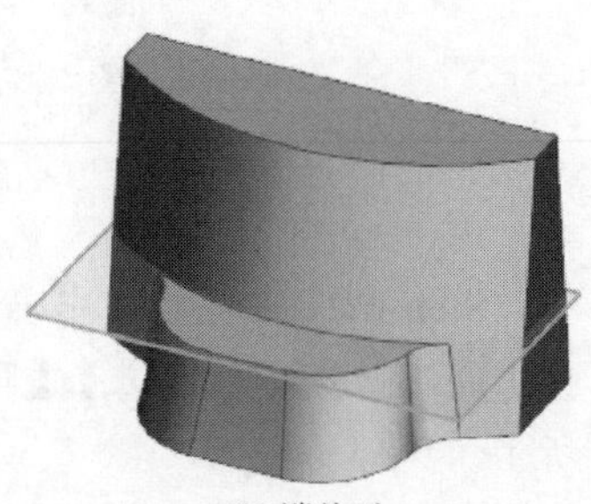
(b) 端盖面

图 5-22 截断面

操作实例——创建删除面实例

操作步骤

Step 01 在功能区中单击【主页】选项卡中【标准】组中的【打开】按钮，在弹出【打开】对话框中选择素材文件“实例\第5章\原始文件\删除面.prt”，单击【打开】按钮打开模型文件，如图5-23所示。

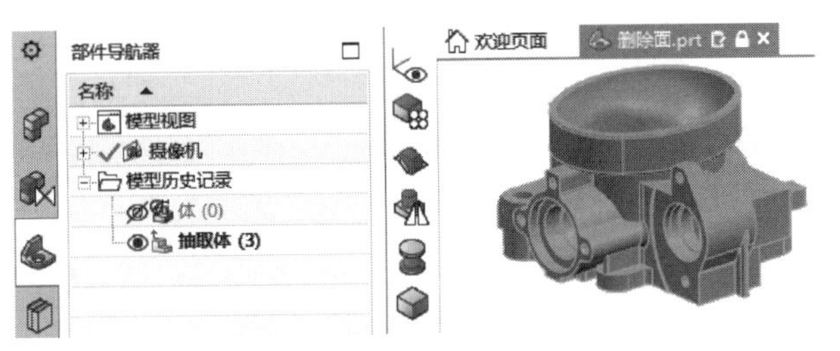

扫码看视频

图5-23 打开模型文件

Step 02 在功能区中单击【主页】选项卡中【同步建模】组中的【删除面】按钮，或选择下拉菜单【插入】|【同步建模】|【删除面】命令，弹出【删除面】对话框，如图5-24所示。

Step 03 选中如图5-25所示的删除面和截断面，单击【确定】按钮，完成面删除。

图5-24 【删除面】对话框

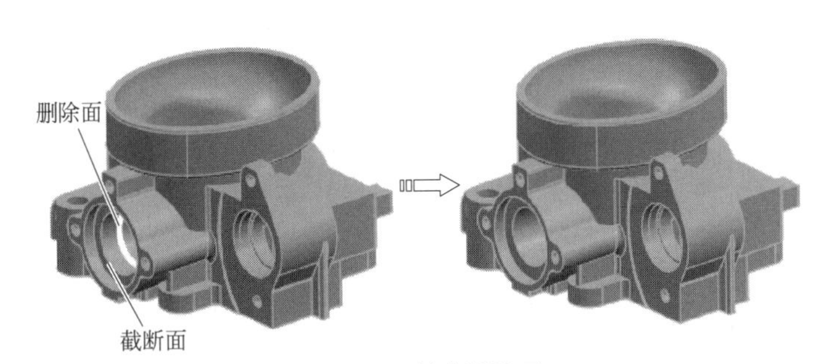

图5-25 创建删除面

5.3 同步建模重用

在同步建模技术中，重用命令是指重用在一个部件的面，相关命令集中在【插入】|【同步建模】|【重用】菜单中。

5.3.1 复制面

【复制面】可从体中复制一组面，复制的面集形成片体或实体。

在功能区中单击【主页】选项卡中【同步建模】组中的【复制面】按钮，或选择下

拉菜单【插入】|【同步建模】|【重用】|【复制面】命令，弹出【复制面】对话框，如图 5-26 所示。

【复制面】对话框中相关选项含义如下。

（1）面

选择要复制的面。

（2）变换

选择线性或角度变换方法为要复制的选定面提供运动方式。将【运动】设置为“无”，可在当前位置保留面的副本。

图 5-26 【复制面】对话框

 **操作实例**——创建复制面实例

操作步骤

Step 01 在功能区中单击【主页】选项卡中【标准】组中的【打开】按钮，在弹出【打开】对话框中选择素材文件“实例 \ 第 5 章 \ 原始文件 \ 复制面 .prt”，单击【打开】按钮打开模型文件，如图 5-27 所示。

扫码看视频

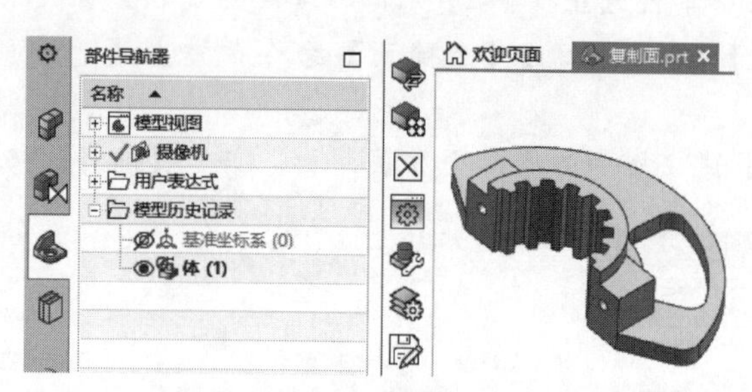

图 5-27 打开模型文件

Step 02 在功能区中单击【主页】选项卡中【同步建模】组中的【复制面】按钮，或选择下拉菜单【插入】|【同步建模】|【重用】|【复制面】命令，弹出【复制面】对话框，如图 5-28 所示。

Step 03 选择如图 5-29 所示的面作为复制面，设置【运动】为“角度”，【角度】为 300°，【指定矢量】为圆柱表面，选中【粘贴复制的面】复选框，单击【确定】按钮完成面复制。

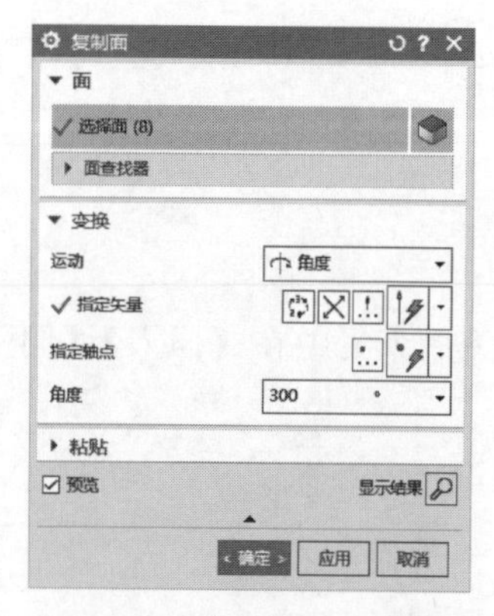

图 5-28 【复制面】对话框

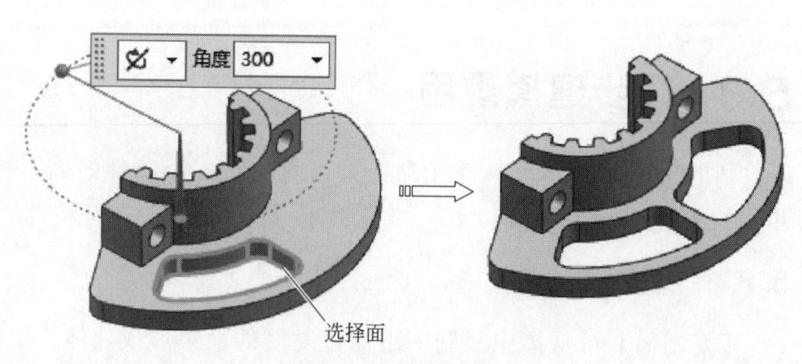

图 5-29 创建复制面

5.3.2 剪切面

剪切面命令可从体中复制一组面，然后从体中删除这些面，是复制和删除的结合。

在功能区中单击【主页】选项卡中【同步建模】组中的【剪切面】按钮，或选择下拉菜单【插入】|【同步建模】|【重用】|【剪切面】命令，弹出【剪切面】对话框，如图 5-30 所示。

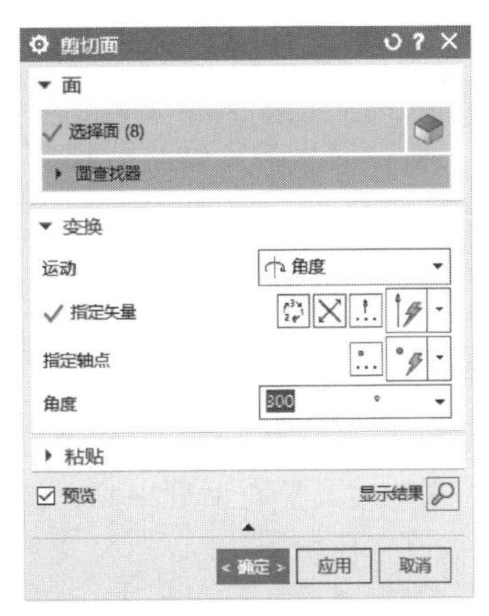

图 5-30 【剪切面】对话框

操作实例——创建剪切面实例

操作步骤

Step 01 在功能区中单击【主页】选项卡中【标准】组中的【打开】按钮，在弹出【打开】对话框中选择素材文件“实例 \ 第 5 章 \ 原始文件 \ 剪切面 .prt”，单击【打开】按钮打开模型文件，如图 5-31 所示。

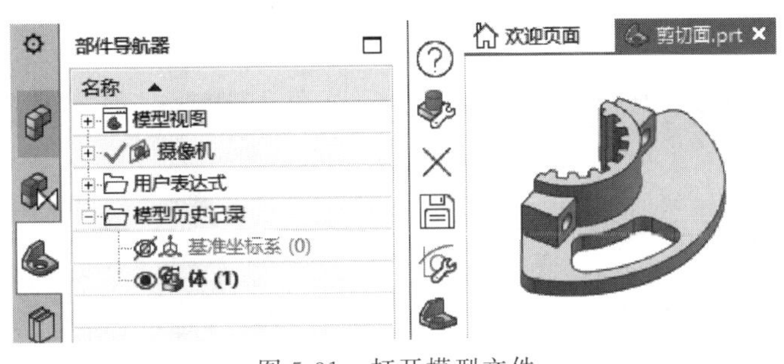

图 5-31 打开模型文件

扫码看视频

Step 02 在功能区中单击【主页】选项卡中【同步建模】组中的【剪切面】按钮，或选择下拉菜单【插入】|【同步建模】|【重用】|【剪切面】命令，弹出【剪切面】对话框，如图 5-32 所示。

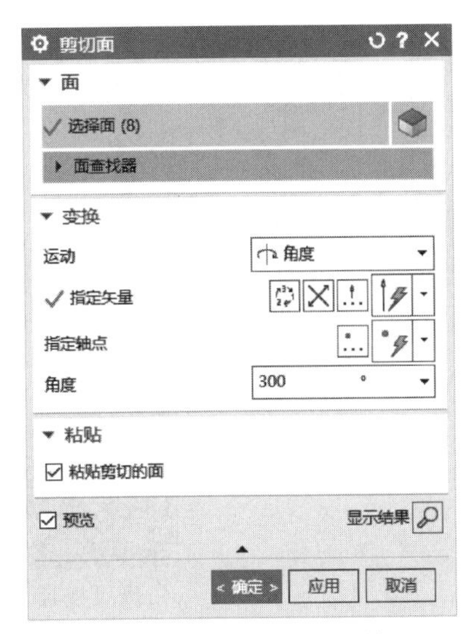

图 5-32 【剪切面】对话框

Step 03 选择如图 5-33 所示的面作为剪切面，设置【运动】为“角度”，【角度】为 300。【指定矢量】为圆柱表面，选中【粘贴剪切的面】复选框，单击【确定】按钮完成面剪切。

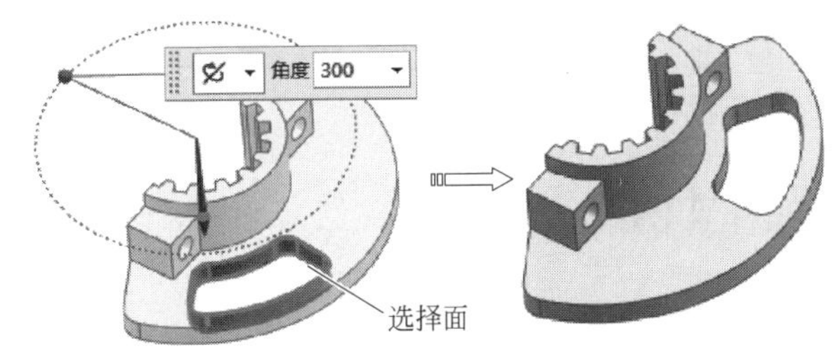

图 5-33 创建剪切面

5.3.3 粘贴面

粘贴面可将片体粘贴到实体中，创建类似于修剪体特征。

在功能区中单击【主页】选项卡中【同步建模】组中的【粘贴面】按钮，或选择下拉菜单【插入】|【同步建模】|【重用】|【粘贴面】命令，弹出【粘贴面】对话框，如图 5-34 所示。

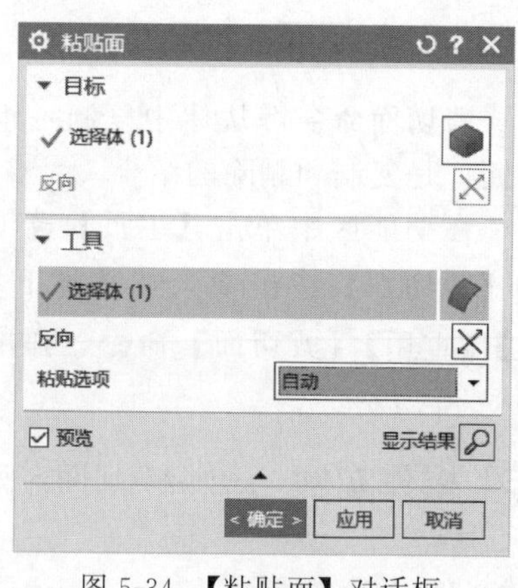

图 5-34 【粘贴面】对话框

【粘贴面】对话框中相关选项参数含义如下。

(1) 目标

单击【目标】组框中【选择体】按钮，在图形区选择要修剪的实体目标。

(2) 工具

① 选择体 选择要粘贴的面。

② 粘贴选项

- 自动：UG NX 会将所需的增加或减去体积属性放到边界边上，并自动创建正负体积。
- 添加：将选定面向实体添加材料，如图 5-35 所示。

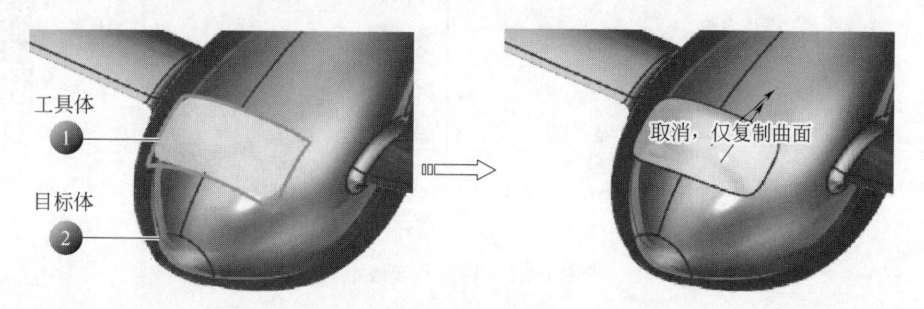

图 5-35 添加

- 减去：用选定面向实体减去材料，如图 5-36 所示。

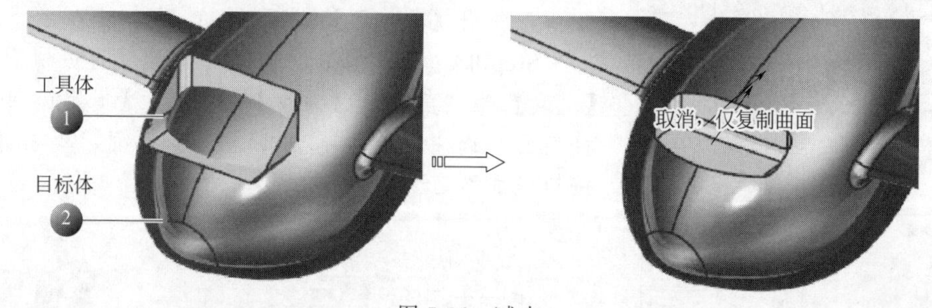

图 5-36 减去

操作实例——创建粘贴面实例

扫码看视频

操作步骤

Step 01 在功能区中单击【主页】选项卡中【标准】组中的【打开】按钮，在弹出

【打开】对话框中选择素材文件"实例\第5章\原始文件\粘贴面.prt"，单击【打开】按钮打开模型文件，如图5-37所示。

Step 02 在功能区中单击【主页】选项卡中【同步建模】组中的【粘贴面】按钮，或选择下拉菜单【插入】|【同步建模】|【重用】|【粘贴面】命令，弹出【粘贴面】对话框，如图5-38所示。

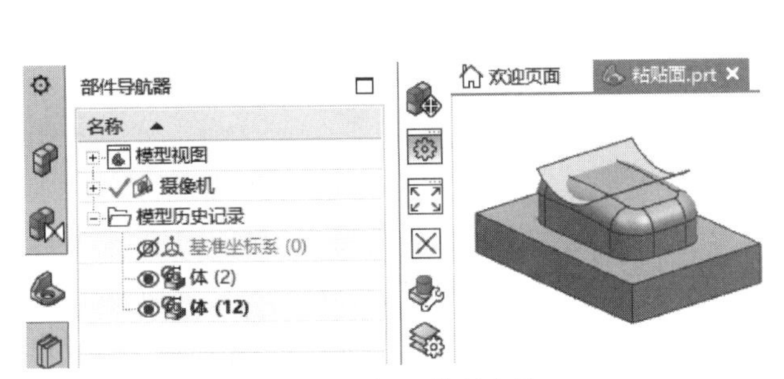

图5-37 打开模型文件

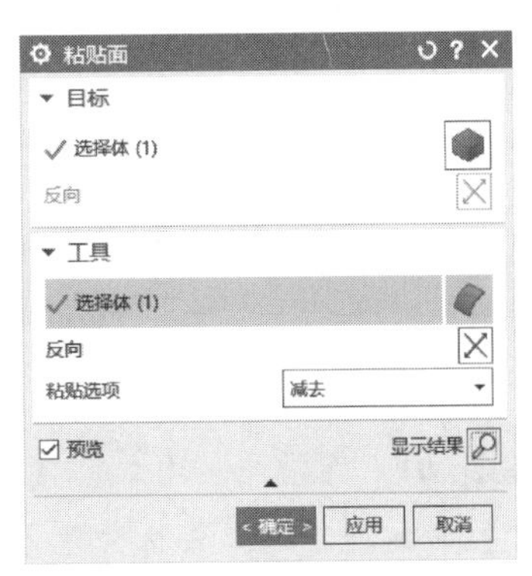

图5-38 【粘贴面】对话框

Step 03 选择如图5-39所示的目标和工具面，设置【粘贴选项】为"减去"，单击【确定】按钮完成面粘贴。

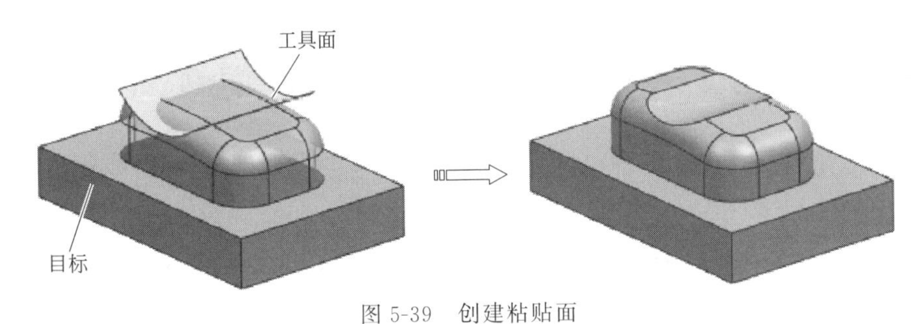

图5-39 创建粘贴面

5.4 同步建模约束

同步建模约束是指通过基于另一个面的约束几何体，去移动选择的面，相关命令集中在【插入】|【同步建模】|【相关】菜单下。

5.4.1 设为共面

【设为共面】命令用于移动面，从而使其与另一个面或基准平面共面。

在功能区中单击【主页】选项卡中【同步建模】组中的【设为共面】按钮，或选择下拉菜单【插入】|【同步建模】|【相关】|【设为共面】命令，弹出【设为共面】对话框，如图5-40所示。

图5-40 【设为共面】对话框

【设为共面】对话框相关选项参数含义如下。

(1) 运动面

【选择面】用于选择要移动的平的面，使其与选定的固定面共面。

(2) 固定面

【选择面】用于选择平的面或基准平面，在运动变换中保持固定不动。

(3) 运动组

根据与运动面的相关性，指定要移动的其他平的面。可以使用【面查找器】根据面的几何形状与选定面的比较结果来选择面。

操作实例——设为共面实例

操作步骤

Step 01 在功能区中单击【主页】选项卡中【标准】组中的【打开】按钮，在弹出【打开】对话框中选择素材文件“实例 \ 第 5 章 \ 原始文件 \ 设为共面 .prt”，单击【打开】按钮打开模型文件，如图 5-41 所示。

扫码看视频

图 5-41 打开模型文件

Step 02 在功能区中单击【主页】选项卡中【同步建模】组中的【设为共面】按钮，或选择下拉菜单【插入】|【同步建模】|【相关】|【设为共面】命令，弹出【设为共面】对话框，如图 5-42 所示。

Step 03 选择如图 5-43 所示的运动面，选择如图 5-43 所示的固定面，单击【确定】按钮，创建设为共面约束。

图 5-42 【设为共面】对话框

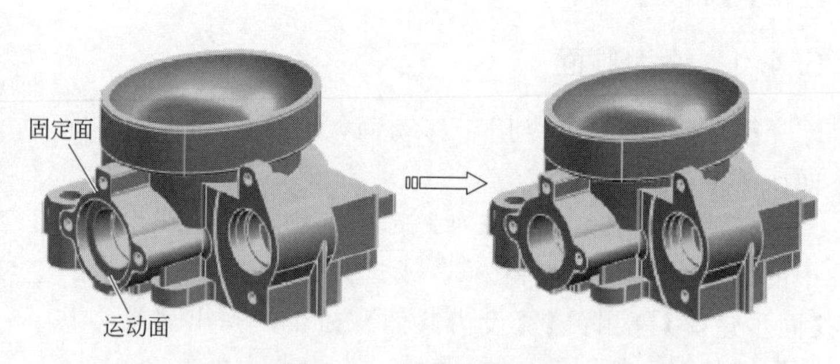

图 5-43 创建共面约束

5.4.2 设为共轴

【设为共轴】命令可将一个面与另一个面或基准轴设为共轴。

在功能区中单击【主页】选项卡中【同步建模】组中的【设为共轴】按钮，或选择下拉菜单【插入】|【同步建模】|【相关】|【设为共轴】命令，弹出【设为共轴】对话框，如图 5-44 所示。

图 5-44 【设为共轴】对话框

【设为共轴】对话框中相关选项参数含义如下。

（1）运动面

【选择面】可以选择要移动的圆柱面、锥面或环面（轴向面），使其与选定的固定面共轴。

（2）固定面

【选择面】可以选择全部或部分圆柱面、锥面、环面或基准轴作为固定面。选定的运动面经变换而变为与固定面共轴的过程中，固定面保持静止不动。

技术要点

固定面可以与运动面来自同一个体，或来自不同的体。

（3）运动组

【选择面】根据与运动面（作为共轴变换的种子面）的相关性选择要移动的其他轴向面。

操作实例——设为共轴实例

操作步骤

Step 01 在功能区中单击【主页】选项卡中【标准】组中的【打开】按钮，在弹出【打开】对话框中选择素材文件“实例\第 5 章\原始文件\设为共轴 .prt”，单击【打开】按钮打开模型文件，如图 5-45 所示。

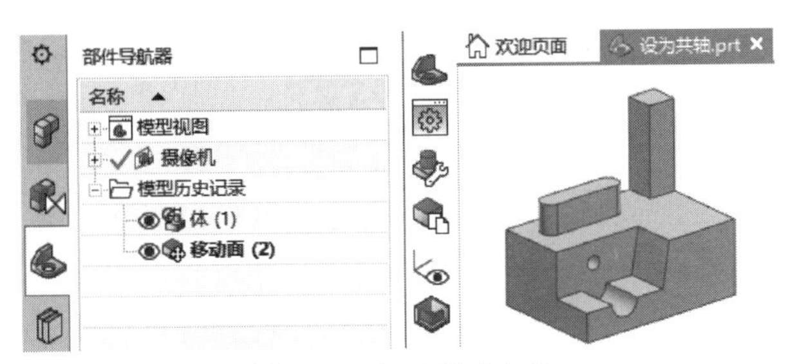

图 5-45 打开模型文件

扫码看视频

Step 02 在功能区中单击【主页】选项卡中【同步建模】组中的【设为共轴】按钮，或选择下拉菜单【插入】|【同步建模】|【相关】|【设为共轴】命令，弹出【设为共轴】对话框，

如图 5-46 所示。

Step 03 选择如图 5-47 所示的面为原点对象和测量对象，在合适位置单击放置尺寸。

图 5-46 【设为共轴】对话框

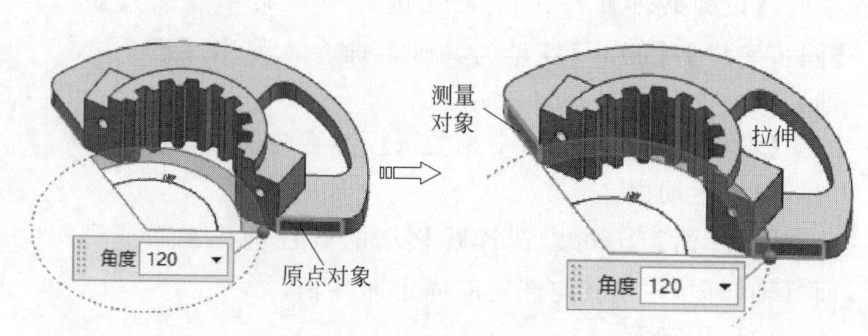

图 5-47 选择原点和测量对象

5.4.3 设为垂直

【设为垂直】命令可将一个平的面设为与另一个平的面或基准平面垂直。

在功能区中单击【主页】选项卡中【同步建模】组中的【设为垂直】按钮，或选择下拉菜单【插入】|【同步建模】|【相关】|【设为垂直】命令，弹出【设为垂直】对话框，如图 5-48 所示。

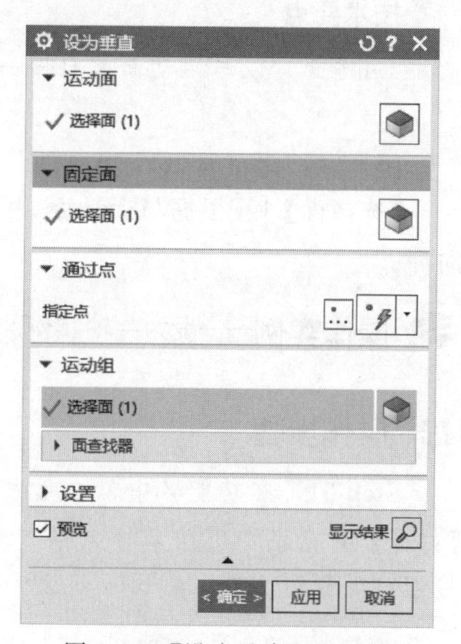

图 5-48 【设为垂直】对话框

【设为垂直】对话框中相关选项参数含义如下。

（1）运动面

【选择面】用于选择要移动的平的面，使其变为与选定的固定面垂直。

（2）固定面

【选择面】用于选择平的面或基准平面，它们在选定的运动面变换成与其垂直的过程中保持固定。

（3）通过点

用于指定应用变换时运动面必须穿过的点，从而使变换更容易控制和预见运动组。

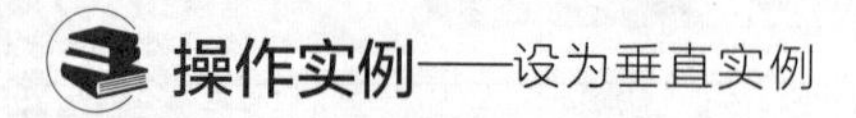

操作实例——设为垂直实例

扫码看视频

操作步骤

Step 01 在功能区中单击【主页】选项卡中【标准】组中的【打开】按钮，在弹出【打开】对话框中选择素材文件“实例 \ 第 5 章 \ 原始文件 \ 设为垂直 .prt”，单击【打开】按钮打开模型文件，如图 5-49 所示。

Step 02 在功能区中单击【主页】选项卡中【同步建模】组中的【设为垂直】按钮，或选择下拉菜单【插入】|【同步建模】|【相关】|【设为垂直】命令，弹出【设为垂直】对话框，

如图 5-50 所示。

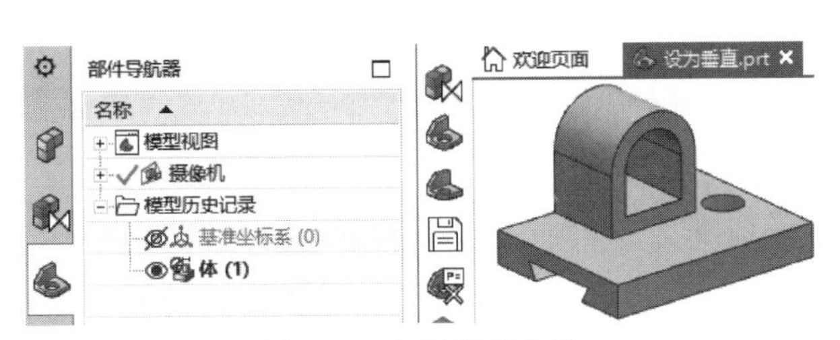

图 5-49　打开模型文件

图 5-50　【设为垂直】对话框

Step 03　选择如图 5-51 所示的移动面、固定面和通过点，单击【确定】按钮，创建垂直约束。

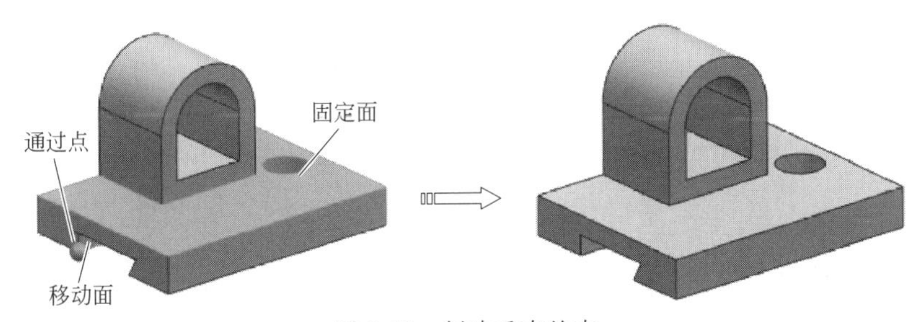

图 5-51　创建垂直约束

5.4.4　设为偏置

【设为偏置】命令用于与另一个类似面建立偏置（如壁厚）关系。

在功能区中单击【主页】选项卡中【同步建模】组中的【设为偏置】按钮，或选择下拉菜单【插入】|【同步建模】|【相关】|【设为偏置】命令，弹出【设为偏置】对话框，如图 5-52 所示。

图 5-52　【设为偏置】对话框

【设为偏置】对话框中相关选项参数与前面相似，读者可参考进行学习。

操作实例——设为偏置实例

操作步骤

Step 01　在功能区中单击【主页】选项卡中【标准】组中的【打开】按钮，在弹出【打开】对话框中选择

素材文件“实例\第5章\原始文件\设为偏置.prt”，单击【打开】按钮打开模型文件，如图5-53所示。

Step 02 在功能区中单击【主页】选项卡中【同步建模】组中的【设为偏置】按钮，或选择下拉菜单【插入】|【同步建模】|【相关】|【设为偏置】命令，弹出【设为偏置】对话框，如图5-54所示。

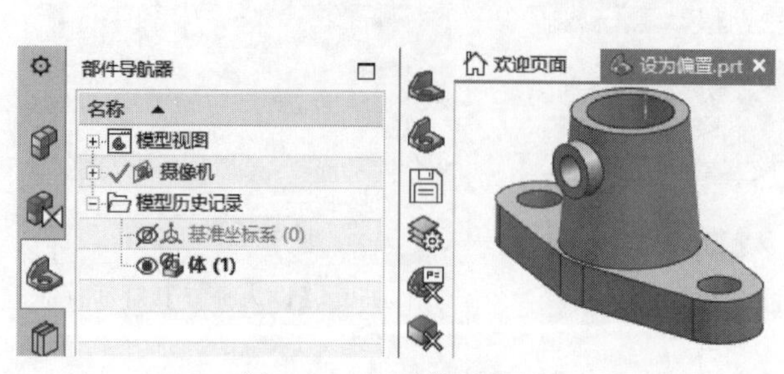

图5-53 打开模型文件

图5-54 【设为偏置】对话框

Step 03 选择如图5-55所示的运动面和固定面，设置【距离】为3，单击【确定】按钮，创建偏置约束。

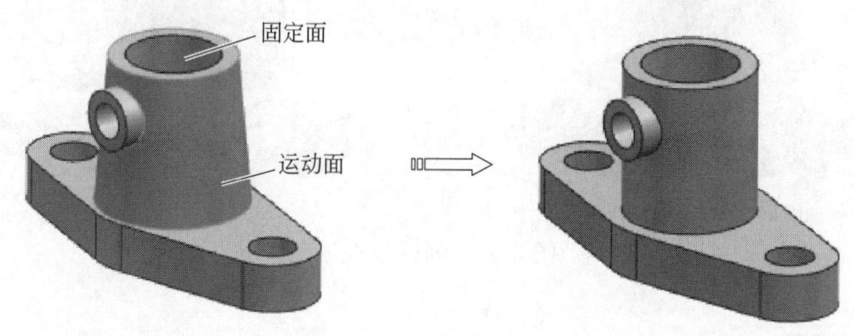

图5-55 创建偏置约束

5.5 同步建模尺寸

同步建模尺寸包括可用于修改部件的三种类型尺寸：线性尺寸、角度尺寸、半径尺寸，相关命令集中在【插入】|【同步建模】|【尺寸】菜单下。

5.5.1 线性尺寸

【线性尺寸】命令通过添加一线性尺寸到一模型，改变它的值去移动一组面。

在功能区中单击【主页】选项卡中【同步建模】组中的【线性尺寸】按钮，或选择下拉菜单【插入】|【同步建模】|【尺寸】|【线性尺寸】命令，弹出【线性尺寸】对话框，如图5-56所示。

【线性尺寸】对话框中相关选项参数含义如下。

图 5-56 【线性尺寸】对话框

(1) 原点

【选择原始对象】用于指定尺寸的原点或基准平面，可使用点构造器选择点。

(2) 测量

【选择测量对象】用于指定尺寸的测量点。

(3) 方位

用于指定尺寸的轴和平面，包括以下 2 种方式：

① 矢量 通过矢量构造器指定矢量来设置尺寸的方向。

② OrientXpress 指定尺寸的主轴、平面或两者，包括以下选项：

- 方向：指定尺寸的主轴，包括 X 轴、Y 轴、Z 轴。
- 平面：指定尺寸的主平面，包括 XY-平面、XZ-平面、YZ-平面。
- 参考：指定 OrientXpress 所用的参考坐标系，可选择绝对-工作部件、绝对-显示部件、WCS-工作部件、WCS-显示部件、新 CSYS。

(4) 位置

【指定位置】用于相对于选定对象指定尺寸的位置，可通过单击 OrientXpress 平面与方向手柄以及通过拖动尺寸线来更改尺寸位置的平面和轴。

(5) 要移动的面

【选择面】用于选择要移动的一个或多个面。

(6) 距离

在距离框中键入数字或拖动距离手柄为尺寸指定新值。

操作实例——线性尺寸实例

操作步骤

Step 01 在功能区中单击【主页】选项卡中【标准】组中的【打开】按钮，在弹出【打开】对话框中选择素材文件“实例\第 5 章\原始文件\线性尺寸 .prt”，单击【打开】按钮打开模型文件，如图 5-57 所示。

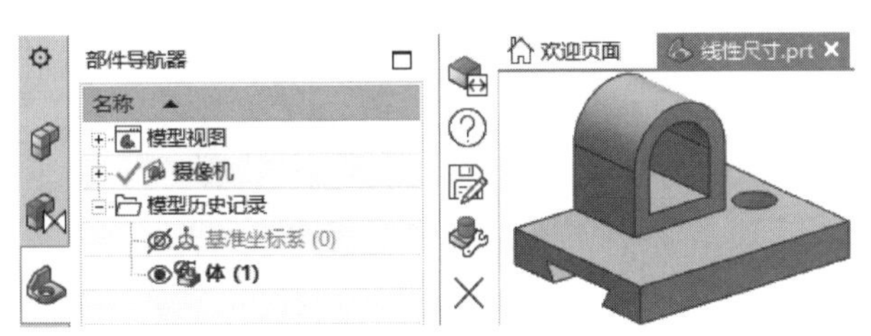

图 5-57 打开模型文件

扫码看视频

Step 02 在功能区中单击【主页】选项卡中【同步建模】组中的【线性尺寸】按钮，或选择下拉菜单【插入】|【同步建模】|【尺寸】|【线性尺寸】命令，弹出【线性尺寸】对话框，如图 5-58 所示。

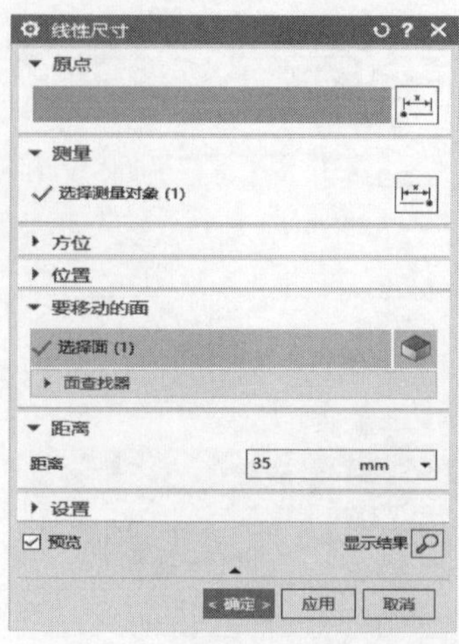

图 5-58 【线性尺寸】对话框

Step 03 选择如图 5-59 所示的原点和测量点，在合适位置单击放置尺寸。

Step 04 在【距离】文本框中输入 35，单击【确定】按钮完成尺寸修改，如图 5-60 所示。

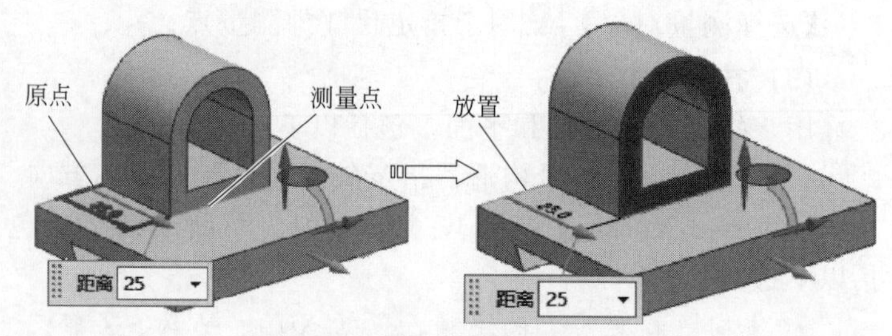

图 5-59 选择原点和测量点

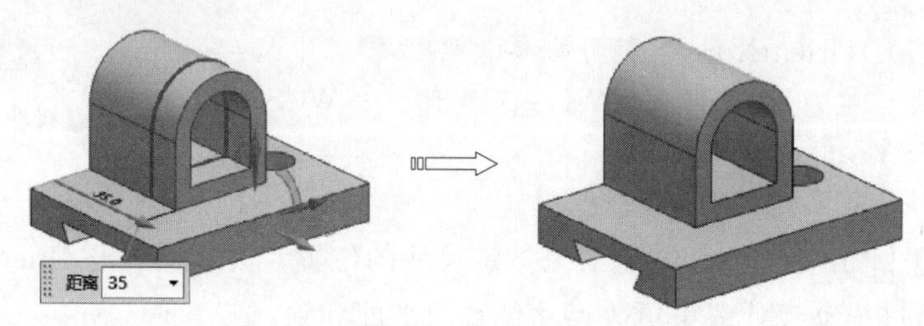

图 5-60 修改尺寸

5.5.2 角度尺寸

【角度尺寸】命令通过向模型添加角度尺寸并更改该值来移动一组面。

在功能区中单击【主页】选项卡中【同步建模】组中的【角度尺寸】按钮，或选择下拉菜单【插入】|【同步建模】|【尺寸】|【角度尺寸】命令，弹出【角度尺寸】对话框，如图 5-61 所示。

【角度尺寸】对话框中相关选项参数含义如下（如图 5-62 所示）。

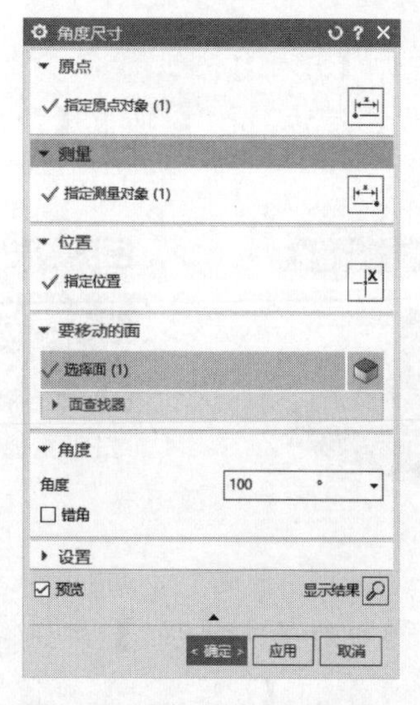

图 5-61 【角度尺寸】对话框

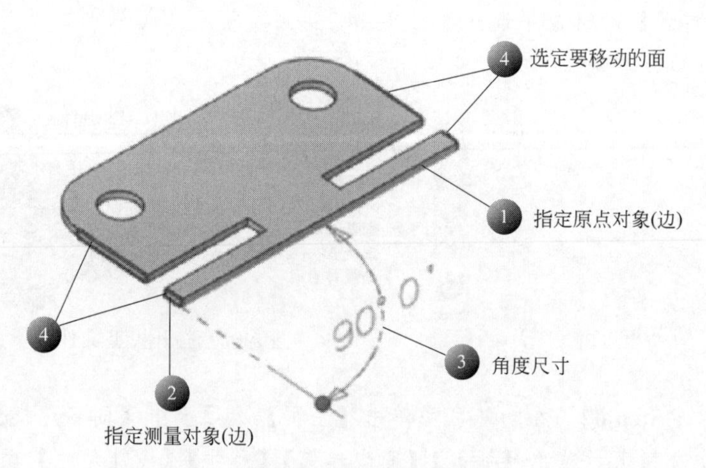

图 5-62 角度尺寸参数

（1）原点

【指定原点对象】用于指定尺寸的原点或基准平面，可使用点构造器来选择点。

（2）测量

【指定测量对象】用于指定尺寸的测量点。

（3）位置

【指定位置】用于相对于选定对象指定尺寸的位置。

（4）要移动的面

【选择面】用于选择要移动的一个或多个面。

扫码看视频

操作实例——角度尺寸实例

操作步骤

Step 01 在功能区中单击【主页】选项卡中【标准】组中的【打开】按钮，在弹出【打开】对话框中选择素材文件“实例\第 5 章\原始文件\角度尺寸.prt”，单击【打开】按钮打开模型文件，如图 5-63 所示。

Step 02 在功能区中单击【主页】选项卡中【同步建模】组中的【角度尺寸】按钮，或选择下拉菜单【插入】|【同步建模】|【尺寸】|【角度尺寸】命令，弹出【角度尺寸】对话框，如图 5-64 所示。

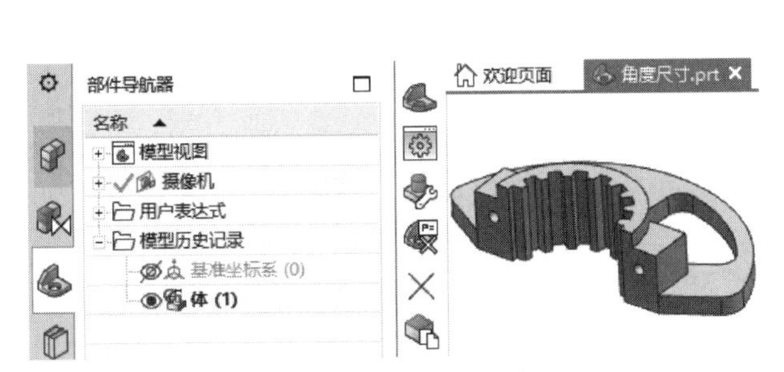

图 5-63 打开模型文件

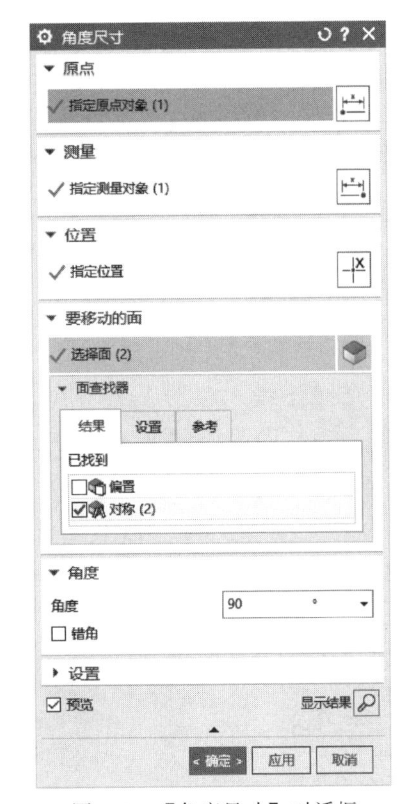

图 5-64 【角度尺寸】对话框

Step 03 选择原点和测量点，在合适位置单击放置尺寸，如图 5-65 所示。

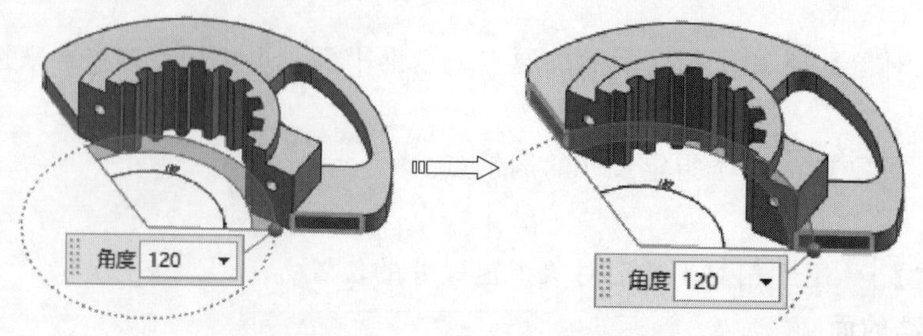

图 5-65　选择原点和测量点

Step 04　在【角度】文本框中输入 90，单击【确定】按钮完成尺寸修改，如图 5-66 所示。

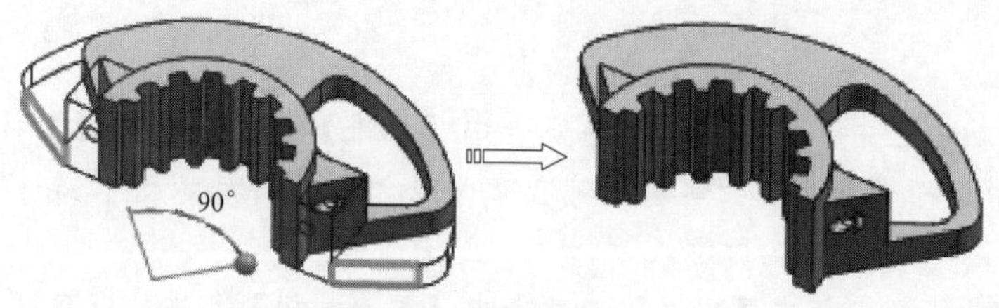

图 5-66　修改角度尺寸

5.5.3　半径尺寸

【半径尺寸】命令可通过添加径向尺寸并修改其值来移动一组圆柱面或球面，或者具有圆周边的面。

在功能区中单击【主页】选项卡中【同步建模】组中的【半径尺寸】按钮，或选择下拉菜单【插入】|【同步建模】|【尺寸】|【半径尺寸】命令，弹出【半径尺寸】对话框，如图 5-67 所示。

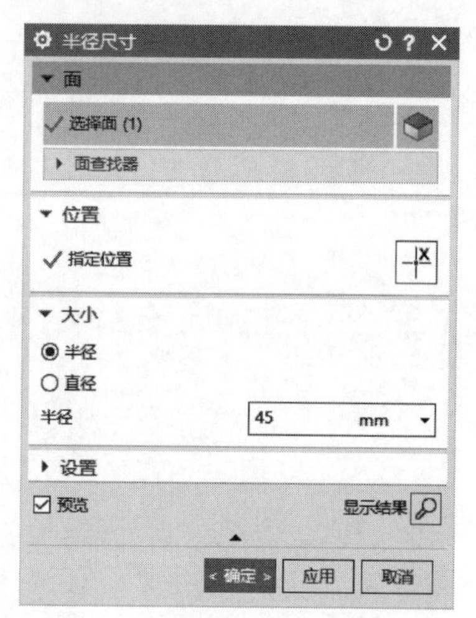

图 5-67　【半径尺寸】对话框

操作实例——半径尺寸实例

操作步骤

Step 01　在功能区中单击【主页】选项卡中【标准】组中的【打开】按钮，在弹出【打开】对话框中选择素材文件“实例\第 5 章\原始文件\径向尺寸 .prt”，单击【打开】按钮打开模型文件，如图 5-68 所示。

扫码看视频

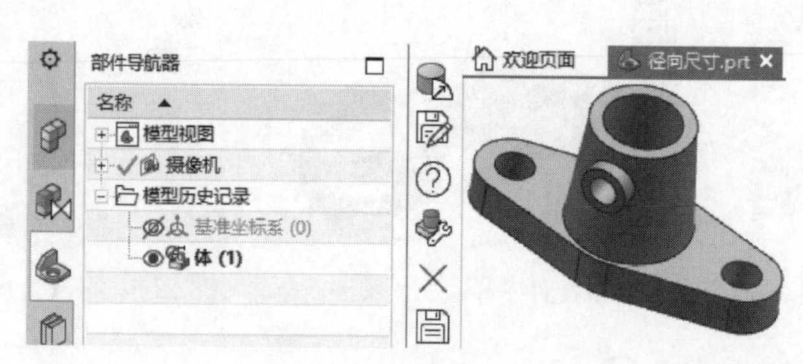

图 5-68　打开模型文件

Step 02 在功能区中单击【主页】选项卡中【同步建模】组中的【半径尺寸】按钮，或选择下拉菜单【插入】|【同步建模】|【尺寸】|【半径尺寸】命令，弹出【半径尺寸】对话框，如图 5-69 所示。

Step 03 选择如图 5-70 所示的曲面，在【半径】文本框中输入 25，单击【确定】按钮完成尺寸修改，如图 5-70 所示。

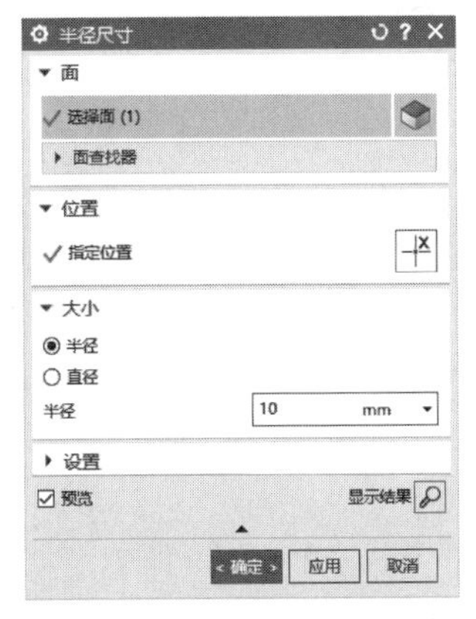

图 5-69 【半径尺寸】对话框

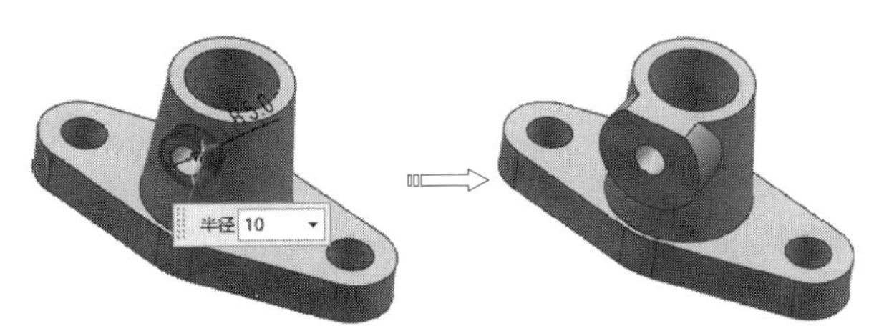

图 5-70 修改半径尺寸

5.6 上机习题

扫码看视频

习题 5-1

利用同步建模命令编辑部件：上部高亮圆柱伸长 100mm、左下方两高亮面平行，且距离为未改变前两面的最小距离，两处平面与柱面相切，如图习题 5-1 所示。

扫码看视频

习题 5-2

利用同步建模命令编辑部件：要求执行 15°的设计改变，如图习题 5-2 所示。

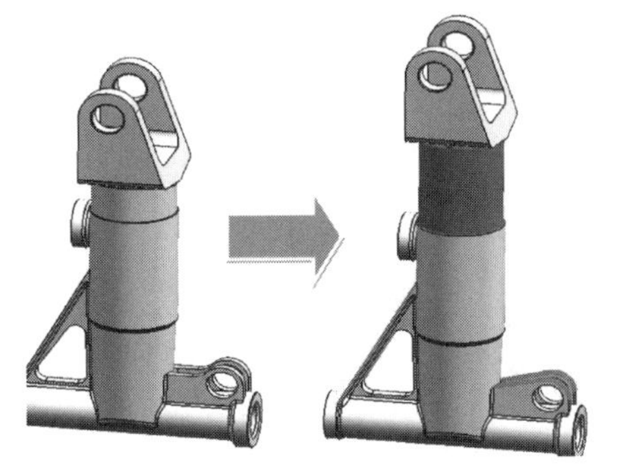

图习题 5-1

图习题 5-2

本章小结

本章介绍了 UG NX 同步建模的相关知识，主要内容有同步建模简介、同步建模修改面、同步建模重用、同步建模约束和同步建模尺寸等。读者通过本章可熟悉 UG NX 同步建模命令，希望大家按照讲解方法再进一步进行实例练习。

第6章 UG NX产品与制造信息

产品与制造信息（Product Manufacturing Information，PMI），通常称为三维标注、三维注释，可在三维视图下进行尺寸标注。本章介绍 PMI 首选项、尺寸标注、中心标记和中心线、文本注释、基准特征、形位公差、表面粗糙度等。希望通过本章的学习，读者可轻松掌握 UG NX PMI 的基本知识。

本章内容

- PMI 首选项
- 标注尺寸
- 中心标记和中心线
- 文本注释
- 基准特征
- 表面粗糙度

6.1 产品与制造信息简介

产品与制造信息（PMI）通常称为三维标注或三维注释，可在三维视图下进行尺寸标注，具有直观、简单、方便的特点，如图 6-1 所示。

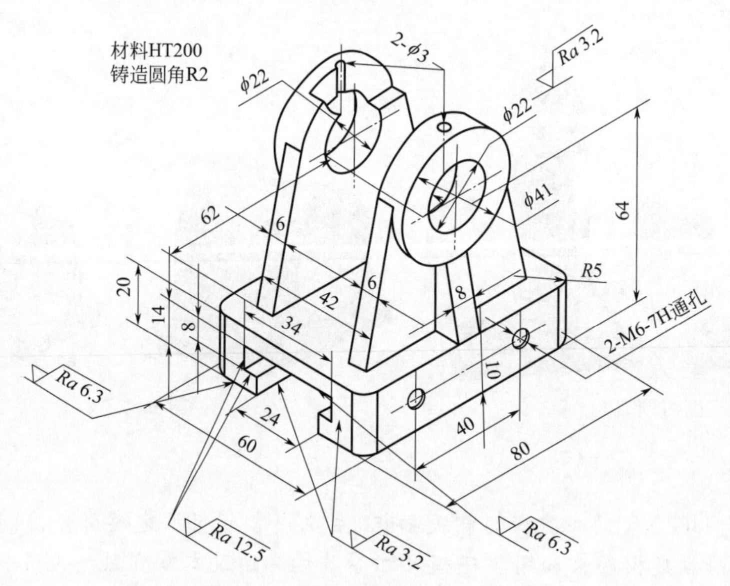

图 6-1 产品与制造信息 PMI

6.1.1 PMI 功能简介

UG NX PMI 可实现在 3D 模型中添加尺寸和注释，可用于审核、制造和检测过程。PMI 不用将三维模型转变到工程图纸，就能直观地在三维模型中查阅产品的加工信息，如尺寸、表面粗糙度、形位公差等。它减少了设计评审和信息交流过程中对二维图纸的需求，并可以提供给许多下游领域使用。PMI 的操作过程类似于二维工程图的生成，尺寸、公差、表面粗糙度、形位公差、技术要求、注释等，都可以在三维模型中表达出来。

6.1.2 PMI 首选项设置

选择下拉菜单【首选项】|【PMI】命令，弹出【PMI 首选项】对话框，可设置相关 PMI 选项参数，下面仅介绍常用选项。

6.1.2.1 文字

单击【文字】选项卡，显示常规文字选项设置，如注释文本字体，如图 6-2 所示。

图 6-2 【文字】选项卡

【文字】选项卡中相关选项参数含义如下。

(1) 对齐选项

- 对齐位置：设置文本点相对于它封闭的假想矩形文本框的位置，假想矩形上有 9 个定位位置可用于定位文本对象，如图 6-3 所示。

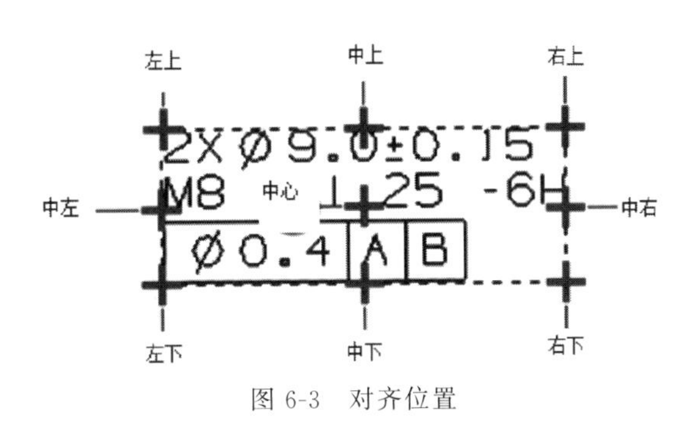

图 6-3 对齐位置

- 文字对正：用于设置多行文本的对齐方式，包括“左对齐”“中对齐”和

“右对齐”3 种类型，如图 6-4 所示。

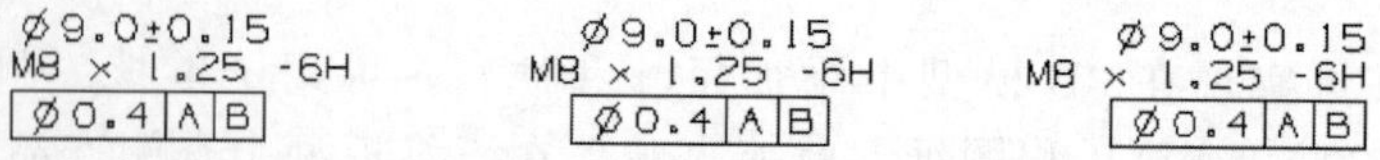

Ø9.0±0.15
M8 × 1.25 -6H
Ø0.4 A B
Ø9.0±0.15
M8 × 1.25 -6H
Ø0.4 A B
Ø9.0±0.15
M8 × 1.25 -6H
Ø0.4 A B

(a) 左对齐　　(b) 中对齐　　(c) 右对齐

图 6-4　文本对齐

(2) 文本参数

• 颜色：设置文本对象的颜色。

• 字型：设置文本对象的字型。

• 宽度：设置文本对象的线宽。

• 高度：控制以英寸或毫米为单位的字符文本高度，视部件的单位类型而定。

• NX 字体间隙因子：控制文本字符串中的 UG NX 字符间距，其给定值为当前字体的字符间距的倍数。

• 标准字体间隙因子：控制文本字符串中的标准字符间距，其给定值为当前字体的字符间距的倍数。

• 文本宽高比：控制文本宽度与文本高度之比。

• 符号宽高比：控制符号的宽度和高度的比率，并将该比率应用于常规文本中嵌入的符号。该选项仅适用于从 TrueType 字体创建的符号，不支持使用 UG NX 系统字体（如 Blockfont）创建的符号。

• 行间隙因子：控制文本上一行的底线与文本下一行的大写顶线之间的竖直距离，其给定值为当前字体的标准间距的倍数。

• 文字角度：控制文本的角度（度）。

• 应用于所有文本：单击 A 按钮，将文本参数应用于所有文本类型。

(3) 公差框

【高度因子】用于设置形位公差方框高相对于字符高度的比例因子，值是当前文本高度的因子，如图 6-5 所示。

Ø 10.20 +0.25 -0.05
⌖ Ø0.4Ⓜ A B
Ø 10.20 +0.25 -0.05
⌖ Ø0.4Ⓜ A B

(a) 形位公差框高度因子设置为2.0　　(b) 形位公差框高度因子设置为3.0

图 6-5　形位公差框高度因子

(4) 符号

【符号字体文件】用来创建符号的字体文件。除了标准的字体类型以外，还可以使用特定的 UG NX 制图标准字体文件。

6.1.2.2　直线/箭头

【直线/箭头】用于设置各种箭头、延伸线的尺寸，包括以下选项卡。

(1)【箭头】选项卡

单击【箭头】选项卡，显示常规箭头选项设置参数，如图 6-6 所示。

【箭头】选项卡中相关选项参数含义如下。

① 范围　选择【应用于整个尺寸】复选框，不需要单击【应用】按钮即可对颜色、线型、宽度、类型、可见性和方向设置的任何更改立刻应用于所有箭头。

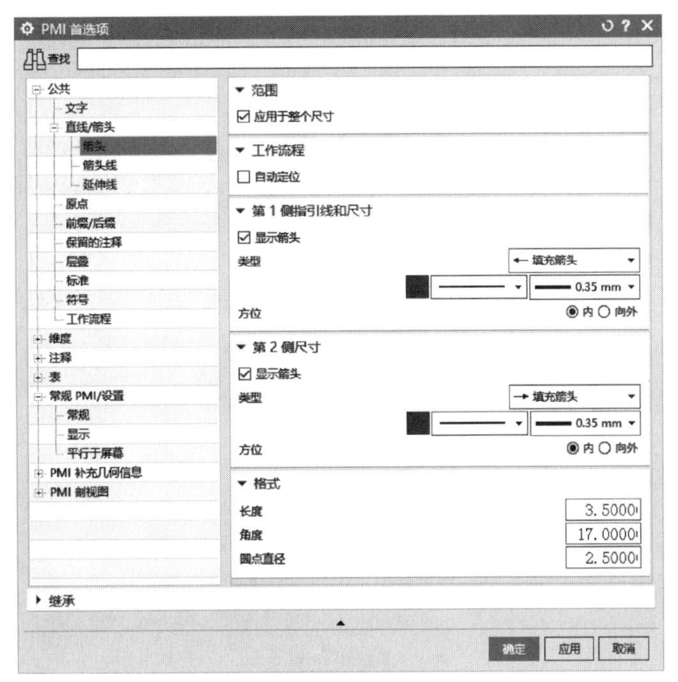

图 6-6 【箭头】选项卡

② 第 1 侧指引线和尺寸　用于控制所有指引线的箭头以及为尺寸选择的第一个对象侧的箭头的外观。

- 显示箭头：控制箭头的可见性。
- 类型：设置箭头的样式。
- 颜色、线型、宽度：设置箭头的颜色、线型和宽度。

③ 第 2 侧尺寸　用于控制为尺寸选择的第二个对象侧的箭头的外观。

- 显示箭头：控制箭头的可见性。
- 类型：设置箭头的样式。
- 颜色、线型、宽度：设置箭头的颜色、线型和宽度。

④ 格式

- 长度：控制箭头的长度（以英寸或毫米为单位）。
- 角度：控制箭头角度的大小（以度为单位）。
- 圆点直径：控制直径大小（以英寸或毫米为单位，具体视部件的单位类型而定）。

(2)【箭头线】选项卡

单击【箭头线】选项卡，显示常规箭头线选项设置参数，如图 6-7 所示。

【箭头线】选项卡中相关选项参数含义如下。

① 第 1 侧指引线和箭头线　用于控制所有指引线的箭头线以及为尺寸选择的第一个对象侧的箭头线的外观。

- 显示箭头线：控制箭头线的可见性。
- 颜色、线型、宽度：设置箭头线的颜色、线型和宽度。

② 第 2 侧箭头线　用于控制为尺寸选择的第二个对象侧的箭头线的外观。

- 显示箭头线：控制箭头线的可见性。
- 颜色、线型、宽度：设置箭头线的颜色、线型和宽度。

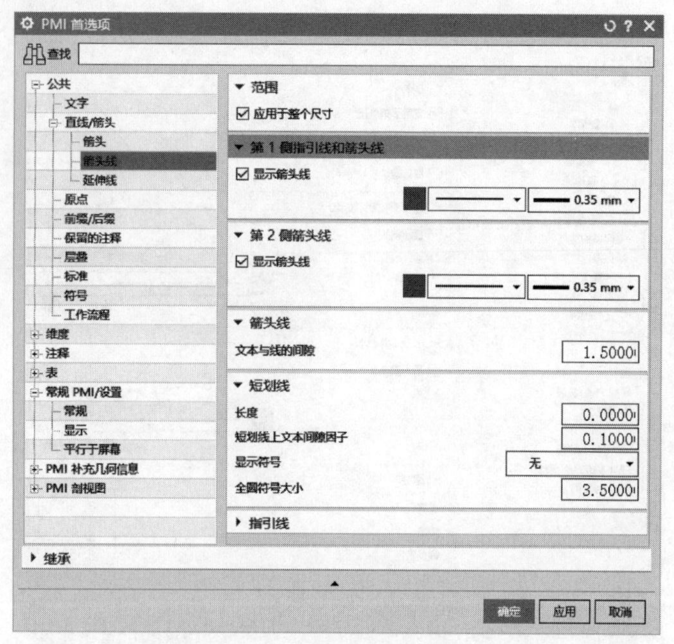

图 6-7 【箭头线】选项卡

③ 箭头线

• 【文本与线的间隙】设置从文本到尺寸线、尺寸或指引线短划线或尺寸线圆弧的距离。

(3)【延伸线】选项卡

单击【延伸线】选项卡，显示常规延伸线选项设置参数，如图 6-8 所示。

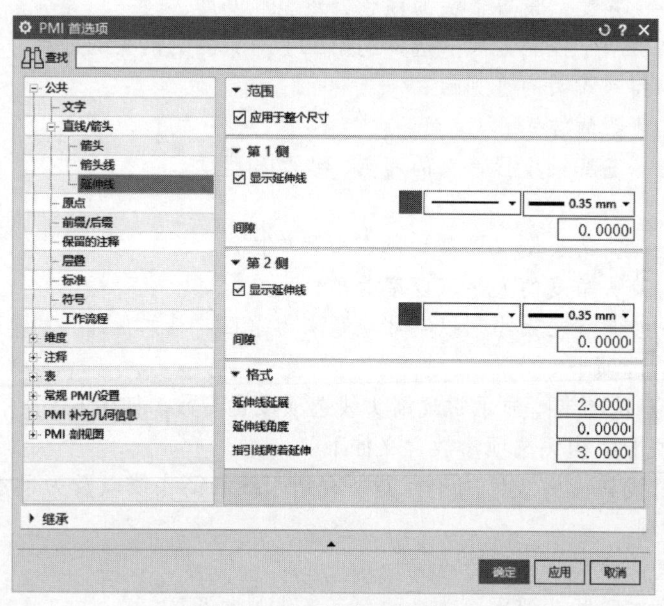

图 6-8 【延伸线】选项卡

【延伸线】选项卡中相关选项参数含义如下。

① 第 1 侧　用于控制标志指引线以及为尺寸选择的第一个对象侧上的延伸线的外观。

- 显示延伸线：控制延伸线的可见性。
- 颜色、线型、宽度：设置延伸线的颜色、线型和宽度。
- 间隙：设置从要标注尺寸的对象所在位置到延伸线末端的距离。

② 第 2 侧　用于控制为尺寸选择的第二个对象侧的延伸线的外观。

- 显示延伸线：控制延伸线的可见性。
- 颜色、线型、宽度：设置延伸线的颜色、线型和宽度。
- 间隙：设置从要标注尺寸的对象所在位置到延伸线端点的距离。

③ 格式

- 延伸线延展：设置延伸线延展时越过尺寸线的距离。
- 延伸线角度：设置延伸线与垂直线之间的角度（度）。此角度仅适用于竖直尺寸标注和水平尺寸标注。
- 指引线的附着延伸：设置基准箭头的顶点到延伸线端点的距离。

6.1.2.3　单位

在左侧列表中选择【维度】|【文本】|【单位】选项，用于设置标注单位、小数点的表示及尾数置零等，如图 6-9 所示。

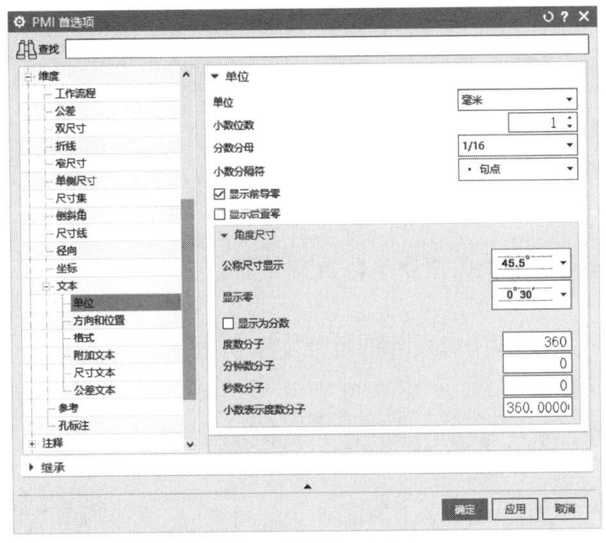

图 6-9　【单位】选项卡

【单位】选项卡中相关选项参数含义如下。

（1）单位

- 单位：设置主尺寸的测量单位。
- 小数位数：指定主尺寸值的精度（0 到 6 位）。
- 分数分母：指定以分数单位显示的主尺寸的分数精度。
- 小数分隔符：将尺寸标注小数点字符的显示设置为句点或逗号。
- 显示前导零：显示线性尺寸和分数角度尺寸的前导零。
- 显示后置零：显示线性尺寸和分数角度尺寸的结尾零。

（2）角度尺寸

- 公称尺寸显示：设置主角度尺寸的显示，包括分数度数 45.5°、度分 45°30'、度分秒 45°30'0"、整数度数 45° 等。

- 零显示：允许抑制或显示角度尺寸零，包括显示角度中所有的零 0°30'0"、抑制角度前导零 30'0"、抑制角度任意零 30'、抑制角度后置零 0°30'。
- 显示为分数：将角度尺寸显示为分数值。

6.1.2.4 方向和位置

在左侧列表中选择【维度】|【文本】|【方向和位置】选项，用于设置尺寸文本的方向和位置，如图 6-10 所示。

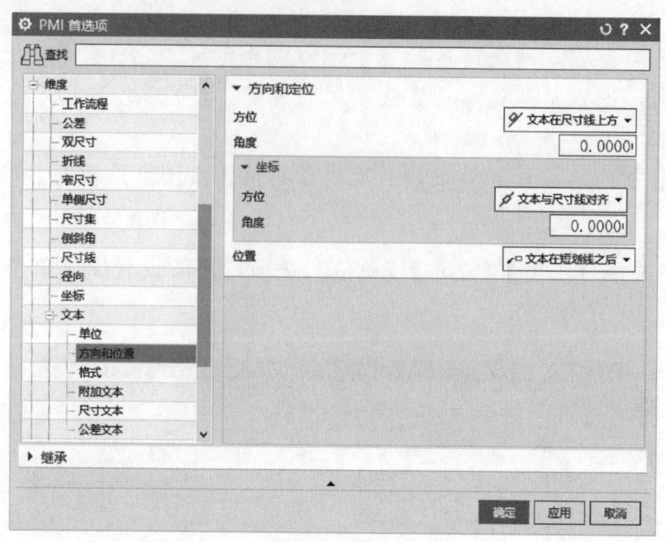

图 6-10 【方向和位置】选项卡

【方向和位置】选项卡中相关选项参数含义如下。

(1) 方位

用于指定除坐标尺寸之外所有尺寸的尺寸文本的方位。

- 水平：水平显示文本，如图 6-11 所示
- 对齐：以与尺寸线相同的方向对文本定向，如图 6-12 所示。

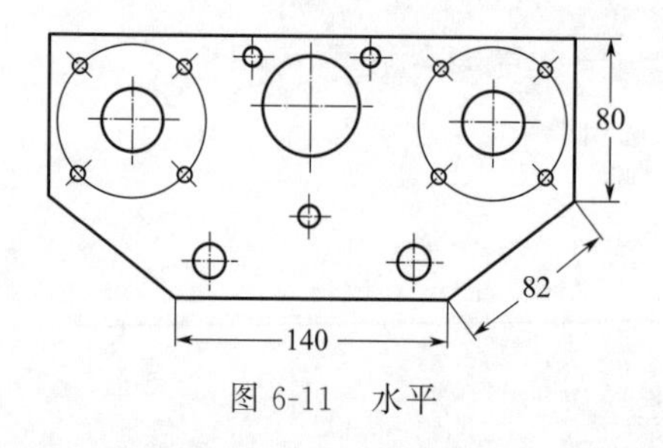

图 6-11 水平

图 6-12 对齐

- 文本在尺寸线上方：使文本与尺寸线对齐并在其上方，如图 6-13 所示。
- 文本与尺寸线垂直：将文本定向至与尺寸线成 90° 角的位置，如图 6-14 所示。
- 文本成指定角度：以【角度】框中设置的角度对文本定向，如图 6-15 所示。

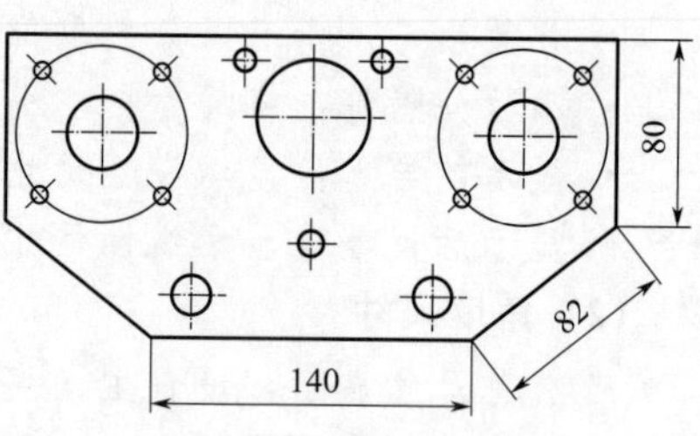

图 6-13 文本在尺寸线上方

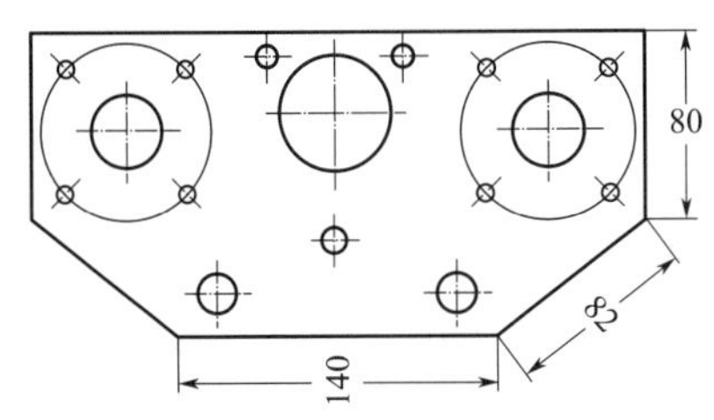

图 6-14　文本与尺寸线垂直

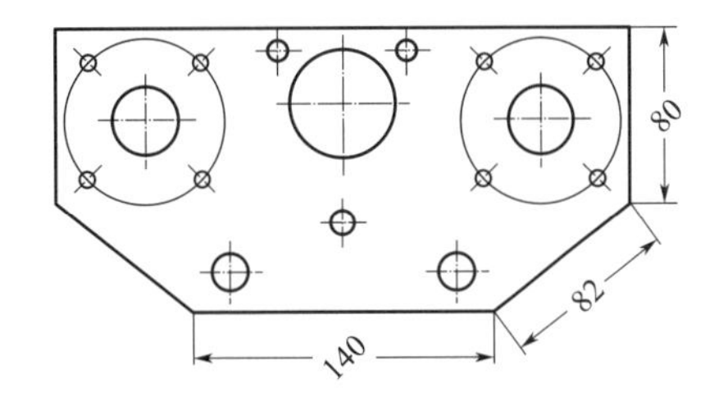

图 6-15　文本成指定角度

（2）位置

用于控制尺寸相对于指引线短划线的位置。

- 文本在指引线之上：尺寸文本显示在指引线短划线旁边，如图 6-16 所示。
- 文本在短划线之后：尺寸文本显示在指引线短划线上，短划线会延长尺寸文本的最大长度，如图 6-17 所示。

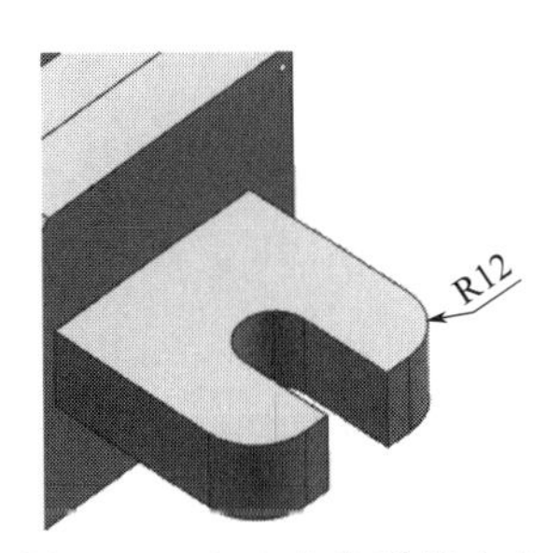

图 6-16　文本在指引线之上

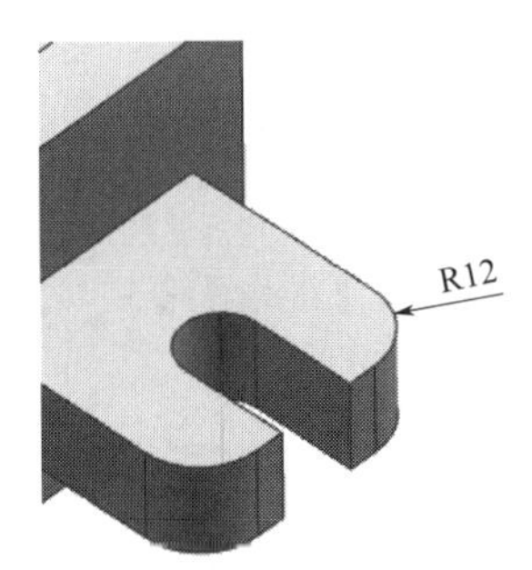

图 6-17　文本在短划线之后

6.1.2.5　附加文本

在左侧列表中选择【维度】|【文本】|【附加文本】选项，用于设置附加文本格式选项，如图 6-18 所示。

图 6-18　【附加文本】选项卡

【附加文本】选项卡中相关选项参数含义如下。

(1) 范围

【应用于整个尺寸】如果设置该选项，不需要单击【应用】按钮，对颜色、线型、宽度、高度、间隙因子和宽高比设置的任何更改将立刻应用至所有尺寸文本。

(2) 格式（文本参数）

- 颜色、线型、宽度：设置附加文本的颜色、线型和宽度。
- 高度：控制字符文本高度（以英寸或毫米为单位，具体视部件的单位类型而定）。
- NX 字体间隙因子：控制文本字符串中的 NX 字符间距，其给定值为当前字体的字符间距的倍数。
- 标准字体间隙因子：控制文本字符串中的标准字符间距，其给定值为当前字体的字符间距的倍数。
- 文本宽高比：控制文本宽度与文本高度之比。
- 符号宽高比：控制符号的宽度与高度的比率。
- 行间隙因子：控制文本上一行的底线与文本下一行的大写顶线之间的竖直距离，其给定值为当前字体的标准间距的倍数。
- 文本间隙因子：控制附加文本与附加文本左右两侧的尺寸文本之间的距离，间距等于字体大小乘以文本框中指定的值。

6.1.2.6 尺寸文本

在左侧列表中选择【维度】|【文本】|【尺寸文本】选项，用于设置尺寸文本格式选项，如图 6-19 所示。

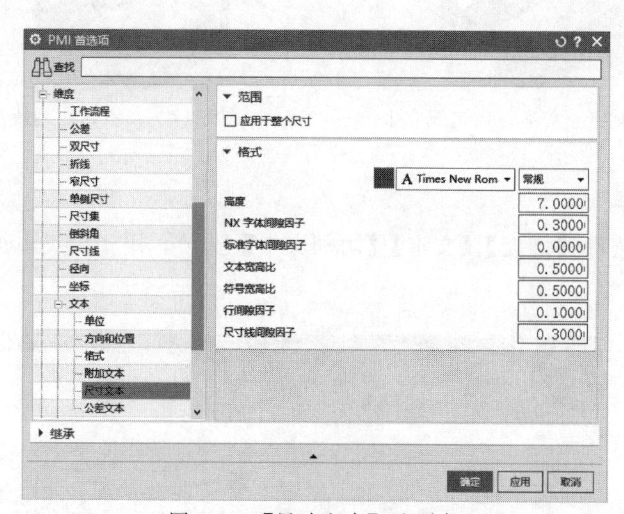

图 6-19 【尺寸文本】选项卡

【尺寸文本】选项卡中相关选项参数含义如下。

(1) 范围

【应用于整个尺寸】如果设置该选项，不需要单击【应用】按钮，对颜色、线型、宽度、高度、间隙因子和宽高比设置的任何更改将立刻应用至所有尺寸文本。

(2) 格式（文本参数）

- 颜色、线型、宽度：设置附加文本的颜色、线型和宽度。
- 高度：控制字符文本高度（以英寸或毫米为单位，具体视部件的单位类型而定）。
- NX 字体间隙因子：控制文本字符串中的 NX 字符间距，其给定值为当前字体的字符间距的倍数。

• 标准字体间隙因子：控制文本字符串中的标准字符间距，其给定值为当前字体的字符间距的倍数。

• 文本宽高比：控制文本宽度与文本高度之比。

• 符号宽高比：控制符号的宽度和高度的比率。

• 行间隙因子：控制文本上一行的底线与文本下一行的大写顶线之间的竖直距离，其给定值为当前字体的标准间距的倍数。

• 文本间隙因子：控制附加文本与附加文本左右两侧的尺寸文本之间的距离，间距等于字体大小乘以文本框中指定的值。

6.1.2.7 公差文本

在左侧列表中选择【维度】|【文本】|【公差文本】选项，用于设置公差文本格式选项，如图 6-20 所示。

图 6-20 【公差文本】选项卡

【公差文本】选项卡中相关选项参数含义如下。

（1）范围

【应用于整个尺寸】如果设置该选项，不需要单击【应用】按钮，对颜色、线型、宽度、高度、间隙因子和宽高比设置的任何更改将立刻应用至所有尺寸文本。

（2）格式（文本参数）

• 颜色、线型、宽度：设置附加文本的颜色、线型和宽度。

• 高度：控制字符文本高度（以英寸或毫米为单位，具体视部件的单位类型而定）。

• NX 字体间隙因子：控制文本字符串中的 NX 字符间距，其给定值为当前字体的字符间距的倍数。

• 标准字体间隙因子：控制文本字符串中的标准字符间距，其给定值为当前字体的字符间距的倍数。

• 文本宽高比：控制文本宽度与文本高度之比。

• 符号宽高比：控制符号的宽度和高度的比率。

• 行间隙因子：控制文本上一行的底线与文本下一行的大写顶线之间的竖直距离，其给定值为当前字体的标准间距的倍数。

• 文本间隙因子：控制附加文本与附加文本左右两侧的尺寸文本之间的距离，间距等于字体大小乘以文本框中指定的值。

操作实例——PMI首选项设置实例

操作步骤

Step 01 在功能区中单击【主页】选项卡中【标准】组中的【打开】按钮，在弹出【打开】对话框中选择素材文件“实例 \ 第 6 章 \ 原始文件 \ PMI 首选项 .prt”，单击【打开】按钮打开模型文件，如图 6-21 所示。

扫码看视频

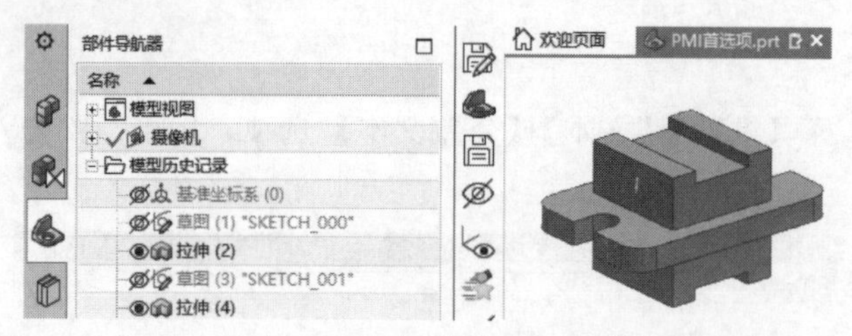

图 6-21 打开模型文件

Step 02 选择下拉菜单【首选项】|【PMI】命令，弹出【PMI 首选项】对话框，在左侧列表中选择【视图】|【公共】|【文字】选项，设置【文字】为“长仿宋体”，如图 6-22 所示。

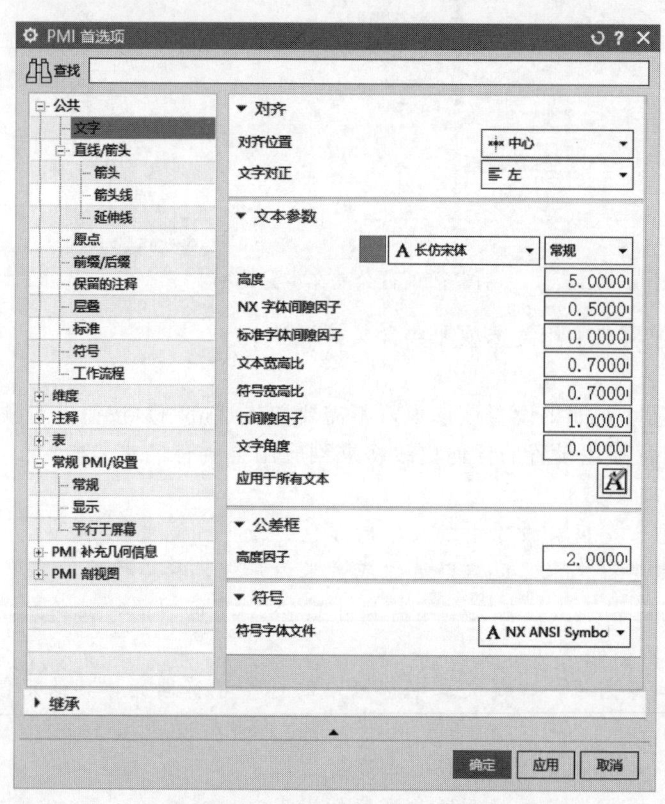

图 6-22 设置【文字】选项

Step 03 选择下拉菜单【首选项】|【制图】命令，在左侧列表中选择【公共】|【直线/箭头】|【箭头】选项，设置箭头形式、线宽和尺寸，如图 6-23 所示。

Step 04 在左侧列表中选择【公共】|【直线/箭头】|【箭头线】选项，设置【箭头线】选

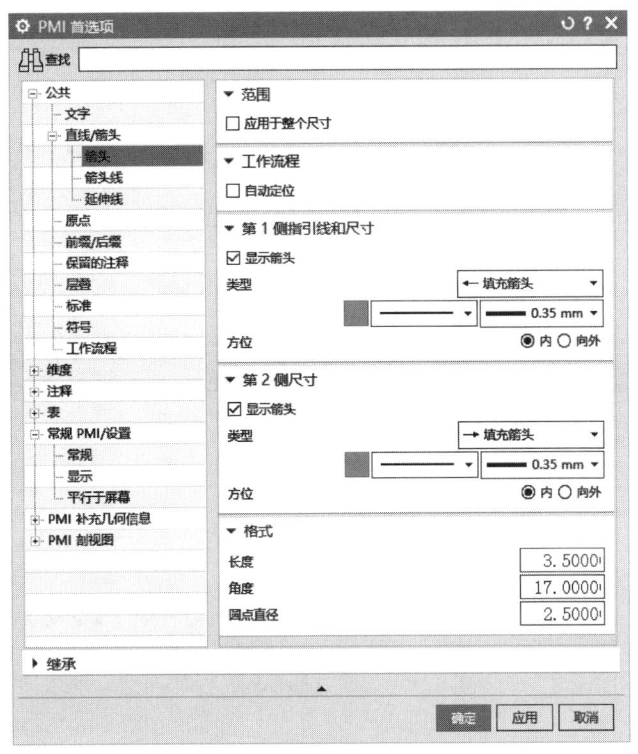

图 6-23　设置【箭头】选项

项，如图 6-24 所示。

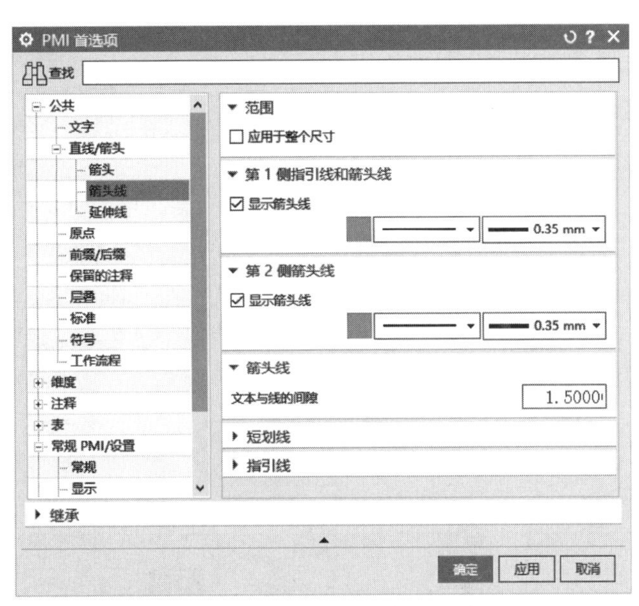

图 6-24　设置【箭头线】选项

Step 05　在左侧列表中选择【公共】|【直线/箭头】|【延伸线】选项，设置【延伸线】选项，如图 6-25 所示。

Step 06　在左侧列表中选择【维度】|【文本】|【单位】选项，设置尺寸单位格式，如

图 6-25　设置【延伸线】选项

图 6-26 所示。

图 6-26　设置【单位】选项

Step 07　在左侧列表中选择【维度】|【文本】|【方向和位置】选项，设置尺寸方向和位置，如图 6-27 所示。

图 6-27　设置【方向和位置】选项

Step 08　在左侧列表中选择【维度】|【文本】|【尺寸文本】选项，设置尺寸文本格式为“Times New Roman”，如图 6-28 所示。

图 6-28　设置【尺寸文本】选项

Step 09　在左侧列表中选择【维度】|【文本】|【公差文本】选项，设置公差文本格式为“Times New Roman”，如图 6-29 所示。

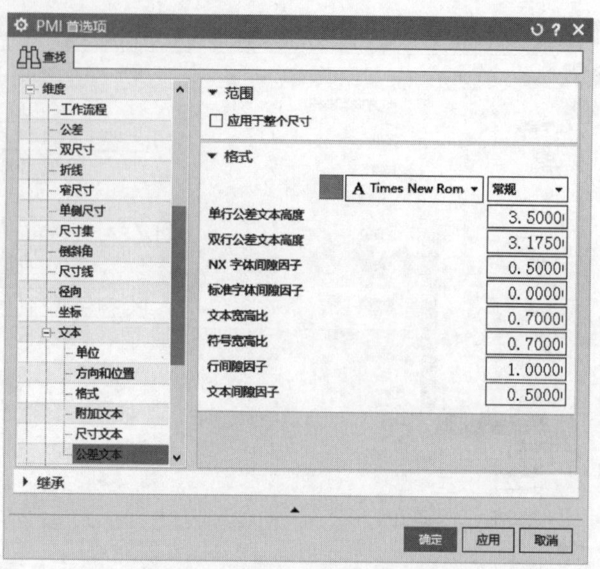

图 6-29 设置【公差文本】选项

6.2 标注尺寸

PMI 标注尺寸主要有快速、线性、径向、角度、倒斜角、厚度、弧长、坐标等，下面对部分尺寸标注方法加以介绍。

6.2.1 快速尺寸

【快速尺寸】可快速创建多种类型的尺寸标注：自动判断、水平、竖直、点对点、垂直、圆柱形、径向、直径等。

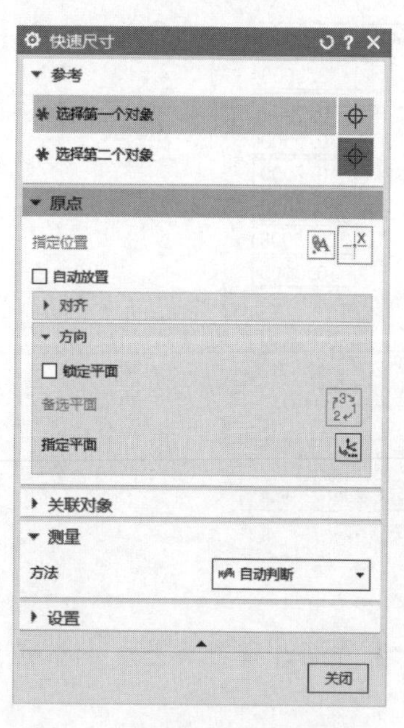

图 6-30 【快速尺寸】对话框

在【PMI】选项卡中单击【尺寸】组中的【快速】按钮，或选择下拉菜单【插入】|【产品制造信息】|【尺寸】|【快速】命令，弹出【快速尺寸】对话框，如图 6-30 所示。

【快速尺寸】对话框中相关选项参数含义如下。

(1) 参考

用于选择尺寸标注对象，包括以下选项：

• 选择第一个对象：选择尺寸所关联的几何体，并定义测量方向的起点。

• 选择第二个对象：选择尺寸所关联的几何体，并定义测量方向的终点。

(2) 原点

• 指定位置：指定无指引线的注释的位置。

• 自动放置：在图纸或模型中快速添加大数量的尺寸，可在新尺寸完全指定后自动放置。

• 方向：仅在 PMI 应用模块中可用，用于指定要放置注释的平面，可从平面列表选择现有平面，或单击【CSYS

构造器】创建自己的平面。

(3) 关联对象

• 选择对象：仅在 PMI 应用模块中可用，用于选择要与线性尺寸关联的对象。

(4) 测量

【方法】用于设置要创建的尺寸的类型，包括以下选项：

• 自动判断：根据光标的位置和选择的对象自动判断要创建的尺寸类型。
• 水平：仅用于创建水平尺寸。
• 竖直：仅用于创建竖直尺寸。
• 点到点：在两个点之间创建尺寸。
• 垂直：仅用于创建使用一条基线和一个点定义的垂直尺寸。基线可以是现有的直线、线性中心线、对称线或圆柱中心线。

(5) 设置

• 设置：单击该按钮，打开【设置】对话框后可更改所创建的尺寸的显示内容。
• 选择要继承的尺寸：将选择的现有尺寸的样式设置应用到所创建或编辑的尺寸。

6.2.2 角度尺寸

角度尺寸用于测量视图中两个对象之间的角度，可以标注直线、模型边、圆柱与平表面、尺寸延伸线、中心线符号组件和用户定义的矢量之间的角度。

在【PMI】选项卡中单击【尺寸】组中的【角度】按钮，或选择下拉菜单【插入】|【产品制造信息】|【尺寸】|【角度】命令，弹出【角度尺寸】对话框，如图 6-31 所示。

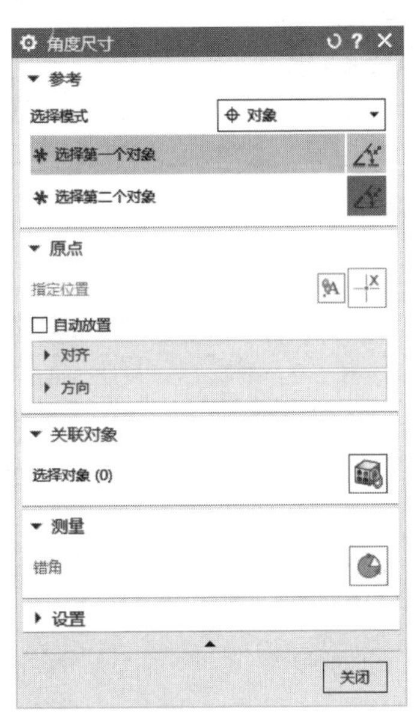

图 6-31 【角度尺寸】对话框

【角度尺寸】对话框中相关选项参数含义如下。

(1) 参考

【选择模式】包括以下两个选项：

① 对象　选择视图中的一个线性对象，以自动判断正在确定尺寸的第一个或第二个对象的矢量。

② 矢量和对象　用于通过线性对象自动判断矢量，或通过矢量对话框或矢量列表定义显式矢量。

(2) 测量

• 错角：可切换尺寸已确定对象的优角和劣角测量。

(3) 设置

用于启动【设置】对话框更改所创建的尺寸样式。

• 设置：单击该按钮，打开【设置】对话框后可更改所创建的尺寸的显示内容。
• 选择要继承的尺寸：将选择的现有尺寸的样式设置应用到所创建或编辑的尺寸。

6.2.3 径向尺寸

径向尺寸用于创建径向尺寸类型：半径、直径、孔标注。

在【PMI】选项卡中单击【尺寸】组中的【径向】按钮，或选择下拉菜单【插入】|【产品制造信息】|【尺寸】|【径向】命令，弹出【径向尺寸】对话框，如图 6-32 所示。

【径向尺寸】对话框中相关选项参数请参考【快速尺寸】相关选项参数，此处不再重复。

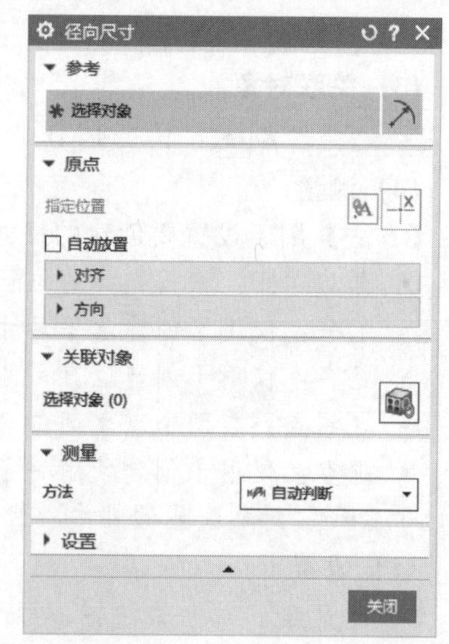

图 6-32 【径向尺寸】对话框

操作实例——PMI 标注尺寸操作实例

操作步骤

Step 01 在功能区中单击【主页】选项卡中【标准】组中的【打开】按钮，在弹出【打开】对话框中选择素材文件"实例 \ 第 6 章 \ 原始文件 \ PMI 标注尺寸 .prt"，单击【打开】按钮打开模型文件，如图 6-33 所示。

扫码看视频

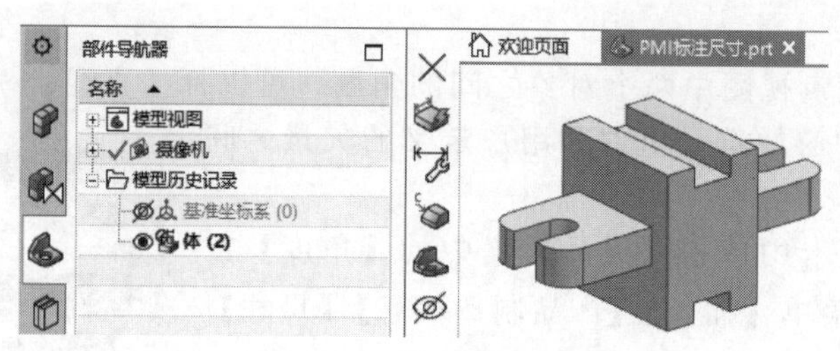

图 6-33 打开模型文件

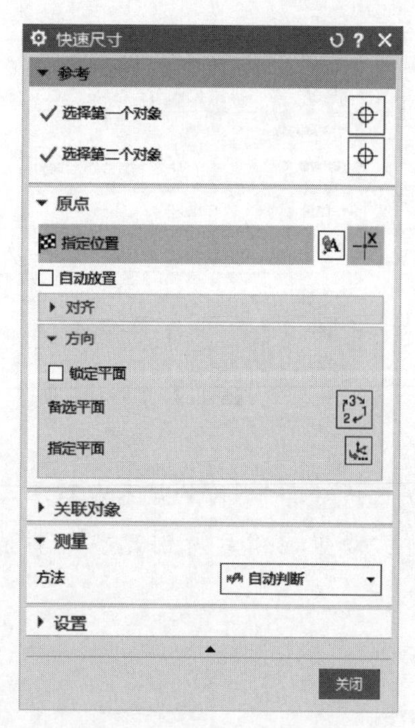

图 6-34 【快速尺寸】对话框

Step 02 在【PMI】选项卡中单击【尺寸】组中的【快速】按钮，或选择下拉菜单【插入】|【产品制造信息】|【尺寸】|【快速】命令，弹出【快速尺寸】对话框，如图 6-34 所示。

Step 03 在模型区依次选择如图 6-35 所示的两条边，此时会出现尺寸预览，单击适当位置放置尺寸，按 Esc 键结束命令。

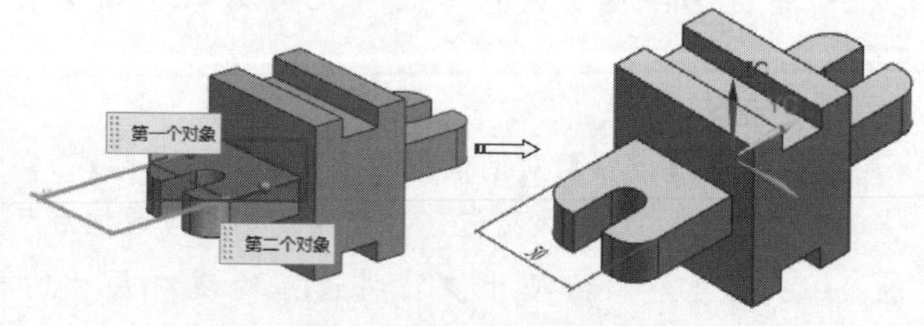

图 6-35 标注线性尺寸

Step 04 重复上述尺寸标注过程，分别标注其他尺寸，如图 6-36 所示。

Step 05 在【PMI】选项卡中单击【尺寸】组中的

【径向】按钮，或选择下拉菜单【插入】|【产品制造信息】|【尺寸】|【径向】命令，弹出【径向尺寸】对话框，选择如图 6-37 所示的圆弧，单击适当位置放置尺寸。

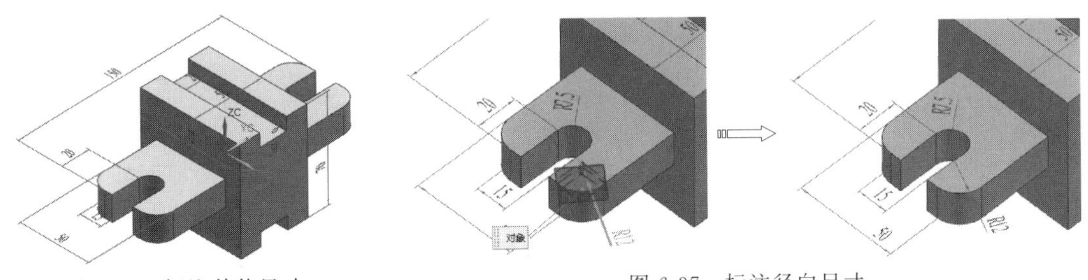

图 6-36　标注其他尺寸

图 6-37　标注径向尺寸

6.3　中心标记和中心线

中心线符号包括中心标记、中心线等，本节分别介绍相关符号的创建方法。

6.3.1　中心标记

【中心标记】可创建通过点或圆弧的中心标记。

选择下拉菜单【插入】|【产品制造信息】|【补充几何信息】|【中心标记】命令，或单击【PMI】选项卡上的【补充几何信息】组上的【中心标记】按钮，弹出【中心标记】对话框，如图 6-38 所示。

【中心标记】对话框中相关选项参数含义如下。

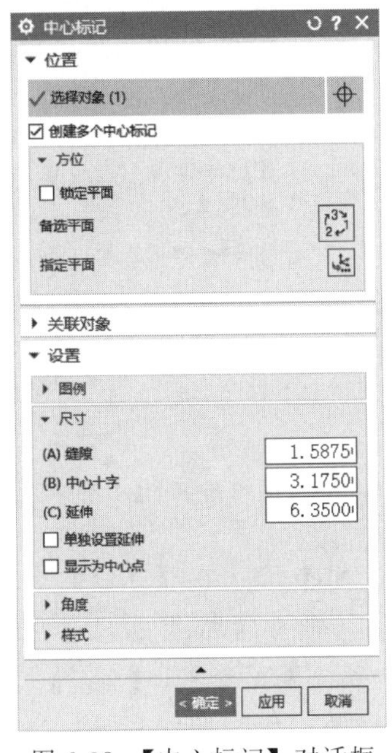

图 6-38　【中心标记】对话框

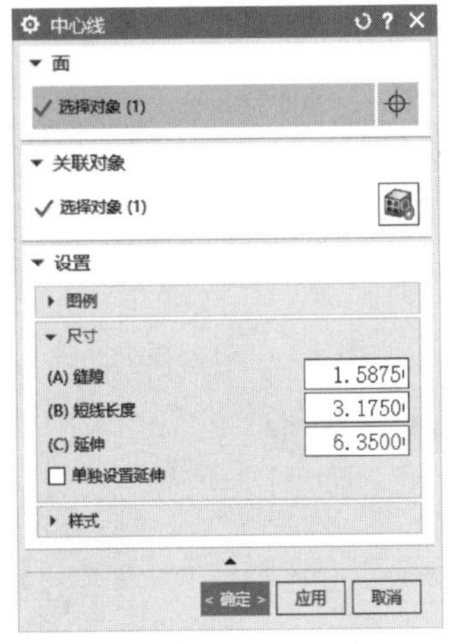

图 6-39　【中心线】对话框

(1) 位置

- 选择对象：选择标注中心标记的对象，如孔或圆弧。

• 方位：指定要放置注释的平面，可从平面列表选择现有平面，或单击【CSYS 构造器】以创建自己的平面。

（2）关联对象

• 选择对象：选择要与线性尺寸关联的对象。

6.3.2 中心线

【中心线】用于在扫掠面或分析面（如圆柱面、锥面、直纹面、拉伸面、回转面、环面和扫掠类型面等）上创建中心线。

选择下拉菜单【插入】|【产品制造信息】|【补充几何信息】|【中心线】命令，或单击【补充几何信息】组上的【中心线】按钮，弹出【中心线】对话框，如图 6-39 所示。

【中心线】对话框中相关选项参数参考【中心标记】相关介绍，此处不再重复。

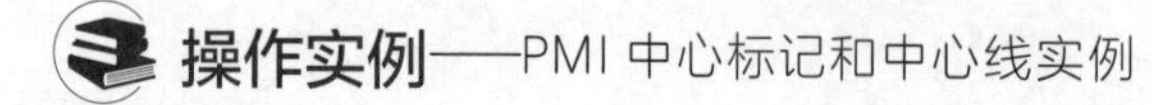

操作实例——PMI 中心标记和中心线实例

扫码看视频

操作步骤

Step 01 在功能区中单击【主页】选项卡中【标准】组中的【打开】按钮，在弹出【打开】对话框中选择素材文件“实例 \ 第 6 章 \ 原始文件 \ PMI 中心标记 . prt”，单击【打开】按钮打开模型文件，如图 6-40 所示。

Step 02 单击【PMI】选项卡上的【补充几何信息】组上的【中心标记】按钮，弹出【中心标记】对话框，如图 6-41 所示。

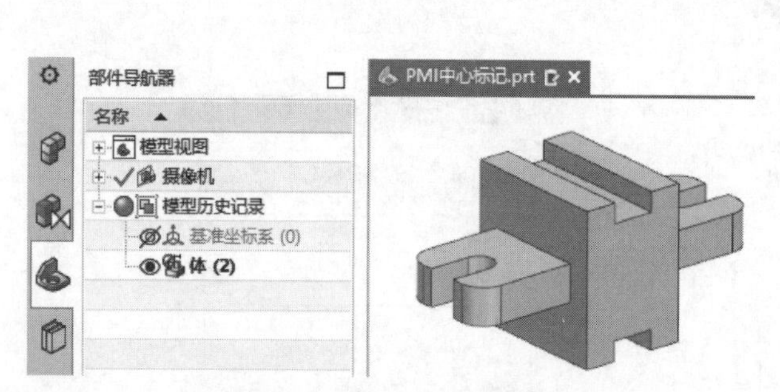

图 6-40 打开模型文件

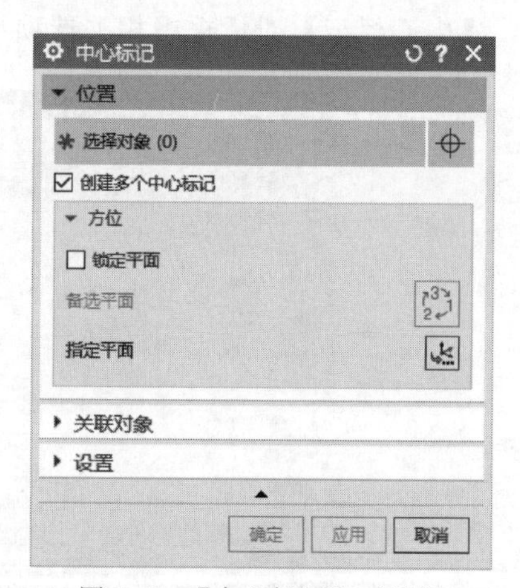

图 6-41 【中心标记】对话框

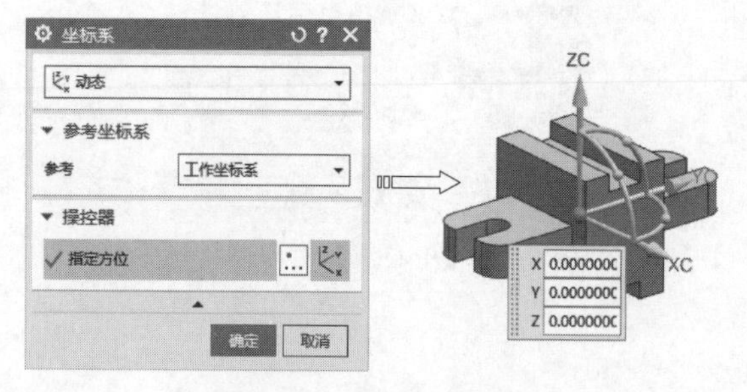

图 6-42 创建用户坐标系

Step 03 在【方位】中选择“用户定义”，单击【指定平面】按钮，弹出【坐标系】对话框，【类型】为“动态”，默认参数，如图 6-42 所示。

Step 04 在图形区依次选择如图 6-43 所示的圆弧，单击【确定】按钮完成中心标记。

Step 05 单击【PMI】选项卡中的【补充几何信息】组上的【中心线】按钮，弹出【中心线】对话框，如图 6-44 所示。

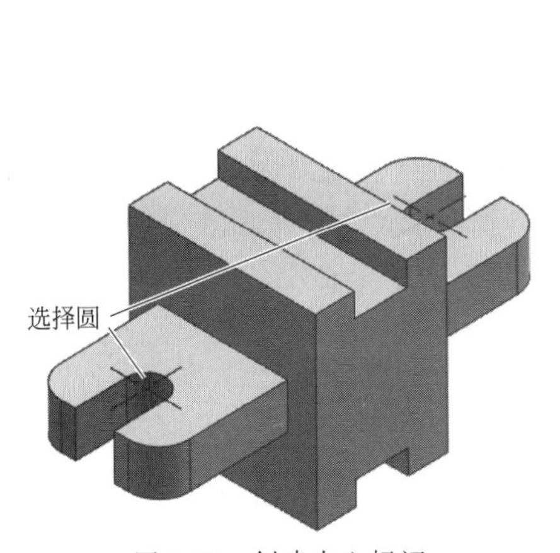

图 6-43 创建中心标记

图 6-44 【中心线】对话框

Step 06 在图形区选择如图 6-45 所示的面，单击【确定】按钮完成 3D 中心线。

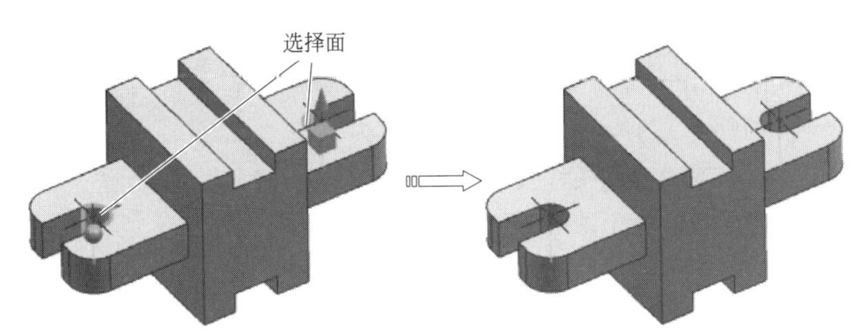

图 6-45 创建中心线

6.4 文本注释

文本注释用于在工程制图中标注文字信息，如尺寸文本、标题栏文本、技术要求文本等。

单击【PMI】选项卡上的【注释】组中的【注释】按钮，或选择下拉菜单【插入】|【PMI】|【注释】命令，弹出【注释】对话框，如图 6-46 所示。

【注释】对话框中主要的选项参数含义如下。

(1) 指引线

① 选择终止对象 用于为指引线选择引出对象。单击该按钮可再次选择多个终止对象。

② 创建折线 用于定义指引线中是否创建折线。选中【带折线创建】复选框，可在指引线上指定折线位置点。

图 6-46 【注释】对话框

③ 类型　用于设置指引线类型，用户可在放置文本之前，设置或改变指引线类型。

• 普通：创建带短划线的指引线。默认短划线长度由【注释首选项】对话框中的【直线/箭头】选项卡的D选项控制。

• 全圆符号：创建带短划线和全圆符号的指引线。默认短划线长度由【注释首选项】对话框中的【直线/箭头】选项卡的D选项控制。

④ 箭头　用于指示指引线箭头样式。

⑤ 短划线侧　用于控制指引线短划线的放置。

• 左：将指引线置于制图注释或符号的左侧。

• 右：将指引线置于制图注释或符号的右侧。

• 自动判断：将符号置于制图注释或符号的最合适侧。

⑥ 短划线长度　设置指引线短划线的长度。

⑦ 添加新集　用于添加其他指引线或删除现有指引线。

⑧ 列表　用于列出每条指引线的信息，可进行添加或删除指引线。

（2）文本输入

用于创建和编辑输入的文本。

① 编辑文本　用于执行各种不同的文本编辑操作。

• 清除：清除编辑窗口中的所有文本。

• 剪切：从编辑窗口剪切高亮显示的文本，此时将从编辑窗口中移除文本并将其复制到剪贴板中，从而可将剪切文本重新粘贴回编辑窗口，或插入支持剪贴板的任何其他应用程序中。

• 复制：将高亮显示的文本从编辑窗口复制到剪贴板，可将复制的文本重新粘贴回编辑窗口，或插入支持剪贴板的任何其他应用程序中。

• 粘贴：将文本从剪贴板粘贴到编辑窗口中的光标位置，剪贴板文本可以来自对话框中执行的【剪切】或【复制】操作，或来自任何支持剪贴板的应用程序。

• 删除文本属性：根据光标的位置移除文本属性标记（属性代码由"＜＞"括起）。

• 选择下一个符号：从光标位置，选择下一个符号或由"＜＞"括起的属性。文本窗口将根据需要进行滚动，以便显示选定的文本符号。

② 格式设置

• 字体 chinesef_fs：选择字体类型，该下拉列表列出 UGII _ CHARACTER _ FONT _ DIR 环境变量指定字体目录中的所有字体。

• 字符比例因子 1：设置字符大小比例因子。

• 粗体 **B**：插入粗体文本的控制字符。

• 斜体 *I*：插入斜体/倾斜文本的控制字符。

• 下划线 U：插入下划线文本的控制字符。

• 上划线 O：插入上划线文本的控制字符。

• 上标 X^2：插入上标文本的控制字符。

• 下标 X_2：插入下标文本的控制字符。

③ 符号子区域　用于选择不同的符号类型。当在【类别】下拉列表中选择类型后，会显示相应的符号按钮和选项，单击该符号按钮会插入相应的符号代码。

• 制图：插入制图符号等，如图 6-47 所示。用户可随时在文本窗口中插入所需的符号，符号在文本输入窗口中显示为代号形式，在预览窗口中显示实际的符号样式。

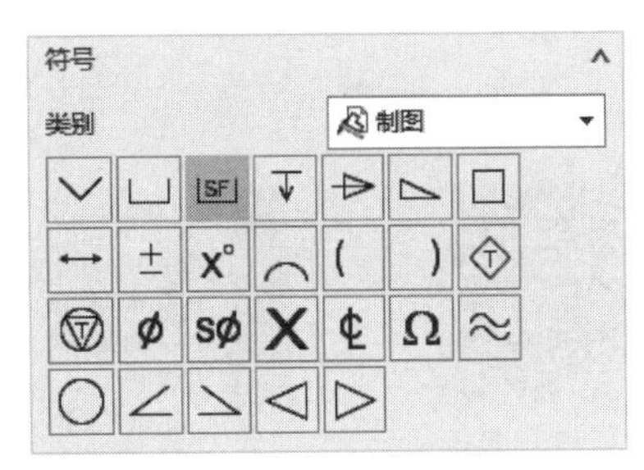

图 6-47　制图符号

• 形位公差：用户能够在文本输入窗口中输入形位公差符号，如图 6-48 所示。

• 分数：输入分数图标，如图 6-49 所示。在【上部文本】和【下部文本】框中输入分子和分母，单击【插入分数】按钮 1/2，相应的注释就会出现在文本输入窗口。

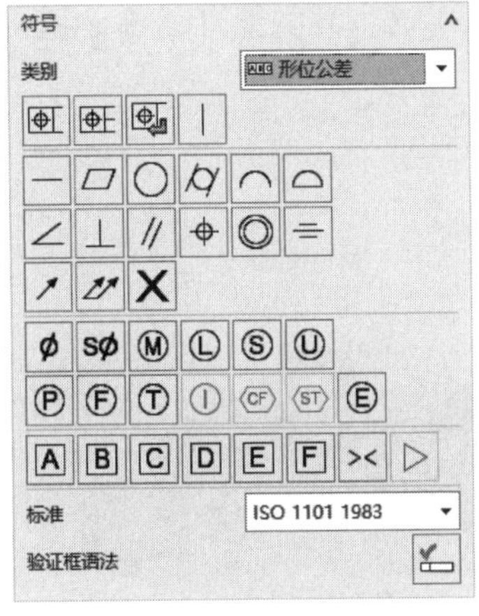

图 6-48　形位公差符号

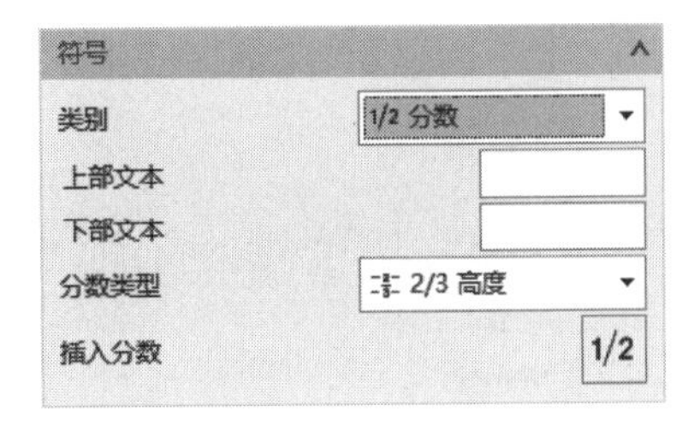

图 6-49　分数符号

（3）设置

【设置】用于设置文本样式以及文本对齐方式等。

• 样式：单击【样式】按钮，弹出【样式】对话框，为当前注释或标签设置文字首选项。

• 竖直文本：选中【竖直文本】复选框时，在编辑窗口中从左到右输入的文本将从上到下显示。在编辑窗口中输入的新行将在之前的列的左边显示为新列。

• 斜体角度：设置斜体文本的倾斜角度。

• 粗体宽度：设置粗体文本的宽度，包括中（正常）、粗两种选项。

• 文本对齐：在编辑标签（文本带有指引线）时，可指定指引线短划线与文本和文本下划线对齐方式。

操作实例——PMI 文本注释实例

操作步骤

Step 01 在功能区中单击【主页】选项卡中【标准】组中的【打开】按钮，在弹出【打开】对话框中选择素材文件“实例\第6章\原始文件\PMI文本注释.prt”，单击【打开】按钮打开模型文件，如图6-50所示。

扫码看视频

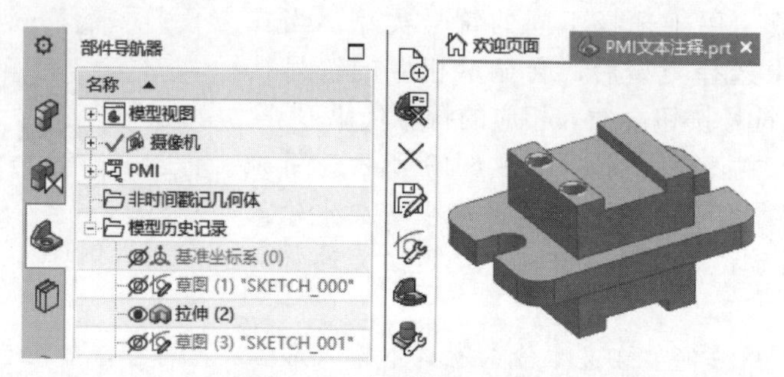

图 6-50 打开模型文件

Step 02 单击【PMI】选项卡上的【注释】组中的【注释】按钮，或选择下拉菜单【插入】|【PMI】|【注释】命令，弹出【注释】对话框，单击【选择终止对象】按钮，选择如图6-51所示的圆心，再次单击【选择终止对象】按钮，选择如图6-51所示的另一个圆心。

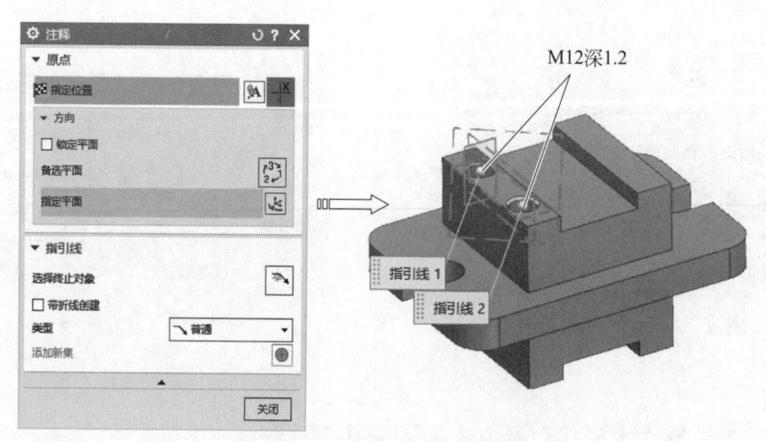

图 6-51 选择终止对象

Step 03　在【文本输入】中输入“M12 深 12”，如图 6-52 所示，然后在恰当位置单击放置文本，单击【关闭】按钮完成文本注释放置操作。

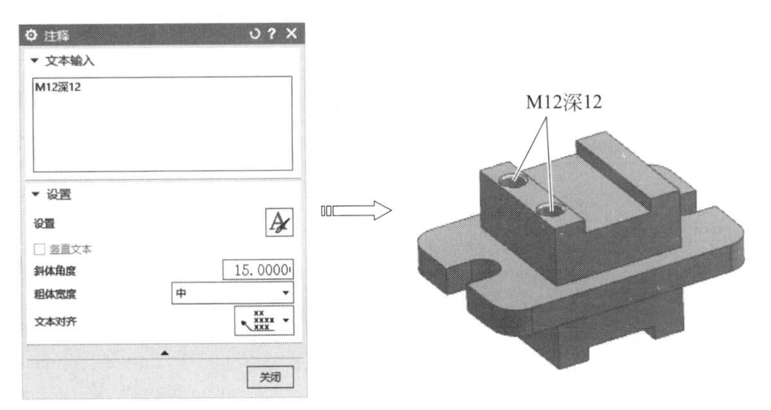

图 6-52　输入文本并放置文本

6.5　基准特征与形位公差

基准特征与形位公差是机械产品中常用的标注方式，本节将介绍相关内容。

6.5.1　基准特征

基准特征符号用加粗的短划线表示，由基准符号、方框、连线和字母组成。

单击【PMI】选项卡上的【注释】组中的【基准特征符号】按钮，或选择下拉菜单【插入】|【PMI】|【基准特征符号】命令，弹出【基准特征符号】对话框，如图 6-53 所示。

图 6-53　【基准特征符号】对话框

【基准特征符号】对话框中相关选项参数如下。

(1）原点

用于设置标注原点选项。

(2）指引线

用于为指引线选择引出对象并设置指引线样式。

(3）基准标识符

用于指定分配给基准特征符号的字母。

(4）设置

单击【设置】按钮，弹出【设置】对话框，用于指定基准显示实例的样式的选项。

6.5.2　形位公差

零件在加工后形成的各种误差是客观存在的，除了尺寸误差外，还存在着形状误差和位置误差。

单击【PMI】选项卡上的【注释】组中的【特征控制框】按钮，或选择下拉菜单【插入】|【PMI】|【特征控制框】命令，弹出【特征控制框】对话框，如图 6-54 所示。

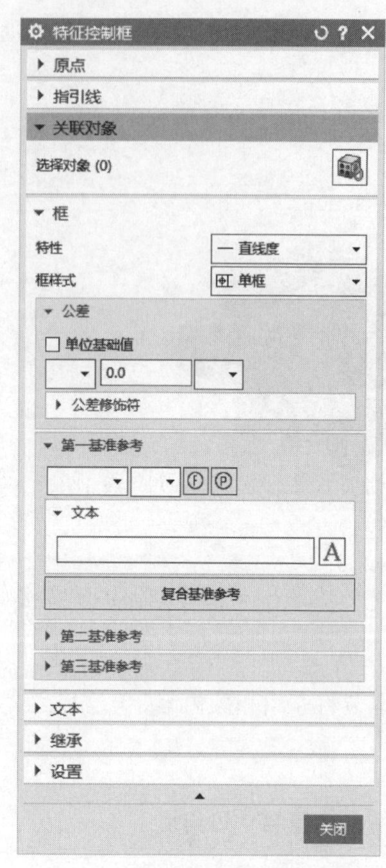

图 6-54 【特征控制框】对话框

【特征控制框】对话框中相关选项参数含义如下。

(1) 原点

用于设置标注原点选项。

(2) 指引线

用于为指引线选择引出对象并设置指引线样式。

(3) 框

① 特性　用于选择形位公差类型，系统默认为直线度。

② 框样式　用于选择框样式，包括单框和复合框选项。

- 单框：标注一个形位公差，或者当一个元素上标注多个形位公差时，应选择单框类型并多次添加，添加时系统会自动吸附到已经创建的形位公差框上。
- 复合框：如果多行形位公差的特征类型相同，只是公差值或基准不同，可采用复合框。

③ 公差

- ø▼：指定公差值前缀符号，包括直径、球形或正方形符号。
- .1：输入公差值。
- Ⓛ▼：指定公差后缀符号，包括最小实体状态符号、最大实体状态符号和不考虑特征大小符号。
- 公差修饰符：定义公差值的修饰符号。

④ 基准参考　用于指定主基准参考字母、第二基准参考字母或第三基准参考字母。

操作实例——PMI 基准特征与形位公差实例

操作步骤

Step 01　在功能区中单击【主页】选项卡中【标准】组中的【打开】按钮，在弹出【打开】对话框中选择素材文件“实例\第 6 章\原始文件\PMI 基准与形位公差 .prt”，单击【打开】按钮打开模型文件，如图 6-55 所示。

扫码看视频

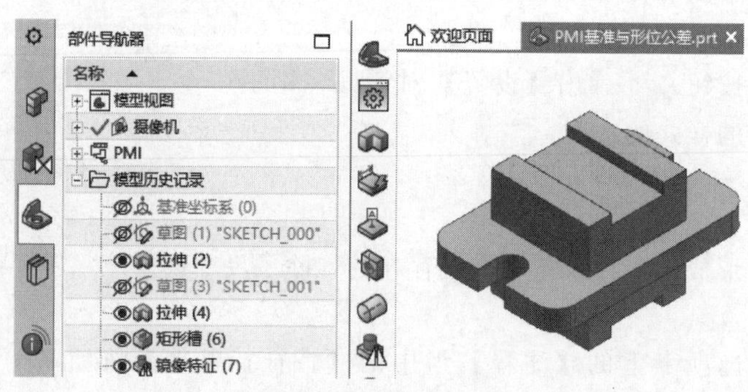

图 6-55　打开模型文件

Step 02 单击【PMI】选项卡上的【注释】组中的【基准特征符号】按钮，或选择下拉菜单【插入】|【注释】|【基准特征符号】命令，弹出【基准特征符号】对话框，如图 6-56 所示。

Step 03 确定对话框中的【指定位置】选项激活，选择如图 6-57 所示的面和指定平面，按住鼠标左键并拖动到放置位置，单击放置基准符号，单击【关闭】按钮完成基准特征放置操作，如图 6-57 所示。

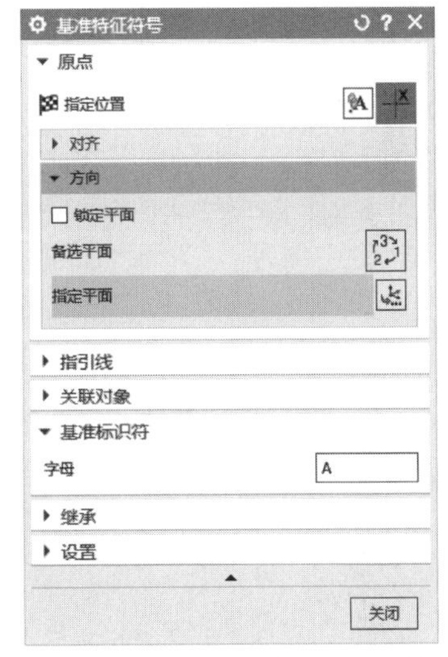

图 6-56 【基准特征符号】对话框

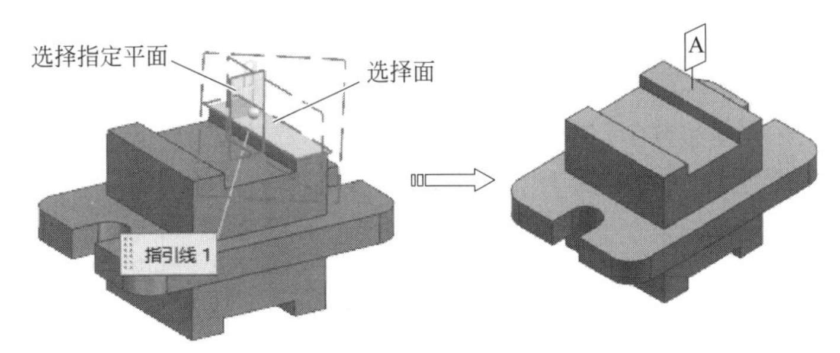

图 6-57 放置基准符号

Step 04 单击【PMI】选项卡上的【注释】组中的【特征控制框】按钮，或选择下拉菜单【插入】|【PMI】|【特征控制框】命令，弹出【特征控制框】对话框，选择如图 6-58 所示的平面为指定平面，设置【特性】为“平行度”、【框样式】为“单框”、【公差】为 0.04、【第一基准参考】为 A，如图 6-58 所示。

Step 05 单击的【指定位置】选项激活，移动鼠标指针到尺寸箭头，按住鼠标左键并拖动，如图 6-59 所示。

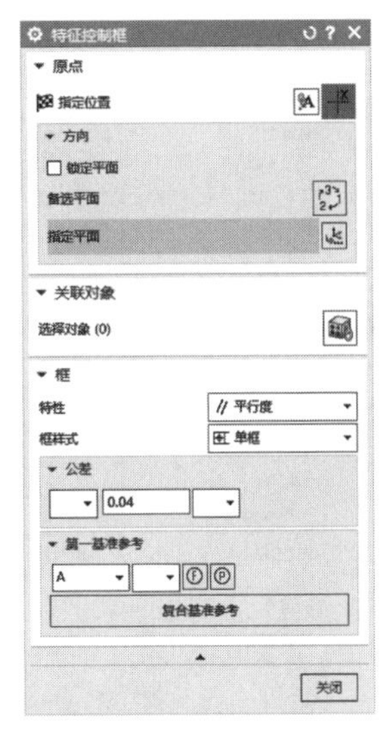

图 6-58 【特征控制框】对话框

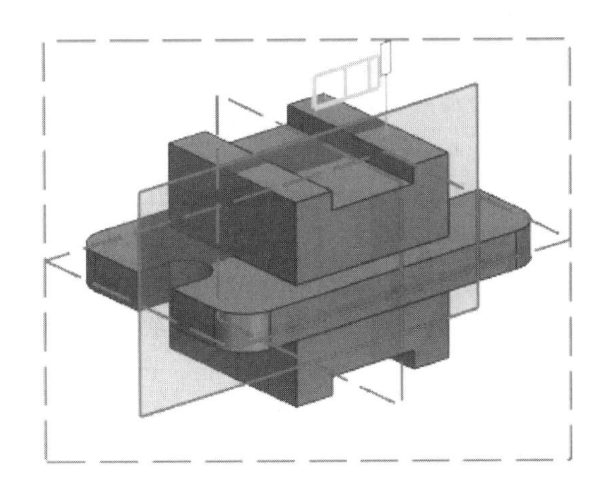

图 6-59 选择尺寸箭头

Step 06　在【指引线】组框中的【短划线长度】框中输入 15，拖动到放置位置，单击放置形位公差，单击【关闭】按钮完成形位公差创建，如图 6-60 所示。

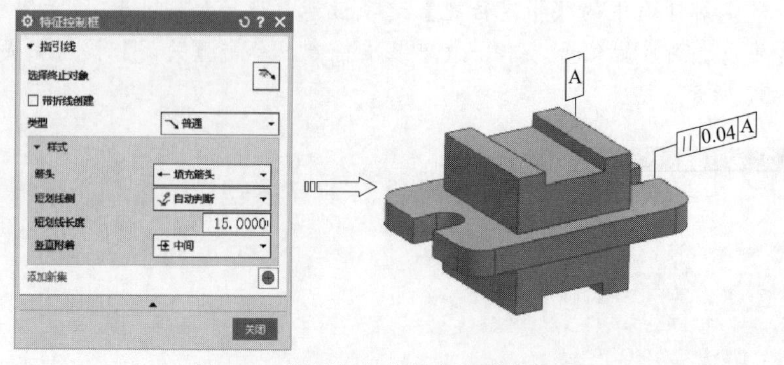

图 6-60　设置短划线长度和形位公差

Step 07　单击【PMI】选项卡上的【注释】组中的【特征控制框】按钮，或选择下拉菜单【插入】|【PMI】|【特征控制框】命令，弹出【特征控制框】对话框，设置【特性】为“平面度”、【框样式】为“单框”、【公差】为 0.04，拖动形位公差到已有的形位公差，使其相互重合，单击鼠标左键放置公差，如图 6-61 所示。

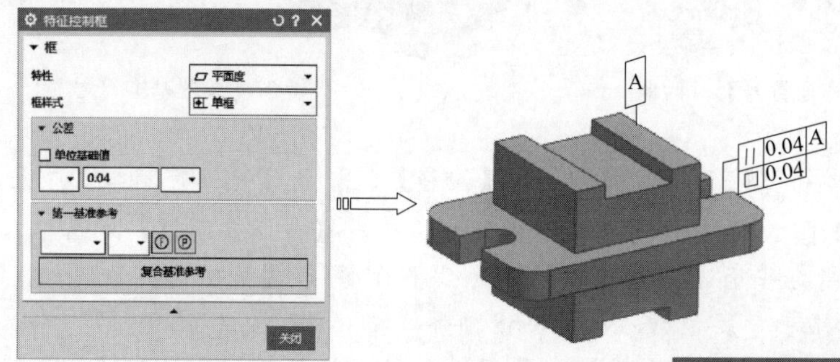

图 6-61　标注形位公差

6.6　表面粗糙度

零件表面粗糙度对零件的使用性能和使用寿命影响很大。因此，在保证零件的尺寸、形状和位置精度的同时，不能忽视表面粗糙度的影响。

单击【PMI】选项卡上的【注释】组中的【表面粗糙度】按钮，或选择下拉菜单【插入】|【PMI】|【表面粗糙度】命令，弹出【表面粗糙度】对话框，如图 6-62 所示。

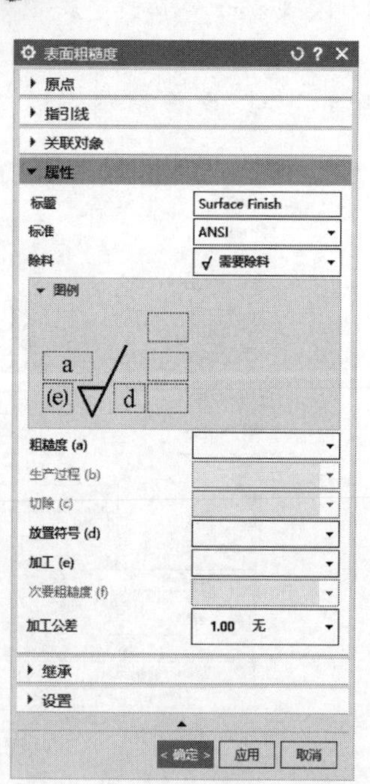

图 6-62　【表面粗糙度】对话框

【表面粗糙度】对话框中【属性】选项参数含义如下。

(1) 标题

用于设置表面粗糙度符号的名称。

(2) 标准

用于指定一个制图标准，常用制图标准包括 ANSI、ISO、GB 等标准。

(3) 除料

用于指定符号类型，包括“开放”“开放，修饰符”“修饰符，全圆符号”“需要除料”“修饰符，需要除料”“禁止除料”。

(4) 图例

用于显示表面粗糙度符号参数的图例。显示的参数以及符号周围的参数布置取决于部件关联的制图标准和除料设置。

操作实例——PMI 表面粗糙度实例

操作步骤

Step 01 在功能区中单击【主页】选项卡中【标准】组中的【打开】按钮，在弹出【打开】对话框中选择素材文件“实例 \ 第 6 章 \ 原始文件 \ PMI 表面粗糙度 .prt”，单击【打开】按钮打开模型文件，如图 6-63 所示。

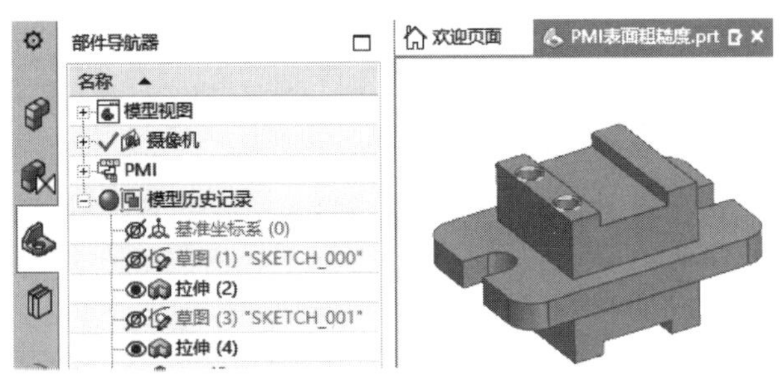

扫码看视频

图 6-63 打开模型文件

Step 02 单击【PMI】选项卡上的【注释】组中的【表面粗糙度】按钮，弹出【表面粗糙度】对话框，设置【指引线】的【类型】为“标识”、【除料】为“修饰符，需要除料”，如图 6-64 所示。

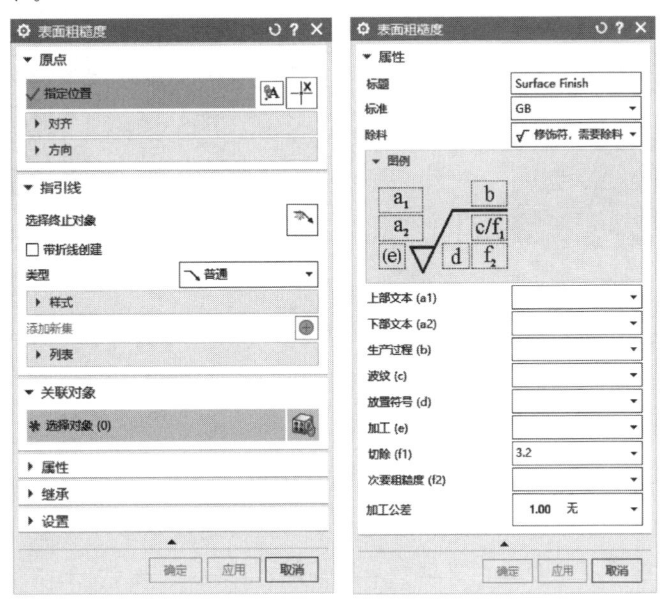

图 6-64 【表面粗糙度】对话框

Step 03 单击【选择终止对象】按钮，选择如图 6-65 所示的边线，单击【原点】选项中【指定位置】按钮，选择合适位置放置粗糙度符号，单击【确定】按钮完成表面粗糙度符号创建，如图 6-65 所示。

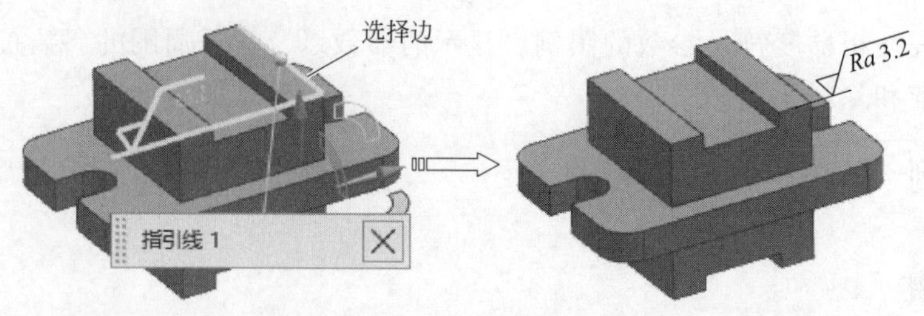

图 6-65 创建表面粗糙度符号

6.7 上机习题

习题 6-1

使用 PMI 产品与制造信息等指令建立如图习题 6-1 所示的模型。

习题 6-2

使用 PMI 产品与制造信息等指令建立如图习题 6-2 所示的模型。

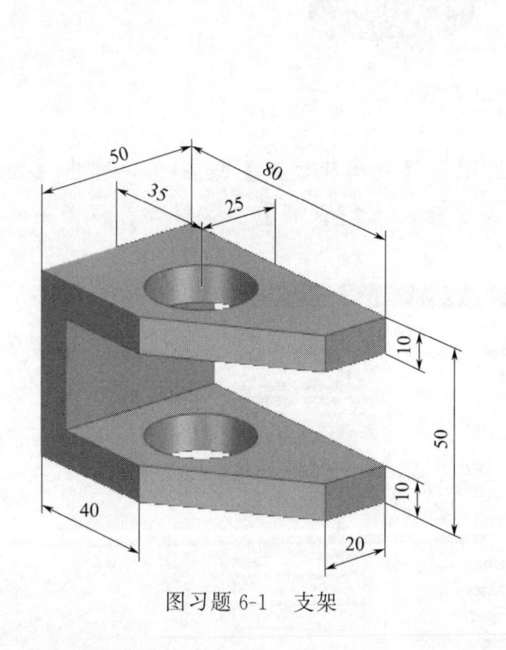

图习题 6-1 支架

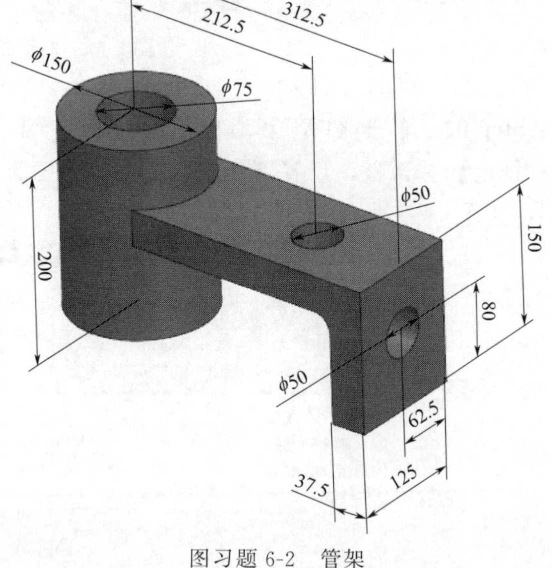

图习题 6-2 管架

本章小结

本章介绍了产品与制造信息相关知识，主要内容有 PMI 首选项、标注尺寸、中心标记和中心线、文本注释、基准特征、表面粗糙度等。读者通过本章可熟悉 UG NX PMI 相关命令，希望大家按照讲解方法再进一步进行实例练习。

第7章 UG NX曲线设计

为了建立好曲面，必须建好基本曲线模型。线框是曲面的基础，所建立的曲线可以用来作为创建曲面或实体的引导线或参考线。

希望通过本章曲线学习，读者可轻松掌握 UG NX 曲线创建的基本功能和应用。

本章内容

- 曲线设计概述
- 创建曲线
- 曲线编辑
- 曲线操作

7.1 UG NX 曲线设计概述

使用 UG NX 软件进行产品设计时，对于形状比较规则的零件，利用实体特征的造型方法快捷方便，基本能满足造型的需要。但对于形状复杂的零件，实体特征的造型方法显得力不从心，难于胜任，就需要实体和曲面混合设计才能完成。UG NX 曲面造型方法繁多、功能强大、使用方便，提供了强大的弹性化设计方式，成为三维造型技术的重要组成。

7.1.1 曲线设计用户界面

在建模模块中单击【曲线】选项卡，进入曲线设计用户界面，如图 7-1 所示。

7.1.2 曲线设计命令

7.1.2.1 菜单命令

利用【曲线】选项卡或相关菜单命令，UG NX 创建的曲线可以分为两类：一类是基本曲线，包括点、直线和圆弧；另一类是复杂曲线，包括矩形、多边形、椭圆、抛物线、螺旋线、艺术样条等。曲线命令主要集中在菜单【插入】|【曲线】/【派生曲线】下，如图 7-2 所示。

7.1.2.2 功能区命令

曲线设计相关命令集中在功能区【曲线】选项卡中，如图 7-3 所示。

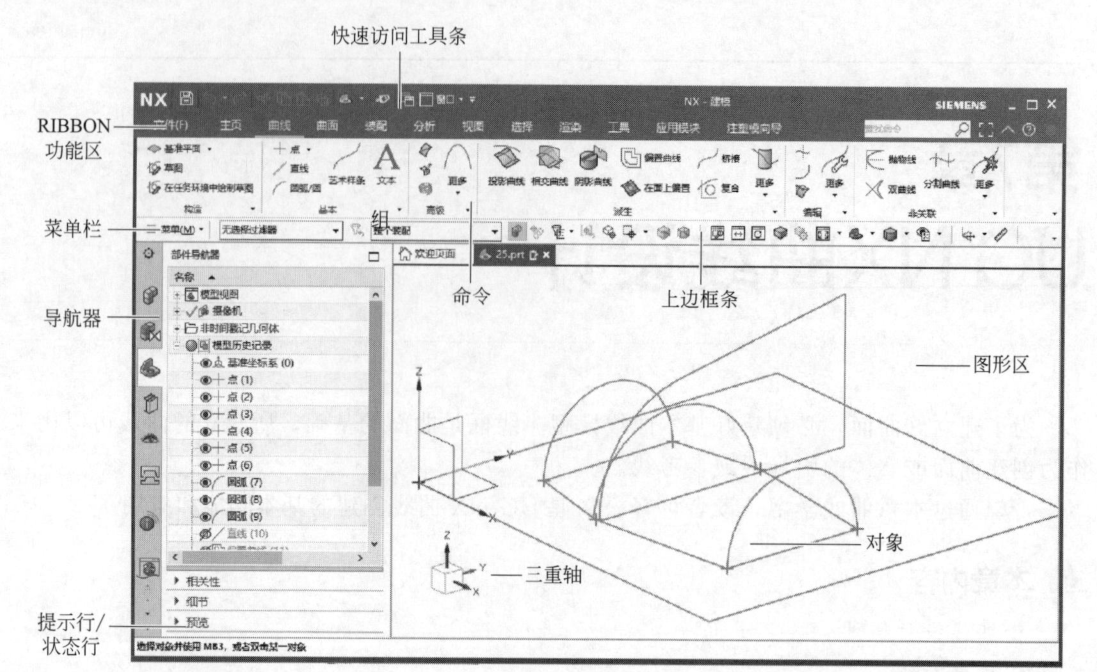

图 7-1　曲线设计用户界面

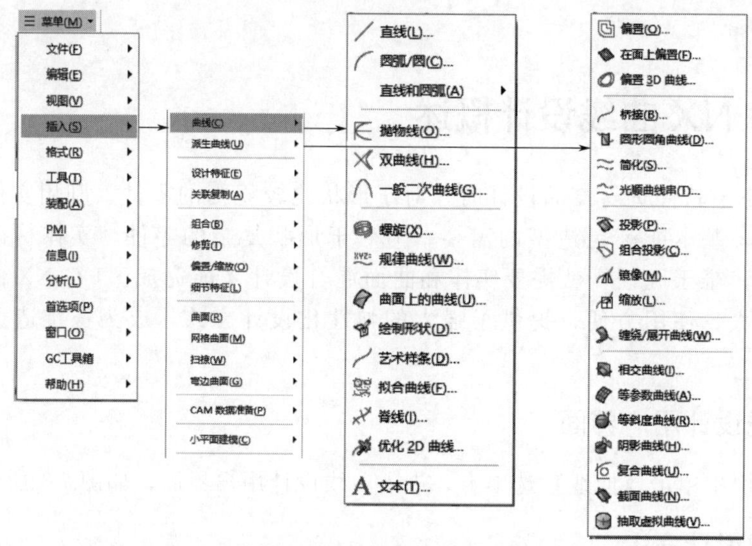
图 7-2　曲线命令

图 7-3 【曲线】选项卡

7.2　曲线创建

为了建立好曲面，必须适当建好基本曲线模型。线框是曲面的基础，所建立的曲线可以用来作为创建曲面或实体的引导线或参考线。

7.2.1 创建点

点是构成线框的基础。在功能区中单击【曲线】选项卡中【基本】组中的【点】按钮，或选择下拉菜单【插入】|【基准/点】|【点】命令，弹出【点】对话框，如图 7-4 所示。

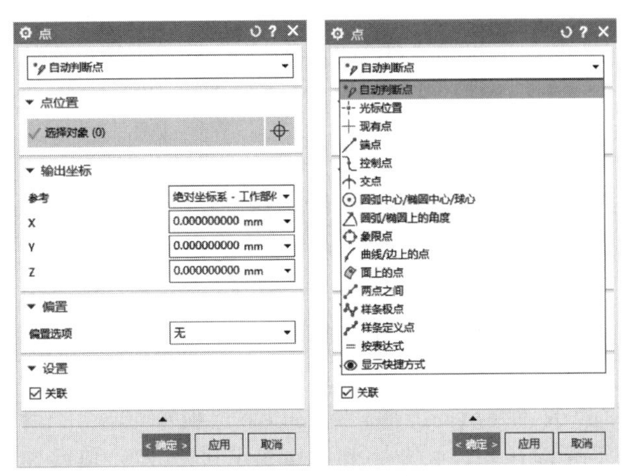

图 7-4 【点】对话框

利用【点构造器】每次生成一个点，并且作为一个独立的几何对象，在图形区以“+”标识。在【类型】下拉列表中显示点创建方法，包括端点、交点、圆弧中心点、象限点等，如表 7-1 所示。

表 7-1 点类型

类型	说明
自动判断点	根据鼠标所指的位置自动推测各种离光标最近的点。可用于选取光标位置、存在点、端点、控制点、圆弧/椭圆弧中心等，包括所有点的选择方式
光标位置	通过定位十字光标，在屏幕上任意位置创建一个点
现有点	在某个存在点上创建一个新点，或通过选择某个存在点指定一个新点的位置
端点	在存在的直线、圆弧、二次曲线及其他曲线的端点上指定新点的位置
控制点	在几何对象的控制点上创建一个点
交点	在两段曲线的交点上或一曲线和一曲面或一平面的交点上创建一个点
圆弧中心/椭圆中心/球心	在选取圆弧、椭圆、球的中心创建一个点
圆弧/椭圆上的角度	在与坐标轴 XC 正向成一定角度(沿逆时针方向测量)的圆弧、椭圆弧上创建一个点
象限点	在圆弧或椭圆弧的四分点处指定一个新点的位置
曲线/边上的点	通过设置“U 参数”值在曲线或者边上指定新点的位置
面上的点	通过设置“U 参数”和“V 参数”值在曲面上指定新点的位置
两点之间	选择两点，在两点的中点创建新点

7.2.2 创建直线

在 UG NX 中使用直线功能可创建关联曲线特征，所创建的直线取决于用户选择设置的约束类型。

在功能区中单击【曲线】选项卡中【基本】组中的【直线】命令，或选择菜单【插

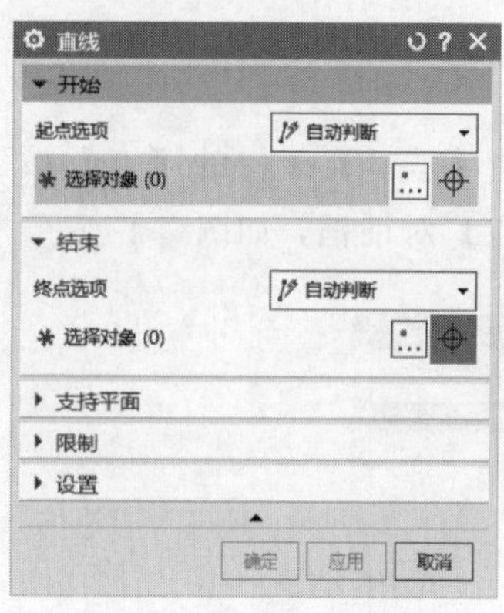

图 7-5 【直线】对话框

入】|【曲线】|【直线】命令，弹出【直线】对话框，如图 7-5 所示。

【直线】对话框中相关选项参数含义如下。

（1）开始

用于设置直线的起点。在“起点选项”下拉列表中用户可以选择以下 3 种方式指定起点：

- 自动判断：根据用户选择的对象，自动判断将要使用的最好约束类型。单击【点对话框】按钮，弹出点构造器创建和选择点作为直线的起点。
- 点：使用【捕捉点】选项选择起点或者终点，如果鼠标单击的地方没有现存点，系统将使用光标所在的位置作为直线的起点。
- 相切：通过选择圆、圆弧或曲线确定直线与其相切位置作为直线的起点。

（2）结束

用于设置直线的终点或者终点的方向，包括以下选项：

- 自动判断：用于选择对象，以使用捕捉点及点构造器选项（如果需要）来定义直线的终点（如曲线、边或点）。软件会根据选择的对象自动选择起点和终点选项。
- 点：使用【捕捉点】选项选择点作为终点，如果鼠标单击的地方没有现存点，系统将使用光标所在的位置作为直线的终点。
- 相切：通过选择圆、圆弧或曲线确定直线与其相切位置作为直线的终点方向，显示球形相切手柄，并带有相切 1 或相切 2 标签。
- 成一角度：通过与所选直线成指定角度来确定直线的终点方向，0°为平行，90°为垂直。
- 沿 XC，沿 YC，沿 ZC：通过 XC 或 YC 或 ZC 方向和长度值确定直线。

（3）支持平面

用于定义创建直线所在的平面。

（4）限制

【限制】组中的【起点限制】和【终止限制】选项中指定限制直线开始与结束位置的点、对象或距离值，包括以下选项：

- 值：指定数值对直线的起点和终点限制进行定义。
- 在点上：选择参考点作为直线的起点或终点。
- 直至选定的对象：通过选定的曲线、面、边、基准或体来定义直线的端点。

（5）设置

- 延伸至视图边界：将创建的任何直线延伸到视图边界的限制处。
- 备选解：当存在多个可能的解来创建直线时，在备选解之间进行切换。
- 关联：使直线成为关联特征。

操作实例——创建直线实例

操作步骤

Step 01 在功能区中单击【主页】选项卡中【标准】组中的【打开】按钮，在弹出【打开】对话框中选择素材文件“实例\第 7 章\原始文件\直线 .prt”，单击【打开】按钮打开模型文件，如图 7-6 所示。

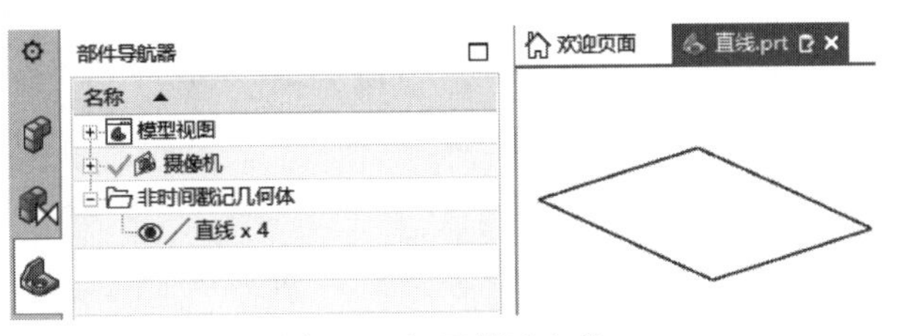

扫码看视频

图 7-6 打开模型文件

Step 02 在功能区中单击【曲线】选项卡中【基本】组中的【直线】命令，或选择菜单【插入】|【曲线】|【直线】命令，弹出【直线】对话框，在图形区选择如图 7-7 所示的端点作为直线的起点。

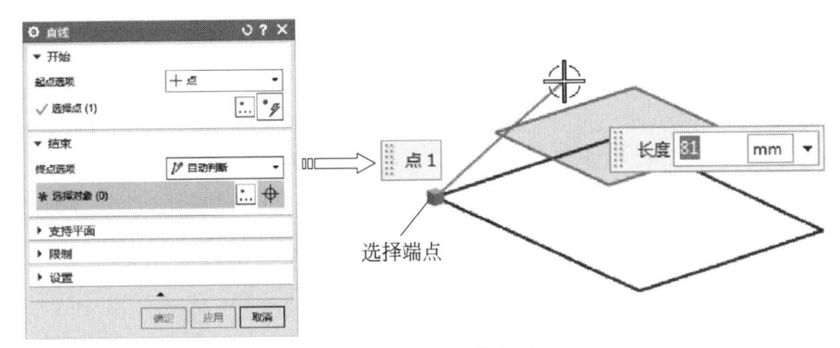

图 7-7 选择直线起点

Step 03 在【结束】组框中单击【点】按钮，单击【点对话框】按钮，弹出【点】对话框，输入坐标（0,0,100）作为终点，依次单击【确定】按钮完成直线创建，如图 7-8 所示。

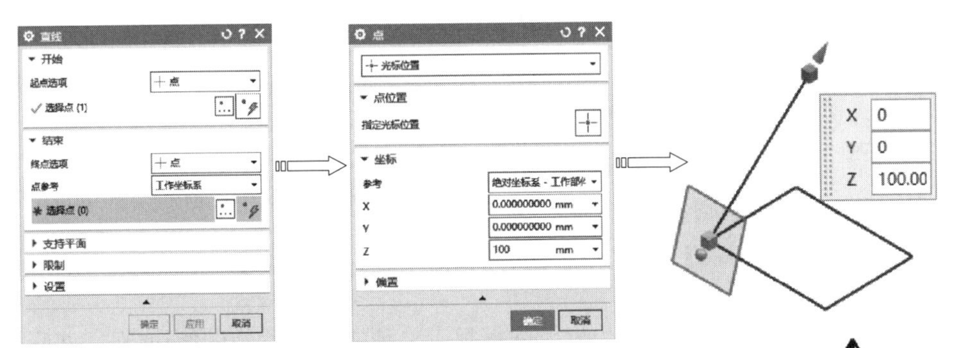

图 7-8 选择终点创建直线

Step 04 重复上述过程，选择点到点创建其余 3 条直线，如图 7-9 所示。

图 7-9 创建后图形

7.2.3 创建圆弧/圆

圆弧/圆命令用于创建有参数的圆弧或圆，可在【部件导航器】中显示出来。

在功能区中单击【曲线】选项卡中【基本】组中的【圆弧/

圆】按钮，或选择菜单【插入】|【曲线】|【圆弧/圆】命令，弹出【圆弧/圆】对话框，如图 7-10 所示。

利用该对话框中【类型】选项组中的“三点画圆弧”或者“从中心开始的圆弧/圆”2 种方式来创建圆弧/圆。

7.2.3.1 三点画圆弧

【三点画圆弧】是指通过定义圆弧的起点、终点以及圆弧上的任意一点来创建圆弧，如图 7-11 所示。

(1) 中点（中间点）

在圆弧或圆的类型设置为“三点画圆弧”时，对话框中显示用于指定中点的约束，【中点】选项包括以下类型：

- 点：选择一点作为圆弧上的点。
- 相切：选择与一条曲线相切作为约束创建圆弧。
- 半径：创建通过两点和半径的圆弧。
- 直径：创建通过两点和直径的圆弧。

图 7-10 【圆弧/圆】对话框

(2) 限制

用于指定圆弧或圆的起点和终点。可以通过在对话框中输入起始限制值、拖动限制手柄，或是在屏显输入框中键入值来限制圆弧或圆的起点和终点。

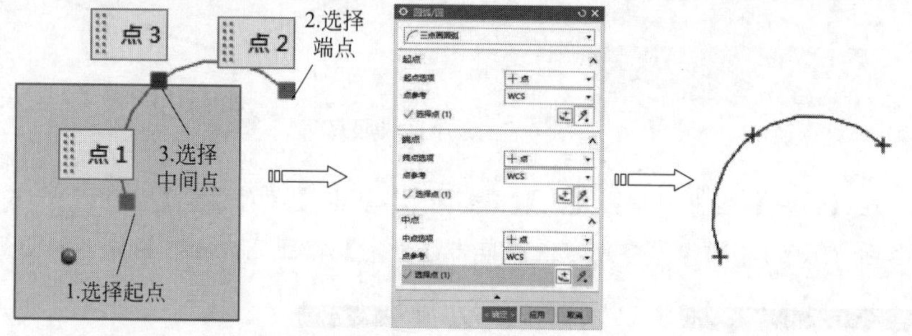

图 7-11 三点画圆弧

- 整圆：选中【整圆】复选框，可创建整个圆弧。
- 补弧：用于创建当前显示圆弧相互补的圆弧。

7.2.3.2 从中心开始的圆弧/圆

【从中心开始的圆弧/圆】是指通过定义圆弧的中心、起点创建圆弧/圆。

(1) 中心点

用于为圆弧中心选择一个点或位置。除捕捉点选项之外，还可以使用 XC、YC、ZC 屏显输入框来指定圆弧中心的坐标，如图 7-12 所示。

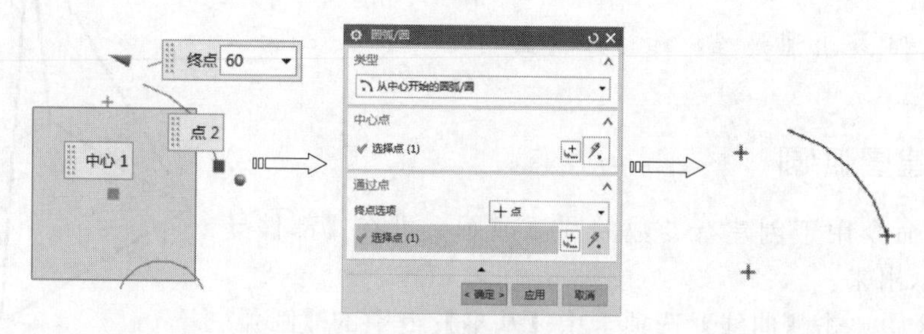

图 7-12 从中心开始的圆弧/圆

（2）通过点

【终点选项】用于将圆弧或圆起始角的点指定为约束，如图 7-13 所示。

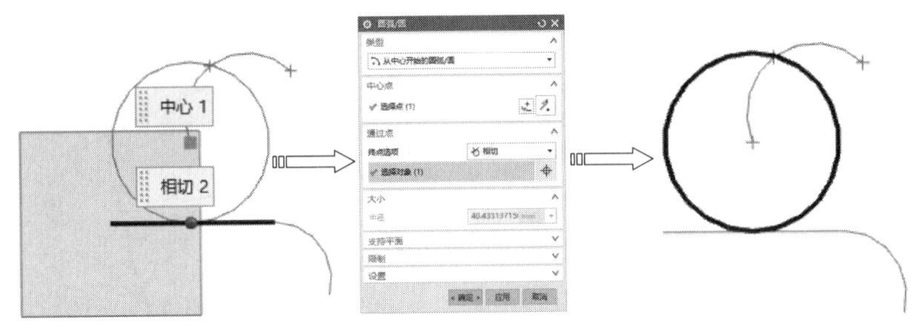

图 7-13　通过点

操作实例——创建圆弧/圆实例

操作步骤

Step 01　在功能区中单击【主页】选项卡中【标准】组中的【打开】按钮，在弹出【打开】对话框中选择素材文件“实例 \ 第 7 章 \ 原始文件 \ 圆弧 .prt”，单击【打开】按钮打开模型文件，如图 7-14 所示。

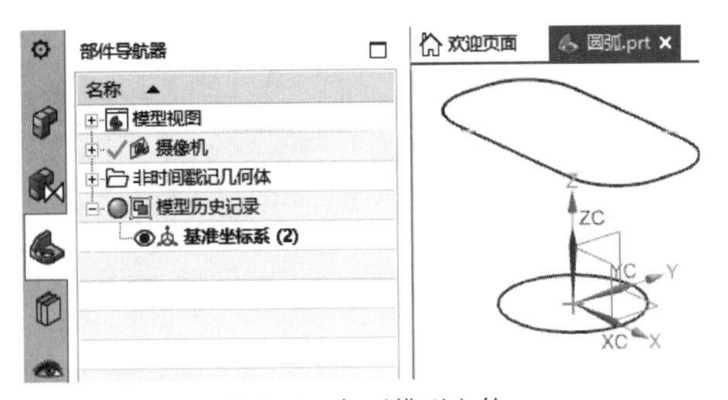

扫码看视频

图 7-14　打开模型文件

Step 02　在功能区中单击【曲线】选项卡中【基本】组中的【圆弧/圆】按钮，或选择菜单【插入】|【曲线】|【圆弧/圆】命令，弹出【圆弧/圆】对话框，选择圆的象限点作为起点，直线中点作为终点，在【半径】文本框中输入“200”，如图 7-15 所示。

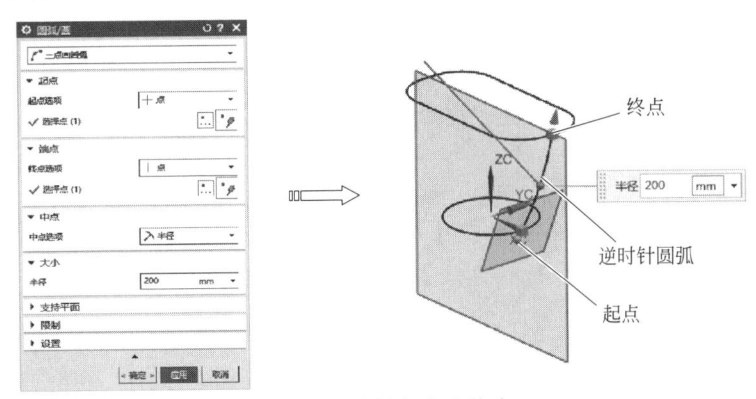

图 7-15　选择起点和终点

Step 03 在【支持平面】组框中【平面选项】下选择“选择平面”，选择 Y 平面（XC-ZC 平面），单击【确定】按钮创建圆弧，如图 7-16 所示。

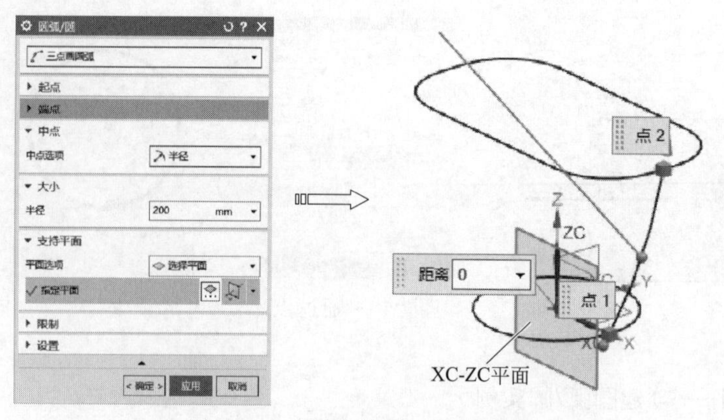

图 7-16 选择支持平面创建圆弧

Step 04 同理，选择直线中点作为起点、圆的象限点作为终点，在【半径】文本框中输入“200”，【支持平面】为“XC-ZC 平面”，创建另一个圆弧如图 7-17 所示。

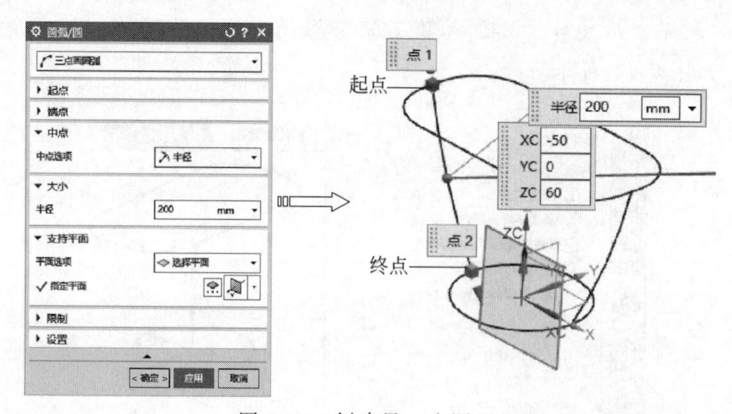

图 7-17 创建另一个圆弧

7.2.4 创建基本曲线

基本曲线是最常用的曲线创建方法，但基本曲线没有变量表达式，所以修改具有一定的局限性。

> **技术要点**
>
> 基本曲线创建的曲线是无参数的，不在导航器中显示，不便于修改。

在功能区中单击【曲线】选项卡中【基本】组中的【基本曲线】按钮，弹出【基本直线】对话框，如图 7-18 所示。

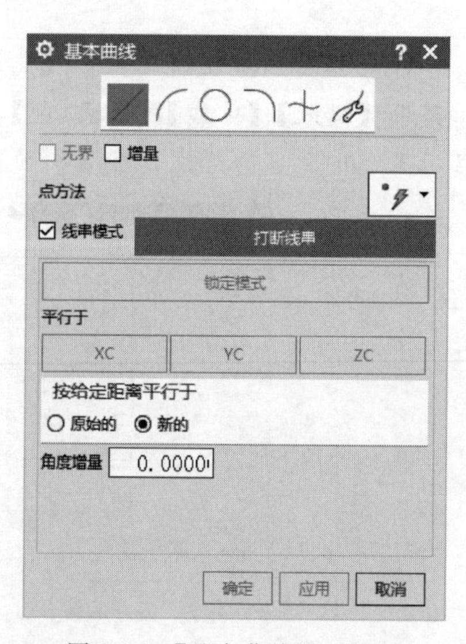

图 7-18 【基本曲线】对话框

7.2.4.1 创建直线

创建直线的方法很多，不同的方法对应的操作步骤会有所不同。下面介绍几种常用的直线创建方法。

(1) 两点创建直线

在绘图窗口任意一点单击鼠标左键，将该点设置为直线的起点，然后在新的位置单击鼠标确定直线的终点，如图 7-19 所示。

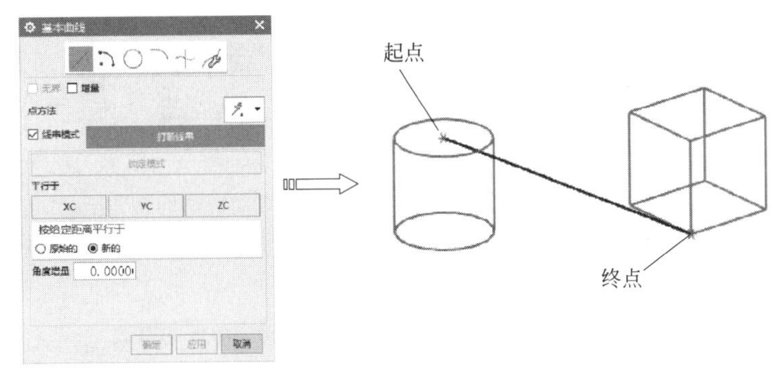

图 7-19　两点创建直线

(2) 通过一个点并且保持水平或竖直的直线

在【角度增量】文本框中输入“90”，按回车确定后，可以创建水平线和垂直线，如图 7-20 所示。

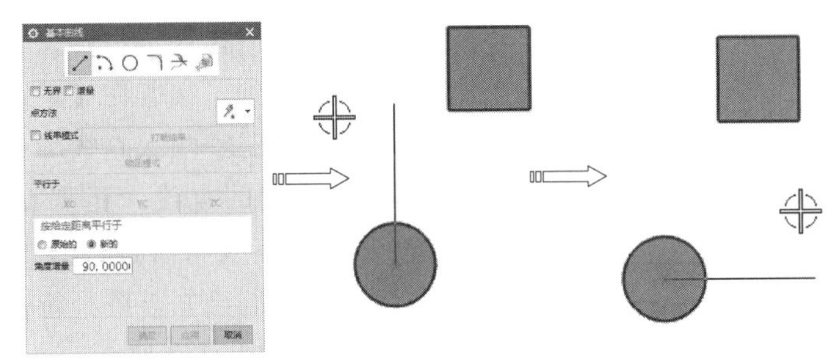

图 7-20　通过一个点并且保持水平或竖直的直线

(3) 通过一个点并平行于 XC、YC 或 ZC 轴的直线

利用【点方法】捕捉点或在【跟踪条】对话框中的 XC、YC、ZC 文本框设定直线的起点，然后单击【基本曲线】对话框中【平行于】选项组中平行于坐标轴按钮，最后在【跟踪条】对话框的【长度】文本框中输入直线的长度，按回车键，即可创建一条平行于指定坐标轴的直线，如图 7-21 所示。

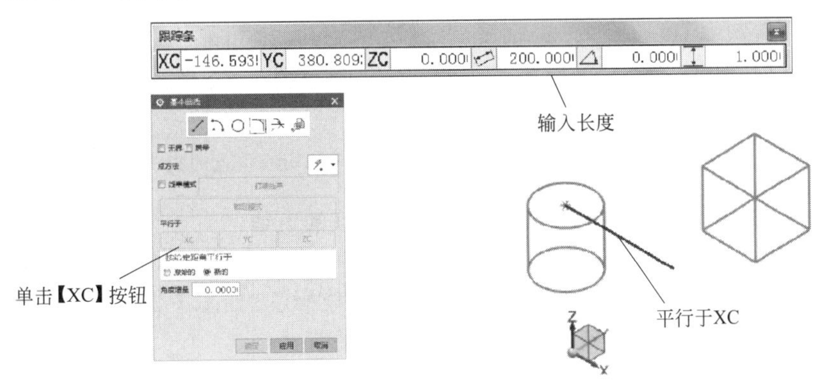

图 7-21　创建平行于 XC 轴直线

(4) 通过一个点并与 XC 轴成一角度的直线

利用【点方法】捕捉点或在【跟踪条】对话框中的 XC、YC、ZC 文本框设定直线的起点，然后在【跟踪条】对话框中的【长度】文本框和【角度】文本框中输入直线的长度和角度（需要注意的是角度是从 XC 轴沿逆时针方向测量的），最后按回车键，即可创建与 XC 轴成指定角度的直线，如图 7-22 所示。

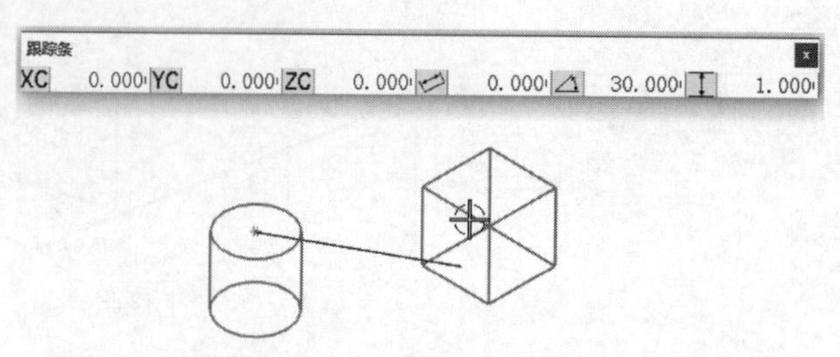

图 7-22　创建通过一个点并与 XC 轴成一角度的直线

(5) 通过点并与已有直线平行、垂直或成一角度的直线

利用【点方法】捕捉点或在【跟踪条】对话框中的 XC、YC、ZC 文本框设定直线的起点，然后选择一条与新建直线平行、垂直或成一定角度的已知直线（注意选择时不要选取直线上的控制点），移动鼠标指针，系统会在状态栏中交替显示参考直线的平行线、垂直线或与之夹一定角度的方向线；接着在【跟踪条】对话框中的【长度】文本框输入直线的长度，如果建立的是成一定角度的直线，还需在【角度】文本框输入新建直线与所选直线的角度值，按回车键，即可创建与已知直线平行、垂直或成一定角度的直线，如图 7-23 所示。

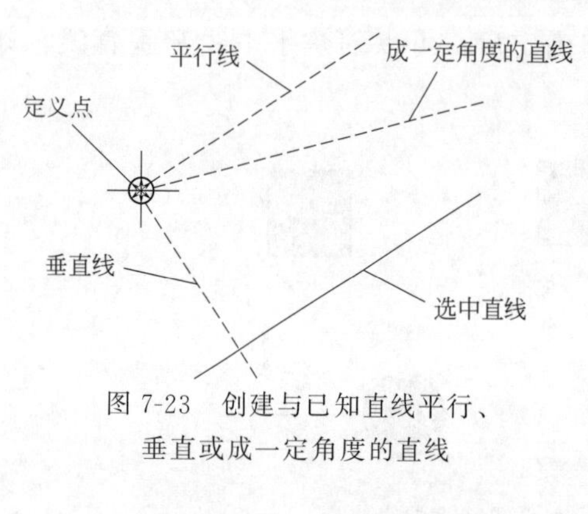

图 7-23　创建与已知直线平行、垂直或成一定角度的直线

(6) 通过点并与一条曲线相切或垂直的直线

利用【点方法】捕捉点或在【跟踪条】对话框中的 XC、YC、ZC 文本框设定直线的起点，然后在圆弧上移动鼠标，此时系统状态栏上会提示相切或垂直，移动鼠标到正确的切点（垂点）方位后单击鼠标，即可创建圆弧的切线或法线，如图 7-24 所示。

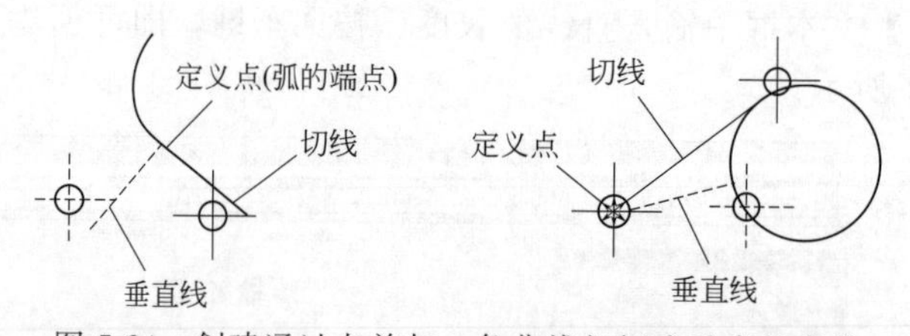

图 7-24　创建通过点并与一条曲线相切或垂直的直线

(7) 与一条曲线相切并与另一条曲线相切或垂直的直线

选择第一条曲线，直线将以橡皮筋方式拖动，并与选定曲线相切，然后在第二条曲线上移动光标，当显示所需直线时，单击鼠标选择第二条曲线，如图 7-25 所示。

(8) 与一条曲线相切并平行或垂直于一条直线的直线

选择欲与之相切的第一条曲线，图形区出现与所选曲线相切的一条橡皮筋，然后移动鼠标指针到与之相切或垂直的第二条曲线，系统状态栏中会提示当前状态是“相切”还是“垂直”，在合适位置上单击鼠标左键选择第二条曲线，即可建立与圆弧相切或垂直的直线，如图 7-26 所示。

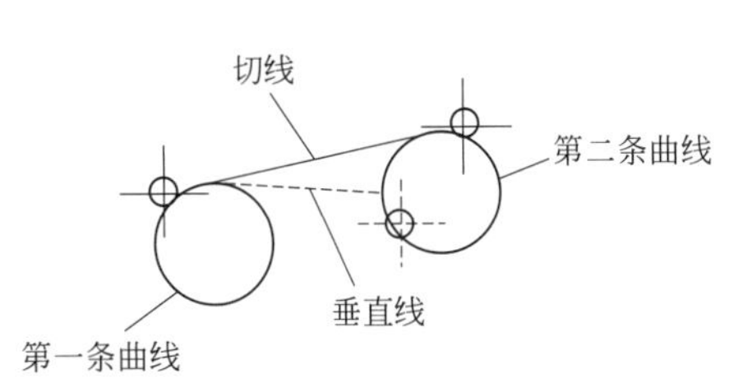

图 7-25　创建与一条曲线相切并与另一条曲线相切或垂直的直线

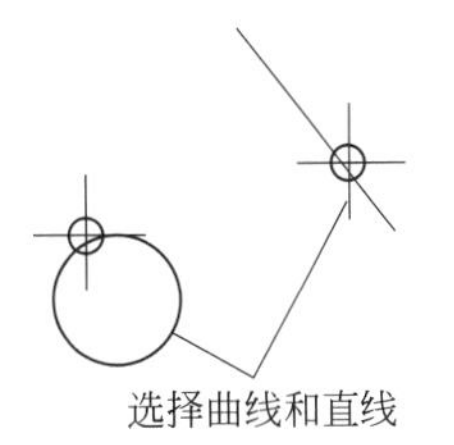

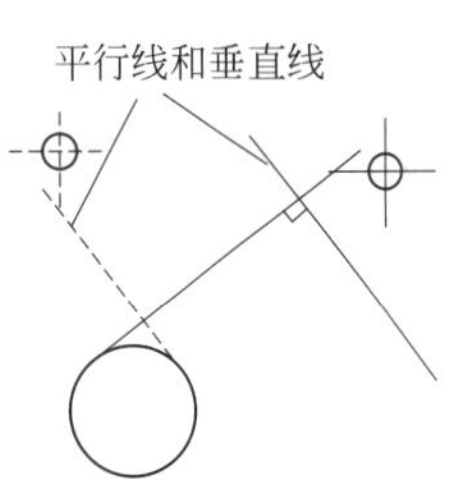

图 7-26　创建与一条曲线相切并与另一条曲线相切或垂直的直线

(9) 两条直线的角平分线

依次选择两条直线，所选直线并不一定在图形区实际相交，系统自动以这两条直线的理论交点作为新建直线的起点，然后移动鼠标到两条直线四个夹角中的任意一个来设定直线的方向，接着在【跟踪条】对话框中的【长度】文本框输入直线的长度，或者用鼠标直接选一个点作为角平分线的终点，即可建立角平分线，如图 7-27 所示。

(10) 创建两平行直线的中线

选择平行线中的一条直线，新建直线的起点为所选直线距离鼠标所选位置较近的端点在新建直线上的投影，然后选择平行线中的另外一条直线，接着在【跟踪条】对话框中的【长度】文本框输入直线的长度，或者用鼠标指定一个点作为该直线的终点，即可建立两平行直线的中线，如图 7-28 所示。

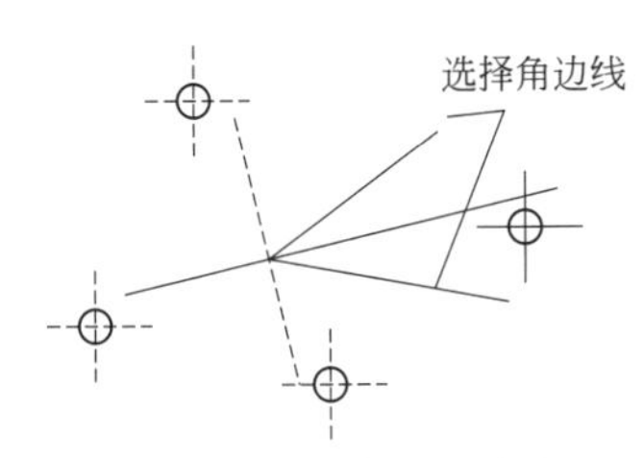

图 7-27　创建角平分线

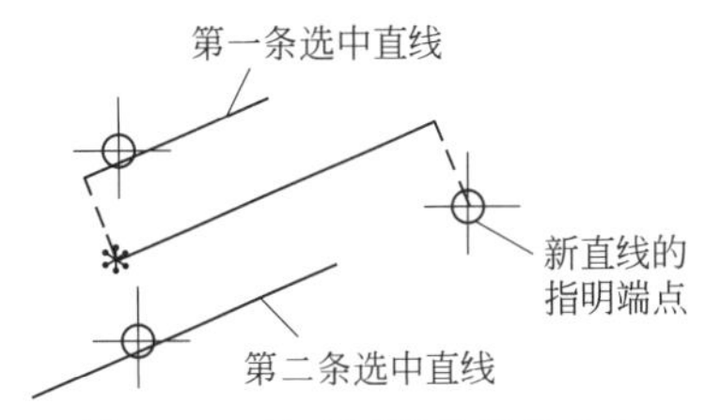

图 7-28　创建两平行线的中线

(11) 通过一点并垂直于一个面的直线

利用【点方法】捕捉点或在【跟踪条】对话框中的 XC、YC、ZC 文本框设定直线的起点，然后在【点方法】中选择“选择面”选项并选择该面，生成的直线会通过该点并垂直于该面，其长度则会限制在与该面的交点处，如图 7-29 所示。

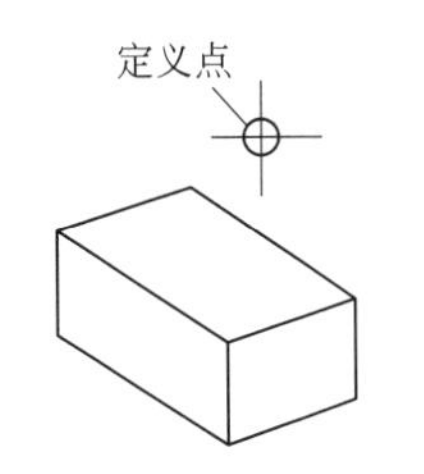

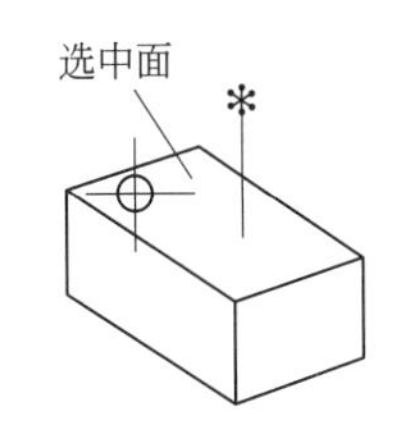

图 7-29　创建通过一点并垂直于一个面的直线

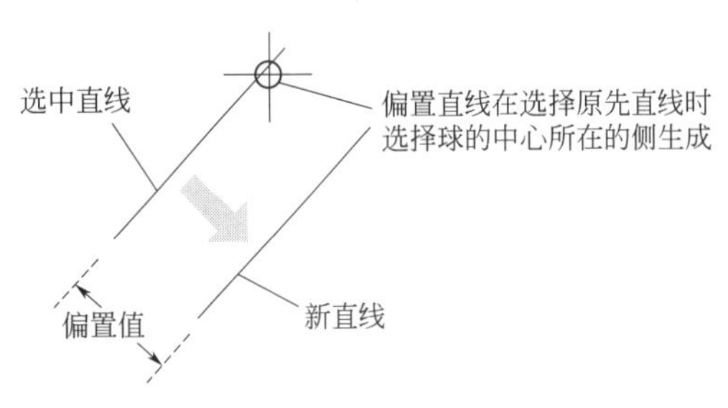

图 7-30　创建偏置直线

（12）以一定的距离平行于另一条直线的偏置直线

关闭【线串模式】复选框，用鼠标选取图形区已存在的直线，然后在【跟踪条】对话框中的【偏距】文本框中输入偏置值，按回车键或者单击【应用】按钮即可创建偏置直线，如图 7-30 所示。

技术要点

偏移的方向与选择球（即图形区中的鼠标）的选择位置有关，即选择球选择直线时，偏向哪一边，则偏置直线就往哪边偏移。

7.2.4.2 创建圆弧

单击【基本曲线】工具栏上的【圆弧】图标，【基本曲线】对话框显示圆弧创建选项，如图 7-31 所示。

常用圆弧创建方法有两种："起点，终点，圆弧上的点"和"中心点，起点，终点"。

（1）起点、终点、圆弧上的点创建圆弧

在【跟踪条】中的 XC、YC 和 ZC 文本框中直接输入圆弧的起点坐标，或者在绘图区选取一点作为圆弧的起点；然后在【跟踪条】中的 XC、YC 和 ZC 文本框中直接输入圆弧的终点坐标，或者在绘图区选取一点作为圆弧的终点；接着在【跟踪条】中的 XC、YC 和 ZC 文本框中直接输入圆弧上一点坐标，或者在绘图区选取一点作为圆弧上一点。起点、终点、圆弧上的点创建圆弧的过程如图 7-32 所示。

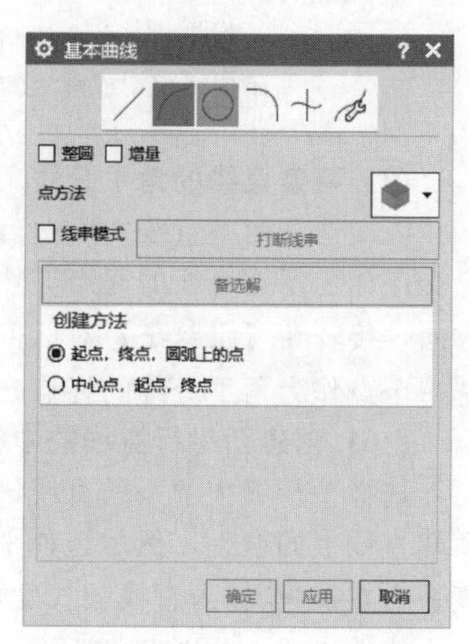

图 7-31 圆弧创建选项

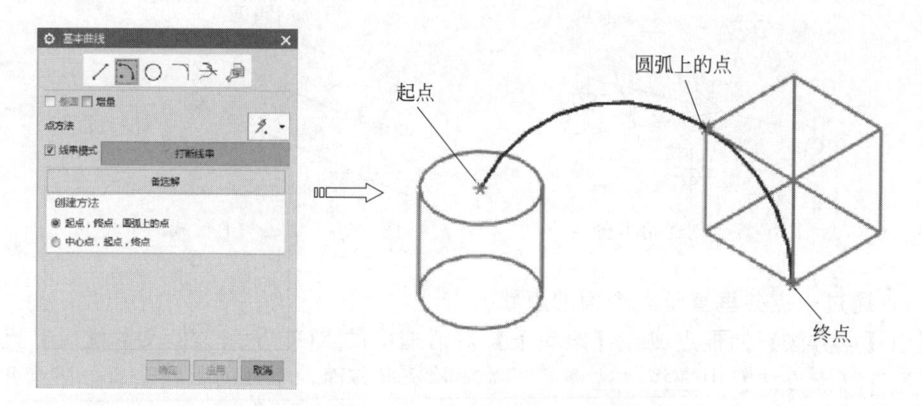

图 7-32 起点、终点、圆弧上的点创建圆弧

（2）中心点、起点、终点创建圆弧

在【跟踪条】中的 XC、YC 和 ZC 文本框中直接输入圆弧的中心坐标，或者在绘图区选取一点作为圆弧的中心点；然后在【跟踪条】中的 XC、YC 和 ZC 文本框中直接输入圆弧的起点坐标，或者在绘图区选取一点作为圆弧的起点；接着在【跟踪条】中的 XC、YC 和 ZC 文本框中直接输入圆弧的终点坐标，或者在绘图区选取一点作为圆弧的终点。中心点、起点、终点创建圆弧的过程如图 7-33 所示。

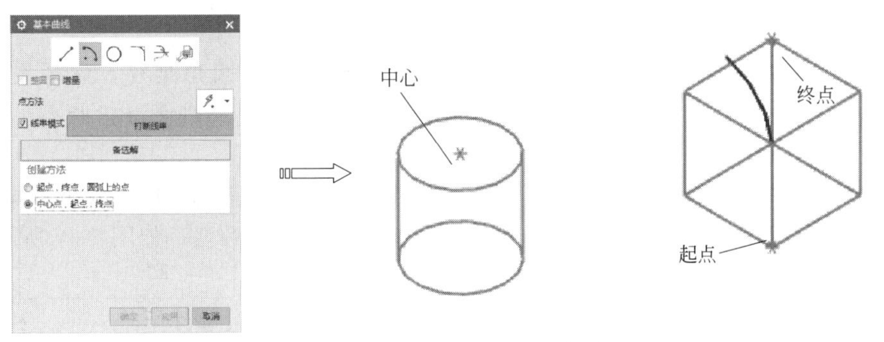

图 7-33　中心、起点、终点创建圆弧

7.2.4.3　绘制圆

单击【基本曲线】对话框上的【圆】图标◯，【基本曲线】对话框显示圆创建选项，如图 7-34 所示。

当用户创建了一个圆之后，勾选【多个位置】，此时只要给定圆的圆心位置，则可创建与前一圆相同的多个圆。

7.2.4.4　绘制倒圆角

在【基本曲线】对话框下，单击【圆角】按钮，弹出【曲线倒圆】对话框，如图 7-35 所示。

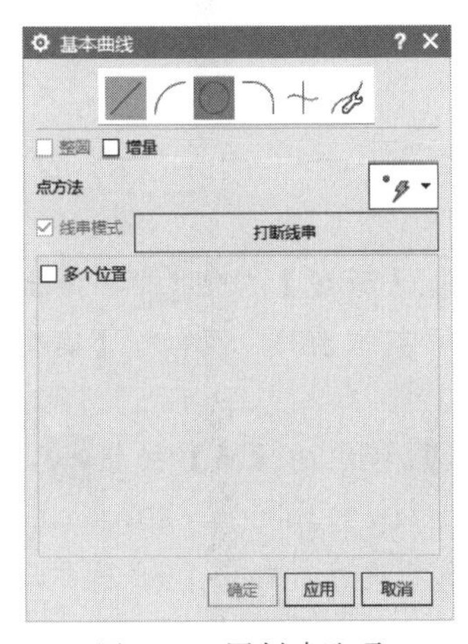

图 7-34　圆创建选项

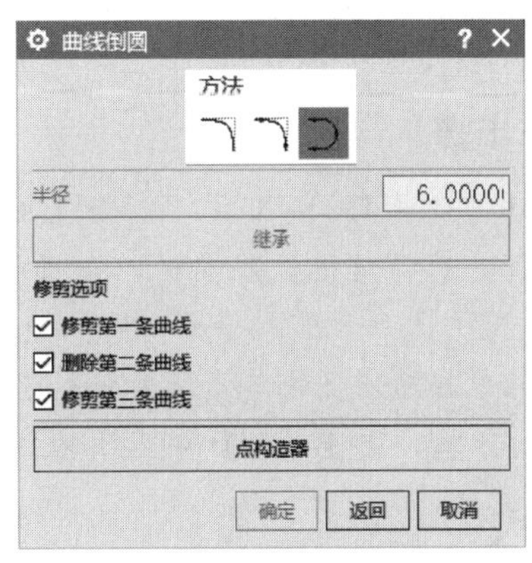

图 7-35　【曲线倒圆】对话框

【曲线倒圆】对话框中提供 3 种类型圆角：

(1) 简单圆角

用于在两共面但不平行的直线间生成倒圆角。单击【简单圆角】按钮，在【半径】文本框中输入圆角半径，然后将选择球（即鼠标）移至欲倒圆角的两条直线交点处，单击鼠标左键即可，如图 7-36 所示。

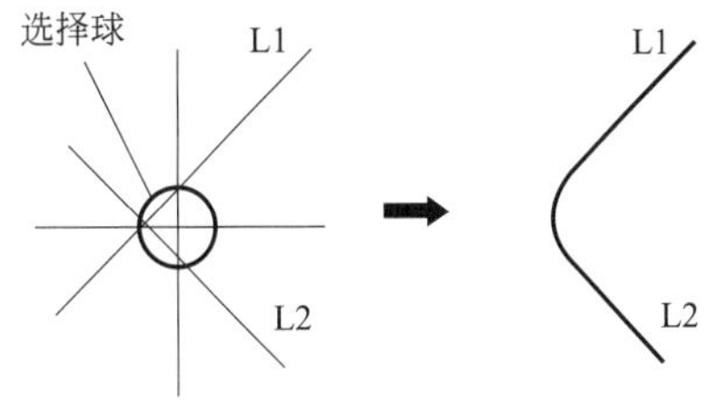

图 7-36　简单倒圆

技术要点

选择球的位置不同，生成的倒圆角方式也不同。通常鼠标的圆心是圆角的圆心。

（2）两曲线倒圆角

单击【两曲线圆角】按钮，在【半径】文本框中输入圆角半径，然后设置“修剪选项”。接着依次选择两条曲线，再在相交线的 4 个象限中单击鼠标设定圆心的大致位置即可。

注意：利用两曲线倒圆角时，选择曲线的顺序不同，倒圆角的生成方式也不同。两条曲线间的圆角是从第一条曲线到第二条曲线沿逆时针方向生成的圆弧，如图 7-37 所示。

（3）三曲线倒圆角

单击【三曲线圆角】按钮，设置“修剪选项”，接着依次选择第一、第二和第三条曲线，再单击鼠标设定圆心的大致位置即可，如图 7-38 所示。

注意：是逆时针选择曲线。

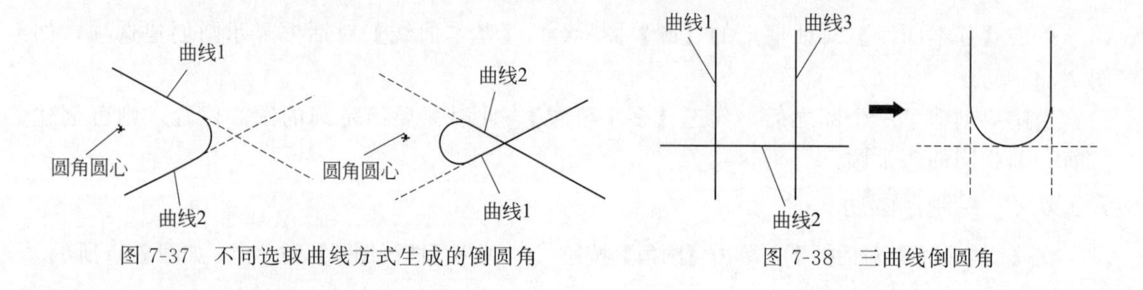

图 7-37　不同选取曲线方式生成的倒圆角　　图 7-38　三曲线倒圆角

操作实例——创建基本曲线实例

操作步骤

Step 01　启动 UG NX 后，单击【主页】选项卡的【新建】按钮，弹出【文件新建】对话框，选择【模型】模板，在【名称】中输入“基本曲线”，单击【确定】按钮新建文件。

Step 02　在功能区中单击【曲线】选项卡中【基本】组中的【点】按钮，弹出【点构造器】对话框，在【坐标】中依次输入（0,100,0）、（0,0,100）、（50,0,60）、（50,0,140）、（−50,0,60）、（−50,0,140），单击【确定】按钮创建点，如图 7-39 所示。

扫码看视频

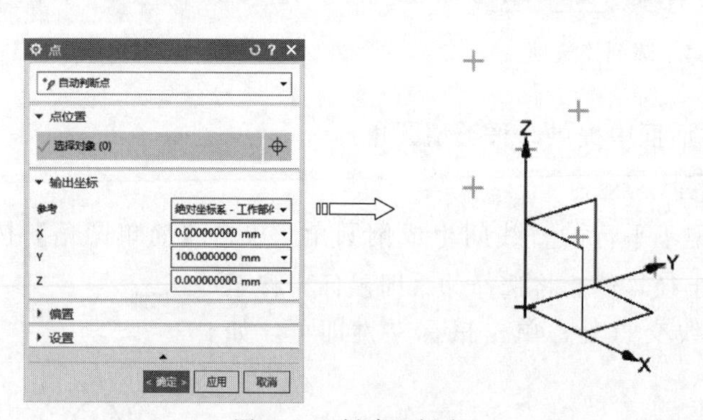

图 7-39　创建坐标点

Step 03　在功能区中单击【曲线】选项卡中【基本】组中的【基本曲线】按钮，弹出【基本曲线】对话框，顺序连接如图 7-40 所示的点，绘制直线，单击【打断线串】按钮完成。

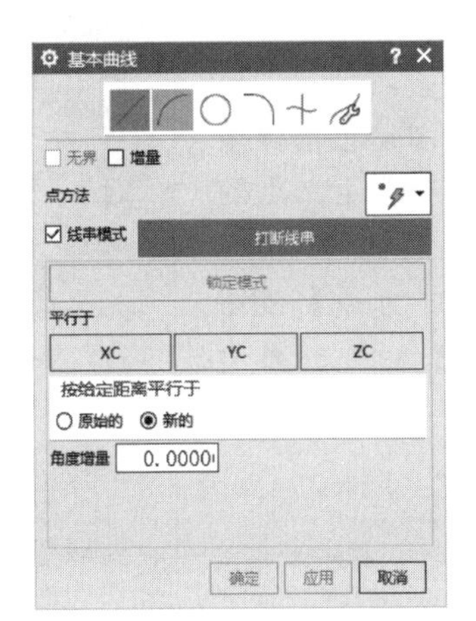

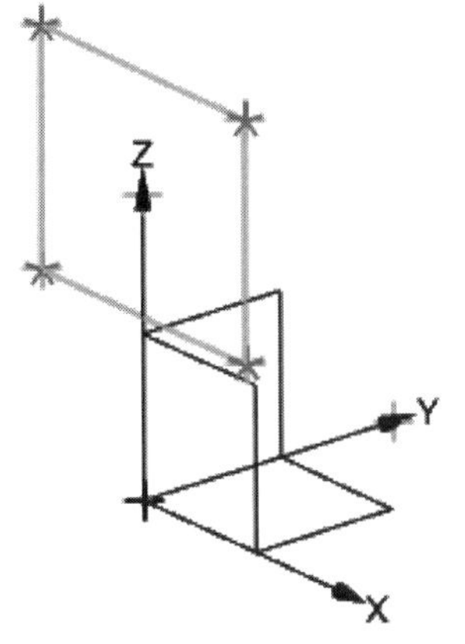

图 7-40　绘制直线

Step 04　单击【基本曲线】对话框中的【圆】按钮◯，捕捉如图 7-41 所示的点作为圆心，在【跟踪条】对话框中的【直径】文本框中输入 80，按回车键，即可创建圆，如图 7-41 所示。

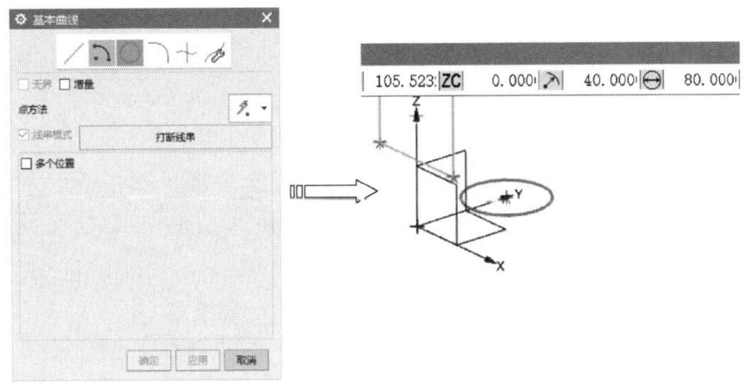

图 7-41　创建圆

Step 05　在功能区中单击【曲线】选项卡中【基本】组中的【圆弧/圆】按钮，弹出【圆弧/圆】对话框，选择如图 7-42 所示的点作为圆弧起点和终点，设置【半径】为“100”，单击【确定】按钮创建圆弧，如图 7-42 所示。

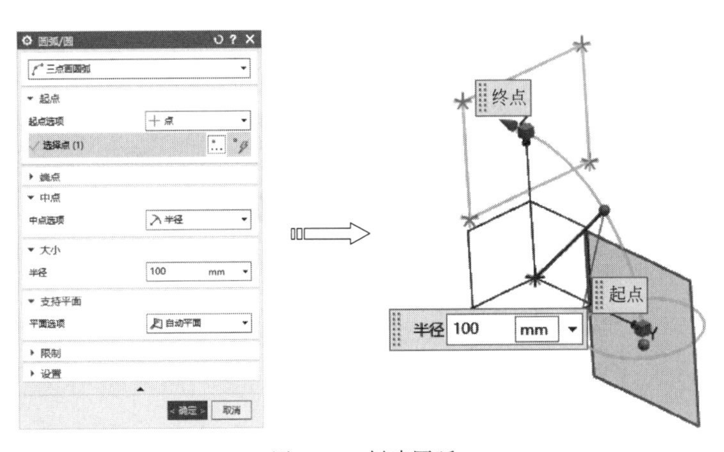

图 7-42　创建圆弧

7.2.5 创建艺术样条

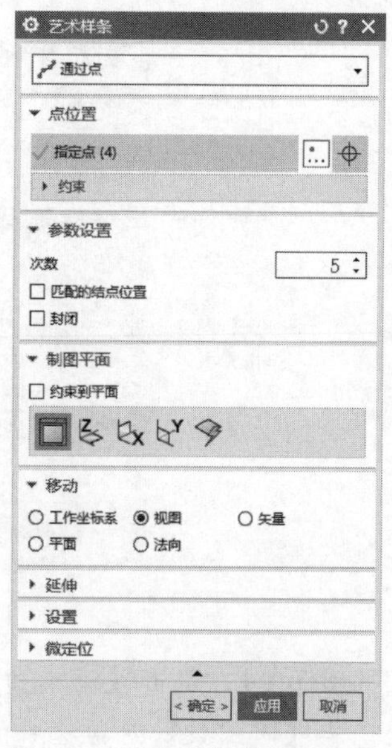

图 7-43 【艺术样条】对话框

艺术样条可创建关联或非关联样条曲线。在创建艺术样条曲线时，可拖曳样条定义点或者极点，也可指定样条定义点的斜率或者曲率约束关系。

单击【曲线】选项卡中【基本】组中的【艺术样条】按钮，或选择菜单【插入】|【曲线】|【艺术样条】命令，弹出【艺术样条】对话框，如图 7-43 所示。

【艺术样条】对话框中相关选项参数含义如下。

（1）类型

UG NX 提供了 2 种生成样条曲线的方式：

• 根据极点：通过设定样条曲线的各控制点来生成一条样条曲线（在根据极点定义的控制多边形中构建），样条始终精确连接到结束极点。

• 通过点：通过设置样条曲线的各定义点，生成一条通过各点的样条曲线。

（2）点位置

用于在指定的制图平面上定义样条点或极点位置，然后在指定点之后，立即定义样条点的 G1、G2 和 G3 约束。

（3）参数化

• 次数：定义样条的数学多项式的最高次幂，最多可定义 24 次。曲线的阶次等于定义点数量减去 1，并且定义的点数不能超过 25。用户设置的控制点个数必须大于曲线阶次，否则无法创建样条曲线。

• 匹配的结点位置：指定的样条定义点与样条节点位置重合。

• 封闭：指定样条的起点与终点在同一点上，以形成闭环。

（4）制图平面

用于指定要在其中创建和约束样条的平面。

操作实例——创建艺术样条实例

操作步骤

Step 01 在功能区中单击【主页】选项卡中【标准】组中的【打开】按钮，在弹出【打开】对话框中选择素材文件“实例 \ 第 7 章 \ 原始文件 \ 艺术样条 .prt”，单击【打开】按钮打开模型文件，如图 7-44 所示。

扫码看视频

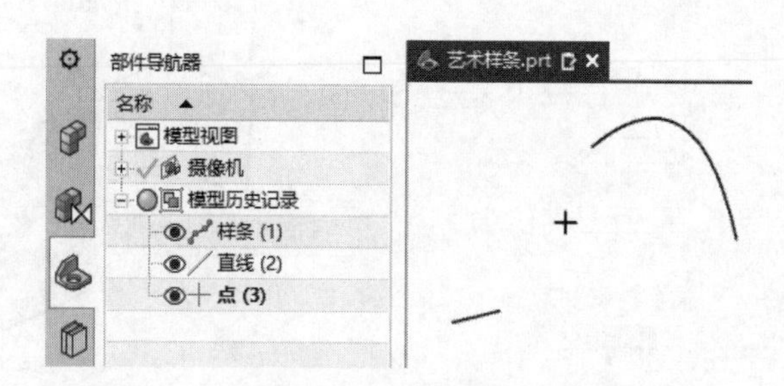

图 7-44 打开模型文件

Step 02 在功能区中单击【曲线】选项卡中【基本】组中的【艺术样条】按钮，弹出【艺术样条】对话框，设置【类型】为“通过点”、【次数】为“3”，如图7-45所示。

Step 03 选择如图7-46所示的第1点并选择G1，然后选择如图7-46所示的第2点，最后选择如图7-46所示的第3点并选择G1约束。

图7-45 【艺术样条】对话框

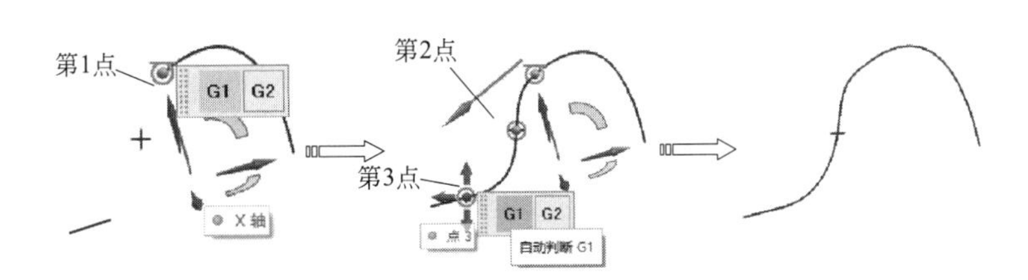

图7-46 创建样条曲线

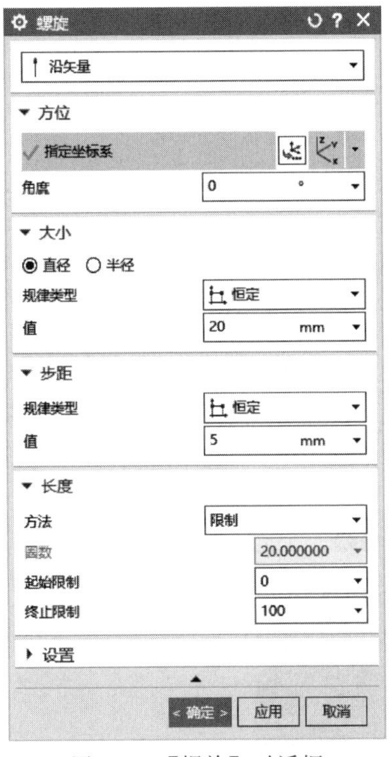

图7-47 【螺旋】对话框

7.2.6 创建螺旋线

螺旋线是机械中常见的一种曲线，主要用在弹簧设计上。螺旋线半径可以是定值，也可以按一定规律变化。

在功能区中单击【曲线】选项卡中【高级】组中的【螺旋】按钮，或选择下拉菜单【插入】|【曲线】|【螺旋线】命令，弹出【螺旋】对话框，如图7-47所示。

【螺旋】对话框中相关选项参数的含义如下。

(1) 类型

- 沿矢量：沿指定矢量创建直螺旋线，如图7-48所示。
- 沿脊线：沿曲线创建弯曲螺旋线，如图7-48所示。

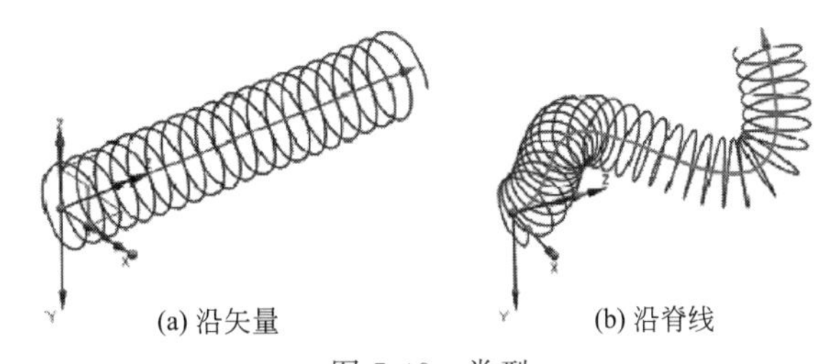

图7-48 类型

(2) 方位

- 指定坐标系：将类型设置为沿矢量或沿脊线，以及将方位设置为指定的时可用。用于指定CSYS，以定向螺旋线。创建的螺旋线与CSYS的方向关联。螺旋线的方向与指定CSYS的Z轴平行。
- 角度：指定螺旋线的起始角，零起始角将与指定CSYS的X轴对齐。

(3) 大小

用于输入以直径或者半径方式所创建的螺旋线半径。

- 恒定：创建半径恒定的螺旋曲线，可在【值】文本框中输入数值。
- 线性：定义半径按线性规律变化的螺旋线，可以使用【起始值】指定起点，使用【终止值】指定终点。
- 三次：定义半径从起点到终点的按三次规律变化的螺旋线，可使用【起始值】和【终止值】指定参数。
- 沿脊线的值-线性：使用沿着脊线的两个或多个点来定义半径按线性规律变化的螺旋线。
- 沿脊线的值-三次：使用沿着脊线的两个或多个点来定义半径按三次规律变化的螺旋线。
- 根据方程：使用表达式和“参数表达式变量”来定义半径。
- 规律曲线：选择一条由光顺连接的曲线组成的线串来定义一个规律函数，通过规律曲线来确定螺旋线的半径。

(4) 步距（螺距）

设定两螺旋曲线之间的轴向距离，“螺距”必须大于或等于0。

(5) 长度

- 圈数：设定螺旋线的圈数，应大于0，可以是整数，也可以是小数。
- 限制：根据弧长或弧长百分比指定起点和终点位置。

操作实例——创建螺旋线实例

操作步骤

Step 01 在功能区中单击【主页】选项卡中【标准】组中的【打开】按钮，在弹出【打开】对话框中选择素材文件“实例\第7章\原始文件\螺旋线.prt”，单击【打开】按钮打开模型文件，如图7-49所示。

扫码看视频

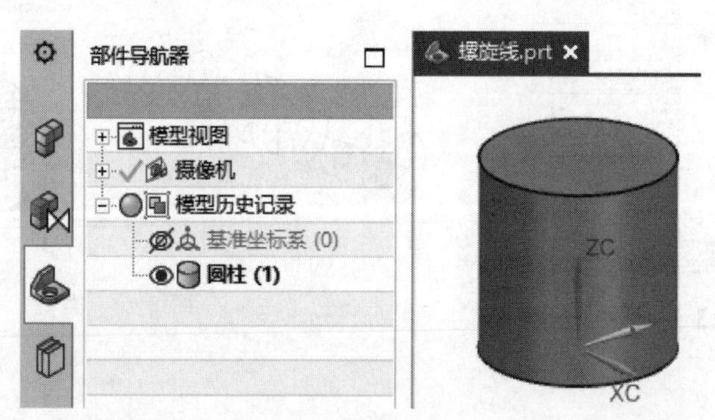

图7-49 打开模型文件

Step 02 单击【曲线】选项卡中【高级】组中的【螺旋】按钮，弹出【螺旋】对话框，设置【半径】为“线性”、【起始值】为20mm、【终止值】为100mm、【螺距】为“恒定”、【值】为“0”，创建的平面螺旋如图7-50所示。

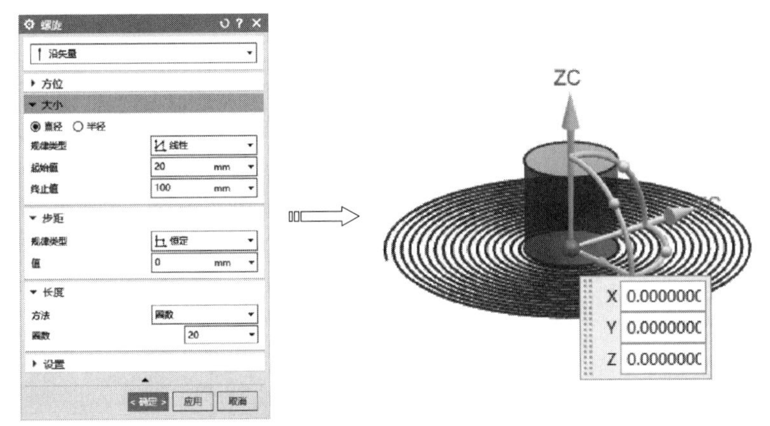

图 7-50　创建平面螺旋

Step 03　单击【曲线】选项卡中【高级】组中的【螺旋】按钮，弹出【螺旋】对话框，设置【半径】为“线性”、【起始值】为 0mm、【终止值】为 100mm、【螺距】为“恒定”、【值】为“5”、【圈数】为“20”，创建的螺旋线如图 7-51 所示。

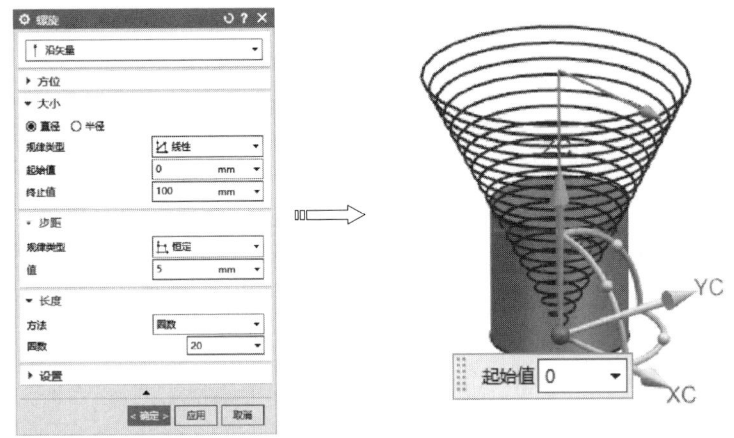

图 7-51　创建螺旋线

7.3　曲线编辑

曲线编辑是对已建立的曲线进行修剪、分割、曲线长度等操作，通过编辑功能可方便迅速地修改曲面形状来满足设计要求。

7.3.1　修剪曲线

修剪曲线可通过边界对象（点、曲线、平面、面、体、基准平面和基准轴、屏幕位置等）延长或修剪直线、圆弧、二次曲线或样条曲线等，但是它不能修剪体、片体或实体。

单击【曲线】选项卡中【编辑曲线】组中的【修剪曲线】按钮，或选择菜单【编辑】|【曲线】|【修剪】命令，弹出【修剪曲线】对话框，如图 7-52 所示。

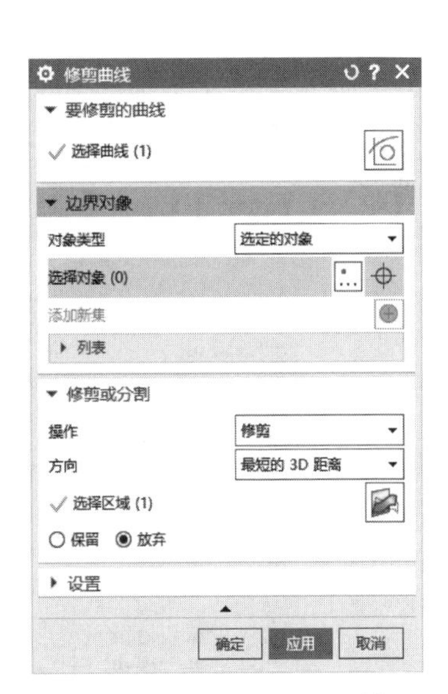

图 7-52　【修剪曲线】对话框

【修剪曲线】对话框中相关选项参数含义如下。

(1) 要修剪的曲线

• 选择曲线：选择要修剪或延伸的一条或多条曲线，可以修剪或延伸直线、圆弧、二次曲线或样条。

技术要点

在修剪操作期间，曲线链被视为一条连续曲线。选择的曲线段将成为要修剪、分割或延伸的默认段。

(2) 边界对象

• 对象类型：选择对象或平面，用来修剪或分割。

• 选择对象：选择曲线、边、体、面和点作为边界对象和与选定要修剪的曲线相交的对象。

(3) 修剪或分割

① 操作　用于选择是修剪所选的曲线，还是将它们分割为单独的样条段。

② 方向　用于设置查找对象交点的方向方法。

• 最短的 3D 距离：将曲线修剪、分割或延伸至与边界对象的相交处，并标记三维测量的最短距离。

• 沿方向：将曲线修剪、分割或延伸至与边界对象的相交处，这些边界对象沿指定矢量的方向投影。

③ 选择区域　用于预览曲线段，可以选择或取消选择各曲线段以决定哪些段要保留或放弃。

• 保留：执行修剪曲线操作后，保留已选中要修剪的曲线，然后放弃未选中的曲线。

• 放弃：执行修剪曲线操作后，放弃已选中要修剪的曲线，然后保留未选中的曲线。

操作实例——创建修剪曲线实例

扫码看视频

操作步骤

Step 01　在功能区中单击【主页】选项卡中【标准】组中的【打开】按钮，在弹出【打开】对话框中选择素材文件“实例\第 7 章\原始文件\修剪曲线 .prt”，单击【打开】按钮打开模型文件，如图 7-53 所示。

Step 02　单击【曲线】选项卡中【编辑曲线】组中的【修剪曲线】按钮，或选择菜单【编辑】|【曲线】|【修剪】命令，弹出【修剪曲线】对话框，如图 7-54 所示。

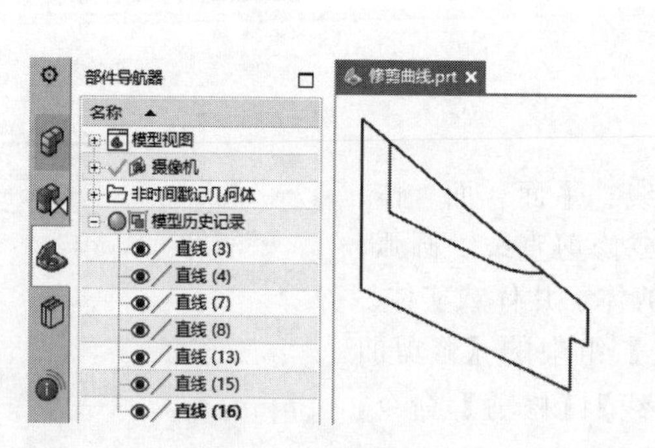

图 7-53　打开模型文件

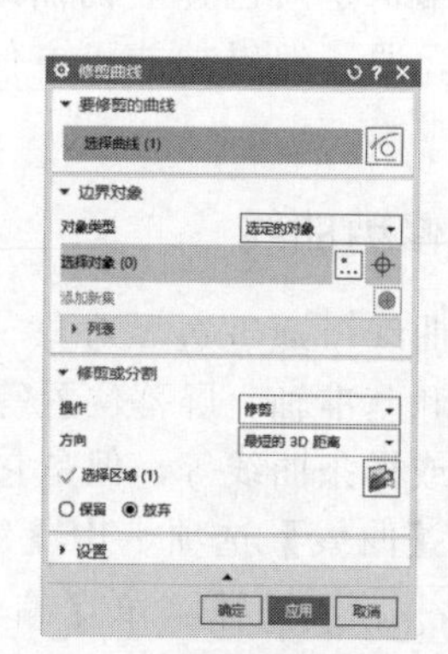

图 7-54　【修剪曲线】对话框

Step 03 选择如图 7-55 所示的要修剪曲线和边界曲线，单击【确定】按钮完成曲线修剪，如图 7-55 所示。

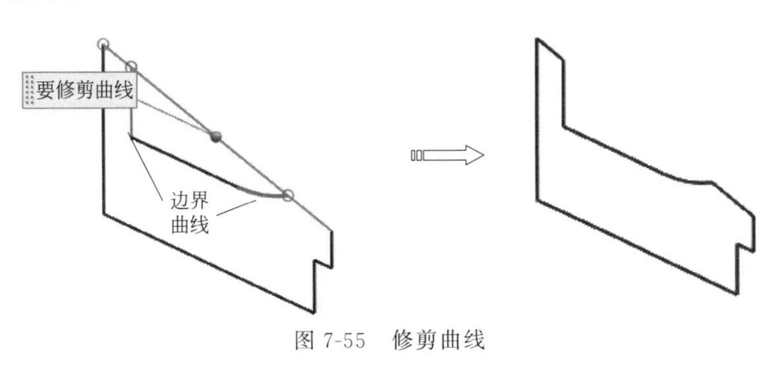

图 7-55 修剪曲线

7.3.2 分割曲线

使用分割曲线命令将曲线分割为一连串同样的段（线到线、圆弧到圆弧）。所创建的每个段都是单独的实体，并且与原始曲线使用相同的线型；新的对象和原始曲线放在同一图层上。

在功能区中单击【曲线】选项卡中【非关联】组中的【分割曲线】按钮，或选择下拉菜单【编辑】|【曲线】|【分割】命令，弹出【分割曲线】对话框，如图 7-56 所示。

图 7-56 【分割曲线】对话框

【分割曲线】对话框中的【类型】下拉列表提供了 5 种曲线分割的方式："等分段""按边界对象""圆弧长段数""在结点处"和"在拐角上"。

（1）等分段

以等长或等参数的方法将曲线分割成相同的节段，等分方法主要有 2 种：等参数和等圆弧长。

① 等参数　等参数是以曲线的参数性质均匀等分曲线，分割后的线串长度不相等，如图 7-57 所示。

技术要点

对于直线为等分线段，对圆弧或椭圆为等分角度，对样条曲线上则以其控制点为中心等分角度。

② 等圆弧长　等圆弧长是把曲线的弧长均匀等分，分割后线串长度相等。各段的长度是通过把实际的曲线长度分成要求的段数计算出来的，如图 7-58 所示。

（2）按边界对象

利用边界对象来分割曲线，边界对象可以是点、曲线、平面和/或曲面，如图 7-59 所示。

（3）圆弧长段数

通过分别定义各节段的弧长来分割曲线，如图 7-60 所示。

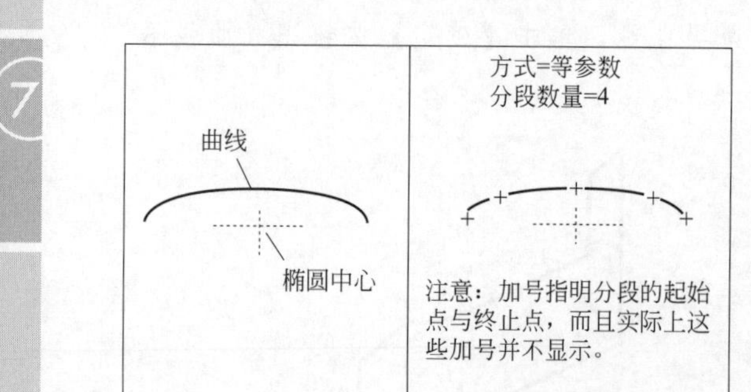

图 7-57　等参数分段

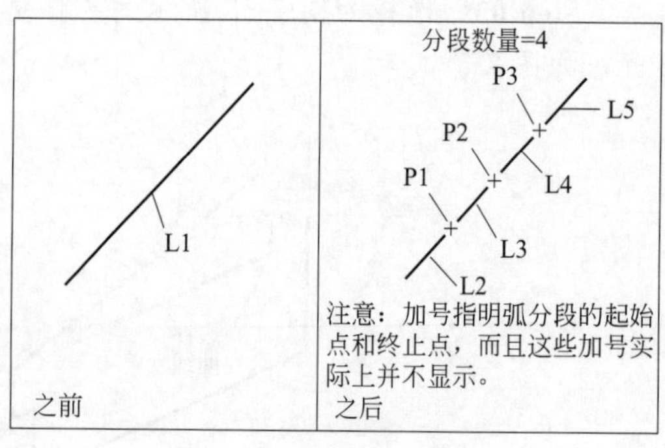

图 7-58　等圆弧长分段

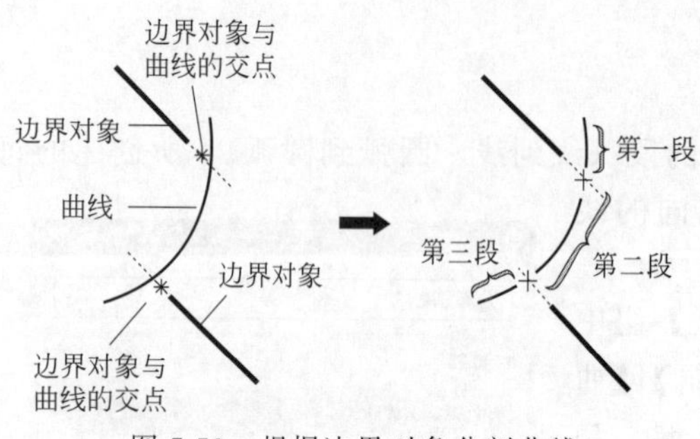

图 7-59　根据边界对象分割曲线

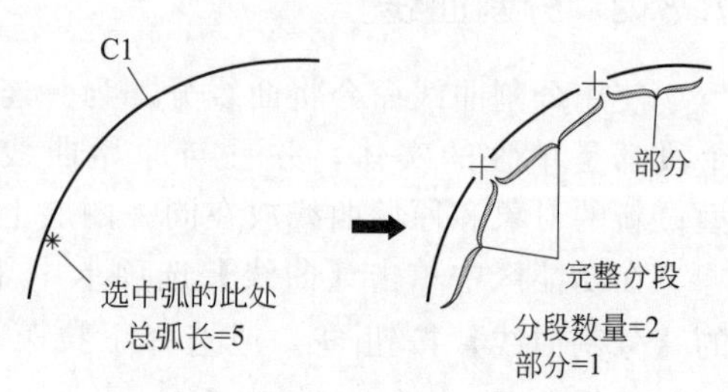

图 7-60　根据圆弧长分割曲线

（4）在节点处

在曲线的定义点处将曲线分割成多个节段，它只能适用于分割样条曲线，如图 7-61 所示。

（5）在拐角上

在拐角处分割样条曲线（拐角点是样条曲线节段的结束点方向和下一节段开始点方向不同而产生的点），如图 7-62 所示。

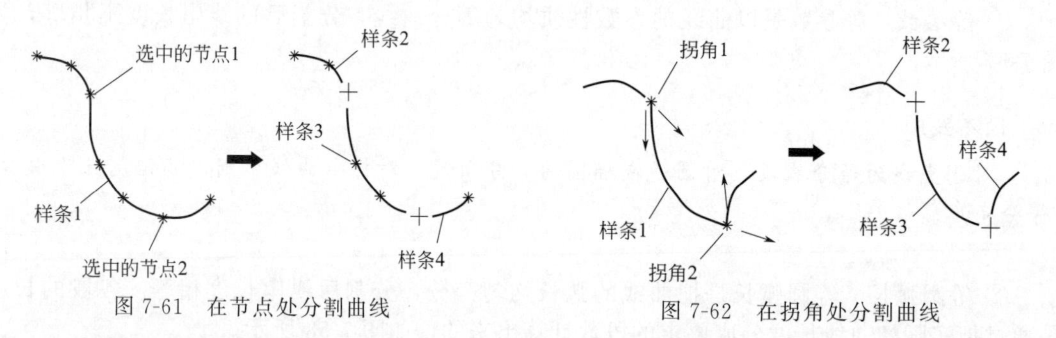

图 7-61　在节点处分割曲线　　图 7-62　在拐角处分割曲线

操作实例——创建分割曲线实例

操作步骤

Step 01　在功能区中单击【主页】选项卡中【标准】组中的【打开】按钮，在弹出【打开】对话框中选择素材文件“实例\第 7 章\原始文件\

分割曲线.prt”，单击【打开】按钮打开模型文件，如图7-63所示。

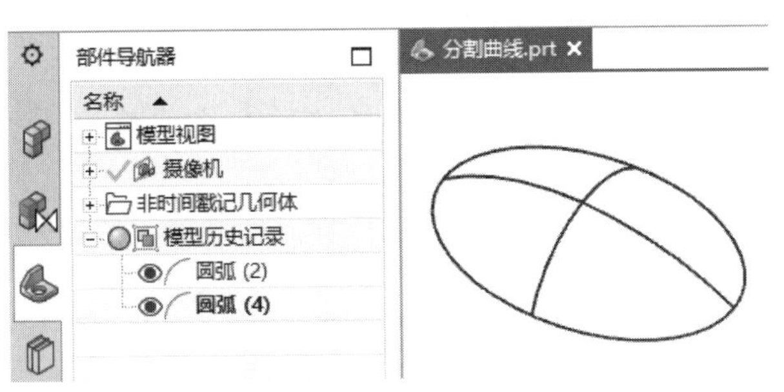

图7-63 打开模型文件

Step 02 单击【曲线】选项卡中【非关联】组中的【分割曲线】按钮，或选择下拉菜单【编辑】|【曲线】|【分割】命令，弹出【分割曲线】对话框，设置【类型】为“按边界对象”、【对象】为“投影点”，如图7-64所示。

Step 03 选择如图7-65所示的曲线作为要分割曲线，然后将鼠标移动到接近交点位置单击作为分割点，单击【确定】按钮完成曲线分割，如图7-65所示。

图7-64 【分割曲线】对话框

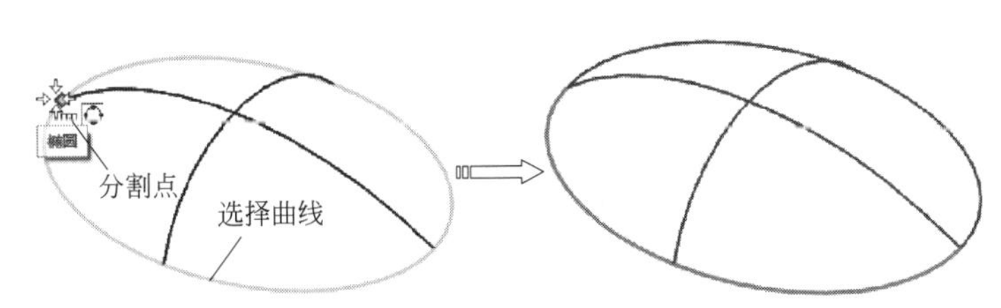

图7-65 分割曲线

7.3.3 曲线长度

曲线长度用于根据给定的曲线长度增量或曲线总长来延伸或修剪曲线。

在功能区中单击【主页】选项卡中【编辑曲线】组中的【曲线长度】按钮，或选择下拉菜单【编辑】|【曲线】|【曲线长度】命令，弹出【曲线长度】对话框，如图7-66所示。

图7-66 【曲线长度】对话框

【曲线长度】对话框中相关选项参数含义如下。

（1）曲线

【选择曲线】用于选择要修剪或拉伸的曲线。

（2）延伸

① 长度 用于将曲线拉伸或修剪所选的曲线长度，包括以下选项：

- 增量：以给定曲线长度增量来延伸或修剪曲线。曲线长度增量为从原先的曲线延伸或修剪的长度。这是默认的延伸方法。

- 总计：以曲线的总长度来延伸或修剪曲线。曲线总长度是指沿着曲线的精确路径从曲线的起点到终点的距离。

② 侧　用于从曲线的起点、终点或同时从这两个方向修剪或延伸曲线，包括以下选项：

- 起点和终点：从曲线的起点和终点修剪或延伸该曲线。此选项仅对递增方法可用。
- 起点：从曲线的起点修剪或延伸该曲线。
- 终点：从曲线的终点修剪或延伸该曲线。
- 对称：从起点或终点、以距离两侧相等的长度修剪或延伸曲线。

③ 方法　用于选择要修剪或延伸的曲线的方向形状，包括以下选项：

- 自然：沿着曲线的自然路径，修剪或延伸曲线的端点。
- 线性：沿着通向切线方向的线性路径，修剪或延伸曲线的端点。
- 圆形：沿着圆形路径，修剪或延伸曲线的端点。

(3) 限制

- 开始：指定从曲线的起点将曲线修剪或延伸的长度值。
- 结束：指定从曲线的终点将曲线修剪或延伸的长度值。
- 总长：指定将曲线延伸或修剪的总长度值。

操作实例——创建曲线长度实例

操作步骤

Step 01　在功能区中单击【主页】选项卡中【标准】组中的【打开】按钮，在弹出【打开】对话框中选择素材文件“实例\第7章\原始文件\曲线长度实例.prt”，单击【打开】按钮打开模型文件，如图7-67所示。

扫码看视频

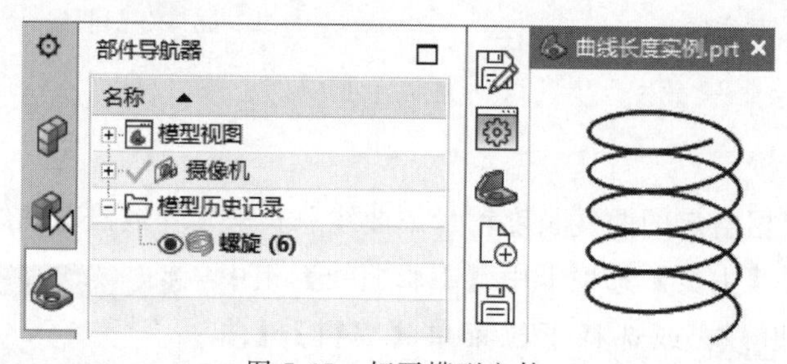

图7-67　打开模型文件

Step 02　在功能区中单击【主页】选项卡中【编辑曲线】组中的【曲线长度】按钮，或选择下拉菜单【编辑】|【曲线】|【曲线长度】命令，弹出【曲线长度】对话框，设置【方法】为“自然”、【开始】为“100mm”，单击【确定】按钮完成曲线长度创建，如图7-68所示。

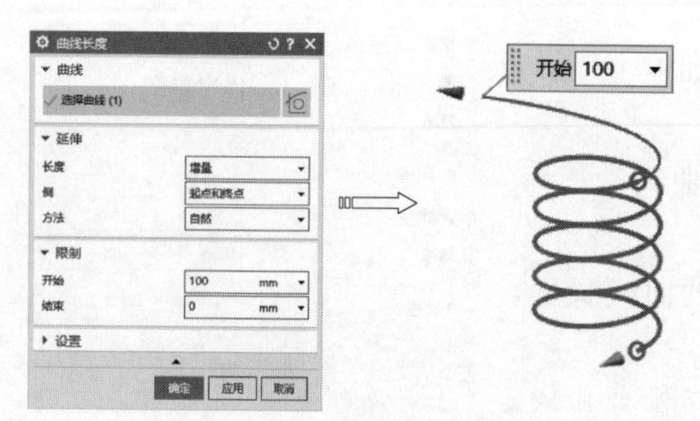

图7-68　创建曲线长度

7.3.4 修剪拐角

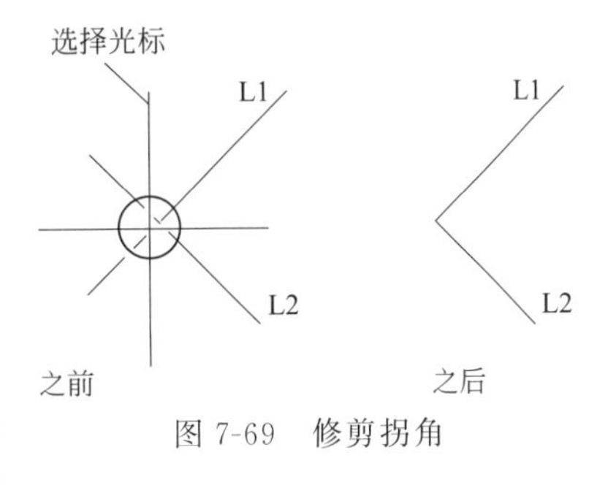

图 7-69 修剪拐角

修剪拐角功能用于修剪两条不平行曲线在其交点处形成的拐角。

在功能区中单击【主页】选项卡中【编辑曲线】组中的【修剪拐角】按钮，或者选择【编辑】|【曲线】|【修剪拐角】命令，系统会弹出【修剪曲线】对话框，当选择曲线做拐角修剪时，定位选择球，使它包含两条曲线，选择球中心处的曲线将其修剪掉，如图 7-69 所示。

技术要点

在选择修剪曲线时，应使选择球中心位于欲修剪的角部位，则两条曲线被选中的拐角部分会被修剪掉。

7.4 曲线操作

在曲线生成过程中，由于多数曲线属于非参数性曲线类型，一般在空间中具有很大的随意性和不确定性。通常创建完曲线后，并不能满足用户要求，往往需要借助各种曲线的操作手段来不断调整，对曲线做进一步的处理，从而满足用户要求。曲线操作包括曲线偏置、桥接、投影、镜像、组合等。

7.4.1 偏置曲线

偏置曲线用于将直线、圆弧、样条、二次曲线、实体的棱边偏置一定的距离，从而得到新曲线。

单击【曲线】选项卡中【派生】组中【偏置曲线】按钮，或选择下拉菜单【插入】|【派生曲线】|【偏置】命令时，弹出【偏置曲线】对话框，如图 7-70 所示。

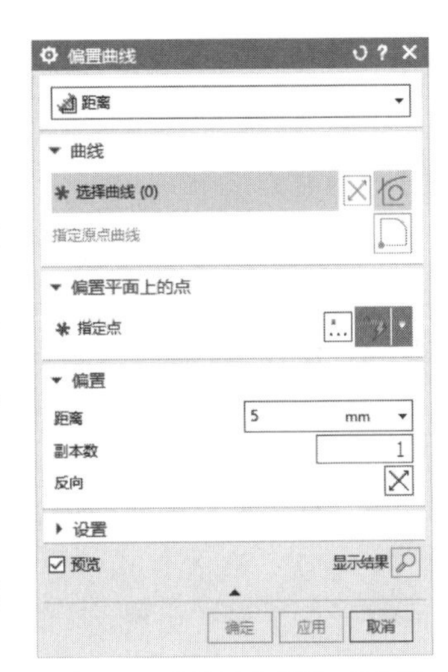

图 7-70 【偏置曲线】对话框

【偏置曲线】对话框中相关选项参数含义如下。

(1) 类型

用于设置曲线的偏移方式，系统提供了 4 种偏移方式，如表 7-2 所示。

表 7-2 偏置曲线类型

类型	说明	图例
距离类型	在源曲线的平面中以恒定距离对曲线进行偏置	

续表

类型	说明	图例
拔模类型	与源曲线的平面呈一定角度、以恒定距离对曲线进行偏置	
规律控制类型	在源曲线的平面中以规律控制的距离对曲线进行偏置	
3D 轴向类型	在指向源曲线平面的矢量方向以恒定距离对曲线进行偏置	

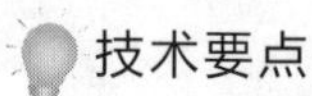

技术要点

对于距离、拔模和规律控制类型的偏置曲线，要偏置的曲线必须位于同一平面上。

（2）曲线

- 选择曲线：选择要偏置的曲线。

（3）【偏置】组框

用于设置偏移曲线的偏置距离和数量，包括 3 种选项：

- 距离：设置在锥形箭头矢量指示的方向上与选中曲线之间的偏置距离，负的距离值将在反方向上偏置曲线。
- 副本数：按照相同的偏置距离，构造多组偏置曲线。
- 反向：单击该按钮，可反转锥形箭头矢量标记的偏置方向。

操作实例——创建偏置曲线实例

扫码看视频

操作步骤

Step 01 在功能区中单击【主页】选项卡中【标准】组中的【打开】按钮，在弹出【打开】对话框中选择素材文件“实例\第 7 章\原始文件\偏置曲线 .prt”，单击【打开】按钮打开模型文件，如图 7-71 所示。

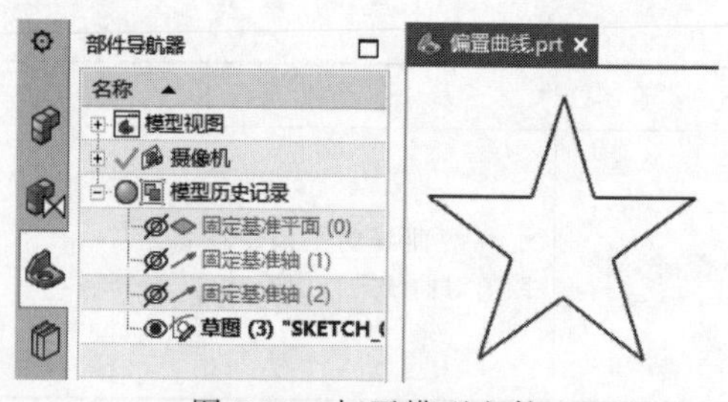

图 7-71 打开模型文件

Step 02 单击【曲线】选项卡中【派生】组中【偏置曲线】按钮，或选择下拉菜单【插入】|【派生曲线】|【偏置】命令时，弹出【偏

置曲线】对话框，如图 7-72 所示。

Step 03 设置【偏置类型】为“距离”、【修剪】为“圆角”，在图形区拉框选取所有曲线，设置【距离】为 10mm，单击【确定】按钮完成曲线偏置，如图 7-73 所示。

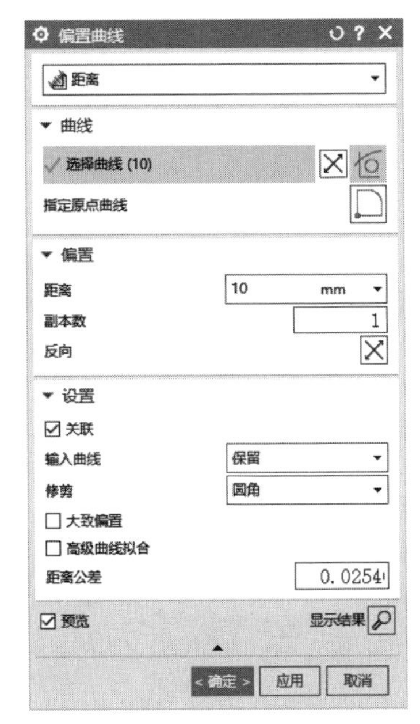

图 7-72 【偏置曲线】对话框

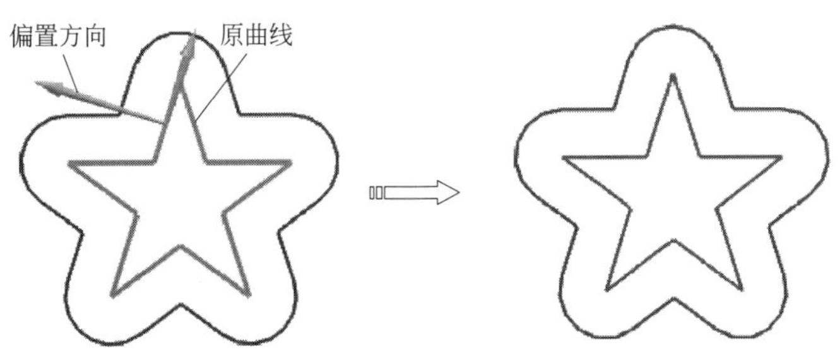

图 7-73 创建偏置曲线

7.4.2 桥接曲线

桥接曲线命令可连接两个对象创建连接曲线，也可以使用此命令跨基准平面创建对称的桥接曲线。

在功能区中单击【曲线】选项卡中【派生】组中【桥接曲线】按钮，或选择下拉菜单【插入】|【派生曲线】|【桥接】命令时，弹出【桥接曲线】对话框，如图 7-74 所示。

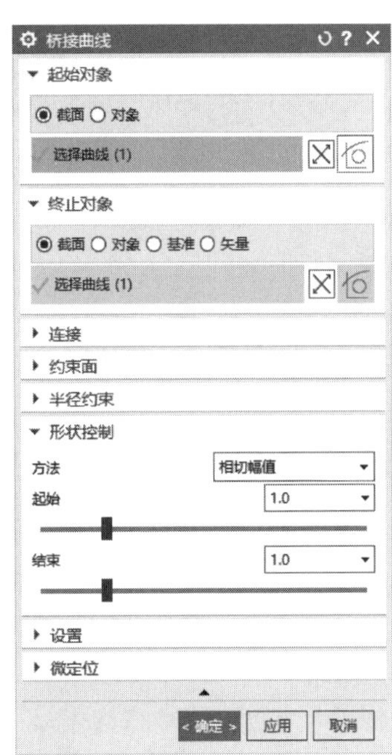

图 7-74 【桥接曲线】对话框

【桥接曲线】对话框中相关选项参数含义如下。

(1) 起始对象

① 截面　选择一个可以定义曲线起点的截面，可以是曲线和边。

② 对象　选择一个对象以定义曲线的起点，可以是点和面。

- 点：选择一个点以定义曲线的起点。
- 曲面：选择一个曲面以定义曲线的起点。

③ 反向　使选定的起始截面的方向反向。该选项仅在具有选定曲线或边时可用。

(2) 终止对象

- 截面：选择一个可以定义曲线起点的截面，包括曲线和边。

- 对象：选择一个对象以定义曲线的起点，包括面和点。
- 基准：为曲线终点选择一个基准，并且曲线与该基准垂直（基准面）、相切（基准轴）。
- 矢量：通过指定矢量来定义曲线终点。

(3) 约束面

用于选择桥接曲线的约束面，桥接曲线创建在约束面上。

(4) 形状控制

用于设置桥接曲线的形状控制方式，包括以下 2 种方式：

① 相切幅值　用于设置桥接曲线与第一条曲线或第二条曲线连接点处的切矢值来控制桥接曲线的方向，初始设置为 1。

技术要点

相切幅值越大，曲线峰值越大，曲线尖。

② 深度和歪斜度

- 深度：设置桥接曲线峰值点的深度，即影响桥接曲线形状的曲率百分比，如图 7-75 所示。

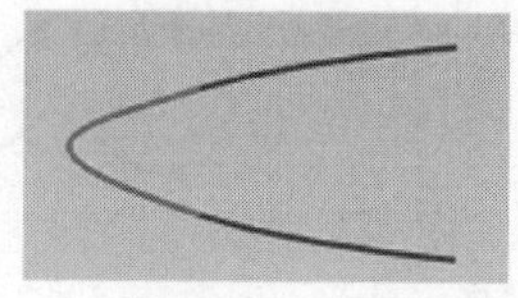
最高深度 = 100

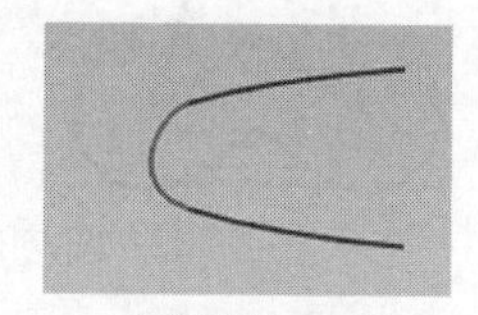
中等深度 = 50

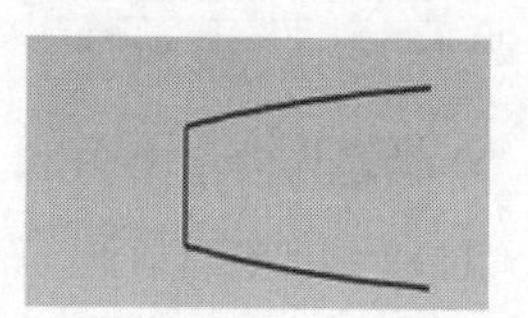
最低深度 = 0

图 7-75　深度

- 歪斜度：控制桥接曲线的峰值点的倾斜度。桥接歪斜度用来设置沿桥接曲线从第一条曲线向第二条曲线度量时峰值点位置的百分比，如图 7-76 所示。

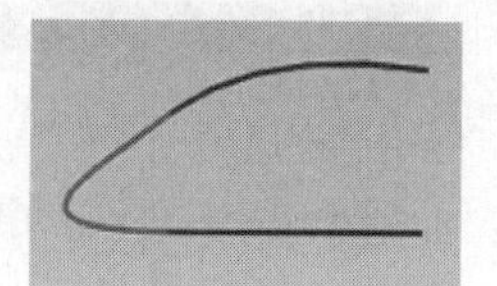
最高歪斜度 = 80

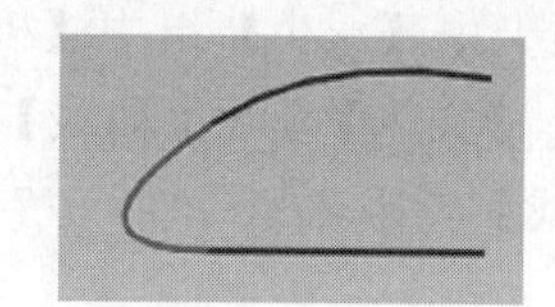
中等歪斜度 = 50

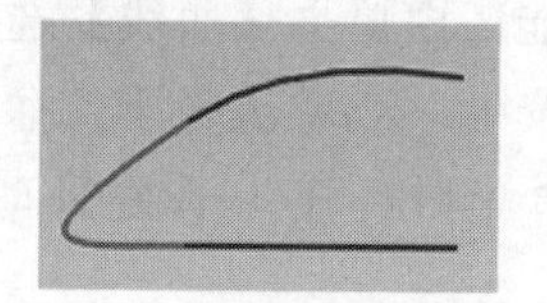
最低歪斜度 = 0

图 7-76　歪斜度

操作实例——创建桥接曲线实例

扫码看视频

操作步骤

Step 01　在功能区中单击【主页】选项卡中【标准】组中的【打开】按钮，在弹出【打开】对话框中选择素材文件“实例 \ 第 7 章 \ 原始文件 \ 桥接曲线实例 .prt”，单击【打开】按钮打开模型文件，如图 7-77 所示。

Step 02　在功能区中单击【曲线】选项卡中【派生曲线】组中【桥接曲线】按钮，或选择下拉菜单【插入】|【派生曲线】|【桥接】命令时，弹出【桥接曲线】对话框，如图 7-78 所示。

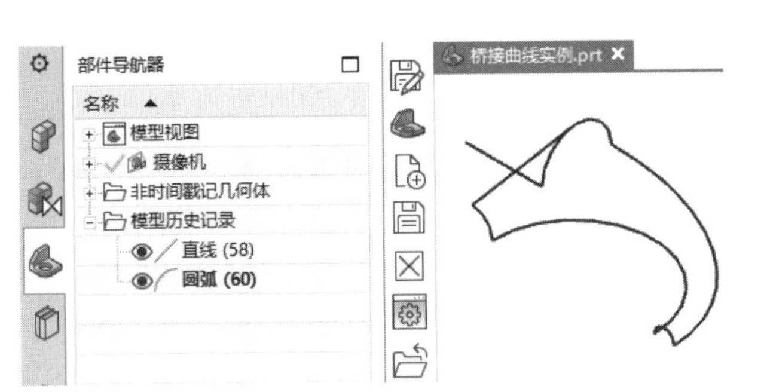

图 7-77　打开模型文件

Step 03　选择如图 7-79 所示的曲线，设置第二条曲线【值】为 50%圆弧长，单击【确定】按钮完成桥接曲线创建。

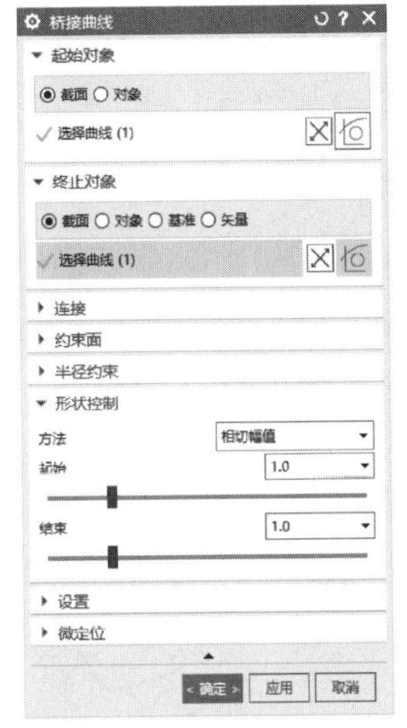

图 7-78　【桥接曲线】对话框

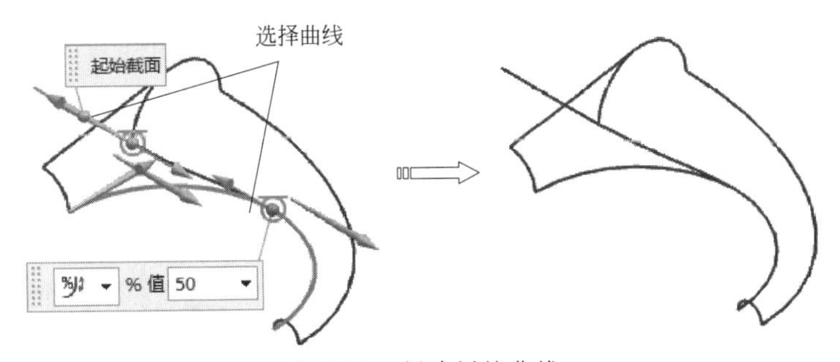

图 7-79　创建桥接曲线

7.4.3　投影曲线

投影曲线是指将曲线、边缘线或点沿某一方向投影到曲面、平面和基准平面上。

在功能区中单击【主页】选项卡中【派生曲线】组中【投影曲线】按钮，或选择下拉菜单【插入】|【派生曲线】|【投影】命令，弹出【投影曲线】对话框，如图 7-80 所示。

【投影曲线】对话框中相关选项参数含义如下。

（1）要投影的曲线或点

用于选择或创建将要投影的曲线和点，可选择曲线、边、点或草图，也可以使用点构造器来创建点。

（2）要投影的对象

- 选择对象：选择要投影选定曲线的面、平面和基准平面。

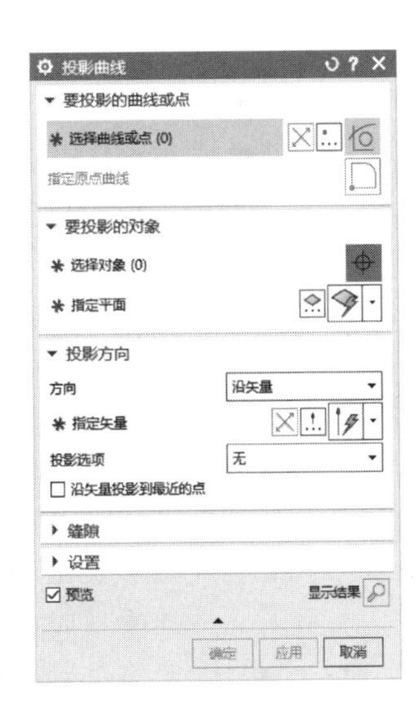

图 7-80　【投影曲线】对话框

• 指定平面：通过平面方法来定义目标平面。

(3) 投影方向

用于设置投影方向的方式，包括以下 5 个选项：

① 沿面的法向　用于沿所选投影面的法向向投影面投影曲线，如图 7-81 所示。

② 朝向点　用于从原定义曲线朝着一个点向选取的投影面投影曲线，投影的点是选定点与投影点之间的直线交点，如图 7-82 所示。

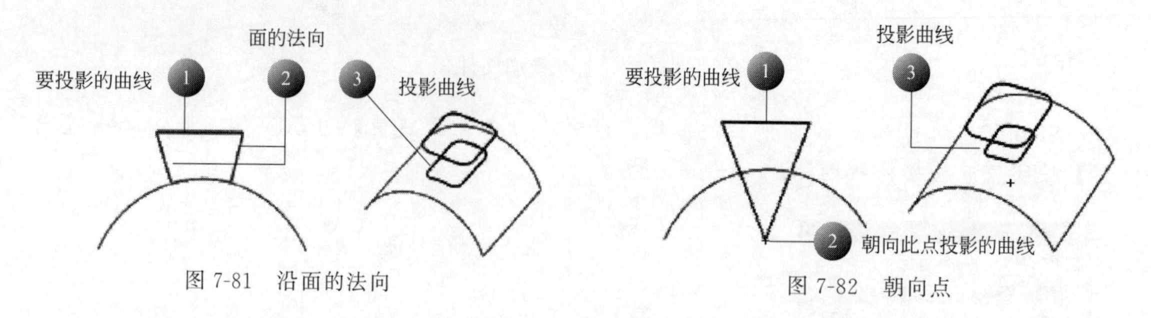

图 7-81　沿面的法向

图 7-82　朝向点

③ 朝向直线　用于从原定义曲线朝着一个点向选取的投影面投影曲线，投影的点是选定点与投影点之间连线与曲面的交点，如图 7-83 所示。

④ 沿矢量　用于沿设定矢量方向向选取的投影面投影曲线。

⑤ 与矢量所成的角度　用于沿与设定矢量方向成一定角度的方向选取的投影面投影曲线，如图 7-84 所示。根据选择的角度值（向内的角度为负值），该投影可以相对于曲线的近似形心按向外或向内的角度生成。

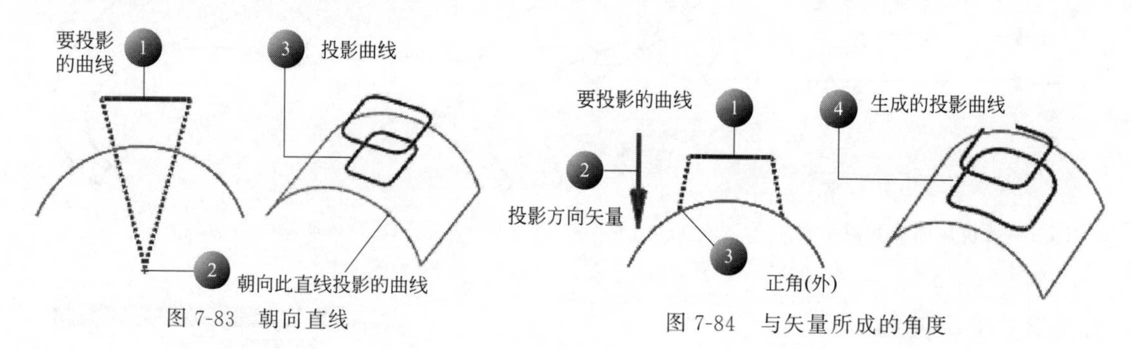

图 7-83　朝向直线

图 7-84　与矢量所成的角度

(4) 设置

① 输入曲线　用于控制投影后原曲线保留与否，包括 4 种控制方式：隐藏、保留、删除和替换。

• 隐藏：输入曲线隐藏成不可见。
• 保持：输入曲线不受偏置曲线操作的影响，被保持在它们的初始状态。
• 删除：通过投影曲线操作把输入曲线从模型中删除。
• 替换：输入曲线被已投影的曲线替换。

② 连结曲线　用于控制投影曲线的输出，包括以下 4 个选项：

• 无：创建的曲线穿过多个面或平面，在每个面或平面上显示为单独的曲线。
• 三次：合并输出的曲线以形成三次多项式样条曲线。
• 一般：合并输出的曲线以形成一般的样条曲线。
• 五次：合并输出的曲线以形成五次多项式样条曲线。

操作实例——创建投影曲线实例

操作步骤

Step 01 在功能区中单击【主页】选项卡中【标准】组中的【打开】按钮，在弹出【打开】对话框中选择素材文件“实例\第7章\原始文件\投影曲线.prt”，单击【打开】按钮打开模型文件，如图7-85所示。

扫码看视频

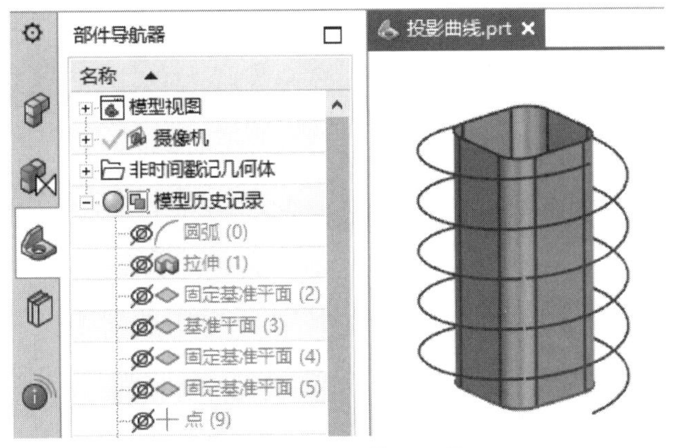

图7-85 打开模型文件

Step 02 单击【主页】选项卡中【派生曲线】组中【投影曲线】按钮，或选择下拉菜单【插入】|【派生曲线】|【投影】命令，弹出【投影曲线】对话框，如图7-86所示。

Step 03 选择图7-87所示曲线作为要投影的曲线，选择如图7-87所示的曲面作为投影曲面，设置【方向】为“朝向直线”，选择图中的矢量，单击【投影曲线】对话框中的【确定】按钮，完成投影曲线创建。

投影曲线
要投影的曲线或点
选择曲线或点 (1)
指定原点曲线
要投影的对象
选择对象 (8)
指定平面
投影方向
方向 朝向直线
选择直线 (1)
缝隙
设置
预览 显示结果
<确定> 应用 取消

图7-86 选择投影曲线和投影面

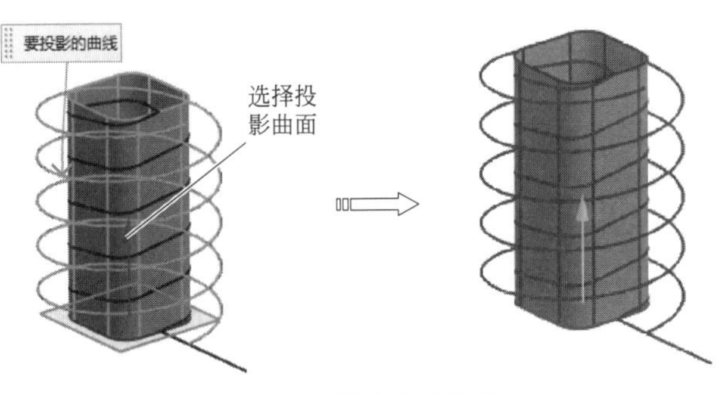

图7-87 创建投影曲线

7.4.4 镜像曲线

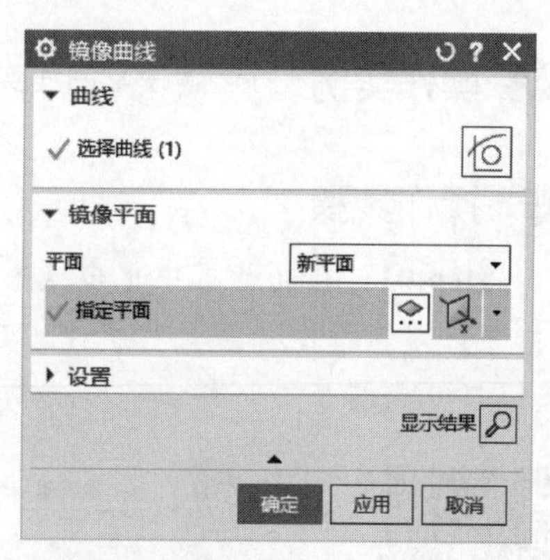

图 7-88 【镜像曲线】对话框

镜像曲线命令用于将选定的曲线沿选定的镜像平面生成新的曲线，可对空间曲线进行镜像。

在功能区中单击【主页】选项卡中【派生曲线】组中【镜像曲线】按钮，或选择下拉菜单【插入】|【派生曲线】|【镜像】命令，弹出【镜像曲线】对话框，如图 7-88 所示。

【镜像曲线】对话框中的【设置】选项参数含义如下。

（1）关联

原定义曲线保持不变，生成与原定义曲线相关联的镜像曲线，一旦原曲线作了修改，则镜像曲线也会随之变更。

（2）输入曲线

指定创建曲线时对原始输入曲线的处理。可用选项有：

- 保持：保留输入曲线。
- 隐藏：隐藏输入曲线。

当未选中关联复选框时，其他选项为：

- 删除：删除输入曲线。
- 替换：将输入曲线移动到镜像曲线所在的位置。

操作实例——创建镜像曲线实例

扫码看视频

操作步骤

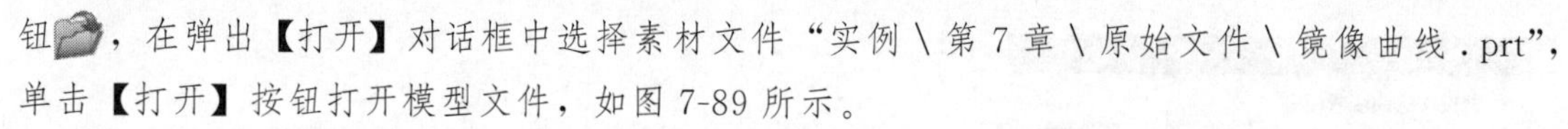

Step 01 在功能区中单击【主页】选项卡中【标准】组中的【打开】按钮，在弹出【打开】对话框中选择素材文件“实例\第 7 章\原始文件\镜像曲线 .prt”，单击【打开】按钮打开模型文件，如图 7-89 所示。

Step 02 在功能区中单击【主页】选项卡中【派生曲线】组中【镜像曲线】按钮，或选择下拉菜单【插入】|【派生曲线】|【镜像】命令，弹出【镜像曲线】对话框，如图 7-90 所示。

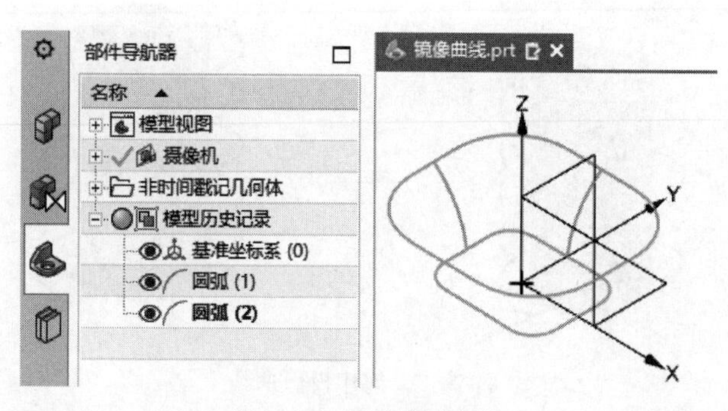

图 7-89 打开模型文件

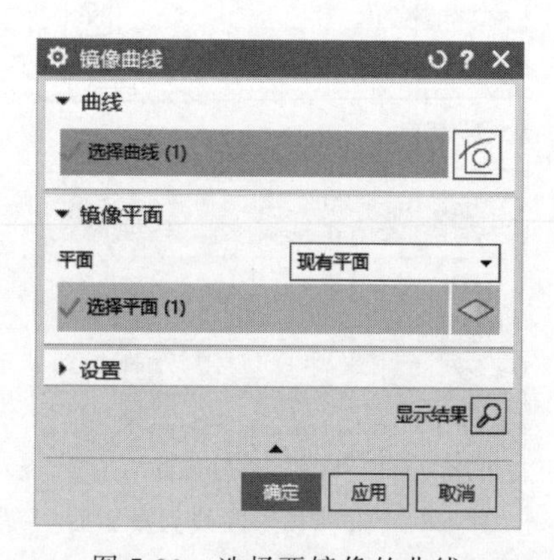

图 7-90 选择要镜像的曲线

Step 03 选择如图 7-91 所示的曲线作为要镜像的曲线，选择如图 7-91 所示的基准平面为镜像平面，单击【确定】按钮完成镜像曲线创建，如图 7-91 所示。

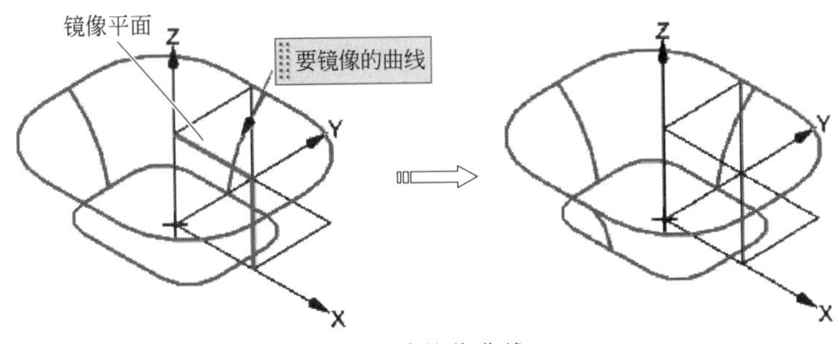

图 7-91 创建镜像曲线（一）

Step 04 选择如图 7-92 所示的曲线作为要镜像的曲线，选择如图 7-92 所示的基准平面为镜像平面，单击【确定】按钮完成镜像曲线创建。

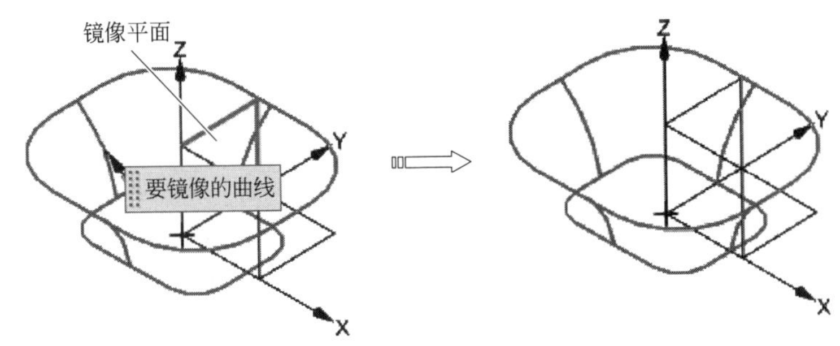

图 7-92 创建镜像曲线（二）

7.4.5 组合投影曲线

组合投影曲线命令用于组合两个已有曲线的投影，生成一条新的曲线，但这两个曲线投影必须相交。

在功能区中单击【主页】选项卡中【派生曲线】组中【组合投影】按钮，或选择下拉菜单【插入】|【派生曲线】|【组合投影】命令，弹出【组合投影】对话框，如图 7-93 所示。

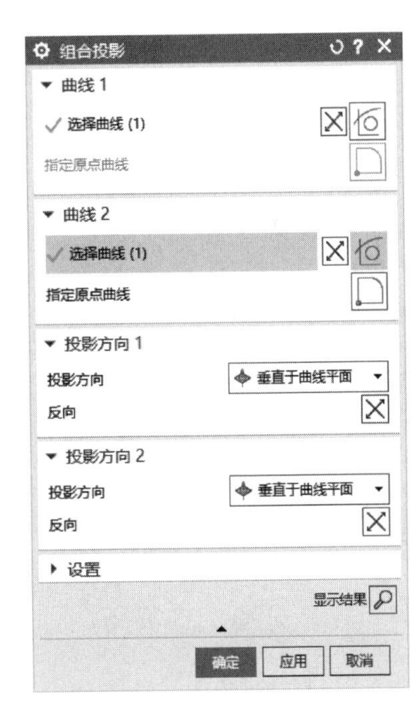

图 7-93 【组合投影】对话框

【组合投影】对话框中相关选项参数含义如下。

（1）曲线 1 和曲线 2

- 选择曲线：分别选择第一个和第二个要投影的曲线链，可以选择曲线、边、面、草图和线串。
- 指定原始曲线：当选择曲线 1 或曲线 2 的曲线环时可用，从该曲线环中指定原始曲线。
- 反向：反转显示方向。

（2）投影方向 1 和投影方向 2

分别为第一个和第二个选定曲线链指定投影方向。

- 垂直于曲线平面：设置曲线所在平面的法向。

- 沿矢量：使用矢量对话框或可用的矢量构造器选项来指定所需的方向。

操作实例——创建组合投影曲线实例

操作步骤

Step 01 在功能区中单击【主页】选项卡中【标准】组中的【打开】按钮，在弹出【打开】对话框中选择素材文件“实例\第7章\原始文件\组合曲线.prt”，单击【打开】按钮打开模型文件，如图7-94所示。

扫码看视频

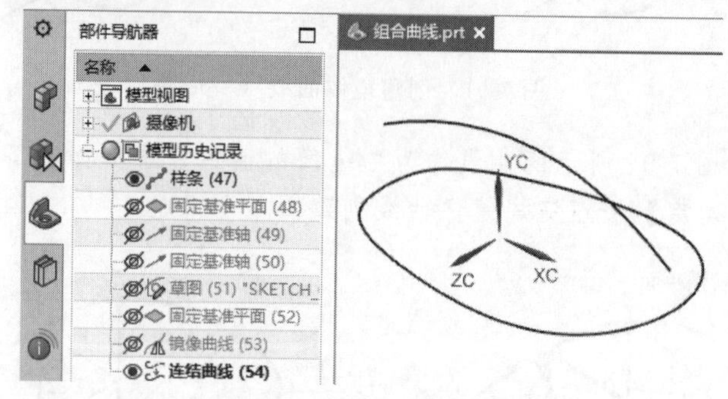

图7-94 打开模型文件

Step 02 在功能区中单击【主页】选项卡中【派生曲线】组中【组合投影】按钮，或选择下拉菜单【插入】|【派生曲线】|【组合投影】命令，弹出【组合投影】对话框，如图7-95所示。

Step 03 选择如图7-96所示的两条曲线，设置投影方向为“垂直于曲线平面”，单击【确定】按钮完成组合投影曲线创建。

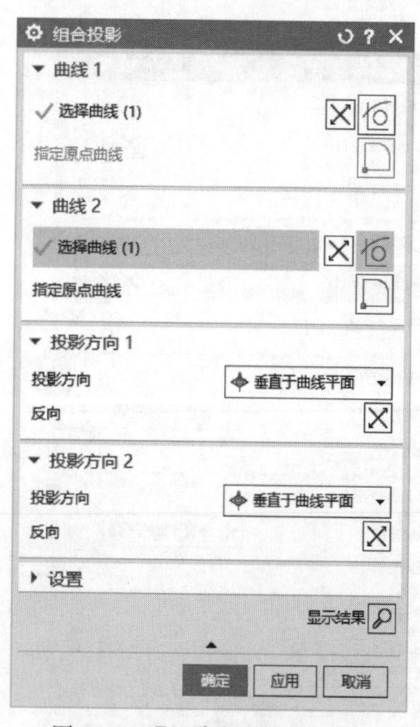

图7-95 【组合投影】对话框

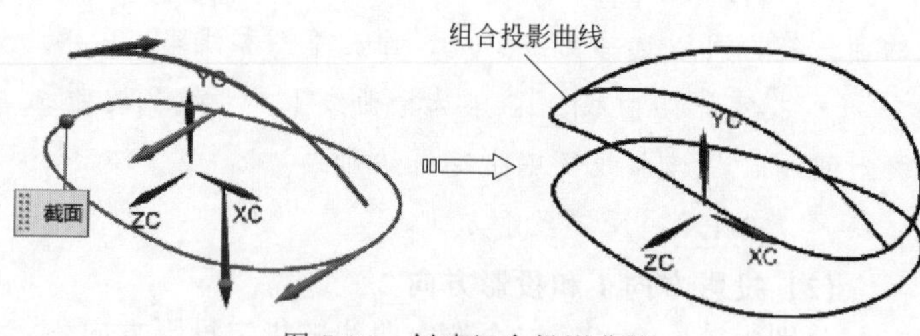

图7-96 创建组合投影曲线

7.5 上机习题

习题 7-1

使用点、基本曲线、圆弧、镜像曲线等指令建立如图习题 7-1 所示的模型。

扫码看视频

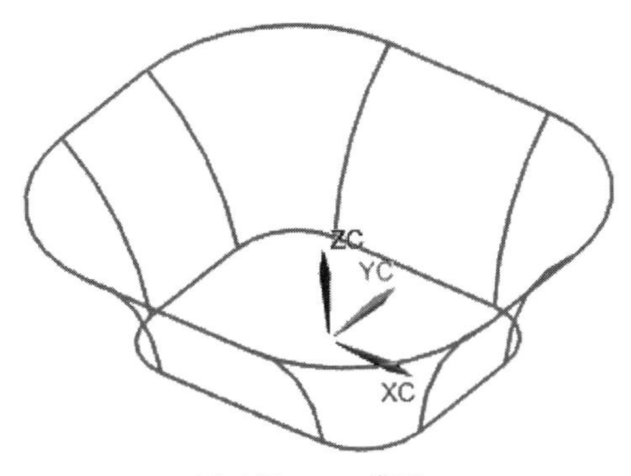

图习题 7-1　模型一

习题 7-2

使用点、基本曲线、圆弧、圆角等指令建立如图习题 7-2 所示的模型。

扫码看视频

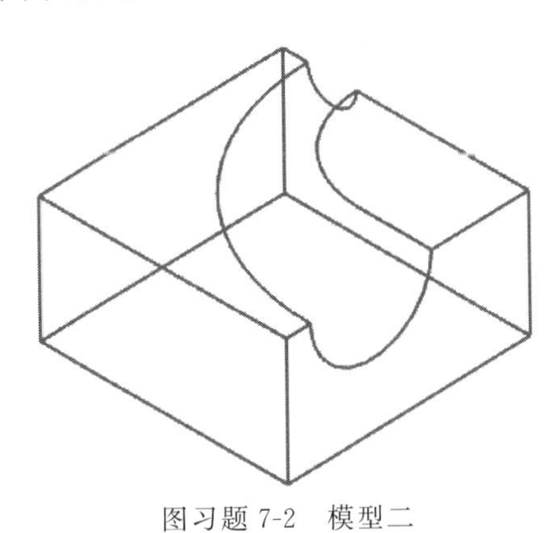

图习题 7-2　模型二

本章小结

本章主要介绍了曲线的创建、编辑与操作功能，包括点、基本曲线、二次曲线等创建、编辑参数、修剪曲线、修剪角等曲线编辑方法和偏置曲线、投影曲线、镜像曲线等曲线操作过程。通过本章的学习，读者可以运用所学知识进行常用曲线的绘制及编辑操作。

第8章 UG NX曲面设计

曲面造型功能是UG NX CAD模块的重要组成部分，绝大多数产品的设计都离不开曲面的构建。本章介绍曲面造型相关知识，包括基于点的曲面、基于曲线的曲面和基于片体的曲面等。

本章内容

- 曲面设计简介
- 基于点的曲面
- 基于曲线的曲面
- 基于片体的曲面

8.1 曲面设计简介

使用UG NX软件进行产品设计时，对于形状比较规则的零件，利用实体特征造型快捷方便，基本能满足造型的需要。但对于形状复杂的零件，实体特征的造型方法显得力不从心，难于胜任，就需要实体和曲面混合设计才能完成。UG NX曲面造型方法繁多、功能强大、使用方便，提供了弹性化设计方式，是三维造型技术的重要组成部分。

8.1.1 曲面基本术语

对UG NX中的曲面术语进行了解可以更好地创建所需曲面，本节简单介绍曲面相关术语。

(1) 实体、片体和曲面

在UG NX构造的物体类型有2种：实体与片体。实体是具有一定体积和质量的实体性几何特征；片体是相对于实体而言，它只有表面，没有体积，并且一个片体是一个独立的几何体，可以包含一个特征，也可以包含多个特征。

- 实体：具有厚度、由封闭曲面包围的、具有体积的物体。
- 片体：厚度为0的实体，它只有表面，没有体积。
- 曲面：曲面是一种泛称，片体、片体组合、实体的所有表面都可以称为曲面。

(2) 曲面的U、V方向

在数学上，曲面是用两个方向的参数定义的：行方向由U参数定义、列方向由V参数定义。

- 对于“通过点”的曲面，大致具有同方向的一组点构成了行方向，与行大约垂直的一组点构成了列方向，如图8-1所示。

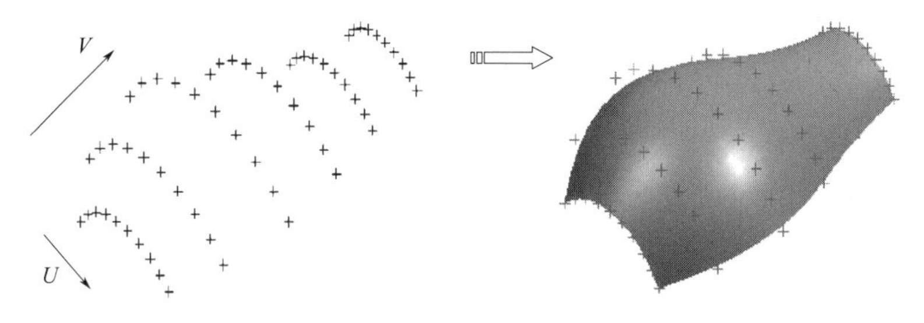

图 8-1 通过点曲面的 U、V 方向

• 对于“通过曲线”和“直纹面”的生成方法，曲线方向代表了 U 方向，如图 8-2 所示。

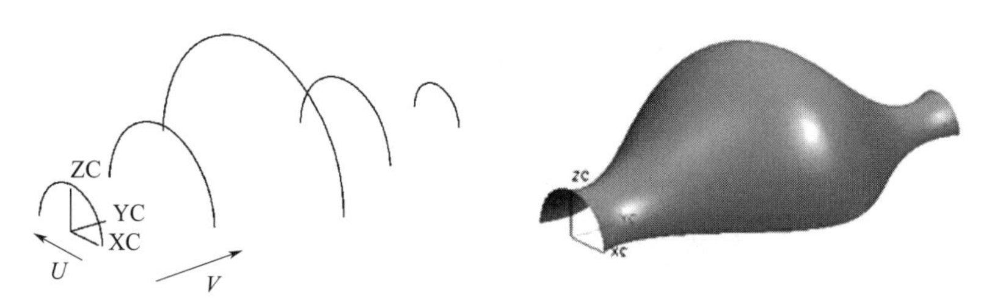

图 8-2 曲线曲面的 U、V 方向

(3) 曲面的阶次

曲面的阶次类似于曲线的阶次，是一个数学概念，用来描述片体的多项式的最高次数。由于片体具有 U、V 两个方向的参数，因此，需分别指定次数。在 UG NX 中，片体在 U、V 方向的次数必须介于 2～24，但最好采用 3 次，称为双三次曲面。曲面的阶次过高会导致系统运算速度变慢，甚至在数据转换时，容易发生数据丢失等情况。

(4) 补片类型

片体是由补片构成的，根据补片的类型可分为单补片和多补片。

单补片是指所建立的片体只包含一个单一的补片，而多补片则是由一系列的单补片组成，如图 8-3 所示。用户在相应的对话框中可以控制生成单张或多张曲面片。补片越多，越能在更小的范围内控制片体的曲率半径。一般情况下，减少补片的数量，可以使所创建的曲面更光滑。因此，从加工的角度出发，创建曲面时应尽可能使用较少的补片。

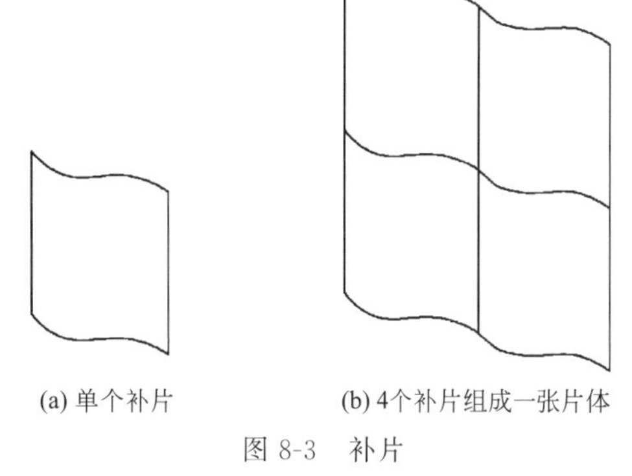

图 8-3 补片

(5) 曲面公差

在数学上，曲面是采用逼近和插值方法进行计算的。因此需要指定造型误差，具体包括两种类型，其公差值在曲面造型预设置中设定。

① 距离公差 指构造曲面与数学表达的理论曲面在对应点所允许的最大距离误差。

② 角度公差 指构造曲面与数学表达的理论曲面在对应点所允许的最大角度误差。

8.1.2 曲面设计用户界面

曲面建模是辅助实体建模的，因此在建模和外观造型设计上都可使用各种与曲面相关的命令。

8.1.2.1 曲面设计用户界面

在建模模块中单击【曲面】选项卡，进入曲面设计用户界面，如图 8-4 所示。

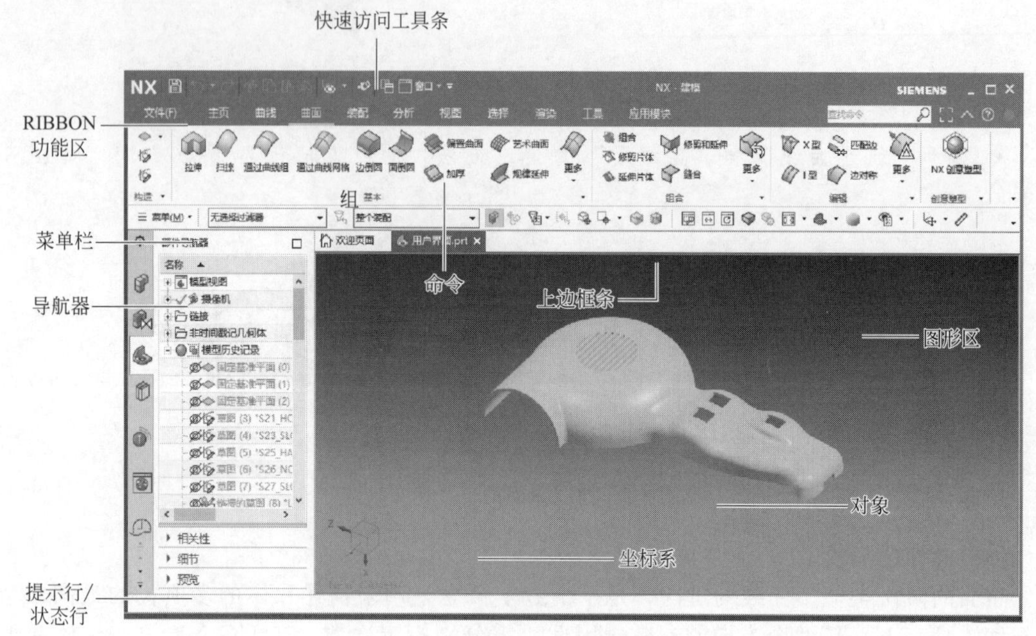

图 8-4　曲面设计用户界面

8.1.2.2 曲面创建类型

根据其创建方法的不同，曲面创建可以分成以下几种类型。

(1) 基于点建曲面

点创建各种曲面的方法主要包括“四点曲面”“整体突变”“通过点”“从极点”和“从点云”等。

(2) 基于曲线曲面

曲线建立曲面是指通过网格线框创建曲面，包括直纹曲面、通过曲线组曲面、通过曲线网格、艺术曲面和 N 边曲面。

(3) 基于片体曲面

基于片体的曲面创建方法大多用来连接曲面与曲面之间的过渡，包括桥接曲面、偏置曲面、延伸片体、面倒圆等。

8.2 基于点的曲面

基于点的曲面创建方法主要包括四点曲面、整体突变、通过点、从极点和从点云等。

8.2.1 四点曲面

【四点曲面】可通过指定 4 个点来创建一个曲面。

在功能区中单击【曲面】选项卡中【基本】组中的【四点曲面】按钮，或选择下拉菜单【插入】|【曲面】|【四点曲面】命令，弹出【四点曲面】对话框，如图 8-5 所示。

【指定点】选项用于为四点曲面选择第一、第二、第三和第四个点。

图 8-5 【四点曲面】对话框

操作实例——创建四点曲面实例

操作步骤

Step 01 在功能区中单击【主页】选项卡中【标准】组中的【打开】按钮，在弹出【打开】对话框中选择素材文件“实例\第 8 章\原始文件\四点曲面实例 .prt”，单击【打开】按钮打开模型文件，如图 8-6 所示。

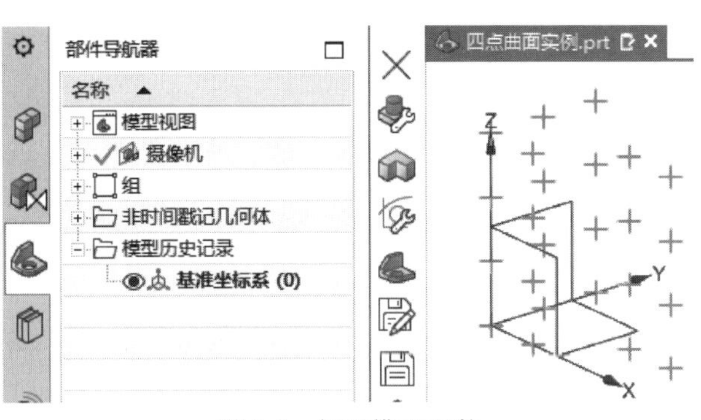

图 8-6 打开模型文件

扫码看视频

Step 02 在功能区中单击【曲面】选项卡中【基本】组中的【四点曲面】按钮，或选择下拉菜单【插入】|【曲面】|【四点曲面】命令，弹出【四点曲面】对话框，在图形区依次选择 4 个点，单击【确定】按钮完成四点曲面创建，如图 8-7 所示。

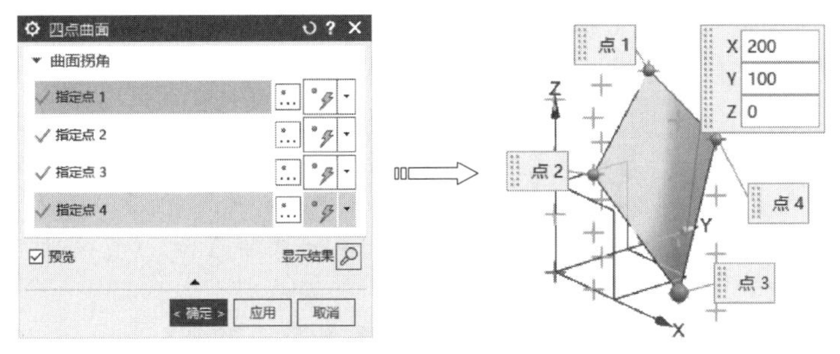

图 8-7 创建四点曲面

8.2.2 通过点

【通过点】是指通过指定的矩形阵列点来创建一张非参数化曲面。通过点所生成的曲面会插补每个指定的点。

在功能区中单击【曲面】选项卡中【基本】组中的【通过点】按钮，或选择下拉菜单

单【插入】|【曲面】|【通过点】命令，弹出【通过点】对话框，如图 8-8 所示。

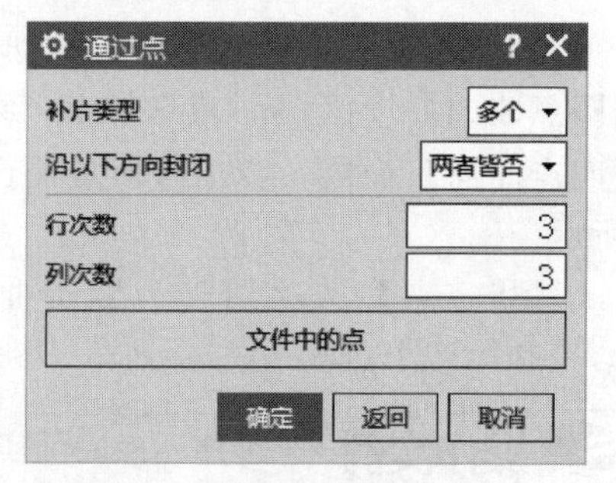

图 8-8 【通过点】对话框

> **技术要点**
>
> 当阶次为 3 时，用户选择第 4 行后已经满足曲面创建的条件，会再弹出“过点”对话框。选择“指定另一行”可允许用户指定片体另外一行点，而选择“所有指定的点”则立即生成片体。

【通过点】对话框相关选项参数的含义如下。

(1) 补片类型

用于指定所创建补片类型，即补片的曲面是一个还是多个曲面，包括“单个”和“多个”2 个选项。

- 单个：创建仅含一个面的片体。
- 多个：创建含有多个面的片体。

(2) 沿以下方向封闭

用于设置曲面是否闭合或闭合方式。

- 两者皆否：指定义点或控制点的列方向与行方向都不闭合。
- 行或列：分别代表第一行（列）为最后一行（列），即第一行（列）同时自动成为最后一行（列）。
- 两者皆是：指两个方向都是封闭的，最后将生成实体。

(3) 行次数

用于为多补片指定行次数（1 到 24）。对于单补片而言，系统决定行次数从点数最高的行开始。

(4) 列次数

用于为多补片指定列次数（最多为指定行数减一）。对于单补片而言，系统将此设置为指定行数减 1。

操作实例——创建通过点实例

操作步骤

Step 01 在功能区中单击【主页】选项卡中【标准】组中的【打开】按钮，在弹出【打开】对话框中选择素材文件“实例 \ 第 8 章 \ 原始文件 \ 通过点曲面实例 .prt”，单击【打开】按钮打开模型文件，如图 8-9 所示。

扫码看视频

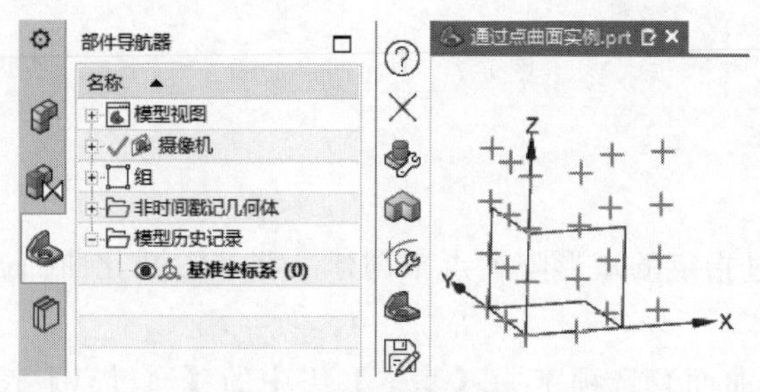

图 8-9 打开模型文件

Step 02 在功能区中单击【曲面】选项卡中【基本】组中的【通过点】按钮，或选择下拉菜单【插入】|【曲面】|【通过点】命令，弹出【通过点】对话框，如图 8-10 所示。

Step 03 单击【确定】按钮，弹出【过点】对话框，如图 8-11 所示，单击【在矩形内的对象成链】按钮，系统弹出【指定点】对话框。

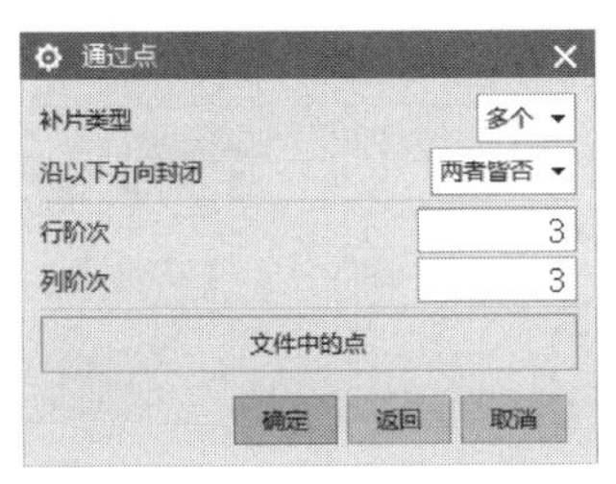

图 8-10 【通过点】对话框

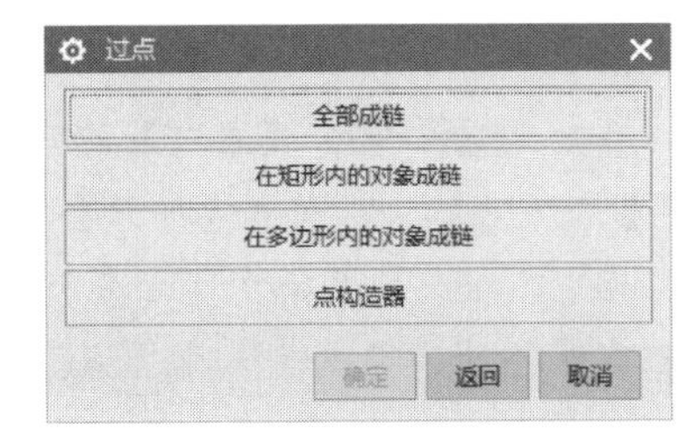

图 8-11 【过点】对话框（一）

Step 04 框选第一行点，然后系统提示选择起点，选择如图 8-12 所示的起点；系统提示选择终点，选择如图 8-12 所示的终点。

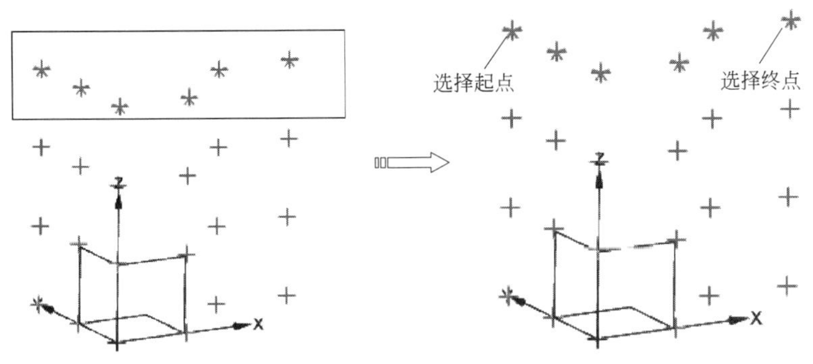

图 8-12 选择第一行起点和终点

Step 05 重复上述步骤，选择余下 3 行的所有点，单击【过点】对话框中的【所有指定的点】按钮，如图 8-13 所示。系统创建通过点曲面，如图 8-14 所示。

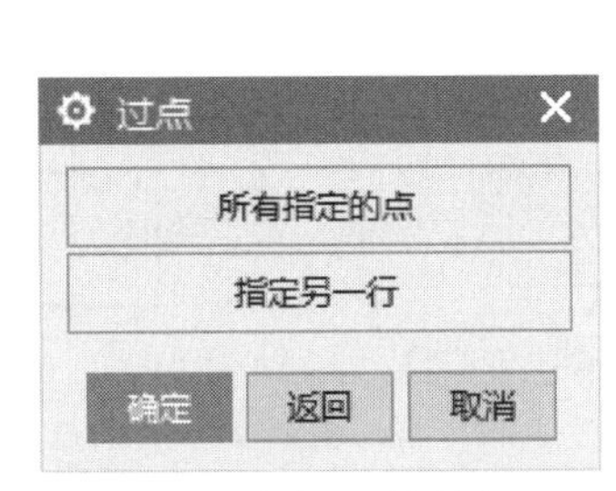

图 8-13 【过点】对话框（二）

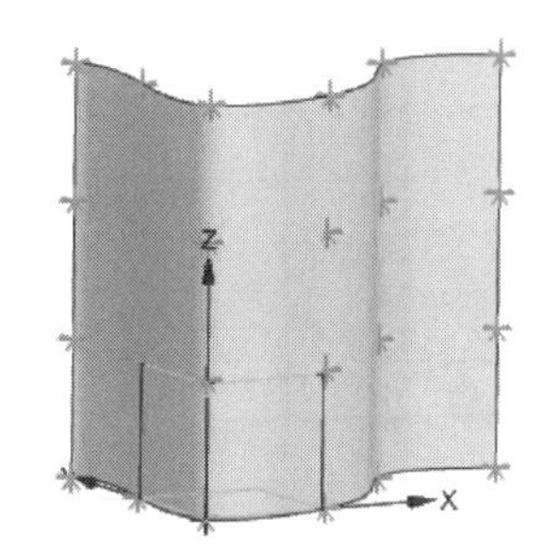

图 8-14 创建通过点曲面

8.2.3 从极点

【从极点】是指所指定的点为定义片体外形控制网的极点。使用极点可以更好地控制片体的全局外形，还可以避免片体中不必要的波动。

在功能区中单击【曲面】选项卡中【基本】组中的【从极点】按钮，或选择菜单

【插入】|【曲面】|【从极点】命令，弹出【从极点】对话框，如图 8-15 所示。

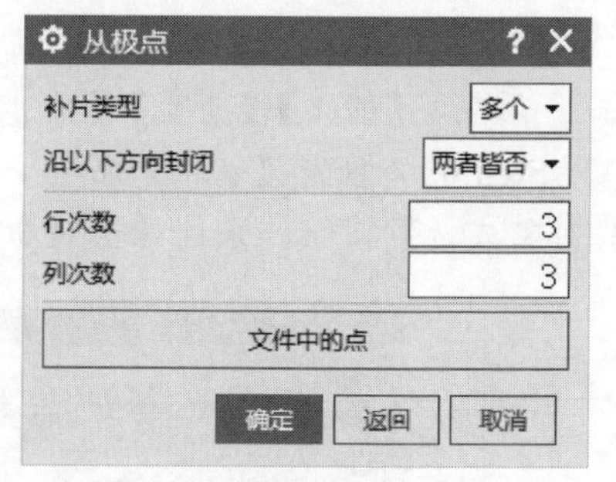

图 8-15 【从极点】对话框

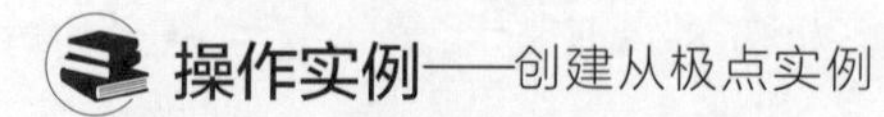

操作步骤

Step 01 在功能区中单击【主页】选项卡中【标准】组中的【打开】按钮，在弹出【打开】对话框中选择素材文件“实例\第 8 章\原始文件\从极点曲面 .prt”，单击【打开】按钮打开模型文件，如图 8-16 所示。

扫码看视频

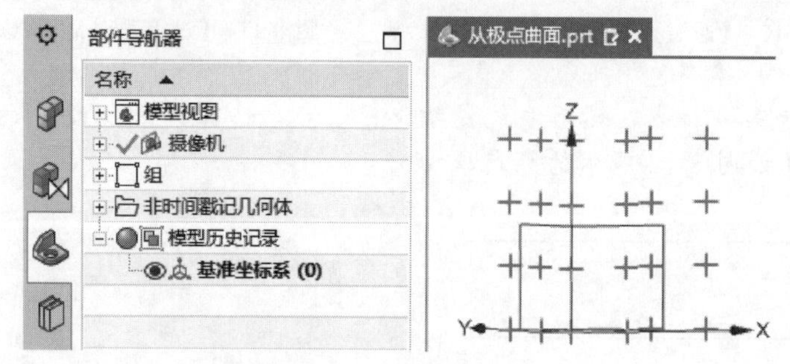

图 8-16 打开模型文件

Step 02 在功能区中单击【曲面】选项卡中【基本】组中的【从极点】按钮，或选择菜单【插入】|【曲面】|【从极点】命令，弹出【从极点】对话框，如图 8-17 所示。

Step 03 单击【确定】按钮，弹出【点】对话框，依次选择第一行的点，如图 8-18 所示。单击【确定】按钮完成。

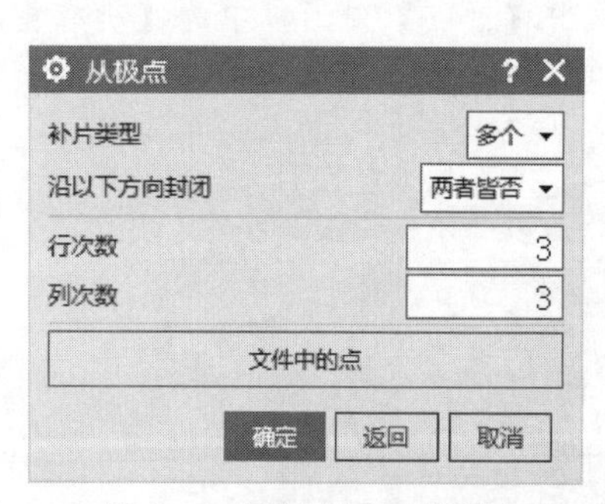

图 8-17 【从极点】对话框

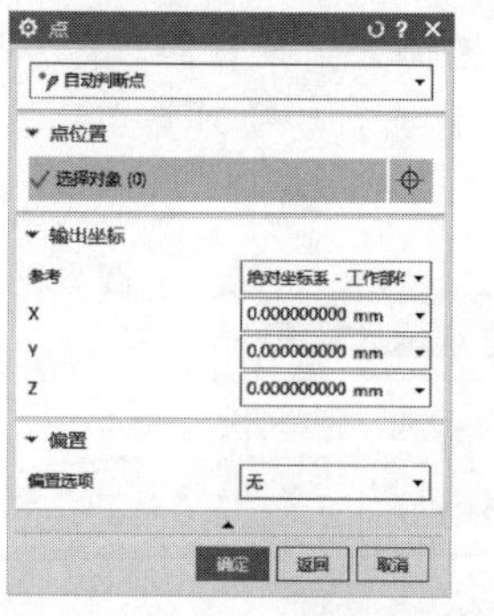

图 8-18 选择第一行的点

Step 04 系统弹出【指定点】对话框，单击【是】按钮完成第一行从极点创建，如图 8-19 所示。

Step 05 重复上述步骤，选择余下 5 行的所有点（注意每一行要单击【确定】按钮完成）。单击【过点】对话框中的【所有指定的点】按钮，如图 8-20 所示。系统创建从极点曲面，如图 8-21 所示。

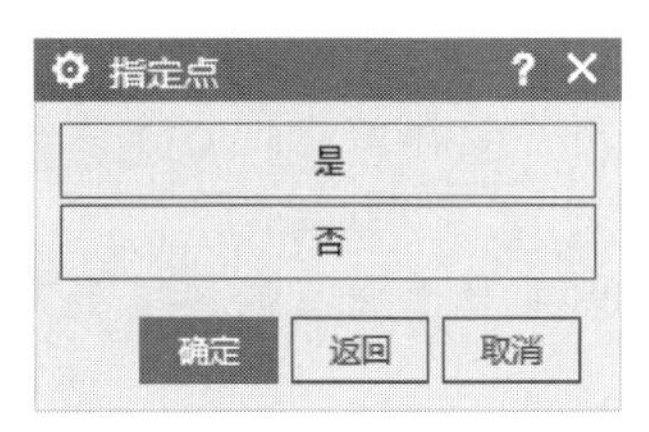

图 8-19 【指定点】对话框

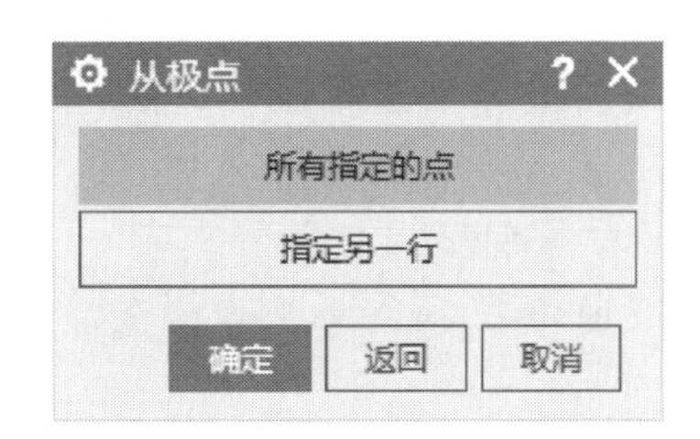

图 8-20 【过点】对话框

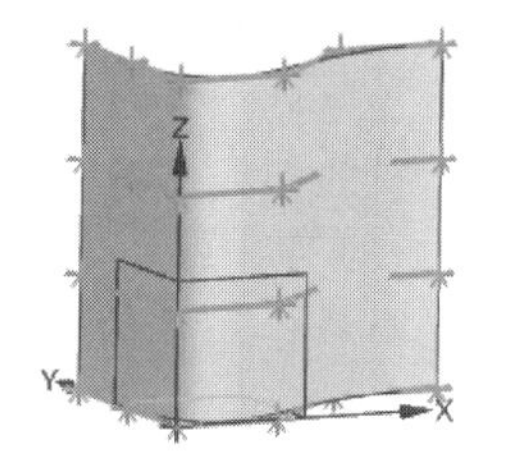
图 8-21 创建从极点曲面

8.3 基于曲线的曲面

利用曲线构造曲面的方法在工程上应用非常广泛，如飞机的机身、机翼等，主要包括直纹曲面、通过曲线组、通过曲线网格曲面、N 边曲面、扫掠曲面、有界平面等。

8.3.1 直纹曲面

【直纹曲面】是指通过两条截面线串生成片体或实体，如图 8-22 所示。每条截面线串可由多条连续的曲线、体的边界或多个体表面组成，第一根截面线可以是直线、光滑的曲线，也可以是曲线的点或端点。

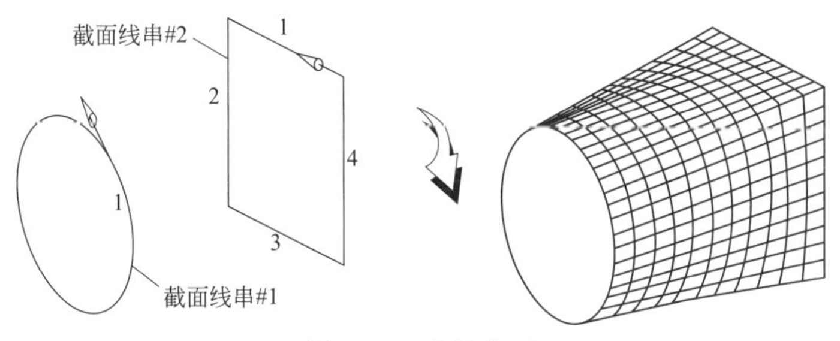

图 8-22 直纹曲面

在功能区中单击【曲面】选项卡中【基本】组中的【直纹】按钮，或选择下拉菜单【插入】|【网格曲面】|【直纹面】命令，弹出【直纹】对话框，如图 8-23 所示。

图 8-23 【直纹】对话框

【直纹】对话框中相关选项参数含义如下。

（1）截面（线串 1）和截面（线串 2）

直纹曲面中的曲线轮廓线称为截面线串，每条截面线串可以由多条连续的曲线、体的边界或多个体表面组成，也可以选择曲线的点或端点作为两个截面线串中的第一个。

（2）对齐

用曲线构成曲面时，对齐方法说明了截面曲线之间的对应关系，对齐将影响曲面形状。直纹曲面常用对齐方式一般采用"参数"对齐，对于多段曲线或者具有尖点的曲线，采用"根据点"对齐方法较好。

- 参数：沿曲线等参数分布的对应点连接。根据相等的参数方式建立连接点，若截面线上包含直线与曲线，则直线与曲线的间隔是不同的。

- 弧长：根据相等的弧长方式建立连接点，即所选取曲线的全部长度将完全被等分。
- 根据点：将不同形状的截面线串间的点对齐，即根据用户选择的指定点作为强制的对齐点。例如，矩形截面线串与三角形截面线串。
- 距离：用户指定一个矢量方向，使用垂直于矢量方向的等距平面与截面线串的交点作为直纹曲面的连接点。
- 角度：用户选择一条轴线，使用通过此轴线的等角度平面与两截面线串的交点作为直纹曲面的连接点，即指定轴线上形成等距且垂直于矢量的平面，将该平面与截面线的交点作为起点。
- 脊线：选取脊线之后，系统会用垂直于脊线的平面均匀等分截面线串，所产生的片体范围会以所选取的脊线长度为准。该方式与距离类似，所不同的是用脊线取代了矢量。

操作实例——创建直纹曲面实例

操作步骤

Step 01 在功能区中单击【主页】选项卡中【标准】组中的【打开】按钮，在弹出【打开】对话框中选择素材文件“实例 \ 第 8 章 \ 原始文件 \ 直纹曲面 . prt”，单击【打开】按钮打开模型文件，如图 8-24 所示。

扫码看视频

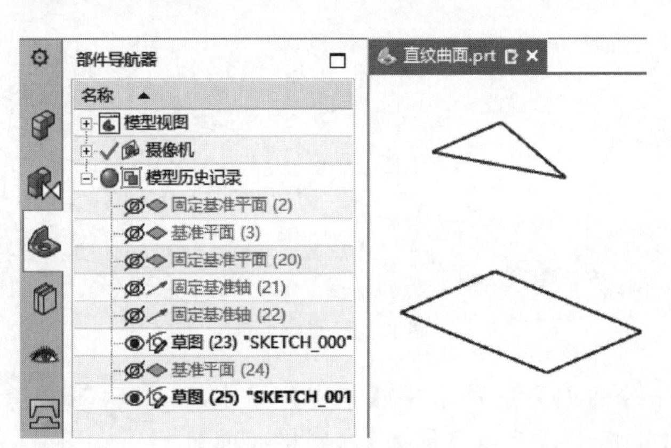

图 8-24 打开模型文件

Step 02 在功能区中单击【曲面】选项卡中【曲面】组中的【直纹】按钮，或选择下拉菜单【插入】|【网格曲面】|【直纹面】命令，弹出【直纹】对话框，设置【对齐】为“根据点”，如图 8-25 所示。

Step 03 在图形中选择截面线串 1，单击鼠标中键确认；然后选择截面线串 2，单击鼠标中键确认，拖动如图 8-26 所示的点到角点对齐，单击【确定】按钮完成直纹曲面创建。

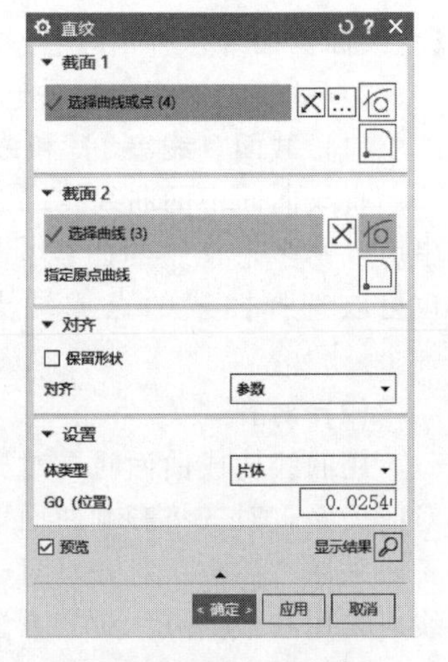

图 8-25 【直纹】对话框

8.3.2 通过曲线组

【通过曲线组】是指通过一系列的同一方向上的一组曲线生成一个曲面，如图 8-27 所示。

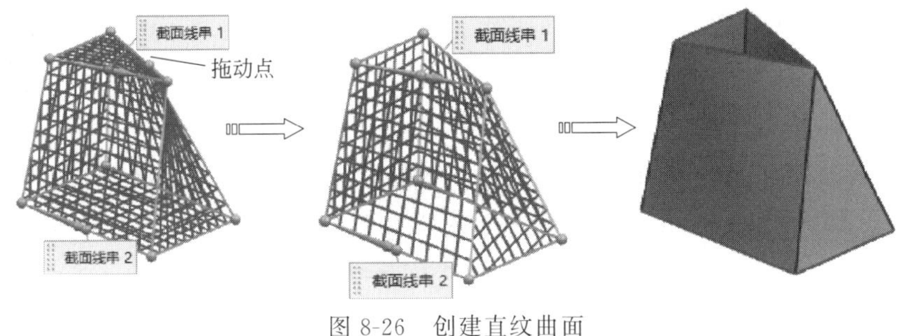

图 8-26　创建直纹曲面

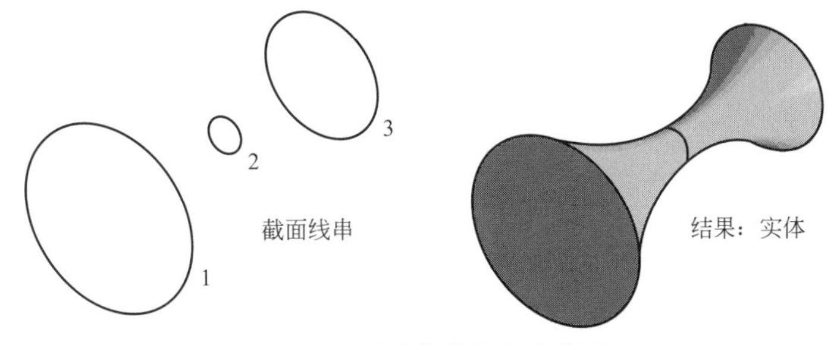

图 8-27　通过曲线组生成曲面

技术要点

“直纹面”与“通过曲线”操作方法相似，区别在于前者只使用两条截面线串，后者最多可以使用高达 150 条的截面线串，而且后者可以增加首尾的接触约束形式来建立曲面。

在功能区中单击【曲面】选项卡中【基本】组中的【通过曲线组】按钮，或选择下拉菜单【插入】|【网格曲面】|【通过曲线组】命令，弹出【通过曲线组】对话框，如图 8-28 所示。

图 8-28　【通过曲线组】对话框

【通过曲线组】对话框中相关选项参数含义如下。

（1）截面

用于选择截面线串，每选择一条截面线，单击鼠标中键确认。当所有的截面线选择完成之后，在【列表】显示框中会把所有的截面线串都显示出来。

（2）连续性

用于对通过曲线组生成的曲面的起始端和终止端定义约束条件，包括以下 3 个选项：

- G0（位置）：点连续，无约束。
- G1（相切）：曲面与指定面相切连续。
- G2（曲率）：曲面与指定面曲率连续。

（3）【对齐】组框

用于调整创建的片体方向，当设置好调整方式后，空间中的点将会沿着曲线已指定的方式穿过曲线生成片体，与“直纹曲面”中的“对齐”选项含义相同。

操作实例——创建通过曲线组曲面实例

操作步骤

Step 01 在功能区中单击【主页】选项卡中【标准】组中的【打开】按钮，在弹出【打开】对话框中选择素材文件“实例\第8章\原始文件\通过曲线组曲面.prt”，单击【打开】按钮打开模型文件，如图8-29所示。

Step 02 在功能区中单击【曲面】选项卡中【基本】组中的【通过曲线组】按钮，或选择下拉菜单【插入】|【网格曲面】|【通过曲线组】命令，弹出【通过曲线组】对话框，如图8-30所示。

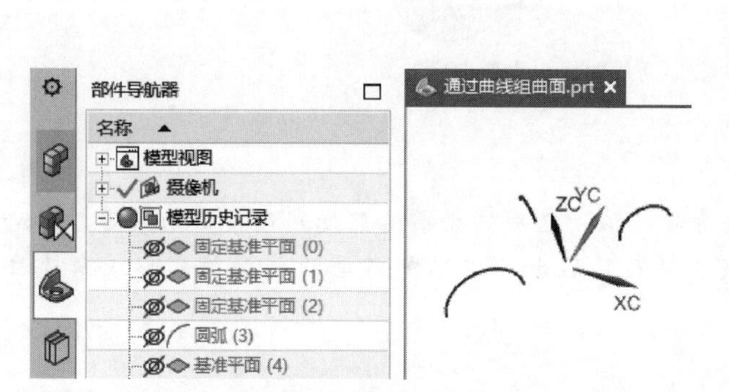

图 8-29 打开模式文件

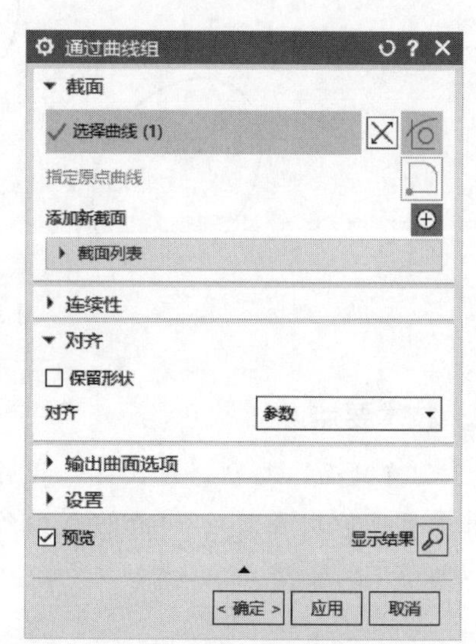

图 8-30 【通过曲线组】对话框

Step 03 在图形中选择点1以及其他截面线，单击鼠标中键确认，设置【对齐】为“脊线”，选择如图8-31所示的曲线，单击【确定】按钮完成通过曲线组曲面创建。

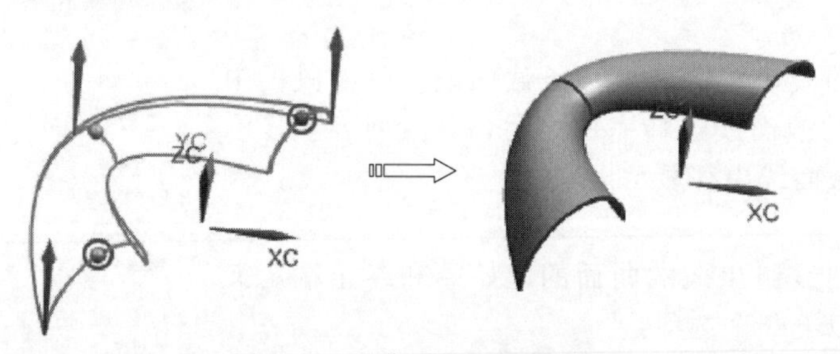

图 8-31 创建通过曲线组曲面

8.3.3 通过曲线网格曲面

【通过曲线网格】是指从沿着两个不同方向的一组现有的曲线轮廓上生成实体或片体，所产生的曲线网格体是双三多项式的，即U向和V向的次数都为三次的，如图8-32所示。

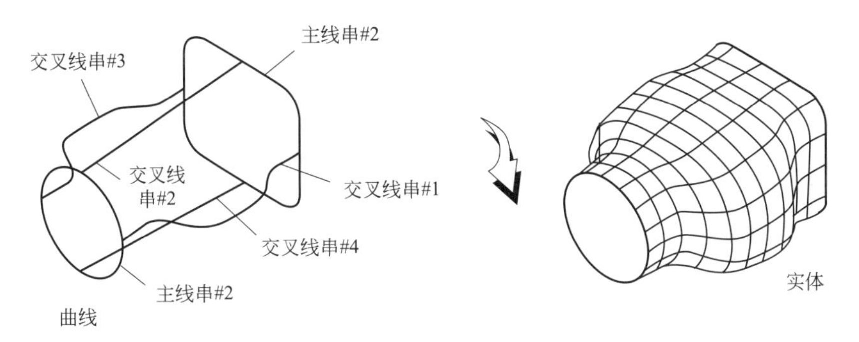

图 8-32 通过曲线网格生成曲面

在功能区中单击【曲面】选项卡中【基本】组中【通过曲线网格】按钮，或选择菜单【插入】|【网格曲面】|【通过曲线网格】命令，弹出【通过曲线网格】对话框，如图 8-33 所示。

【通过曲线网格】对话框中相关选项参数如下（只介绍与前面不同选项）。

(1)【主曲线和交叉曲线】组框

用于选择要生成的一组控制线串，称为主线串和交叉线串。

① 主曲线 创建网格曲面时，主曲线可以选择点、曲线、实体和片体的边缘线。选择每条曲线后单击鼠标中键确认。需要注意的是：选择主线串的时候要保持主线串的箭头方向一致。

图 8-33 【通过曲线网格】对话框

技术要点

截面线串定义曲面的曲线轮廓，最多可由 5000 条曲线、实体边或面边组成。它们不必光顺，但必须是连续的（G0）。

② 交叉曲线 创建网格曲面时，选择的第二组线串。选择一条之后单击鼠标中键确认。交叉曲线可选择线、实体或片体的边缘线。

(2) 连续性

用于对通过曲线网格生成的曲面的起始端和终止端定义约束条件。

① 全部应用 将相同的连续性设置应用于第一个及最后一个截面。

② 第一主线串、最后主线串、第一交叉线串、最后交叉线串 用于为第一个与最后一个主截面及横截面设置连续性约束，以控制与输入曲线有关的曲面的精度。

- G0（位置）：位置连续公差。
- G1（相切）：相切连续公差。
- G2（曲率）：曲率连续公差。

③ 选择面 用于按需要选择一个或多个约束面。

操作实例——创建通过曲线网格曲面实例

操作步骤

Step 01 在功能区中单击【主页】选项卡中【标准】组中的【打开】按钮，在弹出【打开】对话框中选择素材文件“实例\第8章\原始文件\通过曲线网格曲面.prt”，单击【打开】按钮打开模型文件，如图8-34所示。

扫码看视频

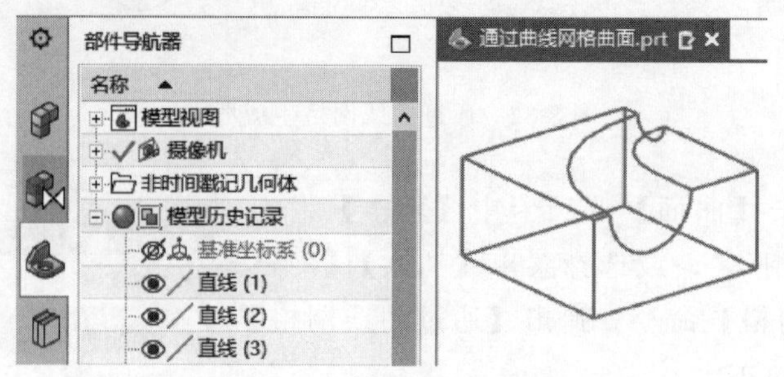

图8-34 打开模型文件

Step 02 在功能区中单击【主页】选项卡中【基本】组中【通过曲线网格】按钮，或选择菜单【插入】|【网格曲面】|【通过曲线网格】命令，弹出【通过曲线网格】对话框，如图8-35所示。

Step 03 选择如图8-36所示的两条截面线作为主曲线（单击鼠标中键确认），选择交叉曲线（单击鼠标中键确认），单击【确定】按钮完成通过曲线网格曲面创建。

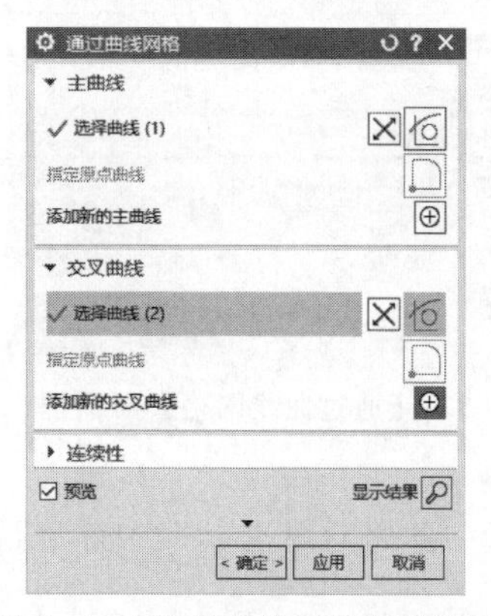

图8-35 【通过曲线网格】对话框

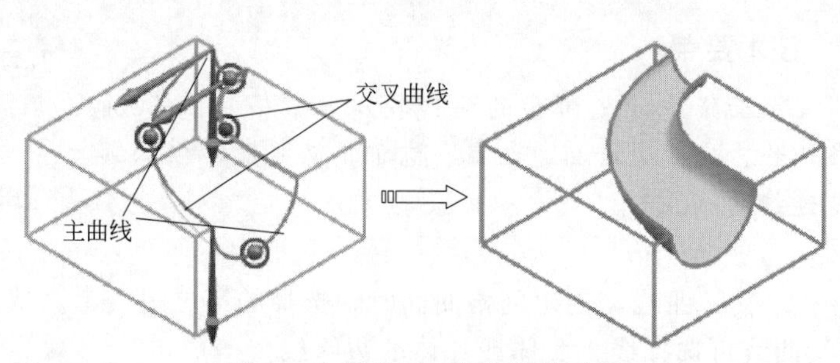

图8-36 创建通过曲线网格曲面

8.3.4 N边曲面

【N边曲面】是指选择一组封闭的曲线或者曲面边界，并且选择一组曲面作为控制曲面，来构建一个过渡曲面，如图8-37所示。

图8-37 N边曲面

图 8-38 【N 边曲面】对话框

在功能区中单击【曲面】选项卡中【基本】组中的【N 边曲面】按钮，或选择下拉菜单【插入】|【网格曲面】|【N 边曲面】命令，弹出【N 边曲面】对话框，如图 8-38 所示。

【N 边曲面】对话框中相关选项参数含义如下。

(1)【类型】组框

• 已修剪（修剪的单片体）：通过所选择的封闭边缘或是封闭的曲线生成一个单一的曲面，如图 8-39(a) 所示。

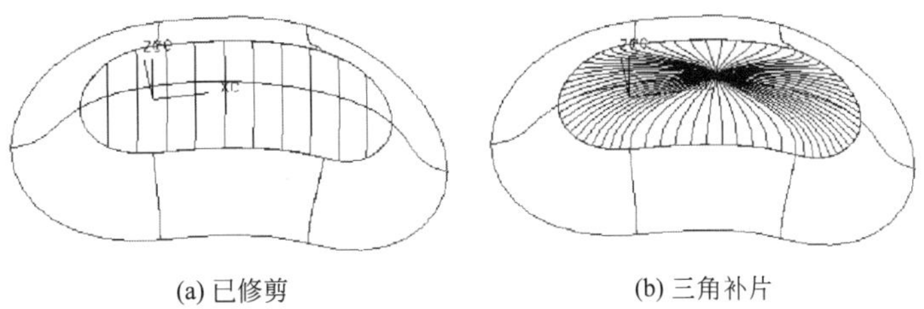

图 8-39 类型

• 三角补片：在曲线或者边的闭环内生成一个曲面，该曲面由多个三角补片组成，其中的三角补片相交于一点，如图 8-39(b) 所示。

(2)【外环】组框

•【选择曲线】：选择曲线或边的闭环作为 N 边曲面的构造边界。

(3)【约束面】组框

用于选择面，将相切及曲率约束添加到新曲面中。

(4) UV 方位

用于指定构建新曲面的方向。如果不指定 UV 方位，则 UG NX 会自动生成曲面。

• 脊线：使用脊线定义新曲面的 V 方位。新曲面的 U 向等参数线朝向垂直于选定脊线的方向。

• 矢量：使用矢量定义新曲面的 V 方位。

• 面积：创建连接边界曲线的新曲面，同时可以通过选择点指定矩形控制 N 边曲面大小。

操作实例——创建 N 边曲面实例

操作步骤

Step 01 在功能区中单击【主页】选项卡中【标准】组中的【打开】按钮，在弹出【打开】对话框中选择素材文件“实例 \ 第 8 章 \ 原始文件 \ N 边曲面 .prt”，单击【打开】按钮打开模型文件，如图 8-40 所示。

Step 02 在功能区中单击【曲面】选项卡中【基本】组中的【N 边曲面】按钮，弹出【N 边曲面】对话框：在【类型】下选择“三角形”；在【外环】组框中单击【选择曲线】图标，选择开口边；在【约束面】中单击【选择面】图标，选择约束曲面，如图 8-41 所示。

扫码看视频

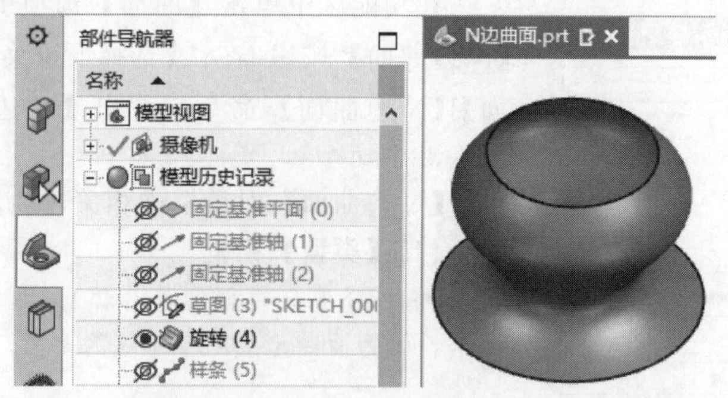

图 8-40　打开模型文件

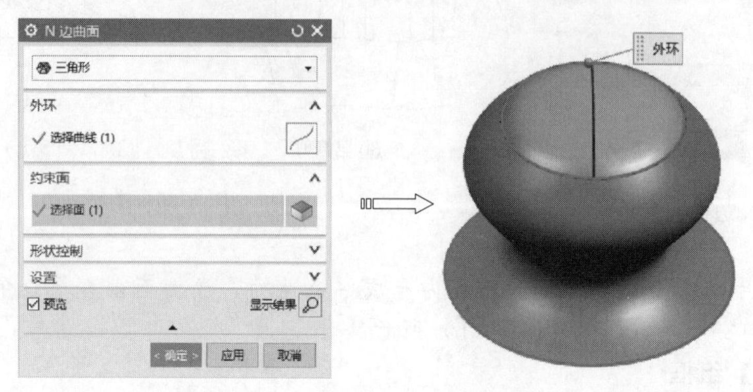

图 8-41　设置 N 边曲面参数

Step 03　调整【中心控制】参数如图 8-42 所示，单击【确定】按钮完成 N 边曲面创建。

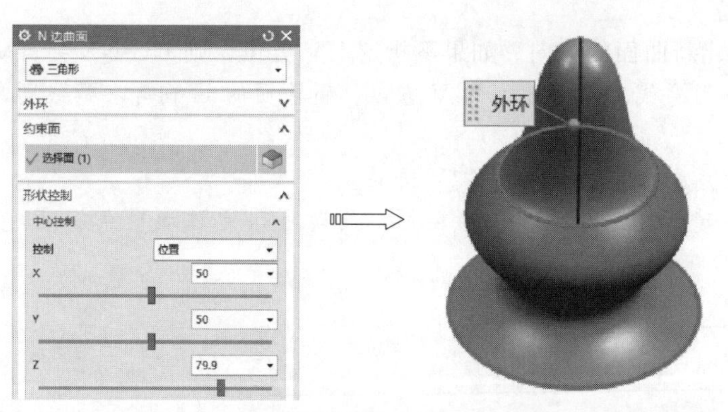

图 8-42　创建 N 边曲面

8.3.5　扫掠曲面

【扫掠曲面】是指选择几组曲线作为截面线沿着导引线（路径）扫掠生成曲面，如图 8-43 所示。使用扫掠命令可通过沿一条、两条或三条引导线串扫掠一个或多个截面，来创建实体或片体。

在功能区中单击【曲面】选项卡中【曲面】组中的【扫掠】按钮，或选择下拉菜单【插入】|【扫掠】|【已扫掠】命令，弹出【扫掠】对话框，如图 8-44 所示。

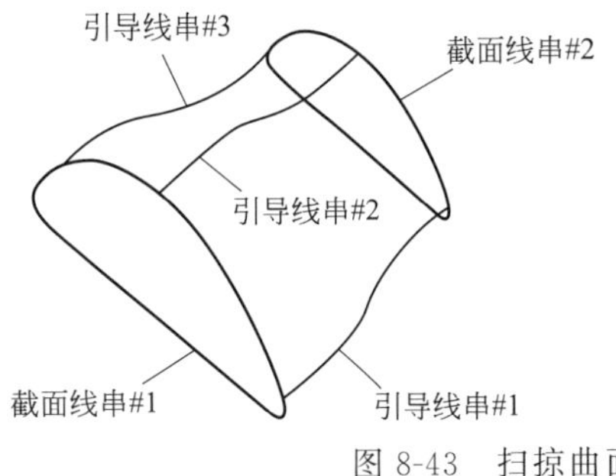

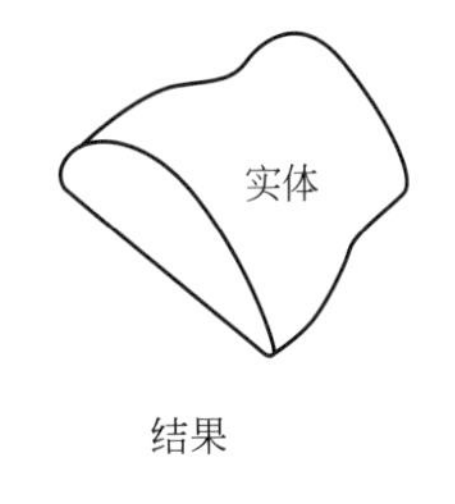

图 8-43　扫掠曲面

【扫掠】对话框中相关选项参数含义如下。

(1)【截面】组框（G0 连续）

截面线串可由单个或多个对象组成。每个对象可以是曲线、实边或实面。截面线串不必光顺，且每条截面线串内的对象的数量也可以不同，数量可以是 1 到 150 之间的任何数量的截面线串。

(2)【引导线】组框（G1 连续）

• 选择曲线：选择多达 3 条线串来引导扫掠操作，引导线必须相切连续。可以选择一条、两条或三条引导线。引导线串可以由一个对象或多个对象组成（每条引导线可以是单段或多段曲线组成的），并且每个对象既可以是曲线、实体边，也可以是实体面，但是每条引导线串的所有对象都必须是光顺且连续的。

(3)【截面选项】组框

① 插值方式　当定义两条以上的截面线时，确定截面之间的曲面过渡的形状，包括“线性”“三次”和“倒圆”3 种。

图 8-44　【扫掠】对话框

② 对齐方法　用于定义产生薄体的对齐方式，其对齐方式包括参数、弧长和根据点 3 个选项。但若要使用“根据点”选项作为对齐方式，所选取的导引线需至少有一条为曲线。“扫掠曲面”的对齐方式与“直纹曲面”的“调整”选项含义相同。

• 参数：以沿定义曲线将等参数曲线所通过的点以相等的参数间隔隔开。UG NX 使用每条曲线的全长。

• 弧长：可以沿定义曲线将等参数曲线将要通过的点以相等的弧长间隔隔开。UG NX 使用每条曲线的全长。

• 根据点：可以对齐不同形状的截面线串之间的点。如果截面线串包含任何尖角，则建议使用根据点来保留它们。

③ 定位方法（使用一条引导线有效）　当选择单一引导线创建扫掠曲面时，为了定义剖面线串的方位，沿着引导线的各个点，系统将建立一个局部坐标系。其中，引导线任意点的切矢方向作为局部坐标系的一个轴，系统提供选项指定第二轴的方向。方向控制选项包括：

• 固定：在截面线串沿引导线移动时保持固定的方位，且结果是平行的或平移的简单扫掠。

• 面的法向：截面线串沿引导线扫掠时的第二个轴方向与所选择面的法向相同。

• 矢量方向：扫掠过程中第二轴始终与指定矢量方向一致，并且所选矢量不能与引导线串相切。

• 另一曲线：扫掠时截面线串变化的第二个方向由引导线串与另一条曲线各对应点之间的连线方向控制，好像用两条线做了直纹面。

• 一个点：使用指定点与引导线串对应点的连线方向作为扫掠过程中第二轴方向。

• 强制方向：扫掠时截面线串的第二个方向与所选矢量方向相同，截面线串在一系列平行平面内沿引导线串扫掠，相当于沿引导线以平面堆砌而成。

④ 缩放方法　用于选取单一导引线时，定义曲面的比例变化。比例变化用于设置截面线在通过导引线时，截面线尺寸的放大与缩小比例，包括以下 6 个选项：

• 恒定：截面线串使用一致比例放大或缩小。

• 倒圆函数：可定义所产生曲面的起始缩放值与终止缩放值。起始缩放值可定义所产生曲面的第一截面大小，终止缩放值可定义所产生曲面的最后截面大小，但介于两者之间部分采用“线性”或“三次”插值进行比例控制。

• 另一条曲线：产生的片体将以指定的另一曲线为一条母线沿导引线创建。

• 一个点：使用选择点与引导线串之间的距离作为比例参考值。

• 面积规律：使用规律曲线定义片体的比例变化方式。

• 周长规律：该选项与面积规律的选项相同，其不同之处仅在于使用周长规律时，曲线 Y 轴定义的终点值为所创建曲面的周长，而面积法则定义为面积大小。

操作实例——创建扫掠曲面实例

扫码看视频

操作步骤

Step 01　在功能区中单击【主页】选项卡中【标准】组中的【打开】按钮，在弹出【打开】对话框中选择素材文件“实例 \ 第 8 章 \ 原始文件 \ 扫掠曲面 . prt”，单击【打开】按钮打开模型文件，如图 8-45 所示。

Step 02　在功能区中单击【曲面】选项卡中【基本】组中的【扫掠】按钮，或选择下拉菜单【插入】|【扫掠】|【已扫掠】命令，弹出【扫掠】对话框，如图 8-46 所示。

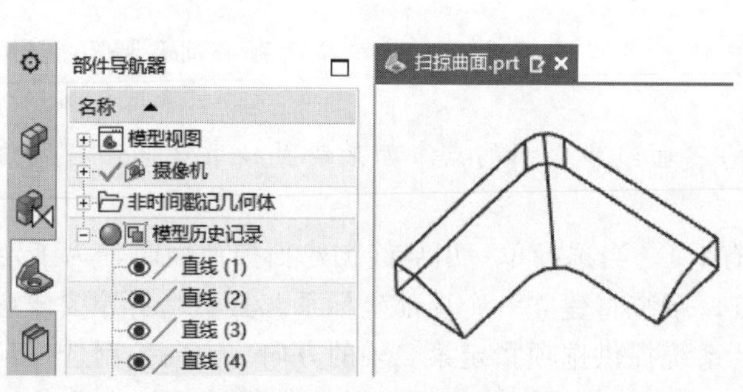

图 8-45　打开模型文件

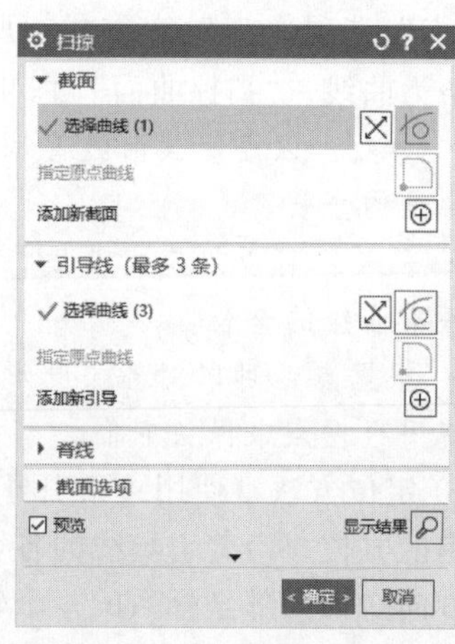

图 8-46　【扫掠】对话框

Step 03　单击【截面】组框中的【选择曲线】图标，在图形中选择主曲线（多条曲线时每选择一条单击鼠标中键确认）；单击【引导线】组框中的【选择曲线】图标，在图形中选择引导线（多条曲线时每选择一条单击鼠标中键确认）；单击【确定】按钮完成扫掠曲面创建，如图 8-47 所示。

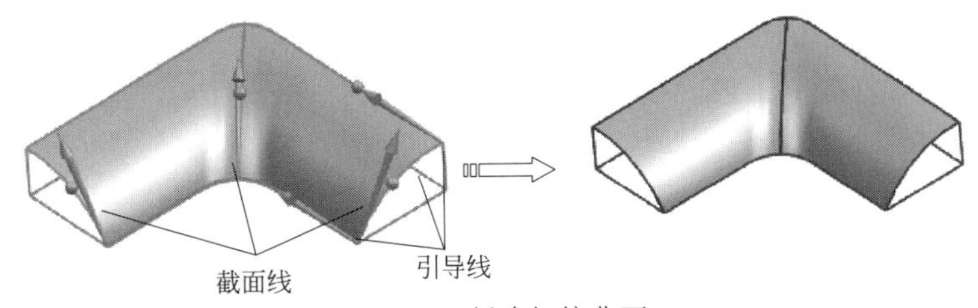

图 8-47　创建扫掠曲面

8.3.6　有界平面

【有界平面】可利用首尾相接曲线的线串作为片体边界来生成一个平面片体，如图 8-48 所示。

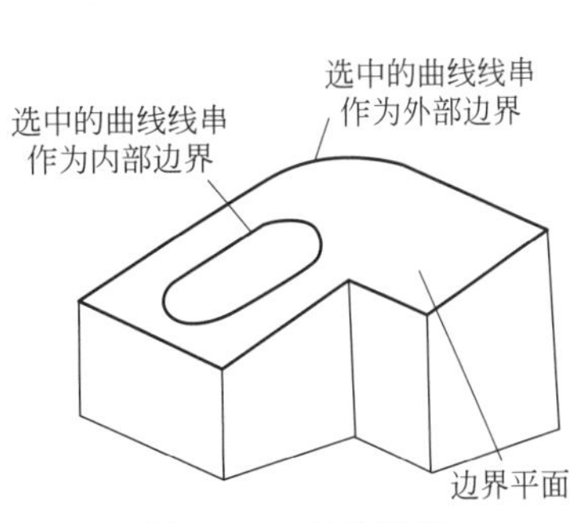

图 8-48　有界平面

操作实例——创建有界平面实例

操作步骤

Setp 01　在功能区中单击【主页】选项卡中【标准】组中的【打开】按钮，在弹出【打开】对话框中选择素材文件“实例\第 8 章\原始文件\有界平面 .prt”，单击【打开】按钮打开模型文件，如图 8-49 所示。

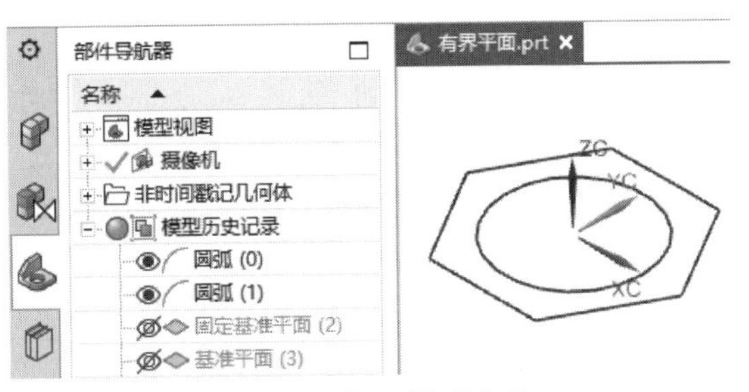

图 8-49　打开模型文件

Setp 02　在功能区中单击【曲面】选项卡中【基本】组中的【有界平面】按钮，弹出【有界平面】对话框，在图形中框选所有曲线，单击【确定】按钮完成有界平面创建，如图 8-50 所示。

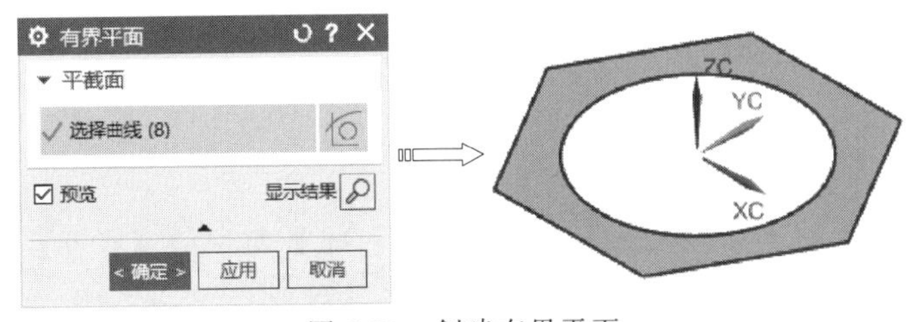

图 8-50　创建有界平面

8.4 基于片体的曲面

前面讲解了 UG NX 基于曲线的曲面构造命令。为了适应各种不同的需求，UG NX 还有其他很多特殊的构造曲面的方式。这些基于曲面的曲面创建方法大多用来连接曲面与曲面之间的过渡，称为“过渡曲面”。

8.4.1 桥接曲面

【桥接曲面】是指在两张曲面之间建立一张过渡曲面，过渡曲面与两张参考面之间可以保持相切或曲率连续，如图 8-51 所示。

在功能区中单击【曲面】选项卡中【基本】组中【桥接】按钮，或选择下拉菜单【插入】|【细节特征】|【桥接】命令，弹出【桥接曲面】对话框，如图 8-52 所示。

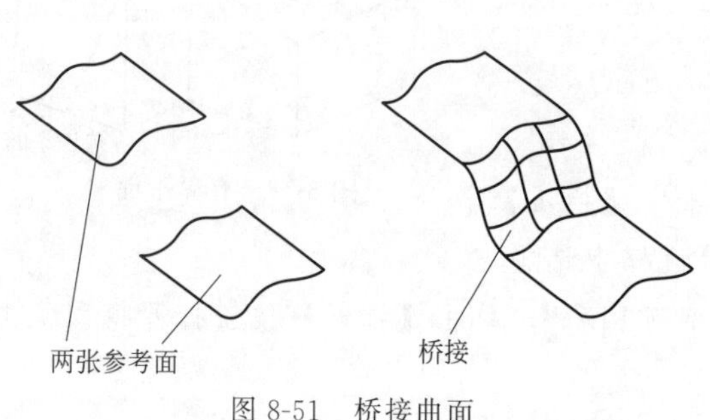

图 8-51　桥接曲面

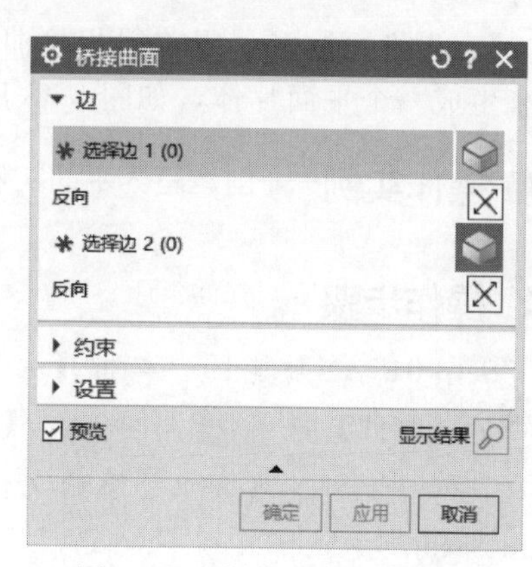

图 8-52　【桥接曲面】对话框

【桥接曲面】对话框中相关选项参数含义如下。

(1) 边

【选择边】选择两个需要连接的边线。主面是必须选择的参数，选择主面的时候鼠标要靠近将要进行桥接的边线的一侧，选择完成会出现一个箭头，表示桥接的边界及方向，要保持箭头的方向一致。

(2) 约束

用于设置桥接曲面与边界线曲面之间的连接方式。

- G0 位置：点连续连接。
- G1 相切：沿原来曲面的切线方向和桥接曲面连接，即切线斜率一样。
- G2 曲率：沿原本曲面曲率半径与桥接曲面连接，同时也保证相切特性，即以相等的曲率过渡连接。

操作实例——创建桥接曲面实例

操作步骤

Step 01　在功能区中单击【主页】选项卡中【标准】组中的【打开】按钮，在弹出【打开】对话框中选择素材文件“实例\第 8 章\原始文

扫码看视频

件\桥接曲面.prt”，单击【打开】按钮打开模型文件，如图 8-53 所示。

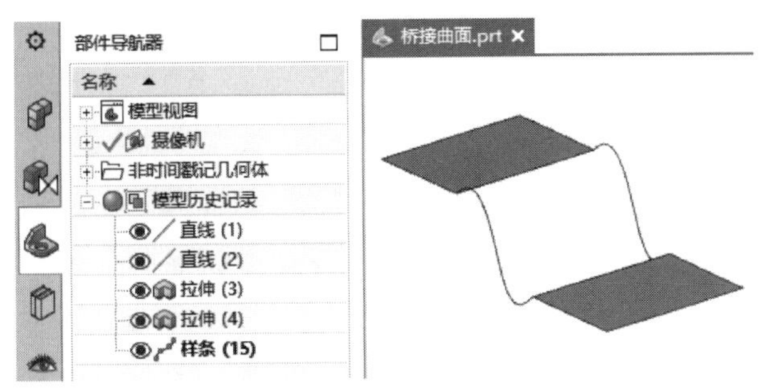

图 8-53 打开模型文件

Step 02 在功能区中单击【主页】选项卡中【基本】组中【桥接】按钮，或选择下拉菜单【插入】【细节特征】|【桥接】命令，弹出【桥接曲面】对话框，如图 8-54 所示。

Step 03 选择面 1 和面 2，单击【确定】按钮完成桥接曲面创建，如图 8-55 所示。

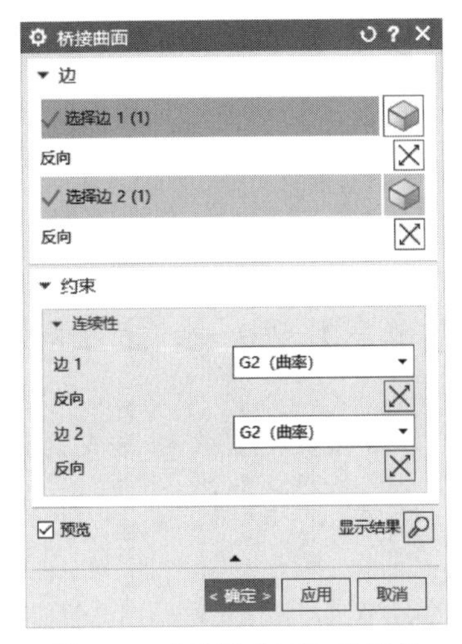

图 8-54 【桥接曲面】对话框

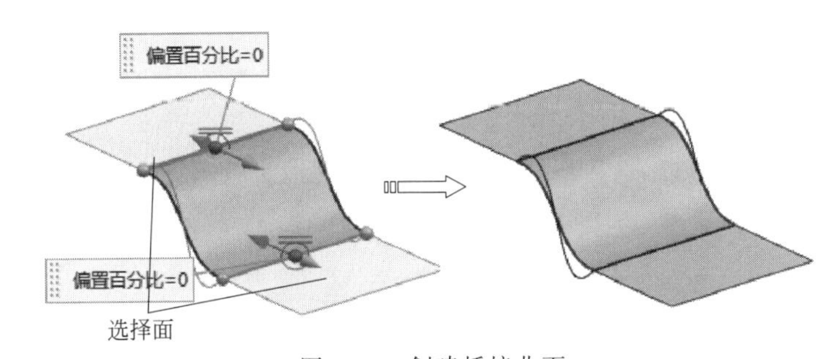

图 8-55 创建桥接曲面

8.4.2 偏置曲面

图 8-56 【偏置曲面】对话框

【偏置曲面】是指沿参考曲面的法向在指定的距离上生成一系列偏置曲面。

在功能区中单击【曲面】选项卡中【基本】组中【偏置曲面】按钮，或选择菜单【插入】|【偏置/缩放】|【偏置曲面】命令，弹出【偏置曲面】对话框，如图 8-56 所示。

【偏置曲面】对话框中相关选项参数含义如下。

(1) 选择面

用于选择要偏置的面。

(2) 偏置 <编号>

用于指定每个面集的偏置值。

（3）添加新集

用于创建选定面的面集，并为要选择的面创建一个新集。

操作实例——创建偏置曲面实例

操作步骤

Step 01 在功能区中单击【主页】选项卡中【标准】组中的【打开】按钮，在弹出【打开】对话框中选择素材文件“实例 \ 第 8 章 \ 原始文件 \ 偏置曲面 .prt”，单击【打开】按钮打开模型文件，如图 8-57 所示。

扫码看视频

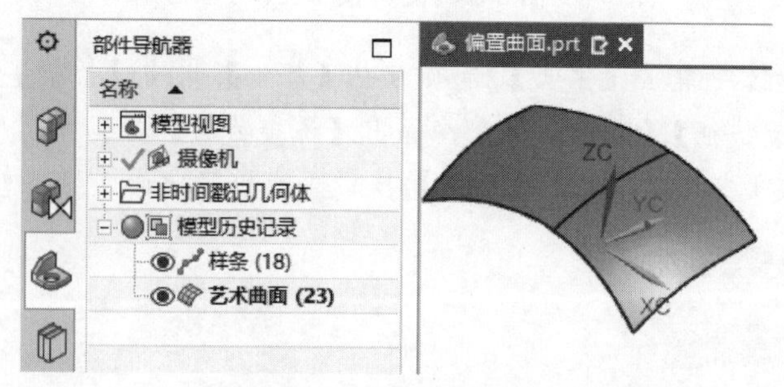

图 8-57　打开模型文件

Step 02 在功能区中单击【曲面】选项卡中【基本】组中【偏置曲面】按钮，或选择菜单【插入】|【偏置/缩放】|【偏置曲面】命令，弹出【偏置曲面】对话框，如图 8-58 所示。

Step 03 选择所有曲面，在【偏置 1】文本框中输入 100，单击【确定】按钮完成偏置曲面创建，如图 8-59 所示。

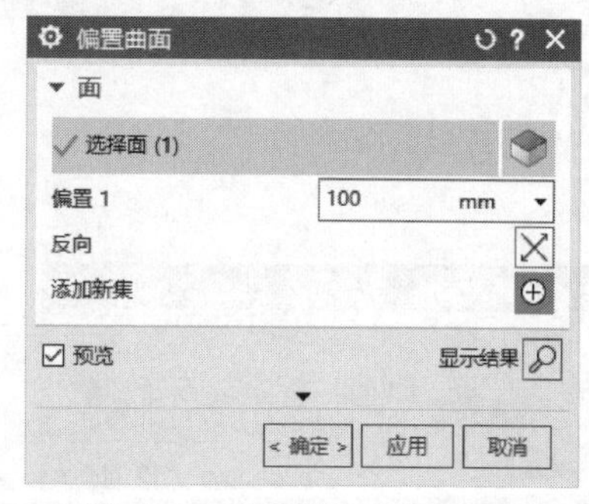

图 8-58　【偏置曲面】对话框

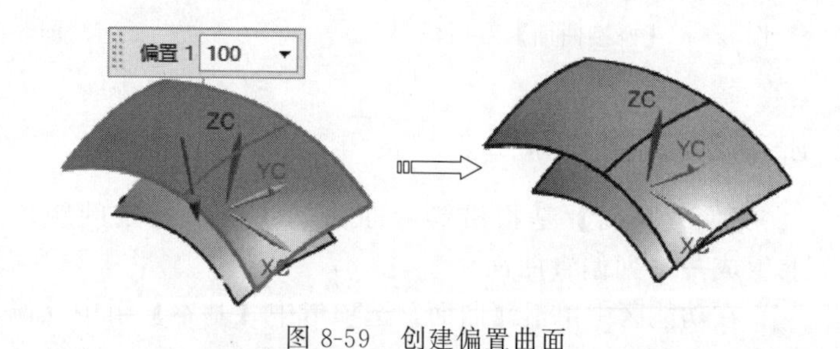

图 8-59　创建偏置曲面

8.4.3　修剪片体

【修剪片体】是指用已有的曲线（投影曲线和边）或曲面（曲面和平面）为边界来修剪指定的片体或曲面。

在功能区中单击【曲面】选项卡中【组合】组中【修剪片体】按钮，弹出【修剪片体】对话框，如图 8-60 所示。

【修剪片体】对话框中相关选项参数含义如下。

(1) 目标

【选择片体】用于选择要修剪的目标曲面体。选择目标体的位置将确定保留或舍弃的区域。

(2) 边界

【选择对象】用于选择修剪对象，这些对象可以是面、边、曲线和基准平面。

选中【允许目标体边作为工具对象】复选框后，可选择目标的边作为修剪对象。

(3) 投影方向

用于设置投影轴方向，包括以下 3 个选项：

- 垂直于面：将投影轴向定义在沿表面的垂直方向，即修剪边界将沿目标体的正交方向投影。
- 垂直于曲线平面：使用垂直于所选曲线所在平面的方向作为投影方向。
- 沿矢量：以【矢量构造器】对话框定义投影轴方向。

图 8-60 【修剪片体】对话框

(4) 区域

用于决定保留或放弃选择的区域，包括以下 2 个选项：

- 保留：将选择的区域设置为保留。
- 放弃：将选择的区域设置为不保留。

操作实例——创建修剪片体实例

扫码看视频

操作步骤

Step 01 在功能区中单击【主页】选项卡中【标准】组中的【打开】按钮，在弹出【打开】对话框中选择素材文件“实例\第 8 章\原始文件\修剪片体实例.prt”，单击【打开】按钮打开模型文件，如图 8-61 所示。

Step 02 在功能区中单击【曲面】选项卡中【组合】组中【修剪片体】按钮，弹出【修剪片体】对话框，如图 8-62 所示。

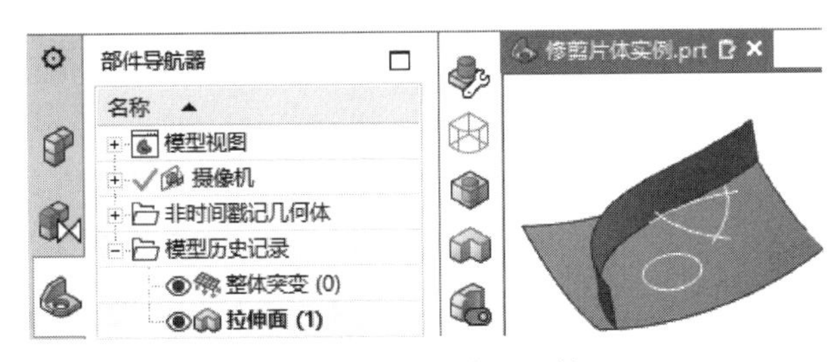

图 8-61 打开模型文件

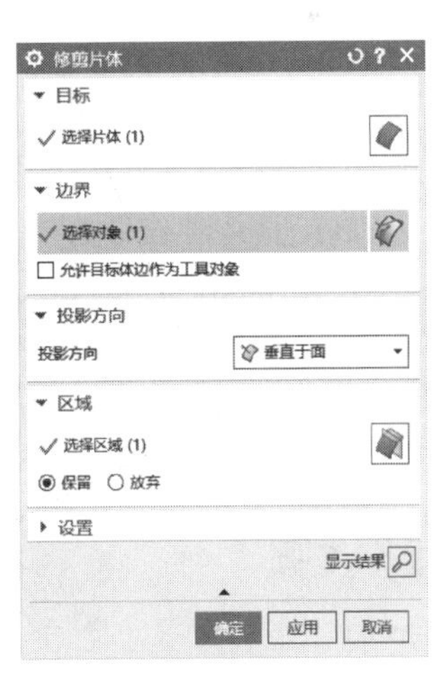

图 8-62 【修剪片体】对话框

Step 03 在【目标】组框中单击【选择片体】按钮，选择“曲面”作为目标片体；然后在【边界】组框中【选择对象】按钮，选择如图 8-63 所示“边缘曲线”作为修剪边界；单击【确定】按钮，完成修剪片体操作。

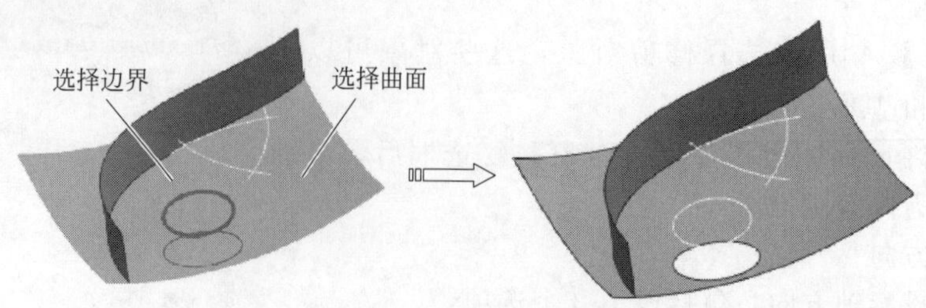

图 8-63 创建修剪片体

8.4.4 延伸片体

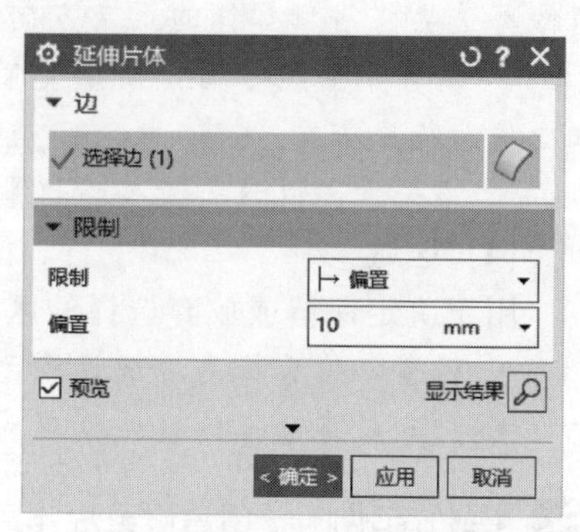

图 8-64 【延伸片体】对话框

【延伸片体】用于延伸或修剪片体，可以使用偏置在距离片体边的指定距离处修剪或延伸片体，也可以使用直至选定将片体修剪到其他几何体。

在功能区中单击【曲面】选项卡中【组合】组中【延伸片体】按钮，或选择下拉菜单【插入】【修剪】|【延伸片体】命令，弹出【延伸片体】对话框，如图 8-64 所示。

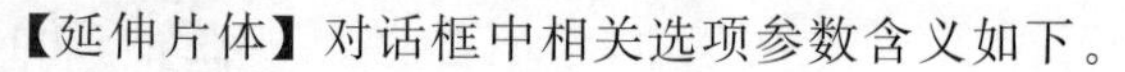

【延伸片体】对话框中相关选项参数含义如下。

(1) 边

用于选择片体延伸的边。

(2) 限制

- 直至选定对象：选择面、基准平面或体以延伸片体，直到片体与其他几何体相交。
- 偏置：按指定值偏置一条或一组边。

(3) 设置

① 曲面延伸形状 用于选择面、基准平面或体以延伸片体。

- 自然曲率：使用在边界处曲率连续的小面积延伸 B 曲面，然后在该面积以外相切。
- 相切：从边界延伸相切的 B 曲面。
- 镜像的：通过镜像曲面的曲率连续形状延伸 B 曲面。

② 边延伸形状

- 自动：根据系统默认延伸相邻边界。
- 相切：依照边界形状，沿边界相切方向延伸相邻的边界。
- 正交：延伸与所延伸边界正交的相邻边界。

操作实例——创建延伸片体实例

操作步骤

Step 01 在功能区中单击【主页】选项卡中【标准】组中的【打开】按钮，在弹出【打开】对话框中选择素材文件“实例 \ 第 8 章 \ 原始文

件\延伸片体实例.prt”，单击【打开】按钮打开模型文件，如图 8-65 所示。

Step 02 在功能区中单击【曲面】选项卡中【组合】组中【延伸片体】按钮，弹出【延伸片体】对话框，如图 8-66 所示。

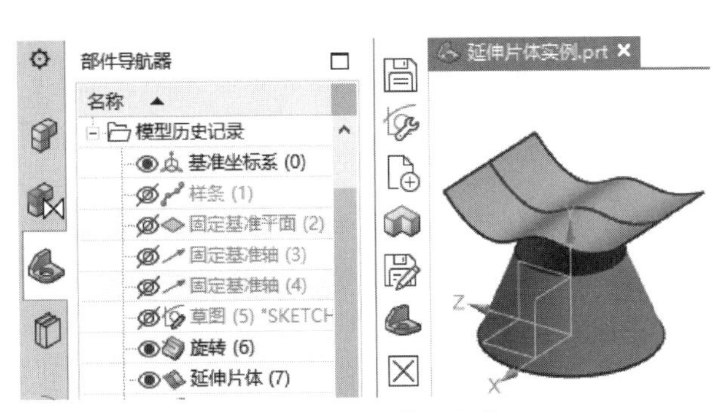

图 8-65 打开模型文件

图 8-66 【延伸片体】对话框

Step 03 选择如图 8-67 所示的边为曲面延伸侧，设置【限制】为“偏置”，【偏置】为 5，单击【确定】按钮完成片体延伸。

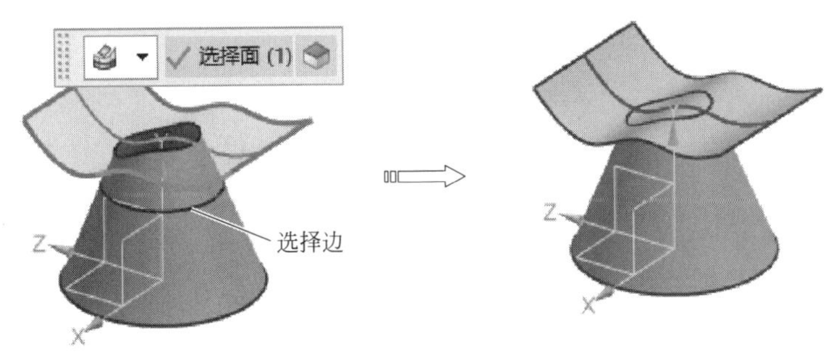

图 8-67 创建延伸片体

8.4.5 修剪和延伸

【修剪和延伸】是指使用由边缘或曲面组成的一组工具对象修剪和延伸一个或多个曲面（可修剪实体），以达到修剪或者延伸的效果，应用非常灵活和方便。

在功能区中单击【主页】选项卡中【曲面工序】组中【修剪和延伸】按钮，或选择下拉菜单【插入】|【修剪】|【修剪和延伸】命令，弹出【修剪和延伸】对话框，如图 8-68 所示。

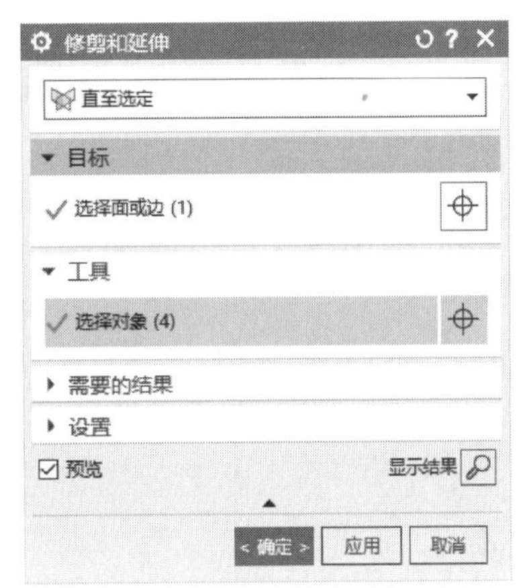

图 8-68 【修剪和延伸】对话框

【修剪和延伸】对话框中相关选项参数含义如下。

(1) 修剪和延伸类型

- 直至选定：使用选中的边或面作为工具修剪或延伸目标。
- 制作拐角：将在目标和工具之间形成拐角。

(2) 目标

- 选择面或边：选择要修剪或延伸的边或面。

• 反向：当类型为制作拐角时出现，使限制面的方向反向。方向箭头将反向，并且预览（如果活动）将更新。

(3) 工具

• 选择面或边：如果选择了边，则将使用它的面来限制对目标对象的修剪或延伸。如果选择了面，则只能修剪目标对象（也就是说，不能使用该面作为延伸限制）。可以从单个片体或实体上选择一组相连的面，或选择一个片体的一组相连的自由边缘。

• 反向：使限制面的方向反向。方向箭头将反向，并且预览（如果活动）将更新。

(4) 需要的结果

指定箭头侧是保留还是删除。

(5) 设置

【曲面延伸形状】指定延伸操作的连续类型：

• 自然曲率：使用在边界处曲率连续的小面积延伸 B 曲面，然后在该面积以外相切。

• 自然相切：从边界延伸相切的 B 曲面。

• 镜像的：通过镜像曲面的曲率连续形状延伸 B 曲面。延伸的曲面在自然相切和自然曲率之间的角度偏差通常大约为 3°。

操作实例——创建修剪和延伸实例

扫码看视频

操作步骤

Step 01 在功能区中单击【主页】选项卡中【标准】组中的【打开】按钮，在弹出【打开】对话框中选择素材文件“实例\第 8 章\原始文件\修剪和延伸 .prt”，单击【打开】按钮打开模型文件，如图 8-69 所示。

Step 02 在功能区中单击【曲面】选项卡中【组合】组中【修剪和延伸】按钮，弹出【修剪和延伸】对话框，选择【制作拐角】类型，如图 8-70 所示。

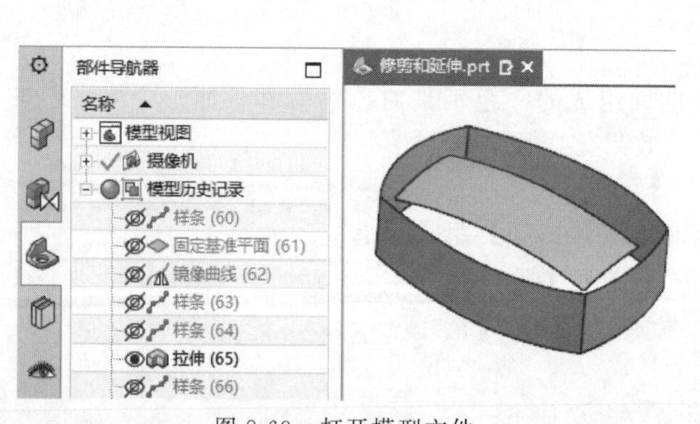

图 8-69 打开模型文件

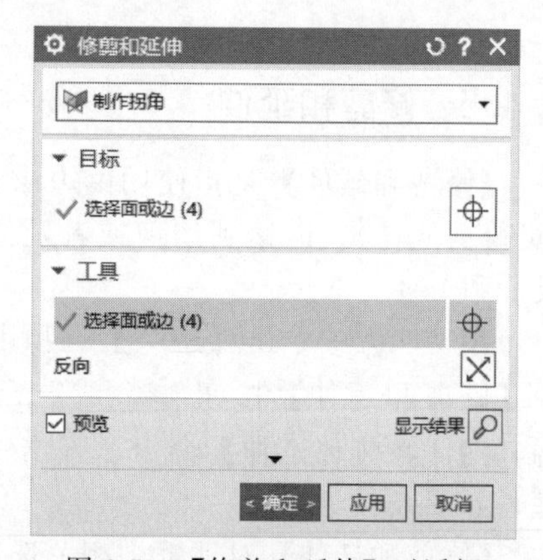

图 8-70 【修剪和延伸】对话框

Step 03 选择如图 8-71 所示的面作为目标，选择 4 条边线作为工具，单击【确定】按钮完成修剪和延伸曲面创建。

8.4.6 面倒圆

【面倒圆】是指在两个面之间生成恒定半径或可变半径的圆角曲面，所生成的圆角相切

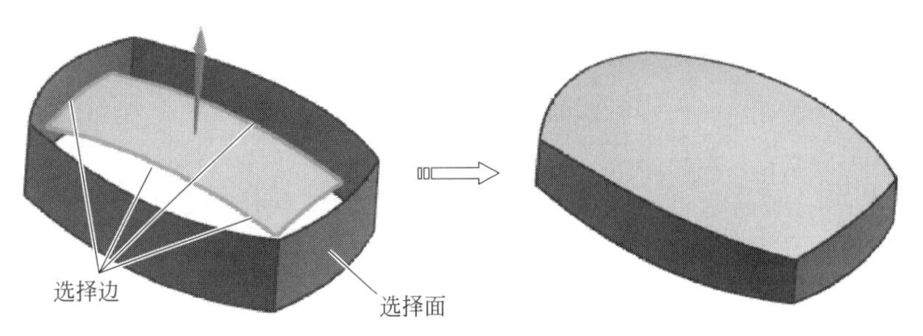

图 8-71　创建修剪和延伸曲面

于两个面。

在功能区中单击【曲面】选项卡中【基本】组中【倒圆角】按钮，或选择菜单【插入】|【细节特征】|【面倒圆】命令，弹出【面倒圆】对话框，如图 8-72 所示。

图 8-72　【面倒圆】对话框

【面倒圆】对话框中相关选项参数含义如下。

(1) 类型

• 两个定义面链：选择两个面链进行倒圆角。

• 三个定义面链：选择三个面链进行倒圆。

(2) 面（链）

• 选择面链 1 和选择面链 2：选择第一个和第二个面链集。

• 选择中间的面或平面：为三面倒圆选择中间的面链或平面。

(3) 横截面

① 方位（截面方向）

• 滚球：创建一个面倒圆，其曲面由一个横截面控制，该横截面的方向与输入面保持恒定，接触的滚球定义横截面平面由两个接触点和球心定义。

• 扫掠截面：创建一个面倒圆，其曲面由一个沿脊线长度方向扫掠的横截面控制。横截面的平面定义为垂直于脊线。

②（圆角）宽度方法

• 自然变化：创建一个面倒圆，其宽度由滚球或扫掠截面的接触点（而不是显式约束）确定。

• 强制约束：创建一个具有恒定轨道间宽的面倒圆。

• 两条约束曲线：创建一个约束到选定曲线的面倒圆，该曲线用作倒圆范围的保持线，每个定义面上一条。

③ 形状　当【类型】设置为“两个定义面链”时可用，指定两个面倒圆的横截面的基础形状。从以下形状选项中选择：

• 圆形：横截面为圆形。其形状由半径定义，可以是恒定的，也可以是变化的（规律控制）。

• 对称相切：横截面是与面对称且相切的二次曲线。

• 非对称相切：横截面为锥形，与面非对称且相切。其形状由指定的偏置（可以是恒定的，也可以是变化的，即规律控制）和指定的 Rho（恒定规律控制或自动计算得出）定义。

• 对称曲率：横截面相对于面对称且曲率连续。其形状由边界半径（恒定或变化，即规律控制）和指定的深度（规律控制）定义。

• 非对称曲率：横截面与面非对称且曲率连续。其形状由指定的偏置（恒定或变化，即规律控制）、指定的深度（规律控制）和指定的歪斜度（规律控制）定义。

④ 半径方法　当【形状】设置为“圆形”时可用，用于计算圆角半径的方法。

• 恒定：保持圆角半径恒定，除非选择相切的约束曲线。

• 规律控制：根据规律类型和规律值，基于脊线上两个或多个个体点改变圆角半径。

• 相切约束：改变圆角半径以使其切线与选择的曲线或边重合。该曲线必须位于一个定义面链内。

操作实例——创建面倒圆实例

扫码看视频

操作步骤

Step 01　在功能区中单击【主页】选项卡中【标准】组中的【打开】按钮，在弹出【打开】对话框中选择素材文件“实例\第 8 章\原始文件\面倒圆实例 .prt”，单击【打开】按钮打开模型文件，如图 8-73 所示。

Step 02　在功能区中单击【曲面】选项卡中【基本】组中【倒圆角】按钮，弹出【面倒圆】对话框，如图 8-74 所示。

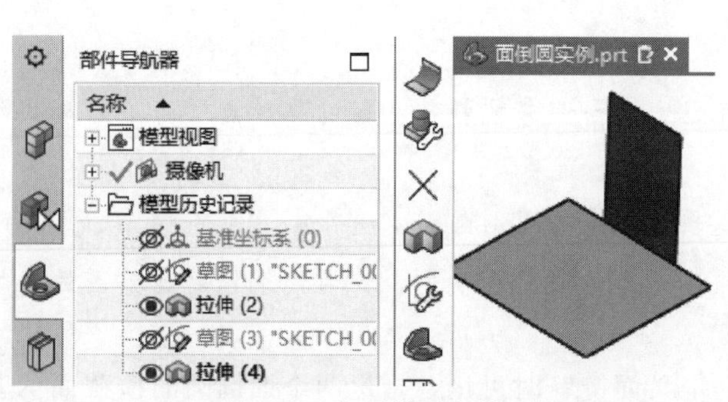

图 8-73　打开模型文件

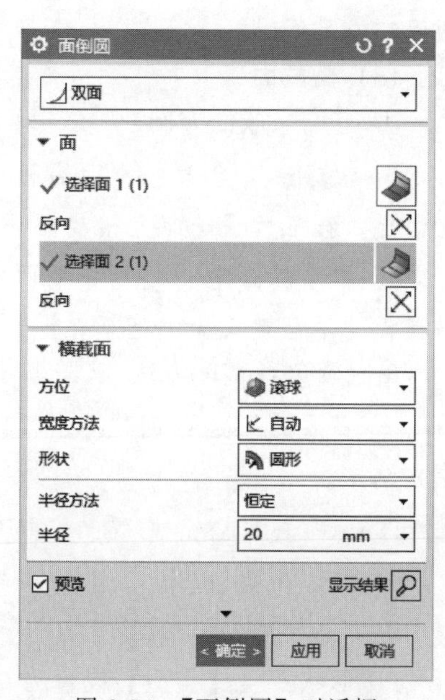

图 8-74　【面倒圆】对话框

Step 03　选择面 1 和面 2，设置【半径】为 20，单击【确定】按钮完成面倒圆创建，如图 8-75 所示。

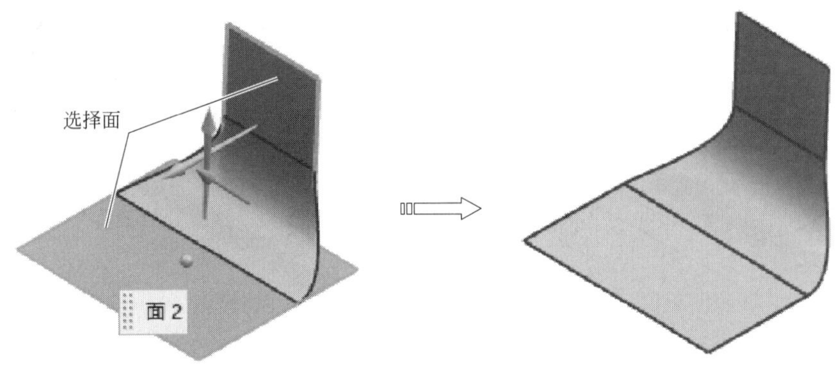

图 8-75 创建面倒圆

8.4.7 缝合片体

【缝合】功能可将两个或两个以上的片体或实体，通过系统给定的方式连接成单个新片体，如图 8-76 所示。

在功能区中单击【曲面】选项卡中【组合】组中【缝合】按钮，或选择下拉菜单【插入】【组合】|【缝合】命令，弹出【缝合】对话框，如图 8-77 所示。

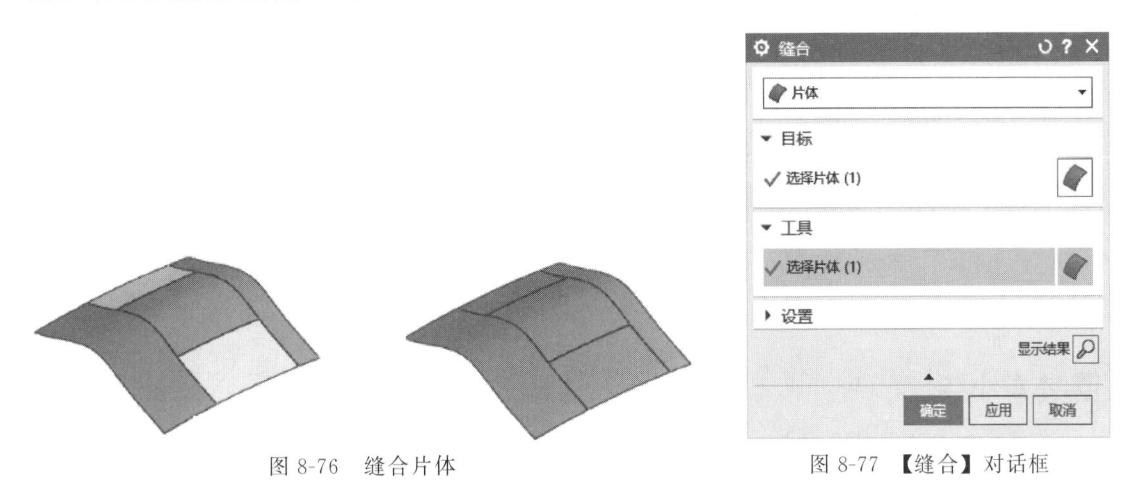

图 8-76 缝合片体

图 8-77 【缝合】对话框

在“类型”组框中选择“片体”，则选择曲面作为缝合对象；而选择“实线”，则选择实体作为缝合对象。

先选择目标片或者目标面，选择的时候只能选择一个曲面或一个实体，作为目标曲面或目标实体；再选择工具片体或者工具面，这时可以选择多个曲面或者实体；最后单击“应用”或者“确定”按钮，即可完成曲面缝合操作。

8.5 上机习题

习题 8-1

应用曲线曲面等命令创建如图习题 8-1 所示的凸面曲面。

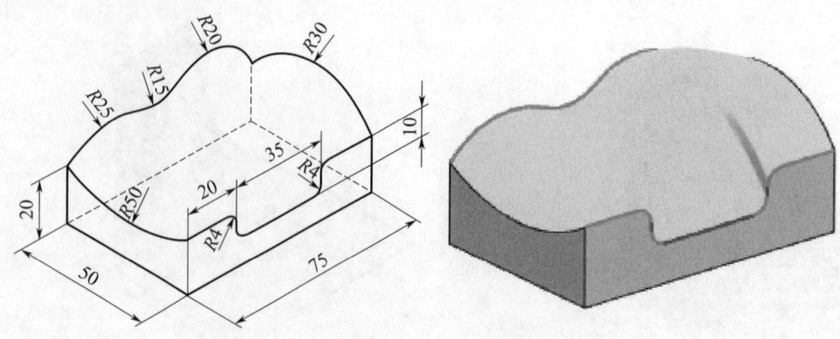

图习题 8-1　凸模曲面

习题 8-2

应用曲线曲面等命令创建如图习题 8-2 所示的按钮曲面。

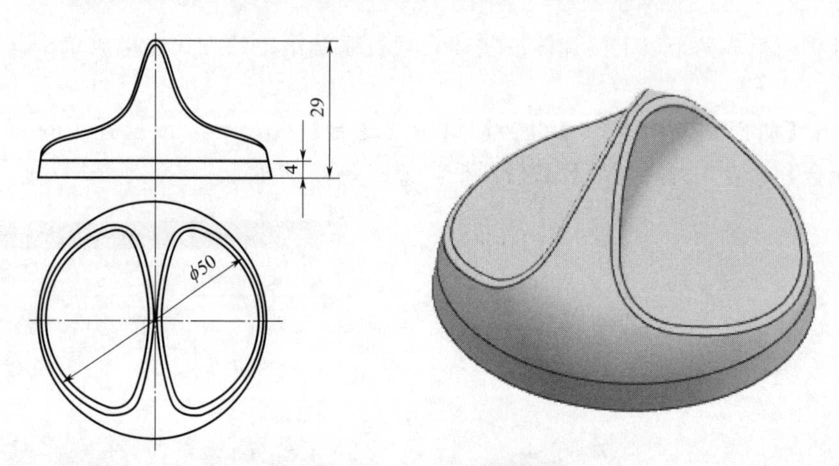

图习题 8-2　按钮曲面

本章小结

本章详细介绍了 UG NX 曲面的造型功能，包括基于点的曲面、基于曲线的曲面和基于片体的曲面等。在曲面创建和编辑的过程中，读者学习时要注意选择曲面的次序，确保曲面的参数设置正确，并且通常情况下每选择一条曲线串应单击鼠标中键进行确认。只有这样，方能提高设计效率，设计出满意的效果。

第9章
UG NX装配体设计

装配是把零部件进行组织和定位形成产品的过程。装配模块采用虚拟装配模式快速将零部件组合成产品，在装配中建立部件之间的链接关系。当零部件被修改后，则引用它的装配部件自动更新。本章主要介绍了UG NX装配技术，包括装配术语、装配引用集、组件管理、组件位置和爆炸图等。

本章内容

- 装配术语
- 装配部件状态
- 装配和约束导航器
- 组件管理
- 组件位置
- 爆炸图

9.1 装配简介

装配模块是UG NX集成环境中的一个模块，用于实现将部件的模型装配成一个最终的产品模型，或者从装配开始产品的设计。

9.1.1 概述

UG NX装配模块是一种虚拟装配。将一个部件模型引入一个装配模型中，并不是将该部件模型的所有数据“复制”过来的，而只是建立装配模型与被引用部件模型文件之间的引用关系，即有一个指针从装配模型指向被引用的每一个部件，它们之间保持关联性。一旦对被引用的部件模型进行了修改，其装配模型也会随之更新。

一个装配中可以引用一个或多个零件模型文件，也可以引用一个或多个子装配模型文件，同时它也可以作为另一装配模型文件的一个组件。

UG NX装配模块的主要特点可概括如下：

• 组件几何体只是被虚拟指向了装配文件，而不是被复制到装配文件中。避免了组件几何体数据的重复，减小了装配模型文件的规模，也为装配模型的修改与自动更新提供了可能。

• 用户可以利用“自底向上”和“自顶向下”两种装配方法来完成产品的装配与部件建模，从而使产品的总体设计与详细设计可以同步和穿插进行，提高了设计效率与准确性。

• 组件与装配之间始终保持相关性，装配模型会自动更新以反映被引用部件的最新版本。

• 通过指定组件之间的约束关系，在装配中可利用配对条件来对各组件进行定位。

• 在UG NX的其他模块中同样可以利用装配，特别是在“平面工程图”和“数控加工”模块中。当装配模型发生变化时，相应的平面工程图和数控加工刀轨也能保持相关性而自动更新。

9.1.2 装配术语

在装配操作中，经常会用到一些装配术语，下面简单介绍这些常用基本术语的含义。

(1) 装配 (Assembly)

装配是把单个零部件或子装配等通过约束组装成具有一定功能的产品的过程。

(2) 装配件 (Assembly Part)

装配件是由零件和子装配构成的部件。在UG NX中，允许向任何一个部件文件中添加组件构成装配，因此，任何一个“*.prt”格式的文件都可以当作装配部件或子装配部件来使用。零件和部件不必严格区分。需要注意的是：当存储一个装配时，各部件的实际几何数据并不是存储在装配部件文件中，而是存储在相应的组件文件中。

(3) 子装配 (Subassembly)

子装配是指在更高一层的装配件中作为组件的一个装配，它也拥有自己的组件。子装配是一个相对的概念，任何一个装配都可以在更高级的装配中用作子装配。

(4) 组件对象 (Component Object)

每个装配件和子装配件都可以看作是一个组件对象，组件对象是一个从装配件或自装配件连接到主模型部件的指针实体，指在一个装配中以某个位置和方向对部件的使用。在装配中每一个组件仅仅含有一个指针指向它的主几何体（引用组件部件）。组件对象记录的信息有：部件名称、层、颜色、线型、装配约束等。

(5) 组件 (Component)

组件是指装配中所引用的.prt文件，即装配中组件对象所指的.prt文件。组件是由装配部件引用而不是复制到装配部件中，实际几何体被存储在零件的部件文件中，如图9-1所示。

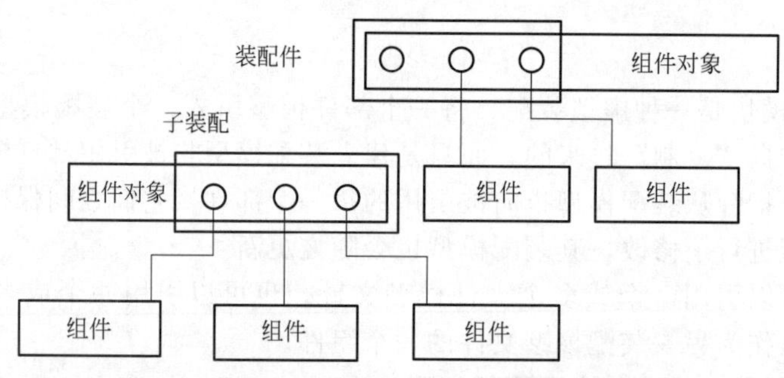

图9-1 装配和子装配、组件对象和组件的关系

(6) 单个零件 (Part)

单个零件是指含有零件几何体模型的.prt文件，它是在装配外存在的几何模型。它可以作为组件添加到一个装配中去，也可以单独存在，但它本身不能含有下级组件，即它不能作为装配件。

(7) 装配引用集 (Reference Set)

在装配中，由于各部件含有草图、基准平面及其他的辅助图形数据，若在装配中显示所有数据，一方面容易混淆图形，另一方面引用的部件所有数据需要占用大量内存，会影响运行速度。因此，通过引用集可以简化组件的图形显示。

- 模型（Model）：引用部件中实体模型。
- 整个部件（Entire Part）：引用部件中的所有数据。
- 空（Empty）：不包括任何模型数据。

（8）装配约束（Mating Condition）

装配约束是装配中用来确定组件间的相互位置和方位的，它是通过一个或多个关联约束来实现。在两个组件之间可以建立一个或多个配对约束，用以部分或完全确定一个组件相对于其他组件的位置与方位。

（9）上下文设计（Design in Context）

上下文设计是指在装配环境中对装配部件的创建设计和编辑，即在装配建模过程中，可对装配中的任一组件进行添加几何对象、特征编辑等操作，可以将其他的组件对象作为参照对象，进行该组件的设计和编辑工作。

（10）主模型（Master Model）

主模型是供 UG 模块共同引用的部件模型。同一主模型，可同时被工程图、装配、加工、机构分析和有限元分析等模块引用。当主模型修改时，相关应用自动更新。如图 9-2 所示，当主模型修改时，有限元分析、工程图、装配和加工等应用都根据部件主模型的改变自动更新。

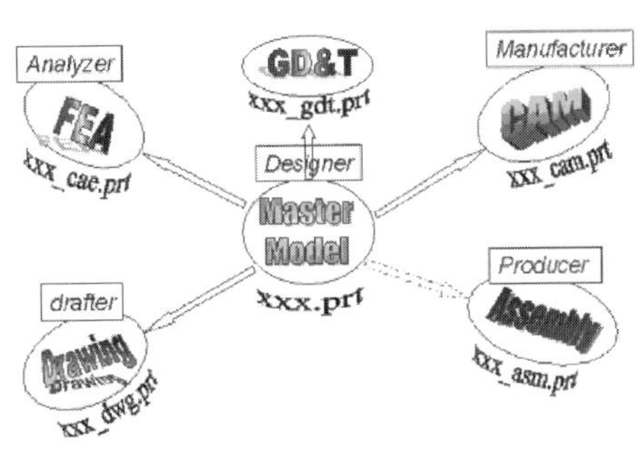

图 9-2　主模型及应用

9.1.3　装配方法

在 UG NX 中，产品的装配方法有三种：自底向上装配、自顶向下装配、混合装配。

（1）自底向上装配（Bottom-Up Assembly）

自底向上装配是真实装配过程的一种体现。在该装配方法中，需要先创建装配模块中所需的所有部件几何模型，然后再将这些部件依次通过配对条件进行约束，使其装配成所需的部件或产品。部件文件的建立和编辑只能在独立于其上层装配的情况下进行，因此，一旦组件的部件文件发生变化，那么所有使用了该组件的装配文件在打开时将会自动更新以反映部件所做的改变。

使用该装配方法时，首先通过“添加组件”操作将已设计好的部件加入当前装配模型中，再通过“装配约束”操作将添加进来的组件之间进行配对约束操作。

（2）自顶向下装配（Top-Down Assembly）

自顶向下装配是由装配体向下形成子装配体和组件的装配方法。它是在装配层次上建立和编辑组件的，主要用在上下文设计中，即在装配中参照其他零部件对当前工作部件进行设计，装配层上几何对象的变化会立即反映在各自的组件文件上。

（3）混合装配（Mixing Assembly）

混合装配是将自顶向下装配和自底向上装配组合在一起的一种装配方法。在实际装配建模过程中，不必拘泥于某一种特定的方法，可以根据实际建模需要将两种方法灵活穿插使用，即混合装配。也就是说，可以先孤立地建立零件的模型，以后再将其加入装配中，即自底向上的装配；也可以直接在装配层建立零件的模型，边装配边建立部件模型，即自顶向下的装配；也可以随时在两种方法之间进行切换。

9.2 装配用户界面

9.2.1 启动装配模块

要装配零部件，首先要进入装配模块。UG NX 装配设计是在【装配模块】下进行的，常用以下 2 种形式进入装配模块。

9.2.1.1 没有开启任何装配文件

当系统没有开启任何文件时，执行【文件】|【新建】命令，弹出【新建】对话框，点【模型】选项卡的“装配”模板，在【名称】文本框中输入装配文件名称，并在【文件夹】编辑框中选择装配文件放置位置，然后单击【确定】按钮进入装配模块，如图 9-3 所示。

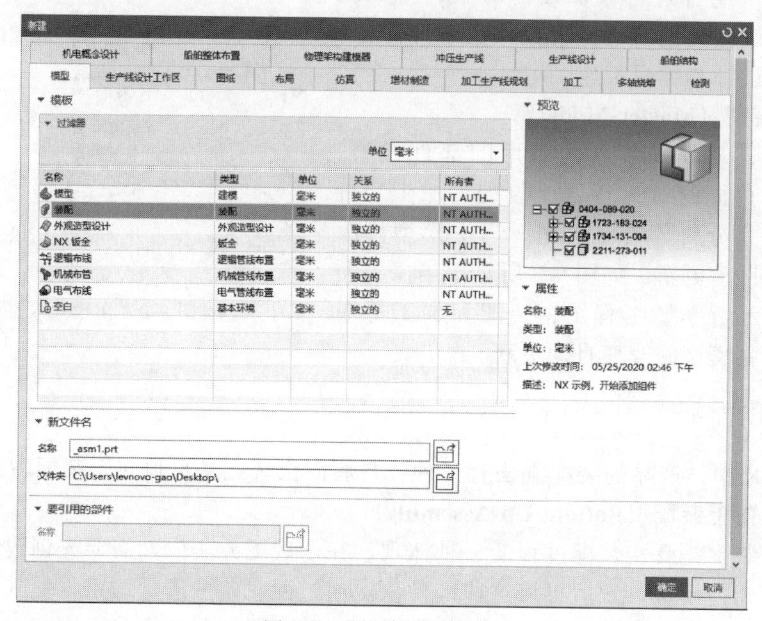

图 9-3 【新建】对话框

9.2.1.2 开启装配文件在其他模块

当开启装配文件在其他模块时，执行【应用模块】|【工具箱】|【装配】命令，系统可切换到装配模块，如图 9-4 所示。

图 9-4 其他模块切换到装配模块

9.2.2 装配用户界面

装配模块依托现有模块图形界面，并增加了装配相关命令和操作，如图 9-5 所示。

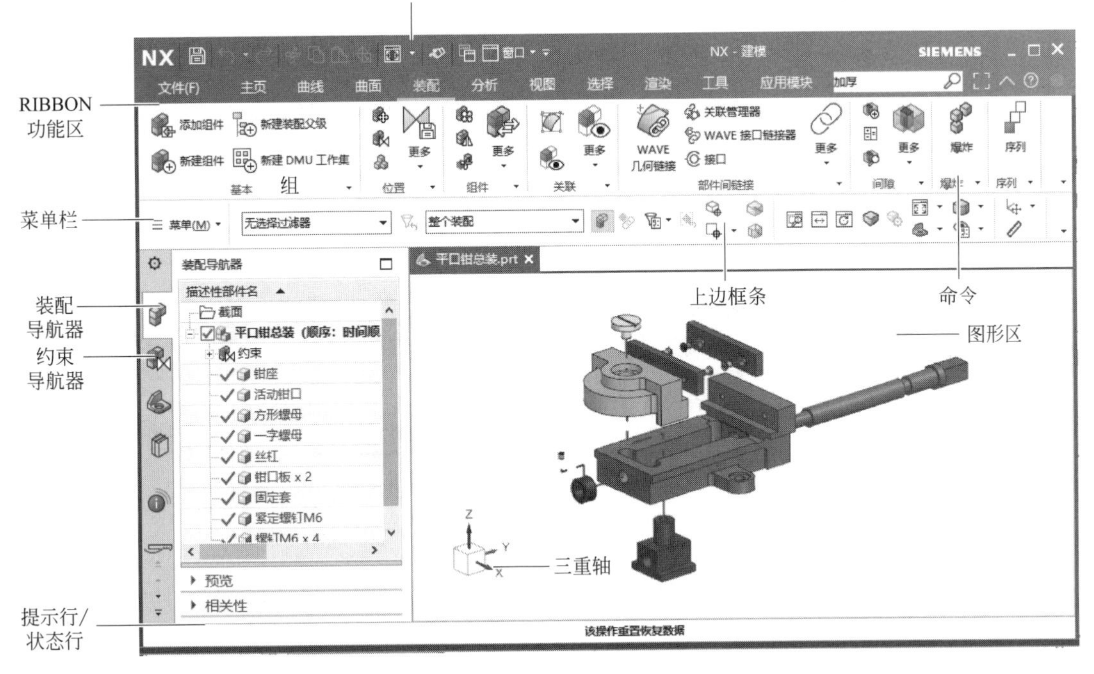

图 9-5　UG NX 装配用户界面

(1) 装配菜单命令

与装配有关的菜单有：【装配】菜单、【格式】菜单、【信息】菜单和【分析】菜单。

①【装配】菜单　进入装配设计模块后，在菜单中增加【装配】下拉菜单，该菜单集中了所有装配设计命令，如图 9-6 所示。当在工具栏中没有相关命令时，可选择该菜单中的命令。

②【格式】菜单　在【格式】下拉菜单中有【引用集】菜单，用于装配引用集操作与控制，如图 9-7 所示。

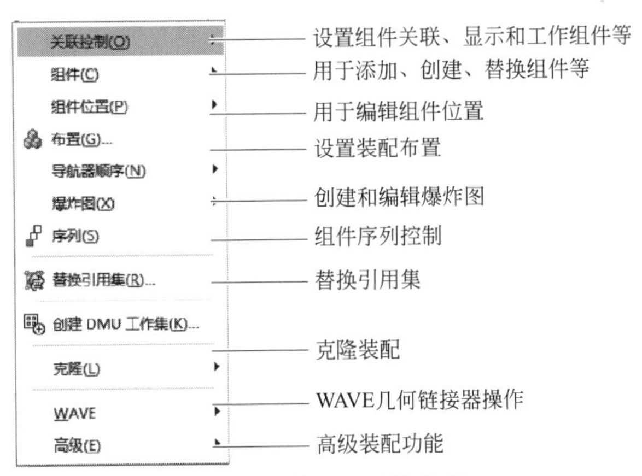

图 9-6　【装配】下拉菜单

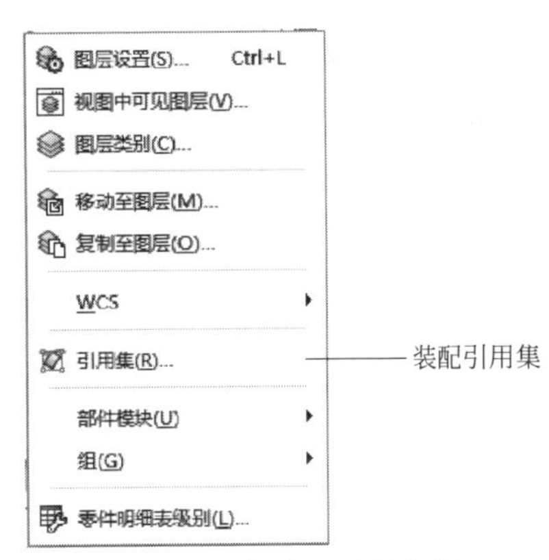

图 9-7　【格式】下拉菜单

③【信息】菜单　在【信息】下拉菜单中有【装配】菜单，用于装配信息查询，如图 9-8 所示。

④【分析】菜单　在【分析】下拉菜单中有【装配间隙】菜单，用于装配间隙控制与查询，如图 9-9 所示。

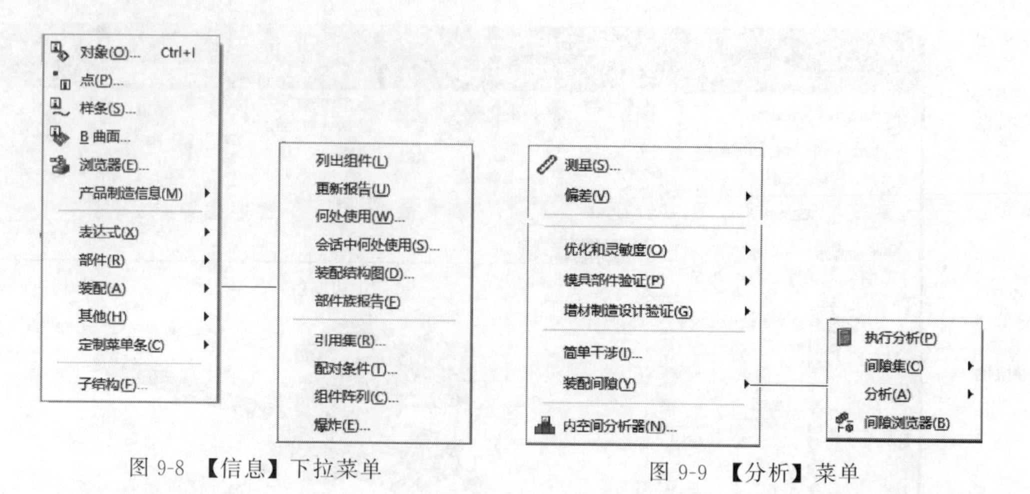

图 9-8 【信息】下拉菜单　　　　图 9-9 【分析】菜单

(2) 装配功能区

利用【装配】选项卡中按组分类装配命令，单击命令按钮是启动装配设计最方便的方法，如图 9-10 所示。

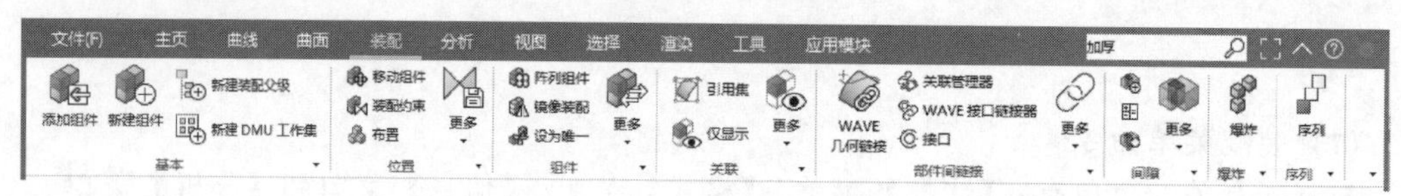

图 9-10 【装配】选项卡

9.2.3 装配部件状态

在一个装配中部件有不同的工作方式，用于显示部件和工作部件。

9.2.3.1 工作部件（Work Part）

工作部件是正在编辑的几何对象的部件，工作部件的文件名称显示在窗口标题栏上。如果显示部件是一个装配部件，工作部件是其中一个部件，此时其他部件显示灰色以示区别，工作部件显示自身颜色以示加强。成为工作部件就可以对该部件进行编辑，如生成草图、生成新的特征等。

下面介绍两种在装配体中设置工作部件的方法。

(1) 装配导航器法

在【装配导航器】上选中要设置为工作的部件，单击鼠标右键，在弹出的快捷菜单中选择【设为工作部件】命令，当前选择的组件将成为工作部件，其他组件变暗，高亮显示的组件就是当前工作部件，如图 9-11 所示。

(2)【装配】菜单命令法

选择要设置为工作的组件，然后选择下拉菜单【装配】|【关联控制】|【设置工作部件】命令，当前选择的组件将成为工作部件，其他组件变暗，高亮显示的组件就是当前工作部件，如图 9-12 所示。

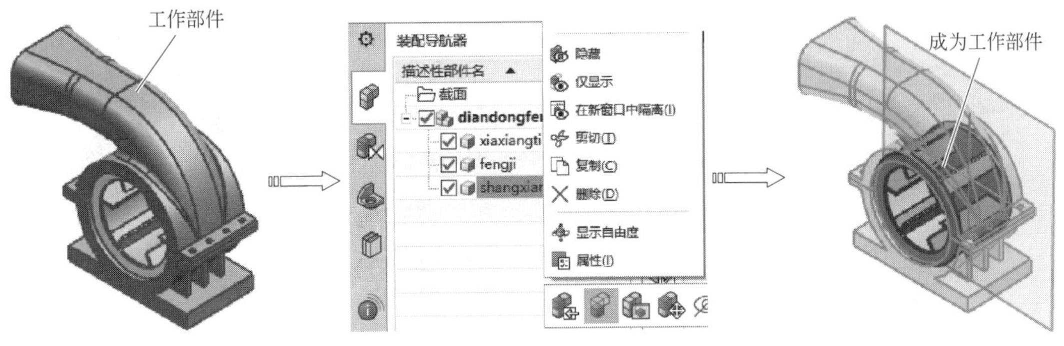

图 9-11 装配导航器法

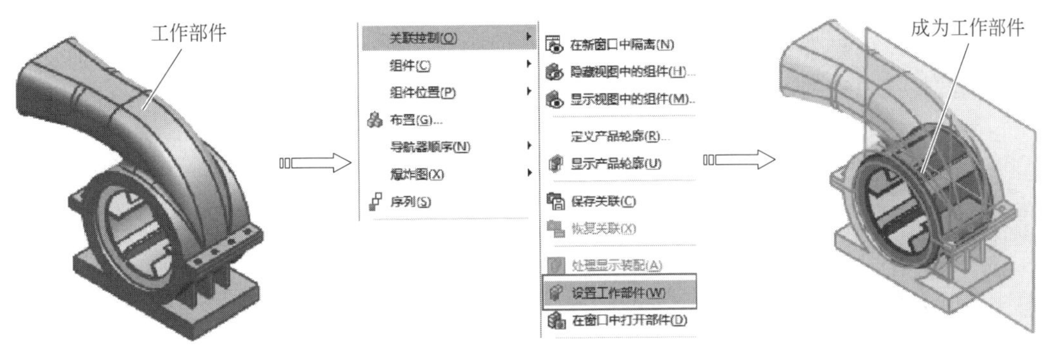

图 9-12 【装配】菜单命令法

9.2.3.2 在窗口打开显示部件（Display Part）

显示部件是指在图形窗口中显示的部件、组件和装配等。在 UG NX 界面中，显示部件的文件名称显示在图形窗口的标题栏上。在窗口打开显示部件常用有以下 3 种方法。

(1)【窗口】菜单命令法

如果要显示的部件已经打开，可选择下拉菜单【窗口】|【XXXX. prt】命令，系统将所选部件在单独的窗口打开并显示，如图 9-13 所示。

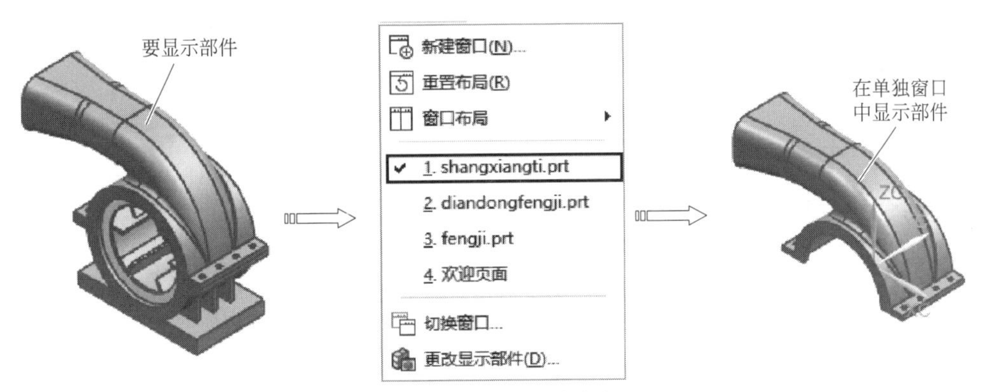

图 9-13 【窗口】菜单命令法

(2) 装配导航器法

在【装配导航器】上选中要显示部件，单击鼠标右键，在弹出的快捷菜单中选择【设为显示部件】命令，系统将所选部件在单独的窗口打开并显示，如图 9-14 所示。

图 9-14 装配导航器法

(3)【装配】菜单命令法

选择要显示的组件，然后选择下拉菜单【装配】|【关联控制】|【设置显示部件】命令，系统将所选部件在单独的窗口打开并显示，如图 9-15 所示。

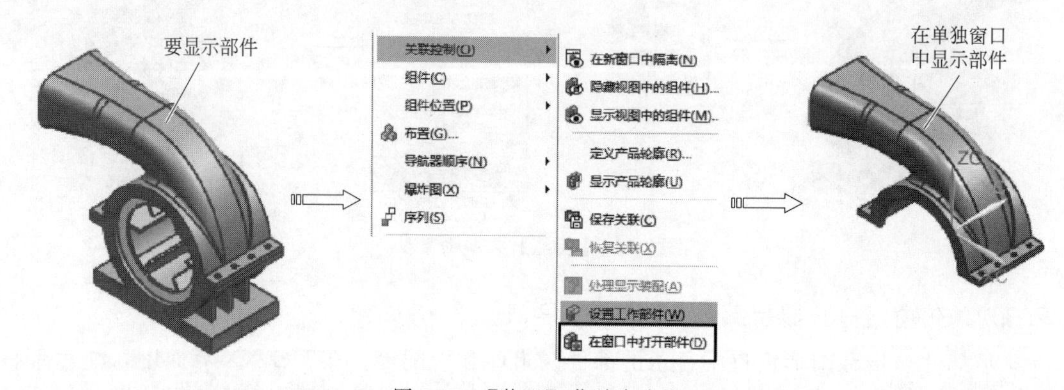

图 9-15 【装配】菜单命令法

技术要点

只有工作部件才能进行编辑和修改。工作部件可以是显示部件，也可以是装配中的任何组件。若当前状态显示的是一个零部件，而不是一个装配部件，则工作部件与显示部件一致。

9.3 装配引用集

利用装配引用集在装配中可以只显示某一组件中指定引用集部分，而其他对象不显示在装配模型中，可大大简化装配模型中某些部分对象的显示，提高装配效率和速度。

9.3.1 引用集基本概念

引用集是用户在零部件中定义的部分几何对象数据，这部分数据就是我们要装入装配件中的数据。引用集可包含下列数据：零部件名称、原点、方向、几何体、坐标系、基准轴、基准平面和属性等。

引用集必须在各自的组件中定义，定义后就可以单独装配到部件中。同一个零部件可以有多个引用集。例如，一个引用集只包括实体模型；另一个引用集只包含线框模型，而不含模型的任何细节；第三个引用集不包含任何几何对象（即空引用集）。默认的情况下，每一组件自动包含一个空引用集。

9.3.2 创建引用集

单击【装配】选项卡中【其他】组中的【引用集】按钮，选择下拉菜单【格式】|【引用集】命令，弹出【引用集】对话框，如图 9-16 所示。

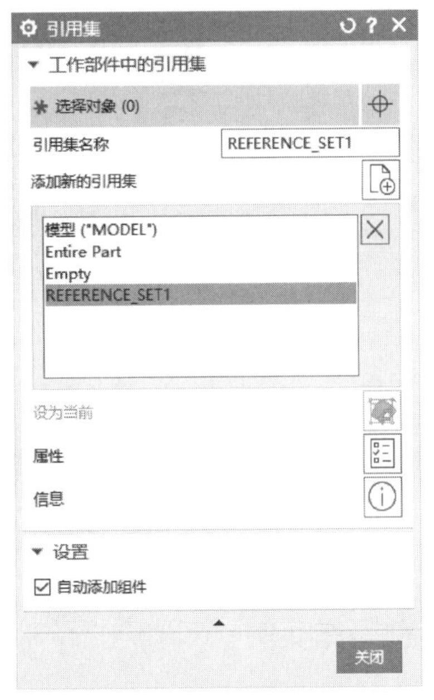

图 9-16 【引用集】对话框

应用该对话框中的选项，可进行引用集的建立、删除、更名、查看、指定引用集属性以及修改引用集的内容等操作。下面对该对话框中的各个选项进行说明。

9.3.2.1 创建引用集

用于建立引用集，部件和子装配都可以建立引用集。部件的引用集既可在部件中建立，也可在装配中建立。如果要在装配中为某部件建立引用集，应先使其成为工作部件。

单击【引用集】对话框中的【添加新的引用集】按钮，系统创建一个引用集，在【引用集名称】文本框中输入要创建的引用集名称，系统自动选择图形区所有工作对象，此时可取消【自动添加组件】复选框，在图形窗口中选取一个或多个几何对象后，单击【关闭】按钮，则建立一个用所选对象表达该部件的引用集，如图 9-17 所示。

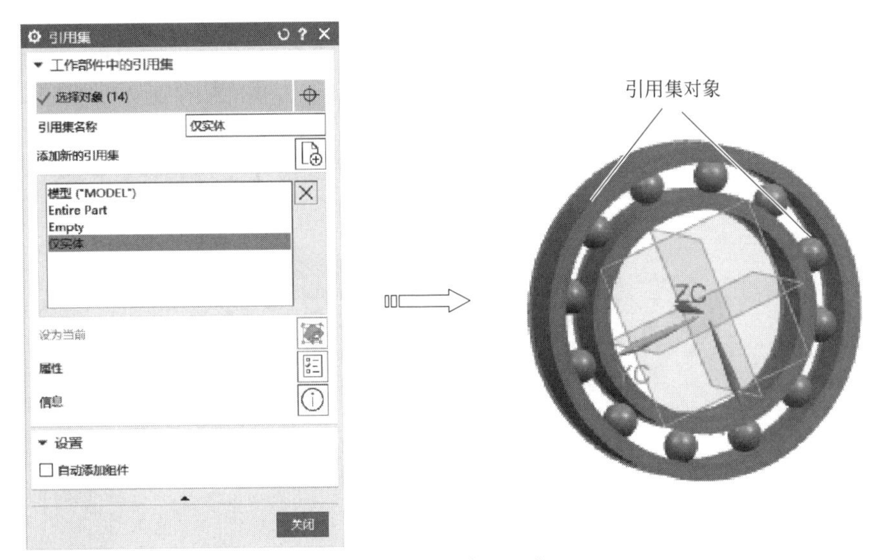

图 9-17 创建引用集

9.3.2.2 删除引用集

用于删除部件或子装配中已建立的引用集。

在【引用集】对话框中选择要删除引用集，单击【删除】按钮即可将该引用集删去，如图 9-18 所示。

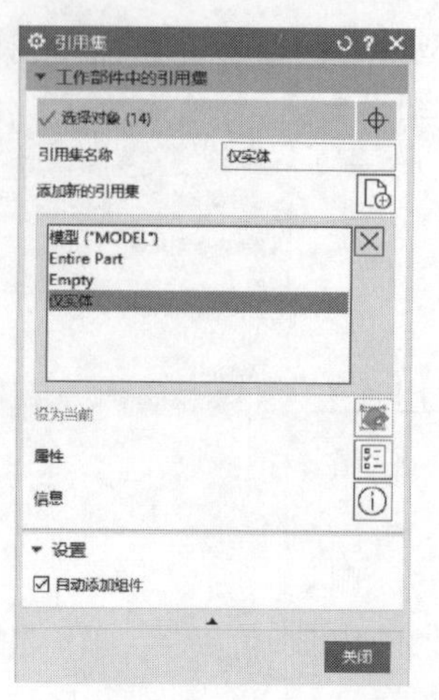
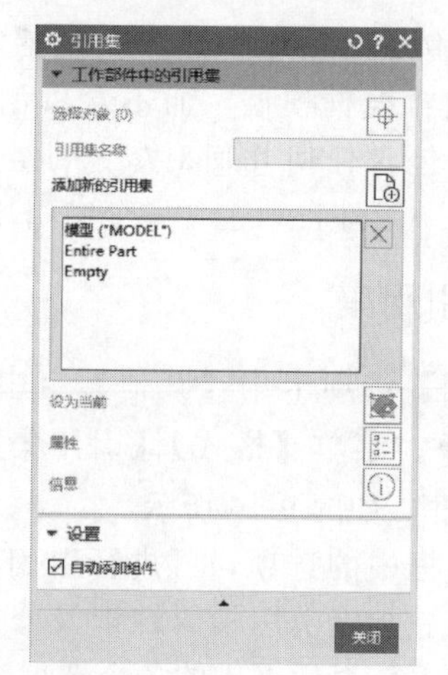

图 9-18　删除引用集

操作实例——引用集操作实例

扫码看视频

操作步骤

Step 01　在功能区中单击【主页】选项卡中【标准】组中的【打开】按钮，在弹出【打开】对话框中选择素材文件“实例\第9章\原始文件\引用集\轴装配.prt”，单击【打开】按钮打开模型文件，如图9-19所示。

Step 02　在【装配导航器】上选中要设置的“轴承”，单击鼠标右键，在弹出的快捷菜单中选择【在新窗口中打开】命令，在单独窗口打开轴承零件。

Step 03　单击【装配】选项卡中【其他】组中的【引用集】按钮，选择下拉菜单【格式】|【引用集】命令，弹出【引用集】对话框，单击【引用集】对话框中的【添加新的引用集】按钮，系统创建一个引用集，在【引用集名称】文本框中输入要创建的引用集名称“实体和基准”，在图形窗口中选取实体和基准后，单击【关闭】按钮完成引用集创建，如图9-20所示。

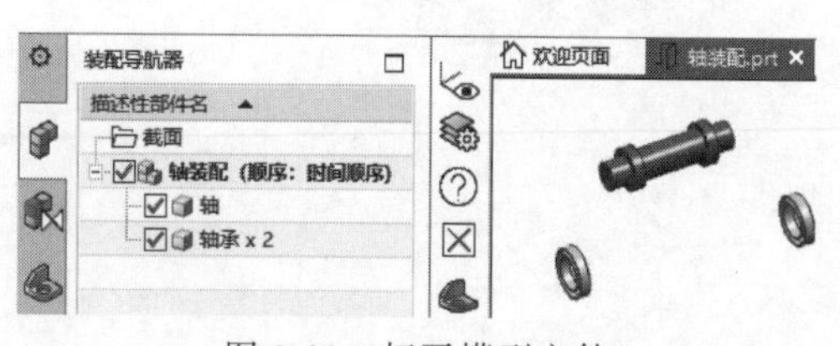

图 9-19　打开模型文件

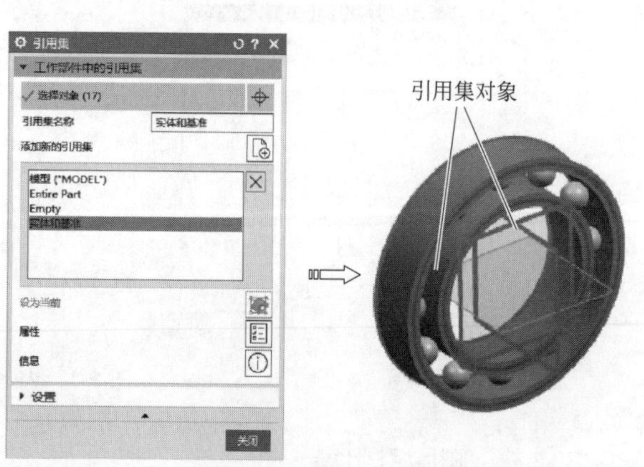

图 9-20　创建引用集

Step 04　选择菜单【窗口】中的【轴装配】命令，返回装配体窗口，选择要替换引用集的组件“轴承”，在【装配】选项工具栏中的【替换引用集】选择框内选择所需的引用集

"基准和实体"，如图 9-21 所示。

图 9-21　替换引用集

9.4　装配导航器和约束导航器

装配导航器（Assemblies Navigator）是一种装配结构的图形显示界面，又称为"装配树"，它不仅能非常清楚地表示出装配中各个组件的装配关系，而且能让用户在必要时快速且方便地选取和操纵各个组件。例如，可以用装配导航器来选择组件，改变"工作部件""显示部件""隐藏与显示组件""编辑约束"等。

9.4.1　装配导航器

装配导航器是在独立窗口中以树状图形显示装配结构。单击【资源条】窗口中的【装配导航器】按钮，显示装配导航器，如图 9-22 所示。

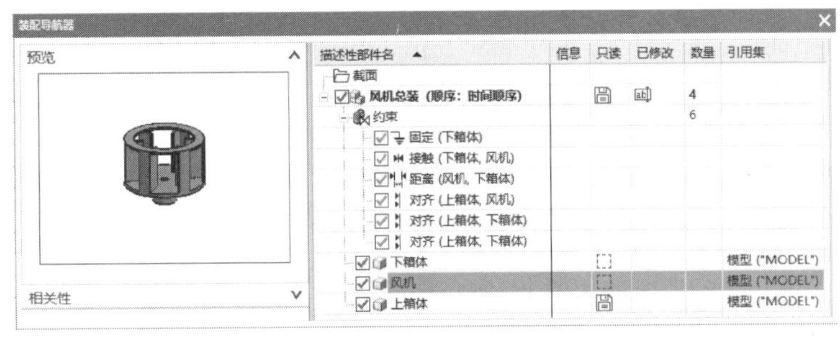

图 9-22　【装配导航器】窗口

在【装配导航器】中第一个节点表示顶层装配部件，其下方的每一个节点均表示装配中的一个组件部件，在其后都相应列出了部件名称、引用数量、引用集名称等参数。

在装配导航器中，为了便于识别各个节点，装配中的子装配和部件分别用不同图标表示。同时，对装配件或部件的不同状态，其表示的图标也有差异，下面列出【装配导航器】窗口中各图标的含义：

- ⊞：单击该图标展开装配或子装配，显示该装配或子装配的所属部件。一旦单击它，加号就变成减号。
- ⊟：单击开图标折叠装配或子装配，不显示该装配或子装配的所属部件。单击减号表示压缩装配或子装配，不显示其下属组件，即把一个装配压缩成一个节点，同时减号变成加号。
- ：表示该组件是一个装配或子装配。如果图标显示为黄色，表示装配或子装配是

在工作部件内；如果图标显示为灰色，但有黑实线边框，则装配或子装配是非工作部件；如果图标是全部灰色，则表示装配或子装配被关闭。

• ：表示该组件是一个单个的零件。如果图标显示为黄色，表示组件是在工作部件内；如果图标显示成灰色，但有黑实线边框，则表示组件是非工作部件；如果图标是全部灰色，则表示组件被关闭。

• ：部件或子装配处于显示状态，单击该图标可以隐藏指定组件的显示或重新显示该组件或子装配。如果该检查框被选取，呈现红色，表示当前部件或装配处于显示状态；如果检查框被选取，呈现浅灰色，表示当前部件或装配处于隐藏状态；如果检查框没有被选取（单框表示），表示当前部件或装配处于关闭状态。

• ：装配或子装配下的组件间的配对约束关系，点击前边的⊞符号，可展开或折叠其所包含的配对约束。

9.4.2 约束导航器

单击【资源条】窗口中的【约束导航器】按钮，显示约束导航器，如图 9-23 所示。

图 9-23 【约束导航器】窗口

约束导航器能够很清楚地表达出装配体中各个组件之间所建立的约束关系，为装配约束关系的建立、修改等操作提供了方便快捷的工具。

约束导航器也是以树状图形来显示装配约束关系，与装配导航器结构类似。在结构中每一对约束关系都显示为一个节点，节点展开即可看到施加了该约束关系的两个组件。需要对某一约束关系进行操作时，只需在约束导航器上双击所需约束，重新弹出【装配约束】对话框，可重新编辑该约束，如图 9-24 所示。

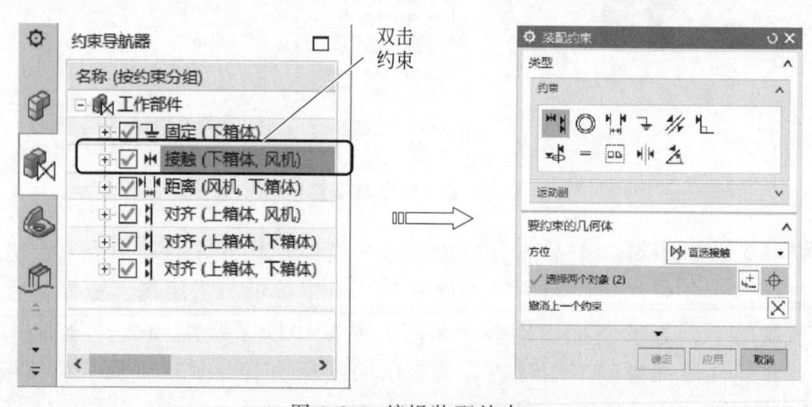

图 9-24 编辑装配约束

9.5 组件管理

要建立装配体必须将组件添加到装配体文件中，相关命令集中在【装配】|【组件】菜单中。

9.5.1 添加组件

图 9-25 【添加组件】对话框

【添加组件】是建立装配体与该零件的一个引用关系，即将该零件作为一个节点链接到装配体上。当组件文件被修改时，所有引用该组件的装配体在打开时都会自动更新到相应组件文件。

在功能区中单击【装配】选项卡中【基本】组中的【添加组件】按钮，或选择下列菜单【装配】|【组件】|【添加组件】命令，系统弹出【添加组件】对话框，如图 9-25 所示。

【添加组件】对话框中相关选项参数含义如下。

(1) 要放置的部件

① 【选择部件】 用于选择要加载一个或多个部件。

② 已加载的部件 用于列出当前已经加载的部件，可从中选择需要装配的部件文件，也可以在绘图区直接选择已经加载的部件，将该部件再次添加到装配体中。

③ 最近访问的部件 列出最近加载的组件，可从中选择需要的部件文件，将其添加到装配体中。

④ 【打开】按钮 单击【打开】按钮，弹出【部件名】对话框，从本地硬盘上浏览选择已设计好的要装配的部件文件进行添加。

技术要点

在【已加载的部件】和【最近访问的部件】的列表框中，可以按住 Ctrl 键同时选择多个部件一起加载。同样在【打开】按钮中也可以采用该方法来同时选择多个部件一起加载。

⑤ 保持选定 在单击【应用】按钮之后保持部件选择，从而可在下一个添加操作中快速添加同样的部件。

⑥ 数量 在【数量】文本框中输入允许重复添加该部件的多个引用数量。

(2) 位置

① 组件锚点 选择组件的位置锚点，绝对坐标系是指组件的绝对原点作为组件锚点。用户可通过【产品接口】命令创建自定义的组件锚点。

② 装配位置 用于选择组件锚点在装配中的初始放置位置。

- 对齐：根据装配方位和光标位置选择放置面，可在图形区单击一点放置组件。
- 绝对坐标系-工作部件：组件锚点放置在工作部件的绝对原点（0,0,0）上，建议第一个放置的组件选择该方式。
- 绝对坐标系-显示部件：组件锚点放置在显示部件的绝对原点处。
- 工作坐标系：组件锚点放置在当前工作坐标系位置和方向上。

③ 循环定向 用于根据装配位置设置指定不同的组件方向。

- 重置：重置对齐位置和方向。

- WCS ：将组件定向至工作坐标系。
- 反向 ：反转组件锚点的 Z 方向。
- 旋转 ：绕 Z 轴将组件从 X 轴向 Y 轴旋转 90°。

（3）放置

① 移动　用于通过点对话框或坐标系操控器指定部件的方向。

- 指定方位：选择组件的放置点。
- 只移动手柄：重定位坐标系操控器，而不重定位选定的对象。这样可以在同一个操作中指定下一个运动定位和定向坐标系操控器。

② 约束　用于通过装配约束放置部件。

- 约束类型：选择要施加的约束类型。
- 要约束的几何体：指定约束的方位和方向，并选择要约束的面和中心线。

操作实例——添加组件实例

扫码看视频

操作步骤

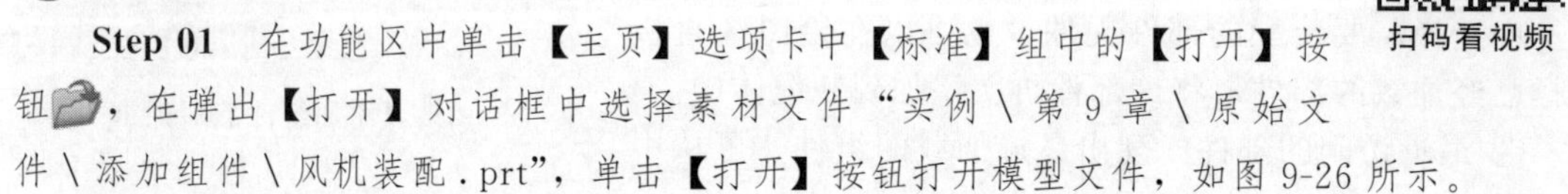

Step 01　在功能区中单击【主页】选项卡中【标准】组中的【打开】按钮，在弹出【打开】对话框中选择素材文件“实例\第9章\原始文件\添加组件\风机装配.prt”，单击【打开】按钮打开模型文件，如图9-26所示。

Step 02　在功能区中单击【装配】选项卡中【基本】组中的【添加组件】按钮，或选择下列菜单【装配】|【组件】|【添加组件】命令，系统弹出【添加组件】对话框，单击【打开】按钮，弹出【部件名】对话框，选择“下箱体”，如图9-27所示。

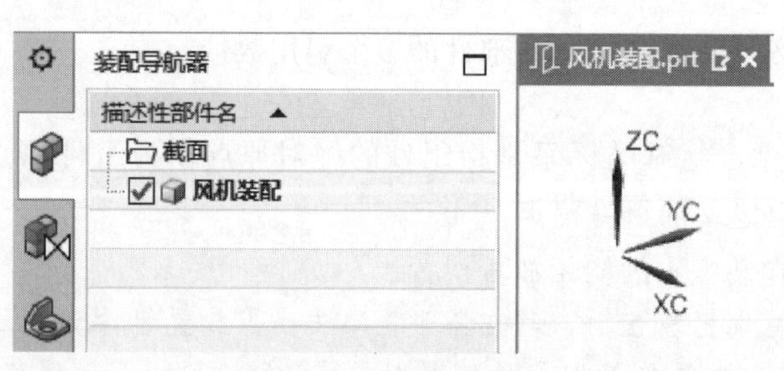

图9-26　打开模型文件

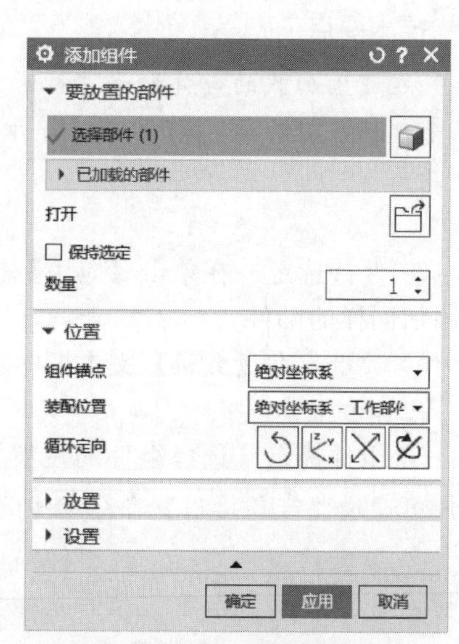

图9-27　【添加组件】对话框

Step 03　设置【组件锚点】为“绝对坐标系”、【装配位置】为“绝对坐标系-工作部件”，单击【应用】按钮，弹出【创建固定约束】对话框，单击【是】按钮完成组件添加，如图9-28所示。

Step 04　在功能区中单击【装配】选项卡中【基本】组中的【添加组件】按钮，或

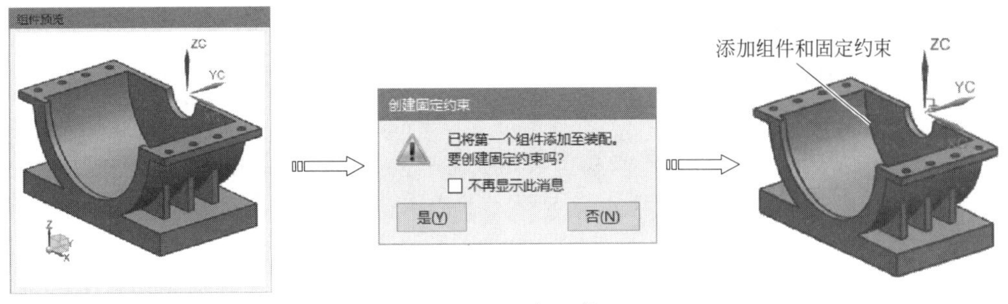

图 9-28　添加组件

图 9-29　【添加组件】对话框

选择下列菜单【装配】|【组件】|【添加组件】命令，系统弹出【添加组件】对话框，单击【打开】按钮，弹出【部件名】对话框，选择“风扇”，如图 9-29 所示。

Step 05　设置【组件锚点】为“绝对坐标系”、【装配位置】为“绝对坐标系-工作部件”，选择【约束】单选按钮，【约束类型】选“接触对齐”，【方位】选“自动判断中心/轴”中的“首次接触”，单击【确定】按钮完成组件添加并约束，如图 9-30 所示。

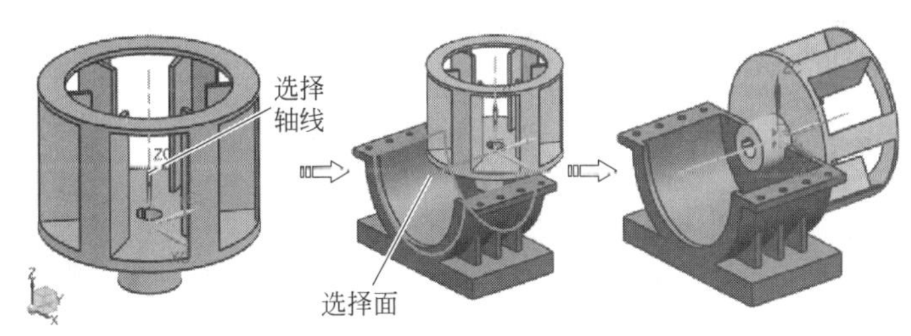

图 9-30　添加组件并约束

9.5.2　新建组件

【新建组件】可以将现有几何体复制或移到新组件中，或者创建一个空组件文件，随后向其中添加几何体，常用于自顶向下的设计方法创建装配。

在【装配导航器】中选择要插入组件的节点，选择下拉菜单【装配】|【组件】|【新建组件】命令，设置好组件名后单击【确定】按钮，弹出【新建组件】对话框，如图 9-31 所示。

图 9-31　【新建组件】对话框

【新建组件】对话框中各选项参数含义如下。

(1)【对象】组框

- 选择对象：在图形区选择对象以创建为包含几何体的新组件。如果不选择对象，系统将创建新的空组件或子装配。
- 添加定义对象：选中该复选框，可在新组件部件文件中包含所有参考对象；取消该复选框，可排除参考对象。一般应该始终复制定义对象，如果没有这些对象，所选对象便无法存在，如草图、基准平面等。

（2）【设置】组框

• 组件名：指定新组件名称。

• 引用集：为所有选定几何体创建的新组件指定引用集。

• 图层选项：在装配中指定图层，可在其中显示已移至组件的几何体，包括“原始的”、“工作的”和“按指定的”。

• 组件原点：指定绝对坐标系在组件部件内的位置。WCS 是指指定绝对坐标系的位置、方向与显示部件的 WCS 相同，绝对坐标系是指指定对象保留其绝对坐标位置。

• 删除原对象：选中该复选框可删除原始对象，同时将选定对象移至新部件。

操作实例——新建组件实例

操作步骤

Step 01 在功能区中单击【主页】选项卡中【标准】组中的【打开】按钮，在弹出【打开】对话框中选择素材文件“实例 \ 第 9 章 \ 原始文件 \ 新建组件 \ 新建组件 . prt”，单击【打开】按钮打开模型文件，如图 9-32 所示。

扫码看视频

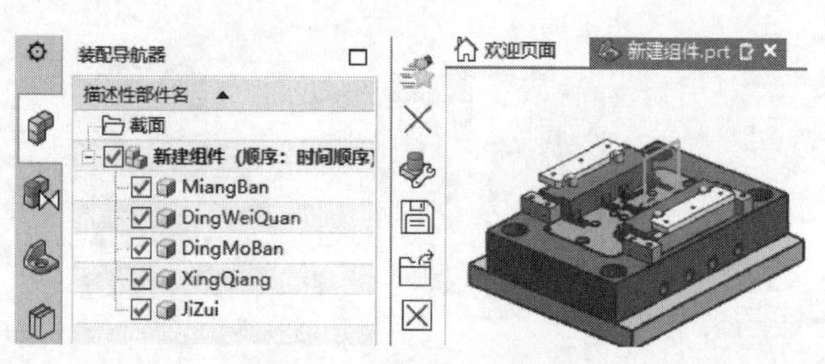

图 9-32 打开模型文件

Step 02 选择下拉菜单【装配】|【组件】|【新建组件】命令，弹出【新组件文件】对话框，设置好组件名后单击【确定】按钮，如图 9-33 所示。

Step 03 系统弹出【新建组件】对话框，在图形区选择零件，设置相关参数如图 9-34 所示。

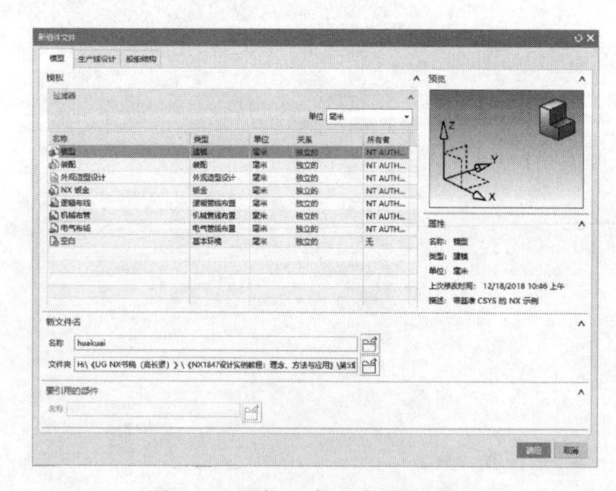

图 9-33 【新组件文件】对话框

图 9-34 【新建组件】对话框

Step 04 单击【确定】按钮完成新建组件，如图 9-35 所示。

图 9-35 新建组件

9.6 组件位置

创建零部件时，坐标原点不是按装配关系确定的，导致装配中所插入零部件位置可能相互干涉，影响装配，因此需要调整零部件的位置，便于约束和装配。调整位置的相关命令集中在【装配】|【组件位置】菜单或功能区【组件位置】组中。

9.6.1 移动组件

【移动组件】用于对加入装配体的组件进行重新的定位。如果组件之间未添加约束条件，就可以对其进行自由操作，如平移、旋转；如果已经施加约束，则可在约束条件下实现组件的平移、旋转等操作。

在功能区中单击【装配】选项卡中【位置】组中的【移动组件】命令，或选择下列菜单【装配】|【组件位置】|【移动组件】命令，弹出【移动组件】对话框，如图 9-36 所示。

图 9-36 【移动组件】对话框

【移动组件】对话框中相关选项参数含义如下。

(1)【要移动的组件】组框

用于选择一个或多个要移动的组件。

(2)【变换】组框

【变换】组框中的【运动】下拉列表用于选择组件移动的类型，其各图标和选项说明如下：

- 动态：通过拖动、使用图形窗口中的屏显输入框或通过点对话框来重定位组件。

> **技术要点**
>
> 选中【只移动手柄】复选框后，可只移动手柄而不移动组件，即只移动操作时的动态坐标系；取消该复选框后，便可拖动选定的组件。

- 通过约束：通过创建移动组件的约束条件来移动组件。
- 距离：将所选定组件在指定的矢量方向移动一定的距离，矢量方向可以由矢量构造器来指定。

• 点到点：将所选组件从参考点移动到另一目标点。

• 增量XYZ：沿X、Y、Z坐标轴方向移动指定距离。如果在【XC、YC、ZC】文本框中输入值为正，则沿正向移动；反之，沿负向移动。

• 角度：以一个参考点为基准绕一个旋转轴旋转所选组件。

• 根据三点旋转：以一个参考点为基准绕一个旋转轴旋转所选组件，旋转角度由起点、终点指定。

• CSYS到CSYS：采用移动坐标系的方法将组件从一个参考坐标系移到目标坐标系。

• 轴到矢量：在选择的两轴间旋转所选的组件，即指定一个参考点、一个参考轴和一个目标轴后，组件在选择的两轴间旋转指定的角度。

操作实例——移动组件操作实例

扫码看视频

操作步骤

Step 01 在功能区中单击【主页】选项卡中【标准】组中的【打开】按钮，在弹出【打开】对话框中选择素材文件“实例\第9章\原始文件\移动组件\移动组件.prt”，单击【打开】按钮打开模型文件，如图9-37所示。

Step 02 在功能区中单击【装配】选项卡中【位置】组中的【移动组件】命令，或选择下列菜单【装配】|【组件位置】|【移动组件】命令，弹出【移动组件】对话框，如图9-38所示。

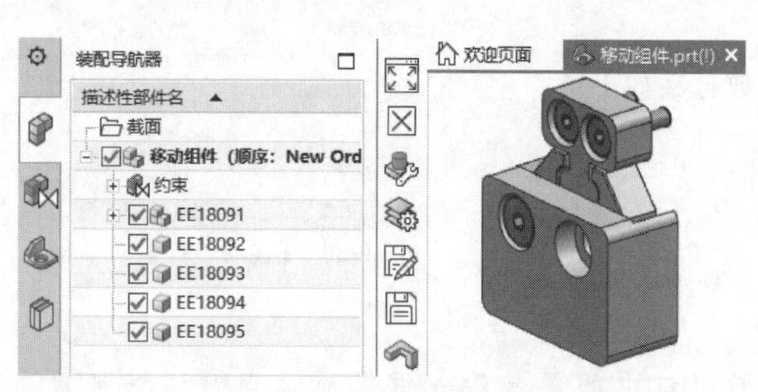

图9-37 打开模型文件

图9-38 【移动组件】对话框

Step 03 选择如图9-39所示的螺栓，设置【运动】为“动态”，单击【指定方位】激活活动状态，选中【只移动手柄】复选框，选择孔的圆弧中心，如图9-39所示。

Step 04 取消【只移动手柄】复选框，在【复制】组中，从【模式】列表中选择“手动复制”，如图9-40所示。

Step 05 单击【创建副本】按钮，选择另一个孔的圆弧中心，将组件复制到第二个孔，如图9-41所示。

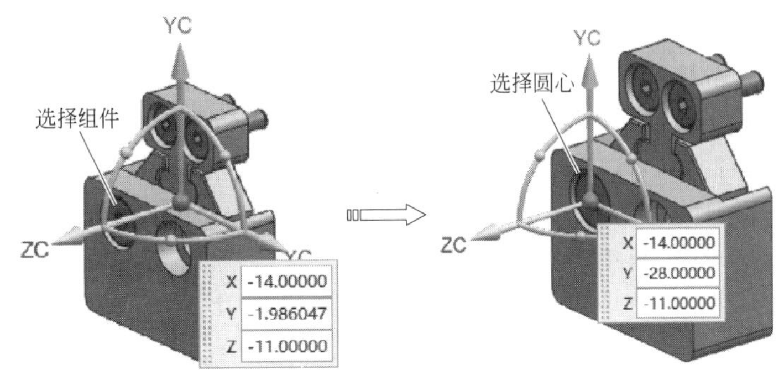

图 9-39　组件移动

图 9-40　选择复制模式

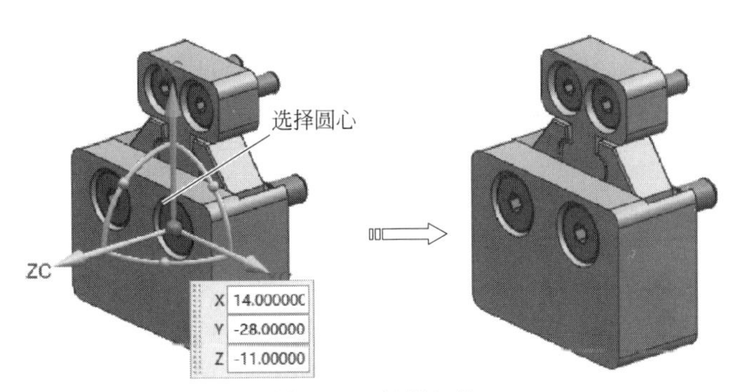

图 9-41　复制组件

9.6.2　装配约束

【装配约束】就是在组件之间建立相互约束条件以确定组件在装配体中的相对位置，主要是通过约束部件之间的自由度来实现的。例如，可指定一个组件的圆柱面与另一个组件的圆锥面共轴。

在功能区中单击【装配】选项卡中【组件位置】组中的【装配约束】命令，或选择下列菜单【装配】|【组件位置】|【装配约束】命令，弹出【装配约束】对话框，如图 9-42 所示。

【装配约束】对话框中提供多种约束定位方式，下面介绍常用的约束方式。

(1) 接触对齐

用于选择两个对象使其接触或对齐，【方位】下拉列表有如下类型：

• 首选接触：当接触和对齐都可能时，显示接触约束，系统默认选项。在大多数模型中，接触约束比对齐约束更常用；但当接触约束过度约束装配时，将显示对齐约束。

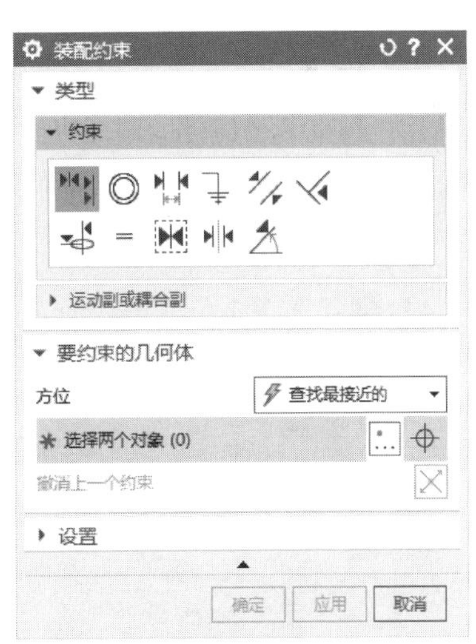

图 9-42　【装配约束】对话框

技术要点

如果所选对象有接触、对齐两种可能约束方式，则单击【撤销上一个约束】按钮，可在两种方式之间转换。

- 接触：设置接触约束，使所选对象曲面法向在反方向上，如图 9-43 所示。
- 对齐：将两个对象保持对齐，且法向方向相同，如图 9-44 所示。

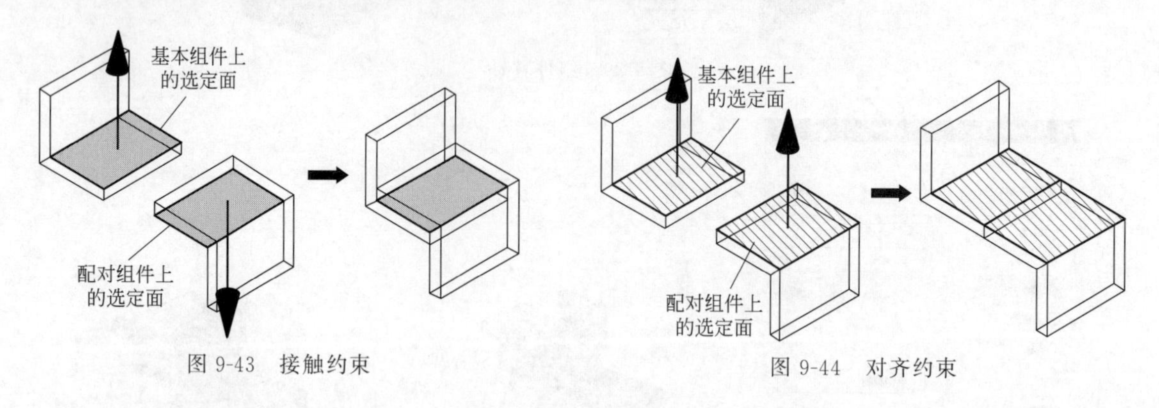

图 9-43　接触约束　　　　图 9-44　对齐约束

- 自动判断中心/轴：指定在选择圆柱面或圆锥面时，UG NX 将使用面的中心或轴而不是面本身作为约束；指定在选择圆柱面、圆锥面或球面或圆边时，自动使用对象的中心或轴作为约束对齐，如图 9-45 所示。

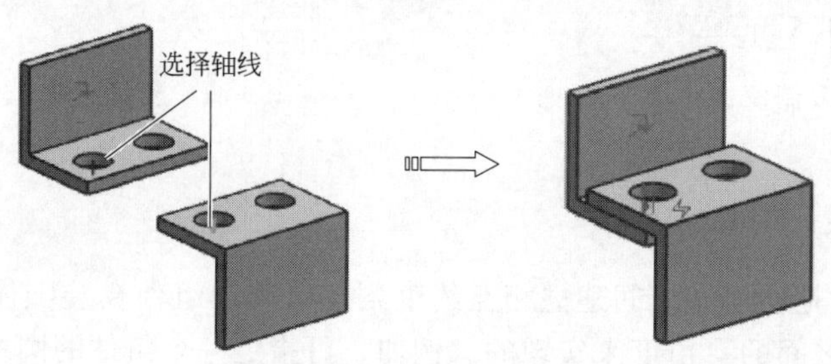

图 9-45　自动判断中心/轴

（2）同心

用于约束两个组件的圆形边或椭圆边，使其中心重合，并使边的平面共面，如图 9-46 所示。

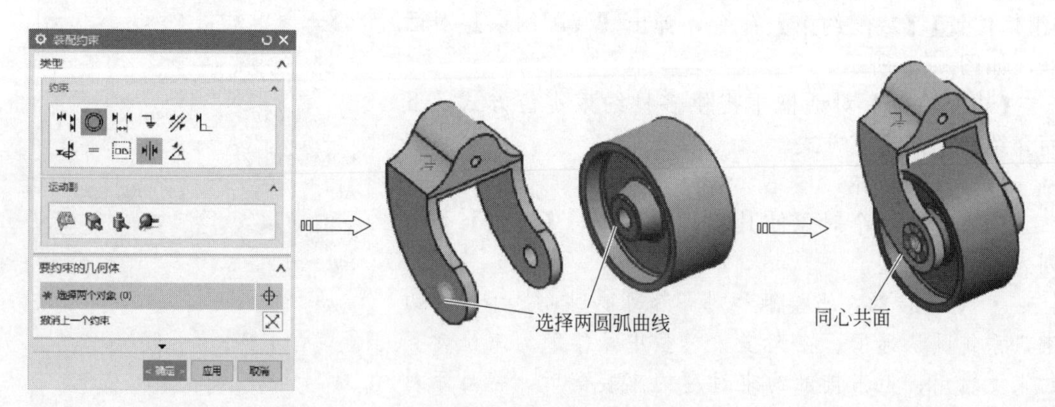

图 9-46　同心约束

（3）距离

用于指定两个对象之间的最小三维距离，偏置距离可为正值或负值，正负是相对于静止组件而言，如图 9-47 所示。

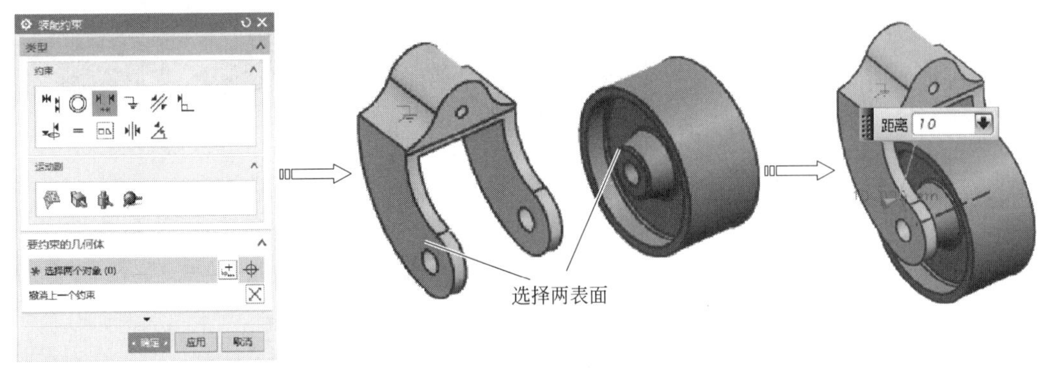

图 9-47 距离定位

（4）固定

用于将组件固定在其当前位置不动，当要确保组件停留在适当位置且根据它约束其他组件时，此约束很有用，如图 9-48 所示。

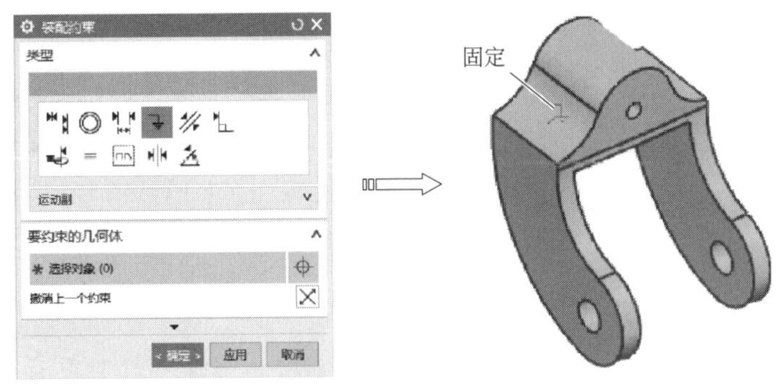

图 9-48 固定约束

（5）平行

用于将两个组件对象的方向矢量定义为平行，从而对这些对象进行约束，如图 9-49 所示。

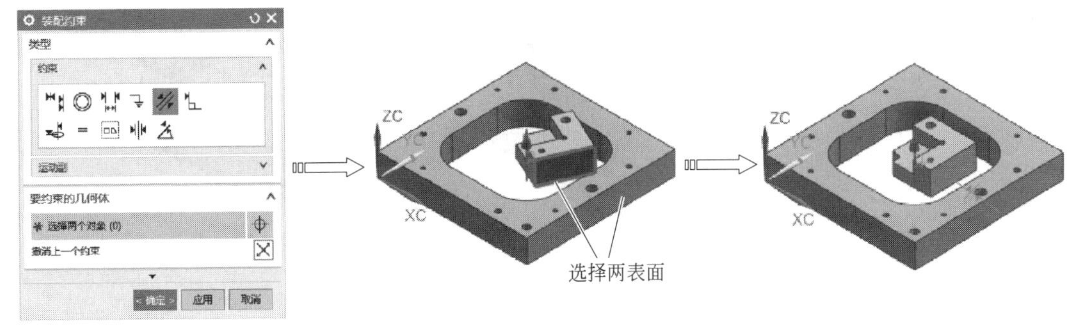

图 9-49 平行约束

（6）垂直

用于将两个组件对象的方向矢量定义为垂直，从而对这些对象进行约束，如图 9-50 所示。

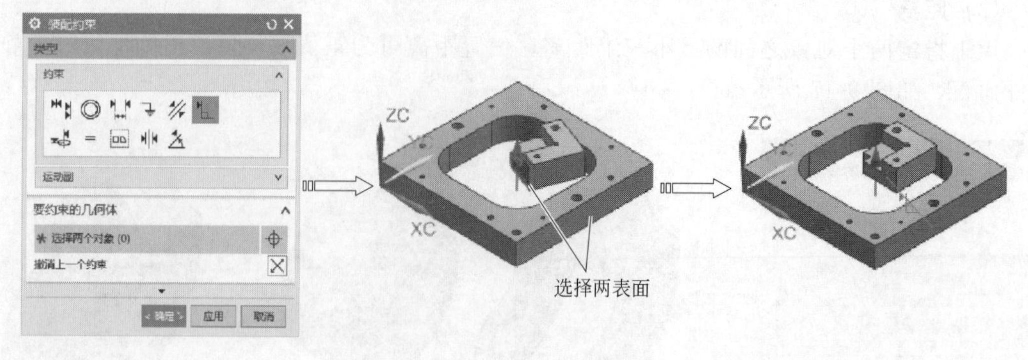

图 9-50　垂直约束

(7) 胶合

用于将组件焊接在一起，以使其可以像刚体那样移动，如图 9-51 所示。

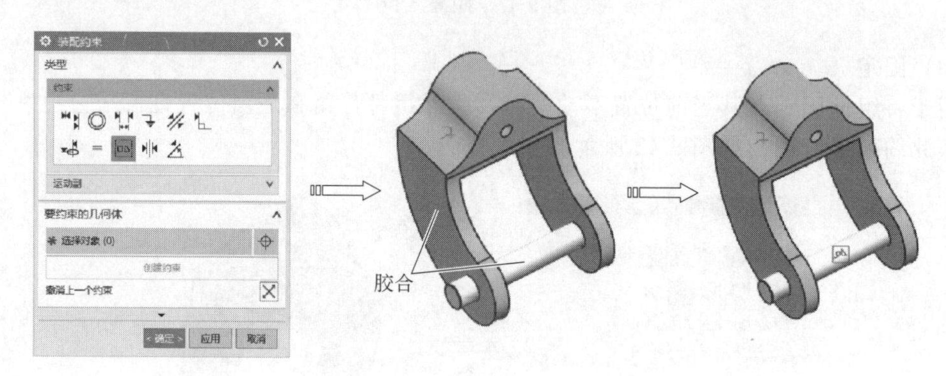

图 9-51　胶合约束

(8) 中心

用于使一对对象之间的一个或两个对象中心点对齐，或使一对对象沿另一个对象中心点对齐，如图 9-52 所示。

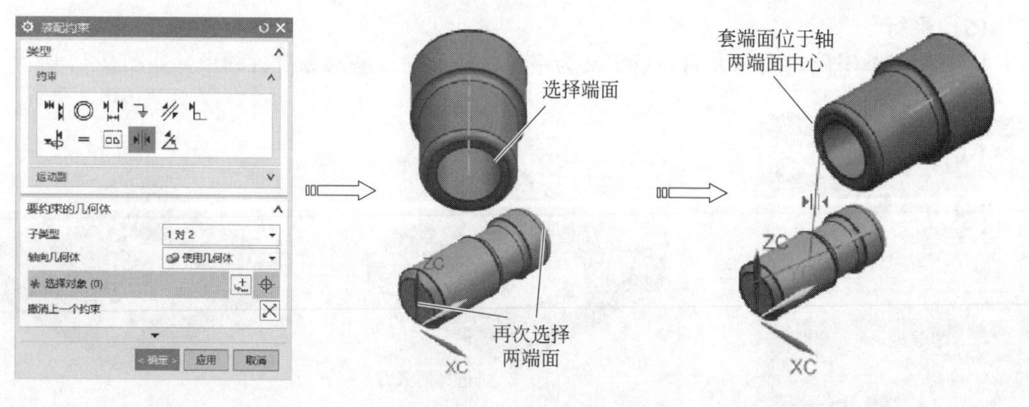

图 9-52　中心约束

(9) 角度

将两个对象按照一定角度对齐，从而使配对组件旋转到正确的位置，如图 9-53 所示。

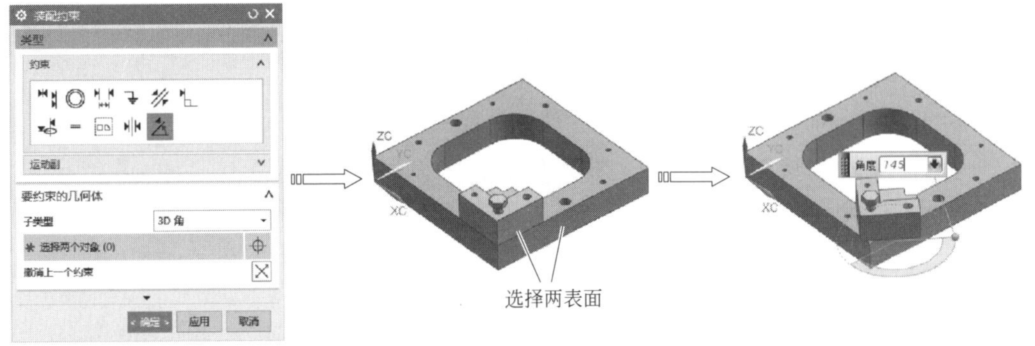

图 9-53　角度约束

操作实例——装配约束操作实例

操作步骤

Step 01　在功能区中单击【主页】选项卡中【标准】组中的【打开】按钮，在弹出【打开】对话框中选择素材文件“实例\第 9 章\原始文件\装配约束\装配约束.prt”，单击【打开】按钮打开模型文件，如图 9-54 所示。

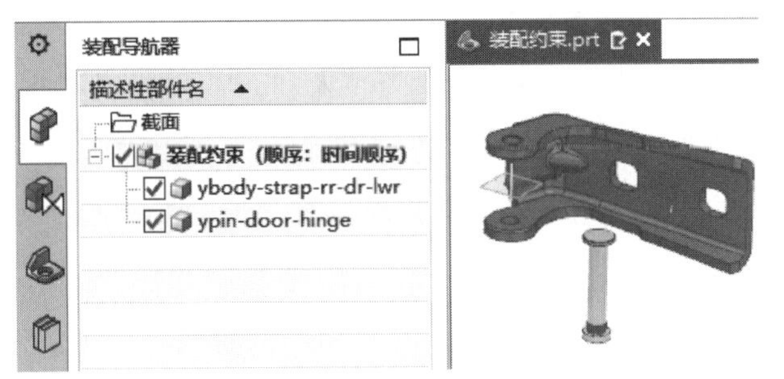

图 9-54　打开模型文件

Step 02　在功能区中单击【装配】选项卡中【位置】组中的【装配约束】命令，或选择下列菜单【装配】|【组件位置】|【装配约束】命令，弹出【装配约束】对话框，设置【类型】为“固定”，如图 9-55 所示。

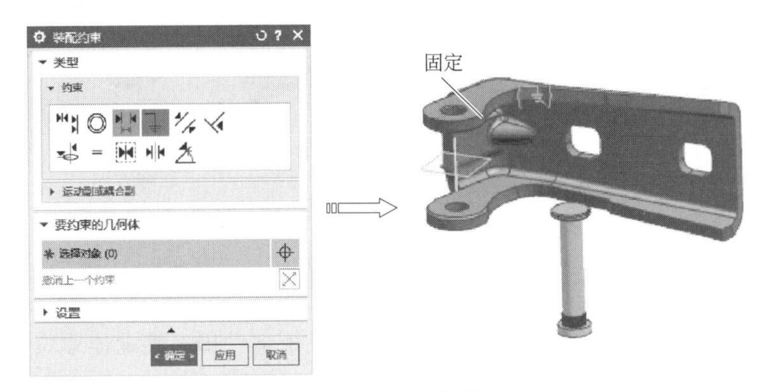

图 9-55　固定约束

Step 03 在功能区中单击【装配】选项卡中【位置】组中的【装配约束】命令，或选择下列菜单【装配】|【组件位置】|【装配约束】命令，弹出【装配约束】对话框，设置【类型】为“中心”、【子类型】为“2 对 2”，如图 9-56 所示。

Step 04 选择图 9-57 所示对象表面作为装配面，单击“应用”按钮，即可创建中心约束。

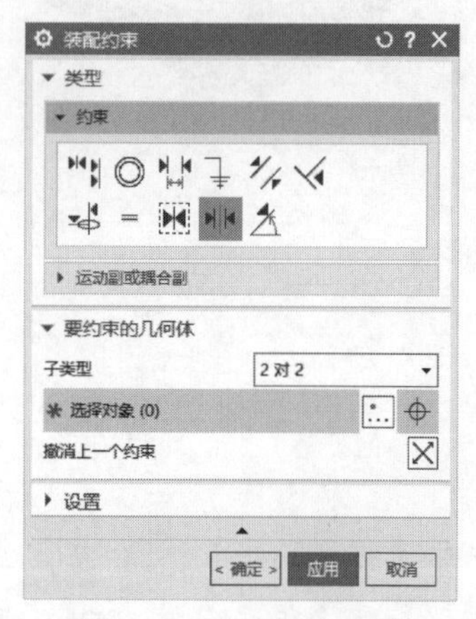

图 9-56 中心约束设置

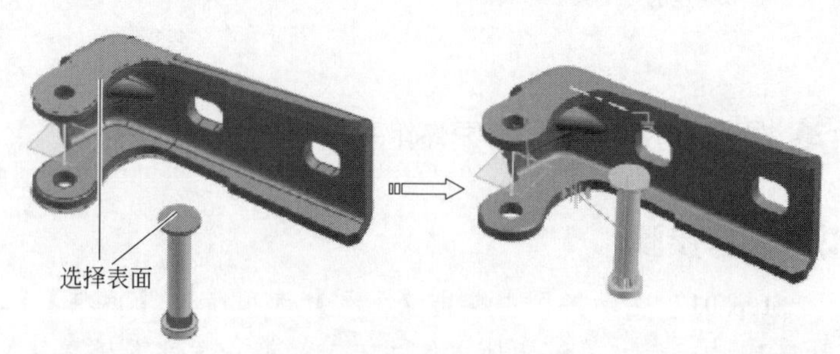

图 9-57 施加中心约束

Step 05 在功能区中单击【装配】选项卡中【组件位置】组中的【装配约束】命令，或选择下列菜单【装配】|【组件位置】|【装配约束】命令，弹出【装配约束】对话框，设置【类型】为“接触对齐”、【子类型】为“自动判断中心/轴”，如图 9-58 所示。

Step 06 选择图 9-59 所示轴线作为装配面，单击【确定】按钮，即可创建接触对齐约束。

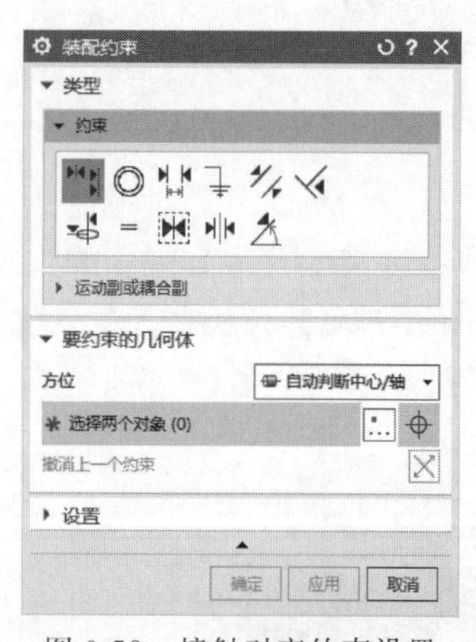

图 9-58 接触对齐约束设置

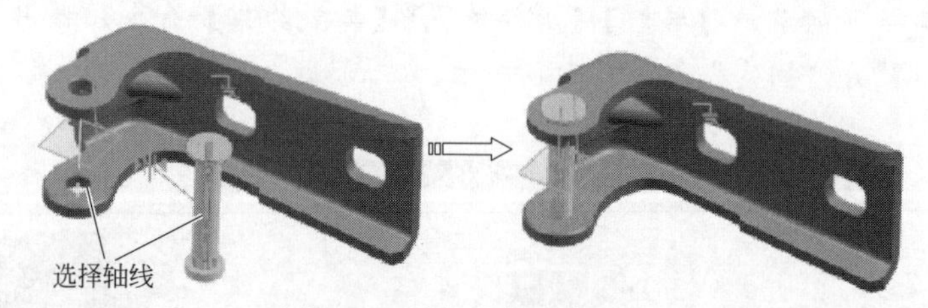

图 9-59 施加接触对齐约束

9.7 爆炸图

完成了零部件的装配后，可以通过爆炸图将各装配部件偏离装配体原位置显示出来，以表达组件装配关系的视图，便于用户观察。

9.7.1 爆炸图简介

装配爆炸图是指在装配环境下将建立好装配约束关系的装配体中的各组件，沿着指定的方向拆分开来，即离开组件实际的装配位置，以清楚地显示整个装配或子装配中各组件的装配关系以及所包含的组件数，方便观察产品内部结构以及组件的装配顺序，如图 9-60 所示。

图 9-60 爆炸图

爆炸图与其他用户视图一样，一旦定义和命名，可将它添加到二维工程图中。爆炸图与显示部件关联，并存储在显示部件中。爆炸图广泛应用于设计、制造、销售和服务等产品全生命周期的各个阶段，特别是在产品说明书中，它常用于说明某一部分或某一子装配的装配结构。

技术要点

爆炸图只针对装配而存在，在零件层的部件文件中无意义。若删除装配中的所有组件，则建立的爆炸视图也被自动删除。

9.7.2 创建爆炸图

在功能区中单击【装配】选项卡中【爆炸图】组中的【爆炸图】按钮，或选择下拉菜单【装配】|【爆炸图】|【创建爆炸图】命令，弹出【爆炸】对话框，如图 9-61 所示。

技术要点

创建爆炸图时，可以看到所生成的爆炸图与原来的装配图没有任何变化，它只是将当前视图创建为一个爆炸图，装配中各组件爆炸后的实际位置还未指定，需要利用编辑爆炸图来指定各装配组件的爆炸位置。

图 9-61 【爆炸】对话框

9.7.2.1 新建爆炸图

在【爆炸】对话框中，单击【新建爆炸】按钮，将显示【编辑爆炸】对话框，使用【编辑爆炸】对话框可选择和手动移动组件，并创建爆炸。

9.7.2.2 编辑爆炸图

采用自动爆炸一般不能得到理想的爆炸效果，通常还需要利用【编辑爆炸】功能对爆炸图进行调整。

单击【爆炸图】工具栏上的【编辑爆炸图】按钮，或选择下拉菜单【装配】|【爆炸图】|【编辑爆炸图】命令，弹出【编辑爆炸】对话框，选择要编辑组件，按照需要进行操作，如图 9-62 所示。

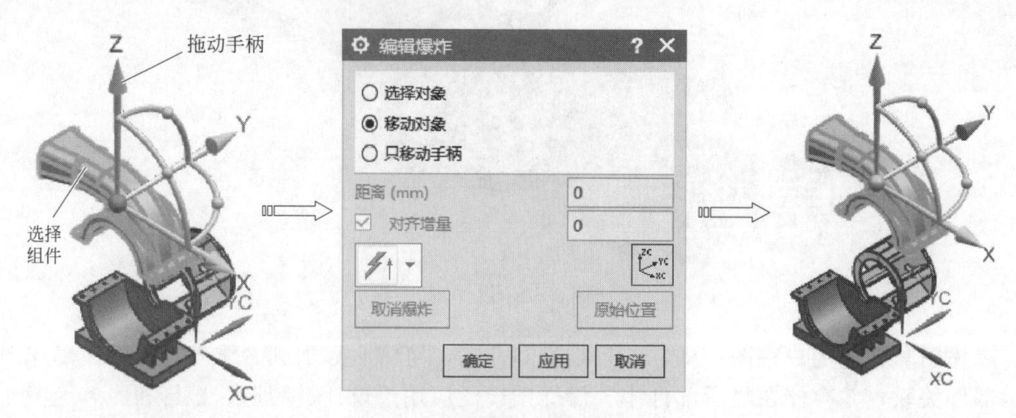

图 9-62 编辑爆炸图的操作过程

【编辑爆炸】对话框中各选项参数含义如下。

- 选择对象：选择要进行操作的组件对象。
- 移动对象：对选中的组件对象进行移动操作。
- 只移动手柄：当选中该选项时，拖动手柄只有手柄移动，被选组件不动。
- 【对齐增量】复选框：勾选该选项后可在其后设置参数值，用于组件移动时按增量值递增至所选定的“距离”或“角度”位置。
- 【取消爆炸】按钮：使所选的组件返回到未发生爆炸之前的位置。

9.7.2.3 删除爆炸图

在【爆炸】对话框中选择要删除的爆炸图，单击【删除爆炸】按钮，删除已建立的爆炸图。

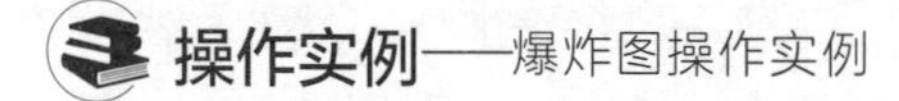

操作实例——爆炸图操作实例

扫码看视频

操作步骤

Step 01 在功能区中单击【主页】选项卡中【标准】组中的【打开】按钮，在弹出【打开】对话框中选择素材文件“实例\第 9 章\原始文件\爆炸图\爆炸图 .prt”，单击【打开】按钮打开模型文件，如图 9-63 所示。

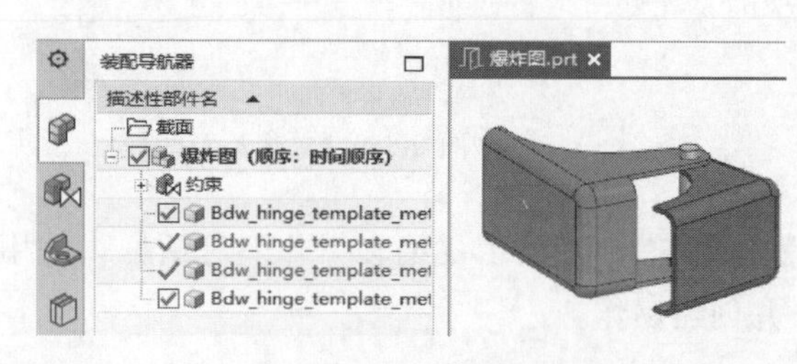

图 9-63 打开模型文件

Step 02 在功能区中单击【装配】选项卡中【爆炸图】组中的【爆炸图】按钮，弹出【爆炸】对话框。

Step 03 在【爆炸】对话框中，单击【新建爆炸】按钮，弹出【编辑爆炸】对话框，选择要编辑组件，按照需要进行操作，如图 9-64 所示。

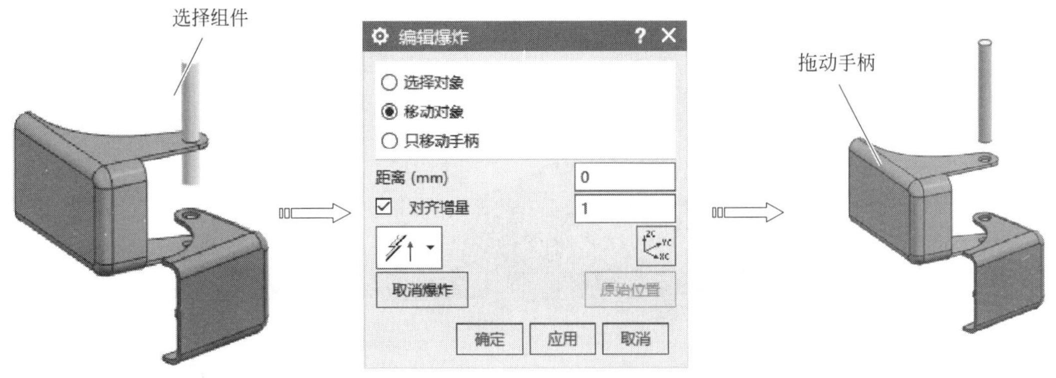

图 9-64 编辑爆炸图

Step 04 重复上述步骤，编辑其他组件位置，如图 9-65 所示。

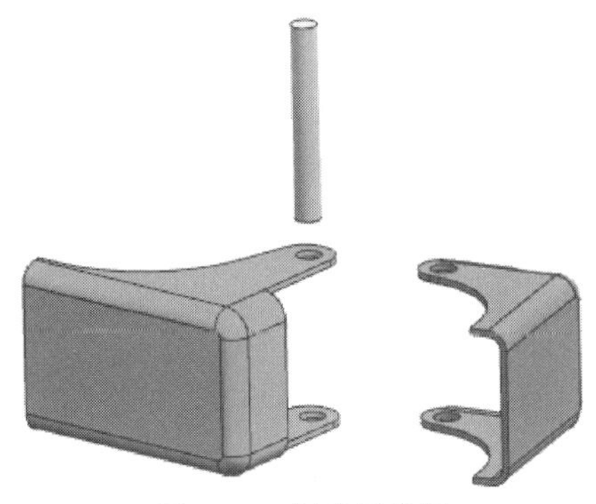

图 9-65 创建爆炸图

9.8 上机习题

习题 9-1

应用装配等命令创建如图习题 9-1 所示的夹具装置装配。

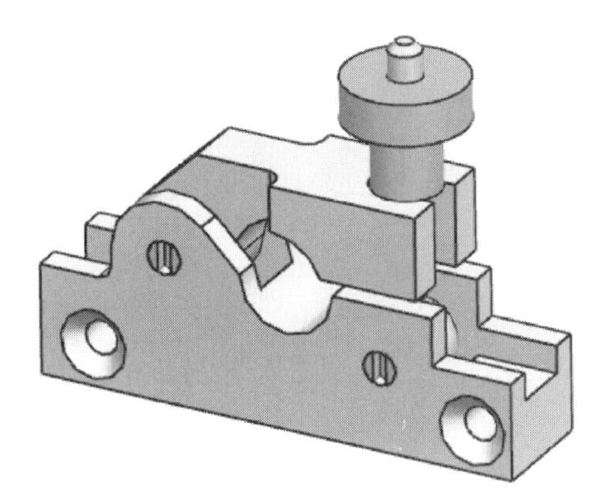

图习题 9-1 夹具装置

扫码看视频

习题 9-2

应用装配等命令创建如图习题 9-2 所示的 T 形滑块工装装配。

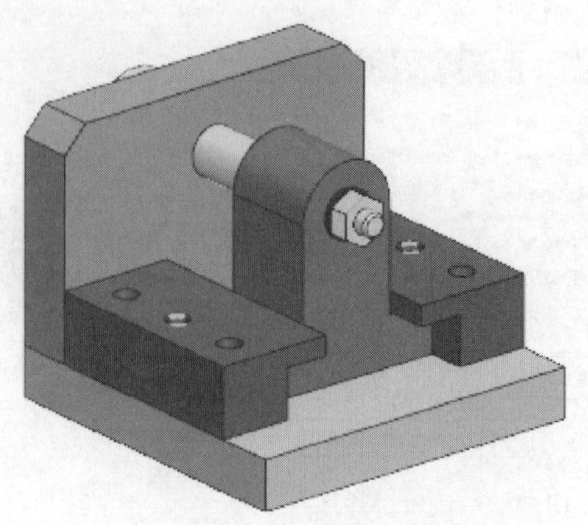

图习题 9-2　T 形滑块工装

扫码看视频

本章小结

本章详细介绍了 UG NX 软件装配模块的使用。通过本章的学习，读者可以了解装配的概念，学会如何实现零件的装配，如何生成爆炸视图等。读者学习时需要多加强实际的练习，只有这样，才可以掌握得更加牢固。

第10章 UG NX工程图设计

使用 UG NX 工程制图模块可方便、高效地创建三维零件的二维图纸，且生成的工程图与模型相关，当模型修改时工程图自动更新。工程图是设计人员与生产人员交流的工具，因此掌握工程图是设计的必然要求。希望通过本章的学习，读者可轻松掌握零件工程图的基本应用。

本章内容

- 工程制图界面
- 创建图纸页
- 创建工程视图
- 工程视图相关编辑
- 中心线符号标注
- 尺寸标注
- 表面粗糙度标注
- 基准特征和形位公差

10.1 基于模型的工程图概述

UG NX 的工程制图模块可以制作符合国家制图标准的工程图纸，通常采用基于模型的制图方法，即利用 UG NX 的建模模块所创建的三维模型直接生成二维工程图，并且所生成的视图与三维模型相互关联，即三维模型修改，二维工程图也会相应更新。该制图模块生成二维视图后，可以对视图进行编辑、标注尺寸、添加注释以及表格设计，极大地提高了设计效率。

10.1.1 基于模型的制图简介

10.1.1.1 基于模型的制图特征

基于模型的图纸工作流使用现有 3D 几何体生成 2D 制图数据。在 UG NX 建模模块中建立的实体模型，可以引用到工程图模块中进行投影，从而快速自动地生成平面工程图。由于建立的平面工程图是由三维实体模型投影得到的，因此，所生成的平面工程图具有以下特点：

- 平面工程图与三维实体模型完全相关，实体模型的尺寸、形状以及位置的任何改变都会引起平面工程图的相应更新，更新过程可由用户控制。
- 对于任何一个三维模型，可以根据不同的需要，使用不同的投影方法、不同的图幅尺寸以及不同的视图比例建立模型视图、局部放大视图、剖视图等各种视图；各种视图能够自动对齐；完全相关的各种剖视图能自动生成剖面线并控制隐藏线的显示。

• 可以半自动地对平面工程图进行各种标注，且标注对象与基于它们所创建的视图对象相关；当模型变化或视图对象变化时，各种相关的标注都会自动更新。

• 可以在平面工程图中加入文字说明、标题栏、明细栏等注释，系统提供了多种绘图模板，也可以自定义模板，使标注参数的设置更容易、方便和有效。

10.1.1.2 基于模型的制图方法

基于模型的制图方法是指使用现有 3D 几何体生成 2D 制图数据，通常有以下 2 种方法实现制图。

(1) 非主模型制图

将图纸直接放在包含 3D 模型几何体的文件中。图纸数据将与 3D 几何体关联，并且在模型几何体更新时进行更新。在非主模型制图中，图纸包含在部件中，如图 10-1 所示。

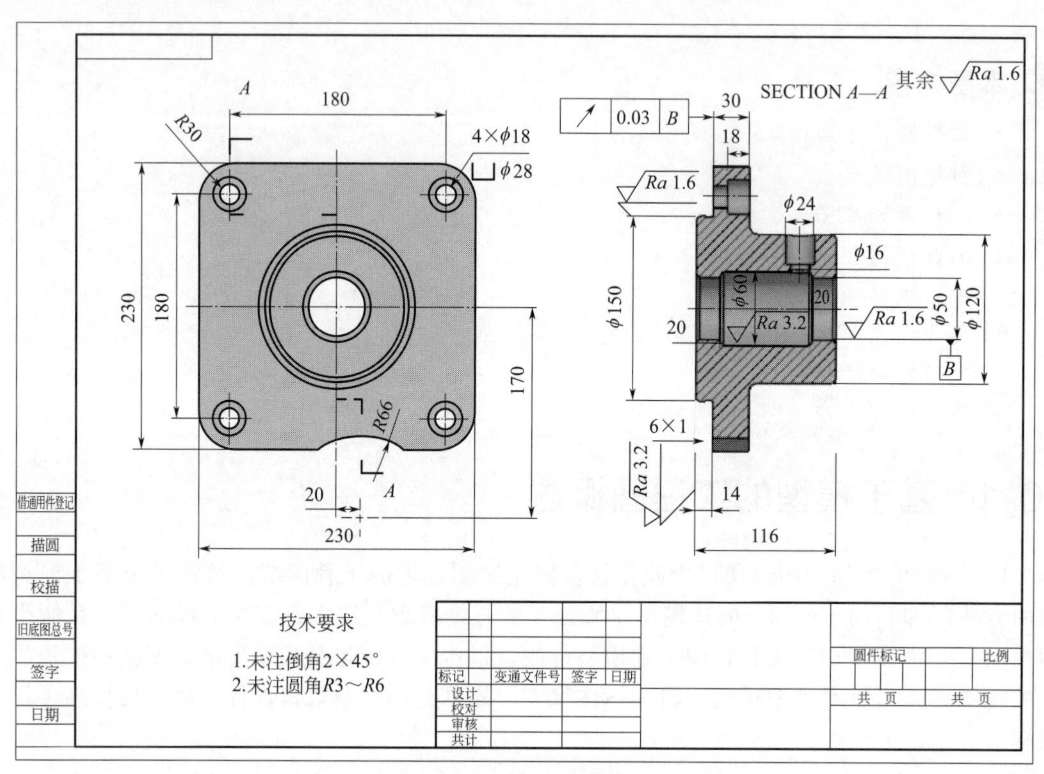

图 10-1　非主模型制图

(2) 主模型制图

使用主模型架构，将图纸数据放在与包含模型几何体文件不同的文件中。对于 3D 制图流程，建议使用该方法。图纸数据将直接与 3D 模型几何体关联，并在几何体更新时进行更新，不同用户可以同时处理同一模型数据。

主模型是一个部件文件，它包含零件或装配的模型几何体。在制图中，通过创建新的制图部件以包含图纸数据，然后再将主模型作为组件添加到制图部件，来应用主模型工作流。这样，模型几何体无需真正成为图纸文件的一部分即可通过图纸访问。主模型和图纸分别位于不同的部件文件，在主模型工作流中，部件将作为组件被添加到图纸文件中，如图 10-2 所示。

图 10-2　主模型制图

10.1.2　工程图用户界面

当启动 UG NX 之后，单击【应用模块】选项卡中的【制图】选项，系统便进入 UG NX 制图操作界面。在制图模块下，有关制图命令主要集中于下拉菜单【插入】之中，或者 UG NX 所有与制图有关功能都集中在 Ribbon 功能区，如图 10-3 所示。

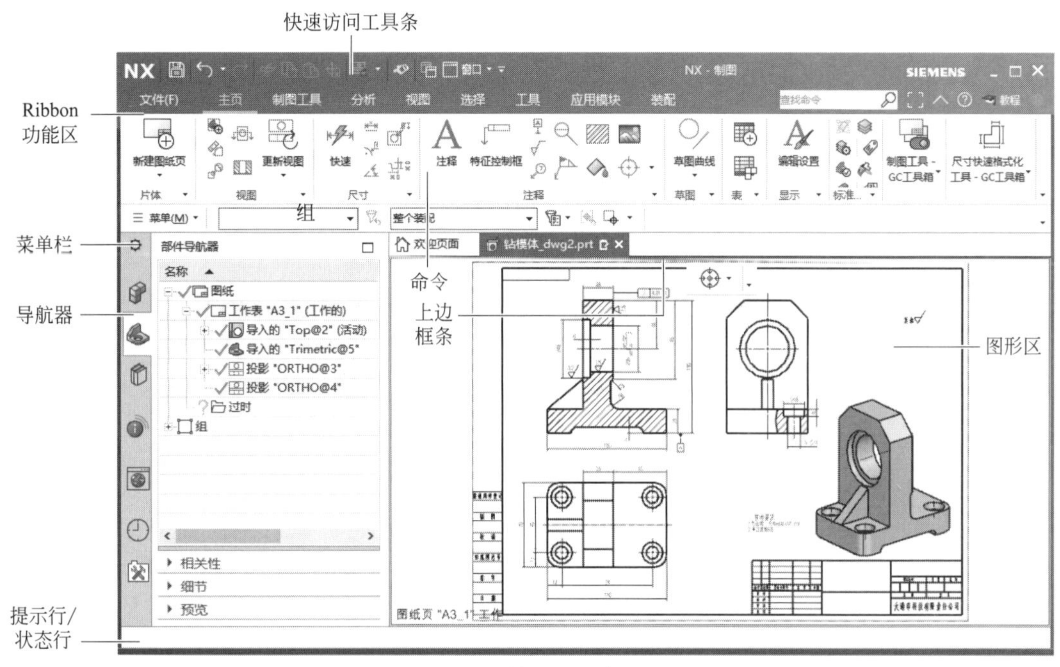

图 10-3　【制图】用户界面

10.1.3　基于模型制图工作流程

（1）设置制图标准和图纸首选项

UG NX 系统自带的制图标准只包含了 GB 制图标准，这些制图标准与我国制图标准并不完全一致，因此在使用 UG NX 生成工程图前需要用户自行建立一个符合我国制图环境的标准。建议在创建图纸前，先设置新图纸的制图标准、制图视图首选项和注释首选项。

（2）创建图纸页

进入工程图环境后，首先要创建空白的图纸页，相当于机械制图中的白图纸。创建图纸用于创建新的制图文件，并生成第一张图纸。

(3) 创建工程视图

在工程图中，视图一般使用二维图形表示零件的形状信息，而且它也是尺寸标注、符号标注的载体，由不同方向投影得到的多个视图可以清晰完整地表示零件信息。在 UG NX 基于模型的制图中，所有视图均直接派生自三维模型，并可用于创建其他视图，如剖视图和局部放大图。

(4) 标注尺寸

尺寸标注是工程图的一个重要组成部分，UG NX 提供了方便的尺寸标注功能。

(5) 标注注释

UG NX 提供了完整的工程图标注工程，包括文本注释、粗糙度标注、基准特征和形位公差标注等。

技术要点

尺寸和注释与视图中的几何体相关联。如果移动视图，相关联的尺寸和注释也将一起移动。如果对模型进行了编辑，则尺寸和注释将会更新以反映所作的更改。

10.2 制图首选项

在工程制图之前，一般需要根据专业标准和行业习惯对各种制图参数进行预设置。UG NX 提供了首选项工具来方便用户进行制图界面参数预设置。

选择下拉菜单【首选项】|【制图】命令，弹出【制图首选项】对话框，如图 10-4 所示。

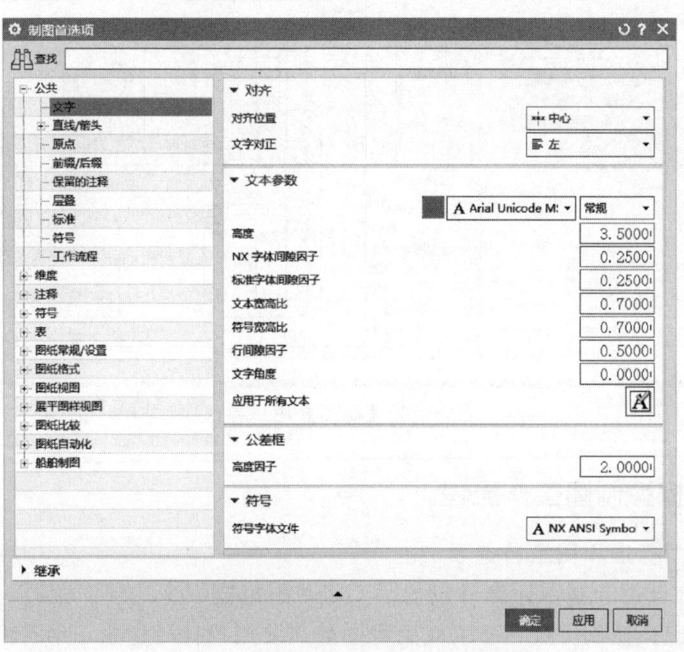

图 10-4 【制图首选项】对话框

【制图首选项】对话框相关参数比较多，下面仅介绍常用的“公共”和“维度（尺寸）”参数。

10.2.1 公共

10.2.1.1 文字

【文字】选项卡中相关选项参数含义如下。

(1) 对齐选项

- 对齐位置：设置文本点相对于它封闭的假想矩形文本框的位置，假想矩形上有9个定位位置可用于定位文本对象。
- 文本对齐：设置多行文本的对齐方式，包括“左对齐”“中对齐”和“右对齐”等3种类型。

(2) 文本参数

- 颜色：设置文本对象的颜色。
- 字型：设置文本对象的字型。
- 宽度：设置文本对象的线宽。
- 高度：控制以英寸或毫米为单位的字符文本高度，视部件的单位类型而定。
- NX字体间距因子：控制文本字符串中的NX字符间距，其给定值为当前字体的字符间距的倍数。
- 标准字体间距因子：控制文本字符串中的标准字符间距，其给定值为当前字体的字符间距的倍数。
- 文本宽高比：控制文本宽度与文本高度之比。
- 符号宽高比：控制符号的宽度和高度的比率，并将该比率应用于常规文本中嵌入的符号。该选项仅适用于从TrueType字体创建的符号，不支持使用NX系统字体（如Blockfont）创建的符号。
- 行间隙因子：控制文本上一行的底线与文本下一行的大写顶线之间的竖直距离，其给定值为当前字体的标准间距的倍数。
- 文字角度：控制文本的角度（度）。
- 应用于所有文本：单击[A]按钮，将文本参数应用于所有文本类型。

(3) 公差框

- 高度因子：设置注释编辑器中形位公差方框高相对于字符高度的比例因子，值是当前文本高度的因子。

(4) 符号

- 符号线型文件：设置用来创建符号的字体文件。除了标准的字体类型以外，还可以使用特定的NX制图标准字体文件。

10.2.1.2 直线/箭头

用于设置各种箭头、延伸线的尺寸。

(1)【箭头】选项卡

【箭头】选项卡相关参数含义如下：

① 范围

- 应用于整个尺寸：选择该复选框，对颜色、线型、宽度、类型、可见性和方向设置的任何更改将立刻应用于所有箭头，不需要单击【应用】按钮。

② 工作流

- 自动方向：自动将尺寸放在尺寸延伸线之间。单击一次可将尺寸标注放在光标位置。

③ 第 1 侧指引线和尺寸　用于控制所有指引线的箭头以及为尺寸选择的第一个对象侧的箭头的外观。

• 显示箭头：控制箭头的可见性。

• 类型：设置箭头的样式。

• 颜色、线型、宽度：设置箭头的颜色、线型和宽度。

④ 第 2 侧尺寸　用于控制为尺寸选择的第二个对象侧的箭头的外观。

• 显示箭头：控制箭头的可见性。

• 类型：设置箭头的样式。

• 颜色、线型、宽度：设置箭头的颜色、线型和宽度。

⑤ 格式

• 长度：控制箭头的长度（以英寸或毫米为单位），视部件的单位类型而定。

• 角度：控制箭头角度的大小（以度为单位）。

• 圆点直径：控制直径大小（以英寸或毫米为单位，具体视部件的单位类型而定）。

(2)【箭头线】选项卡

【箭头线】选项卡相关选项参数含义如下：

① 第 1 侧指引线和箭头线　用于控制所有指引线的箭头线以及为尺寸选择的第一个对象侧的箭头线的外观。

• 显示箭头线：控制箭头线的可见性。

• 颜色、线型、宽度：设置箭头线的颜色、线型和宽度。

② 第 2 侧尺寸　用于控制为尺寸选择的第二个对象侧的箭头线的外观。

• 显示箭头线：控制箭头线的可见性。

• 颜色、线型、宽度：设置箭头线的颜色、线型和宽度。

③ 箭头线

• 文本与线的间隙：从文本到尺寸线、尺寸或指引线短划线或尺寸线圆弧的距离。

• 剪切坐标尺寸线：在另一视图中从坐标原点标注尺寸时，可以限制坐标尺寸箭头线的长度，使其等于在其中放置尺寸的视图的边界框（非实际的视图边界）长度。

(3)【延伸线】选项卡

【延伸线】选项卡相关选项参数含义如下：

① 标志指引线或第 1 侧　用于控制标志指引线以及为尺寸选择的第一个对象侧上的延伸线的外观。

• 显示延伸线：控制延伸线的可见性。

• 颜色、线型、宽度：设置延伸线的颜色、线型和宽度。

• 间隙：设置从要标注尺寸的对象所在位置到延伸线末端的距离。

② 第 2 侧　用于控制为尺寸选择的第二个对象侧的延伸线的外观。

• 显示延伸线：控制延伸线的可见性。

• 颜色、线型、宽度：设置延伸线的颜色、线型和宽度。

• 间隙：设置从要标注尺寸的对象所在位置到延伸线端点的距离。

③ 格式

• 延伸线延展：设置延伸线延展时越过尺寸线的距离。

• 延伸线角度：设置延伸线与垂直线之间的角度（度）。此角度仅适用于竖直尺寸标注和水平尺寸标注。

• 基准延展：设置基准箭头的顶点到延伸线端点的距离。

10.2.2 维度（尺寸）

【维度】选项用于设置常用的工程图尺寸参数，如图 10-5 所示。

图 10-5 【维度】选项卡

【维度】选项参数较多，下面仅介绍【文本】参数选项和含义。

10.2.2.1 单位和尺寸角度

【单位】选项卡中相关选项参数含义如下：

（1）单位

- 单位：设置主尺寸的测量单位。
- 小数位数：指定主尺寸值的精度（0 到 6 位）。
- 分数精度：指定以分数单位显示的主尺寸的分数精度。
- 小数分隔符：将尺寸标注小数点字符的显示设置为句点或逗号。逗号选项仅对具有公制度量单位（米或毫米）的尺寸标注有效。
- 显示前导零：显示线性尺寸和分数角度尺寸的前导零。
- 显示后置零：显示线性尺寸和分数角度尺寸的结尾零。

（2）角度尺寸

- 公称尺寸显示：设置主角度尺寸的显示。
- 零显示：允许抑制或显示角度尺寸零。
- 显示为分数：将角度尺寸显示为分数值。为适用的分子选项输入的值用作分子，显示尺寸的分母计算方法是将分子除以测得的角度尺寸值。如果分母不是整数，则在小数位后显示的数字将由尺寸的精度控制。
- 分子度数：设置分数度数的度数值的分子值。如果设置了显示为分数，并且公称尺寸显示设置为度，分、度，分，秒或整数度数时，使用该值。
- 分子分钟：设置分数度数的分钟值的分子值。如果设置了显示为分数，并且公称尺寸显示设置为度，分或度，分，秒时，使用该值。
- 分子秒数：设置分数度数的秒数值的分子值。如果设置了显示为分数，并且公称尺寸显示设置为度，分，秒时，使用该值。
- 小数度数分子：设置分数度数的度数值的分子值。如果设置了显示为分数，并且公称尺寸显示设置为分数度数时，使用该值。

10.2.2.2 尺寸文本和公差文本

(1) 范围

• 应用于整个尺寸：如果设置该选项，对颜色、线型、宽度、高度、间隙因子和宽高比设置的任何更改将立刻应用至所有尺寸文本，不需要单击【应用】按钮。

(2) 格式（文本参数）

• 颜色、线型、宽度：设置附加文本的颜色、线型和宽度。

• 高度：控制字符文本高度（以英寸或毫米为单位，具体视部件的单位类型而定）。

• NX字体间隙因子：控制文本字符串中的NX字符间距，其给定值为当前字体的字符间距的倍数。

• 标准字体间隙因子：控制文本字符串中的标准字符间距，其给定值为当前字体的字符间距的倍数。

• 宽高比：控制文本宽度与文本高度之比。

• 行间隙因子：控制文本上一行的底线与文本下一行的大写顶线之间的竖直距离，其给定值为当前字体的标准间距的倍数。

• 文本间隙因子：控制附加文本与附加文本左右两侧的尺寸文本之间的距离。间距等于字体大小乘以文本框中指定的值。

10.3 创建图纸页

进入工程图环境后，首先要创建图纸页，相当于机械制图中的图纸（尽可能包括图框和标题栏）。创建图纸用于创建新的制图文件，并生成第一张图纸。

10.3.1 非主模型法创建图纸页

非主模型法创建图纸页是指在当前模型文件内，按输出三维实体的要求来指定工程图的名称、图幅大小、绘图单位、视图缺省比例和投影角度等工程图参数。

三维建模完成后，要进一步绘制二维工程图时，首先要从【建模】模块转换到【制图】模块，单击【应用模块】选项卡，然后选择【制图】按钮，即可转换进入【制图】模块，如图10-6所示。

图10-6 【应用模块】选项卡

在制图模块内单击【主页】选项卡上的【新建图纸页】按钮，或选择下拉菜单【插入】|【图纸页】命令，弹出【工作表】对话框，如图10-7所示。

【工作表】对话框中相关选项参数的含义如下。

(1)【大小】组框

用于定义新建图纸规格（大小和比例），系统提供了三种模式供选择。

• 使用模板：选择该选项，可激活图纸页模板列表框，用户可以选择系统提供的图纸页模板来创建新的图纸页。

• 标准尺寸：选择该选项，可激活【大小】和【比例】下拉列表，用户可以选择标准图纸页尺寸和比例，系统默认为毫米单位。

• 定制尺寸：选择该选项，可激活【高度】和【长度】文本框，用于可输入指定图纸页的高度和长度。

• 大小：确定制图区域的范围。当勾选【标准尺寸】单选按钮时，可直接从【大小】下拉列表中选择合适的图纸规格。

• 高度和长度：当勾选【定制尺寸】单选按钮，可在【高度】和【长度】文本框中输入图纸的高度和长度，自定义图纸尺寸。

• 比例：用于设置工程图中各类视图的比例大小。比例为图纸尺寸与模型实际尺寸之比，系统缺省的设置比例为1∶1。

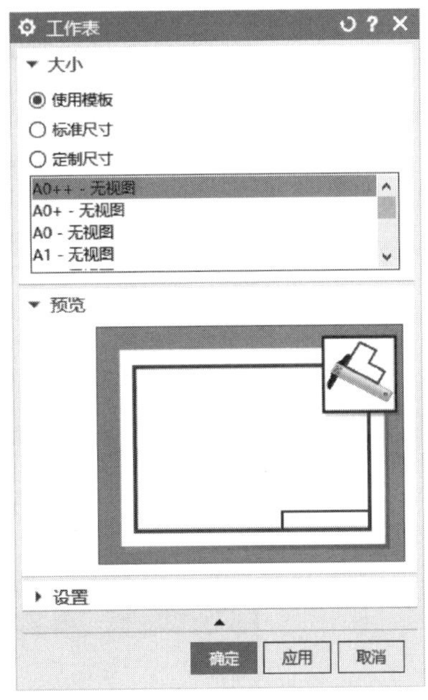

图 10-7 【工作表】对话框

(2)【预览】组框

• 图纸中的图纸页：列出所有在当前部件文件中的图纸页。

• 图纸页名称：图纸是按图纸页名称创建和管理的，可在【图纸页名称】文本框中输入图纸的名称，图纸页名称最多可包含30个字符。

• 页号：输入图纸页的页号

• 版本：输入图纸页的版本号。

(3)【设置】组框

① 单位　选择图纸的度量单位，包括“毫米”和“英寸”两种单位。

② 投影　设置图纸的投影角度。设置后所有的投影视图和剖视图都遵循投影角度，包括“第三象限角投影”或“第一象限角投影”两种，我国国家标准采用“第一象限角投影”。

③ 自动启动视图创建　用于设置在创建图纸页后，是否自动启动视图创建功能。选中该复选框，将激活【视图创建向导】或【基本视图命令】单选按钮。

• 视图创建向导：选中该单选按钮，以向导的方式引导用户创建视图。该按钮仅在创建图纸时工作部件中不存在图纸页时出现，在插入一个不含任何视图的图纸页之后，打开【视图创建向导】对话框。

• 基本视图命令：选中该单选按钮，以基本视图命令的方式引导用户创建视图。

操作实例——非主模型创建图纸页操作实例

扫码看视频

操作步骤

Step 01　在功能区中单击【主页】选项卡中【标准】组中的【打开】按钮，在弹出【打开】对话框中选择素材文件“实例\第10章\原始文件\10.3\钻模体.prt”，单击【打开】按钮打开模型文件，选择【应用模块】选项卡中的【制图】按钮制图，进入制图环境中，如图10-8所示。

Step 02　单击【图纸】工具栏上的【新建图纸页】按钮，弹出【工作表】对话框，设置【类型】为“使用模板”，选择“A3-无视图”，选中【基本视图命令】单选按钮，单击【确定】按钮，创建新图纸页，并弹出【基本视图】对话框，如图10-9所示。

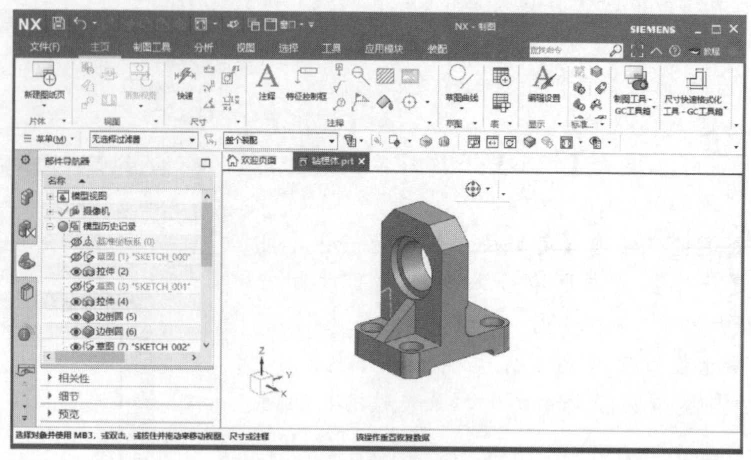

图 10-8　启动制图模块

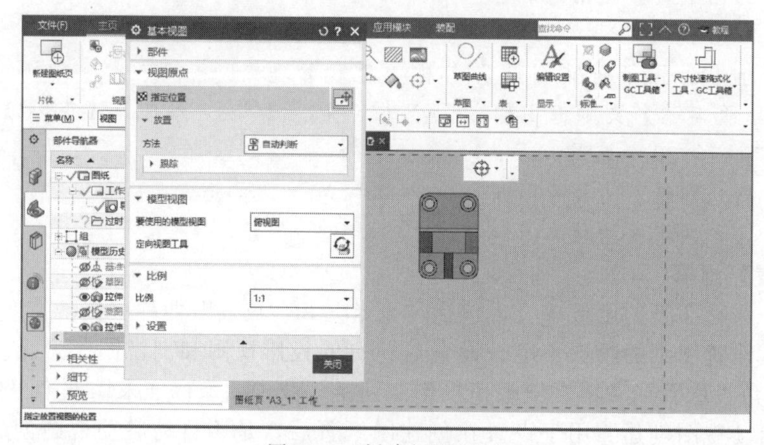

图 10-9　创建新图纸页

技术要点

非主模型创建的制图文件没有图纸边框，此时选择下拉菜单【格式】|【图层设置】命令，打开 170 号图层即可显示出来。

10.3.2　主模型法创建图纸页

非主模型法创建图纸页方法中，制图文件和模型文件放在同一文件中，但该方法不能满足实际设计需要，因为往往建模和制图由多人同时进行，造成制图和建模修改不能协同工作。此时采用主模型方式即可解决这个问题，将制图文件和模型文件分成两个文件。

操作实例——主模型法创建图纸页操作实例

扫码看视频

操作步骤

Step 01　在功能区中单击【主页】选项卡中【标准】组中的【新建】按钮，弹出【新建】对话框，选择“A3-无视图”模板，【要创建的图纸部件】选择素材文件“实例\第10章\原始文件\10.3\钻模体.prt”，如图10-10所示。

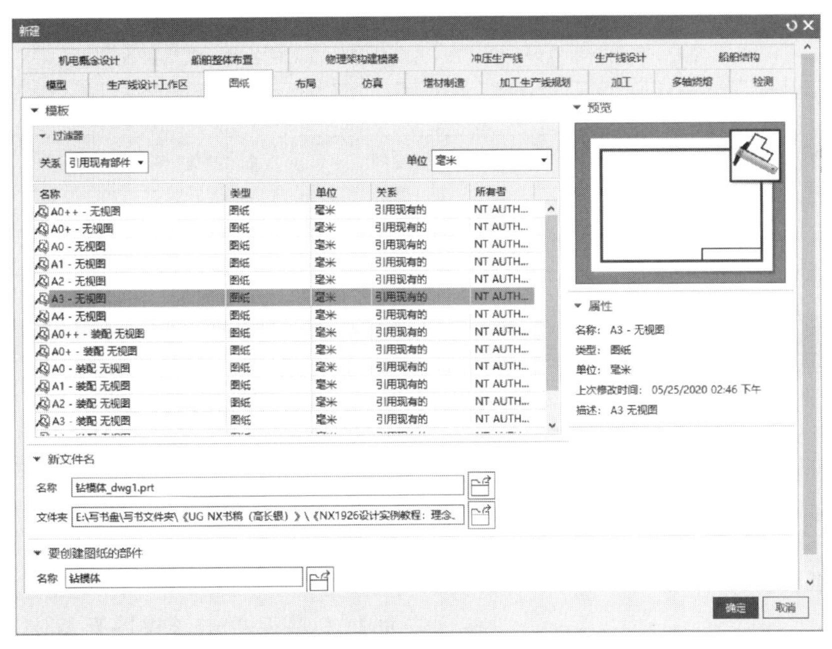

图10-10 【新建】对话框

Step 02 单击【确定】按钮，进入制图环境，新建工程图文件和图纸页如图10-11所示。

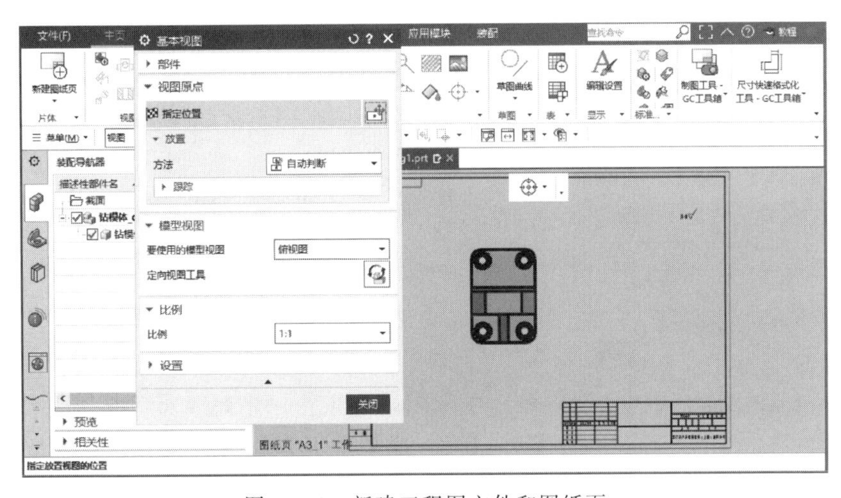

图10-11 新建工程图文件和图纸页

10.4 创建工程视图

在工程图中，视图一般使用二维图形表示零件形状信息，而且它也是尺寸标注、符号标注的载体，由不同方向投影得到的多个视图可以清晰完整地表示零件信息。

UG NX创建工程视图相关命令集中在下拉菜单【插入】|【视图】下，如表10-1所示。

表 10-1　UG NX 创建工程视图类型

类型	说　明
基本视图	基本视图一般用于生成第一个视图，它是指部件模型的各种向视图和轴测图
投影视图	投影视图又称为向视图，是沿着一个方向观察实体模型而得到的投影视图
局部放大视图	放大来表达视图的细小结构，局部放大视图应尽可能放置在被放大视图位附近
断开视图	对于细长的杆类零件或其他细长零件，按比例显示全部会因比例太小而无法表达清楚，可采用断开视图将中间完全相同的部分裁剪掉
轴测图	轴测图是一种单面投影图，在一个投影面上能同时反映物体三个坐标面的形状，并接近于人们的视觉习惯，形象、逼真，富有立体感
剖视图	UG NX 将前期版本中的简单剖、半剖视图、旋转剖视图等命令统一集中在【剖视图】命令中
局部剖	在工程中经常需要将视图的一部分剖开，以显示其内部结构，即建立局部剖视图

10.4.1　创建基本视图

每个图纸页都有且只有一个基本视图，其他视图都是以基本视图作为父视图进行添加的。

在【主页】工具栏单击【视图】组上的【基本视图】按钮，或选择下拉菜单【插入】|【视图】|【基本视图】命令，弹出【基本视图】对话框，如图 10-12 所示。

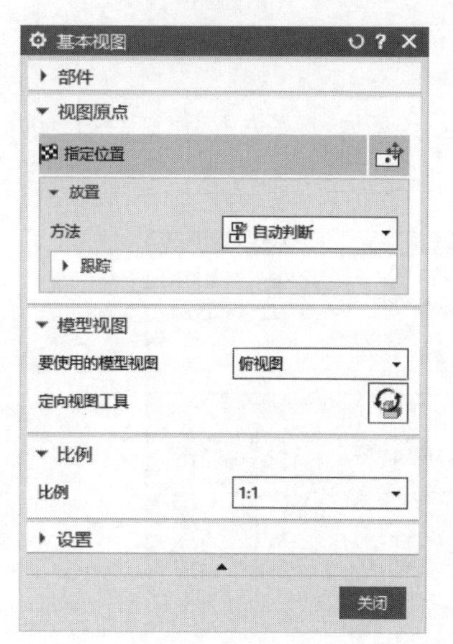

图 10-12　【基本视图】对话框

【基本视图】对话框中选项参数含义如下。

(1) 部件

用于选择要创建视图的部件。

(2) 视图原点

用于定义视图在图形区的摆放位置。

(3) 模型视图

用于选择模型的视图方向，包括以下选项：

- 要使用的模型视图：以原三维模型的方位确定 6 个视图和 2 个轴测视图，包括“俯视图”“前视图”“右视图”“后视图”“仰视图”“左视图”“正等测视图”“正二测视图”等。
- 定向视图工具：单击【定向视图工具】按钮，弹出【定向视图工具】和【定向视图】对话框。利用各种定向视图工具调整模型方向，单击鼠标中键确认。

(4) 比例

在【比例】下拉列表中选择新建视图比例，缺省视图比例与当前图纸页比例一致。

(5) 设置

- 设置：视图默认的样式是使用系统默认的参数指定的，当基本视图不能满足设计要求时，可单击【设置】按钮，弹出【设置】对话框更改系统设置。
- 隐藏的组件：在装配图中隐藏某个装配组件，使之不可见。
- 非剖切：在装配剖视图中不剖切某个装配组件。

10.4.2 创建投影视图

【投影视图】是从一个已经存在的父视图（通常为正视图）按照投影原理得到的，而且投影视图与父视图存在相关性。投影视图与父视图自动对齐，并且与父视图具有相同的比例。

在【主页】工具栏单击【视图】组上的【投影视图】按钮，或选择下拉菜单【插入】|【视图】|【投影】命令，弹出【投影视图】对话框，如图 10-13 所示。

图 10-13 【投影视图】对话框

【投影视图】对话框中相关选项参数含义如下。

(1) 父视图

用于选择要投影的父视图，系统默认自动选择最后一个基本视图作为父视图。

(2) 铰链线

在创建投影视图时，会显示一条铰链线和矢量箭头。矢量方向垂直于铰链线，矢量箭头指出了父视图的投影方向，如图 10-14 所示。

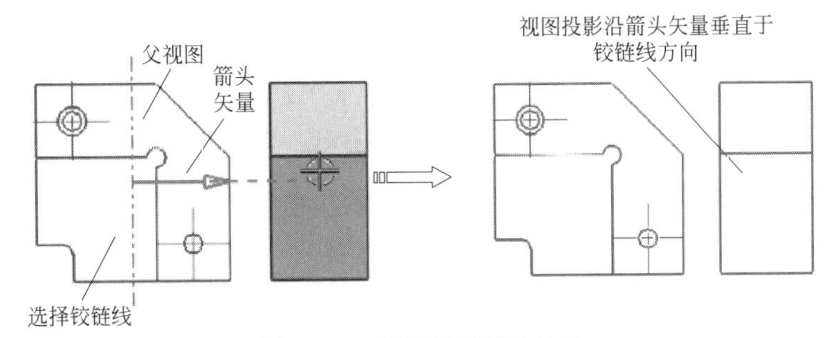

图 10-14 投影视图预览显示

10.4.3 创建局部放大视图

局部放大图将零件的部分结构用大于原图形所采用的比例放大画出来表达视图的细小结构，局部放大视图应尽可能放置在被放大的部位附近。

在【主页】工具栏单击【视图】组上的【局部放大图】按钮，或选择下拉菜单【插入】|【视图】|【局部放大图】命令，弹出【局部放大图】对话框，如图 10-15 所示。

图 10-15 【局部放大图】对话框

【局部放大图】对话框中的【原点】组框、【设置】组框与【基本视图】对话框中的相应选项含义相同，下面介绍其他选项含义。

(1)【类型】组框

用于定义绘制局部放大视图边界类型，包括以下选项：

- 圆形：通过指定圆心和半径创建圆来确定父视图上的放大区域，系统默认选项。
- 按拐角绘制矩形：通过指定两个点创建矩形来确定父视图上的放大区域。
- 按中心和拐角绘制矩形：通过中心和角点创建矩形边界来确定局部放大视图。

(2)【边界】组框

根据绘制局部放大视图边界类型来选择局部放大视图要放大的边界位置。

- 指定中心点：指定局部放大视图放大区域的中心位置。
- 指定边界点：如果用户设置的边界类型为圆形边界，则系统提示用户定义圆形局部放大视图的半径；如果用户设置的边界类型为矩形边界，则系统提示用户定义局部放大图的角点。

(3)【比例】组框

选择局部放大视图的比例，该比例仍然是相对于模型的比例，而不是相对于父视图的比例。

(4)【父项上的标签】组框

用于指定父视图标签样式，包括“无”“圆”“注释”“标签”“内嵌”和“边界”等方式。

10.4.4 创建断开视图

对于细长的杆类零件或其他细长零件，按比例显示全部会因比例太小而无法表达清楚，可采用断开视图将中间完全相同的部分裁剪掉。

在【主页】工具栏单击【视图】组上的【断开视图】按钮，或选择下拉菜单【插入】|【视图】|【断开视图】命令，弹出【断开视图】对话框，如图 10-16 所示。

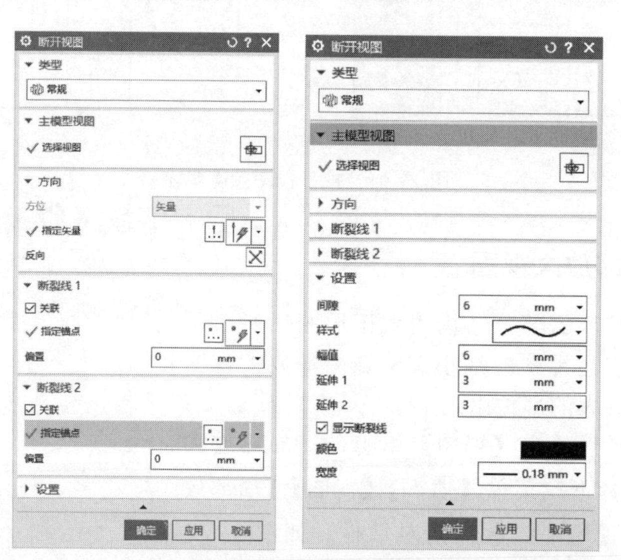

图 10-16 【断开视图】对话框

【断开视图】对话框中相关选项参数含义如下。

(1)【类型】组框

用于定义绘制断开视图类型，包括以下选项：

- 常规：创建的断开视图为两侧断开。
- 单侧：创建的断开视图为单侧断开，另一侧删除。

（2）【方向】组框

用于定义断开视图的断开方向，可利用【矢量构造器】来确定断开方向。

（3）【断裂线 1】和【断裂线 2】组框

用于选择第 1、第 2 条断裂线的位置，可通过【点构造器】来选择。

- 【关联】复选框：创建的断裂线位置与所选点相关。
- 指定锚点：指定断开点位置。
- 偏置：输入偏置值使断裂线位于所选点一定距离处。

（4）【设置】组框

用于设置断裂线的样式，包括以下选项：

- 间隙：设置两条断裂线间的距离。
- 样式：定义两条断裂线的线型。
- 幅值：定义断裂线的弯曲程度。
- 显示断裂线：选中该复选框，在视图中显示出断裂线。
- 颜色：设置断裂线的颜色。
- 宽度：设置断裂线的线型宽度。

10.4.5 创建剖视图

剖视图主要用于表达机件内部的结构形状，剖视图的类型较多，主要有全剖视图、半剖视图和局部剖等，UG NX 将全剖视图、半剖视图、旋转剖视图等命令统一集中在【剖视图】命令中。

在【主页】选项卡中单击【视图】组上的【剖视图】按钮，或选择下拉菜单【插入】|【视图】|【剖视图】命令，弹出【剖视图】对话框，如图 10-17 所示。

图 10-17 【剖视图】对话框

【剖视图】对话框中相关选项参数含义如下。

（1）截面线

① 定义　设置用于指定截面线的方法，包括以下选项：

- 动态：以交互方式创建截面线，创建截面线时系统将提供屏幕手柄，用于移动和删除截面线上的折弯点、截面线段和箭头点。
- 选择现有的：选择现有的独立截面线。独立截面线可以使用【截面线】命令先前创建独立截面线。

② 方法

- 简单剖：对于简单剖，用于选择一个点作为剖切线位置。
- 阶梯剖：对于阶梯剖，用于连续选择多个点作为剖切线位置。
- 旋转剖：对于旋转剖，需要定义旋转点以及段 1、段 2 新位置。

（2）铰链线

剖视图铰链线用于定义剖视图中剖切线的参考，剖切线的剖切段与铰链线平行，箭头段与铰链线垂直。

① 矢量选项

• 自动判断：根据用户选择对象，系统自动推断铰链线。

• 已定义：单击该选项，在其右侧弹出【矢量构造器】选项，用于选择一个线性对象来判断矢量，或者使用矢量构造器选项建立矢量来定义一个固定铰链线。

② 反转剖切方向 单击该按钮，可用于反转剖切线的箭头段方向，此时图形区会显示一个红色的矢量方向箭头。

③ 关联 将剖视图与截面线方向相关联，如果截面线方向发生更改，剖视图将更新。如果想要创建静态截面线，应清除此选项。例如，在空间点上放置截面线。

(3) 截面线段

用于定义剖视图上的剖切线，通过单击【指定位置】按钮，或者通过使用【点构造器】，来设置多个截面线中每个剖切段的位置。

(4) 父视图

用于选择剖视图的父视图。

(5) 视图原点

① 方向 用于设置剖视图的剖面方位，包括以下 3 个选项：

• 正交的：创建父视图的正交剖视图，为系统默认选项。

• 继承方向：选择一个视图，则创建的剖视图与所选视图参照的方位完全相同。

• 剖切现有视图：选择一个已经存在的视图，剖切该视图，即剖切的结果显示在已经存在的视图上。

② 指定位置

• 放置视图：指定剖视图的放置位置，一般所创建的剖视图自动与父视图对齐。

10.4.6 创建局部剖视图

在工程中经常需要将视图的一部分剖开，以显示其内部结构，即建立局部剖视图。创建时需要提前绘制封闭或开放的曲线来定义要剖开的区域。

在【主页】选项卡中单击【视图】组上的【局部剖视图】按钮，或选择下拉菜单【插入】|【视图】|【局部剖】命令，弹出【局部剖】对话框，如图 10-18 所示。

选择一个局部剖视图后，弹出新的【局部剖】对话框，如图 10-19 所示。

图 10-18 【局部剖】对话框

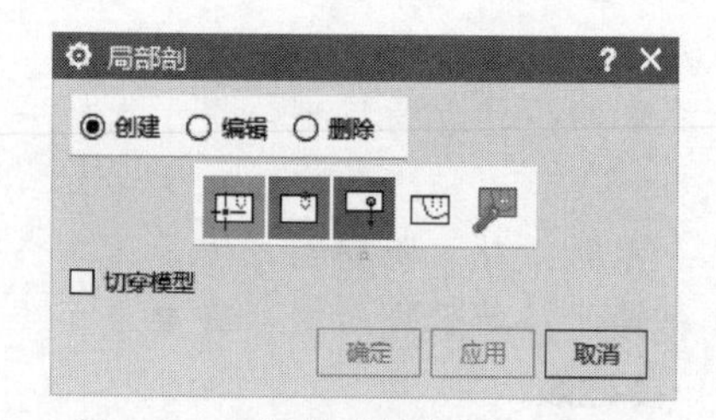

图 10-19 新的【局部剖】对话框

【局部剖】对话框中相关选项参数含义如下。

(1) 类型

- 创建：选中该单选按钮，可创建一个新的局部剖视图。
- 编辑：选中该单选按钮，可编辑一个已经创建的局部剖视图。
- 删除：选中该单选按钮，可删除一个已经存在的局部剖视图。

(2) 选择视图

用于为局部剖选择正交视图或轴测视图（正二测视图或等轴）作为剖切视图，可以在图纸上单击某个视图或者通过视图名称列表选择视图。

(3) 定义基点

基点是局部剖曲线（闭环）沿着拉伸矢量方向扫掠的参考点，即局部剖切面的位置。由于基点是在当前视图的纵深方向，所以基点应该在当前视图的正交投影视图中选择。

(4) 定义拉伸矢量

用于指定局部剖去除材料方向，系统提供和显示一个默认的拉伸矢量，该矢量应该指向用户，即所选视图的法线方向。

- 矢量构造器：定义与模型相关联的矢量。
- 矢量反向：反转拉伸矢量方向。
- 视图法向：将默认矢量重新建立成拉伸矢量。

(5) 选择曲线

用于定义局部剖的边界曲线。

- 链：通过链选来选择剖切曲线。
- 曲线选择上一个：取消最后选择的曲线。

扫码看视频

操作实例——创建工程视图操作实例

操作步骤

(1) 创建基本视图与投影视图

Step 01 在功能区中单击【主页】选项卡中【标准】组中的【打开】按钮，在弹出【打开】对话框中选择素材文件“实例\第10章\原始文件\10.4\钻模体.prt”。

Step 02 在【主页】工具栏单击【视图】组上的【基本视图】按钮，或选择下拉菜单【插入】|【视图】|【基本视图】命令，弹出【基本视图】对话框，在图形区显示模型，单击【打开】按钮打开模型文件，如图10-20所示。

Step 03 在【模型视图】选项中点击【定向视图】命令图标，弹出【定向视图工具】

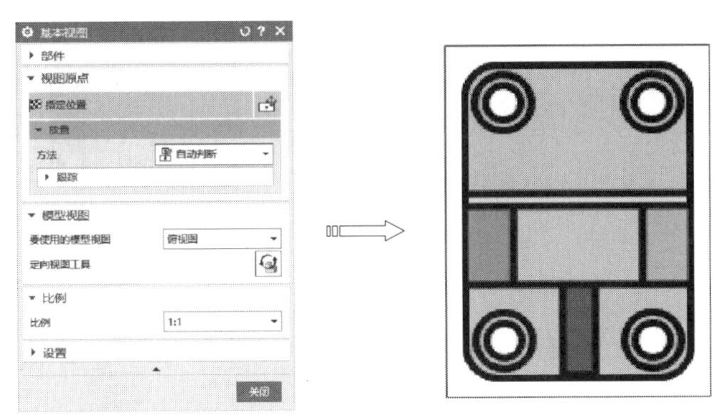

图10-20 基本视图预览

对话框和【定向视图】观察窗口，根据所需的投影方向，分别选择法向方向和 X 向方向，如图 10-21 所示。

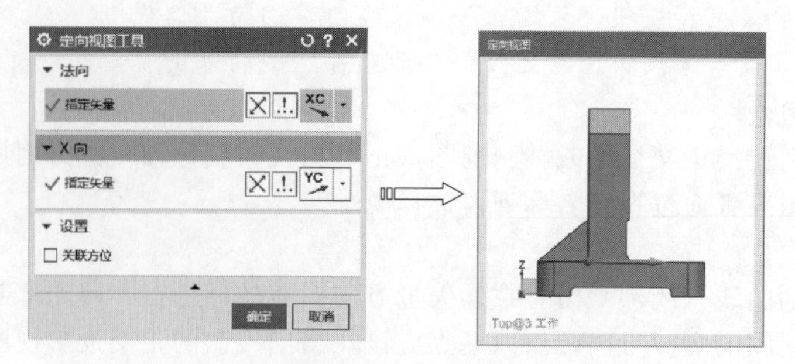

图 10-21　定向视图

Step 04　移动鼠标指针，在适当位置处单击放置基本视图，如图 10-22 所示。

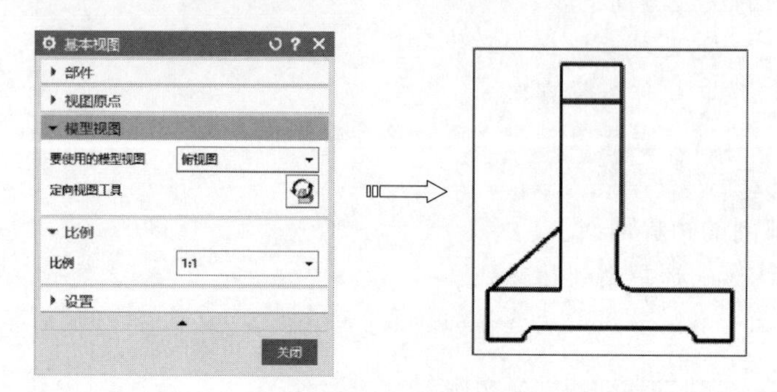

图 10-22　创建基本视图

Step 05　创建基本视图后，根据系统默认设置，会自动弹出【投影视图】对话框，选择唯一视图为父视图中，系统显示铰链线和对齐箭头矢量符号，垂直向下拖动鼠标，在合适位置单击鼠标放置父视图，如图 10-23 所示。

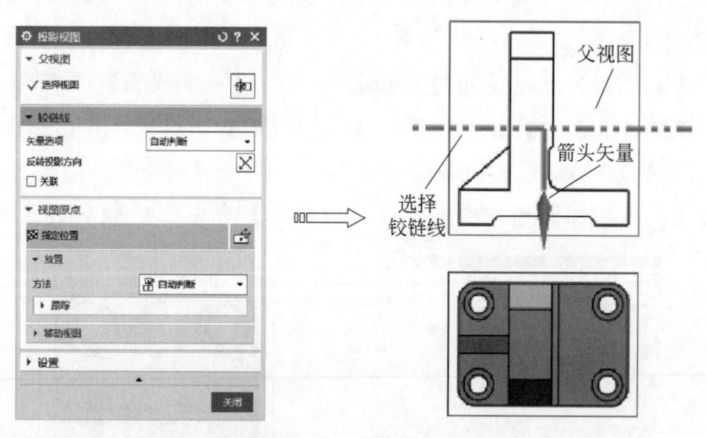

图 10-23　创建父视图

Step 06　创建投影视图后，根据系统默认设置，会再次自动弹出【投影视图】对话框，系统显示铰链线和对齐箭头矢量符号，向右拖动鼠标，在合适位置单击鼠标放置左视图，单击【关闭】按钮完成，如图 10-24 所示。

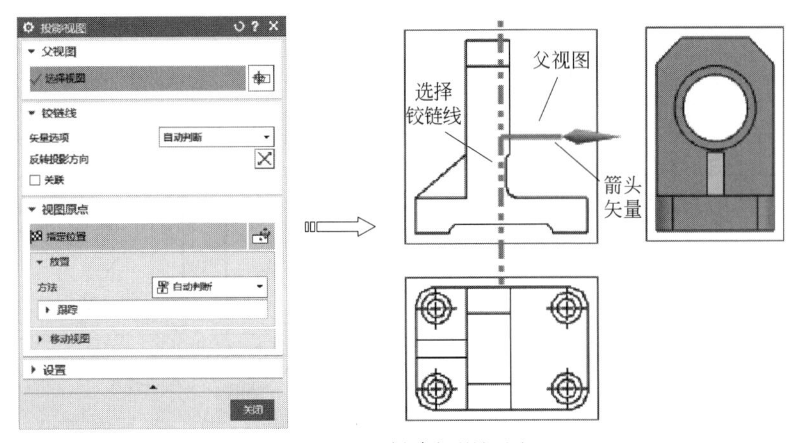

图 10-24 创建投影视图

Step 07 在【主页】工具栏单击【视图】组上的【基本视图】按钮，或选择下拉菜单【插入】|【视图】|【基本视图】命令，弹出【基本视图】对话框，选择“正三轴测图”，如图 10-25 所示。

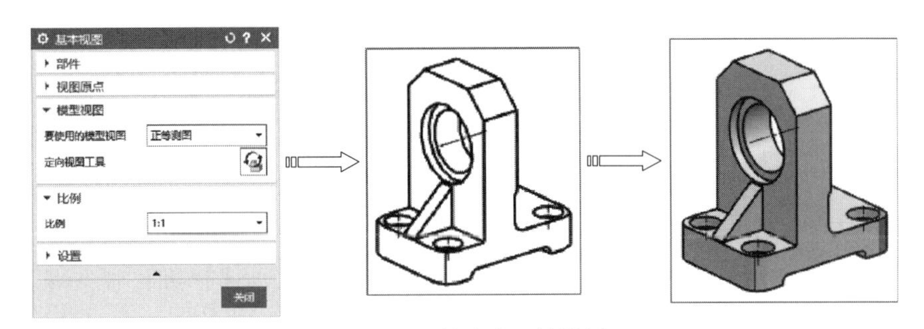

图 10-25 创建正三轴测图

技术要点

选中轴测图视图边界，单击鼠标右键选择【设置】命令，设置【着色】为“完全着色”。

(2) 创建局部剖视图

Step 08 绘制局部剖曲线。选择要进行局部剖的视图边界，并单击鼠标右键弹出快捷菜单，选择【快捷菜单】下的【活动草图视图】命令，转换为活动草图。选择下拉菜单【插入】|【草图曲线】|【艺术样条】命令，弹出【艺术样条】对话框，选择【类型】为“通过点”，绘制如图 10-26 所示的封闭曲线。

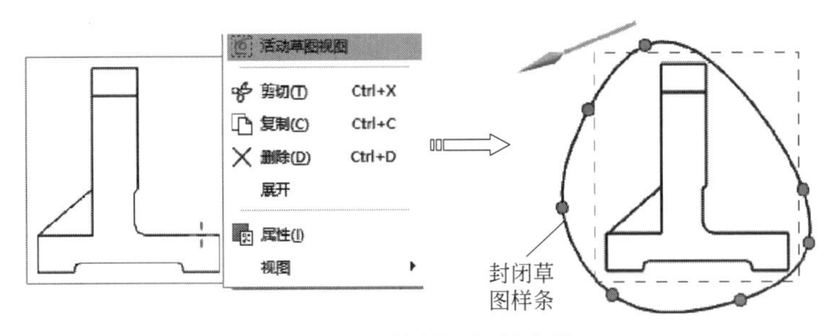

图 10-26 绘制局部剖曲线

Step 09 选择视图。单击【主页】选项卡上的【视图】组中的【局部剖视图】按钮，或选择下拉菜单【插入】|【视图】|【截面】|【局部剖】命令，弹出【局部剖】对话框，在图形区单击选择要创建局部剖的视图，如图10-27所示。

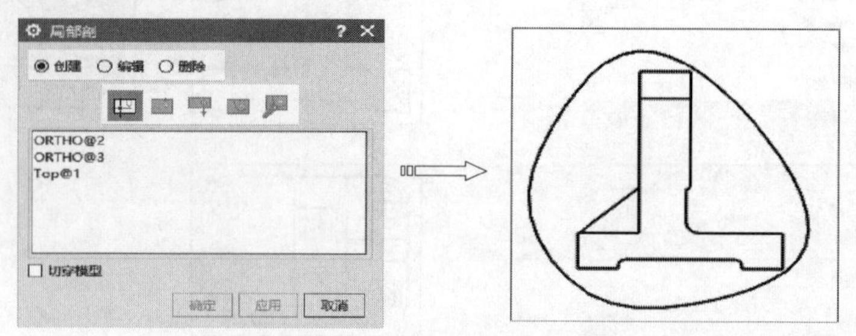

图10-27 选择视图

Step 10 选择基点。在【局部剖】对话框中单击【指出基点】按钮，确认【捕捉方式】工具条上的按钮按下，选择如图10-28所示的圆。

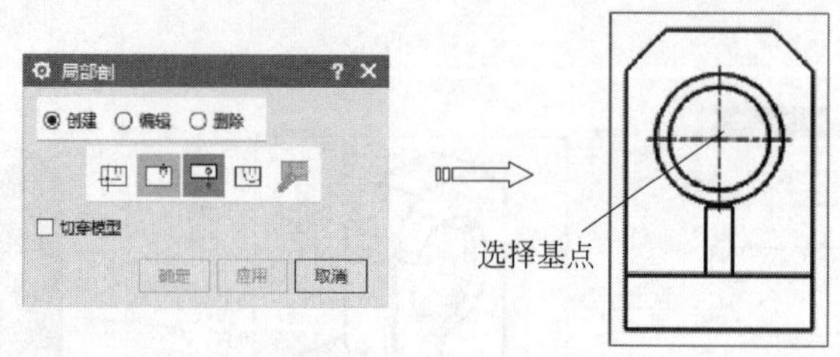

图10-28 选择基点

Step 11 定义拉伸矢量方向。在【局部剖】对话框中单击【指出拉伸矢量】按钮，接收系统默认拉伸方向，如图10-29所示。

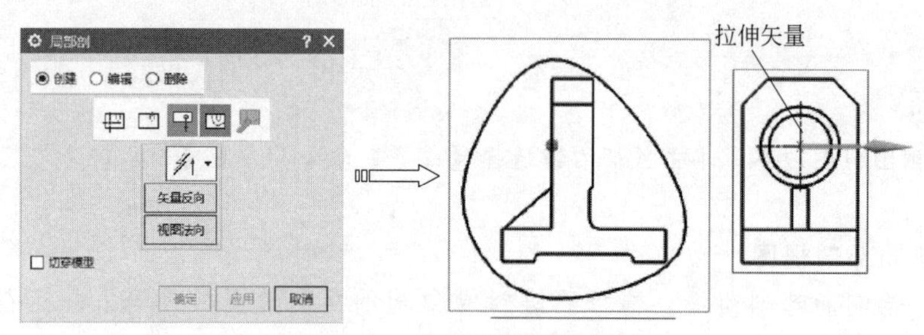

图10-29 定义拉伸矢量方向

Step 12 选择曲线。在【局部剖】对话框中单击【选择曲线】按钮，选择前面绘制的样条曲线作为剖切曲线，如图10-30所示。

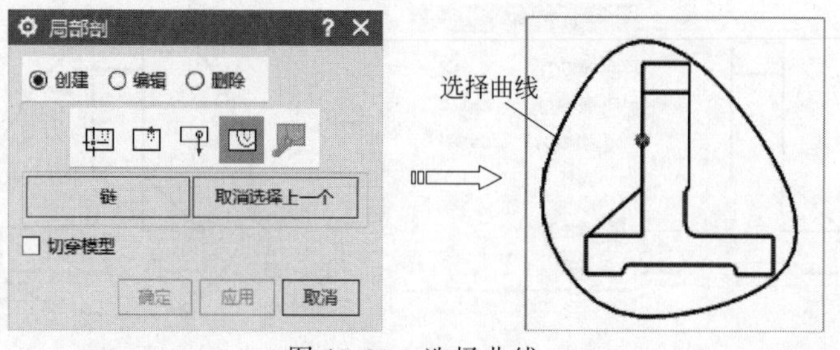

图10-30 选择曲线

Step 13　单击【应用】按钮完成局部剖视图的创建，如图 10-31 所示。

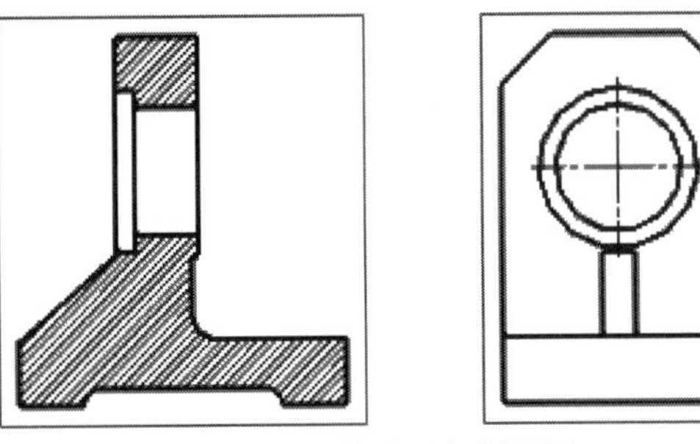

图 10-31　创建局部剖视图

Step 14　重复上述创建局部剖视图的过程，创建另一个局部剖视图，如图 10-32 所示。

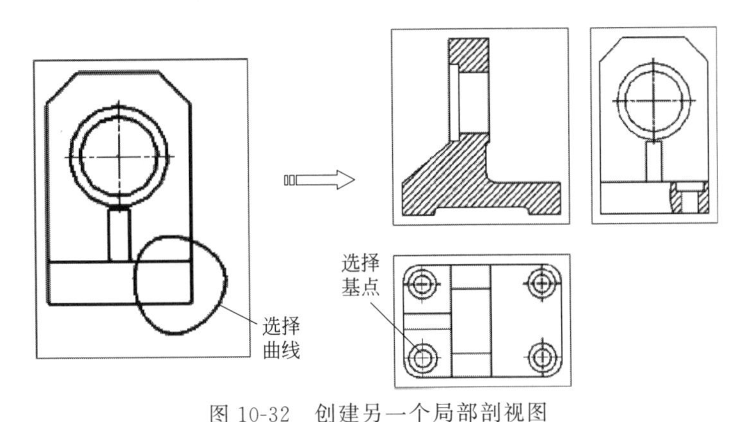

图 10-32　创建另一个局部剖视图

10.5　工程视图相关编辑

工程视图的编辑功能包括移动视图、视图边界、视图相关编辑、更新视图等。本节介绍工程视图的两个主要编辑功能。

10.5.1　视图边界

在 UG NX 中可通过视图边界编辑功能实现局部放大图、改变现有视图的大小或者隐藏视图中不需要显示的部分。

单击【主页】选项卡上的【视图】组中的【视图边界】按钮，或选择下拉菜单【编辑】|【视图】|【边界】命令，弹出【视图边界】对话框，如图 10-33 所示。

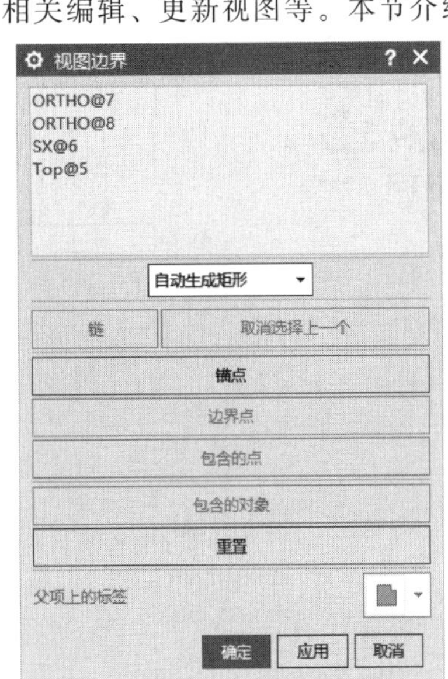

图 10-33　【视图边界】对话框

【视图边界】对话框提供了 4 种视图边界编辑功能。

(1) 断裂线/局部放大图

断裂线/局部放大图可使用在成员视图内生成的线框曲线来自定义视图边界，定义的曲线必须位于制图视图中。依照所选曲线形成视图的边界形状，当编辑或移动这些曲线时，视图边界会根据曲线新的位置而自动更新。

（2）手工生成矩形

手工生成矩形是指视图边界的矩形大小是由用户定义的，通过拖动鼠标定义两个对角点从而生成一个矩形，常用于改变现有视图的大小或者用来隐藏投影视图中部需要显示的部分。

技术要点

一旦视图边界改为手工矩形，视图边界与模型之间不再具有相关性，视图边界不会随着部件模型的改变自动更新。

（3）自动生成矩形

在添加视图、正交视图、辅助视图或剖视图的系统默认边界，自动矩形和部件的几何模型相关。当部件模型发生变化时，视图的边界自动调整以容纳整个部件，该方式可用来恢复视图边界和部件模型之间的关联性。

（4）由对象定义边界

通过选择一系列的边缘、曲线或点的组合，包含这些对象创建一个矩形边界，这些对象在矩形边界之内。边界与所选择的对象相关，并且当他们改变大小或位置时，边界也会调整。

操作实例——视图边界（断裂图/局部放大图）操作实例

操作步骤

Step 01 在功能区中单击【主页】选项卡中【标准】组中的【打开】按钮，在弹出【打开】对话框中选择素材文件“实例\第10章\原始文件\10.5\视图边界.prt”，单击【打开】按钮打开图纸文件，如图10-34所示。

扫码看视频

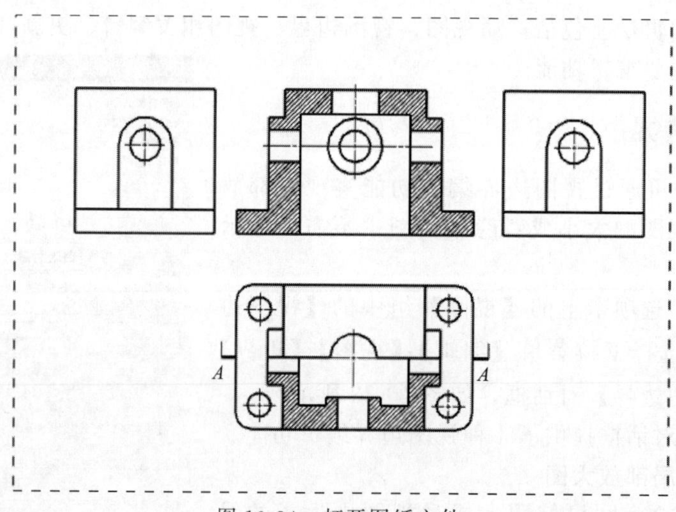

图10-34　打开图纸文件

Step 02 在左视图边界上单击鼠标右键，在弹出的快捷菜单中选择【活动草图视图】命令，将激活该剖视图为草图视图，如图10-35所示。

Step 03 选择下拉菜单【插入】|【草图曲线】|【艺术样条】命令，弹出【艺术样条】对话框，选择【类型】为“通过点”，绘制如图 10-36 所示的封闭曲线。单击【草图工具】工具条上的【完成草图】按钮 完成草图，完成草图绘制。

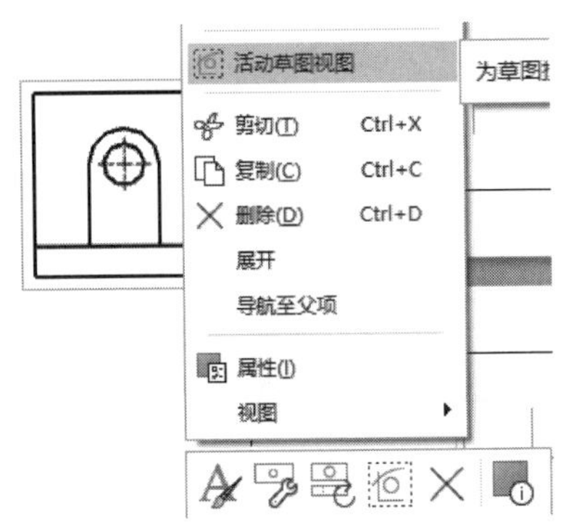

图 10-35 活动草图视图

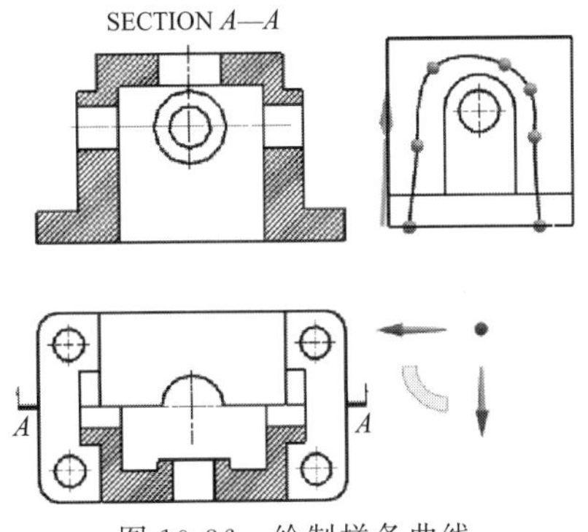

图 10-36 绘制样条曲线

Step 04 选择下拉菜单【编辑】|【视图】|【边界】命令，弹出【视图边界】对话框，选择左视图，在下拉列表中选择“断裂线/局部放大图”选项，如图 10-37 所示。

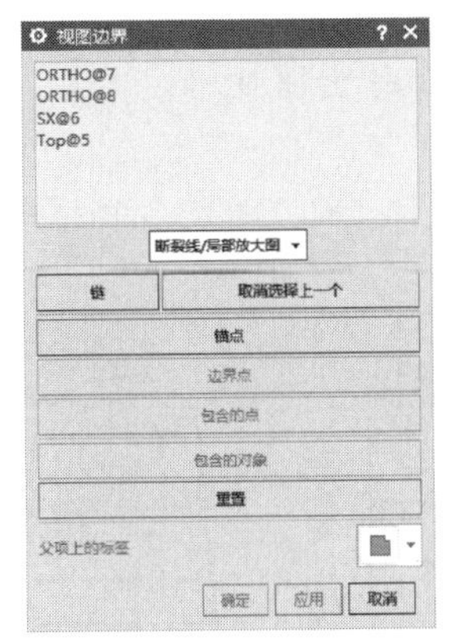

图 10-37 【视图边界】对话框

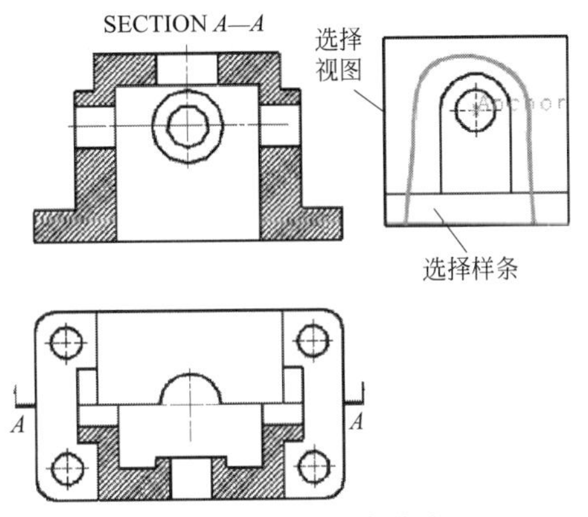

图 10-38 选择样条曲线

Step 05 选择如图 10-38 所示的样条曲线，单击【应用】按钮，然后单击【确定】按钮，完成视图边界的编辑，如图 10-39 所示。

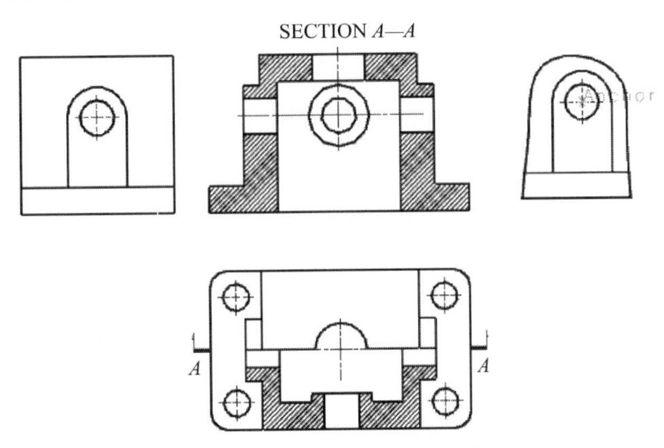

图 10-39 编辑视图边界的结果

Step 06 在俯视图边界上单击鼠标右键，在弹出的快捷菜单中选择【活动草图视图】命令，将激活剖视图为草图视图，如图 10-40 所示。

Step 07 选择下拉菜单【插入】|【草图曲线】|【艺术样条】命令，弹出【艺术样条】对话框，选择【类型】为“通过点”。绘制如图 10-41 所示的封闭曲线。单击【草图工具】工具条上的【完成草图】按钮 完成草图，完成草图绘制。

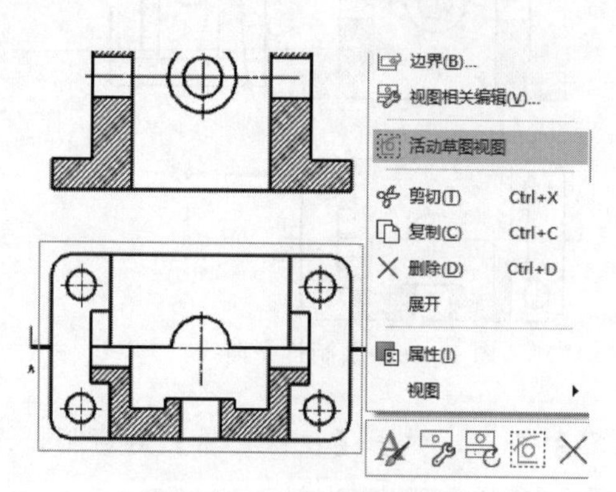

图 10-40 活动草图视图

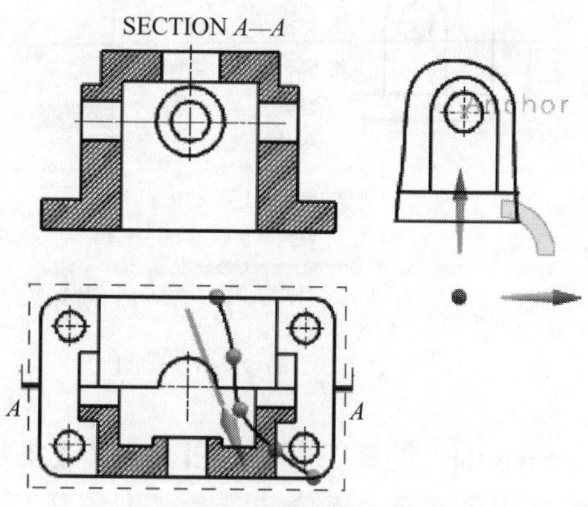

图 10-41 绘制样条曲线

Step 08 选择下拉菜单【编辑】|【视图】|【边界】命令，弹出【视图边界】对话框，选择左视图，在下拉列表中选择“断裂线/局部放大图”选项，如图 10-42 所示。

Step 09 选择如图 10-43 所示的样条曲线，单击【应用】按钮，系统自动将端点创建构造线连接，如图 10-44 所示。

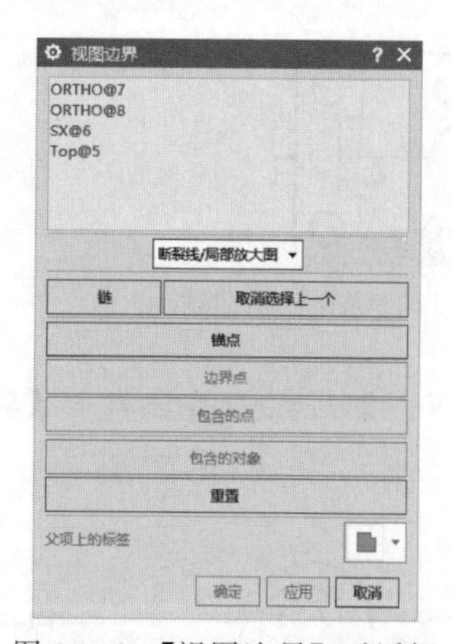

图 10-42 【视图边界】对话框

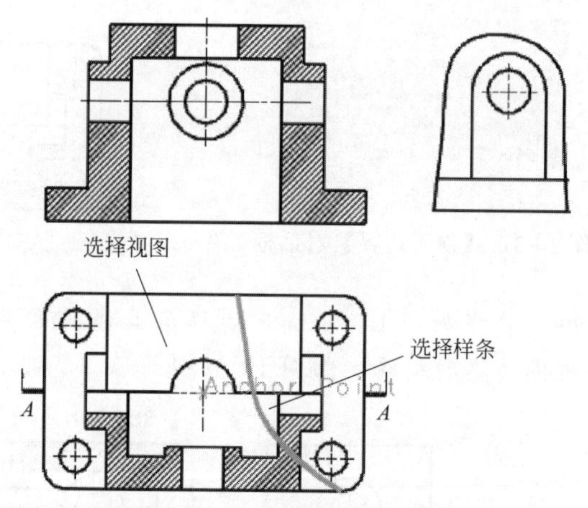

图 10-43 选择样条曲线

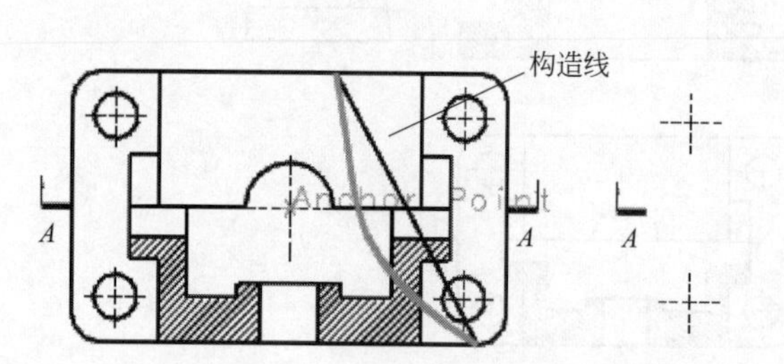

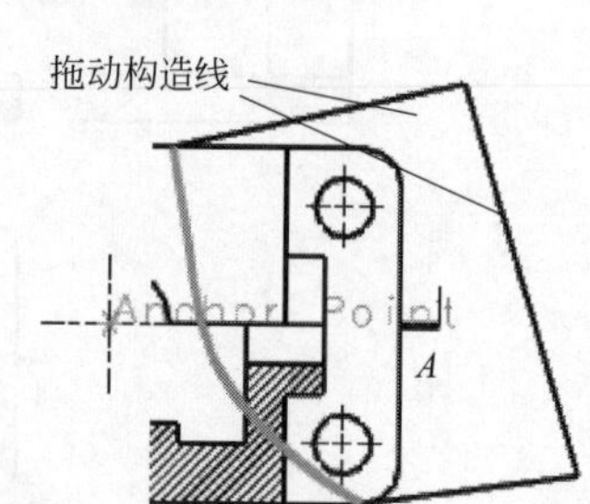

图 10-44 构造线连接

Step 10 单击构造线添加顶点，并拖动顶点以重定位新的构造线，单击以放置顶点，如图 10-45 所示。

Step 11 单击【确定】按钮，完成视图边界的编辑，如图 10-46 所示。

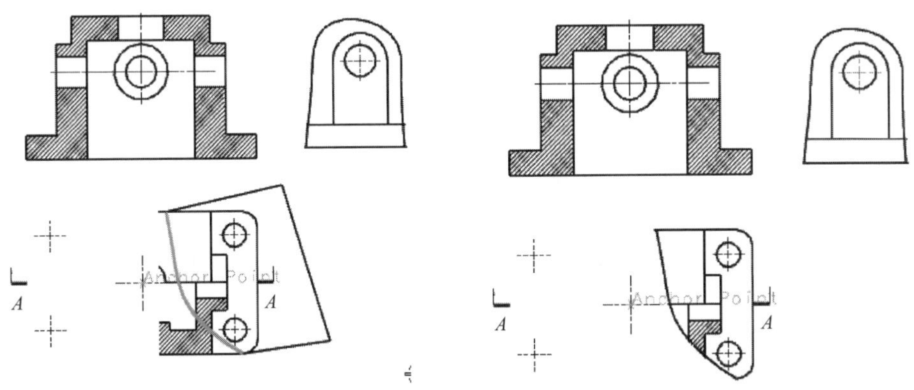

图 10-45 拖动构造线　　　图 10-46 编辑视图边界的结果

10.5.2 视图相关编辑

使用视图相关编辑命令可以编辑对象在所选制图视图中的显示，但不影响这些对象在其他视图中的外观。在图纸页上直接编辑存在的对象（如曲线）、从制图视图中擦除对象，将仅在制图视图中可见的对象转换为在所有模型视图中均可见等。

单击【主页】选项卡上的【视图】组中的【视图相关编辑】按钮，或选择下拉菜单【编辑】|【视图】|【视图相关编辑】命令，弹出【视图相关编辑】对话框，如图 10-47 所示。

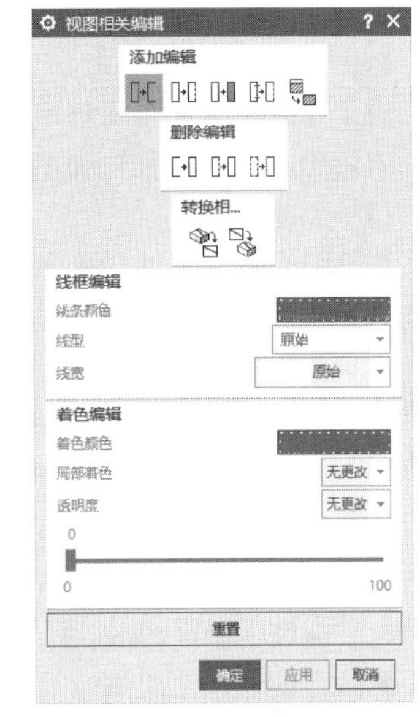

图 10-47 【视图相关编辑】对话框

【视图相关编辑】对话框中相关选项参数含义如下。

10.5.2.1 添加编辑

(1) 擦除对象

用于从选定的制图视图或图纸页中擦除完全几何对象（如曲线、边、样条等）。事实上，这些对象并没有被删除，仅使其在该视图上不可见罢了。单击该图标，然后选择要擦除的对象，单击【确定】按钮，所选对象被删除，如图 10-48 所示。

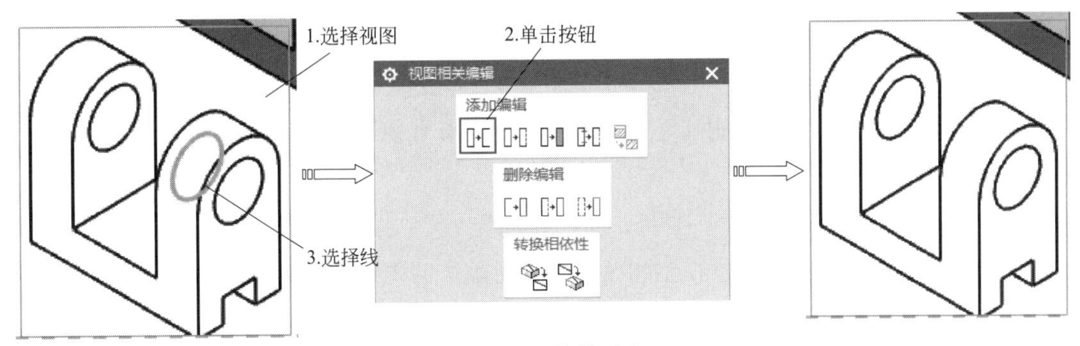

图 10-48 擦除对象

（2）编辑完整对象

用于在选定的视图或图纸页中编辑完整对象（如曲线、边、样条等）的颜色、线型和宽度。单击该图标，下面的颜色、线型、线宽选项激活，设置好后，单击【应用】按钮，然后选择要编辑的对象，单击【确定】按钮，则所选择对象被编辑为所设置的颜色、线型和线宽，如图 10-49 所示。

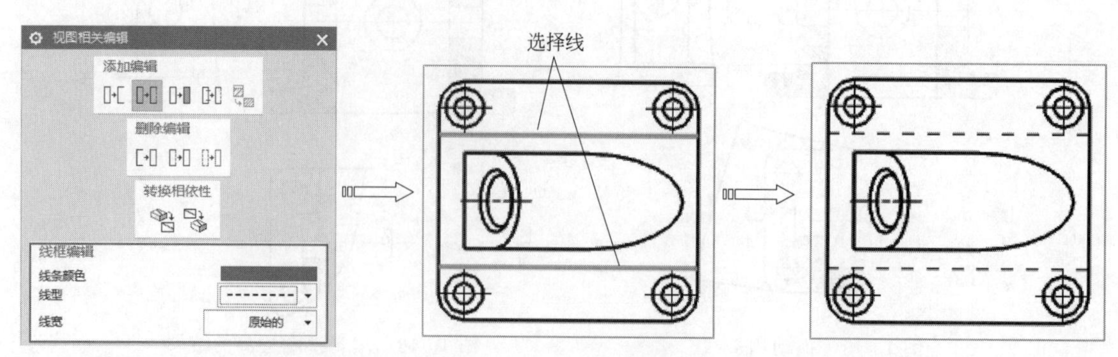

图 10-49　编辑完整对象

（3）编辑着色对象

用于控制制图视图中对象的局部着色和透明度。需要注意的是，只有在视图样式中将渲染样式设为“完全着色”或“局部着色”才能看到编辑效果。

（4）编辑对象段

用于编辑对象段的颜色、线型和宽度和可见性。单击该图标，下面的颜色、线型、线宽选项将激活。

（5）编辑剖视图背景

显示/隐藏截面视图的背景线，剖视图变为剖面图。只有选择剖视图，该图标才激活可用。

10.5.2.2　删除编辑（删除添加编辑）

删除编辑可以删除添加编辑所做的编辑内容。

（1）删除选定的擦除

删除之前通过使用擦除对象选项应用于对象的擦除。单击该图标，被擦除的对象呈红色恢复显示，选择要恢复擦除对象，单击【确定】按钮即可恢复该对象。

（2）删除选定的编辑

在图纸页上或制图视图中有选择地删除对对象所做的视图相关编辑。单击该图标，被编辑的对象呈红色恢复显示，选择要恢复编辑的对象，单击【确定】按钮，则被选择编辑对象恢复原来的颜色、线型和线宽。

（3）删除所有编辑

在图纸页上或制图视图中删除之前对对象所做的所有视图相关编辑。

10.5.2.3　转换相关性

（1）模型转换到视图

将模型中存在的某些对象（模型相关）转换为单个制图视图中存在的对象（视图相关）。可转换为单个制图视图对象包括未关联的曲线、未引用的曲线、点、图样、尺寸标注和其他制图对象。不能转换引用的曲线（如带有关联尺寸的线）和关联的曲线。

（2）视图转换到模型

将单个制图视图中存在的某些对象（视图相关对象）转换为模型对象。可转换为模型对象的对象包括未关联的曲线、未引用的曲线、点、图样、尺寸标注和其他制图对象。

操作实例——视图相关编辑（擦除对象）操作实例

操作步骤

Step 01 在功能区中单击【主页】选项卡中【标准】组中的【打开】按钮，在弹出【打开】对话框中选择素材文件“实例\第10章\原始文件\10.5\视图相关编辑.prt”，单击【打开】按钮打开图纸文件，如图10-50所示。

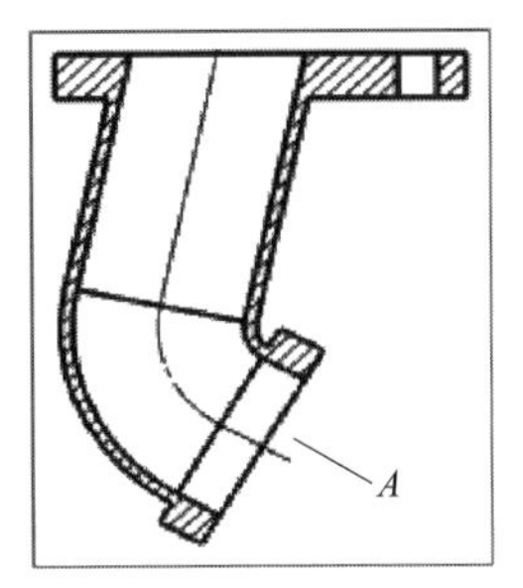

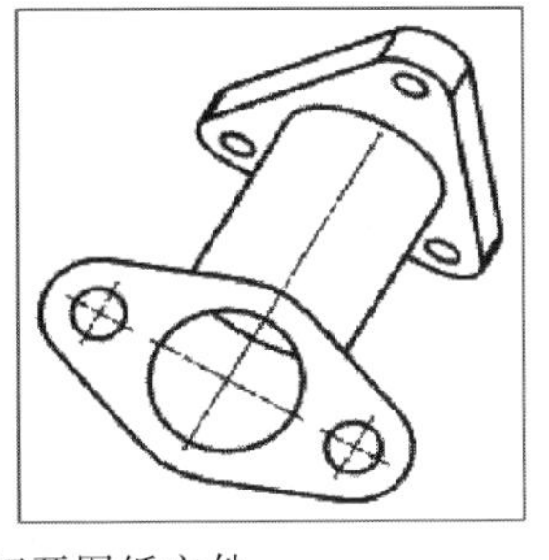

扫码看视频

图10-50 打开图纸文件

Step 02 选择下拉菜单【编辑】|【视图】|【视图相关编辑】命令，弹出【视图相关编辑】对话框，选择如图10-51所示要编辑的视图。

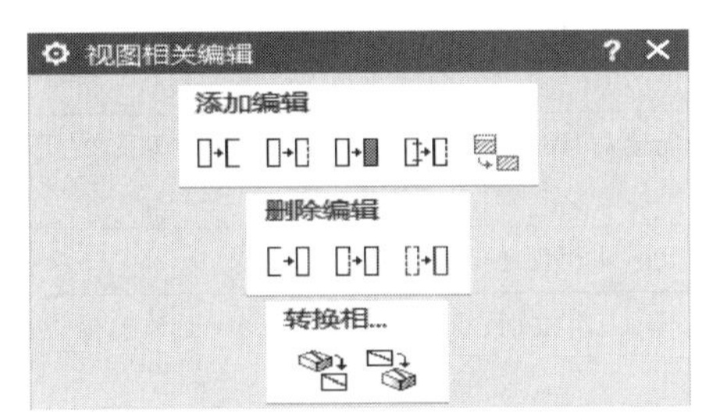

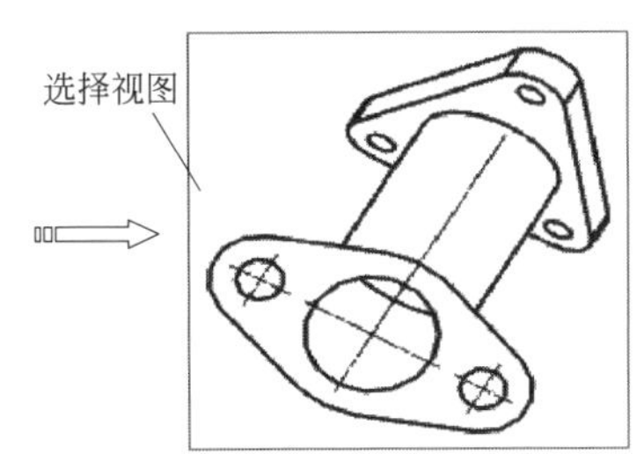

图10-51 选择要编辑的视图

Step 03 单击【擦除对象】图标，弹出【类选择】对话框，选择如图10-52所示的线和面。

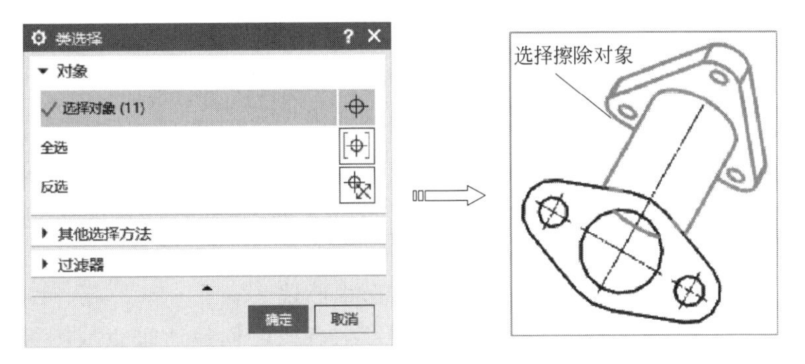

图10-52 选择擦除对象

Step 04 单击【确定】按钮完成对象擦除，如图 10-53 所示。

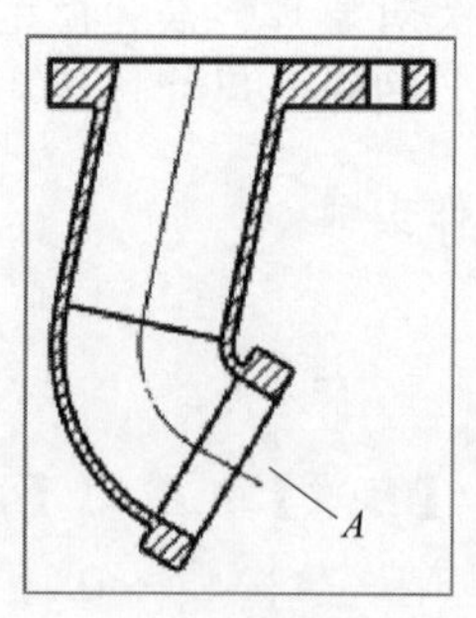

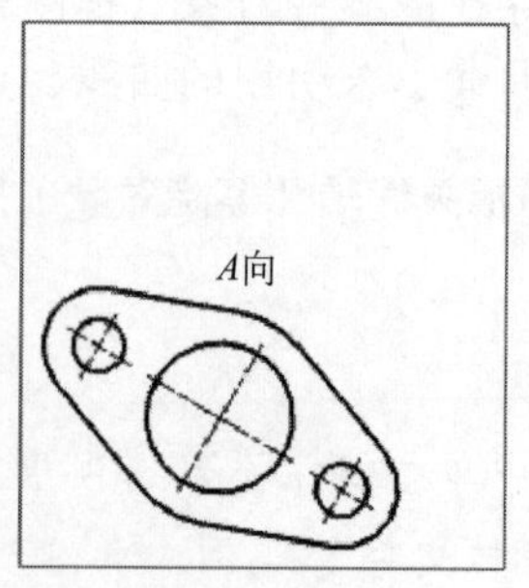

图 10-53 对象擦除结果

10.6 中心线符号标注

为了能够更加清楚地区分轴、孔、螺纹孔等部件，往往需要对其添加中心线或轴线，这些就是所谓中心线符号。添加中心线符号只能在工程绘图窗口中看见，不会影响实体的构型。UG NX 工程图中心线命令可在【插入】|【中心线】下拉菜单中选择，如表 10-2 所示。

表 10-2 中心线类型

类型	说明
中心标记	中心标记可创建通过点或圆弧的中心标记
螺栓圆中心线	使用螺栓圆中心线创建通过点或圆弧的完整或不完整螺栓圆，选择时通常以逆时针方向选择圆弧，螺栓圆的半径始终等于从螺栓圆中心到选择的第一个点的距离
圆形中心线	使用圆形中心线可创建通过点或圆弧的完整或不完整圆形中心线，圆形中心线符号是通过以逆时针方向选择圆弧来定义的
对称中心线	使用对称中心线命令可以在图纸上创建对称中心线，以指明几何体中的对称位置，节省必须绘制对称几何体另一半的时间
2D 中心线	使用曲线、控制点来限制中心线的长度，从而创建 2D 中心线
3D 中心线	用于在扫掠面或分析面（如圆柱面、锥面、直纹面、拉伸面、回转面、环面和扫掠类型面等）上创建 3D 中心线
自动中心线	自动中心线命令可自动在任何现有的视图（孔或销轴与制图视图的平面垂直或平行）中创建中心线。自动中心线将在共轴孔之间绘制一条中心线

（1）中心标记

中心标记可创建通过点或圆弧的中心标记。通过单个点或圆弧的中心标记被称为简单中心标记，如图 10-54 所示。

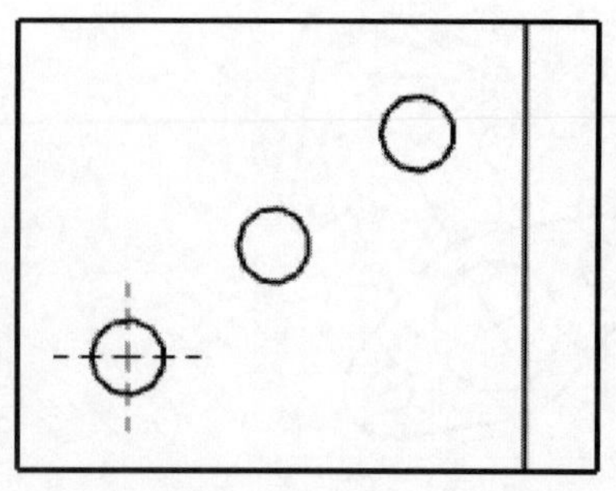

图 10-54 简单中心标记

（2）螺栓圆中心线

使用螺栓圆中心线创建通过点或圆弧的完整或不完整螺栓圆，选择时通常以逆时针方向选择圆弧，螺栓圆的半径始终等于从螺栓圆中心到选择的第一个点的距离，如图 10-55 所示。

（3）圆形中心线

使用圆形中心线可创建通过点或圆弧的完整或不完整圆形中心线，如图 10-56 所示。圆形中心线符号是通

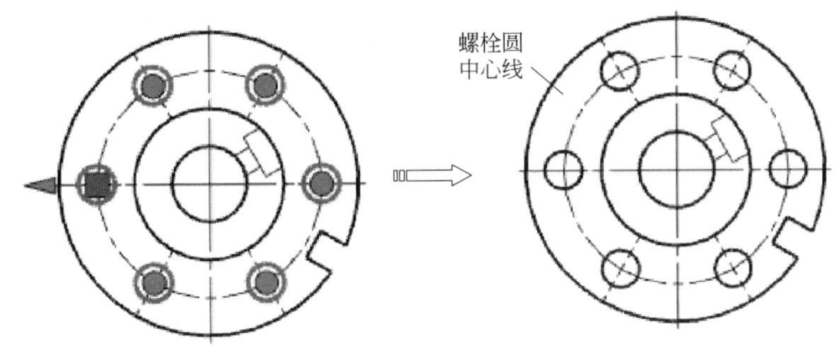

图 10-55　螺栓圆中心线

过以逆时针方向选择圆弧来定义的。

（4）对称中心线

使用对称中心线命令可以在图纸上创建对称中心线，以指明几何体中的对称位置，这样便节省了必须绘制对称几何体另一半的时间，如图 10-57 所示。

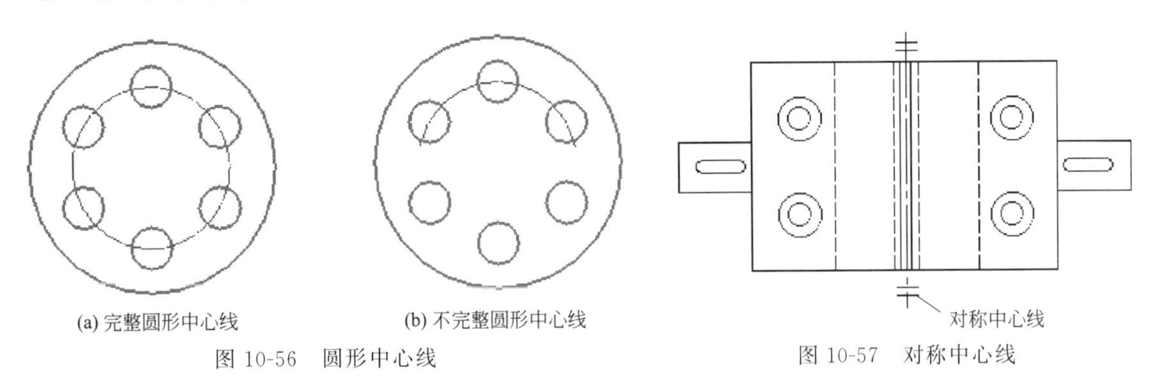

图 10-56　圆形中心线

图 10-57　对称中心线

（5）2D 中心线

使用曲线、控制点来限制中心线的长度，从而创建 2D 中心线，如图 10-58 所示。

（6）3D 中心线

用于在扫掠面或分析面（如圆柱面、锥面、直纹面、拉伸面、回转面、环面和扫掠类型面等）上创建 3D 中心线，如图 10-59 所示。

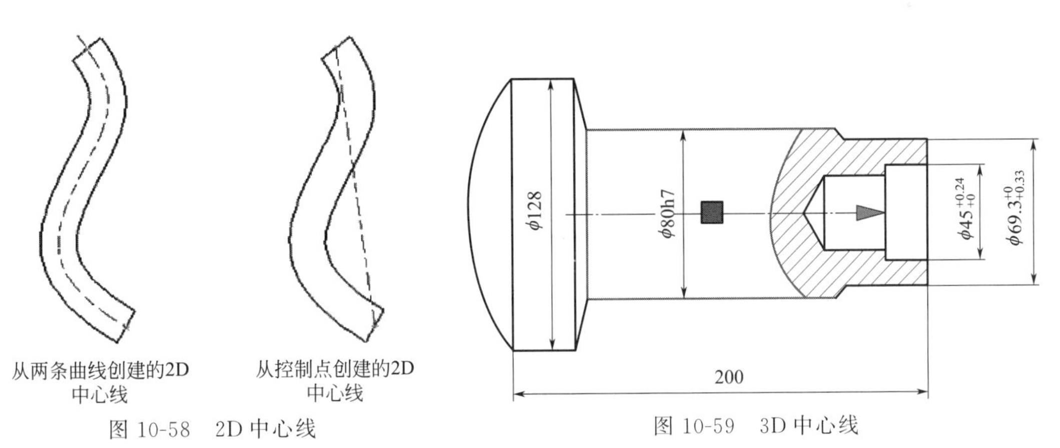

图 10-58　2D 中心线

图 10-59　3D 中心线

(7) 自动中心线

自动中心线命令可自动在任何现有的视图（孔或销轴与制图视图的平面垂直或平行）中创建中心线。

操作实例——创建中心线符号标注操作案例

扫码看视频

操作步骤

Step 01 在功能区中单击【主页】选项卡中【标准】组中的【打开】按钮，在弹出【打开】对话框中选择素材文件“实例\第 10 章\原始文件\10.6\中心线符号 .prt”，单击【打开】按钮打开图纸文件，如图 10-60 所示。

Step 02 选择下拉菜单【插入】|【中心线】|【自动】命令，或单击【注释】工具条上的【自动】按钮，弹出【自动中心线】对话框，选择所有视图，单击【确定】按钮完成中心线符号创建，如图 10-61 所示。

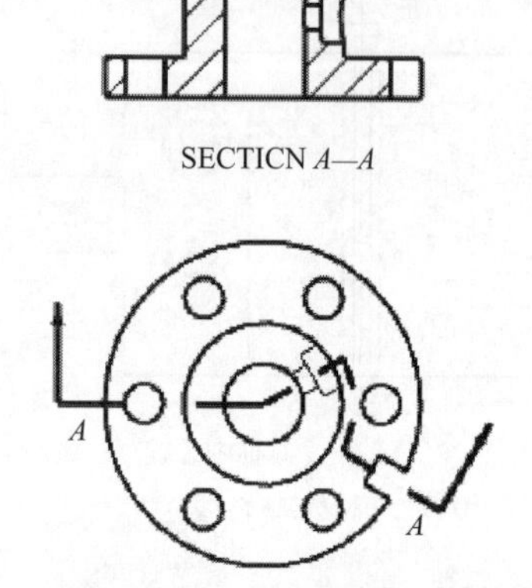

图 10-60 打开图纸文件

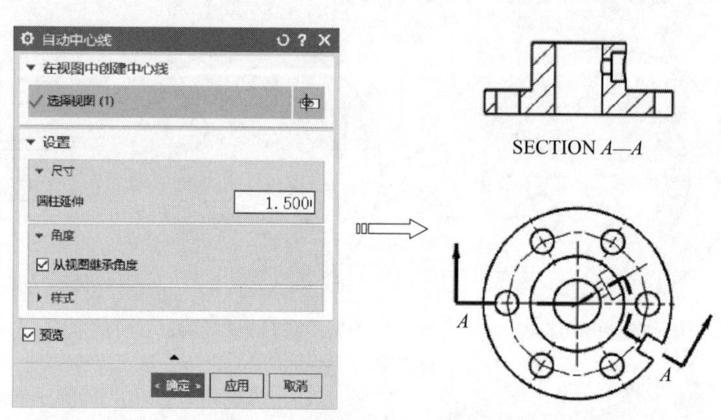

图 10-61 创建中心线符号

Step 03 选择下拉菜单【插入】|【中心线】|【2D 中心线】命令，或单击【注释】工具条上的【2D 中心线】按钮，弹出【2D 中心线】对话框，设置相关参数，创建 2D 中心线，如图 10-62 所示。

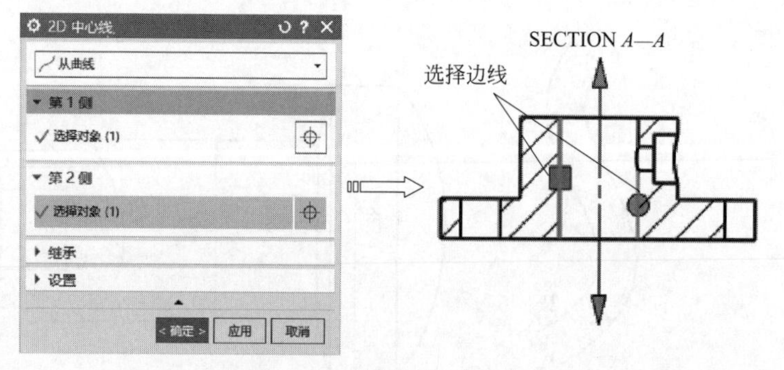

图 10-62 创建 2D 中心线

技术要点

双击创建中心线，弹出中心线对话框，选中【单独设置延伸】复选框，可延伸中心线。

10.7 尺寸标注

尺寸标注是工程图的一个重要组成部分，直接影响实际的生产和加工。UG NX 提供了方便的尺寸标注功能。

10.7.1 快速尺寸

【快速尺寸】可快速创建多种类型的尺寸标注：自动判断、水平、竖直、点对点、垂直、圆柱形、径向、直径等。

图 10-63 【快速尺寸】对话框

在制图模块内单击【图纸】工具栏上的【尺寸】按钮，或选择下拉菜单【插入】|【尺寸】|【快速】命令，弹出【快速尺寸】对话框，如图 10-63 所示。

【快速尺寸】对话框中相关选项参数含义如下。

（1）参考

用于选择尺寸标注对象，包括以下选项：

- 选择第一个对象：允许选择尺寸所关联的几何体，并定义测量方向的起点。
- 选择第二个对象：允许选择尺寸所关联的几何体，并定义测量方向的终点。

（2）原点

用于指定标注的位置，可在图形窗口中单击位置，或者打开【原点工具】对话框指定位置。

（3）测量

【方法】用于设置要创建的尺寸的类型，包括以下选项：

- 自动判断：根据光标的位置和选择的对象自动判断要创建的尺寸类型。
- 水平：仅用于创建水平尺寸。
- 竖直：仅用于创建竖直尺寸。
- 点到点：仅能够在两个点之间创建尺寸。
- 垂直：仅用于创建使用一条基线和一个点定义的垂直尺寸。
- 圆柱形：创建一个等于两个对象或点位置之间的线性距离的圆柱尺寸，直径符号会自动附加至尺寸。
- 角度：仅用于在两个选定对象之间创建角度尺寸。
- 径向：仅用于创建简单的半径尺寸。
- 直径：仅用于创建直径尺寸。

10.7.2 线性尺寸

【线性尺寸】可创建尺寸类型有：水平、竖直、点对点、垂直、圆柱坐标系、孔标注（线性格式），如图 10-64 所示。

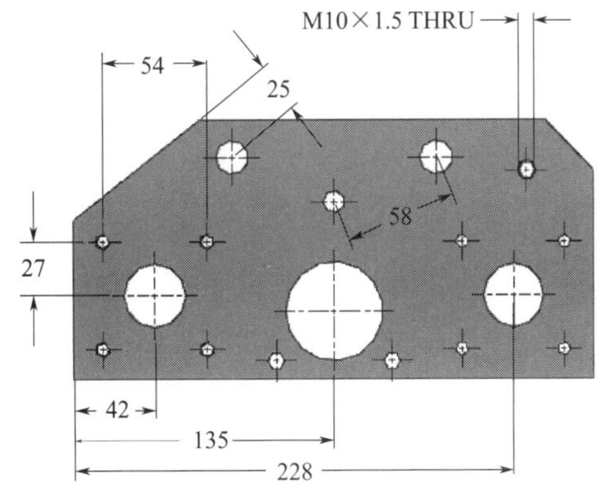

图 10-64　线性尺寸

10.7.3 半径尺寸

【半径尺寸】用于创建径向、具有过圆心的半径和带折线的半径两种变化形式、直径、孔标注（径向格式）等标注，如图 10-65 所示。

10.7.4 角度尺寸

【角度尺寸】用于创建视图中两个对象之间的角度，如图 10-66 所示。

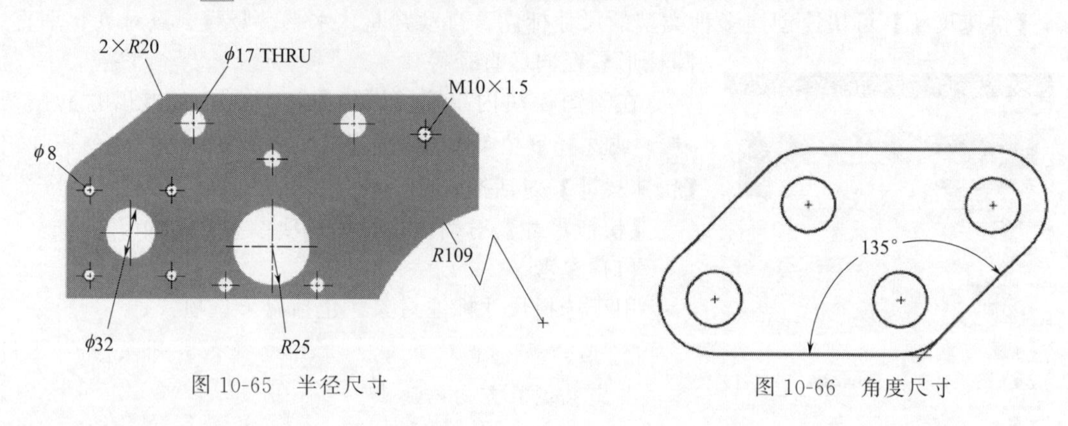

图 10-65　半径尺寸　　　　图 10-66　角度尺寸

10.7.5 倒斜角尺寸

【倒斜角尺寸】用于标注倒斜角尺寸，如图 10-67 所示。

10.7.6 弧长尺寸

【弧长尺寸】用于沿着圆分段周长的距离标注尺寸，如图 10-68 所示。

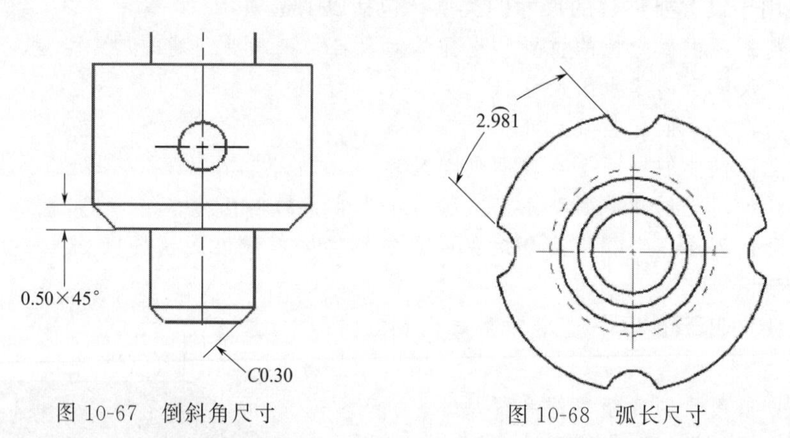

图 10-67　倒斜角尺寸　　　　图 10-68　弧长尺寸

操作实例——创建尺寸标注操作案例

扫码看视频

Step 01　在功能区中单击【主页】选项卡中【标准】组中的【打开】按钮，在弹出【打开】对话框中选择素材文件“实例 \ 第 10 章 \ 原始文件 \ 10.7 \ 尺寸标注 .prt”，单击【打开】按钮打开图纸文件，如图 10-69 所示。

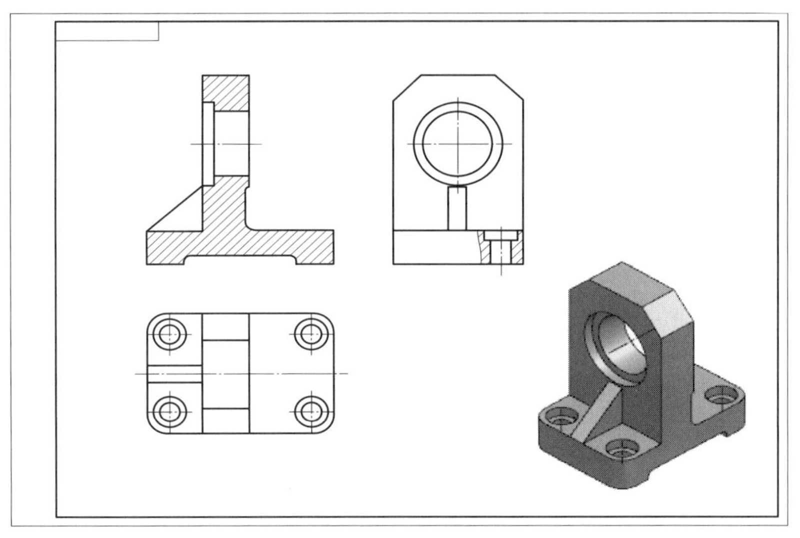

图 10-69　打开图纸文件

Step 02　单击【主页】选项卡的【尺寸】组中【快速】按钮，选择【快速尺寸】命令，在弹出的【快速尺寸】对话框中的【测量方法】选项中选择“自动判断”，在图中依次选择该尺寸两端位置，然后将尺寸放置在合适的位置处，如图 10-70 所示。

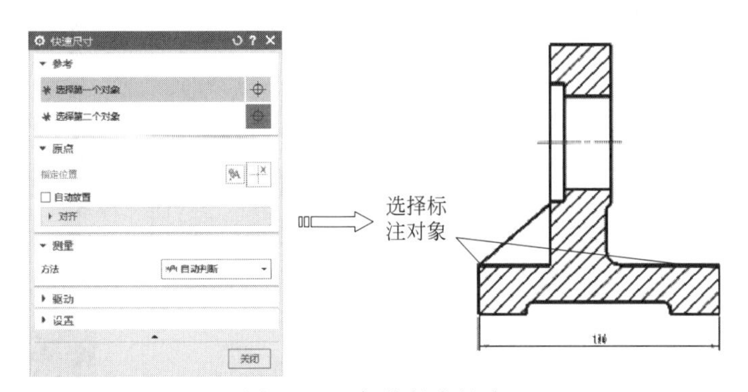

图 10-70　标注长度尺寸

Step 03　单击【主页】选项卡的【尺寸】组中【快速】按钮，选择【快速尺寸】命令，在弹出的【快速尺寸】对话框中的【测量方法】选项中选择“圆柱坐标系”，单击尺寸文本手柄弹出尺寸文本快捷窗口，如图 10-71 所示。

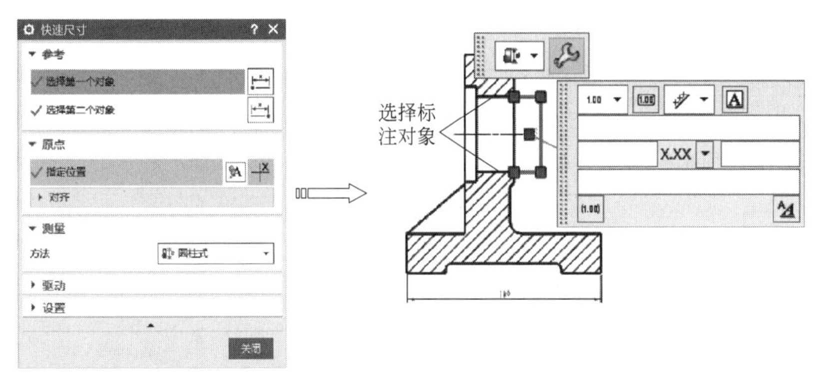

图 10-71　激活快捷窗口

Step 04 单击快捷窗口中的【设置】按钮，弹出【设置】对话框，设置【类型】为“限制和拟合”以及格式形式，单击【确定】按钮，然后将尺寸放置在合适的位置处，如图 10-72 所示。

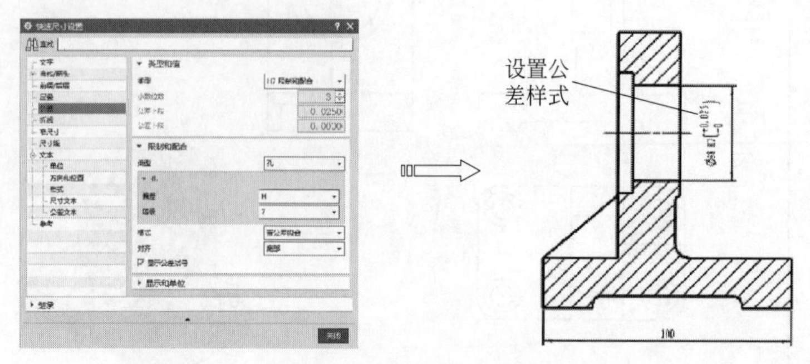

图 10-72 标注尺寸公差

Step 05 按上述标注方法，标注该图纸其他尺寸及公差，如图 10-73 所示。

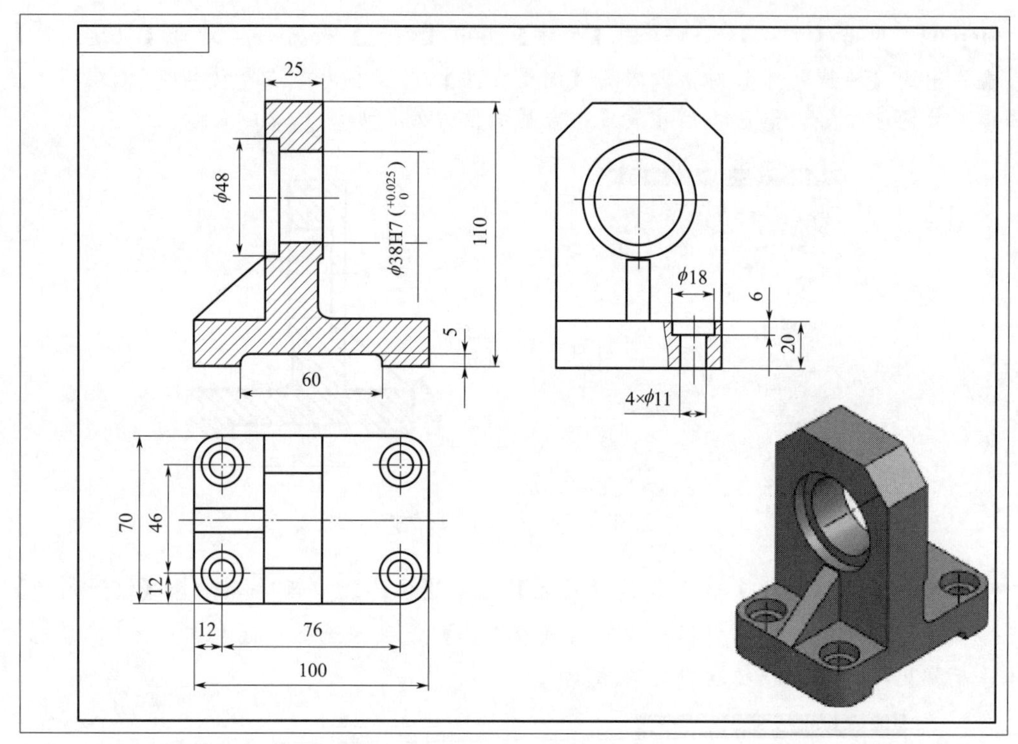

图 10-73 尺寸标注

10.8 表面粗糙度标注

零件表面粗糙度对零件的使用性能和使用寿命影响很大。因此，在保证零件的尺寸、形状和位置精度的同时，不能忽视表面粗糙度的影响。

单击【主页】选项卡上【注释】组中的【表面粗糙度符号】按钮，或选择下拉菜单【插入】|【注释】|【表面粗糙度符号】命令，弹出【表面粗糙度】对话框，如图 10-74 所示。

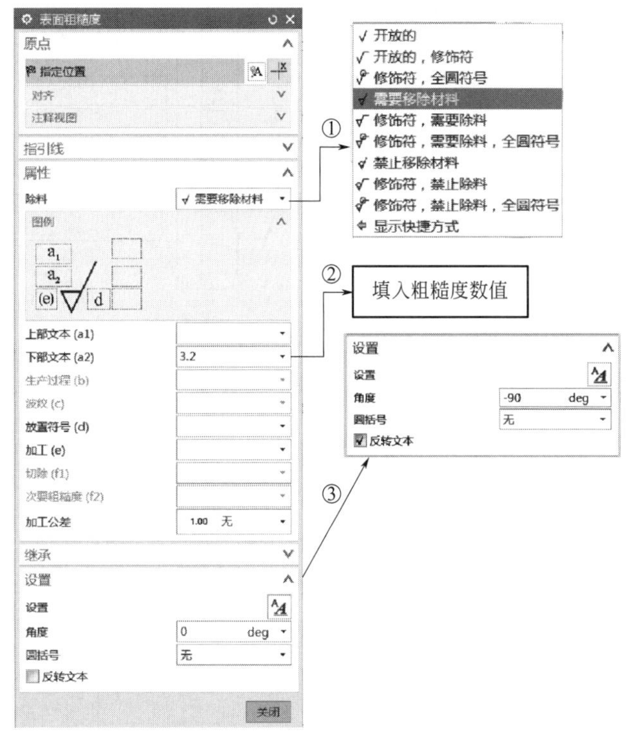

图 10-74 【表面粗糙度】对话框

操作实例——创建表面粗糙度操作案例

操作步骤

Step 01 在功能区中单击【主页】选项卡中【标准】组中的【打开】按钮，在弹出【打开】对话框中选择素材文件“实例\第 10 章\原始文件\10.8\表面粗糙度.prt”，单击【打开】按钮打开图纸文件，如图 10-75 所示。

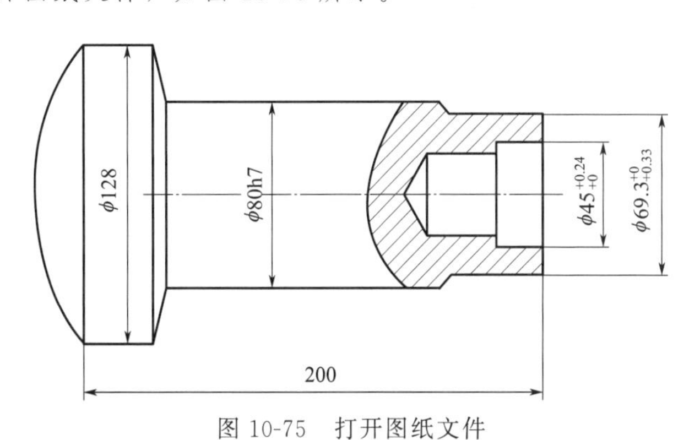

图 10-75 打开图纸文件

扫码看视频

Step 02 选择【主页】选项卡中的【表面粗糙度符号】按钮，或选择下拉菜单【插入】|【注释】|【表面粗糙度符号】命令，弹出【表面粗糙度】对话框，在指引线组中，将类型设置为“标志”，设置好参数后，单击表面边并拖动以放置符号，如图 10-76 所示。

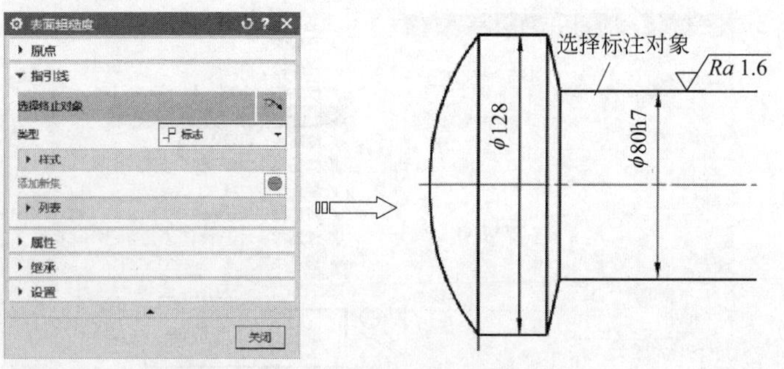

图 10-76　标注表面粗糙度（一）

Step 03　重复 Step 02 的操作，继续标注表面粗糙度，如图 10-77 所示。

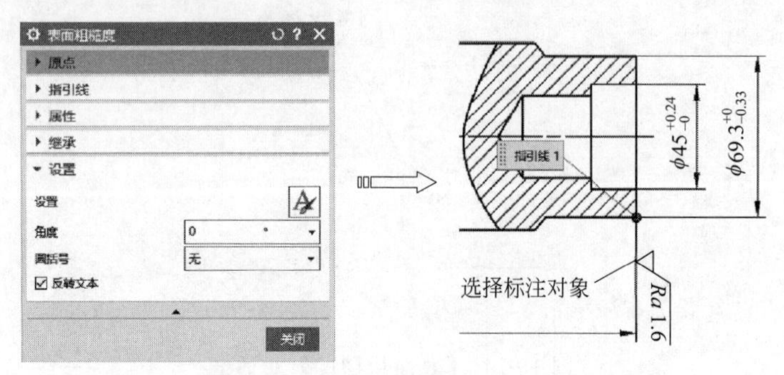

图 10-77　标注表面粗糙度（二）

10.9　基准特征和形位公差

零件在加工后形成的各种误差是客观存在的，除了尺寸误差外，还存在着形状误差和位置误差。工程图标注完尺寸之后，还要为其标注形状和位置公差。

10.9.1　创建基准符号

单击【主页】选项卡上【注释】组中的【基准特征符号】按钮，弹出【基准特征符号】对话框，如图 10-78 所示。

【基准特征符号】对话框中相关选项参数含义如下。

（1）原点

用于设置标注原点选项。

• 指定位置：指定标注、注释等的位置，可在图形窗口中单击位置，或者打开【原点工具】对话框指定位置。单击【指定位置】按钮，指定无指引线的注释的位置。

（2）基准标识符

用于输入特征符号。

图 10-78　【基准特征符号】对话框

10.9.2　创建形位公差

单击【主页】选项卡上的【注释】组中的【特征控

制框】按钮，弹出【特征控制框】对话框，如图 10-79 所示。

【特征控制框】对话框中相关选项参数含义如下。

(1) 特性

用于选择形位公差类型，系统默认为直线度。

(2) 框样式

用于选择框样式，包括单框和复合框选项。

- 单框：用于标注一个形位公差，或者当一个元素上标注多个形位公差时，应选择单框类型并多次添加，添加时系统会自动吸附到已经创建的形位公差框上。
- 复合框：如果多行形位公差的特征类型相同，只是公差值或基准不同，可采用复合框。

(3) 公差

- 单位基础值：仅适用于直线度、平面度、线轮廓度和面轮廓度特性。选择该选项将激活【长度】文本框，用于定义公差的长度范围。
- ⌀ 形状：指定公差值前缀符号，包括直径、球形或正方形符号。
- .1 ：输入公差值。
- Ⓛ ：指定公差后缀符号，包括最小实体状态符号、最大实体状态符号和不考虑特征大小符号。
- 公差修饰符：定义公差值的修饰符号。

(4) 基准参考

用于指定主基准参考字母、第二基准参考字母或第三基准参考字母。

图 10-79 【特征控制框】对话框

扫码看视频

操作实例——基准特征和形位公差操作实例

操作步骤

Step 01 在功能区中单击【主页】选项卡中【标准】组中的【打开】按钮，在弹出【打开】对话框中选择素材文件“实例 \ 第 10 章 \ 原始文件 \ 10.9 \ 基准符号和形位公差 . prt”，单击【打开】按钮打开图纸文件，如图 10-80 所示。

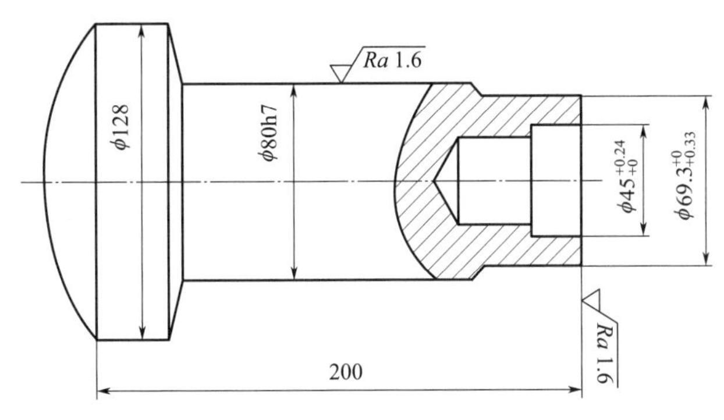

图 10-80 打开图纸文件

Step 02 单击【主页】选项卡上的【注释】组中的【基准特征符号】按钮，弹出【基准特征符号】对话框，在【基准标识符】组框中的【字母】框中输入 A，选择如图 10-81 所示的边，按住鼠标左键并拖动到放置位置，单击放置基准符号，单击【关闭】按钮完成基准特征放置操作，如图 10-81 所示。

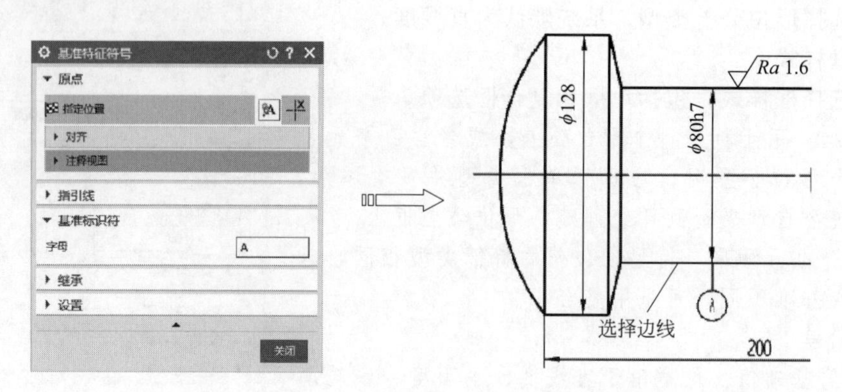

图 10-81　创建基准特征符号

Step 03 单击【主页】选项卡上的【注释】组中的【特征控制框】按钮，弹出【特征控制框】对话框，在【特性】下拉列表中选择“同轴度”，设置【框样式】为“单框”、【公差】为 0.1、【第一基准参考】为 A，移动鼠标指针到尺寸箭头，按住鼠标左键并拖动，【短划线长度】为 15，拖动到放置位置，单击放置形位公差，单击【关闭】按钮完成形位公差创建，如图 10-82 所示。

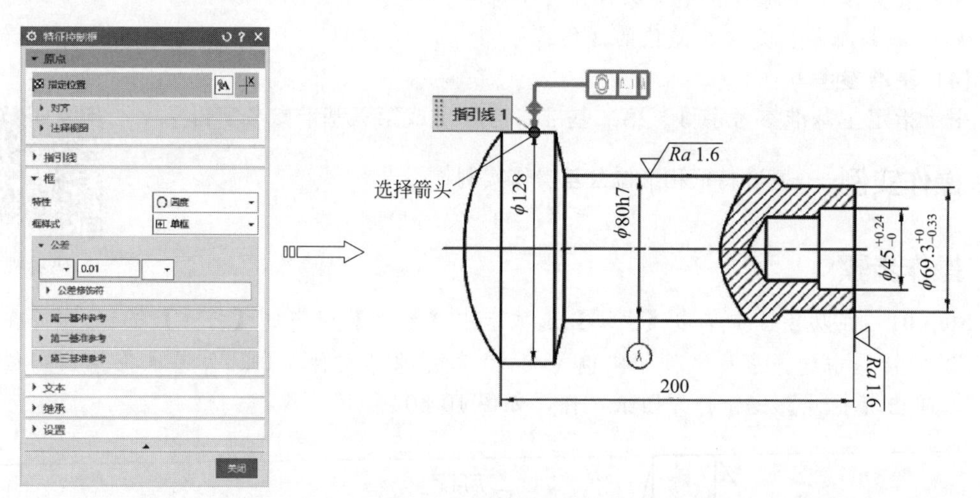

图 10-82　创建形位公差

10.10 上机习题

习题 10-1

应用工程图相关命令创建如图习题 10-1 所示的转子轴。

扫码看视频

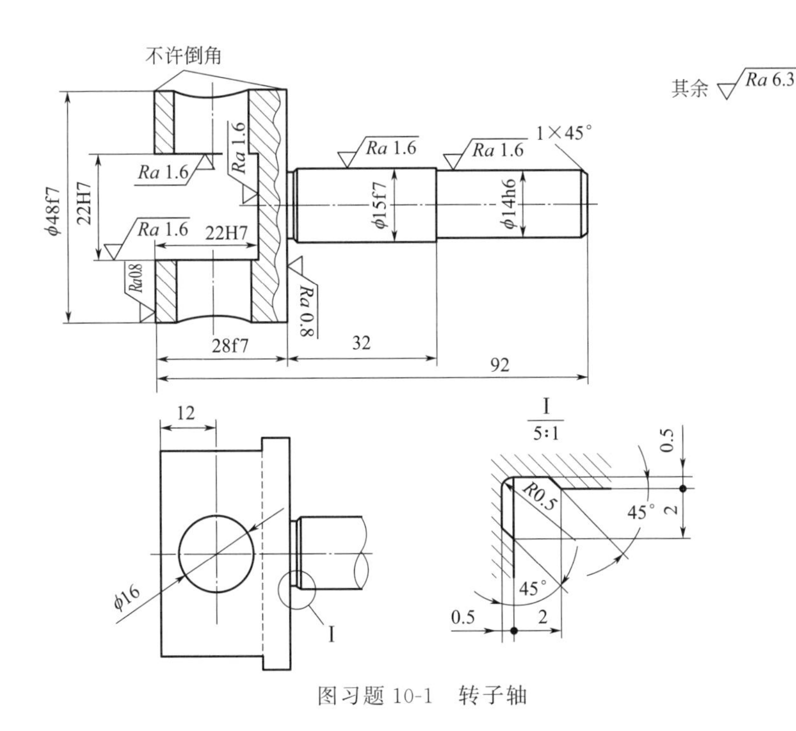

图习题 10-1　转子轴

习题 10-2

应用工程图相关命令创建如图习题 10-2 所示的端盖。

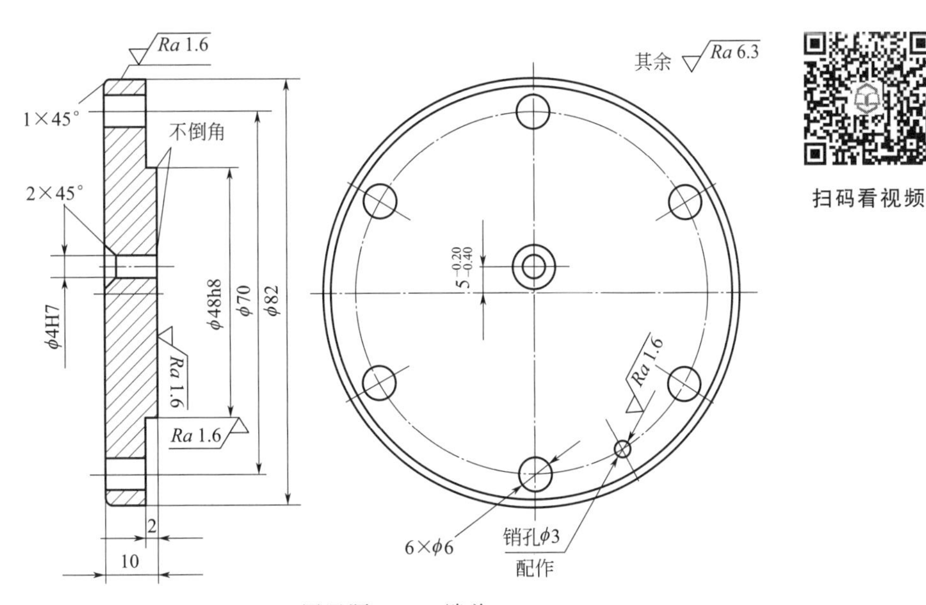

图习题 10-2　端盖

本章小结

本章介绍了 UG NX 工程图绘制方法和过程，主要内容有设置工程图界面，创建图纸页，创建工程视图，工程图中的草绘、中心线、标注尺寸、标注粗糙度等。通过本章的学习，读者可熟悉 UG NX 工程图绘制的方法和流程，希望大家按照讲解方法再进一步进行实例练习。

第11章 UG NX注塑模具设计

MoldWizard（注塑模具向导）是在UG NX软件基础上的一个智能化、参数化的注塑模具设计模块，专门用于注塑模具的设计，是一个功能强大的注塑模具设计软件。注塑模具设计中的分模、添加模架、镶块、滑块、顶杆和定位环，创建电火花加工的电极，浇注系统和冷却系统等都可以使用MoldWizard来完成。本章详细介绍如何使用UG NX中的MoldWizard进行注塑模具设计的基本知识，包括用户界面、加载产品、模具设计准备、模具修补技术、模具分模技术等。

本章内容

- MoldWizard功能介绍
- 加载产品
- 模具设计准备
- 模具修补技术
- 模具分模技术

11.1 MoldWizard注塑模具设计简介

MoldWizard是针对注塑模具设计的一个过程应用模块，它将型芯型腔和模架库的设计统一到一个功能强大的注塑模具设计软件之中。MoldWizard为建立型腔、型芯、滑块和嵌件的高级建模工具方便地提供可以生成与产品参数相关的、可用于数控加工的三维模具。

11.1.1 MoldWizard功能简介

使用MoldWizard进行模具设计的优点有：

• 注塑模向导不断地发展并从模具设计和加工业者那里吸取意见反馈。这确保注塑模向导最能符合模具制造者的要求，迎接真实世界设计的挑战。

• 注塑模向导提供设计工具和程序可自动进行高难度的、复杂的模具设计任务。它能够帮助你节省设计的时间，同时能提供完整的3D模型用来加工。如果产品设计发生变更，也不会再浪费多余的时间，因为产品模型的变更是同模具设计完全相关的。

• 分型是基于一个塑胶零件模型的生成型腔型芯的过程。分型过程是塑胶模具设计的一个重要部分，特别是对于复杂外形的零件来说。通过关键的自动工具，分型模块让这个过程非常自动化。此外，分型操作与原始塑胶模型是完全相关的。

• 模架及组件库包含在多个目录（catalog）里。自定义组件包括滑块和抽芯，镶件和电极，也都在标准件模块里有提供。标准件模块可以用来放置组件，并生成大小合适的腔体，而且能够保持相关性。

- 注塑模向导提供一种友好的方式来管理不同种类的标准件，可以使用库里面的标准件，也可以按要求自定义标准件库。

11.1.2 MoldWizard注塑模具用户界面

11.1.2.1 启动注塑模具设计模块

单击【应用程序】选项卡中【注塑模和冲压】组中的【注塑模】按钮，如图 11-1 所示。

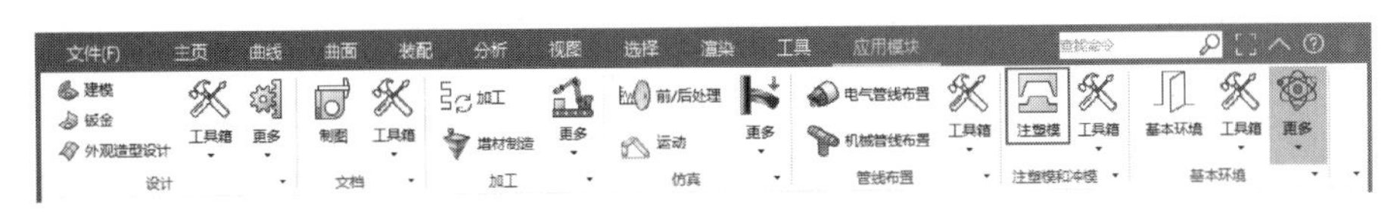

图 11-1 启动【注塑模】应用

系统自动启动注塑模具设计模块，此时【注塑模向导】选项卡如图 11-2 所示。

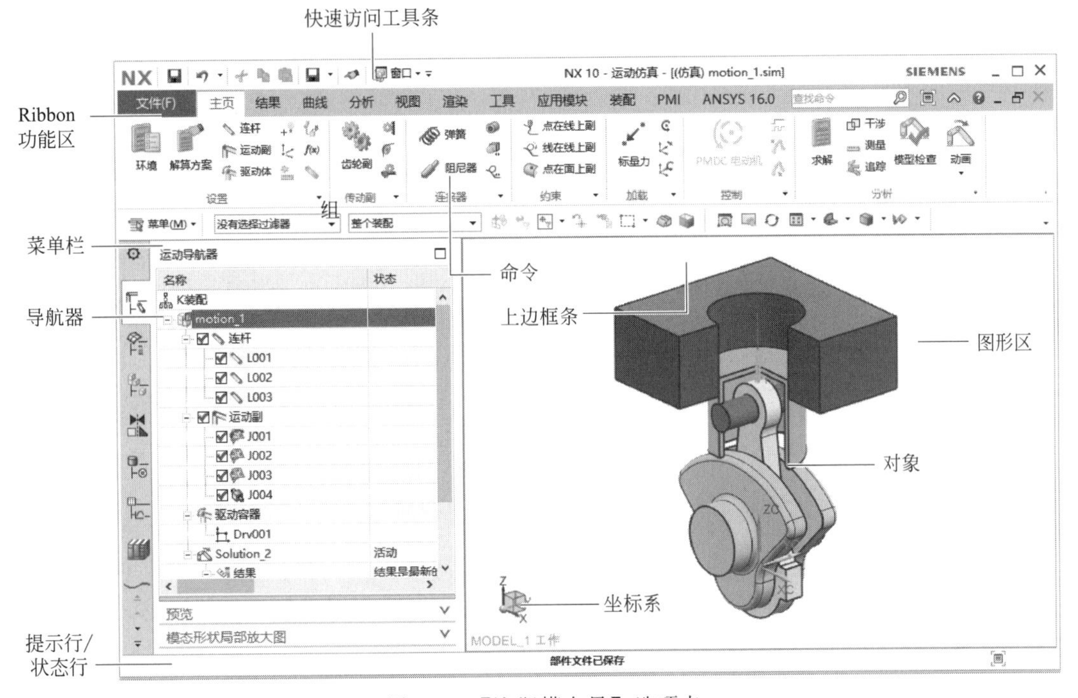

图 11-2 【注塑模向导】选项卡

11.1.2.2 【注塑模向导】选项卡

【注塑模向导】选项卡按钮顺序排列简洁合理，设计过程基本是依次选择按钮，每个按钮都能完成一项设计任务，这样把看似复杂的注塑模具设计内容都浓缩到 21 个按钮里，下面介绍主要按钮的功能。

(1) 项目初始化

项目初始化是指加载需要进行模具设计的产品零件，并设置这个设计方案的单位、存放路径等。载入零件后，系统将产生用于存放布局、型芯、型腔等一系列文件。

（2）多腔模设计

多腔模设计是指在一个模具里面可以生成多个塑料制品的型芯和型腔，即所谓的一模多腔。

（3）模具坐标系

模具坐标系是指模具设计过程中所使用的坐标系，该坐标系用于设置模具的顶出方向和电极进给方向等，以便合理地设计模具。通常＋ZC轴向为塑料产品的顶出方向，也是电极进给的方向。

（4）收缩率

液体塑料凝固成固态塑料制品而产生的收缩，用于补偿零件收缩的一个比例因子称为收缩率。

（5）工件

工件是指用来加工模具型芯和型腔的一定尺寸的模坯。

（6）型腔布局

型腔布局是指定产品模型在成形镶件中的位置，对于在一个模具放置多个相同产品零件或者多个不同产品零件的情况下，可用它来设置模腔的数量和位置。

（7）模具工具

模具工具是指为了顺利完成分模的过程而对产品模型进行的各种操作，如修补各种孔、槽以及修剪修补块等。

（8）分型

分型是指根据产品模型的形状将成型镶件分隔成型芯型腔的过程，包括创建分型线、创建分型面和型芯型腔等。它是模具创建的关键步骤之一。

（9）模架

模架是指按照实际的要求选择合适的标准模架，将模具固定在一定类型的注射机上生产塑料制品。MoldWizard中模架都是标准的，用户也可以根据自己的需要选择合适的模架，并对某些部件的尺寸进行修改。

（10）标准件

标准件是指在模具设计中，用于固定、导向等标准组件，包括螺钉、导向柱、电极、镶块、定位环等。

（11）顶杆

顶杆是指在分模时将制成的塑料产品顶出模腔的器件。在MoldWizard中，顶杆是标准件。设计顶杆时，可先从标准件库选择合适的标准件，然后利用顶杆功能修建它的端部以符合零件外形轮廓。

（12）滑块和顶料装置

滑块是指在分模时零件上通常有侧向的凸出或者凹进的特征，一般正常的开模动作无法分离这样的零件产品，所以需要创建能够侧向运动的模块，在分模时提前滑动离开，以使模具能够顺利地开模分离零件成品，这种能够侧向滑动的模块成为滑块或者抽芯。

（13）镶块

镶块是指由于模具具有比较细长的形状，或者具有难以加工的位置，为模具的制造添加难度和成本，此时一般采取使用标准件，添加实体，或者从型芯或型腔毛坯上分割获得实体创建出单独的模块，称之为镶块。

(14) 浇口

浇口是指用于液态塑料进入零件成形区域的入口，它影响液态塑料的流动速度、方向等。

(15) 流道

流道是指液态塑料流入进杯口而又未到浇口之前的通道，它影响液态塑料进入模腔后的热学和力学性能。

(16) 冷却

冷却是指生产塑料制品时，模具由于受热而产生一定的变形，从而影响产品的精度及导致成品变形等，冷却系统即为减小此种变形而设计的。

(17) 电极

电极是指由于复杂的型芯型腔，使用一般的数控铣削方法难以加工，需要使用电火花等特种加工方法进行加工。电极就是为了合理地复原型芯型腔外形轮廓的构件。

(18) 模具修剪

模具修剪是指把型芯或者型腔表面上的镶块或者其他标准件修剪去除，从而获得符合产品外形的轮廓。

(19) 型腔设计

型腔设计是指在型芯或者型腔上需要安装标准件的区域建立空腔并且留出间隙。使用此功能时，所有与之相交的零件部分都将自动切除标准件部分，并且保持尺寸及形状与标准件的相关性。

(20) 物料清单

物料清单是指根据模具的装配状态产生的与装配信息有关的模具部件列表，也成为明细表。创建物料清单上的显示项目可以由用户选择定制。

(21) 模具图

模具图是指根据实际的工艺要求，创建模具工程图，可以在其上添加不同的视图或者截面图，包括装配图纸、组建图纸和孔表。

11.2 加载产品

在进行产品模具设计时，必须要先将产品模型导入MoldWizard的设计模块中，即模具项目初始化。

11.2.1 项目初始化

单击【注塑模向导】选项卡上的【项目初始化】按钮，选择要进行设计的产品文件，此时系统弹出【初始化项目】对话框，如图11-3所示。

图11-3 【初始化项目】对话框

【初始化项目】对话框中相关选项参数含义如下。

(1) 产品

选择体用于选择设计的产品，当多个产品存在时可选择一个实体产品作为设计产品。

(2) 项目设置

① 路径　在【初始化项目】对话框中的【项目路径】文本框中，设置模具项目文件的存放目录。单击【浏览】

按钮，此时系统弹出【打开】对话框，用户也可以指定项目文件的存放路径和名称。

② 名称　在【名称】框中设置模具项目的名称。在模具装配中，该项目名称放在所有部件名称的前面。

技术要点

项目名称须限制在 11 个字符内。默认的情况下，系统使用选择的产品零件的文件名作为项目名称。

③ 材料　用于选择注塑模具设计的材料。

④ 收缩　用于设置产品在冷却时的收缩系数的大小。

⑤ 配置　用于选择装配模板。装配模板用于定义模具设计的装配文件结构。项目初始化时系统自动克隆定义在装配模板中的装配文件结构。

(3) 属性

用于设置增加到顶层装配文件中的属性。

(4) 设置

① 项目单位　当第一次加载产品时，在状态栏中会显示塑料制品建模时所使用的单位制，用户可以根据需要进行模具单位制的选择，包括“毫米”单位或“英寸”单位。

② 重命名组件　勾选【重命名组件】复选框，用户可以控制部件命名的规则。

11.2.2　模具项目装配结构

MoldWizard 对项目的初始化，实际上就是使用 UG NX 的装配克隆功能生成一个默认装配结构的复制品。从装配导航器中可以观察到该结构，MoldWizard 把所有模具零件和处理数据都放在 top 节点下，而项目初始化的过程实际上复制了两个装配结构：“项目装配结构”和“产品子装配结构”，如图 11-4 所示。

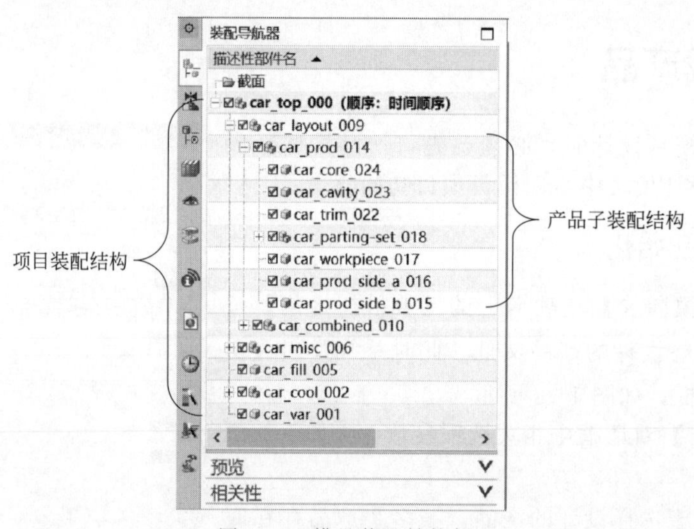

图 11-4　模具装配结构树

11.2.2.1　项目装配结构

项目装配成员包括 top 节点以及它下面的 var、cool、fill、misc 和 layout 五个节点。

(1) top 节点

top 节点是装配结构树的最高根节点，所有组成模具的零部件和装配分支节点都存放在 top 节点下。该节点的内容一般存放于 top 文件下，如 car _ top _ 000。

(2) cool 节点

cool 节点用于放置模具冷却系统的零件和模型。该节点的内容一般存放于 cool 文件下，如 car _ cool _ 001。cool 节点存在子节点 side _ a 和 side _ b，目的是允许多个设计者同时进行设计。

(3) misc 节点

misc 节点用于放置通用标准件（不需要进行个别细化设计），如定位圈、锁紧块和支撑块等。该节点的内容一般存放于 misc 文件下，如 car _ misc _ 002。misc 节点存在子节点 side _ a 和 side _ b，目的是允许多个设计者同时进行设计。

(4) var 节点

var 节点为临时存放模具处理数据，包括模架和标准件零件需参考的标准设置信息。该节点的内容一般存放于 var 文件下，如 car _ var _ 003。

(5) fill 节点

fill 节点用于放置模具浇注系统，如浇口、流道等。该节点的内容一般存放于 fill 文件下，如 car _ fill _ 004。

(6) layout 节点

layout 节点为二级根节点，可存在多个 prod 子装配节点，用来放置成形镶件相对于模架的位置，多件模或者多腔模都由 layout 来安排 prod 节点的位置。该节点的内容一般存放于 layout 文件下，如 car _ layout _ 009。

11.2.2.2 产品子装配结构

产品子装配成员包括 prod、cavity、core、trim、parting-set、workpiece 和 prod _ side 七个节点。Moldwizard 把成形镶件和与其相关的模型和处理数据放在 prod 节点下。如果是单件模，layout 节点下只有一个 prod 节点；如果是多件模就有多个 prod 节点，每个模腔的成形镶件放在各自的 prod 节点下，所以 prod 节点是三级根节点。prod 节点下所包含的分支节点含义分别介绍如下。

(1) prod 节点

prod 节点是三级根节点，用于放置成形镶件。另外一些与产品形状有关的特殊标准件，如顶杆、滑块、内抽芯和顶块也会出现在 prod 节点的 side _ a 或 side _ b 子节点下。该节点的内容一般存放于 prod 文件下，如 car _ prod _ 010。

(2) cavity 和 core 节点

cavity、core 节点分别用于放置型腔和型芯零件。cavity、core 节点的内容一般存放于 cavity 和 core 文件下，它们与 parting 节点中的实体保持着链接关系，如 car _ cavity _ 023 和 car _ core _ 024。

(3) trim 节点

trim 节点用于放置被修剪后的零件数据。该节点的内容一般存放于 trim 文件下，如 lock _ trim _ 022。

(4) parting-set 节点

parting-set 节点包括 shrink、molding、parting 和 component part 四级节点。

① molding 节点　molding 节点用于将产品模型的链接体、成形特征（如斜度、分割面和边倒圆等）加在该部件链接体上，使产品模型有利于制模。该节点的内容一般存放于

molding 文件下，如 car _ molding _ 021。

② shrink 节点　shrink 节点用于放置产品模型的放大比例数据，即为原始零件的复制拷贝，并且与原始零件保持有链接关系。该节点的内容一般存放于 shrink 文件下，如 car _ shrink _ 020。

③ parting 节点　parting 节点用于放置产品模型和分型面数据，它包含一个链接到设置过收缩率以后的零件实体，另外还保存了分型片体、修补片体和提取的型芯、型腔的侧面。该节点的内容一般存放于 parting 文件下，如 car _ parting _ 019。

④ Component part 节点　产品模型加载到 prod 子装配结构中，它的名字不会改变，只是其引用集的设置为空的参考集。因此，在下次打开装配文件时，它不能自动调用。如果需要调用原始零件，Moldwizard 将尝试通过搜索条件查找零件。

(5) workpeice 节点

Workpiece 节点包含草绘拉伸工件实体，草图的形状和拉伸参数可以进行修改。

(6) prod _ side _ a 和 prod _ side _ b 节点

prod _ side _ a 和 prod _ side _ b 节点分别用于放置模具 a 侧和 b 侧组件的子装配结构，这样可以允许两个设计师同时设计一个项目。该节点的内容一般存放于 prod _ side 文件下，如 car _ prod _ side _ a _ 016 和 car _ prod _ side _ b _ 015。

操作实例——加载产品实例

如图 11-5 所示为一个汽车产品，请完成产品加载并了解模具项目装配结构。

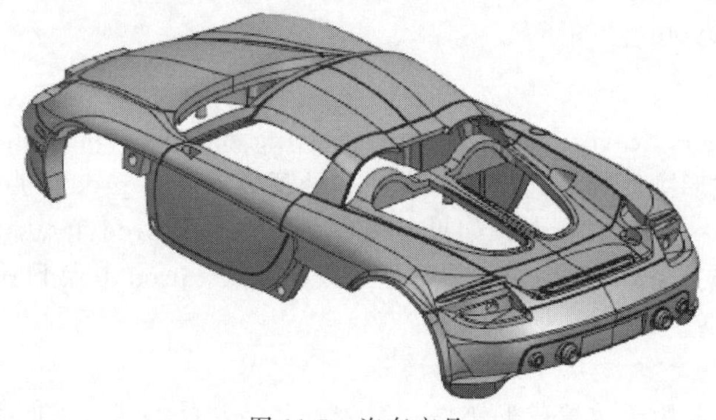

图 11-5　汽车产品

扫码看视频

操作步骤

(1) 打开模型启动注塑模模块

Step 01　启动 UG NX 后，在功能区中单击【主页】选项卡中【标准】组中的【打开】按钮，在弹出【打开】对话框中选择素材文件“实例 \ 第 11 章 \ 原始文件 \ 11.2 \ car. prt”。

Step 02　单击【应用程序】选项卡中的【注塑模和冲压】组中的【注塑模】按钮，启动注塑模模块，如图 11-6 所示。

(2) 加载产品

Step 03　单击【注塑模向导】选项卡上的【项目初始化】按钮，选择要进行设计的产品文件，系统弹出【初始化项目】对话框，设置相关参数，如图 11-7 所示。

Step 04　单击【确定】按钮，完成项目的初始化，单击窗口右侧【资源导航器】中的

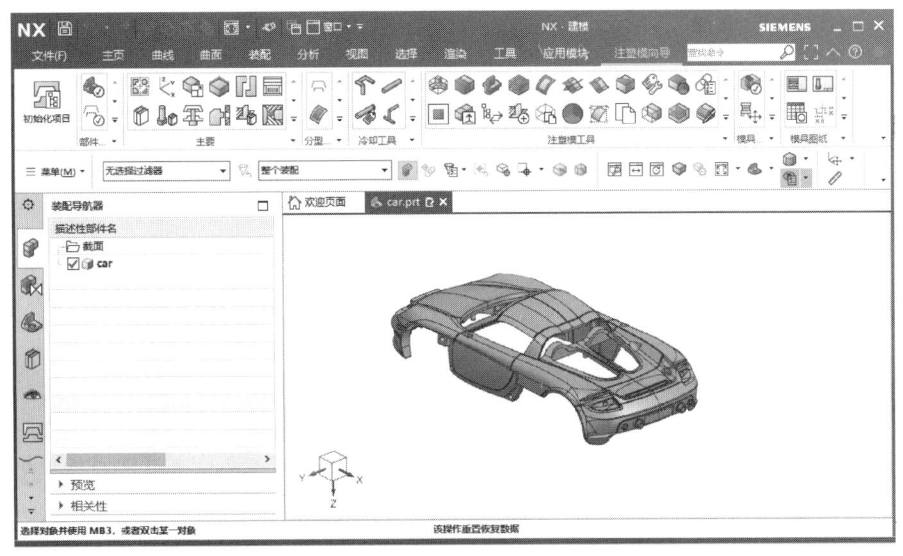

图 11-6　打开模型文件，启动注塑模模块

【装配导航器】图标，打开模具的装配结构，展开“layout”和“prod”节点，出现的装配结构如图 11-8 所示。

图 11-7　【初始化项目】对话框

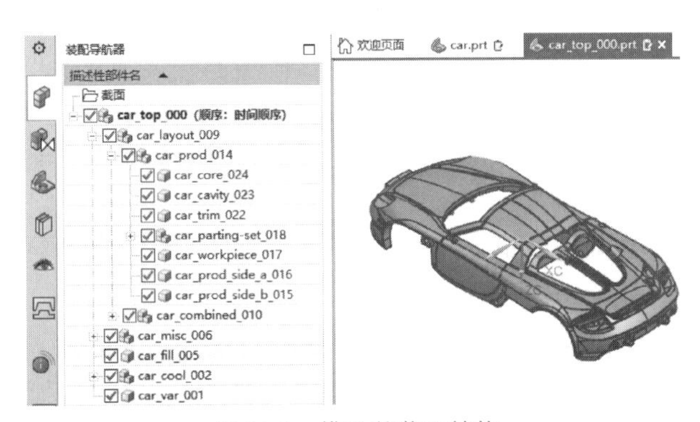

图 11-8　模具的装配结构

11.3　模具设计准备

产品模型装载后，要进行模具设计的准备工作，即模具设计项目初始化，包括定义模具坐标系、设置收缩率、定义成形工件和型腔布局等。

11.3.1 定义模具坐标系

11.3.1.1 模具坐标系简介

模具坐标系是在进行模具设计时所使用的坐标系统，它可为模腔与模架等相关结构定位，也可作为创建滑块、浇口、流道等部分的参考。Moldwizard 规定模具坐标系原点位于模架的动、定模板接触面的中心，XC-YC 面是模具装配的分型面，+ZC 方向作为模具顶出的方向，如图 11-9 所示。

11.3.1.2 设置模具坐标系

模具坐标系的原点必须落在模架分型面上，且+Z 方向指向模具的注入口，即 Z 方向的零位置正好将模架的移动部分和固定部分分开。

定义模具坐标系的方法是先把 NX 的工作坐标系（WCS）定义到规定位置，然后单击【注塑模向导】选项卡【主页】组中的【模具 CSYS】按钮，弹出【模具坐标系】对话框，如图 11-10 所示。

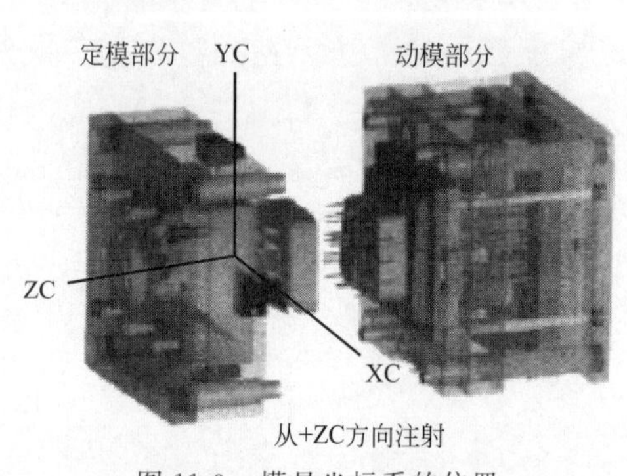

图 11-9 模具坐标系的位置

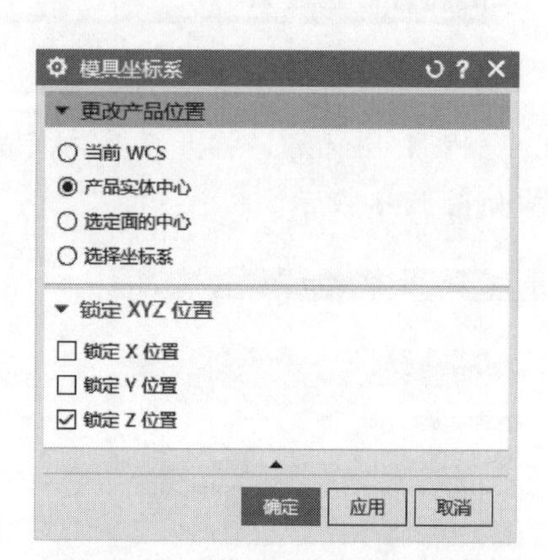

图 11-10 【模具坐标系】对话框

【模具坐标系】对话框中相关选项参数含义如下。

（1）更改产品位置

用来设置、移动产品模型的工作坐标系，并把工作坐标系确认转化成模具坐标系。

- 当前 WCS：设置当前产品模型工作坐标系为模具坐标系。
- 产品实体中心：设置模具坐标系原点为产品模型实体的中心。
- 选定面的中心：设置模具坐标系原点为产品模型所选面的中心。
- 选择坐标系：选择现有坐标系定义模具坐标系。

（2）锁定 XYZ 位置

- 三个轴都不锁定：将工作坐标系的原点自动移动到产品模型实体中心。
- 锁定 Z 轴：将工作坐标系的原点移动到产品模型实体中心在 XY 平面投影点上。
- 锁定 Z 轴和 Y 轴：工作坐标系只能在 X 轴上移到产品模型实体中心在 X 轴的投影点上。
- 三个轴都锁定：工作坐标系不移动。

11.3.2 设置收缩率

用于设置产品在冷却时的收缩系数的大小，它是指塑胶制品经冷却、固化并脱模成形后，其尺寸与原模具尺寸之差的百分比。

在塑料模具设计时，收缩率是首先必须考虑的，以免造成模具尺寸的误差。另外，用户在进入 MoldWizard 设计环境后，随时可以单击【注塑模向导】选项卡【收缩率】按钮，弹出【缩放体】对话框，如图 11-11 所示。

图 11-11 【缩放体】对话框

【缩放体】对话框中相关选项参数含义如下。

(1) 类型

用于设置收缩类型，包括“均匀”“轴对称”和“常规”3 种。

- 均匀收缩：均匀收缩所考虑的产品模型形状类似于正方形，三个轴方向尺寸按同一放大比例进行均匀放大，只需设置 1 个比例因子。
- 轴对称收缩：轴对称收缩所考虑的产品模型形状类似于圆柱形，按轴向和径向不同比例计算缩放，需设置 2 个比例因子。
- 常规收缩：常规收缩所考虑的产品模型形状类似于矩形，按坐标系三个方向不同比例计算缩放，需设置 3 个比例因子。

(2) 要缩放的体

选择一个或多个实体或片体作为比例操作的对象，适用于任何比例缩放类型，通常在 MoldWizard 收缩功能设置中。由于当前可使用的实体零件只有一个，因此该选项处于不可选择状态。

(3) 缩放点

用于指定缩放操作中心的参考点。默认的点是当前 WCS 的原点，也可以用【点构造器】对话框来指定另外一个参考点。该选项只对“均匀”和“轴对称”两种类型有效。

(4) 缩放轴

用于指定缩放操作的参考轴。默认的参考轴是当前 WCS 的 Z 轴，也可以用【矢量构造器】对话框来指定另外一个矢量。该选项只对“轴对称”类型有效。

(5) 缩放坐标系

用于指定一个坐标系作为缩放操作的坐标系，该步骤只对“常规”类型有效。

11.3.3 定义成形工件

产品模型装配结构和收缩率设置完后，就要给产品模型创建成形工件了。分型前单个成形零件模块称为成形工件，也称为成形零件毛坯，简称毛坯。在以后的设计过程中将使用布尔运算方式进行减除计算，从中去除经过收缩率计算后的零件体积，这样就形成了模具的型腔。然后再通过从型腔中提取的分型曲面对成形镶件进行修剪，最终就形成了模具的型芯和型腔两个零件。

单击【注塑模向导】选项卡中【主页】组中的【工件】按钮，弹出【工件】对话框，如图 11-12 所示。

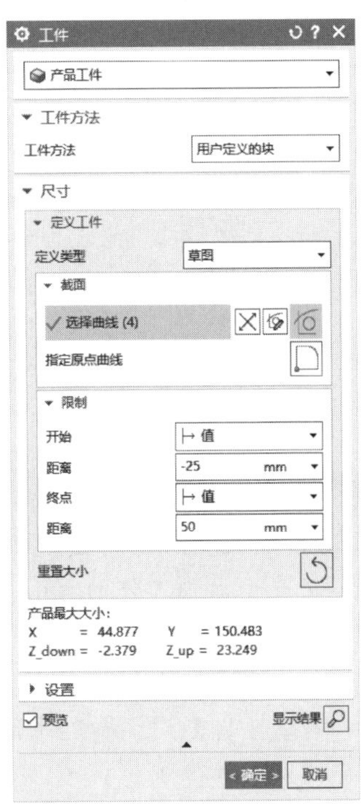

图 11-12 【工件】对话框

【工件】对话框中相关选项参数含义如下。

(1) 工件方法

工件方法有4个成形工件创建选项：用户定义的块、型腔与型芯、仅型腔和仅型芯。

- 用户定义的块：指链接预先定义好的模块，然后通过分模形成型腔和型芯两部分。它是MoldWizard中标准模块。
- 型腔与型芯：指用户自定义的成形工件被分模薄片分成型腔与型芯两部分。MoldWizard用UG自带的WAVE功能来链接建构实体，之后自动用分模薄体和它的拷贝将成形工件修建成型腔与型芯两部分。
- 仅型腔：只定义用作型腔的成形工件。该选项成形工件的创建方法与“型腔与型芯”选项的创建方法基本相同，只是少型芯一侧的形状尺寸参数设置。
- 仅型芯：只定义用作型芯的成形工件。该选项成形工件的创建方法与“型腔与型芯”选项的创建方法基本相同，只是少型腔一侧的形状尺寸参数设置。

(2) 用户定义的块

在MoldWizard中可用两种方式来定义成形工件的尺寸，分别是草图和参考点方式。

① 草图　用户可创建草图截面，通过拉伸功能创建实体，如图11-13所示。

② 参考点　参考点法是指以模具坐标系原点为参考点，在XYZ轴正负6个方向设置离参考点的距离值作为成形工件的大小，如图11-14所示。

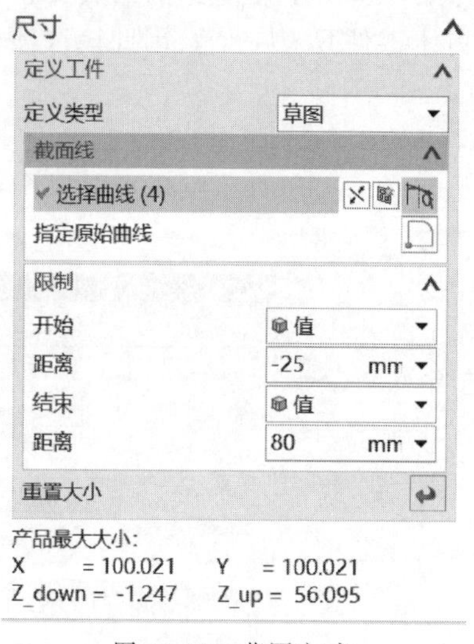

图11-13　草图方式

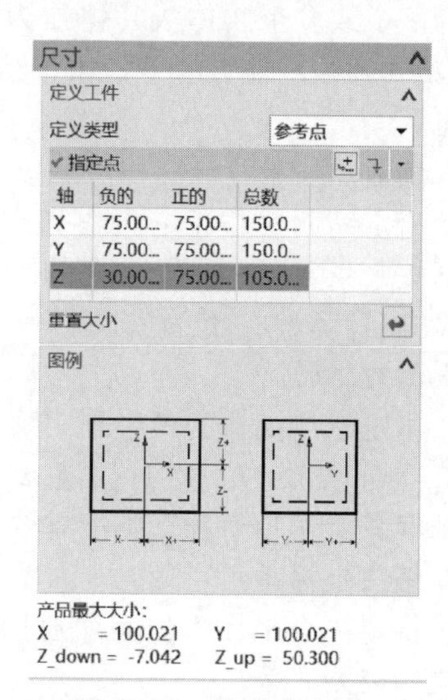

图11-14　参考点方式

技术要点

虚线表示产品模型的最大尺寸范围，实线表示成形工件的大小尺寸，并且用正负X、Y、Z表示成形工件的大小。

(3) 产品最大尺寸

在【工件】对话框的中部，列出了成形工件的最大尺寸。在该部分列出了经过收缩率计算后成形工件的X、Y、Z _ down、Z _ up，其中Z _ down、Z _ up分别表示分型面上下两侧成形工件的尺寸。

11.3.4 型腔布局

图 11-15 【型腔布局】对话框

型腔布局是为模具中的每一个零件的毛坯工件提供定位选项，来确定它们之间的相互位置，从而确定模具型腔的位置。

单击【注塑模向导】选项卡上的【多腔模布局】按钮，弹出【型腔布局】对话框，如图 11-15 所示。

【型腔布局】对话框中相关选项参数含义如下。

(1) 布局类型

多模腔布局有“矩形”和“圆周”两种形式，其中矩形布局包含了平衡和线性两种方式，圆周形布局包括径向和恒定两种方式。

(2) 生成布局

布局类型选择、设置完毕，单击【开始布局】按钮，MoldWizard 自动执行布局。

(3) 编辑布局

- 旋转：让被选模型绕设定中心做旋转调整。
- 变换：让被选模型做水平和垂直方向移动调整。
- 移除：删除被选模型。
- 自动对准中心：让模具坐标系原点自动移到模腔组的几何中心。

操作实例——模具设计准备实例

如图 11-16 所示为一个手机模型，创建成形工件并进行一模四腔布局。

扫码看视频

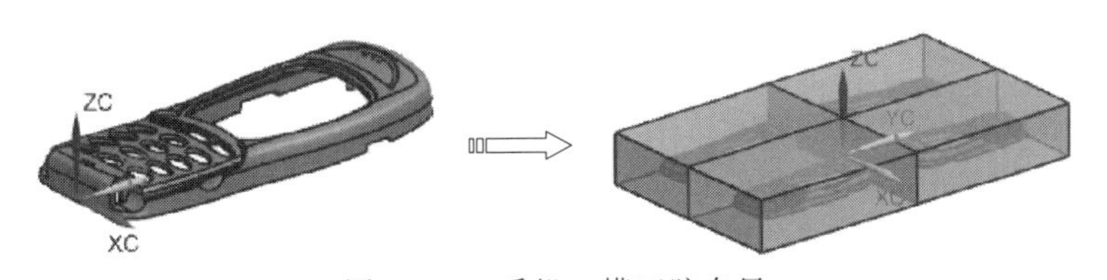

图 11-16 手机一模四腔布局

操作步骤

(1) 打开模型启动注塑模模块

Step 01 在功能区中单击【主页】选项卡中【标准】组中的【打开】按钮，在弹出【打开】对话框中选择素材文件“实例\第 11 章\原始文件\11.3\ mobile_top_000.prt”，如图 11-17 所示。

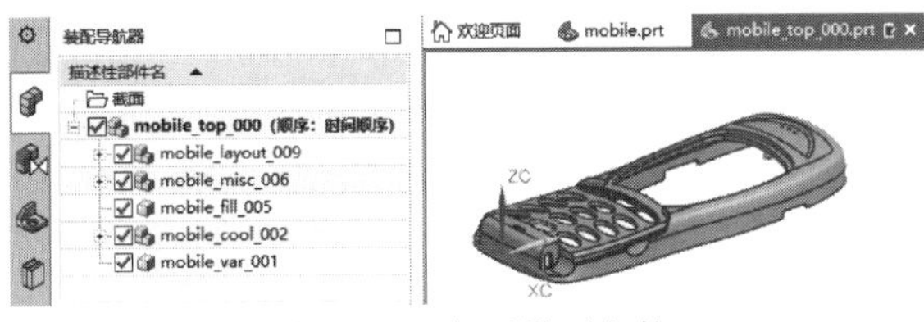

图 11-17 打开模型文件

(2) 定义模具坐标系

Step 02 在图形区双击激活用户坐标系 WCS，然后拖动原点到如图 11-18 所示的边线所示位置。

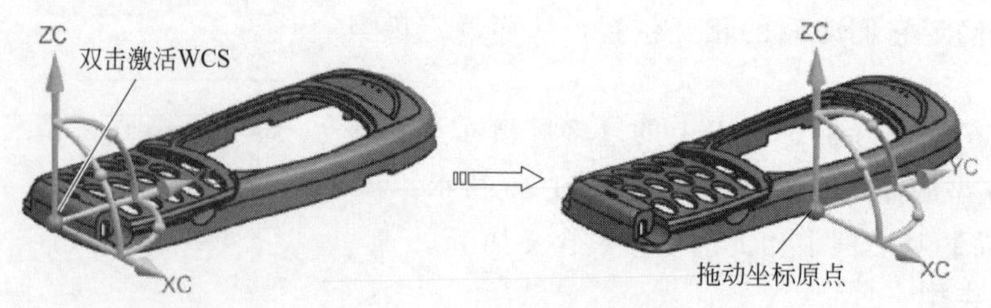

图 11-18 移动 WCS 位置

Step 03 单击【注塑模向导】选项卡【主页】组中的【模具 CSYS】按钮，弹出【模具坐标系】对话框，如图 11-19 所示。

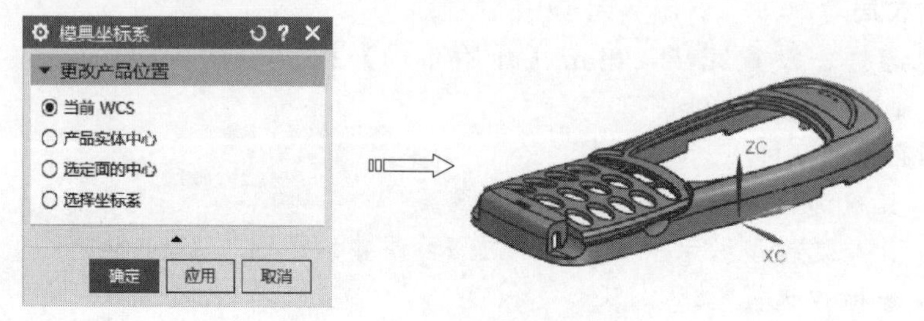

图 11-19 设置模具坐标系

(3) 创建成形工件

Step 04 单击【注塑模向导】选项卡中【主页】组中的【工件】按钮，系统弹出【工件】对话框，如图 11-20 所示。

Step 05 设置拉伸【开始】为-15，【终点】为 35，单击【工件】对话框中的【确定】完成成形工件创建，如图 11-21 所示。

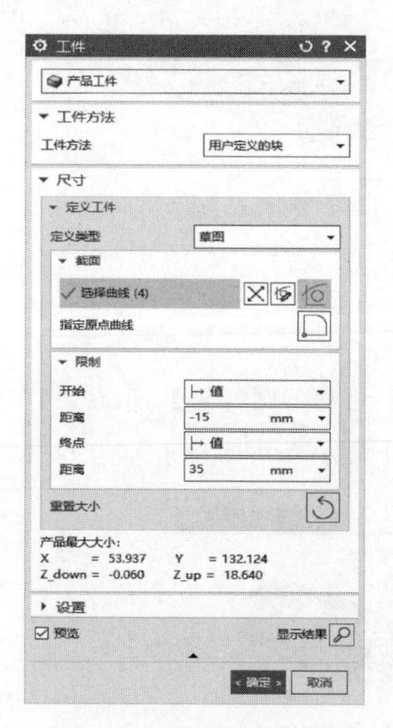

图 11-20 【工件】对话框

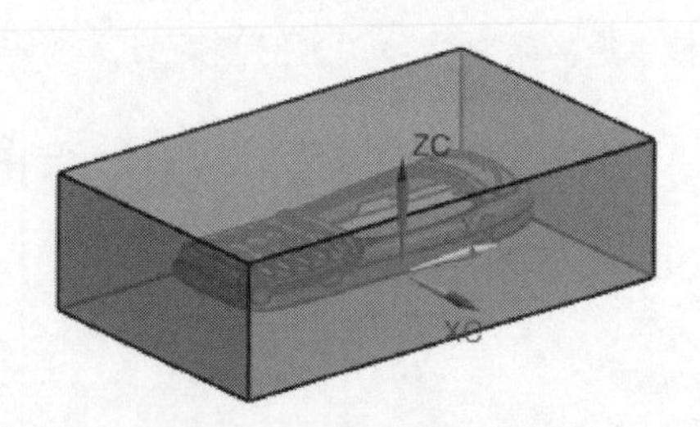

图 11-21 创建成形工件

(4) 型腔布局

Step 06 单击【注塑模向导】选项卡上的【多腔模布局】按钮，弹出【型腔布局】对话框，设置【布局类型】为“矩形”、【指定矢量】为 YC、【型腔数】为 2、【间隙距离】为 0，单击【开始布局】按钮，如图 11-22 所示。

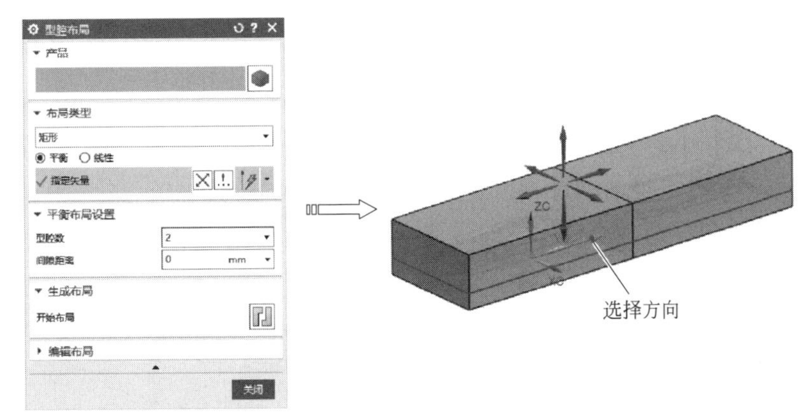

图 11-22 创建矩形布局

Step 07 在图形区选择布局后的两个型腔，然后选择“矩形”，设置【指定矢量】为-XC、【型腔数】为 2、【间隙距离】为 0，单击【开始布局】按钮，如图 11-23 所示。

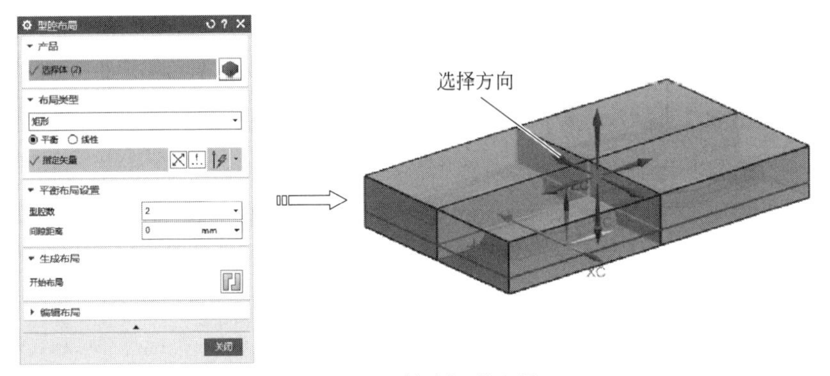

图 11-23 创建矩形布局

Step 08 单击【型腔布局】对话框上的【自动对准中心】按钮，模具坐标系原点自动移到模腔组的几何中心，如图 11-24 所示。

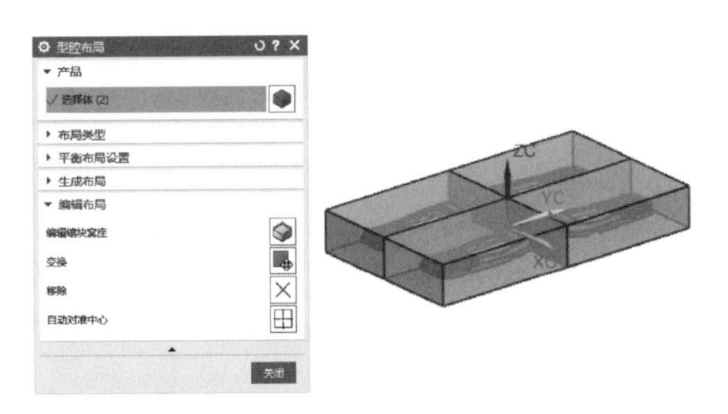

图 11-24 自动对准中心前模腔的布局

11.4 模具修补技术

在模具设计中，需要将孔或者槽等开放区域覆盖起来，也就是所谓的修补零件。因此，修补零件是分模设计之前需要完成的工作，要进行模型修补。

11.4.1 模具修补方法

MoldWizard 提供了强大的分模工具来完成模型的修补，修补片体与产品模型表面连成一体，作通孔处的分割面，参与成形工件的分型。成形工件分成型芯和型腔零件后，因为修补片体无厚度，则通孔处的型芯和型腔轮廓面是相互接触的。

MoldWizard 提供了 2 种产品模型的修补方法：片体修补和实体修补。

(1) 片体修补

常用的片体修补方法有曲面修补、遍历边、体修补。其中前 2 种方法都是逐个选择孔或选择孔所在的面进行修补。遇到孔特别多、逐个修补比较费时可以选择自动修补。自动修补速度非常快。

(2) 实体修补

实体修补是用三维实体填补通孔或不通孔，填补实体经修剪后可以成为修补孔的成型模块，与分型后的型芯或型腔零件连成一体，或者与抽芯滑块连成一体。

11.4.2 片体修补

片体修补是指用孔边界线所在的面覆盖修补孔形成补丁的修补方法。它的工作原理是用一个从模型表面提取出来的面把通孔填起来。片体修补适用于被修补孔完全包含在单个曲面内，以一个零厚度的面覆盖孔、槽等开放区域。

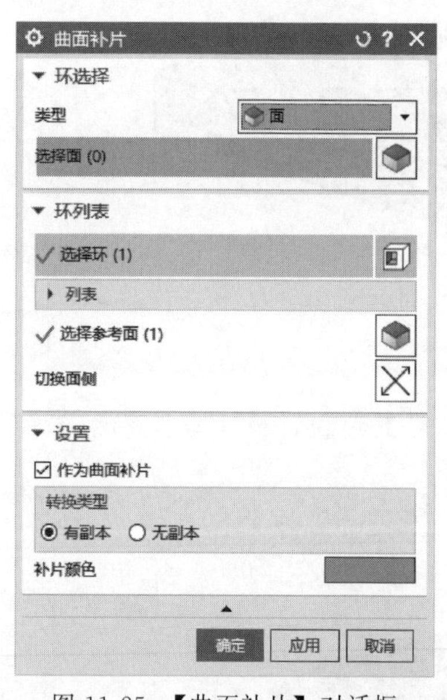

图 11-25 【曲面补片】对话框

单击【注塑模向导】选项卡中【注塑模工具】组中的【曲面补片】按钮，弹出【曲面补片】对话框，如图 11-25 所示。

【曲面补片】对话框中相关选项参数含义如下。

(1) 类型

用于设置边修补，包括“面”“实体”和“遍历”3 种。

- 曲面修补：是指用孔边界线所在的面覆盖修补孔形成补丁的修补方法。它的工作原理是用一个从模型表面提取出来的面把通孔填起来。
- 体修补：能够自动搜索产品中所有内部修补环并修补产品上所有通孔。
- 遍历边修补：通过循环选择一个开放区域的边缘，然后根据这些边界线 MoldWizard 自动生成修补片体。该修补方法不但适合于封闭孔修补，也适合开放孔的修补。

(2) 环列表

- 选择环：选择未打补丁的边缘环。

- 选择参考面：显示自动选定的参考面。
- 切换面侧：将参考面改变为选定的边缘环对面的面。

(3) 设置

- 作为曲面补片：不会创建所创建表面的额外副本。
- 补片颜色：可为补丁表指定一种颜色。

操作实例——片体修补实例

如图 11-26 所示为一个杯子模型，产品模型上有一个需要做曲面修补的孔。

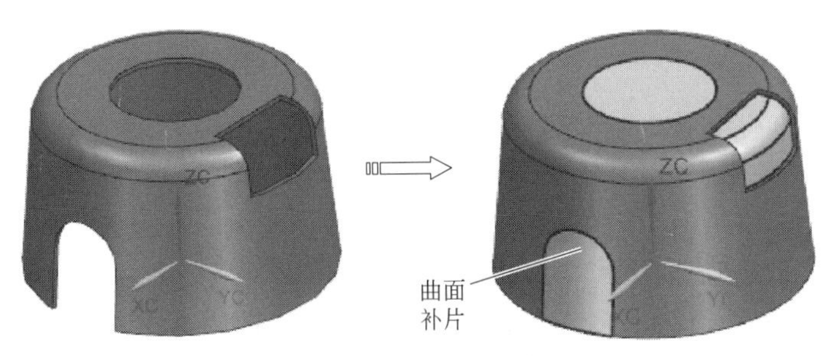

图 11-26　曲面补片

操作步骤

(1) 打开模型启动注塑模模块

Step 01　在功能区中单击【主页】选项卡中【标准】组中的【打开】按钮，在弹出【打开】对话框中选择素材文件"实例\第 11 章\原始文件\11.4.2\ cup _ top _ 000. prt"，如图 11-27 所示。

(2) 创建片体修补-体修补

Step 02　单击【注塑模向导】选项卡中【注塑模工具】组中的【曲面补片】按钮，弹出【曲面补片】对话框，如图 11-28 所示。

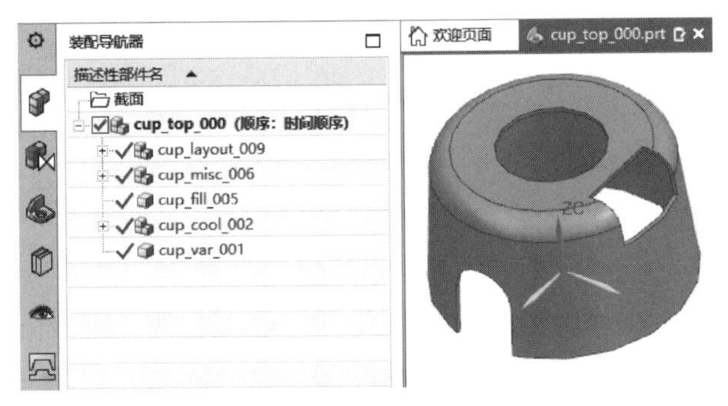

图 11-27　打开模型文件

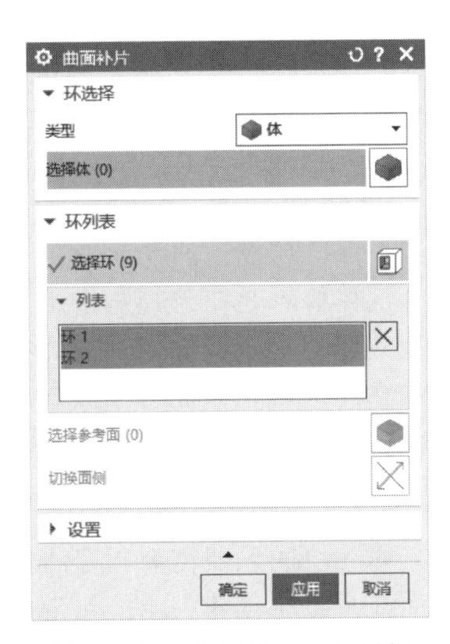

图 11-28　【曲面补片】对话框

Step 03 设置【类型】为“体”，选择如图11-29所示的体，单击【确定】按钮创建曲面。

(3) 创建片体修补-遍历修补

Step 04 单击【注塑模向导】选项卡中【注塑模工具】组中的【曲面补片】按钮，弹出【曲面补片】对话框，如图11-30所示。

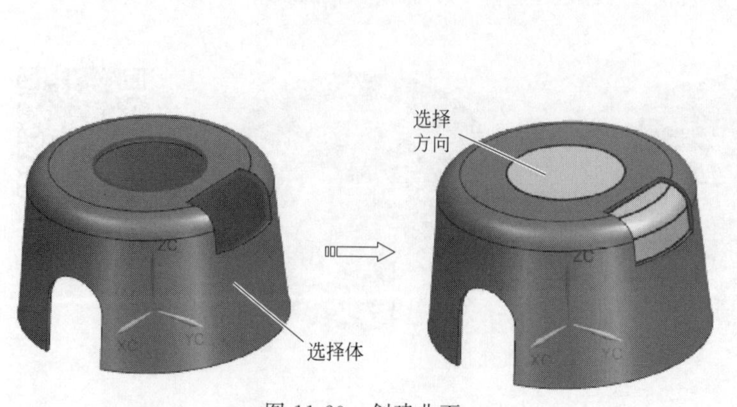

图11-29 创建曲面

图11-30 【曲面补片】对话框

Step 05 设置【类型】为“遍历”，单击【接受】按钮，引导选择边界线，然后单击【关闭环】按钮，单击【确定】按钮创建曲面补片，如图11-31所示。

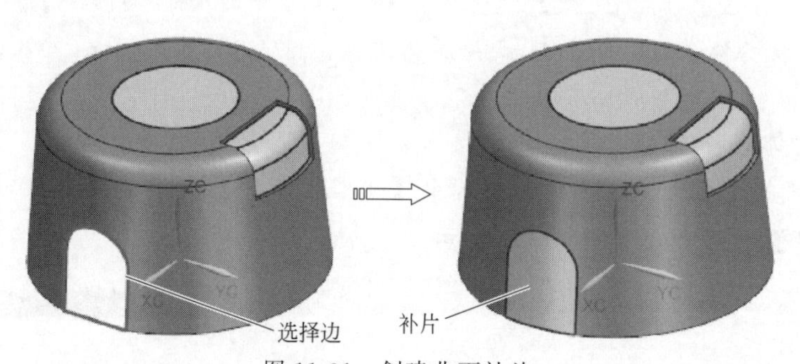

图11-31 创建曲面补片

11.4.3 实体修补

实体修补是指选择一个工具实体修补到目标实体，而工具实体可以是修补块，也可以是其他实体。由于实体修补的修补实体有体积，进行实体修补后将改变分模零件以及模具的外形和空间区域，因此分模以后，修补实体必须使用布尔运算结合到型芯上或者使用减除的方法加到型腔里。

11.4.3.1 创建包容体

修补块的创建需要指定所修补的曲面的边界面，此边界面可以是规则的平面，也可以是曲面，系统将创建一个能包围所选边界面、体积最小的长方体填补空间。

选择功能区【注塑模向导】选项卡中【注塑模工具】组中的【包容体】按钮，将弹出【包容体】对话框，如图 11-32 所示。

图 11-32 【包容体】对话框

【包容体】对话框中相关选项参数含义如下。

(1) 类型

用于选择创建箱体的类型，包括以下选项：

• 块：创建包围选定的面、边、曲线、实体和小面体的方块，方块与指定的方向对齐。

• 中心和长度：以选定的点为中心，创建指定方向的方块。

• 圆柱：创建包围选定的面、边、曲线、实体和小面体的圆柱体，此柱面与指定矢量对齐。

(2) 对象

当类型设置为块或圆柱时，可以选择一个或多个面、边、曲线、实体和小面体来定义方块或圆柱。

(3) 方位

用于设置创建方块时的参考坐标系，包括 WCS、ACS 和选定的坐标系。

11.4.3.2 分割实体

创建好箱体后，一般要用“分割实体”来对所创建的箱体进行分割切除，除去多余的箱体材料，使其外形符合要修补区域的形状。此外，分割实体功能也用于在型芯或型腔中取出一截面块来做嵌件或滑块。

选择功能区【注塑模向导】选项卡中【注塑模工具】组中的【分割实体】按钮，将弹出【分割实体】对话框，如图 11-33 所示。

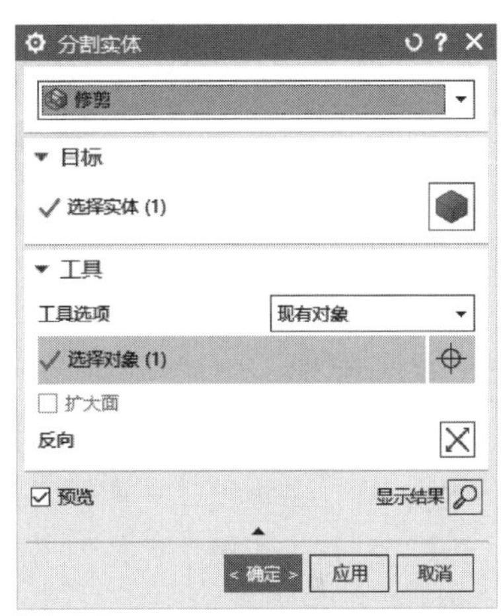

图 11-33 【分割实体】对话框

【分割实体】对话框中相关选项参数含义如下。

(1) 类型

• 分割：分割成两个或两个以上的目标体和保持所有件。

• 修剪：用选定工具修剪目标体。

(2) 目标

单击【目标】组框中【选择实体】按钮，在图形区选择要修剪的实体目标。

(3) 工具

在【工具选项】下拉列表中选择刀具面类型：

• 现有对象：选择图形区要修剪实体的表面。

• 新平面：单击【指定平面】后的【平面构造器】按钮，用户可创建要修剪实体的平面。

11.4.3.3 实体补片

修补块被修剪后并不表示实体修补已经完成，还要执行实体修补过程。

选择功能区【注塑模向导】选项卡中【注塑模工具】组中的【实体补片】按钮，弹出【实体补片】对话框，如图 11-34 所示。

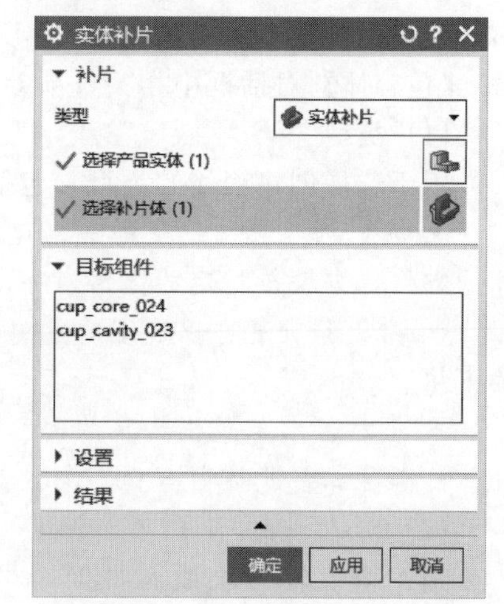

图 11-34 【实体补片】对话框

【实体补片】对话框中相关参数选项含义如下。

（1）类型

• 实体补片：定义一个新的实心块作为补片实体。

• 连接体：连接现有的实体作为补片实体。

（2）选择产品实体

可以选择作为目标体的产品体与选定的补丁体相结合。当只有一个产品时，实体自动选择。

（3）选择补片体

可以选择一个或多个主体与所选产品体相结合。

操作实例——实体修补实例

如图 11-35 所示为一个支架模型，产品模型上有一个需要做实体修补的孔。

扫码看视频

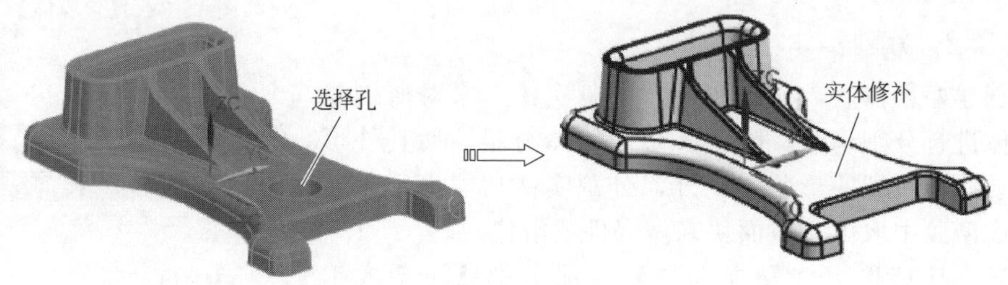

图 11-35 实体修补

操作步骤

（1）打开模型启动注塑模模块

Step 01 在功能区中单击【主页】选项卡中【标准】组中的【打开】按钮，在弹出【打开】对话框中选择素材文件“实例\第 11 章\原始文件\11.4.3\Bracket _ top _ 000. prt”，如图 11-36 所示。

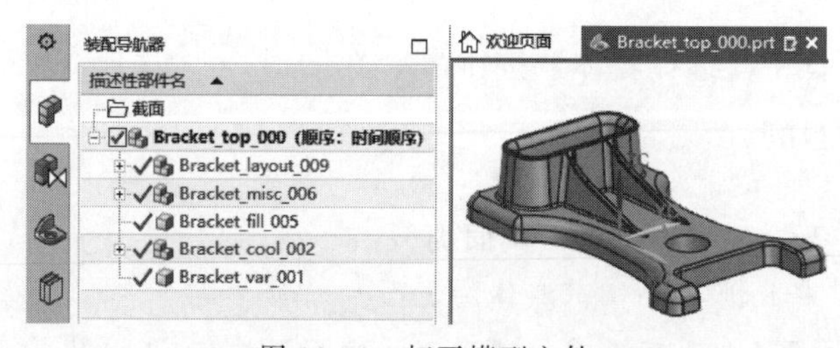

图 11-36 打开模型文件

（2）创建包容体

Step 02 单击【注塑模向导】选项卡中【注塑模工具】组中的【创建包容体】按钮，弹出【包容体】对话框，设置【偏置】为 4mm，在产品模型上选择要修补的孔的内表面，单击【确定】按钮，确认完成修补块的创建，如图 11-37 所示。

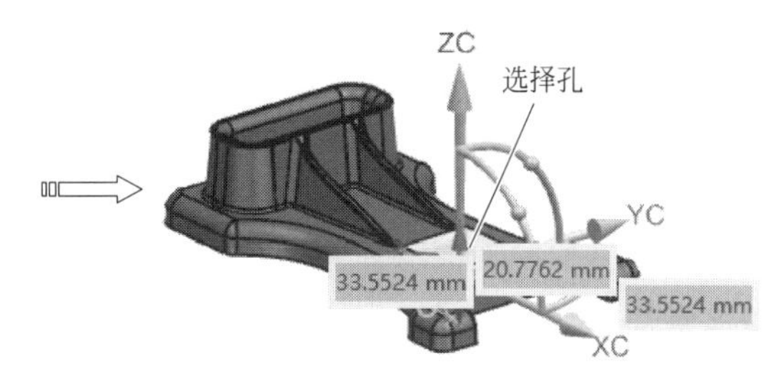

图 11-37　创建包容体

（3）分割实体

图 11-38　【分割实体】对话框

Step 03　单击【注塑模向导】选项卡中【注塑模工具】组中的【分割实体】按钮，弹出【分割实体】对话框，设置【类型】为“修剪”，如图 11-38 所示。

Step 04　选择所创建的修补块为目标体，选择模型的上表面为“工具体”，单击【确定】按钮完成实体分割，如图 11-39 所示。

Step 05　重复上述步骤，选择模型的下表面进行实体分割，结果如图 11-40 所示。

Step 06　重复上述步骤，选择模型的内孔表面作为修剪片体进行实体分割，完成实体分割后，修补块的形状如图 11-41 所示。

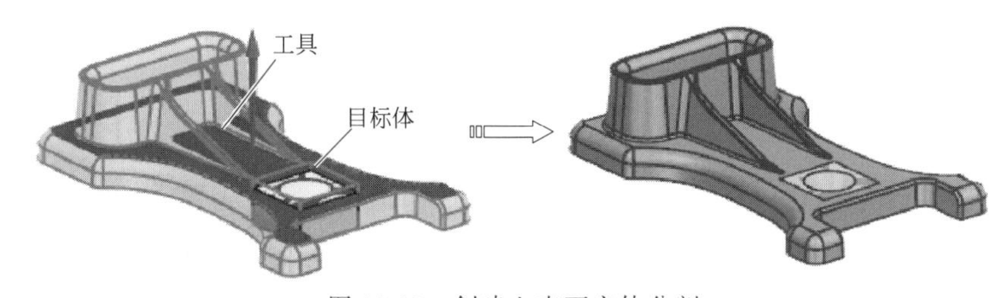

图 11-39　创建上表面实体分割

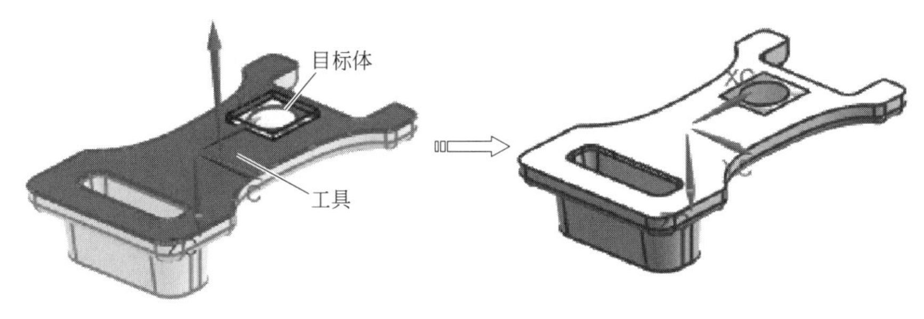

图 11-40　创建下表面实体分割

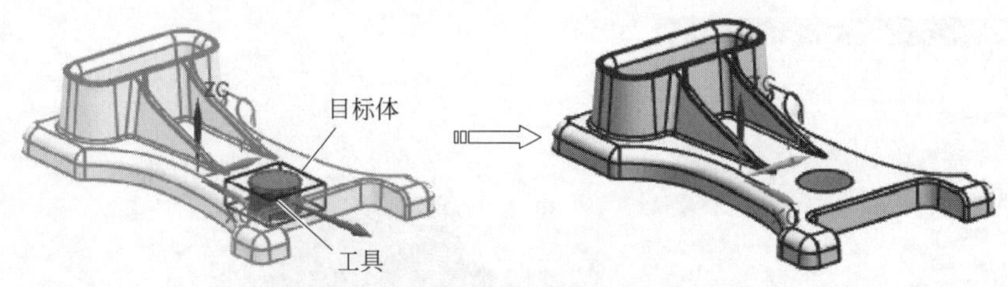

图 11-41　创建内孔表面实体分割

（4）实体修补

Step 07　单击【注塑模向导】选项卡中【注塑模工具】组中的【实体修补】按钮，弹出【实体补片】对话框，如图 11-42 所示。

Step 08　选择产品模型为目标实体，选择修补块为工具实体，单击【确定】按钮完成实体修补，如图 11-43 所示。

图 11-42　【实体补片】对话框

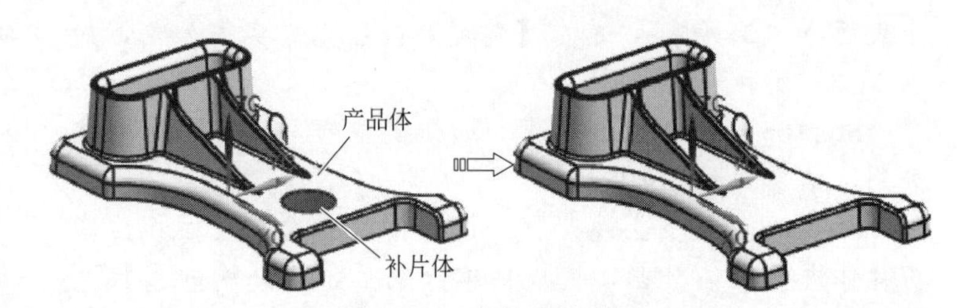

图 11-43　实体修补结果

11.5　模具分模技术

成形工件上属于型芯或者型腔部分是通过分模面形成的，也就是说通过分模可以确定凸模和凹模部分，分模有时也叫分型。

11.5.1　分模技术简介

在基于修剪的型腔和型芯分型中，产品模型的内、外表面相交线是产品模型的分型线，分型线向成形工件外延伸就形成了产品模型的分型面。MoldWizard 分型原理是用产品模型的分型面和产品模型的外表面组成的切割面去分割成形工件，从而分割出型腔零件，如图 11-44 所示。

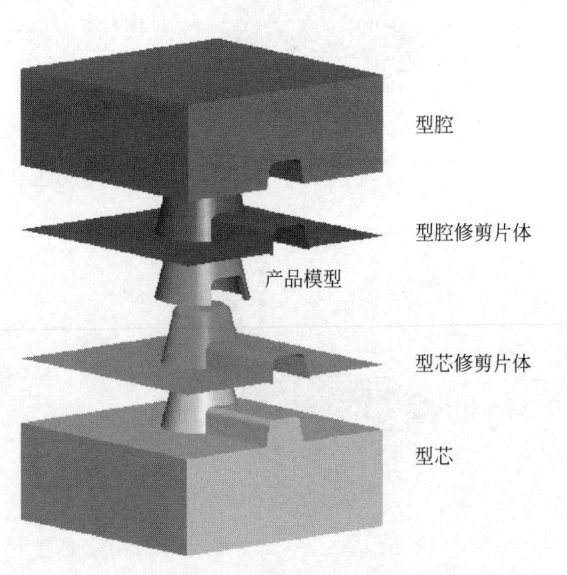

图 11-44　产品模型的分型过程

11.5.2 创建分型线和分型段

分型线定义为分型面和实际产品的相交线。一般产品分型线由产品的形状（最大截面处）和成品从模具中的顶出方向等因素决定。在 MoldWizard 里，系统根据这些因素（成品的顶出方向一般是所定义的模具坐标系 Z 轴正向）找出分型可能的地方。但是，系统生成的分型线并不一定是符合实际要求的，这时可用 MoldWizard 提供的分型工具选择并创建适当的分型线。

11.5.2.1 创建分型线

单击【注塑模向导】选项卡中【分型工具】组中的【设计分型面】按钮，弹出【设计分型面】对话框，如图 11-45 所示。

【设计分型面】对话框中的【编辑分型线】组框中提供了分型线创建和编辑方法，下面分别加以介绍。

（1）选择分型线

用户可以一条边一条边选择创建分型线，然后将其作为分型线，如图 11-46 所示。

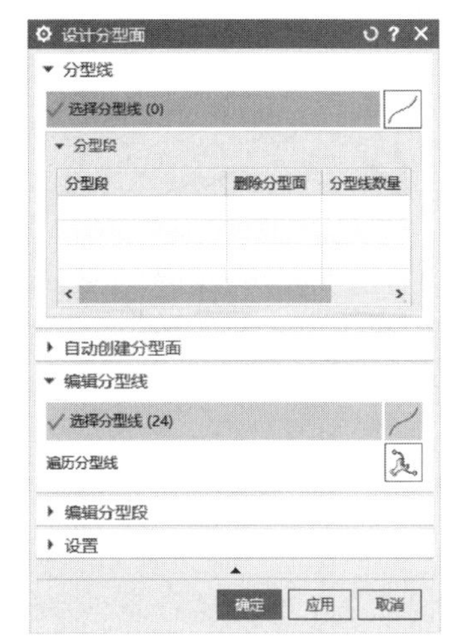

图 11-45 【设计分型面】对话框

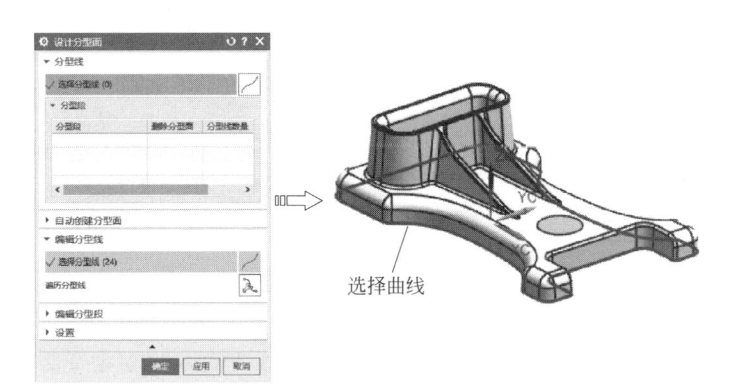

图 11-46 手动选择创建分型线

（2）遍历分型线

遍历环用于在所需的截面上选择边线或者曲线后，系统将会自动搜索连续的分型线段，并且用对话框提示是否确认所选的曲线，最后连接起来作为分型线，如图 11-47 所示。

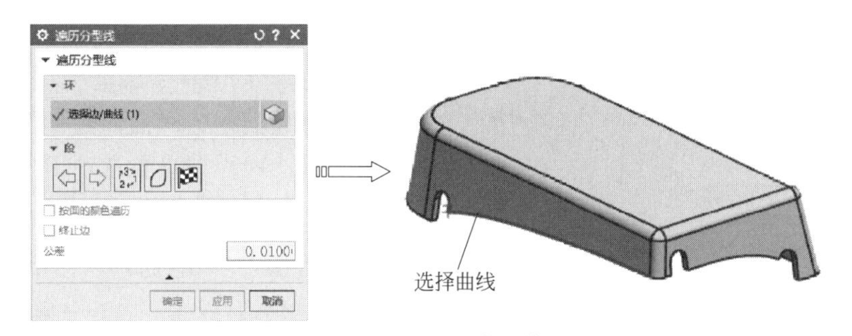

图 11-47 遍历分型线

11.5.2.2　编辑分型段

分型线创建后，用户可根据需要进行编辑。例如，将分型线分成几段，然后每一段可分别用不同的方式来定义分型面。

单击【注塑模向导】选项卡中【分型工具】组中的【设计分型面】按钮，弹出【设计分型面】对话框，如图 11-48 所示。

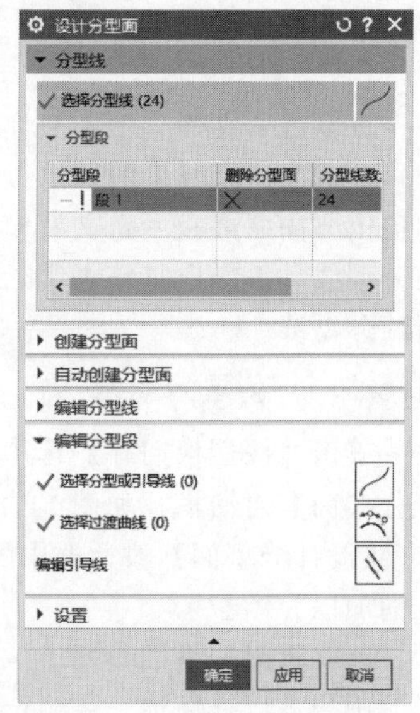

图 11-48　【设计分型面】对话框

(1) 选择分型或引导线

单击【选择分型或引导线】按钮，选择分型段后将创建垂直于分型线最近端点的引导线，如图 11-49 所示。

(2) 选择过渡曲线

产品模型的形状各式各样，分型线不可能总在一个平面内。分型线的大部分在同一个平面内或同一曲面内的线段称为主分型线，离开主分型线的转折连接过渡线段称为过渡对象，如图 11-50 所示。

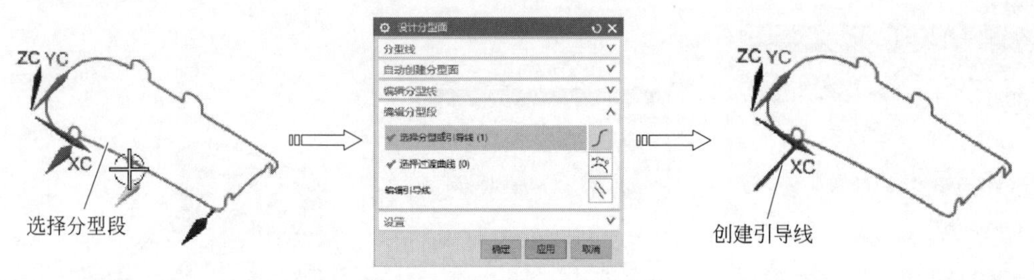

图 11-49　选择分型或引导线

技术要点

主分型线可创建分型片体，而过渡曲线不能创建分型片体。主分型线创建好分型片体后，过渡曲线自动用曲面完成分型片体之间的连接。

单击【注塑模向导】选项卡中【分型工具】组中的【设计分型面】按钮，弹出【设计分型面】对话框，选中【选择过渡曲线】按钮，在图形区选择过渡曲线，单击【应用】按钮，创建过渡曲线，如图 11-51 所示。

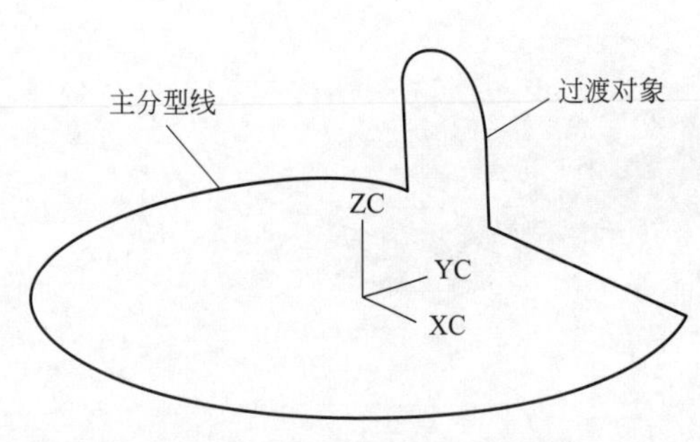

图 11-50　主分型线和过渡对象

(3) 编辑引导线

编辑引导线用于设置在该点的引导线矢量方向作为分型面创建时曲面延伸方向。

单击【注塑模向导】选项卡中【分型工具】组中的【设计分型面】按钮，弹出【设计分型面】对话框，单击【编辑引导线】按钮，弹出【引导线】对话框，选择分型段后如图 11-52 所示。

【引导线】对话框中相关选项参数含义如下。

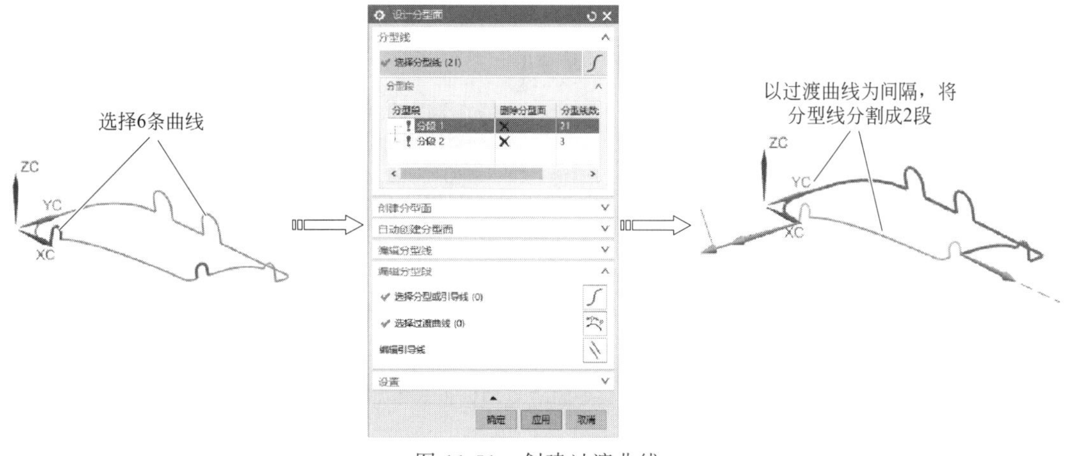

图 11-51　创建过渡曲线

① 引导线

• 选择分型或引导线：选择分型段，包括现有的引导线。

• 引导线长度：设置要创建的引导线的长度。

• 方向：设置引导线方向，包括“法向”“相切”“WCS 轴对齐”和“矢量”。

② 编辑引导线

• 删除选定的引导线：删除单独引导线。

• 删除所有引导线：删除所有的引导线。

• 自动创建引导线：自动创建引导线，系统自动为当前模型确定引导线的长度和方向。

图 11-52　【引导线】对话框

操作实例——创建分型线实例

下面通过一个实例来熟悉手工创建分型线的操作过程，产品模型如图 11-53 所示。

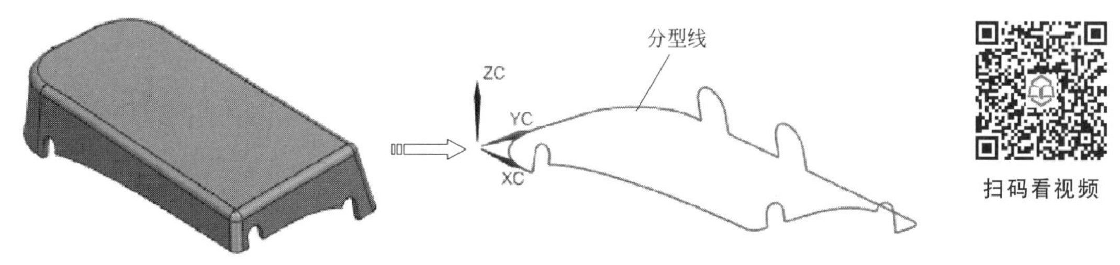

图 11-53　创建分型线实例

操作步骤

（1）打开模型启动注塑模模块

Step 01　在功能区中单击【主页】选项卡中【标准】组中的【打开】按钮，在弹出【打开】对话框中选择素材文件“实例 \ 第 11 章 \ 原始文件 \ 11.5.2 \ YAP _ top _ 000. prt”，如图 11-54 所示。

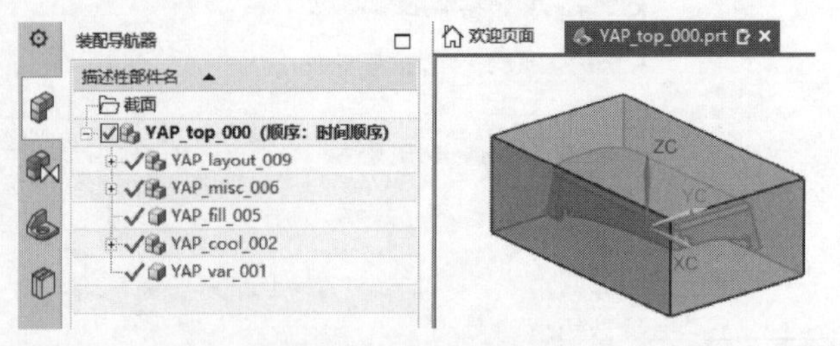

图 11-54　打开模型文件

(2) 遍历创建分型线

Step 02　单击【注塑模向导】选项卡中【分型工具】组中的【设计分型面】按钮，弹出【设计分型面】对话框，如图 11-55 所示。

Step 03　单击【编辑分型线】组框中的【遍历分型线】按钮，弹出【遍历分型线】对话框，取消【按面的颜色引导搜索】复选框，如图 11-56 所示。

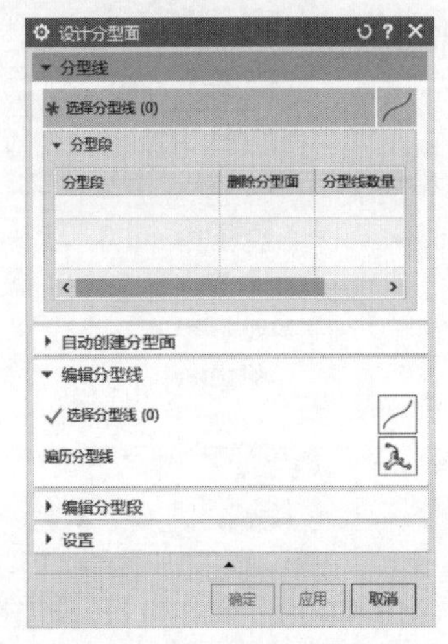

图 11-55　【设计分型面】对话框

图 11-56　【遍历分型线】对话框

Step 04　在图形区选择第一条分型线段，所选曲线高亮显示，如图 11-57 所示。

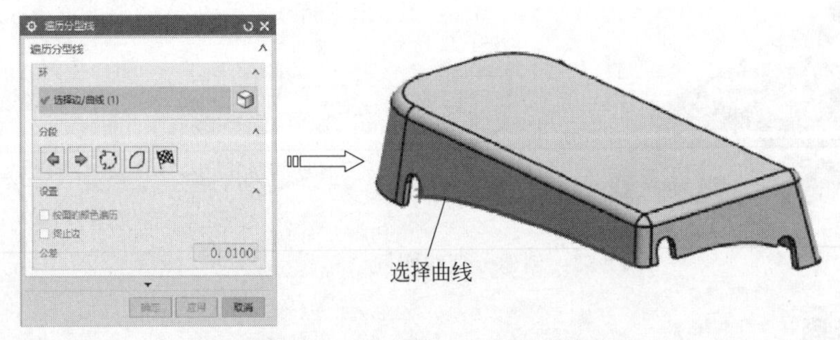

图 11-57　选择第一条分型线段

Step 05　在【遍历分型线】对话框中的【分段】组框中，应用【接受】按钮使所选曲线延伸，形成一个封闭环，如图 11-58 所示。

Step 06　在【遍历分型线】对话框中单击【确定】按钮返回，系统创建分型线，同时

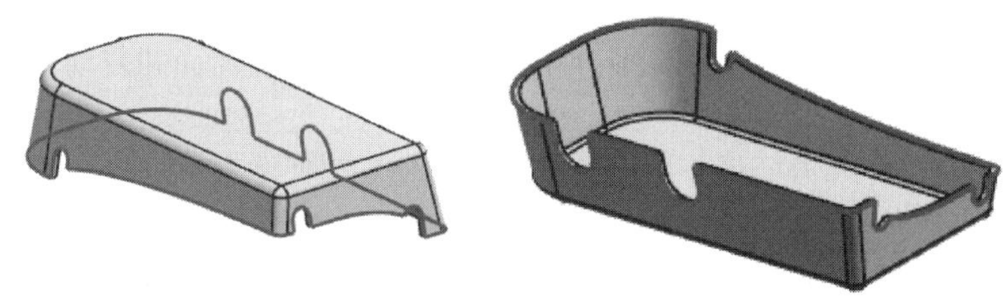

图 11-58　搜索分型线封闭环

系统自动回到【设计分型面】对话框，如图 11-59 所示。

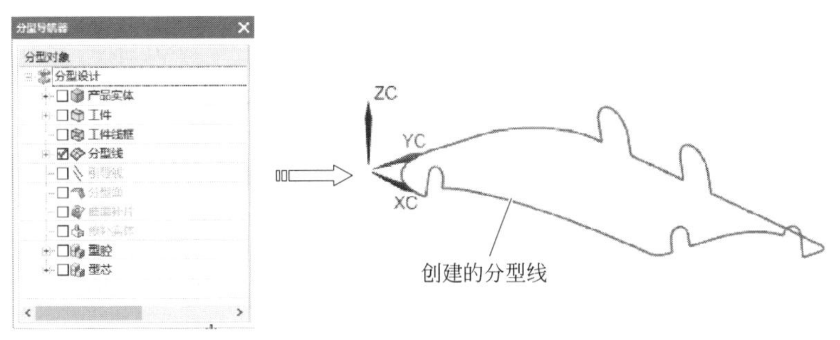

图 11-59　创建的分型线

(3) 创建过渡曲线

Step 07　单击【注塑模向导】选项卡中【分型工具】组中的【设计分型面】按钮，弹出【设计分型面】对话框，单击【选择过渡曲线】按钮，在图形区选择过渡曲线，单击【应用】按钮，创建转换对象，如图 11-60 所示。

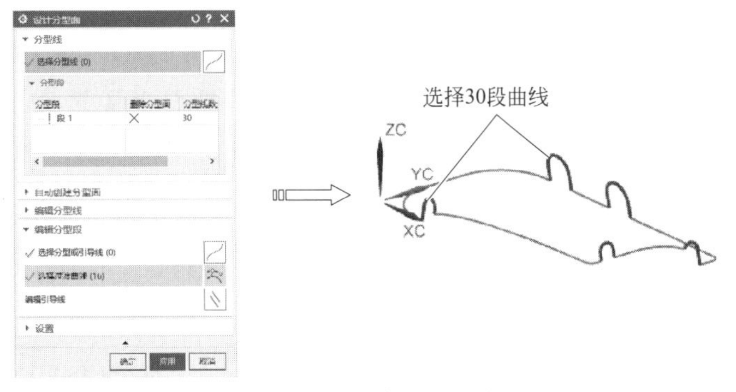

图 11-60　创建过渡曲线

11.5.3　创建分型面

塑料在模具型腔凝固形成塑件，为了将塑件取出来，必须将模具模腔打开，也就要将模具分成两部分，即定模和动模。分型面就是模具动模和定模的接触面，模具分开后由此可取出塑件或浇注系统。

单击【注塑模向导】选项卡中【分型工具】组中的【设计分型面】按钮，弹出【设计分型面】对话框，如图 11-61

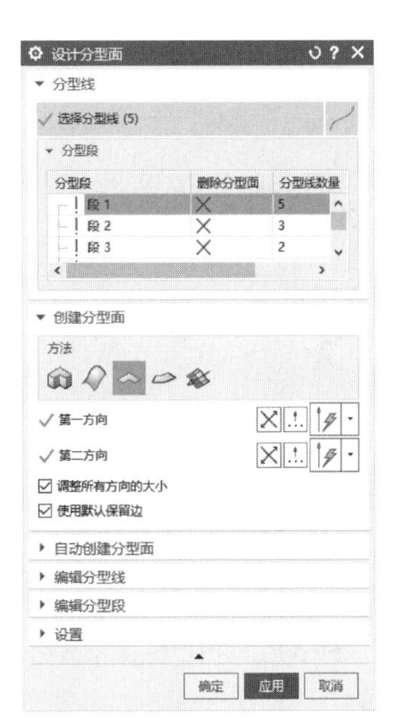

图 11-61　【设计分型面】对话框

所示。

【设计分型面】对话框中提供了 2 部分创建分型面：创建分型面和自动创建分型面。

(1) 创建分型面

【创建分型面】组框提供创建分型面的方法主要有“拉伸”“扫掠”“有界平面”“扩大的曲面”等。用户可根据被过渡对象分割的主分型线线段是否在同一个平面内、是否在同一曲面内、是否不在同一曲面内作为特征判断的依据。具体创建分型面的方法选择如表 11-1 所示。

表 11-1 选择分型面的创建方法

<table>
<tr><th>类型</th><th>条件</th><th colspan="4">方法</th></tr>
<tr><td rowspan="3">分型线段在同一平面</td><td rowspan="7">线段 1、2 两端点沿过渡对象分型面延伸方向的夹角是否等于零</td><td>是</td><td colspan="3">拉伸法</td></tr>
<tr><td rowspan="2">否</td><td rowspan="2">线段 1、2 两端点沿过渡对象分型面延伸方向的夹角是否小于 180°</td><td>是</td><td>扫掠法</td></tr>
<tr><td>否</td><td>有界平面法</td></tr>
<tr><td rowspan="2">分型线段在同一曲面</td><td>是</td><td colspan="3">拉伸法</td></tr>
<tr><td>否</td><td colspan="3">扩大曲面法</td></tr>
<tr><td rowspan="2">分型线段不在同一曲面</td><td>是</td><td colspan="3">拉伸法</td></tr>
<tr><td>否</td><td colspan="3">扫掠法</td></tr>
</table>

(2) 自动创建分型面

- 自动创建分型面：系统自动选择优化的方法根据分型线创建分型面。
- 删除所有的现有分型面：删除所有的现有分型面。

(3) 设置

设置创建分型面公差和距离。

- 公差：设置分型面与缝合分型面时的公差。
- 分型面长度：设置创建分型面的拉伸长度，以保证分型面有足够的长度修剪成形工件。

操作实例——创建分型面实例

下面通过一个实例来熟悉创建分型面的操作过程，分型线如图 11-62 所示。

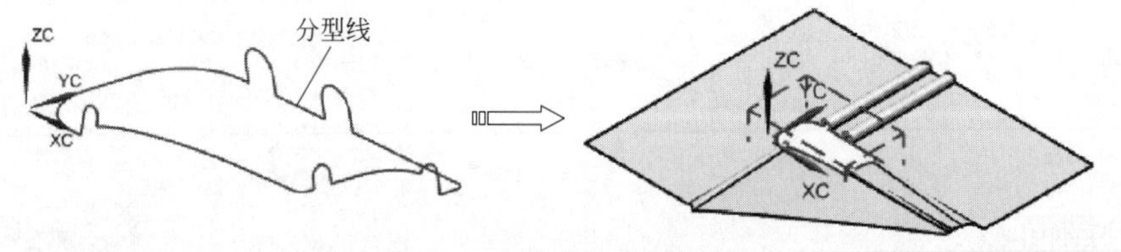

图 11-62 创建分型面实例

扫码看视频

操作步骤

(1) 打开模型启动注塑模模块

Step 01 在功能区中单击【主页】选项卡中【标准】组中的【打开】按钮，在弹出【打开】对话框中选择素材文件“实例 \ 第 11 章 \ 原始文件 \ 11.5.3 \ YAP _ top _ 000. prt”，如图 11-63 所示。

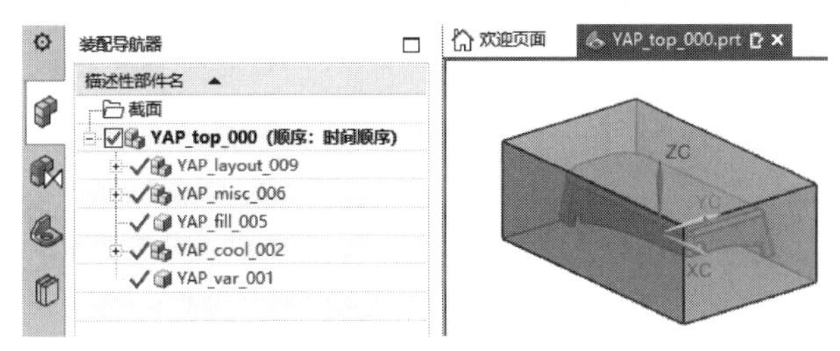

图 11-63　打开模型文件

(2) 创建分型面

Step 02　单击【注塑模向导】选项卡中【分型工具】组中的【设计分型面】按钮，弹出【设计分型面】对话框，如图 11-64 所示。

Step 03　在【设计分型面】对话框中选择“段 1”，【方法】中选择“有界平面”，单击【应用】按钮，如图 11-65 所示。

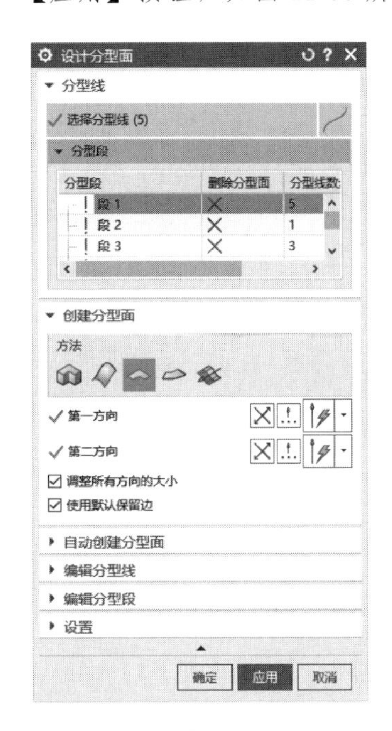

图 11-64　【设计分型面】对话框

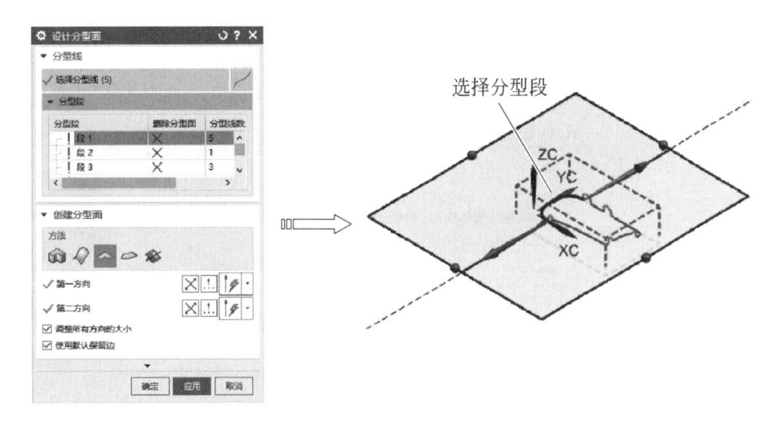

图 11-65　创建有界平面分型片体（段 1）

Step 04　在【设计分型面】对话框中选择“段 2”，【方法】中选择“拉伸”，单击【应用】按钮，如图 11-66 所示。

Step 05　在【设计分型面】对话框中选择“段 3”，【方法】中选择“有界平面”，单击【应用】按钮，如图 11-67 所示。

Step 06　在【设计分型面】对话框中选择“段 4”，【方法】中选择“扫掠”，单击【应用】按钮，如图 11-68 所示。

Step 07　在【设计分型面】对话框中选择“段 5”，【方法】中选择“扫掠”，单击【应用】按钮，如图 11-69 所示。

Step 08　单击【应用】按钮后完成分型面的创建，如图 11-70 所示。

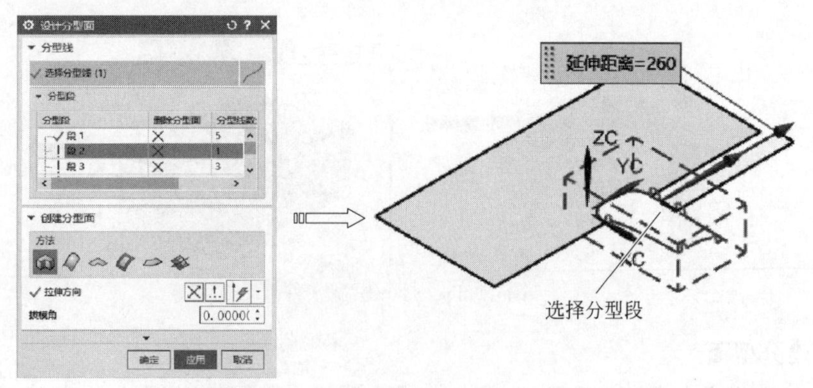

图 11-66　创建拉伸分型片体（段 2）

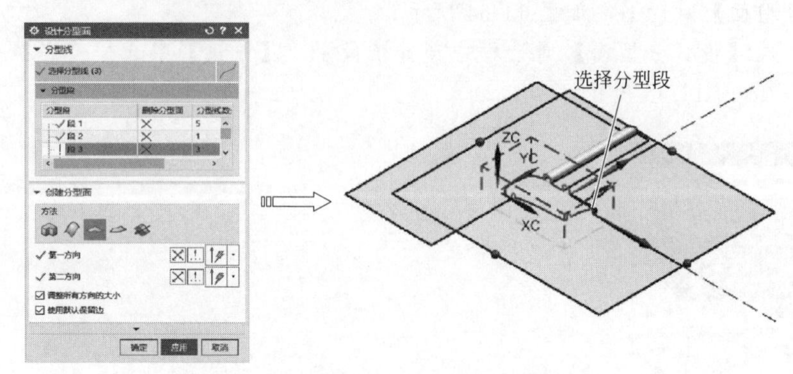

图 11-67　创建有界平面分型片体（段 3）

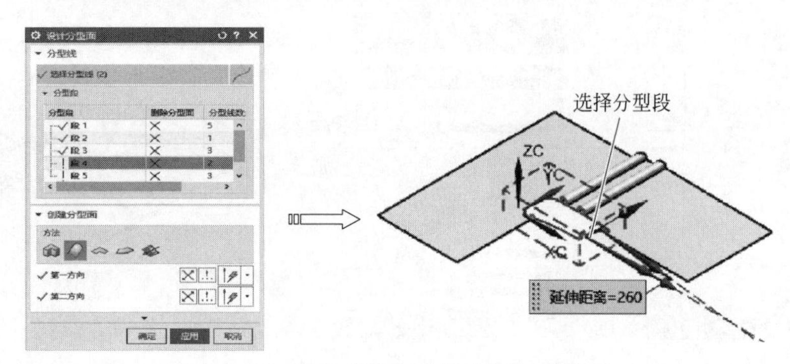

图 11-68　创建扫掠曲面分型片体（段 4）

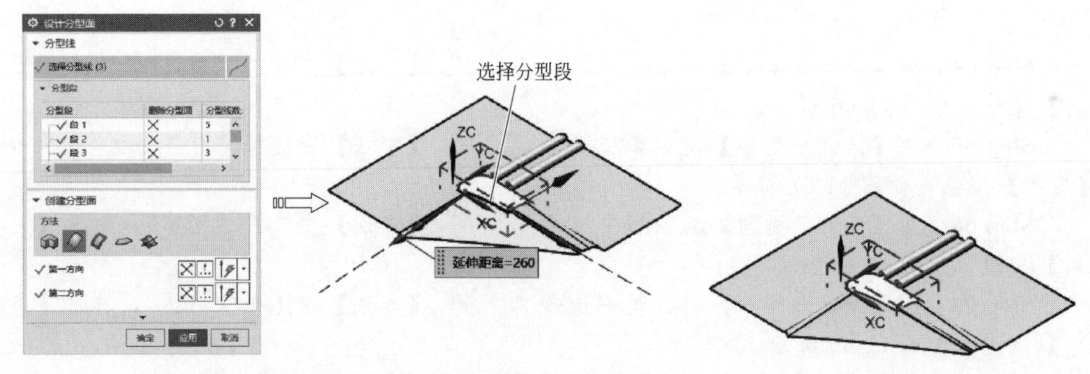

图 11-69　创建扫掠曲面分型片体（段 5）

图 11-70　创建的分型面

11.5.4 检查区域

检查区域功能可以分析产品模型的有关信息，将模型的相关面分配给型芯和型腔，并为型腔和型芯的分型做好准备。

单击【注塑模向导】选项卡中【分型工具】组中的【检查区域】按钮，系统弹出【检查区域】对话框，如图 11-71 所示。

图 11-71 【检查区域】对话框

11.5.4.1 【计算】选项卡

在【计算】选项卡中可以设置区域计算的方法和选择开模方向。

(1) 产品实体与方向

- 选择产品实体：选择要分析的体。如果部件文件中只有一个体，则将自动选择该体。
- 指定脱模方向：选择开模方向，是指重新设置模具产品的顶出方向。

(2) 计算

- 保持现有的：执行分析并将结果仅应用到新的面。例如，如果拆分了面，则可以使用此选项来识别新的面和保留先前分析面的型芯和型腔分配。
- 仅编辑区域：编辑先前分析面的型芯和型腔标识，不执行分析。例如，如果具有一个未指派的垂直面，并且知道要在其中进行该面建模的区域，则此选项会很有用。
- 全部重置：将所有面重设为默认值来计算面属性。

(3) 计算

设置好计算选项和脱模方向后，单击【检查区域】对话框中的【计算】按钮，此时系统开始分析并求得，结果显示在【面】、【区域】和【信息】选项卡。

11.5.4.2 【区域】选项卡

【区域】选项卡可将产品模型面指定为型芯和型腔区域，并为每个区域设置颜色。

（1）定义区域

① 型腔区域　显示型腔中的面数。使用颜色样本更改这些面的颜色，以更好地识别它们。

透明度为调整型腔面的透明度。

② 型芯区域　显示型芯中的面数。使用颜色样本更改这些面的颜色，以更好地识别它们。

透明度为调整型芯面的透明度。

③ 未定义区域　显示 UG NX 无法自动识别为型腔或型芯所属的面数。使用色卡更改这些区域的颜色。

- 交叉区域面：识别跨分型线的面。
- 交叉竖直面：识别跨分型线的零度拔模面。
- 未知面：识别尚未定义可见性属性的面。

④ 设置区域颜色　单击【设置区域颜色】按钮，产品模型上的面可以自动识别为型腔或者型芯区域，并用不同颜色来区分。如果产品模型上有些面无法自动识别为型腔或者型芯面，这些面会归类于未定义区域部分，如交叉区域面、交叉竖直面或未知面等。

（2）指派到区域

通过设置【型腔区域】或【型芯区域】选项，单击【选择区域面】按钮，将选定的未定义区域的面指派给型腔或型芯区域。

11.5.5　定义区域

定义区域功能是提取模型上的型芯和型腔片体，作为提取型芯和型腔区域的修剪片体，用于分割成形工件成为型芯和型腔部分。

单击【注塑模向导】选项卡中【分型工具】组中的【定义区域】按钮，弹出【定义区域】对话框，如图 11-72 所示。

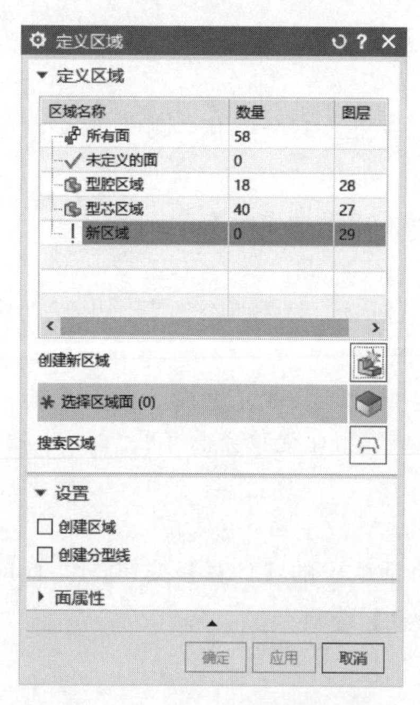

图 11-72　【定义区域】对话框

【定义区域】对话框中相关选项参数含义如下。

（1）定义区域

分型面创建后，在分割成形工件之前，MoldWizard 要检查型腔零件分割面和型芯零件分割面有没有被遗漏修补的孔和间隙，是否能形成整体无孔、无间隙的修剪片体。该对话框显示了分模零件的总面数和型芯型腔的总面数。

- 如果分模零件总面数大于型芯型腔面数之和，表示能够在实体修补时创建一个内部为空心的区域，或能复制一个修补曲面。
- 如果分模零件总面数小于型芯型腔面数之和，表示还存在没有修补的孔或间隙。

（2）设置

- 创建区域：选中【创建区域】复选框，单击【确定】按钮，系统提取产品模型上的型芯和型腔区域的修剪片体。
- 创建分型线：选中【创建区域】复选框，单击

【确定】按钮，系统创建产品模型的分型线。

11.5.6 创建型芯和型腔

搜索产品模型的分型线，创建了分型面后，分别用型腔修剪片体和型芯修剪片体分割成形工件，获得两个独立的型腔零件和型芯零件的过程称为型腔和型芯分型。

单击【注塑模向导】选项卡中【分型工具】组中的【定义型腔和型芯】按钮，弹出【定义型芯和型腔】对话框，如图11-73所示。

图11-73 【定义型腔和型芯】对话框

【定义型芯和型腔】对话框中相关选项参数含义如下。

(1) 类型

用于选择定义型芯和型腔的方法，包括以下2种：

- 区域：通过指定型芯和型腔区域来定义型芯和型腔。
- 拆分体：通过拆分体方式来定义型芯和型腔。

(2) 选择片体

- 区域名称：选择所有区域或者单独区域来创建型芯和型腔。
- 选择片体：选择片体添加到区域或者从区域删除选择的片体。

(3) 设置

- 没有交互查询：当选中该选项时，在型芯和型腔的创建过程中不显示交互对话框。
- 缝合公差：设置修剪片体缝合一起时的建模公差。

操作实例——创建型芯和型腔实例

下面通过一个实例来讲解创建型芯和型腔的操作过程，如图11-74所示。

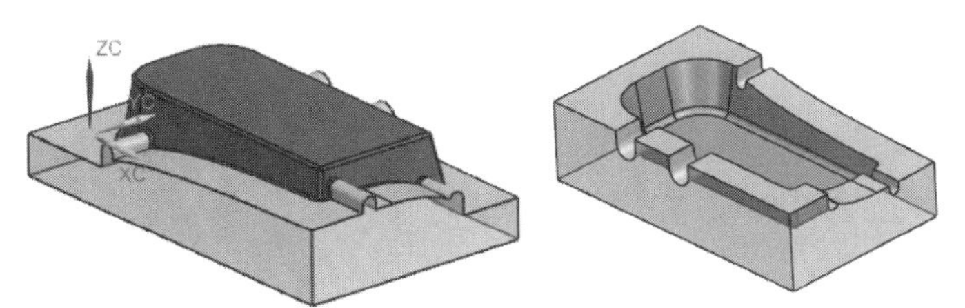

图11-74 创建型芯和型腔

操作步骤

(1) 打开模型启动注塑模模块

Step 01 在功能区中单击【主页】选项卡中【标准】组中的【打开】按钮，在弹出【打开】对话框中选择素材文件“实例\第11章\原始文件\11.5.6\YAP_top_000.prt”，如图11-75所示。

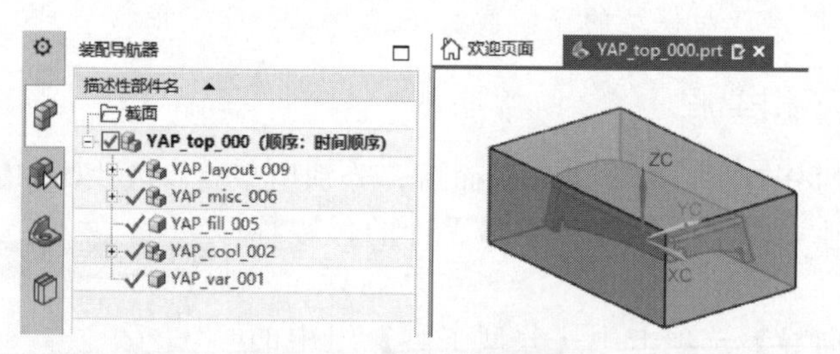

图 11-75　打开模型文件

（2）检查区域

Step 02　单击【注塑模向导】选项卡中【分型工具】组中的【检查区域】按钮，弹出【检查区域】对话框，保持【计算】选项卡中设置不变，单击【计算】按钮，完成计算，如图 11-76 所示。

Step 03　单击【区域】选项卡，然后单击【定义区域】选项中的【设置区域颜色】按钮，如图 11-76 所示。

图 11-76　【检查区域】对话框

Step 04　系统自动设定型腔侧和型芯侧的颜色，如图 11-77 所示。

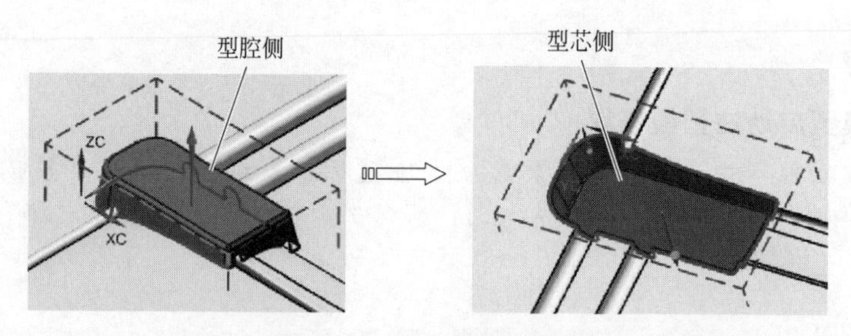

图 11-77　型腔和型芯区域

（3）定义区域

Step 05 单击【注塑模向导】选项卡中【分型工具】组中的【定义区域】按钮，弹出【定义区域】对话框，选中【创建区域】复选框，单击【确定】按钮，完成区域提取，如图 11-78 所示。

（4）创建型芯和型腔

Step 06 单击【注塑模向导】选项卡中【分型工具】组中【定义型腔和型芯】按钮，弹出【定义型芯和型腔】对话框，选择【型腔区域】图标，单击【应用】按钮创建型腔，如图 11-79 所示。

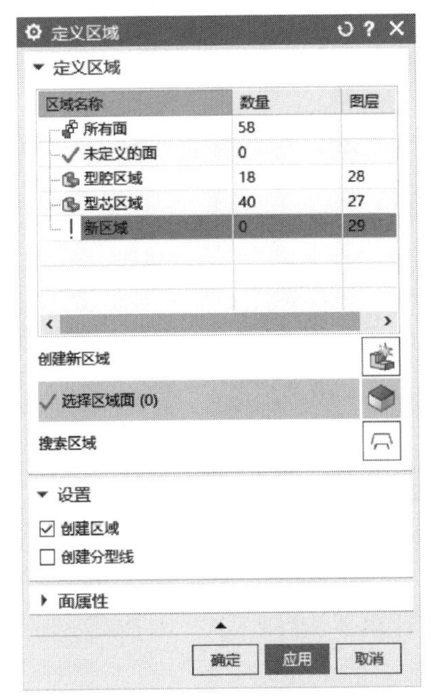

图 11-78 【定义区域】对话框

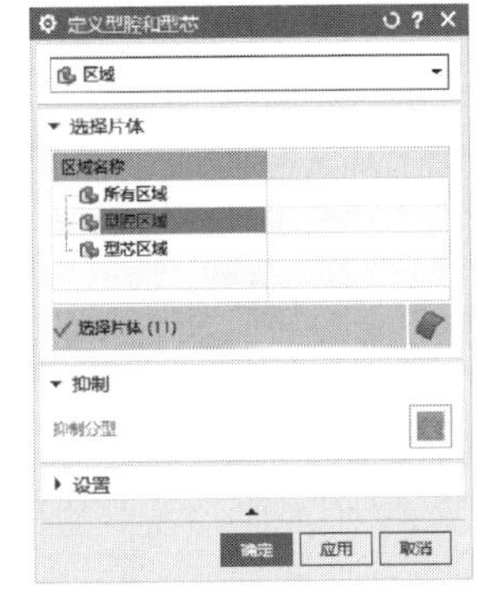

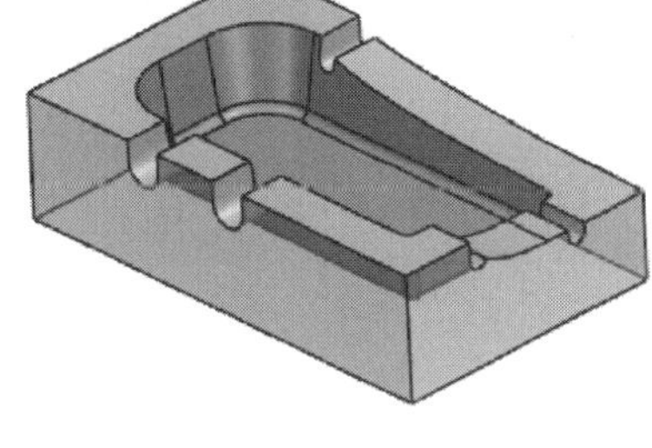

图 11-79 创建型腔

Step 07 采用同样的方法创建型芯。选择【型芯区域】图标，单击【应用】按钮创建型芯，如图 11-80 所示。

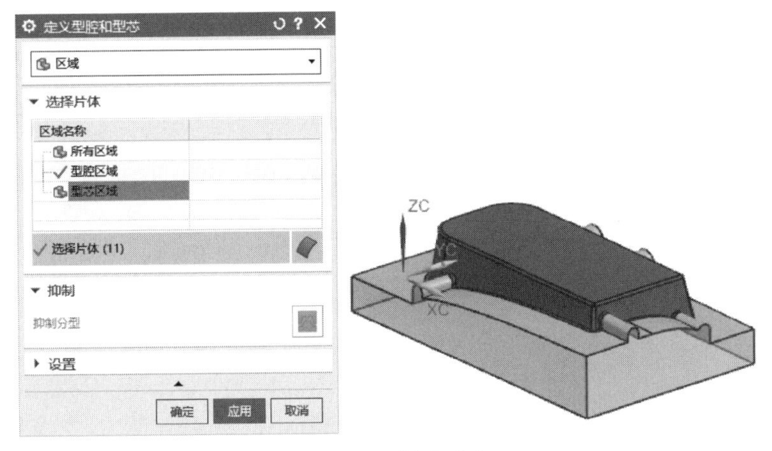

图 11-80 创建型芯

11.6 上机习题

习题 11-1

如图习题 11-1 所示的产品模型，试进行模具初始化、坐标系、工件、型芯与型腔创建。

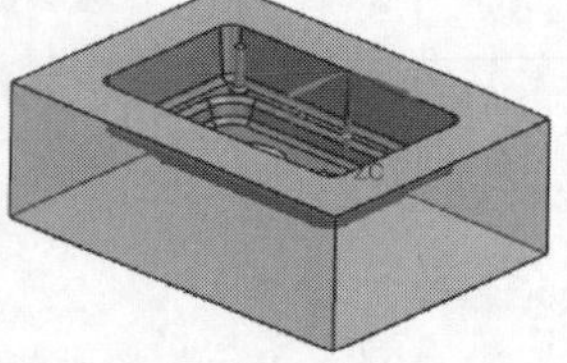
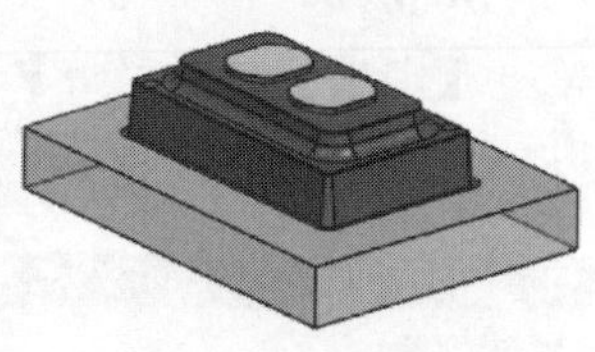

图习题 11-1 产品模型（一）

习题 11-2

如图习题 11-2 所示的产品模型，试进行模具初始化、坐标系、工件、型芯与型腔创建。

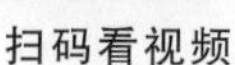

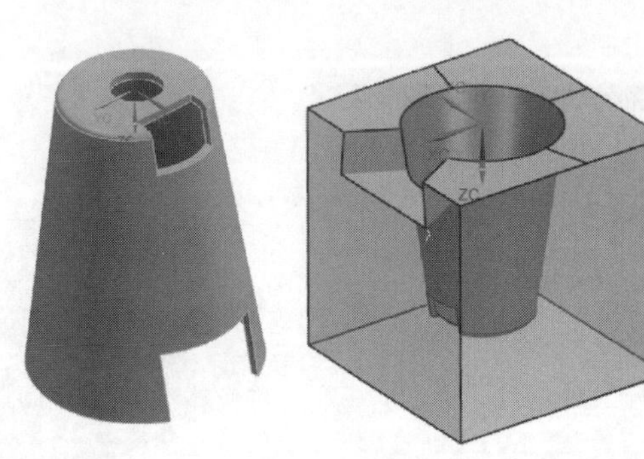
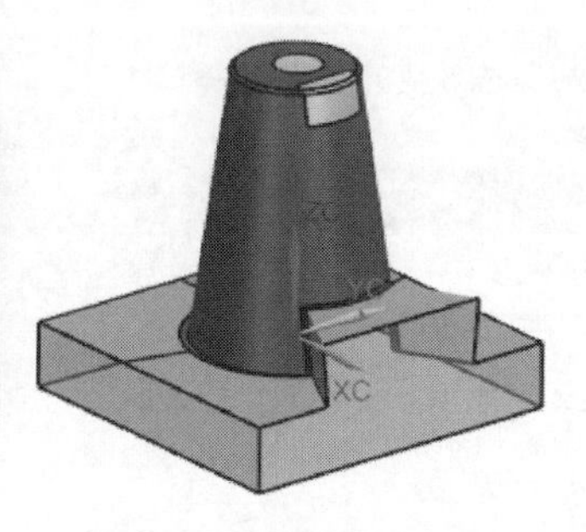

图习题 11-2 产品模型（二）

本章小结

本章介绍了 UG NX 的 MoldWizard 进行注塑模具设计的基本知识，包括用户界面、加载产品、模具设计准备、模具修补技术、模具分模技术等。通过本章详细而又易懂的讲解，读者可掌握及熟练应用 MoldWizard 注塑模具设计结构仿真的基础知识和操作方法，为注塑模具设计的实际应用奠定基础。

第12章 UG NX机电概念设计

机电概念设计（MCD）是基于功能开发的机电一体化概念设计解决方案，适用于机器的概念设计。

本章介绍MCD用户界面、基本机电对象、运动副和耦合副、传感器与执行器、仿真序列。

本章内容

- 机电概念设计简介
- 基本机电对象
- 运动副和耦合副
- 传感器与执行器
- 仿真序列

12.1 机电概念设计简介

机电概念设计借助机电概念设计（MCD），设计人员可创建机电一体化模型，对包含多体物理场以及通常存在于机电一体化产品中的自动化相关行为的概念进行3D建模和仿真，实现创新性的设计技术，加快了涉及机械、电气、传感器和制动器以及运动等多学科协同。

12.1.1 启动机电概念设计

进入NX操作界面，在【应用模块】选项卡中选择【更多】组上的【机电概念设计】按钮，进入MCD用户操作界面，如图12-1所示。

12.1.2 机电概念设计功能区

单击【主页】选项卡，显示MCD相关命令，分为“系统工程”“机械概念”“仿真”“机械”“电气”“自动化”和“设计协同”等组。

(1)【系统工程】组

【系统工程】组命令提供了从机电一体化概念设计到Teamcenter需求模型、功能模型和逻辑模型的链接。一般情况下，需求、功能和逻辑模型等需要在Teamcenter里创建，并需要建立它们相互之间的链接（Link）关系。

用户可以通过这些链接（Link）关系，找到需要的逻辑、功能或者需求。这里的需求、功能、逻辑和相依性的含义如下：

- 需求：即需要什么，定义需求或条件，以满足新的或者改动的产品需求。
- 功能：即需要会做什么，定义满足需求工艺的功能。

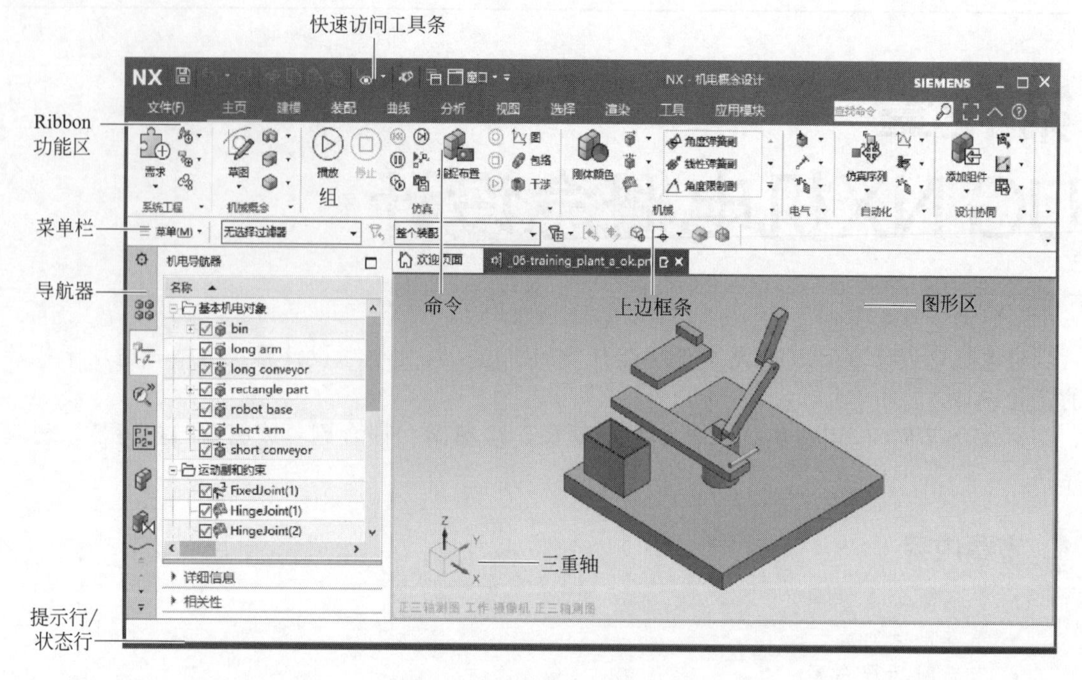

图 12-1　MCD 用户操作界面

• 逻辑：即怎么去做，定义实现功能的交互。

• 相依性：即归属关系是什么，定义系统工程对象的相依性。

（2）【机械概念】组

【机械概念】组命令用于机械部件的三维建模，包括草图绘制相关命令、拉伸旋转实体特征命令、三维特征布尔运算命令和基本体素特征命令（长方体、圆柱、圆锥、球）。

（3）【仿真】组

【仿真】组命令包括仿真播放和停止命令、录制、图表等功能。

（4）【机械】组

【机械】组命令用于建立机电一体化概念设计的操作指令，包括基本机电对象、运动副、耦合副等创建命令，标记表、标记表单、读写设备等过程标识命令，以及材料转换、对象转换等命令：

• 基本机电对象：给三维几何对象赋予一定的物理属性，几何体的仿真效果如同真实物理环境中的对象。基本机电对象包括刚体、对象源、对象收集器、对象变换器、碰撞体、传输面、防止碰撞、更改材料属性和碰撞材料等。

• 运动副：给三维几何对象赋予一定的运动属性，使其模拟真实环境中的运动方式，以及模拟机械模型组件之间的运动连接、约束关系。运动副包括铰链副、滑动副、柱面副、螺旋副、平面副、虚拟轴运动副、球副、固定副、点在线上副、线在线上副以及路径约束运动副等。

• 耦合副：指各个运动副之间传递运动的耦合关系，以及运动的约束关系。它包括齿轮、机械凸轮、电子凸轮、角度弹簧副、线性弹簧副、角度限制副、断开约束以及弹簧阻尼器等。

• 定制行为：是指在仿真过程中，配合运动行为、对象属性和参数、重用组件运动参数等，使其按照定制效果运行的一些操作。这些操作可以是对变量数值的改变，也可以是对对象属性的改变，还可以是利用外部高级编程程序而定制的程序。定制行为主要包括运行时行为、运行时参数、代理对象、运行时表达式、表达式块模板、表达式块、标记表单、标记表、读写设备、显示更改器以及容器等。

(5)【电气】组

【电气】组命令用于创建电气信号传输和连接特性，以及对象的运动控制，包括传感器组、控制组、符合与信号组。

- 传感器组：主要用于信号的探测，包括碰撞传感器、距离传感器、位置传感器、测斜仪、速度传感器、加速计、通用传感器、限位开关和继电器等。
- 控制组：主要用于仿真对象的运动控制或者运动对象属性的设置，包括位置控制、速度控制、导出载荷曲线、导入选定的电动机以及将传感器和执行器导出至SIMTI。
- 符号与信号组：包括符号表、信号、信号适配器、从仿真序列创建信号等。

(6)【自动化】组

【自动化】组命令用于设置自动运行的时间序列控制、运动外部信号的连接与控制，以及运动负载的导入与导出、数控机床的运动仿真等。其主要操作主要包括仿真序列、电子凸轮、运行时NC和断开连接等。

(7)【设计协同】组

【设计协同】组命令主要包括凸轮曲线和载荷曲线的导出、ECAD的导入与导出，以及组件的移动、替换、添加、新建等。

12.1.3 机电概念设计导航器

在MCD用户界面左侧【资源条】选项中显示MCD相关导航器，分为“系统导航器”“机电导航器”“运行时察看器”“运行时表达式”和“序列编辑器”等。

(1) 系统导航器

【系统导航器】包括“需求”“功能”和“逻辑”，这部分功能与【主页】选项卡的【系统工程】组中的命令相同。

(2) 机电导航器

【机电导航器】用于创建MCD模型，添加几何体组件的MCD特征，或者改变特征，设置运动副、耦合副、添加运动控制、运动约束、信号、传感器和执行器等，最终创建出可用于仿真的MCD模型系统。

(3) 运行时察看器

【运行时察看器】用于察看仿真运行过程中MCD系统的某些参数或者某些特征对象的数值变化。

(4) 运行时表达式

【运行时表达式】可以添加、设置或者察看运行时表达式。所谓运行时表达式，很多时候可以理解为对象运行时所遵循的条件或者行为规则，可以是某些逻辑条件下的参数改变，其变化方式可以依赖数学表达式，也可以是某些对象属性的数据变化。

(5) 序列编辑器

【序列编辑器】用于创建基于时间或者基于事件的操作。在使用过程中，当这些操作创建完毕之后，可以使用序列编辑器来编辑这些操作执行的时间顺序，还可以利用通过一定规范建立起来的时间动作序列，导出XML格式的文件到STEP7中生成PLC程序。

12.2 基本机电对象

机电概念设计中的基本机电对象包括刚体、碰撞体、对象源、对象收集器、对象变换器等。

12.2.1 刚体

刚体通常是指在运动中或受力作用后，形状和大小不变，并且内部各点相对位置不变的物体。

图 12-2 【刚体】对话框

单击【主页】选项卡上【机械】组中的【刚体】按钮，弹出【刚体】对话框，如图 12-2 所示。

【刚体】对话框中相关选项参数含义如下。

(1) 刚体对象

用于选择一个或者多个对象，所选择的对象将会生成一个刚体。

(2) 质量属性

- 自动：一般来说尽可能地设置为自动。设置为“自动”后，MCD 将会根据几何信息自动计算质量。
- 用户定义：需要用户按照需要手动输入相对应的参数。

(3) 初始平移速度

初始平移速度为刚体定义初始平动速度的大小和方向。

(4) 初始旋转速度

初始旋转速度为刚体定义初始转动速度的大小和方向。

(5) 名称

用于定义刚体的名称。

12.2.2 碰撞体

碰撞体是物理组件的一类，将它与刚体一起添加到几何对象上才能触发碰撞。在物理模拟中，没有碰撞体的刚体会彼此相互穿过。

单击【主页】选项卡上【机械】组中的【碰撞体】按钮，弹出【碰撞体】对话框，如图 12-3 所示。

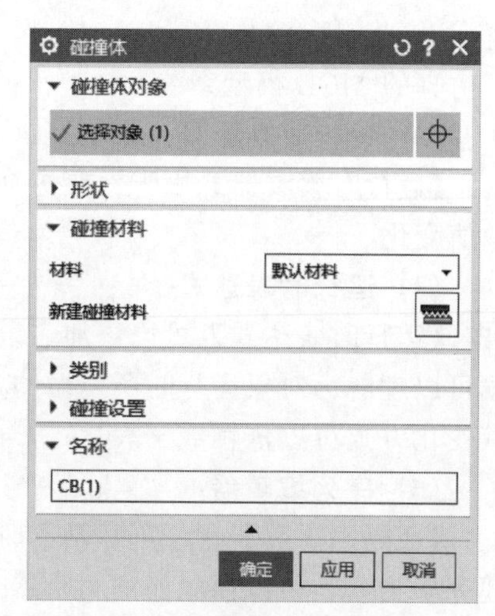

图 12-3 【碰撞体】对话框

【碰撞体】对话框中相关选项参数含义如下。

(1) 对象

用于选择一个或多个几何体。将会根据所选择的所有几何体计算碰撞形状。

(2) 碰撞

① 碰撞形状　碰撞形状的类型有方块、球、胶囊、凸多面体。

② 形状属性

- 自动：默认形状属性，自动计算碰撞形状。
- 用户定义：要求用户输入自定义的参数。

(3) 碰撞材料

用于指定碰撞材料属性参数，取决于材料，包括静摩擦力、动摩擦力、恢复。

(4) 类别

只有定义了起作用类别中的两个或多个几何体才会发生碰撞。如果在一个场景中有很多个几何体，利用类别将会减少计算几何体是否会发生碰撞的时间。

(5) 名称

用于定义碰撞体的名称。

12.2.3 对象源

对象源用于在特定时间间隔创建多个外表、属性相同的对象，特别适用于物料流案例，可以模拟物料的连续产生。

单击【主页】选项卡上【机械】组中的【对象源】按钮，弹出【对象源】对话框，如图 12-4 所示。

图 12-4 【对象源】对话框

【对象源】对话框中相关选项参数含义如下。

(1) 对象

用于选择要复制的对象。

(2) 触发

- 基于时间：在指定的时间间隔复制一次。
- 每次激活时一次：每单击激活一次对象。

(3) 时间间隔

用于设置时间间隔。

(4) 起始偏置

用于设置多少秒之后开始复制对象。

(5) 名称

用于定义对象源的名称。

12.2.4 对象收集器

12.2.4.1 碰撞传感器

碰撞传感器用于收集碰撞事件。碰撞事件可以被用来停止或者触发“操作”或者“执行机构”。

单击【主页】选项卡上【电气】组中的【碰撞传感器】按钮，弹出【碰撞传感器】对话框，如图 12-5 所示。

图 12-5 【碰撞传感器】对话框

【碰撞传感器】对话框中相关选项参数的含义，用户可参考【碰撞体】相关选项参数。

12.2.4.2 对象收集器

对象收集器与对象源作用相反，当对象源生成的对象与对象收集器发生碰撞时，将消除这个对象。

单击【主页】选项卡上【机械】组中的【对象收集

器】按钮，弹出【对象收集器】对话框，选择如图 12-6 所示的刚体。

图 12-6 【对象收集器】对话框

【对象收集器】对话框中相关选项参数含义如下。

(1) 对象收集触发传感器

用于选择一个碰撞传感器。

(2) 收集的来源

- 任意：收集任何对象源生成的对象。
- 仅选定的：只收集指定的对象源生成的对象。

(3) 名称

用于定义对象源的名称。

12.2.5 对象变换器

对象变换器可以将一个刚体交换为另一个刚体，需要使用碰撞传感器触发对象变换。在仿真过程中变换刚体可以更改质量、惯性特性和重复几何体的物理模型，如使用对象变换器可以在装配线上的手动工作站上模拟零部件更改。

单击【主页】选项卡上【机械】组中的【对象变换器】按钮，弹出【对象变换器】对话框，如图 12-7 所示。

图 12-7 【对象变换器】对话框

【对象变换器】对话框中相关选项参数含义如下。

(1) 选择碰撞传感器

用于选择一个碰撞传感器，当检测到碰撞发生时开始启动变换。

(2) 变换源

- 任意：变换任何对象源生成的对象。
- 仅选定的：只变换指定的对象源生成的对象。

(3) 变换为

用于选择变换之后的刚体。

(4) 名称

用于定义对象变换器的名称。

操作实例——基本机电对象实例

如图 12-8 所示为两个方块刚体，要求方块 1 停留在平板上，方块 2 沿着斜板下滑。

扫码看视频

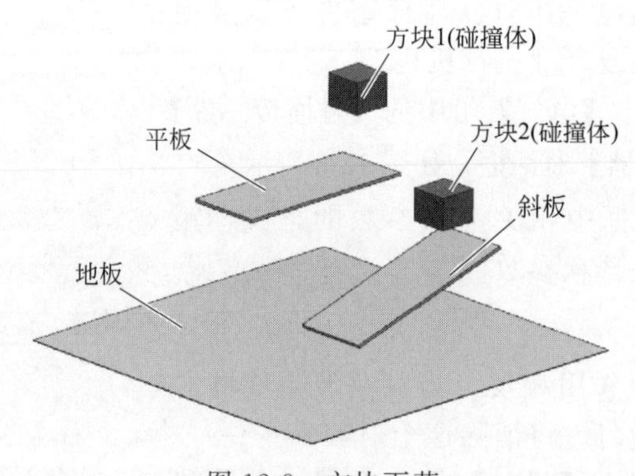

图 12-8 方块下落

操作步骤

（1）打开模型启动机电概念设计

Step 01 在功能区中单击【主页】选项卡中【标准】组中的【打开】按钮，在弹出【打开】对话框中选择素材文件“实例\第12章\原始文件\基本机电对象.prt”，如图12-9所示。

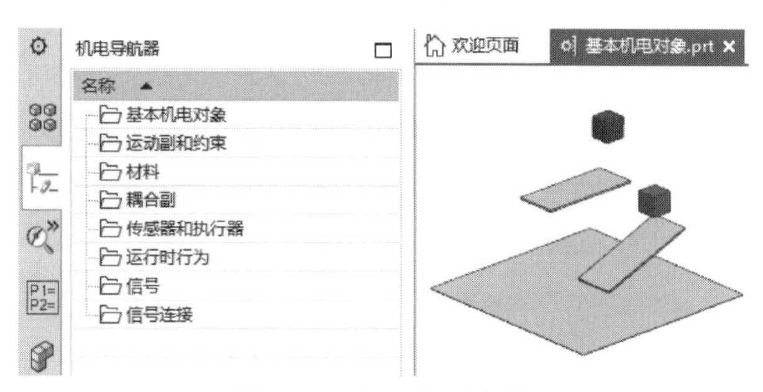

图12-9 打开模型文件

（2）创建刚体

Step 02 单击【主页】选项卡上【机械】组中的【刚体】按钮，弹出【刚体】对话框，选择如图12-10所示的实体，设置【名称】为默认，单击【确定】按钮创建刚体1。

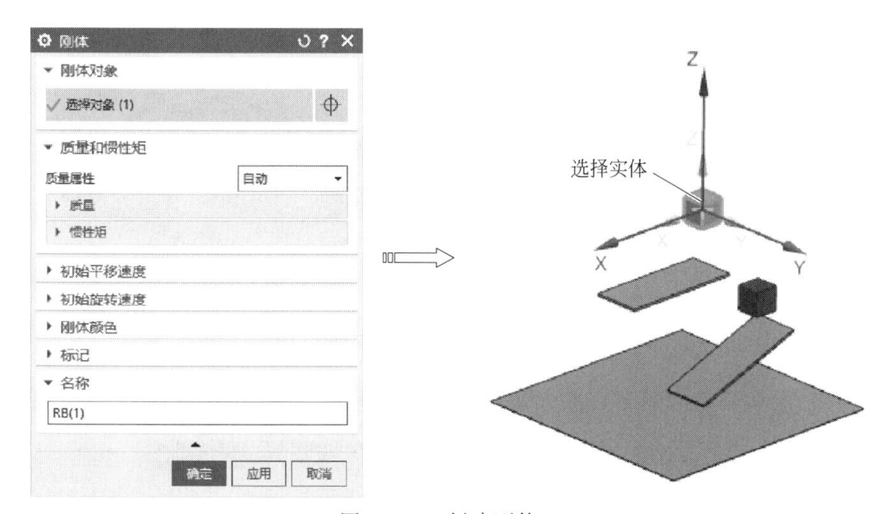

图12-10 创建刚体1

Step 03 同理，单击【主页】选项卡上【机械】组中的【刚体】按钮，弹出【刚体】对话框，选择如图12-11所示的实体，设置【名称】为默认，单击【确定】按钮创建刚体2。

（3）创建碰撞体

Step 04 单击【主页】选项卡上【机械】组中的【碰撞体】按钮，弹出【碰撞体】对话框，选择如图12-12所示的实体，设置【名称】为默认，单击【确定】按钮创建碰撞体1。

Step 05 同理，单击【主页】选项卡上【机械】组中的【碰撞体】按钮，弹出【碰撞体】对话框，创建其他4个碰撞体，如图12-13所示。

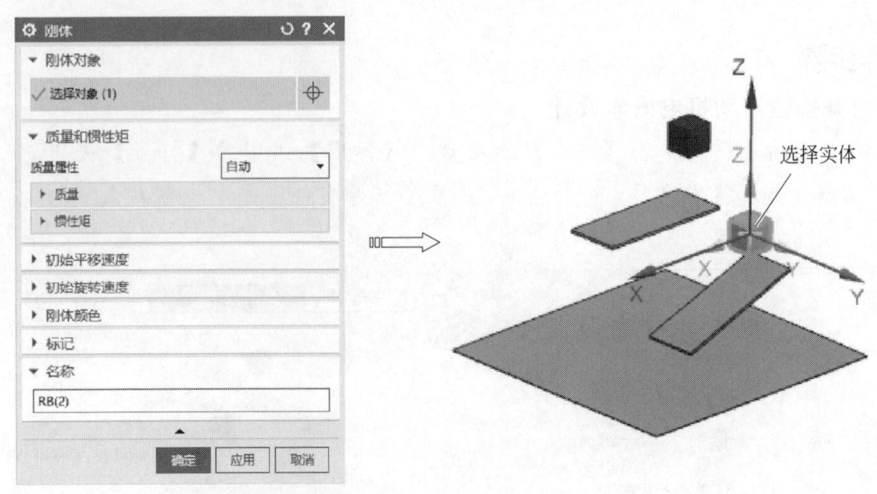

图 12-11　创建刚体 2

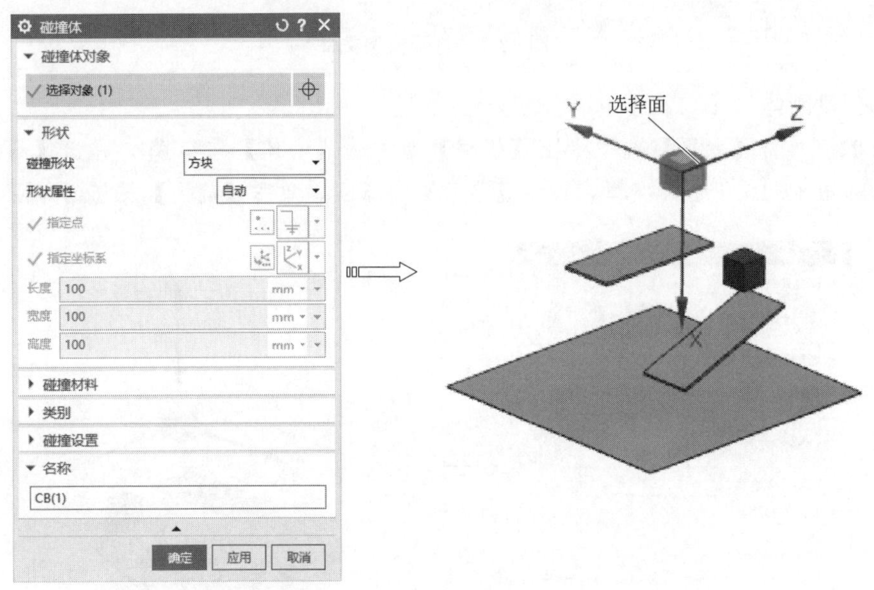

图 12-12　创建碰撞体 1

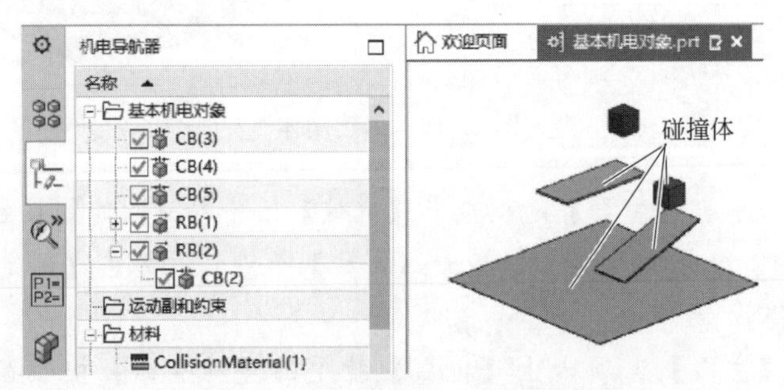

图 12-13　创建其他 4 个碰撞体

(4) 仿真播放

Step 06　单击【主页】选项卡上【仿真】组中的【播放】按钮，在图形区显示运动过程仿真，刚体在重力作用下自由落体，如图 12-14 所示。

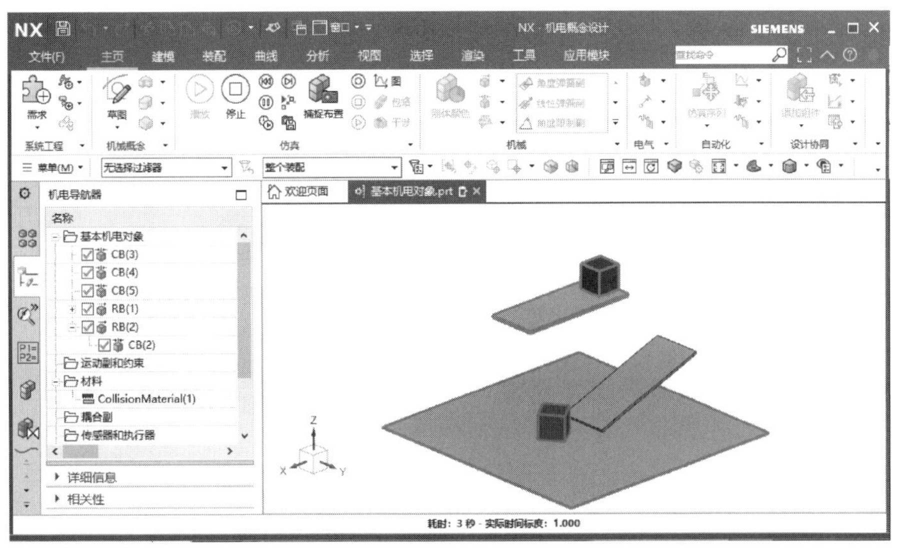

图 12-14　仿真播放

12.3　运动副和耦合副

运动副定义了对象的运动方式，包括固定副、铰链副、滑动副、柱面副、球副、螺旋副、平面副、点在线上副、线在线上副等。耦合副定义了各个运动副之间的运动传递关系，包括齿轮副、齿轮齿条、机械凸轮副、电子凸轮等。下面仅介绍常用的运动副和耦合副。

12.3.1　固定副

固定副是将一个构件固定到另一个构件上，固定副所有的自由度均被约束，自由度个数为零。

单击【主页】选项卡上【机械】组中的【固定副】按钮，弹出【固定副】对话框，如图 12-15 所示。

图 12-15　【固定副】对话框

【固定副】对话框中相关选项参数含义如下。

(1) 连接件

用于选择需要添加铰链约束的刚体。

(2) 基本件

用于选择与连接件连接另一刚体。

(3) 名称

用于定义固定副的名称

12.3.2　铰链副

铰链副（Hinge Joint）用于连接两个刚体并绕某一轴线作相对转动的运动副，铰链副具有一个旋转自由度，不允许在两个构件的任何方向上有平移运动。

单击【主页】选项卡上【机械】组中的【铰链副】按钮，弹出【铰链副】对话框，如图 12-16 所示。

【铰链副】对话框中相关选项参数含义如下。

(1) 连接件

用于选择需要添加铰链约束的刚体。

(2) 基本件

用于选择与连接件连接另一刚体。

(3) 轴矢量

用于指定旋转轴。

(4) 锚点

用于指定旋转轴锚点。

(5) 起始角

在模拟仿真还没有开始之前，用于设置连接件相对于基本件的角度。

(6) 名称

用于定义铰链副的名称。

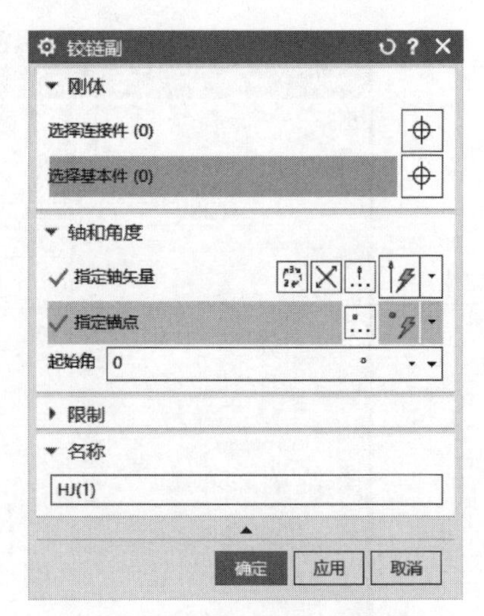

图 12-16 【铰链副】对话框

12.3.3 滑动副

滑动副是指组成运动副的两个构件之间只能按照某一方向做相对移动，滑动副具有一个平移自由度。

单击【主页】选项卡上【机械】组中的【滑动副】按钮，弹出【滑动副】对话框，如图 12-17 所示。

【滑动副】对话框中相关选项参数含义如下。

(1) 连接件

用于选择需要添加铰链约束的刚体。

(2) 基本件

用于选择与连接件连接另一刚体。

(3) 轴矢量

用于指定线性运动的轴矢量。

(4) 偏置

在模拟仿真还没有开始之前，用于设置连接件相对于基本件的位置。

(5) 名称

用于定义滑动副的名称。

图 12-17 【滑动副】对话框

12.3.4 齿轮副

齿轮副是指两个相啮合的齿轮组成的基本机构，能够传递运动和动力。

单击【主页】选项卡上【机械】组中的【齿轮】按钮，弹出【齿轮】对话框，如图 12-18 所示。

【齿轮】对话框中相关选项参数含义如下。

(1) 选择主对象

用于选择一个轴运动副。

(2) 选择从对象

用于选择一个轴运动副，从对象选择的运动副类型

图 12-18 【齿轮】对话框

必须和主对象一致。

(3) 约束

用于定义齿轮传动比。

(4) 滑动

齿轮副允许轻微的滑动，如带传动。

(5) 名称

用于定义齿轮的名称。

操作实例——运动副和耦合副实例

如图 12-19 所示为两个齿轮，传动比 1∶2，模拟齿轮啮合运动仿真。

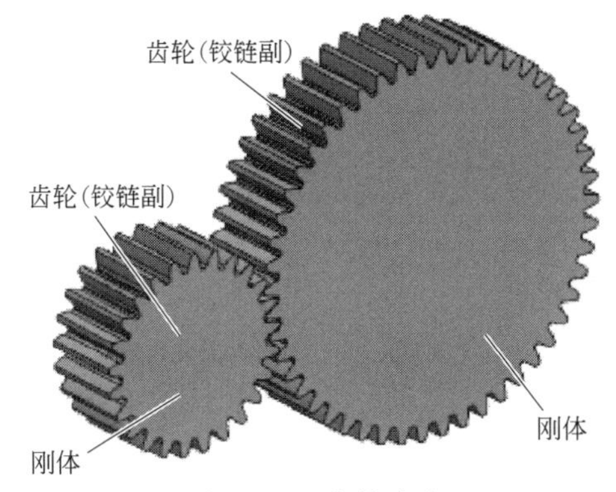

图 12-19 齿轮啮合

操作步骤

(1) 打开模型启动机电概念设计

Step 01 在功能区中单击【主页】选项卡【标准】组中的【打开】按钮，在弹出【打开】对话框中选择素材文件“实例 \ 第 12 章 \ 原始文件 \ 运动副和耦合副 .prt”，如图 12-20 所示。

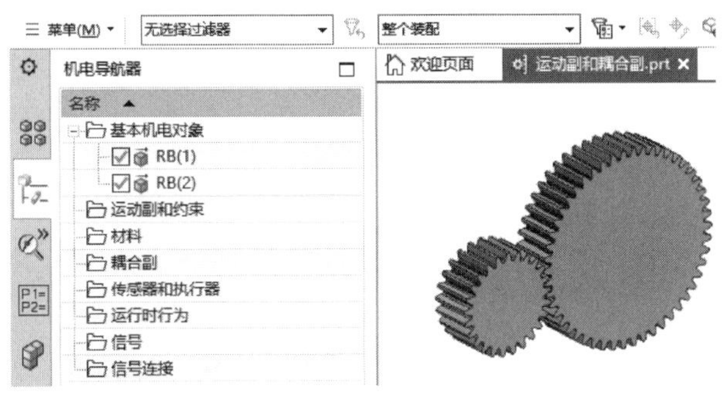

图 12-20 打开模型文件

(2) 创建运动副

Step 02 单击【主页】选项卡上【机械】组中的【铰链副】按钮，弹出【铰链副】对话框，选择如图 12-21 所示的连接件，选择平面作为轴矢量方向，选择圆心作为锚点，单击【确定】按钮创建铰链副 1。

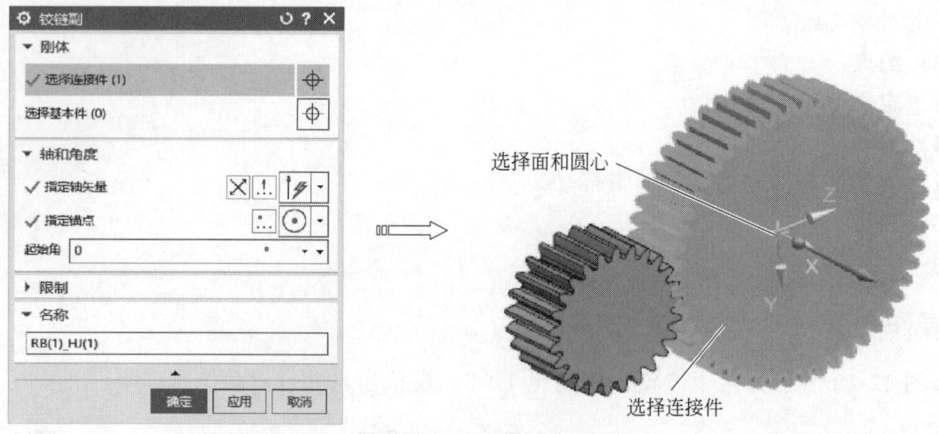

图 12-21 创建铰链副 1

Step 03 单击【主页】选项卡上【机械】组中的【铰链副】按钮，弹出【铰链副】对话框，选择如图 12-22 所示的连接件，选择平面作为轴矢量方向，选择圆心作为锚点，单击【确定】按钮创建铰链副 2。

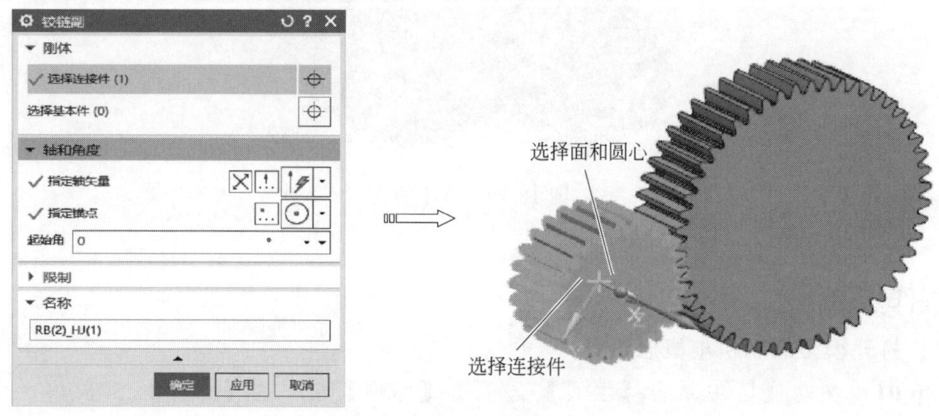

图 12-22 创建铰链副 2

(3) 创建齿轮副

Step 04 单击【主页】选项卡上【机械】组中的【齿轮】按钮，弹出【齿轮】对话框，设置【主倍数】为“1”,【从倍数】为“−2”，选择主对象和从对象分别为如图 12-23 所示的铰链副，单击【确定】按钮创建齿轮副。

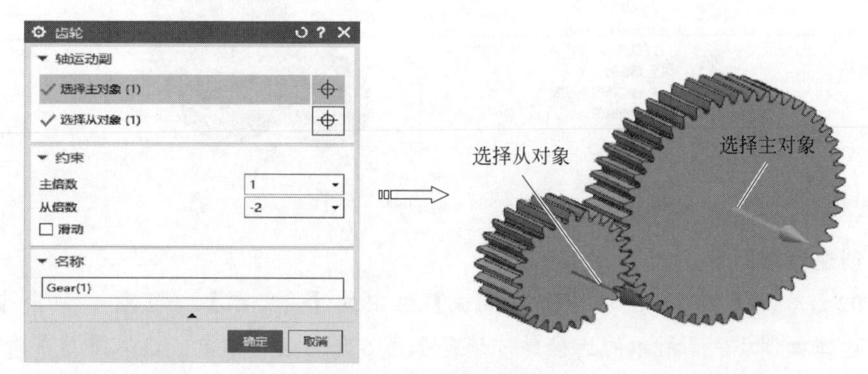

图 12-23 创建齿轮副

（4）创建速度控制

Step 05 单击【主页】选项卡上【电气】组中的【速度控制】按钮，弹出【速度控制】对话框，选择如图 12-24 所示的旋转副，设置【速度】为 60°/s，单击【确定】按钮创建速度控制。

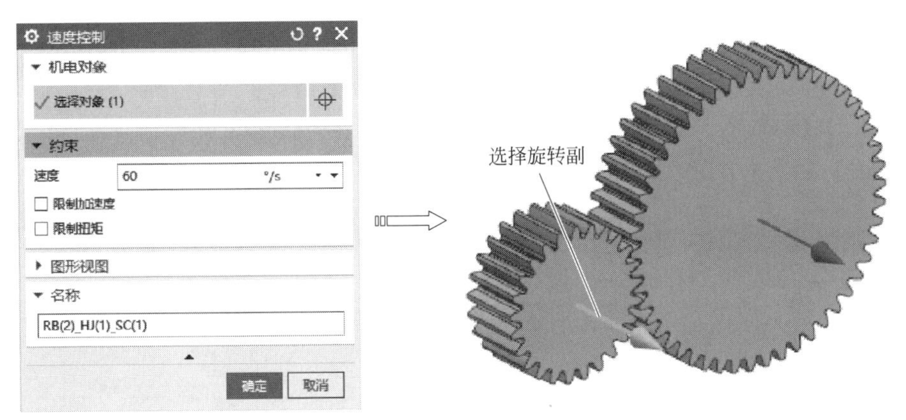

图 12-24 创建速度控制

（5）仿真播放

Step 06 单击【主页】选项卡上【仿真】组中的【播放】按钮，在图形区显示运动过程仿真，如图 12-25 所示。

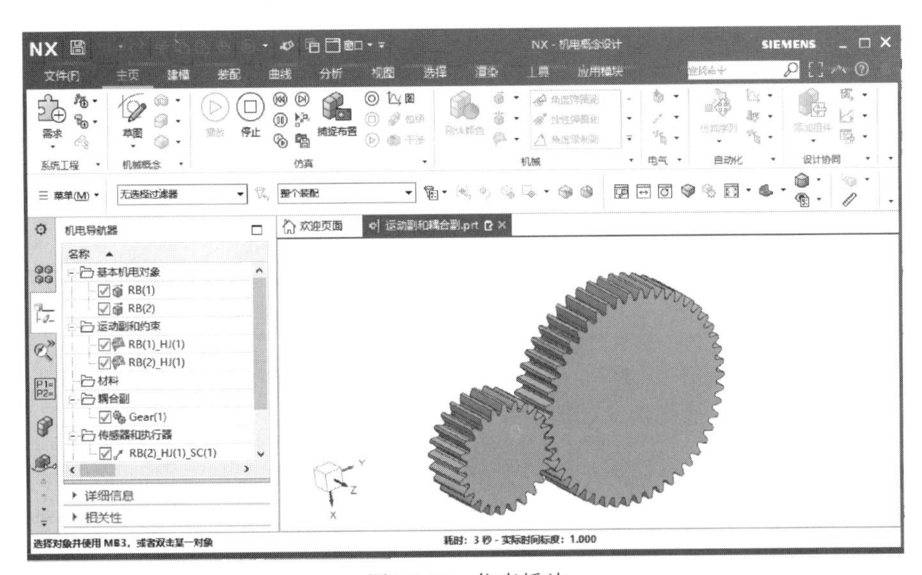

图 12-25 仿真播放

12.4 传感器与执行器

MCD 中常用的传感器有碰撞传感器、距离传感器、位置传感器、通用传感器、限位开关和继电器等。执行器用于定义线性运动或旋转运动的驱动装置，常用的执行器有传输面速度控制、位置控制。下面仅介绍最常用的传感器和执行器。

12.4.1 传输面

传输面是将所选的平面转化为“传送带”的一种机电执行器特征。一旦有其他物体放置在传输面上，此物体将会按照传输面指定的速度和方向运输到其他位置。传输面运动既可以是直线，也可以是圆。

单击【主页】选项卡上【机械】组中的【传输面】按钮，弹出【传输面】对话框，如图 12-26 所示。

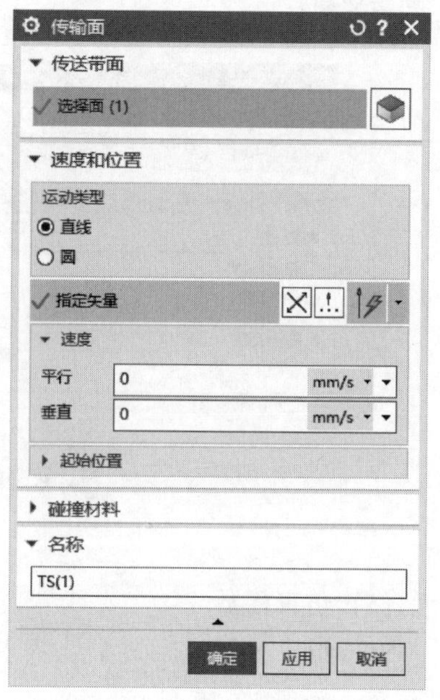

图 12-26 【传输面】对话框

【传输面】对话框中相关选项参数含义如下。

(1) 面

用于选择一个平面作为传输面。

(2) 指定矢量

用于指定传输面的传输方向。

(3) 平行

用于指定在传输方向上的速度大小。

(4) 垂直

用于指定垂直于传输方向上的速度大小。

(5) 名称

用于定义传输面的名称。

12.4.2 速度控制

速度控制可以控制机电对象按设定的速度运行，主要是指 MCD 对象的运动速度，如传输面的传输速度或者各种运动副的运动速度。

单击【主页】选项卡上【电气】组中的【速度控制】按钮，弹出【速度控制】对话框，如图 12-27 所示。

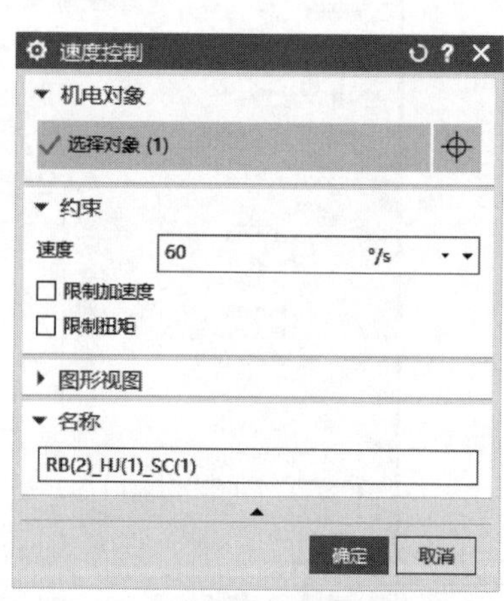

图 12-27 【速度控制】对话框

【速度控制】对话框中相关选项参数含义如下。

(1) 机电对象

用于选择需要添加执行机构的轴运动副。

(2) 速度

用于指定一个恒定的速度值。轴运动副为转动，速度值单位为°/s；线运动副为平动，速度值单位为 mm/s。

(3) 名称

用于定义速度控制的名称。

12.4.3 位置控制

位置控制用来控制运动几何体的目标位置，让几何体按照指定的速度运动到指定的位置后停止。

单击【主页】选项卡上【电气】组中的【位置控制】按钮，弹出【位置控制】对话框，如图 12-28 所示。

【位置控制】对话框中相关选项参数含义如下。

(1) 机电对象

用于选择需要添加执行机构的运动副。

(2) 目标

用于指定一个目标位置。

(3) 速度

用于指定一个恒定的速度值。

(4) 名称

用于定义位置控制的名称。

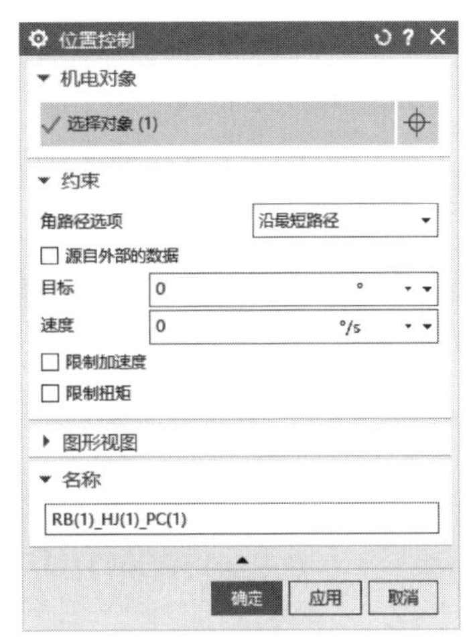

图 12-28 【位置控制】对话框

操作实例——传感器与执行器实例

如图 12-29 所示为传送带，创建传输面和速度控制并进行运动仿真。

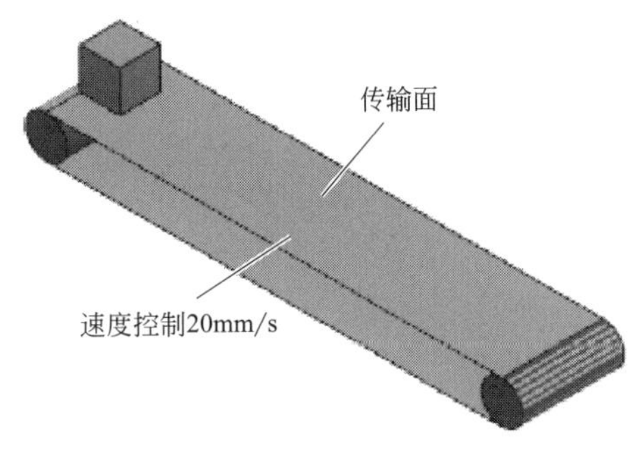

图 12-29 传送带

扫码看视频

操作步骤

(1) 打开模型启动机电概念设计

Step 01 在功能区中单击【主页】选项卡【标准】组中的【打开】按钮，在弹出【打开】对话框中选择素材文件“实例\第 12 章\原始文件\传感器与执行器 .prt”，如图 12-30 所示。

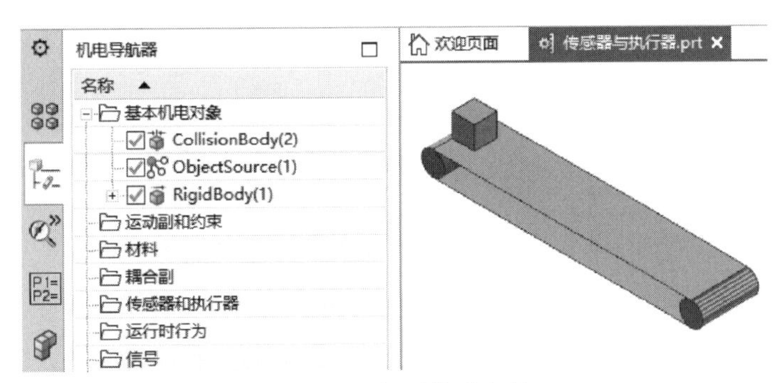

图 12-30 打开模型文件

(2) 创建传输面

Step 02 单击【主页】选项卡上【电气】组中的【传输面】按钮，弹出【传输面】对话框，设置【运动类型】为“直线”，【速度平行】为“0mm/s”，选择如图 12-31 所示的面和方向。

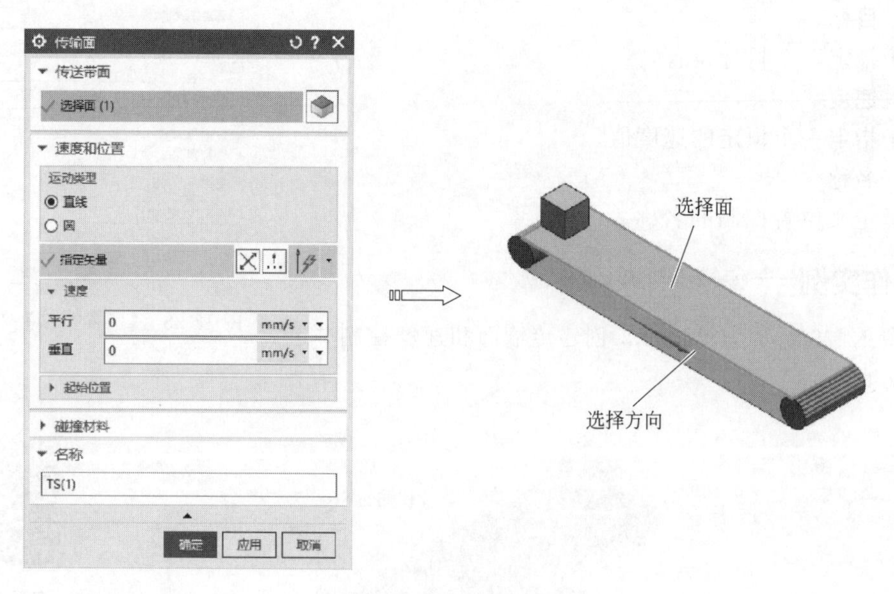

图 12-31 选择面和方向

(3) 创建速度控制

Step 03 单击【主页】选项卡上【电气】组中的【速度控制】按钮，弹出【速度控制】对话框，选择如图 12-32 所示的传输面，设置【速度】为 20mm/s，单击【确定】按钮创建速度控制。

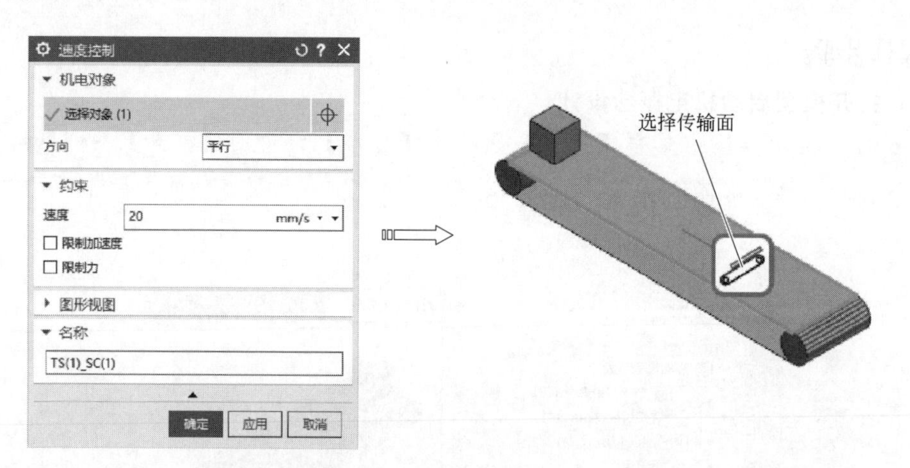

图 12-32 创建速度控制

(4) 仿真播放

Step 04 单击【主页】选项卡上【仿真】组中的【播放】按钮，在图形区显示运动过程仿真，如图 12-33 所示。

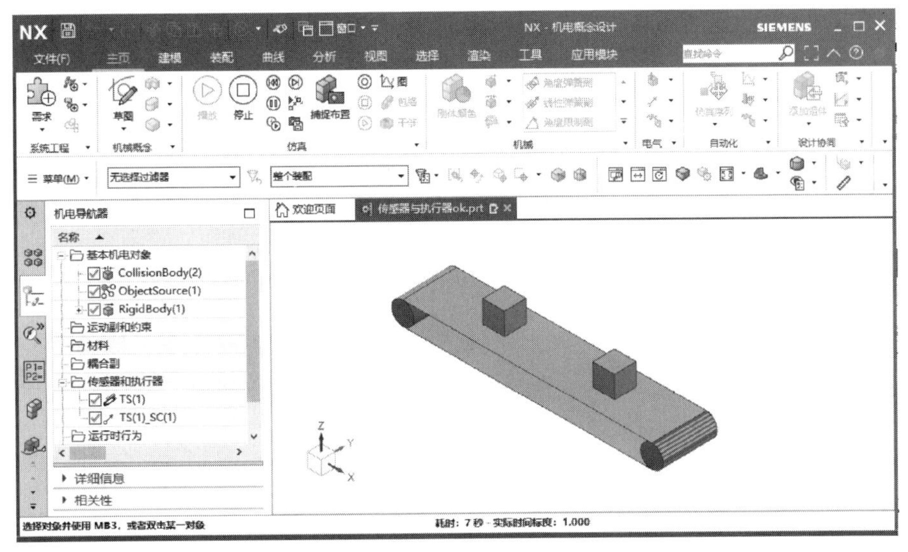

图 12-33 仿真播放

12.5 仿真序列

仿真序列是 MCD 中的控制元素，通过仿真序列控制 MCD 中的任何对象。通常，使用仿真序列控制一个执行机构（如速度控制的速度、位置控制的目标），还可以控制运动副（如移动副的连接件）。除此以外，在仿真序列中还可以创建条件语句来确定何时触发去改变参数。

单击【主页】选项卡上【自动化】组中的【仿真序列】按钮，弹出【仿真序列】对话框，如图 12-34 所示。

图 12-34 【仿真序列】对话框

【仿真序列】对话框中相关选项参数含义如下。

（1）机电对象

用于选择需要修改参数值的对象，如速度控制、滑动副等。

（2）时间

用于指定该仿真序列的持续时间。

（3）运行时参数

在运行时参数列表中列出了所选对象的所有可以修改的参数。

（4）条件

用于选择条件对象，以这个对象的一个或多个参数创建条件表达式，来控制这个仿真序列是否执行。

（5）名称

用于定义仿真序列的名称。

操作实例——仿真序列实例

当方块 1 下滑碰到碰撞传感器时，方块 2 开始向右移动 300mm，如图 12-35 所示。

扫码看视频

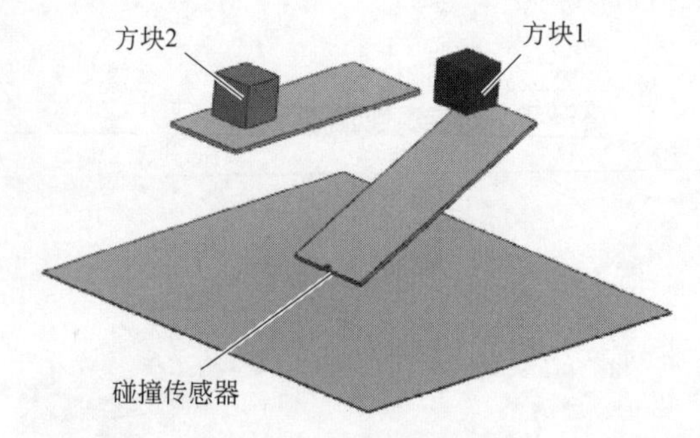

图 12-35　仿真序列实例

操作步骤

（1）打开模型启动机电概念设计

Step 01　在功能区中单击【主页】选项卡【标准】组中的【打开】按钮，在弹出【打开】对话框中选择素材文件“实例 \ 第 12 章 \ 原始文件 \ 仿真序列 . prt”，如图 12-36 所示。

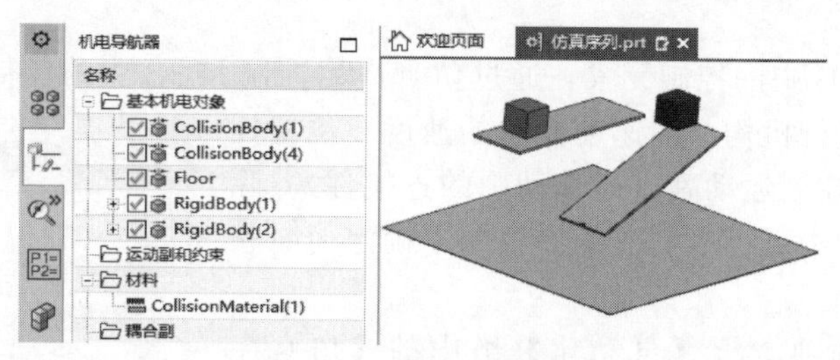

图 12-36　打开模型文件

（2）创建仿真序列

Step 02　单击【主页】选项卡上【自动化】组中的【仿真序列】按钮，弹出【碰撞传感器】对话框，选择如图 12-37 所示的对象：位置控制。设置【时间】为 4s、【速度】为

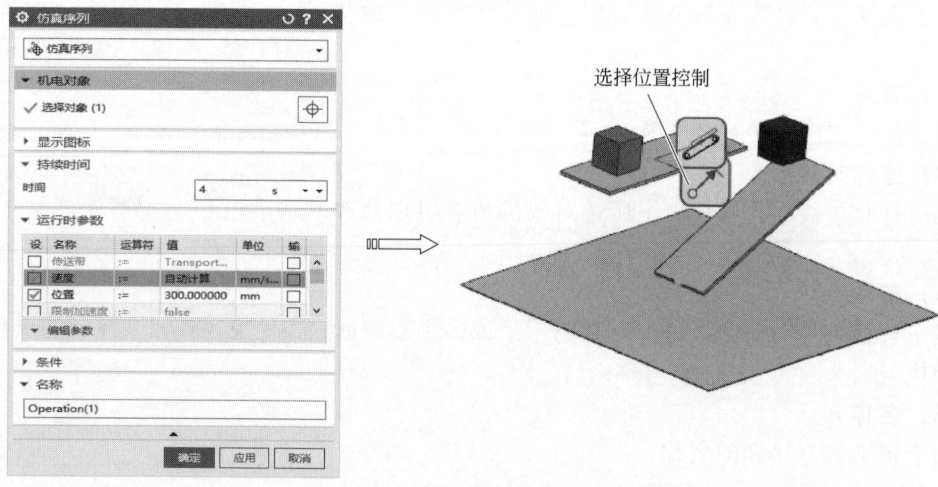

图 12-37　选择对象

自动、【位置】为 300mm。

Step 03 选择如图 12-38 所示的碰撞传感器为条件对象，设置【值】为 true，单击【确定】按钮创建仿真序列。

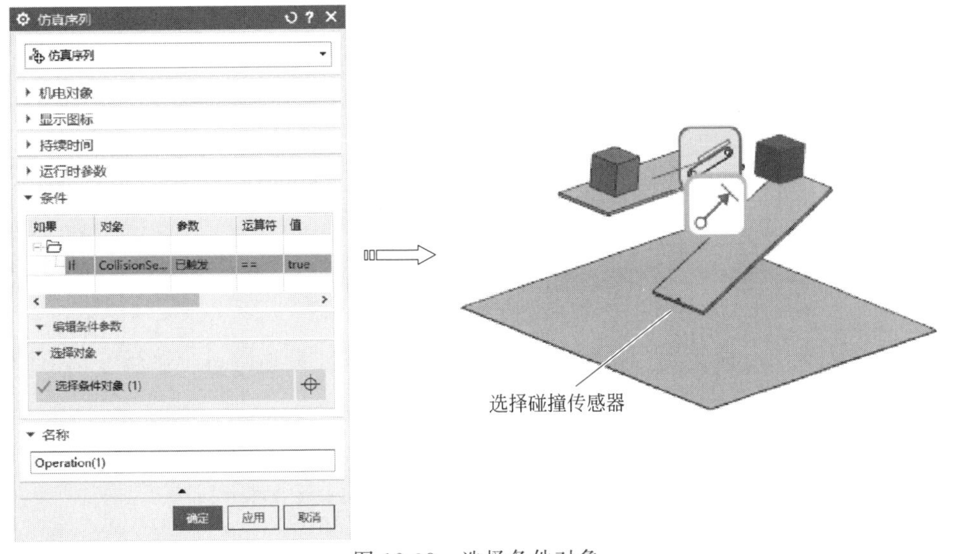

图 12-38 选择条件对象

(3) 仿真播放

Step 04 单击【主页】选项卡上【仿真】组中的【播放】按钮，在图形区显示运动过程仿真，刚体在重力作用下自由落体，如图 12-39 所示。

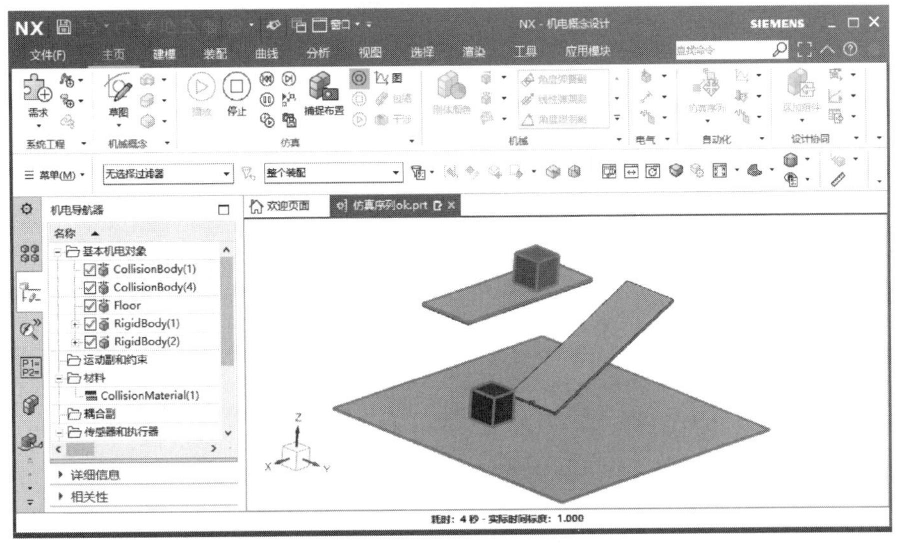

图 12-39 仿真播放

12.6 上机习题

习题 12-1

设计如图习题 12-1 所示传送机构，当方块碰撞传感器时形状发生改变。

扫码看视频

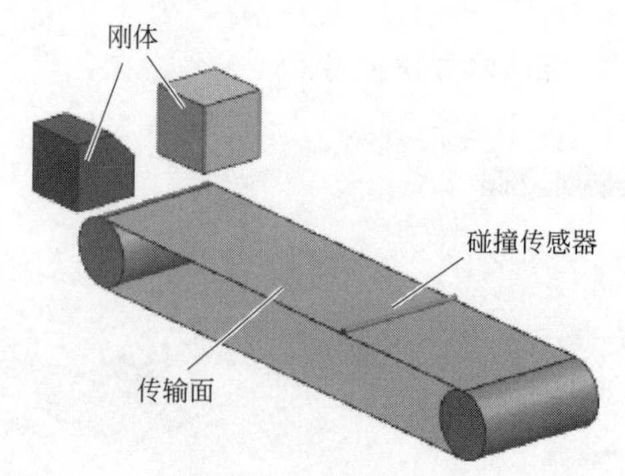

图习题 12-1　传送机构

习题 12-2

设计如图习题 12-2 所示的四杆机构，驱动连杆以 30°/s 的速度进行旋转，采用铰链副和固定副进行运动仿真。

扫码看视频

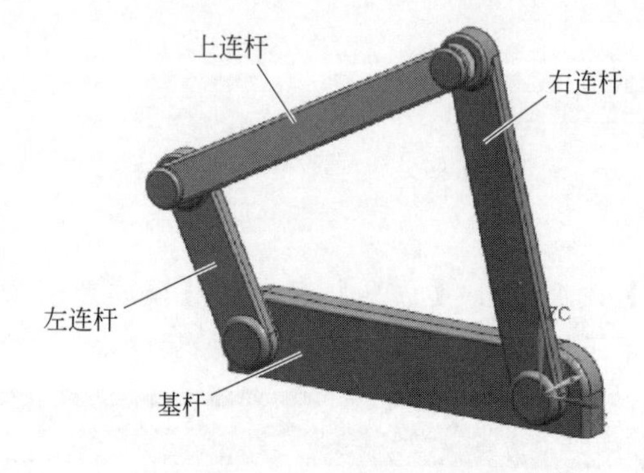

图习题 12-2　四杆机构模型

本章小结

本章介绍了机电概念设计的用户界面、基本机电对象、运动副和耦合副、传感器与执行器、仿真序列，请读者按照讲解方法再进一步通过上机习题进行实例练习。

第13章 UG NX运动仿真

运动仿真（Motion Simulation）模块是 UG NX 中 CAE 应用功能的一部分，用于建立运动机构模型，分析机构的运动规律。运动仿真模块自动复制主模型的装配文件，并建立一系列不同的运动分析方案。每个运动分析方案能进行独立的修改，而不影响装配主模型，一旦完成优化设计方案，就可直接更新装配主模型，以反映优化设计的结果。

本章介绍 Simcenter Motion 运动仿真基础知识，包括运动仿真简介、运动仿真界面、运动体、定义材料、运动副、力和力矩、解算方案和仿真结果等。

本章内容

- Simcenter Motion 运动仿真简介
- 创建运动体
- 创建运动副
- 创建力和力矩
- 解算方案
- 仿真结果

13.1 Simcenter Motion 运动仿真技术简介

运动仿真是 UG NX 数字仿真模块之一，它能对任何二维或三维机构进行复杂的运动学分析、静力学分析。使用运动仿真的功能赋予模型各个部件一定的运动学特性，再在各个部件之间设立一定的连接关系，即可建立一个运动仿真模型。

13.1.1 Simcenter Motion 运动仿真

UG NX 运动仿真模块是 CAE 应用软件，用于建立运动机构模型，分析其运动规律，运动仿真模块自动复制主模型的装配文件，并建立一系列不同的运动分析方案。每个运动分析方案均可独立修改，而不影响装配主模型，一旦完成优化设计方案，就可以直接更新装配主模型以反映优化设计的结果。

UG NX 运动仿真分析模块提供了机构仿真分析功能，可在 UG NX 环境中定义机构，包括运动体、铰链、弹簧、阻尼、初始运动条件，添加驱动阻力等，然后直接在 UG NX 中进行分析，仿真机构运动，得到构件的位移、速度、加速度、力和力矩等，如图 13-1

图 13-1 机械手仿真

所示。分析结构可以用来指导修改结构设计，得到更合理的机构设计方案，还可以与著名运动分析软件 ADAMS 连接。

运动仿真分析模块可以进行机构的干涉分析，跟踪零件的运动轨迹，分析机构中零件的速度、加速度、作用力、反作用力和力矩等。运动分析模块的分析结构可以指导修改零件的机构设计（如加长或缩短构件的力臂长度、修改凸轮型线、调整齿轮比等）或调整零件的材料（如减轻或加重硬度等）。设计的更改可以反映在装配主模型的复制品分析方案中，再重新分析，一旦确定优化的设计方案，设计更改就可直接反映到装配主模型中。

13.1.2 启动运动仿真

在 UG NX 中可直接打开运动仿真文件（*.sim），也可以先打开主模型文件，然后单击【应用程序】选项卡中的【运动】按钮，进入运动仿真模块，单击【主页】选项卡【解算方案】组中的【新建仿真】按钮 新建仿真，系统弹出【新建仿真】对话框，选择仿真模板为“Simcenter Motion”，设置合适目录和名称，单击【确定】按钮，系统弹出【环境】对话框，选择【分析类型】为“动力学”，单击【确定】按钮启动运动仿真，如图 13-2 所示。

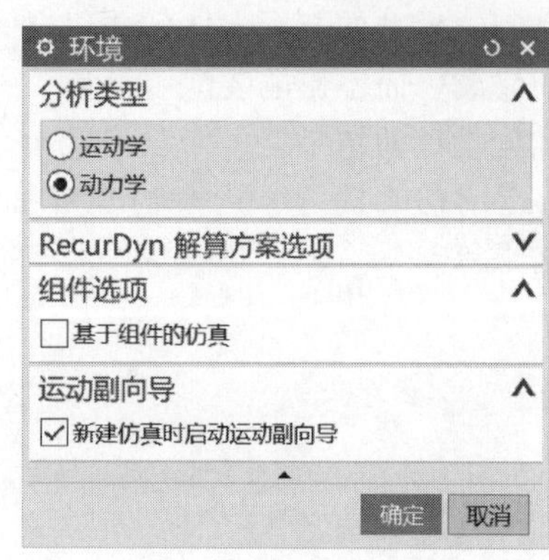

图 13-2 【环境】对话框

【环境】对话框提供了“运动学”和“动力学”两种运动仿真分析类型。

(1) 运动学

分析仿真机构的运动并决定机构在约束状态下的位移、速度、加速度和反作用力的值的范围。

运动学求解需要注意以下几点：

- 软件根据求解时输入的时间与补偿的值对模型做动画仿真。
- 外部的载荷与内部的力影响反作用力，但不影响运动。
- 假定运动体和运动副都是刚性的。
- 自由度为 0。

技术要点

运动学分析时，对有自由度或有初始力的机构解算器不进行求解，这类机构需要做运动学分析。

(2) 动力学

如果模型有一个或多个自由度，必须做动力学分析，在动力学仿真中，可以在求解方案对话框中选择静力平衡选项。静力平衡分析将模型移动到一个平衡的状态。

13.1.3 运动仿真用户界面

13.1.3.1 【主页】选项卡

启动高级仿真命令后进入运动仿真用户界面，此时【主页】选项卡如图 13-3 所示。

在功能区和【运动导航器】窗口中列出运动仿真常用命令和对象，下面进行简单介绍。

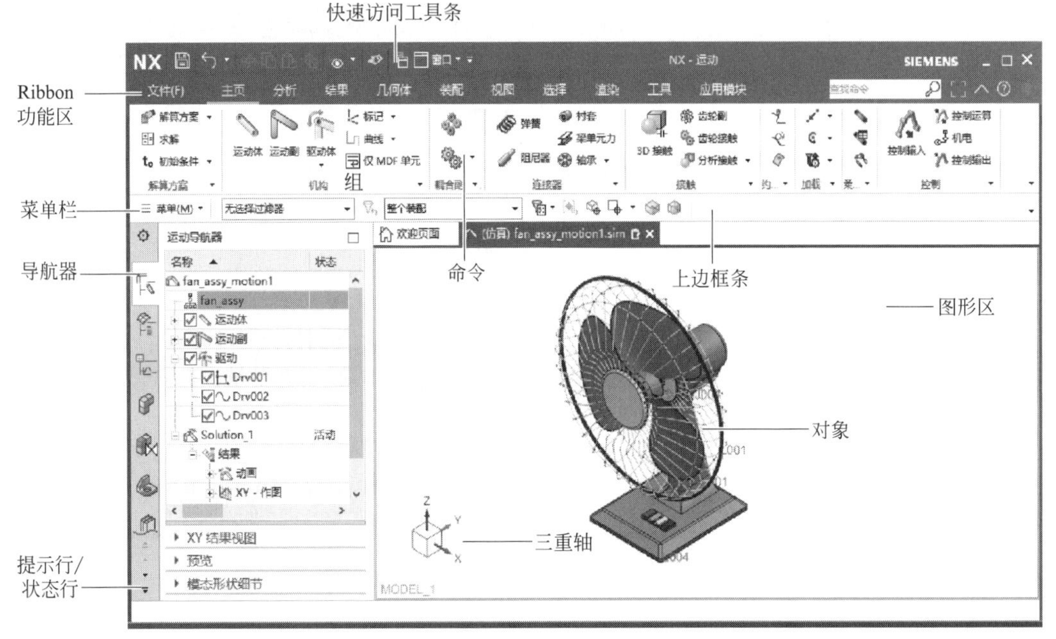

图 13-3 运动仿真【主页】选项卡

(1) 运动体（运动体）

运动体是运动体机构中两端分别与主动件和从动件铰接以传递运动和力的杆件。

(2) 运动副

运动副的作用是将机构中的运动体连接在一起，并定义规定的动作。常用的运动副有旋转副、滑动副、圆柱副、球面副等。

(3) 耦合副

耦合副的作用是改变机构扭矩的大小、转速等。它包含齿轮、齿轮齿条和线缆副 3 种类型。

(4) 连接器

连接器可对两个零件之间进行弹性连接、阻尼连接和定义接触等。

(5) 约束

约束命令可以指定两个对象的连接关系，它包含点在曲线上、线在线上副、点在曲面上等。

(6) 加载

对物体施加的力，包括标量力、矢量力、标量扭矩和矢量扭矩 4 种类型。

13.1.3.2 【结果】选项卡

用户可以通过【结果】选项卡查看仿真结果，如图 13-4 所示。

13.1.3.3 【分析】选项卡

【分析】选项卡中的命令可对运动仿真进行分析，如动画输出、图表输出等，如图 13-5 所示。

13.1.4 运动仿真分析流程

在 UG NX 运动仿真模块中认为机构是一组连接在一起运动的运动体集合，运动仿真部

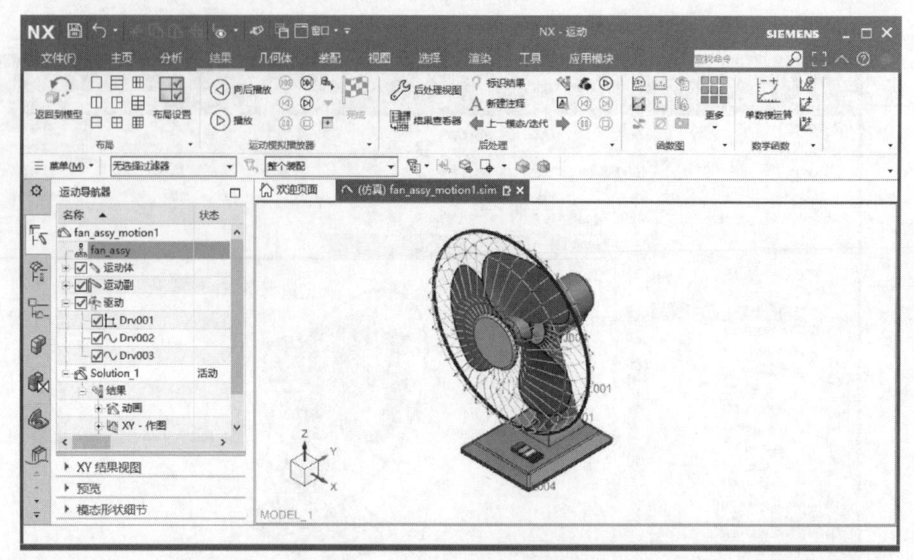

图 13-4　运动仿真【结果】选项卡

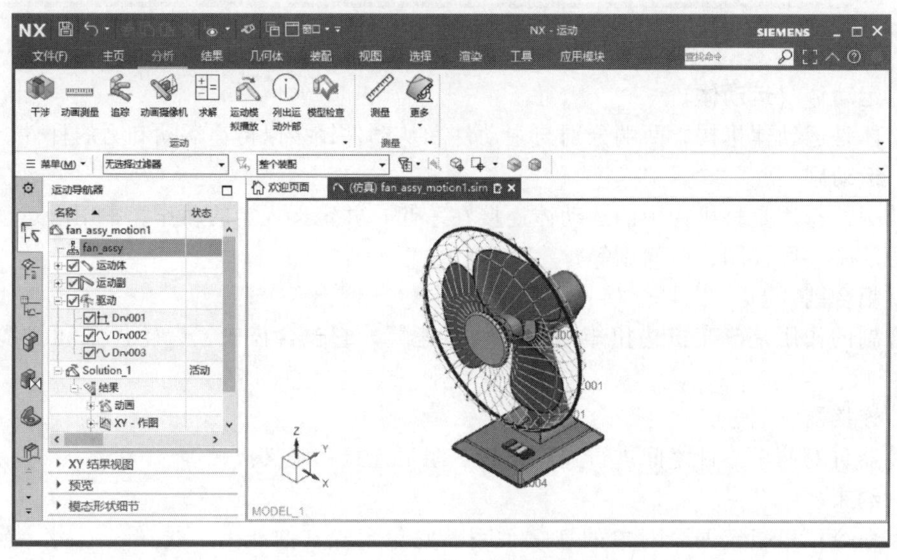

图 13-5　运动仿真【分析】选项卡

件文件由主模型文件组成，主模型可以是装配文件或单个文件。运动仿真的实现步骤根据模型复杂程度可多可少，通常需要 6 个步骤：

（1）创建运动仿真环境

建立一个运动仿真文件（motion，后缀为 sim）

（2）创建运动体（Motion Body）

在运动机构中创建代表运动的运动体，通常也称为运动体。

（3）创建运动副（Joints）

创建约束运动体运动的运动副。在某些情况下，可同时创建其他的运动约束特征，如弹簧、阻尼、弹性衬套和接触。

(4) **创建运动驱动（Motion Driver）**

每个运动副可包含下列 5 种可能的运动驱动中的一种：

- 无驱动（None）：机构只受重力作用。
- 指定函数（Motion Function）：用数学函数定义运动方式。
- 恒定驱动（Constant Driver）：恒定的速度和加速度。
- 简谐运动驱动（Harmonic Driver）：振幅、频率和相位角。
- 关节运动驱动（Articulation Driver）：步长和步数。

(5) **解算运动仿真**

设置运动参数，提交运动仿真模型数据，解算运动仿真。

(6) **仿真结果分析**

输出运动分析结果的数据、表格、变化曲线，人为地进行机构运动特性分析，同时进行运动动画的输出和运动过程的控制。

13.2 创建运动体（运动体）

在 UG NX 中可以认为机构就是“连接在一起运动的运动体”的集合，因此创建机构运动仿真分析的第一步就是：创建运动体（运动体）。

运动体是连接机构中两端分别与主动件和从动构件铰接以传递运动和力的杆件。创建运动体的对象包含三维有质量、体积的实体和二维曲线、点。每个运动体均可包含多个对象（可以是二维与三维的混合），对象之间可有干涉和间隙。

技术要点

以前 UG NX 版本中运动体统称为连杆，因此本书中所说运动体即连杆。

单击【主页】选项卡【设置】组中的【运动体】按钮，弹出【运动体】对话框，如图 13-6 所示。

【运动体】对话框中相关选项参数含义如下。

(1) **运动体对象**

【选择对象】用鼠标在图形区选择一个或多个几何对象来创建运动体。当鼠标经过装配体各零件时，只有未被设置为运动体的零件才高亮显示为可选择状态。

(2) **质量属性选项**

质量属性包含质量、质心和惯性矩，一般对质量特性默认是“自动”状态，用户也可以定义质量属性。

技术要点

在运动分析中，质量属性是一个可选项，如在运动分析中质量属性可以考虑也可以不考虑（当不关心反作用力时，可以忽略质量特属），而当需要分析反作用力作为动力学时，则必须为每个运动体输入质量属性。

图 13-6 【运动体】对话框

• 自动：选择【自动】选项，运动体将采用系统默认设置的质量属性。

• 用户定义：在遇到曲线、片体时质量属性为“用户定义”状态，可输入质量、惯性矩、初始平动速度和初始转动速度等。

（3）设置

在三维空间中用从几何到地面的重心固定锚定连接。选中【不使用运动副而固定运动体】复选框，可将创建的运动体设置为机架。

（4）初始平移速度和初始旋转速度

用于定义初始平移速度和旋转速度。

（5）名称

用于定义运动体的名字，系统默认为B001、B002、B003、…

操作实例——创建运动体实例

扫码看视频

如图13-7所示为一个夹紧机构，创建机座固定运动体和其他运动体。

操作步骤

（1）打开模型进入运动仿真模块

Step 01 在功能区中单击【主页】选项卡中【标准】组中的【打开】按钮，在弹出【打开】对话框中选择素材文件“实例\第13章\原始文件\13.2\夹紧机构_motion1.sim”，如图13-8所示。

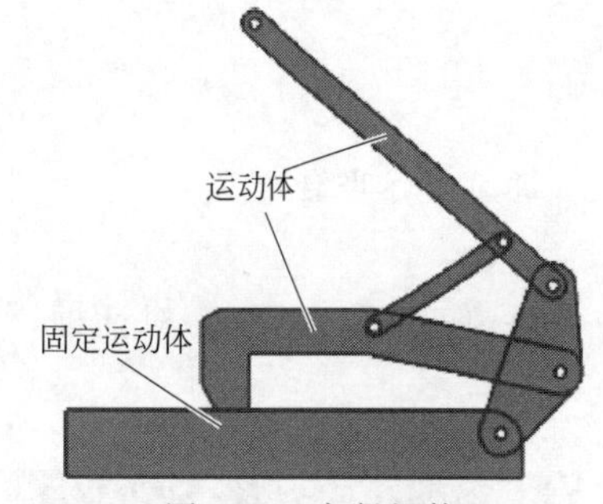

图13-7 夹紧机构

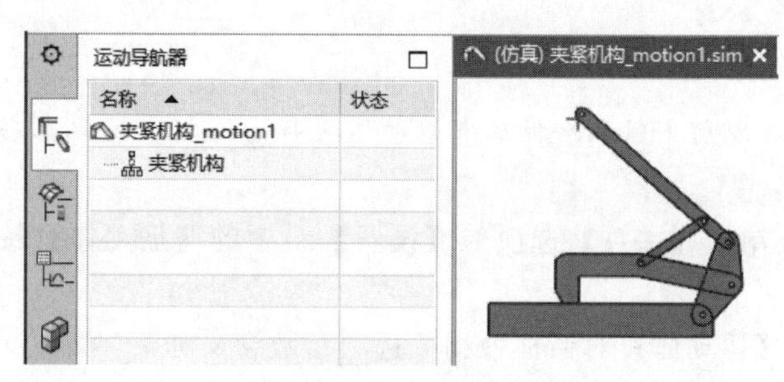

图13-8 打开仿真文件

（2）创建运动体

Step 02 单击【主页】选项卡中的【设置】组中的【运动体】按钮，弹出【运动体】

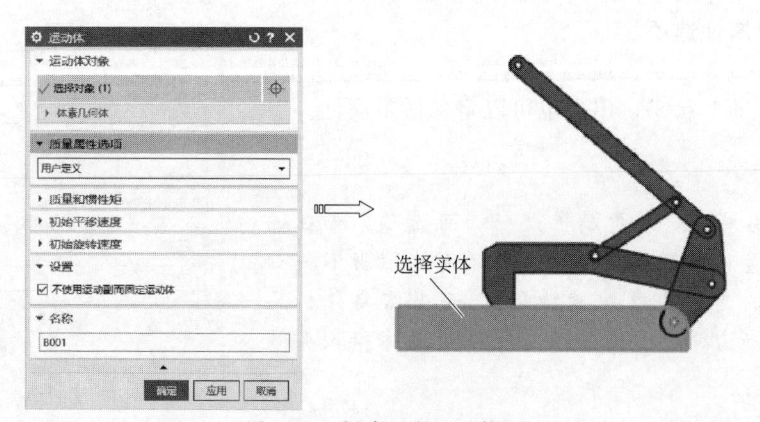

图13-9 创建固定运动体

对话框，选择如图 13-9 所示的实体，设置【质量属性选项】为“自动”，选中【不使用运动副而固定运动体】复选框，【名称】为默认 B001，单击【确定】按钮创建运动体。

Step 03 同理，取消【不使用运动副而固定运动体】复选框，创建其他运动体，如图 13-10 所示。

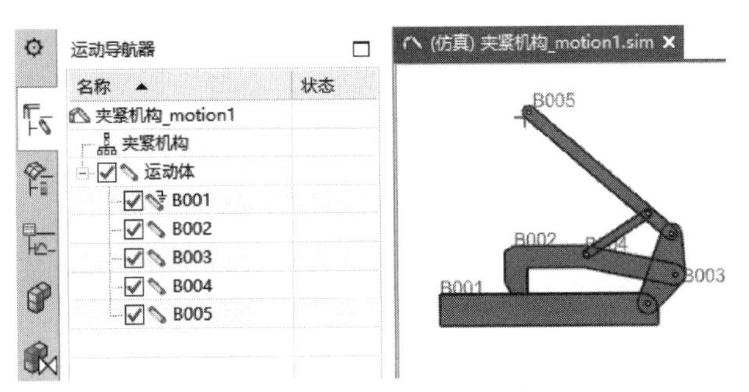

图 13-10 创建其他运动体

13.3 定义材料

材料特性是计算质量和惯性矩的关键因素，UG NX 的材料功能可用来创建新材料、检索材料库中的材料特性，并将这些材料特性赋予机构中的实体。

13.3.1 系统默认材料

如果一个物体未分配特定的材料特性，则用默认的材料密度值，可以继承装配主模型中的材料特性（在建模模块中赋予的）。系统允许用户定义和应用具有特殊特性的新材料。

在 UG NX 中建模的实体具有默认的密度值，其值由用户默认文件设定，通常默认值为 7830.64kg/m^3，在分析方案中未分配特定材料的实体均采用此默认的密度值。选择【文件】|【实用工具】|【用户默认设置】命令，弹出【用户默认设置】对话框，如图 13-11 所示。

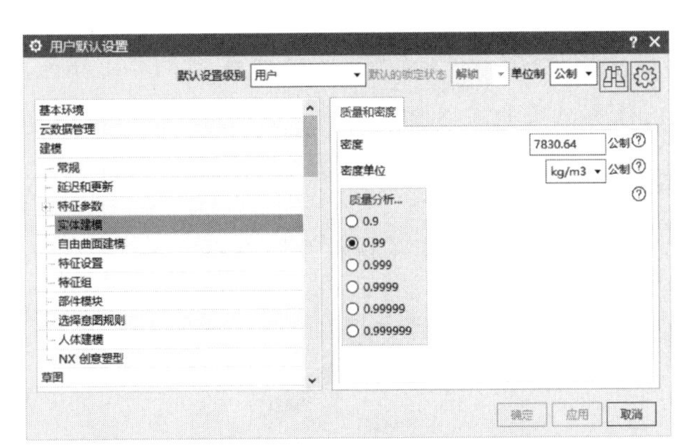

图 13-11 【用户默认设置】对话框

> **技术要点**
>
> 装配主模型中的已分配材料特性的实体，均可在随后的分析方案装配模型中继承其材料特性。

13.3.2 指派材料

指派材料用于将材料直接指派到部件文件中的体。

选择下拉菜单【工具】|【材料】|【指派材料】命令，弹出【指派材料】对话框，如图 13-12 所示。

【指派材料】对话框中相关选项参数含义如下。

(1) 类型

用于确定指定在模型中要向其指派材料的体类型，包括以下选项：

- 选择体：在模型中选择要向其指派选定材料的单独的体。
- 无指派材料的体：选择模型中尚未指派材料的所有体。
- 工作部件中的所有体：选择模型中所有的体。

(2) 材料列表

用于显示材料的列表，包括“首选材料”“库材料”“本地材料”，用户可选择指定模型的材料名称和属性，最常用的是系统自带的【库材料】，如图 13-13 所示。

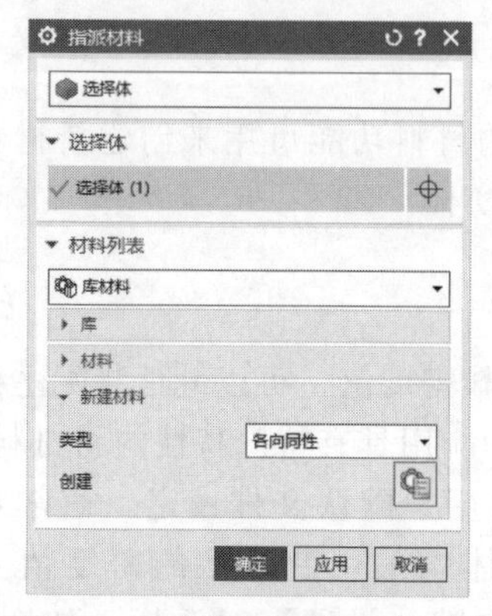

图 13-12 【指派材料】对话框

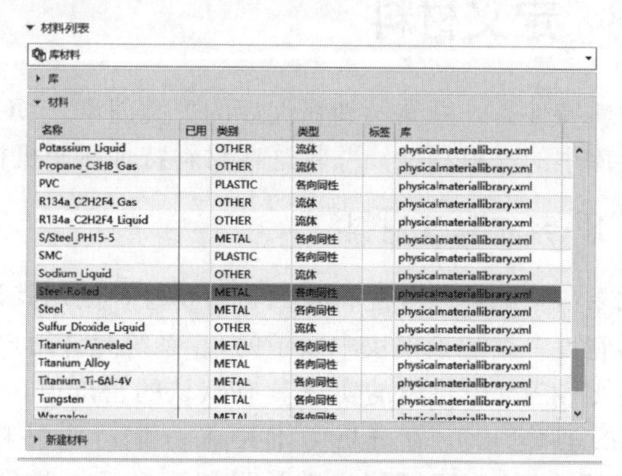

图 13-13 库材料

(3) 新建材料

- 类型：选择要创建的材料的类型，如各向同性或正交各向异性。
- 【创建】：创建新材料并输入材料属性。

操作实例——指派材料实例

如图 13-14 所示为一个夹紧机构，指派材料为库材料 Steel。

扫码看视频

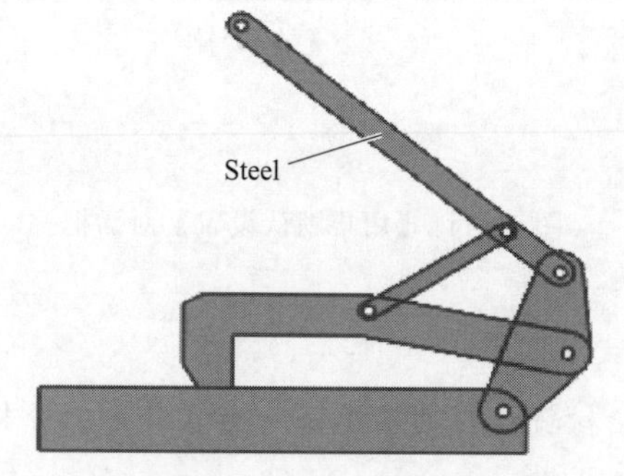

图 13-14 夹紧机构

操作步骤

(1) 打开模型进入运动仿真模块

Step 01 在功能区中单击【主页】选项卡中【标准】组中的【打开】按钮，在弹出【打开】对话框中选择素材文件“实例\第13章\原始文件\13.3\夹紧机构_motion1.sim”，如图13-15所示。

图13-15 打开仿真文件

(2) 指派材料

Step 02 单击【主页】选项卡的【属性】组中的【指派材料】按钮**指派材料**，弹出【指派材料】对话框，在【类型】中选择“选择体”，选择图形区实体，在【材料列表】中选择“库材料”，在【材料】框中选择“Steel”，单击【确定】按钮完成材料指派，如图13-16所示。

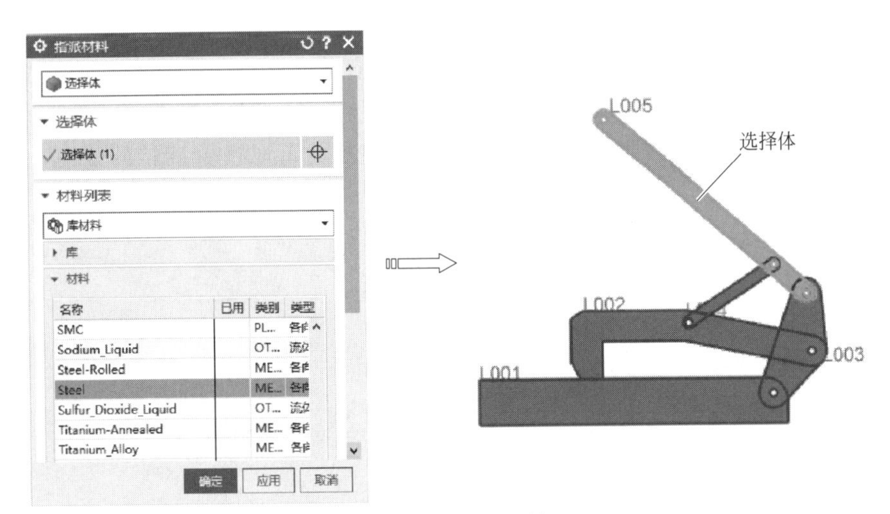

图13-16 指派材料

13.4 创建运动副

在UG NX中可以认为机构就是“连接在一起运动的运动体”的集合。为了组成一个能运动的机构，必须把两个相邻运动体（包括机架、原动件、从动件）以一定方式连接起来。因此，创建机构运动仿真的第二步就是：创建运动副。下面介绍UG NX运动仿真常用的运动副：固定副、旋转副、滑动副、柱面副、螺旋副、万向节、球面副和平面副等。

13.4.1 固定副

固定副连接可以阻止运动体的运动，单个具有固定副的运动体自由度为零。例如，一个运动体上有驱动的滑动副，另一个运动体如果和这个运动体加上固定副，则这两个运动体可以一起运动。

单击【主页】选项卡中的【机构】组中的【运动副】按钮，弹出【运动副】对话框，在【类型】列表中选择“固定副”，选择要固定的运动体，创建固定副，如图 13-17 所示。

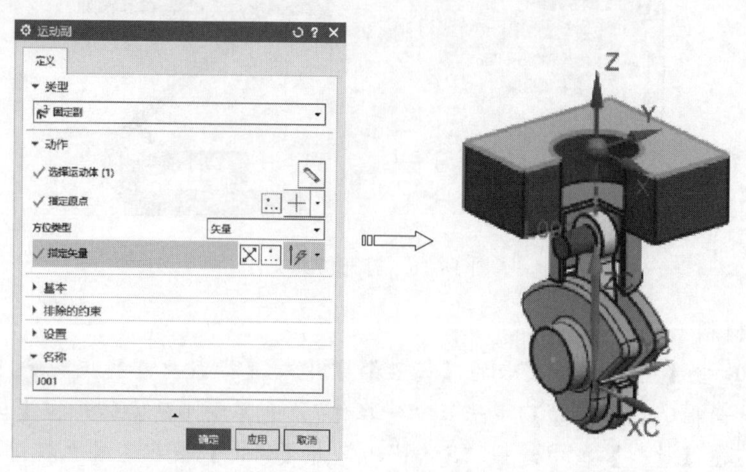

图 13-17　创建固定副

13.4.2 旋转副

旋转副连接可以实现两个运动体绕同一轴做相对的转动。在旋转副中，5 个自由度被限制，物体只能有一个绕 Z 轴转动的自由度，Z 轴的正反向可以设置旋转的方向，如图 13-18 所示。

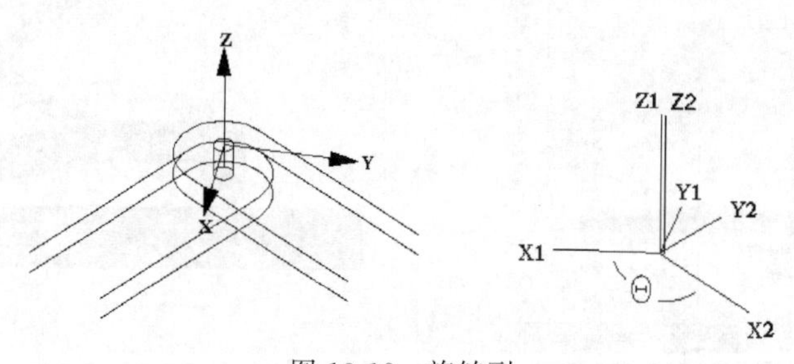

图 13-18　旋转副

单击【主页】选项卡的【机构】组中的【运动副】按钮，弹出【运动副】对话框，在【类型】列表中选择“旋转副”，选择运动体，创建旋转副，如图 13-19 所示。

【旋转副】相关选项参数含义如下。

（1）动作

① 选择运动体　选择第一个希望约束的运动体，可以选择属于链接的任何几何对象。默认的原点和方向是从所选择的几何中推断出来的。

② 指定原点　用于指定旋转副原点，可使用其后的点构造器创建原点。

③ 方位类型　用于定义旋转副的方位，包括以下 2 个选项：

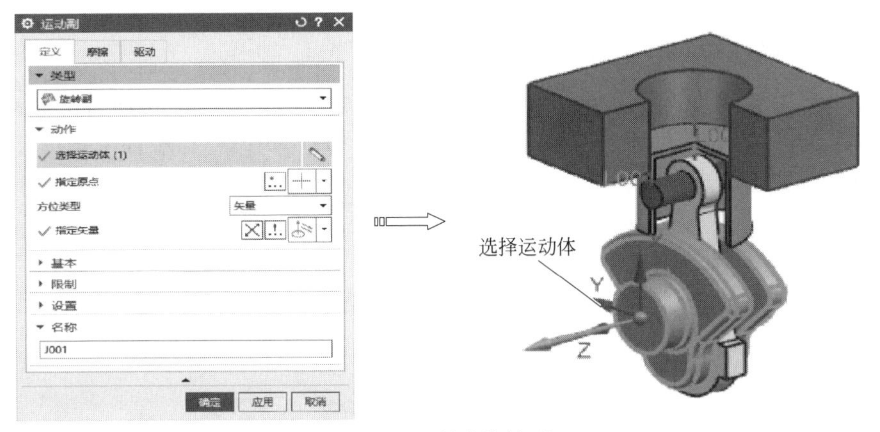

图 13-19　创建旋转副

• 矢量：为运动副指定主矢量。例如，一个旋转副，选择一个矢量，关节可以绕该轴旋转，此时可选择旋转副坐标系 Z 方向，软件自动计算关节坐标系的其他两个方向。

• CSYS：指定坐标系。允许使用 UG NX 坐标系工具指定运动副的坐标系的所有三个方向。

(2) 基本

用于选择运动副要约束的第二个运动体。

(3) 限制

用于定义旋转副的极限。

(4) 设置

显示比例，用于设置运动副在图形区显示图标的大小。

(5) 名称

用于指定旋转副的名称。

13.4.3 滑动副

滑动副可以连接两个部件，并保持接触和相对的滑动。在滑动副中，5 个自由度被限制，物体只能沿方位的 Z 轴方向运动，Z 轴正反向可以设置运动的方向，如图 13-20 所示。

单击【主页】选项卡的【机构】组中的【运动副】按钮，弹出【运动副】对话框，在【类型】列表中选择“滑动副”，选择滑动副运动体，创建滑动副，如图 13-21 所示。

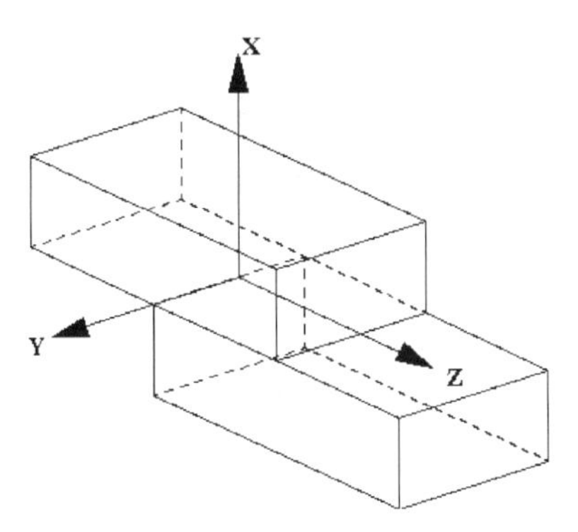

图 13-20　滑动副

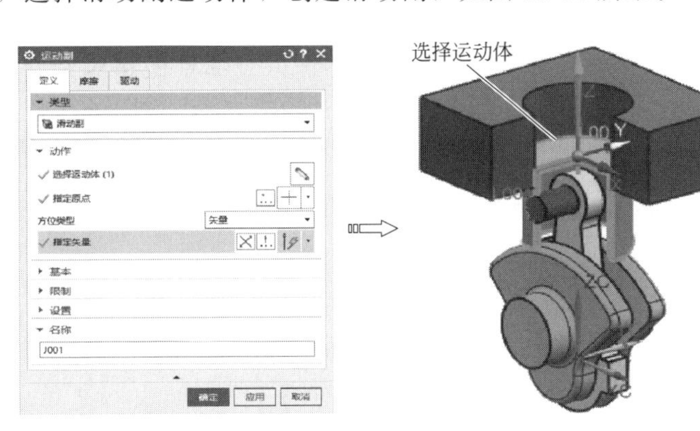

图 13-21　创建滑动副

13.4.4 柱面副

圆柱副连接实现了一个部件绕另一个部件（或机架）的相对转动和轴向位移。在柱面副中，4 个自由度被限制，物体只能沿 Z 轴方向移动和转动，即绕 Z 轴自由转动和沿 Z 轴自由移动，如图 13-22 所示。

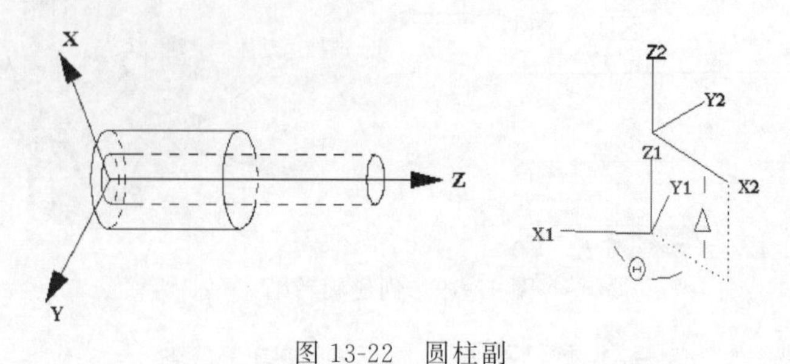

图 13-22 圆柱副

单击【主页】选项卡的【机构】组中的【运动副】按钮，弹出【运动副】对话框，在【类型】列表中选择“柱面副”，选择柱面副运动体，创建柱面副，如图 13-23 所示。

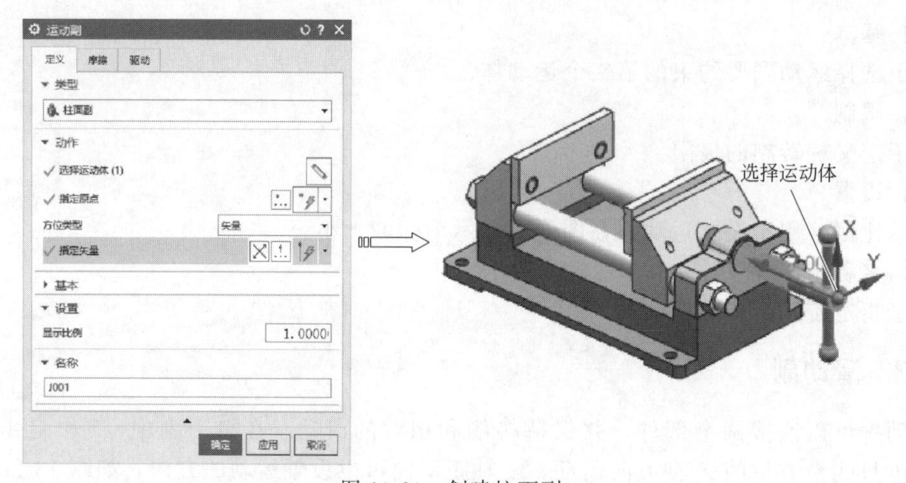

图 13-23 创建柱面副

13.4.5 螺旋副

螺旋副连接实现了一个部件绕另一部件做相对螺旋运动，它只限制 1 个自由度，物体在除轴心方向外可任意运动，如图 13-24 所示。

技术要点

螺旋副本身不能对两个运动体进行约束，为了达到期望的约束，必须将柱面副和滑动副结合起来。可以认为柱面副代表全螺纹的一对螺母和螺栓。当柱面副和螺旋副结合后，柱面副提供约束，将运动体定位于圆柱/螺旋副的轴线上。

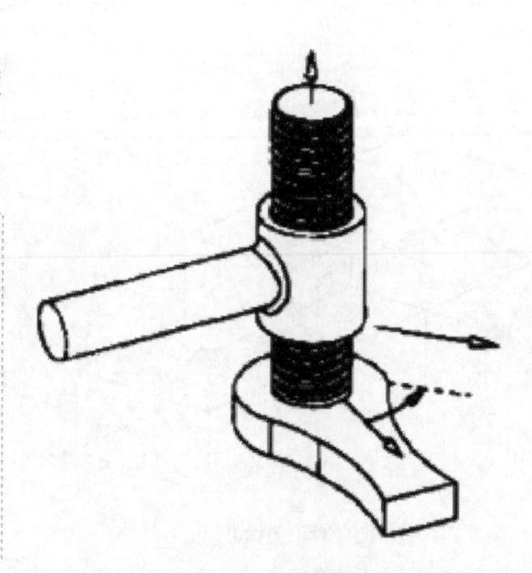

图 13-24 螺旋副

单击【主页】选项卡的【机构】组中的【运动副】按钮，弹出【运动副】对话框，在【类型】列表中选择“螺旋副”，选择基本运动体和动作运动体，创建螺旋副，如图 13-25 所示。

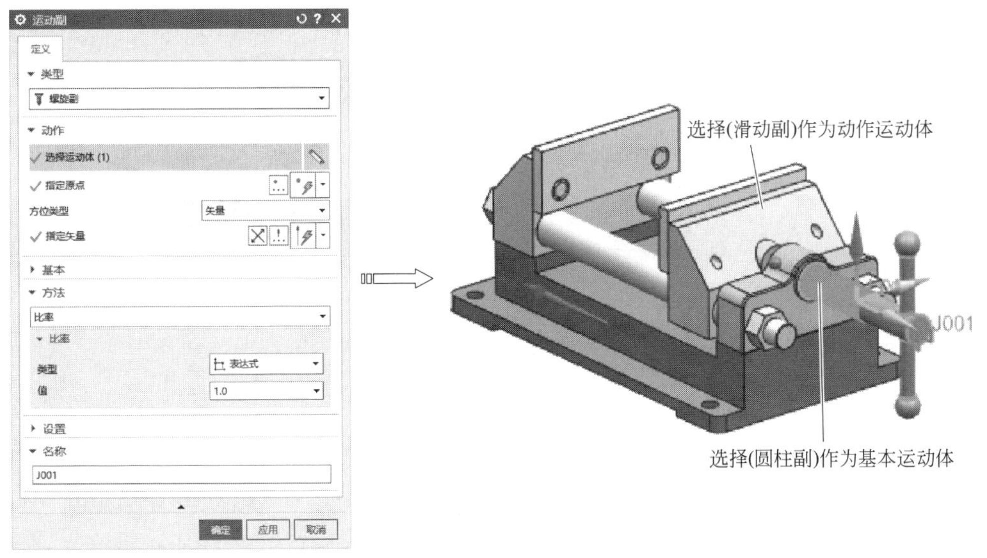

图 13-25　创建螺旋副

13.4.6　万向节

万向节实现了两个运动体之间绕相互垂直的两个轴做相对的运动。万向节一共限制 4 个自由度，物体只能沿两个轴旋转，如图 13-26 所示。

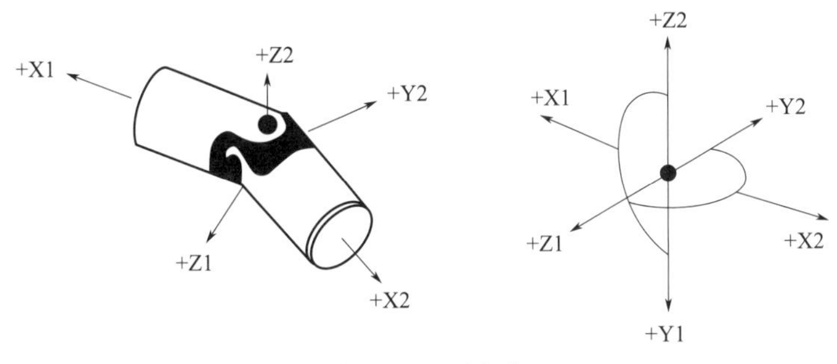

图 13-26　万向节

技术要点

由于万向节没有咬合功能，当装配的位置与设计的位置不一致时，需要先装配好模型。

单击【主页】选项卡的【机构】组中的【运动副】按钮，弹出【运动副】对话框，在【类型】列表中选择“万向节”，选择操作运动体和基运动体，设置矢量 X 方向，单击【确定】按钮创建万向节，如图 13-27 所示。

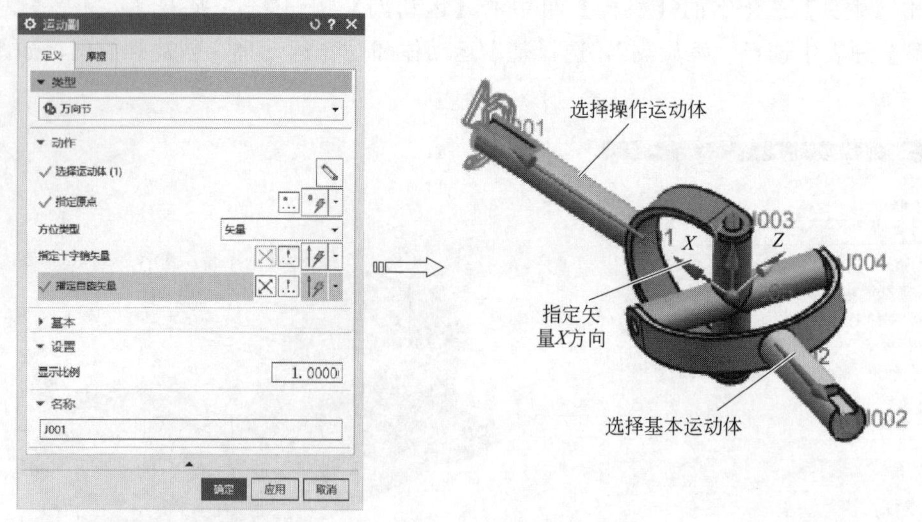

图 13-27　创建万向节

13.4.7　球面副

球面副实现了一个运动体绕另一个运动体（或机架）作相对的各个自由度的运动。球面副有 3 个旋转自由度：关于 X，Y 和 Z 轴，球面关节也称为球头和关节，如图 13-28 所示。

单击【主页】选项卡的【机构】组中的【运动副】按钮，弹出【运动副】对话框，在【类型】列表中选择“球面副”，选择球面副运动体，指定原点和方向矢量，创建球面副，如图 13-29 所示。

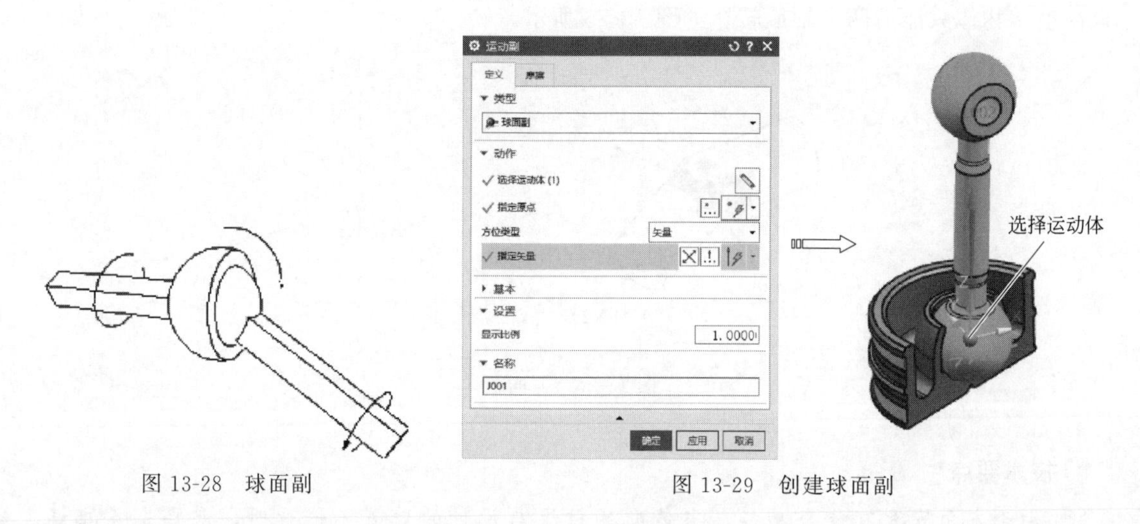

图 13-28　球面副　　　　图 13-29　创建球面副

13.4.8　平面副

平面副可以连接两个运动体之间以平面相接触、互相约束，用于描述物体在平面内任意运动。平面副有 3 个自由度：2 个平移自动度、1 个转动自由度，如图 13-30 所示。

单击【主页】选项卡的【机构】组中的【运动副】按钮，弹出【运动副】对话框，在【类型】列表中选择“平面副”，选择运动体和矢量方向，创建平面副，如图 13-31 所示。

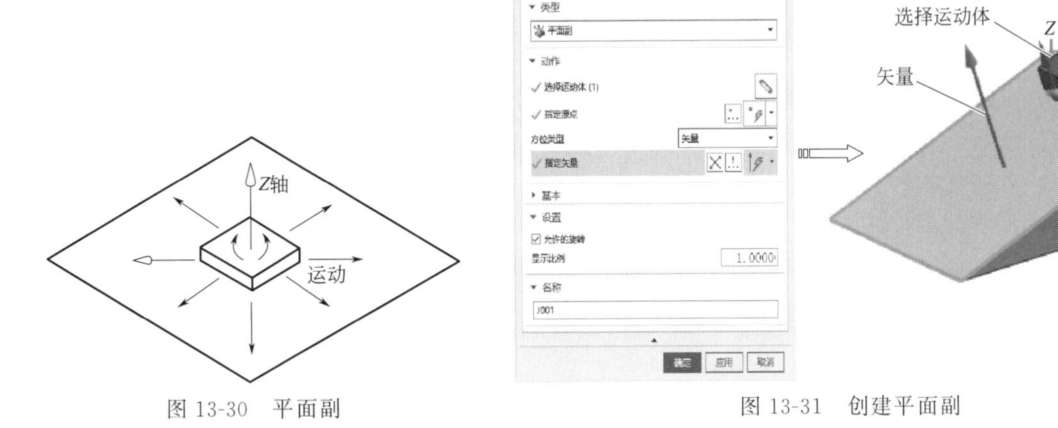

图 13-30　平面副

图 13-31　创建平面副

操作实例——创建运动副实例

如图 13-32 所示为一个曲柄活塞机构，创建固定副、旋转副和滑动副。

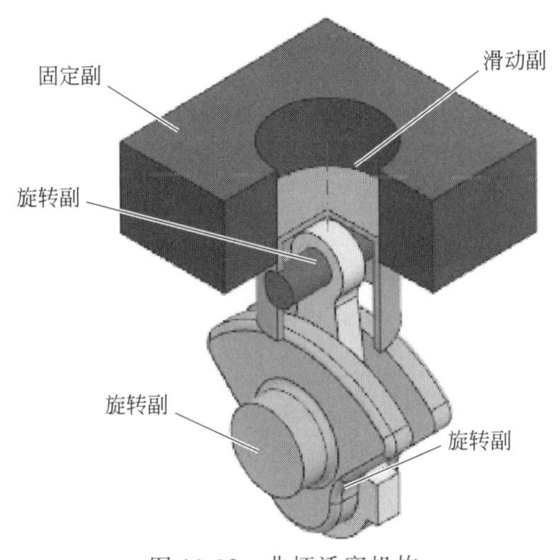

扫码看视频

图 13-32　曲柄活塞机构

操作步骤

(1) 打开仿真文件

Step 01　在功能区中单击【主页】选项卡中【标准】组中的【打开】按钮，在弹出【打开】对话框中选择素材文件“实例\第 13 章\原始文件\13.4\K 装配_motion1.sim”，如图 13-33 所示。

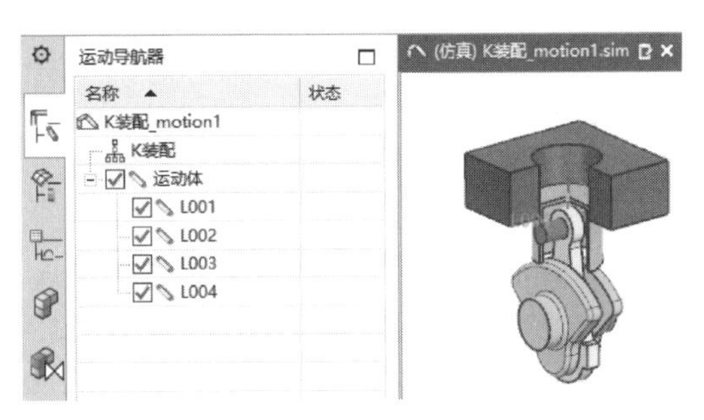

图 13-33　打开仿真文件

(2) 创建固定副 J001

Step 02　单击【主页】选项卡中的【机

构】组中的【运动副】按钮，弹出【运动副】对话框，在【类型】列表中选择“固定副”，选择如图 13-34 所示的运动体，单击【应用】按钮创建固定副 J001。

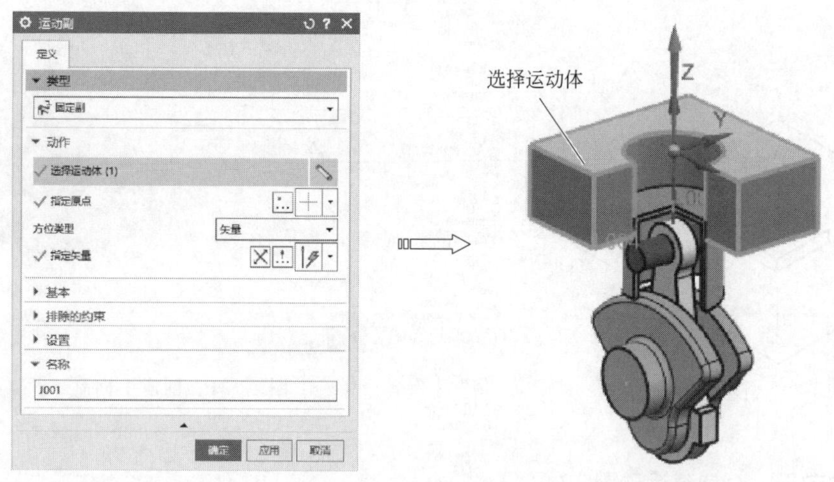

图 13-34 创建固定副

(3) 创建旋转副 J002

Step 03 单击【主页】选项卡的【机构】组中的【运动副】按钮，弹出【运动副】对话框，在【类型】列表中选择“旋转副”，选择如图 13-35 所示中心线的中点，此时整个运动体加亮，出现运动副坐标系，单击【应用】按钮创建旋转副 J002。

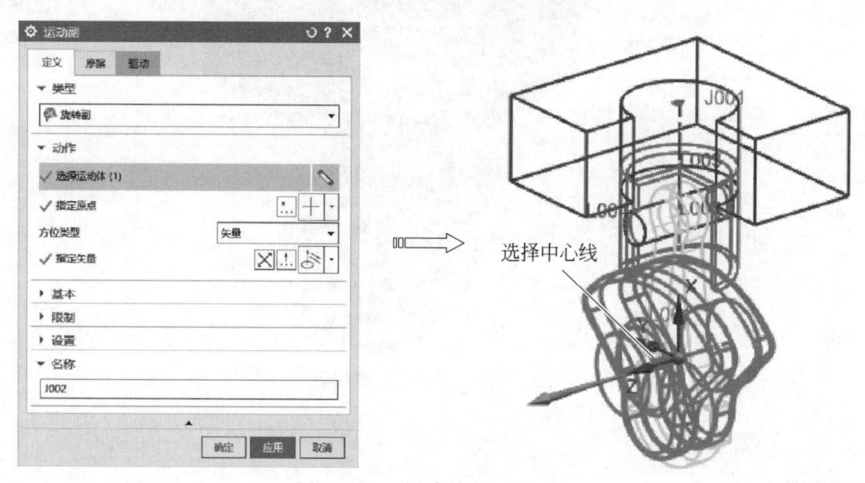

图 13-35 创建旋转副 J002

(4) 创建旋转副 J003

Step 04 单击【主页】选项卡的【机构】组中的【运动副】按钮，弹出【运动副】对话框，在【类型】列表中选择“旋转副”，选择如图 13-36 所示运动体中心线的中点，此时整个运动体加亮，出现运动副坐标系。

Step 05 在【基本】组中激活【选择运动体】按钮，选择如图 13-37 所示的曲柄作为基运动体，单击【确定】按钮创建旋转副 J003。

(5) 创建旋转副 J004

Step 06 单击【主页】选项卡中的【设置】组中的【运动副】按钮，弹出【运动副】

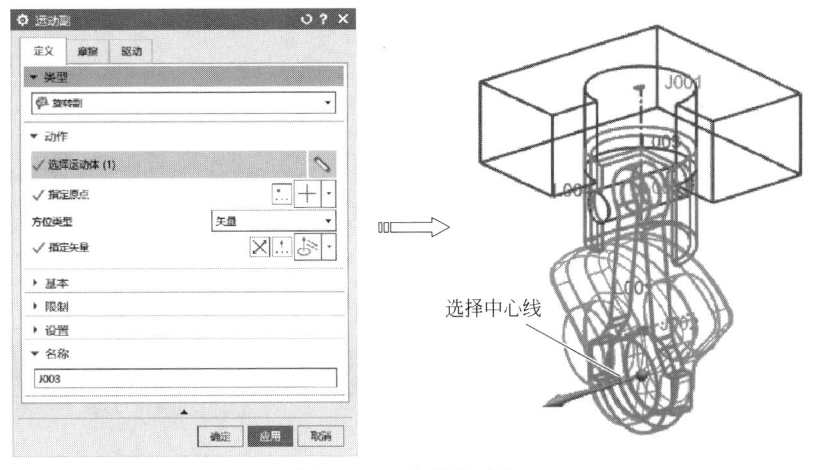

图 13-36　选择运动体

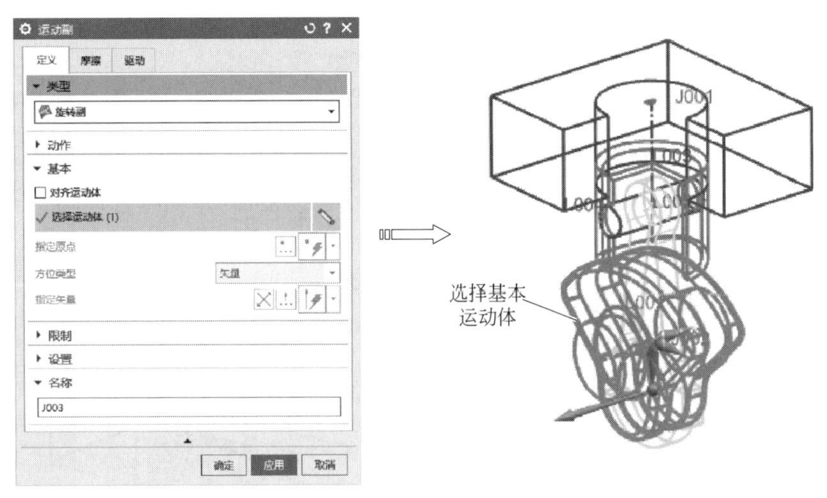

图 13-37　创建旋转副 J003

对话框，在【类型】列表中选择“旋转副”，选择如图 13-38 所示运动体。

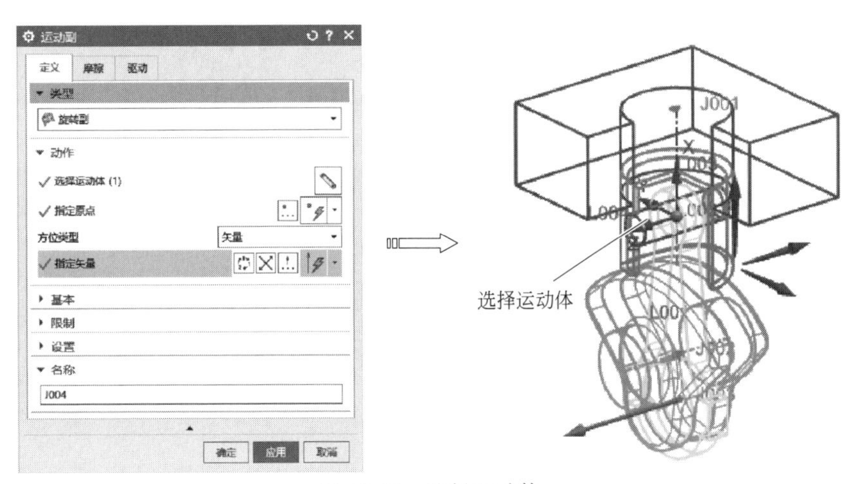

图 13-38　选择运动体

Step 07 在【基本】组中激活【选择运动体】按钮，选择如图 13-39 所示的曲柄作为基运动体，单击【确定】按钮创建旋转副 J004。

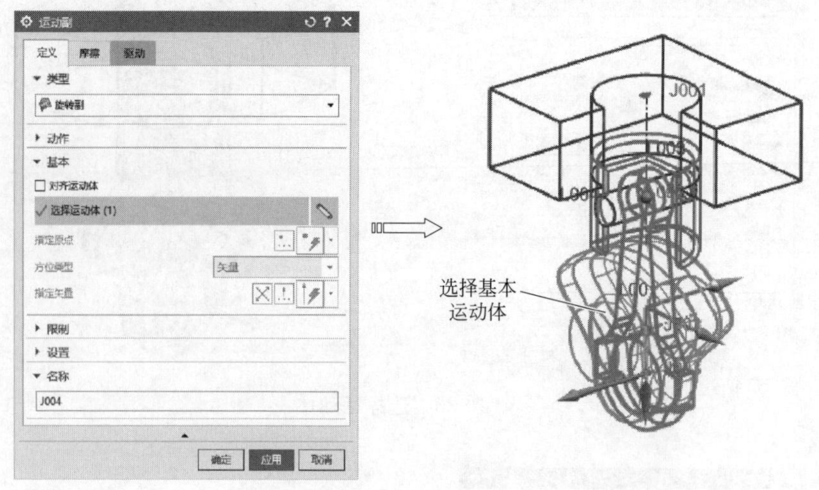

图 13-39 创建旋转副 J004

(6) 创建滑动副 J005

Step 08 单击【主页】选项卡中的【设置】组中的【运动副】按钮，弹出【运动副】对话框，在【类型】列表中选择“滑动副”，选择如图 13-40 所示的运动体，单击【确定】按钮创建滑动副 J005。

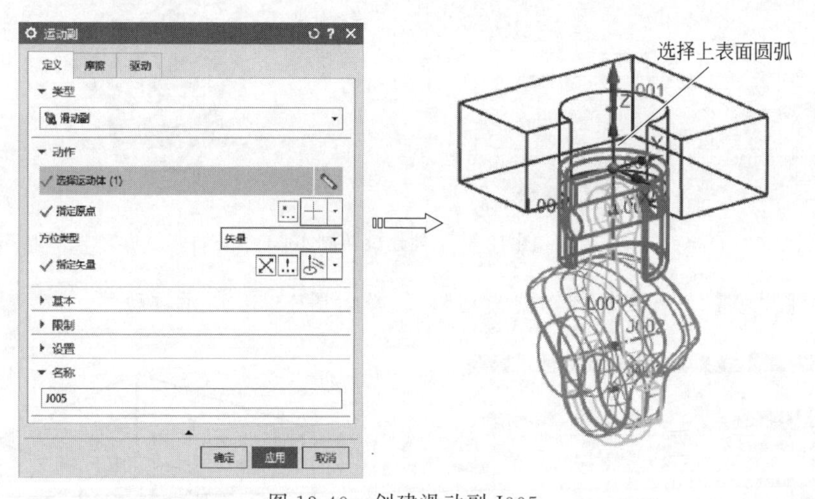

图 13-40 创建滑动副 J005

技术要点

当运动副只有一个运动体时，则自动成为与地固定的运动副。

13.5 约束

约束可以指定两个对象的链接关系，常用于发动机气门、仿形运动、刮雨器等场合，包括点在线上副、线在线上副、点在面上副等。

13.5.1 点在线上副

点在曲线上（point-on-curve）运动类型可以保持两个对象之间的点与线接触，如缆车沿钢丝上升或下降，如图 13-41 所示。

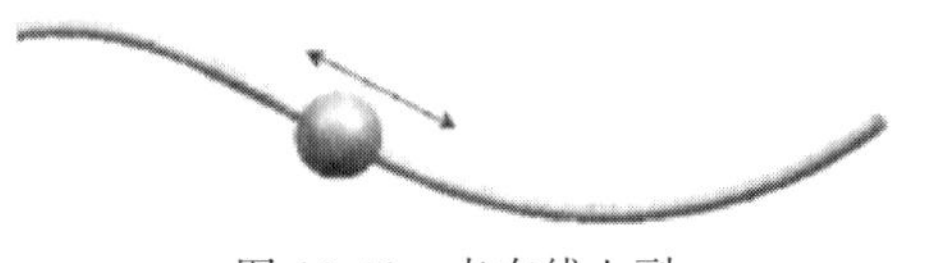

图 13-41 点在线上副

技术要点

点在线上副会维持两个运动体之间以及一个运动体和一个固定的非运动体曲线之间的点接触。点在线上副有 4 个运动自由度。

单击【主页】选项卡的【约束】组中的【点在线上副】按钮，弹出【点在线上副】对话框，如图 13-42 所示。

图 13-42 【点在线上副】对话框

【点在线上副】对话框中相关选项参数含义如下。

（1）点

- 选择运动体：选择包含点的运动体。
- 点：选择点，该点会被约束，并保持和曲线接触。该点可以属于运动体或地的一部分。

（2）曲线

- 选择曲线：定义的点要跟随曲线。该对象可以是运动体或地的一部分。

13.5.2 线在线上副

线在线上副可保持两个对象之间的曲线相接触，如凸轮运动等，如图 13-43 所示。在线在线上副中，第一个运动体中的曲线必须和第二个运动体中的曲线保持接触且相切，两个运动体中有 4 个原点自由度。

单击【主页】选项卡的【约束】组中的【线在线上副】按钮，弹出【线在线上副】对话框，如图 13-44 所示。

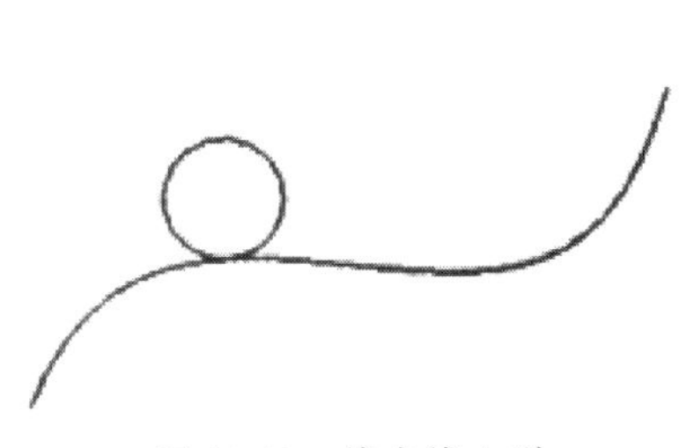

图 13-43 线在线上副

图 13-44 【线在线上副】对话框

【线在线上副】对话框中相关选项参数含义如下。

(1) 第一曲线集

• 选择曲线：在图形区拾取第一个运动体中的平面曲线。记住第一条曲线或第二条曲线必须属于一个链接。

(2) 第二曲线集

• 选择曲线：在图形区拾取第二个运动体中的共面曲线。

(3) 设置

• 显示比例：在图形窗口中控制约束对象符号的显示大小，默认值是1。

(4) 名称

用于指定约束对象的唯一名称。

13.5.3 点在面上副

点在面上副可以保持两个对象之间的点和曲线相接触，点在曲面上去掉了对象的3个自由度，物体可以沿曲面移动或旋转，如图13-45所示。

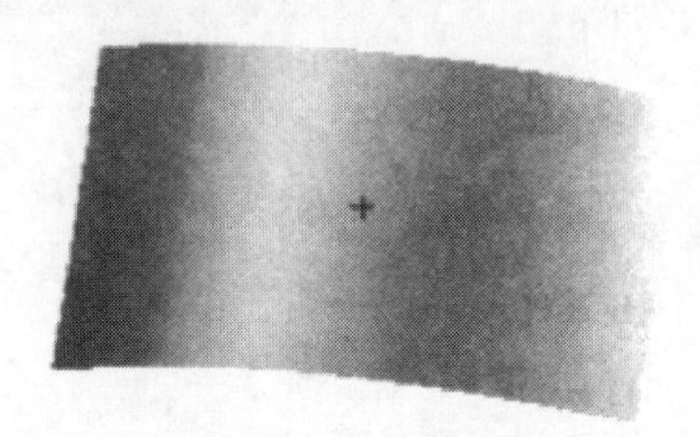

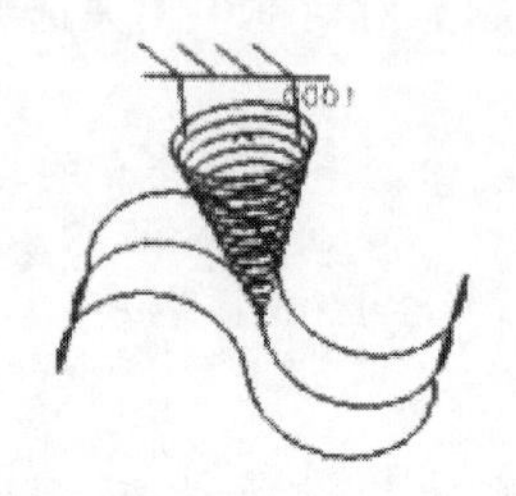

图13-45 点在面上副

单击【主页】选项卡的【约束】组中的【点在面上副】按钮，弹出【点在面上副】对话框，如图13-46所示。

图13-46 【点在面上副】对话框

【点在面上副】对话框中相关选项参数含义如下。

(1) 点

• 选择运动体：选择点所在的运动体。选择运动体时推断点位置。

• 点：选择将被限制到表面的点，该点必须与曲面不同。

(2) 面

• 选择面：选择将点限制的曲面。可以使用顶部边框条上的筛选选项来进行选择。

曲面应该是连续的，所有的面必须属于同一个环节，必须保留一个自由边。这意味着不应选择实体上的所有面。选择的面不能与点具有相同的运动体。

(3) 设置

• 显示比例：在图形窗口中控制约束对象符号的显示大小，默认值是1。

(4) 名称

用于指定约束对象的唯一名称。

操作实例——创建约束实例

如图 13-47 所示为一个凸轮机构，创建线在线上副。

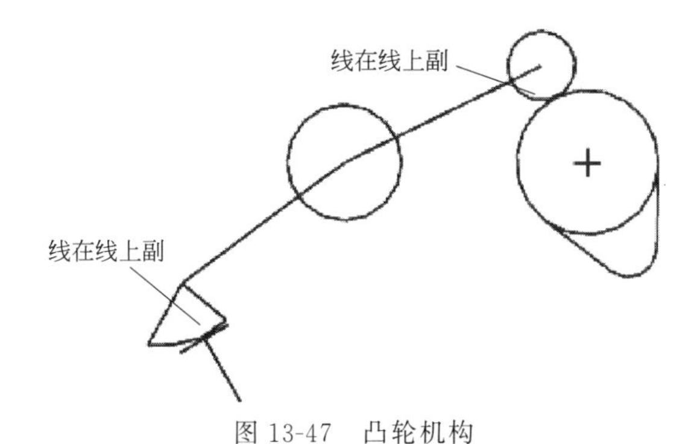

图 13-47　凸轮机构

操作步骤

(1) 打开仿真文件

Step 01 在功能区中单击【主页】选项卡【标准】组中的【打开】按钮，在弹出【打开】对话框中选择素材文件“实例\第 13 章\原始文件\13.5\act_3-3_motion1.sim”，如图 13-48 所示。

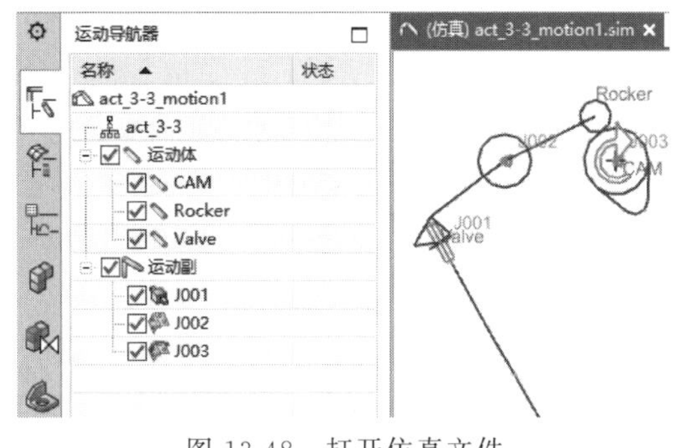

图 13-48　打开仿真文件

(2) 创建线在线上副

Step 02 单击【主页】选项卡中的【约束】组中的【线在线上副】按钮，弹出【线在线上副】对话框，单击【第一曲线集】选项中的【选择曲线】按钮，选择如图 13-49 所示的第一条曲线；单击【第二曲线集】选项中的【选择曲线】按钮，选择如图 13-49 所示的第二条曲线，单击【确定】按钮返回。

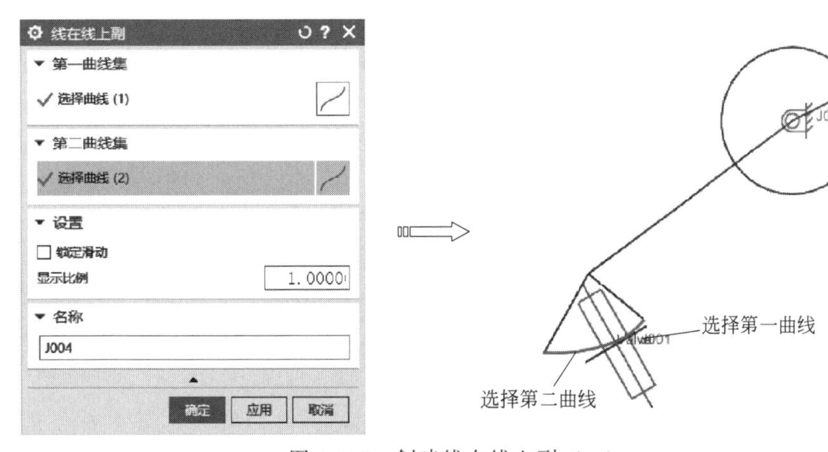

图 13-49　创建线在线上副（一）

Step 03 单击【主页】选项卡的【约束】组中的【线在线上副】按钮，弹出【线在线上副】对话框，单击【第一曲线集】选项中的【选择曲线】按钮，选择如图 13-50 所示的第一条曲线；单击【第二曲线集】选项中的【选择曲线】按钮，选择如图 13-50 所示的第二条曲线，单击【确定】按钮返回。

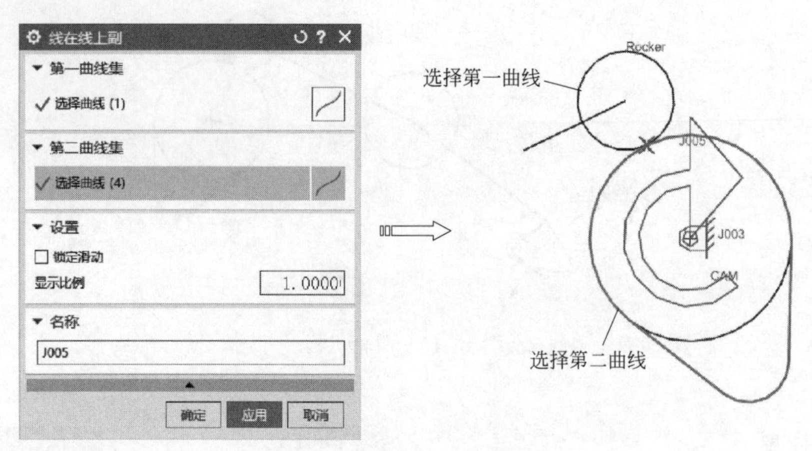

图 13-50　创建线在线上副（二）

13.6　力和力矩

力是物体之间的相互作用，力可以改变物体的运动状态、形状，本节介绍 UG NX 中力和力矩的相关知识。

13.6.1　标量力

标量力（Scalar Force）是在任意两个运动体之间的直线上施加的载荷，仅定义力的大小，方向根据各个运动体上的附着点确定，在运动模拟过程中，随运动体位置变化方向可以不断变化。

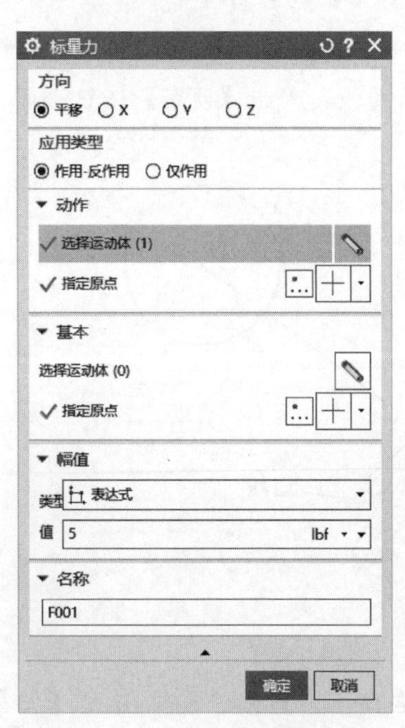

图 13-51　【标量力】对话框

单击【主页】选项卡的【加载】组中的【标量力】按钮，弹出【标量力】对话框，如图 13-51 所示。

【标量力】对话框中相关选项参数含义如下。

(1) 方向

用于指定标量力的方向。

(2) 应用类型

用于指定标量力是否施加一个或两个运动体：

- 作用-反作用：力等效施加到操作运动体 Action link 和基运动体 Base link。
- 仅作用：力仅施加到操作运动体 Action link。

(3) 动作

- 选择运动体：选择定义标量力的作用物体，它必须是一个运动体。
- 指定原点：定义标量的终点，箭头的尾部。

(4) 基本

- 选择运动体：选择力的基本运动体。如果要获得所使用的反作用力，需要指定基本运动体。不过无论是否选择基本运动体，都需要一个基本原点。
- 指定原点：定义标量的起点，箭头的头部。标量力的方向通过它的起点和终点来推动。

(5) 幅值

用于定义力的幅值大小。

13.6.2 矢量力

矢量力是具有一定大小、以某方向作用的力，且其方向在坐标系中保持不变。

> **技术要点**
>
> 矢量力和标量力的主要区别是力的方向：在运动分析方案中，标量力的方向可以不断变化，而矢量力的方向在某一个坐标系中始终保持不变。

单击【主页】选项卡的【加载】组中的【矢量力】按钮，弹出【矢量力】对话框，如图 13-52 所示。

图 13-52 【矢量力】对话框

【矢量力】对话框中相关选项参数含义如下。

(1) 类型

用于指定矢量力方向的方法：

- 幅值和方向：使用标准矢量工具来定义矢量力方向。
- 分量：在绝对坐标系中定义力的 X、Y 和 Z 分量。

（2）操作

• 选择运动体：选择定义矢量力的作用物体，它必须是一个运动体。

• 指定原点：定义矢量力的终点，箭头的尾部。

（3）基本

• 选择运动体：选择力的基本运动体，这一定是个运动体。如果要获得所使用的反作用力，需要指定基本运动体。

（4）参考

• 选择运动体：选择力的基本运动体，该运动体承受大小相等、方向相反的作用力。

• 指定原点：定义参考运动体力的作用原点。

• 指定矢量：当【类型】为“幅值和方向”时，用于定义力的方向。

• 指定坐标系：当【类型】为“分量”时，用于指定坐标系以确定力应用于运动体的方向。

13.6.3 标量扭矩

标量扭矩施加一定大小的力矩作用在某一旋转副的轴线或运动体上。正的扭矩为顺时针旋转，负的扭矩为逆时针旋转。

单击【主页】选项卡中的【加载】组中的【标量扭矩】按钮，弹出【标量扭矩】对话框，如图13-53所示。

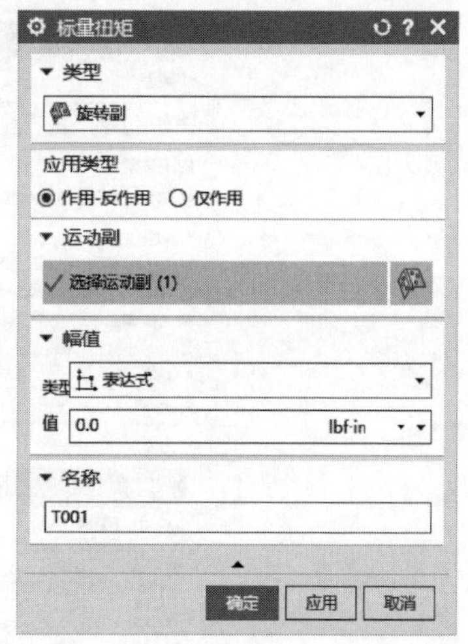

图13-53 【标量扭矩】对话框

【标量扭矩】对话框中相关选项参数含义如下。

（1）【类型】选项

• 运动体：扭矩施加到运动体。

• 旋转副：扭矩施加到旋转副。

（2）【运动副】选项

用于选择定义标量扭矩的运动副，它一般为旋转副。

（3）幅值

用于定义标量扭矩的幅值大小。

13.6.4 矢量扭矩

矢量扭矩（Vector Torque）同标量扭矩一样使物体做旋转运动。标量扭矩只能施加在旋转副上，而矢量扭矩则是施加在运动体上，并可以定义反作用力运动体。

技术要点

矢量扭矩和标量扭矩的主要区别是旋转轴的定义。标量扭矩必须施加在旋转副上且必须采用旋转副的轴线；而矢量扭矩则是施加在运动体上，其旋转轴可由上述两个坐标系中的一个独立定义。

单击【主页】选项卡的【加载】组中的【矢量扭矩】按钮，弹出【矢量扭矩】对话框，如图13-54所示。

图 13-54 【矢量扭矩】对话框

【矢量扭矩】对话框中相关选项参数含义如下。

(1) 类型

用于指定矢量扭矩方向的方法：

- 幅值和方向：使用标准矢量定义扭矩旋转轴方向。
- 分量：在绝对坐标系中定义扭矩的 X、Y 和 Z 分量。

(2) 动作

- 选择运动体：选择定义矢量扭矩的作用运动体，矢量扭矩必须作用在一个运动体。
- 指定原点：定义矢量力矩原点的精确位置。矢量扭矩的原点可以位于第一个运动体上或在模型空间的任意点。

(3) 基本

- 选择运动体：选择扭矩的基本运动体，这一定是个运动体。如果要获得所使用的反作用扭矩，需要指定基本运动体。

(4) 参考

- 选择栏杆：选择矢量的参考运动体，该运动体承受大小相等、方向相反的矢量力矩。
- 指定原点：定义矢量力矩的作用体原点。
- 指定矢量：当【类型】为“幅值和方向”时，定义矢量力矩的方向。

操作实例——创建扭矩实例

如图 13-55 所示为一个操作转盘机构，创建矢量扭矩。

扫码看视频

(1) 打开仿真文件

Step 01 在功能区中单击【主页】选项卡【标准】组中的【打开】按钮

，在弹出【打开】对话框中选择素材文件“实例\第13章\原始文件\13.6\CZ-PASM_motion1.sim”，如图13-56所示。

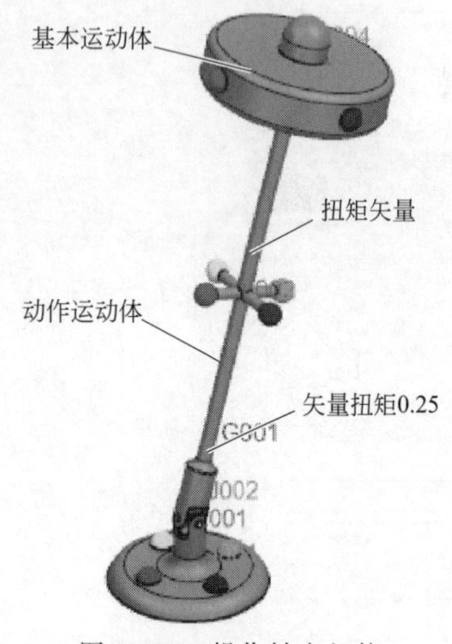

图13-55　操作转盘机构

图13-56　打开仿真文件

(2) 创建矢量扭矩

Step 02　单击【主页】选项卡的【加载】组中的【矢量扭矩】按钮，弹出【矢量扭矩】对话框，设置【类型】为“幅值和方向”，在【幅值】组框中，选择【类型】下的“表达式”，在【值】文本框中输入0.25。

Step 03　在【动作】组框中，单击【选择运动体】按钮，选择中间运动体；单击【指定原点】按钮，选择圆弧圆心为原点，如图13-57所示。

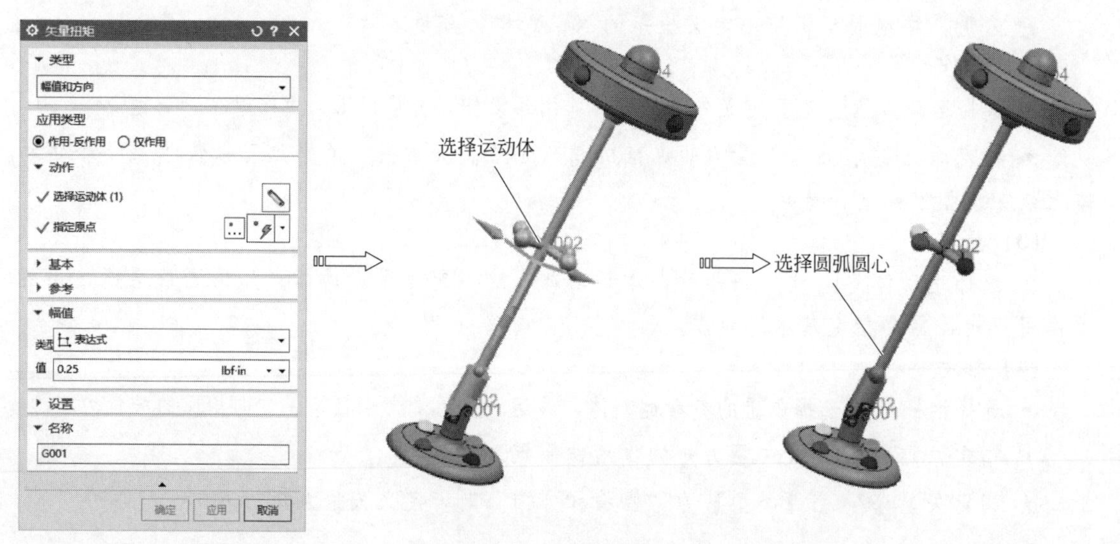

图13-57　选择运动体

Step 04　在【基本】组框中，选择如图13-58所示的运动体，使得该运动体接受大小相等、方向相反的反作用扭矩。

Step 05　在【参考】组框中，单击【指定矢量】按钮，选择如图13-59所示的圆柱面。

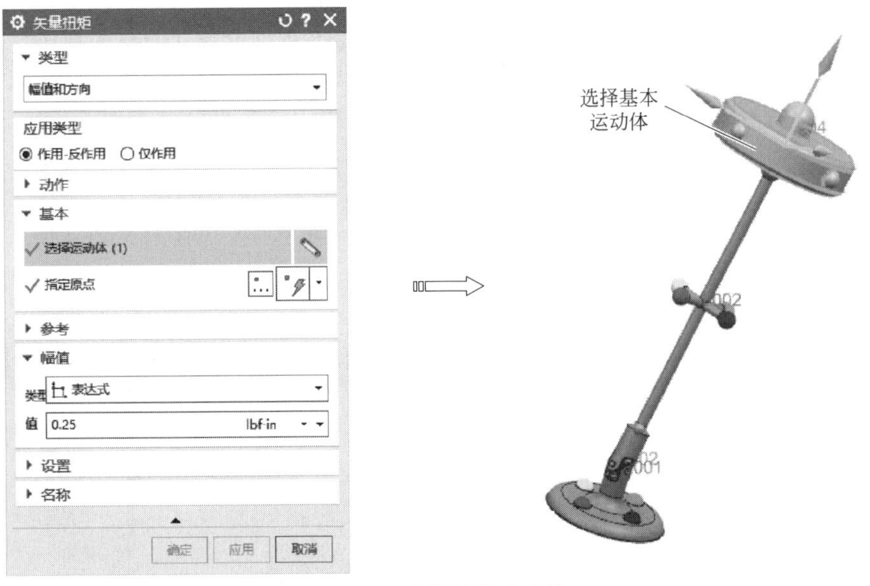

图 13-58　选择基本运动体

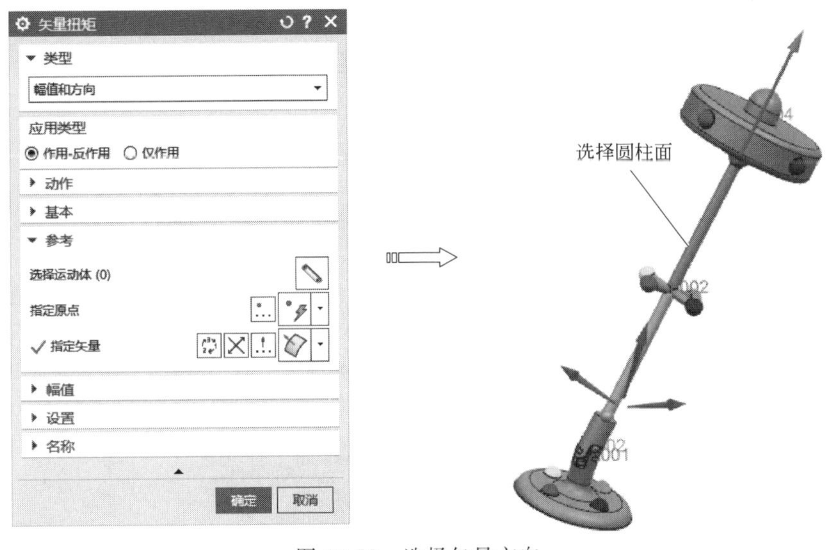

图 13-59　选择矢量方向

13.7　运动驱动

运动仿真创建方案的第一步是创建运动体，第二步是创建运动副。本节介绍创建运动分析方案的最后一步：创建运动驱动（Motion Driver）。

运动驱动是赋在运动副上控制运动的运动副参数。单击【主页】选项卡的【机构】组中的【驱动体】按钮，弹出【驱动】对话框，如图 13-60 所示。

【驱动】对话框中相关选项参数含义如下。

(1) 驱动对象

用于选择驱动施加的旋转副、滑动副、圆柱副。在该解决方案中，这个独立的驱动程序

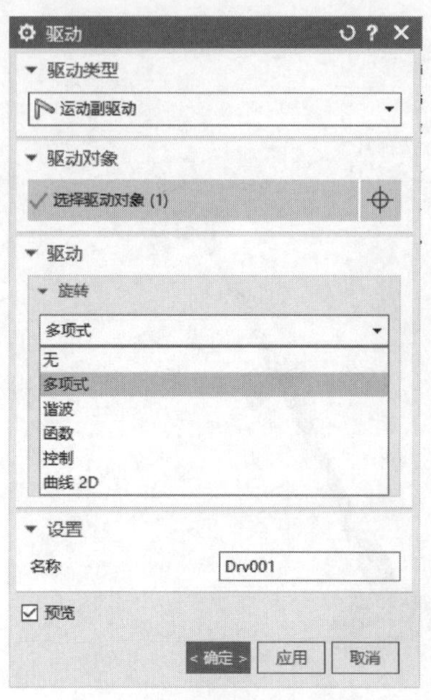

图 13-60 【驱动】对话框

重写了为联合定义的默认驱动程序。对于任何给定的关节，解决方案只能包含单个独立的驱动程序。

(2) 驱动

UG NX 系统提供了 6 种驱动类型：

- 无：无驱动（No Driver）顾名思义，没有外加的运动驱动赋在运动副上。
- 多项式（恒定）：驱动按照多项式进行，所需输入参数是位移（时间 $t=0$ 时的初始位移位置)、速度和加速度。
- 谐波：谐波驱动设运动副为恒定运动，这类运动驱动要设置需要的初始位移或初始速度或初始加速度。
- 函数：运动函数（Motion Function）是描述复杂运动驱动的数学函数。这里有一个阶梯（STEP）函数的例子，运动副直接按时间和位移之间的关系运动，当时间 t1=0，位移 x1=0；当时间 t2=5，位移 x2=20，则描述此运动的数学函数为：STEP（TIME，0，0，5，20）
- 控制：当采用 Simcenter Motion 求解器时，采用端口限号控制运动驱动，如机电输出端口信号。
- 曲线 2D：当采用 Simcenter Motion 求解器时，采用草图曲线作为运动驱动。

(3) 设置

- 名称：设置驱动名称，该名称显示在【仿真导航器】窗口中。

(4) 预览

选中【预览】复选框，在驱动上显示一个箭头，指示将被驱动的方向。

操作实例——创建运动驱动实例

如图 13-61 所示为一个滑动机构，创建简谐驱动，幅值为 40mm，频率为 60°/s。

扫码看视频

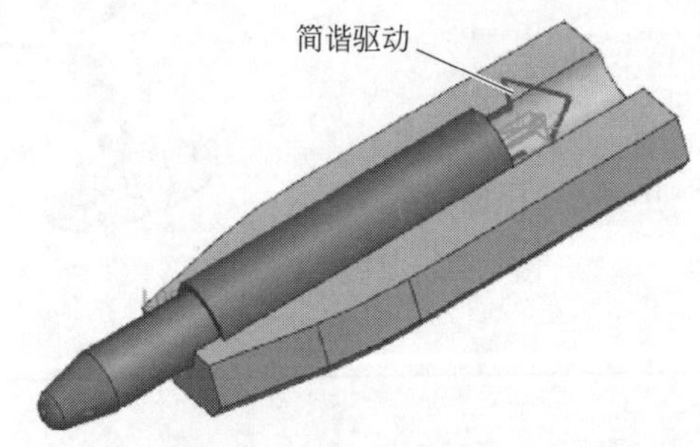

图 13-61 滑动机构

操作步骤

(1) 打开仿真文件

Step 01 在功能区中单击【主页】选项卡中【标准】组中的【打开】按钮，在弹出【打开】对话框中选择素材文件“实例 \ 第 13 章 \ 原始文件 \ 13.7 \ motion _ 1. sim”，如图 13-62 所示。

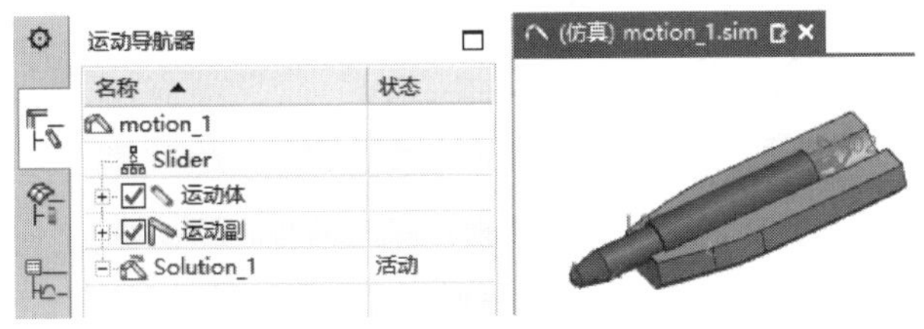

图 13-62 打开仿真文件

(2) 创建谐波运动驱动

Step 02 单击【主页】选项卡的【机构】组中的【驱动体】按钮，弹出【驱动】对话框，选择滑动副，设置【驱动】为“谐波”、【幅值】为 40mm、【频率】为 60°/s，如图 13-63 所示。

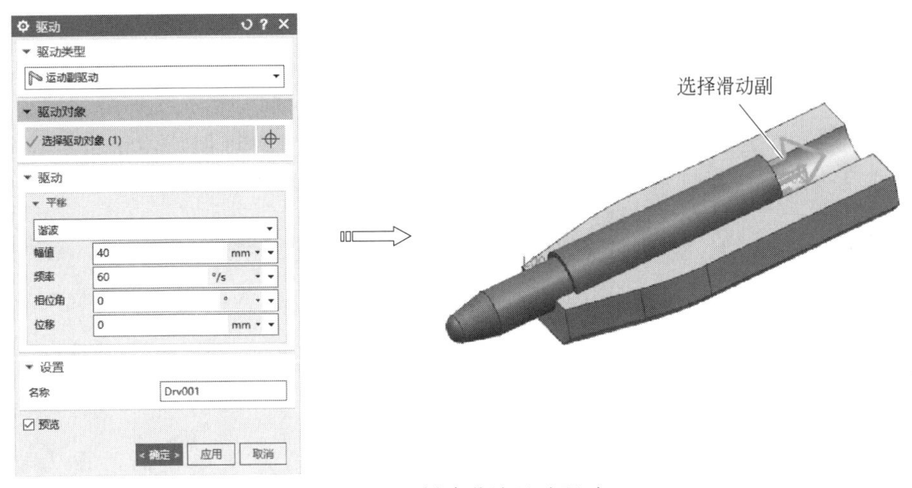

图 13-63 创建谐波运动驱动

13.8 创建解算方案与求解

当创建好运动体和运动副后，接下来要进行方案参数求解和求解器参数设置，最后将该解算方案求解出来，并进行运动结果分析和动画演示。

13.8.1 创建解算方案

单击【主页】选项卡的【设置】组中的【解算方案】按钮，弹出【解算方案】对话框，如图 13-64 所示。设置好解算方案选项和求解器参数后，单击【确定】按钮完成解算方案创建。

【解算方案】对话框中相关选项参数含义如下。

(1) 分析类型

解算方案提供的分析类型包括以下选项：

- 静态分析：模拟机构的运动，从原来的设计位置到静态平衡位置。
- 动态分析：只有在环境对话框中选择动态分析类型和电机驱动程序或联合仿真选项时才可用。模拟一个电机或一个 Simulink 控制系统和运动机构之间的联合仿真。

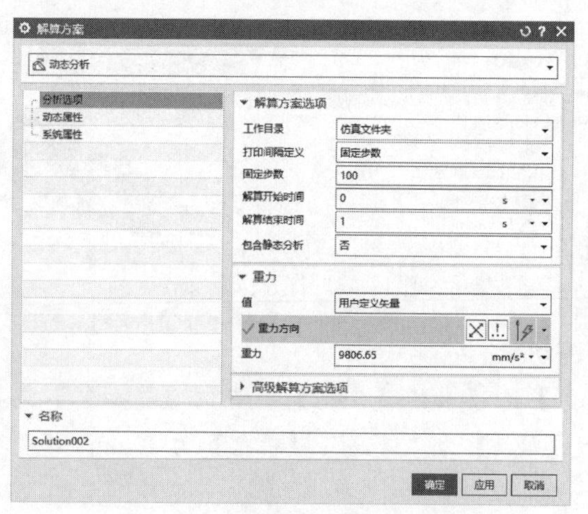

图 13-64 【解算方案】对话框

(2) 解算方案选项

① 解算结束时间　用于指定分析中的时间段内的持续时间（秒）。

② 固定步数　当【解决方案类型】设置为“常规驱动”时可用，用于指定在分析中时间段内分成几个瞬态位置进行分析或显示。

技术要点

解算时，步数推荐是时间的 100 倍，如果是做精确的解算，推荐步数是时间的 200 倍。倍数过低，分析结构不准确；倍数过高，解算时间过长。

(3) 重力

用于设置重力加速度的大小和方向。通常，当采用公制单位时，重力加速度为 9806.65mm/s^2；采用英制单位时，重力加速度为 386.0880in/s^2，方向为负 Z 方向。

(4) 名称

用于设定该解算方案的名称。

13.8.2 求解运动方案

单击【主页】选项卡上的【解算方案】组中的【求解】按钮，可求解运动方案，并生成结果数据。当求解完成后，【运动导航器】中的【Solution00X】节点下出现【结果】节点，如图 13-65 所示。

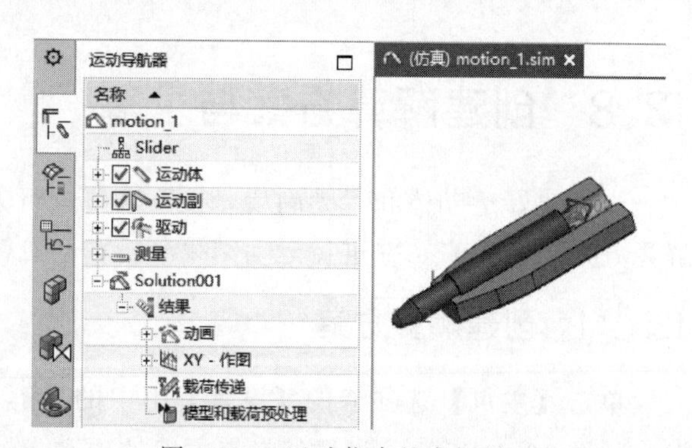

图 13-65 运动仿真的求解显示

13.9 运动仿真和结果输出

当运动方案被求解后，用户可通过动画、图表和文件等方式，显示求解结果，并验证模型的合理性。

13.9.1 运动仿真动画

在求解器求解结束后，单击【结果】选项卡上的【动画】组中的相关按钮，可以动画显示运动效果，如图 13-66 所示。

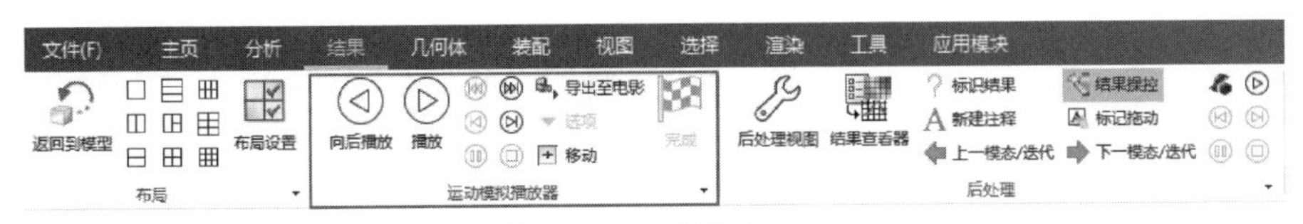

图 13-66　动画命令

【动画】命令的功能如下：

- 播放▷：单击该按钮可以向前查看运动模型在设定的时间和步骤内的整个连续的运动过程，在绘图区以动画的形式输出。
- 单步向前▷|：单击该按钮可以使运动模型在设定的时间和步骤限制范围内向前运动一步，方便用户查看运动模型下一个运动步骤的状态。
- 单步向后|◁：单击该按钮可以使运动模型在设定的时间和步骤限制范围内向后运动一步，方便用户查看运动模型上一个运动步骤的状态。
- 向后播放◁：单击该按钮可以向后查看运动模型在设定的时间和步骤内的整个连续的运动过程，在绘图区以动画的形式输出。

13.9.2　输出动画文件

单击【结果】选项卡上【动画】组中的【导出至电影】按钮，弹出【录制电影】对话框，选择电影保存目录和名称，单击【确定】按钮，然后单击【完成】按钮，弹出【导出至电影】对话框。

13.9.3　图表运动仿真

图表功能用于生成电子表格数据库并绘出位移、速度、加速度和力等仿真结果曲线。

在【运动导航器】窗口中选择需要绘制图标的运动对象，可以是一个运动副、驱动、弹簧、阻尼、接触、标记或者运动体质心，然后单击【分析】选项卡的【运动】组中的【XY 结果】按钮，在【XY 结果视图】面板中，展开结果类型，双击绘图属性，或者选中该属性，单击鼠标右键弹出【绘图】对话框，如图 13-67 所示。

(a) 选择分析对象

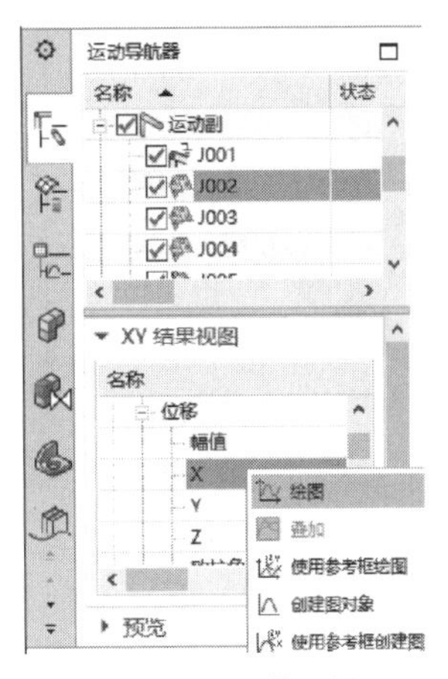

(b)【XY结果视图】面板

图 13-67　图表

系统弹出【查看窗口】对话框，鼠标单击选择窗口即可绘制图形，如图 13-68 所示。

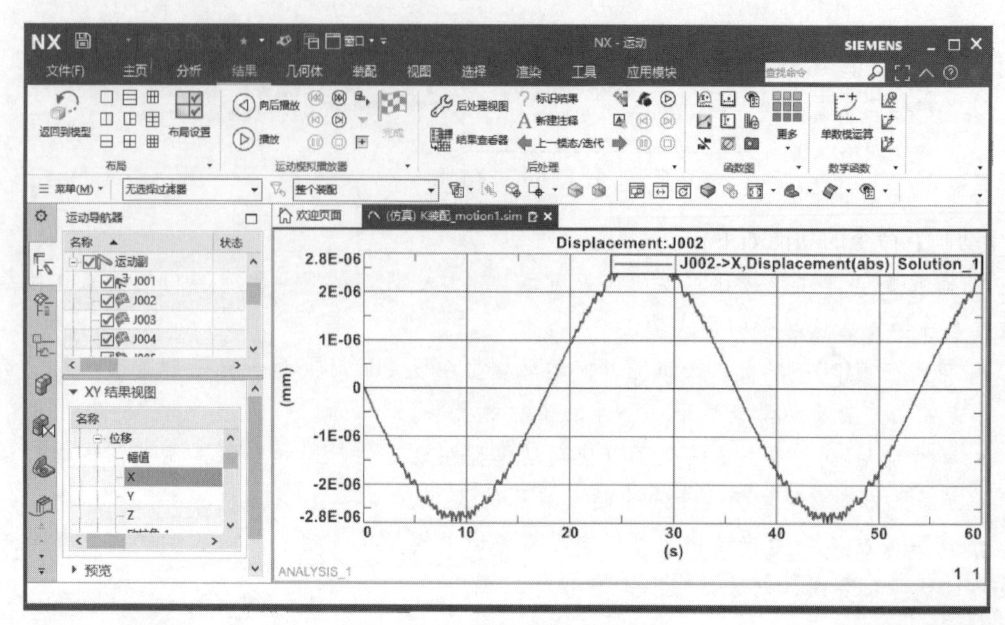

图 13-68　绘制图形

操作实例——运动仿真结果输出实例

扫码看视频

如图 13-69 所示为一个滑动机构，创建动画和图表仿真结果。

操作步骤

(1) 打开仿真文件

Step 01　在功能区中单击【主页】选项卡中【标准】组中的【打开】按钮，在弹出【打开】对话框中选择素材文件“实例\第 13 章\原始文件\13.9\ motion _ 1. sim”，如图 13-70 所示。

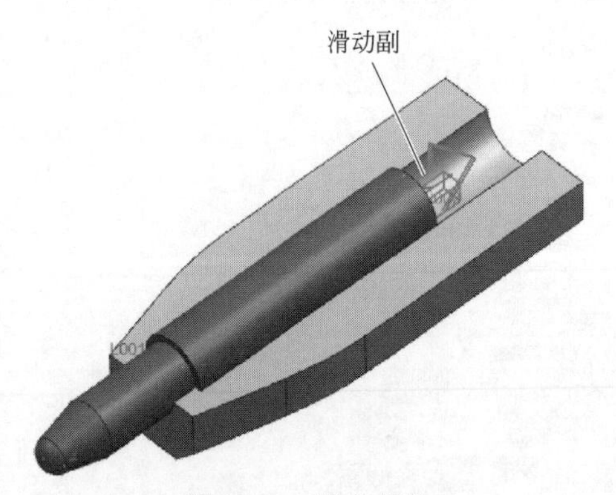

图 13-69　滑动机构

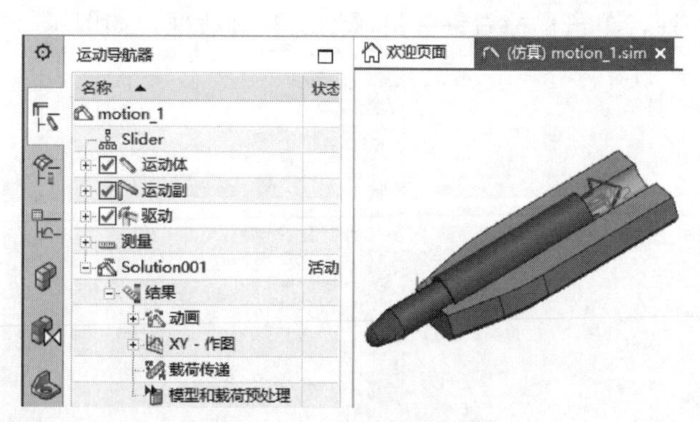

图 13-70　打开仿真文件

(2) 动画仿真

Step 02　在求解器求解结束后，单击【结果】选项卡上【动画】组中的【播放】按钮，可以动画显示运动效果，如图 13-71 所示。

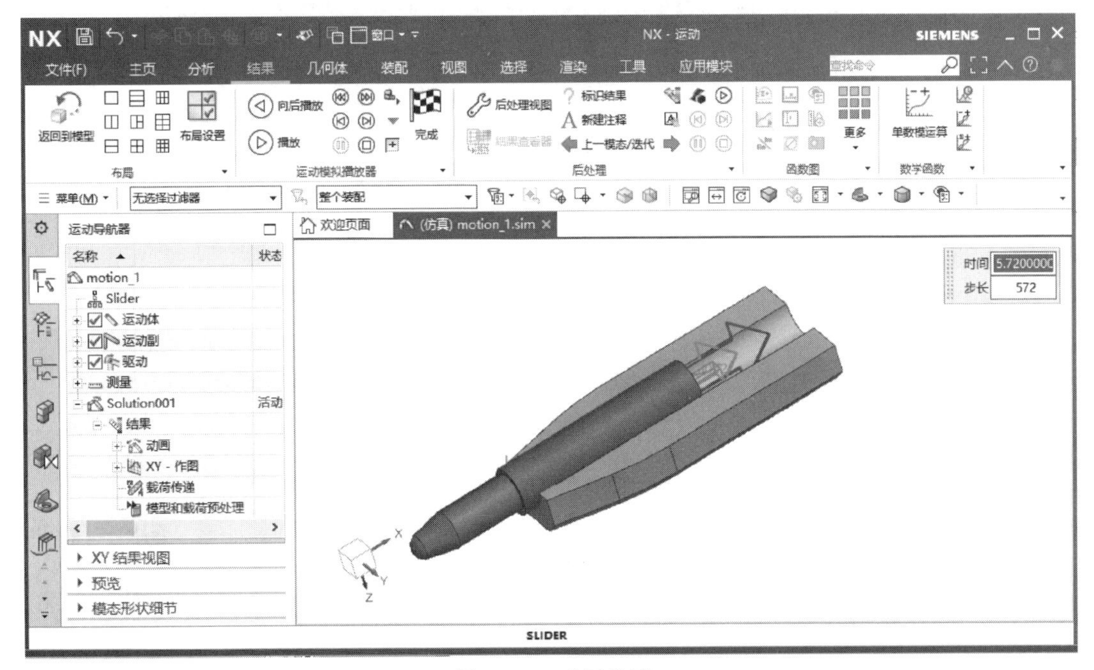

图 13-71　动画仿真

(3) 图表仿真

Step 03　在【运动导航器】窗口中选择需要绘制图表的对象为滑动副，在【XY 结果视图】面板中，选择【位移】|【X】选项，如图 13-72 所示。

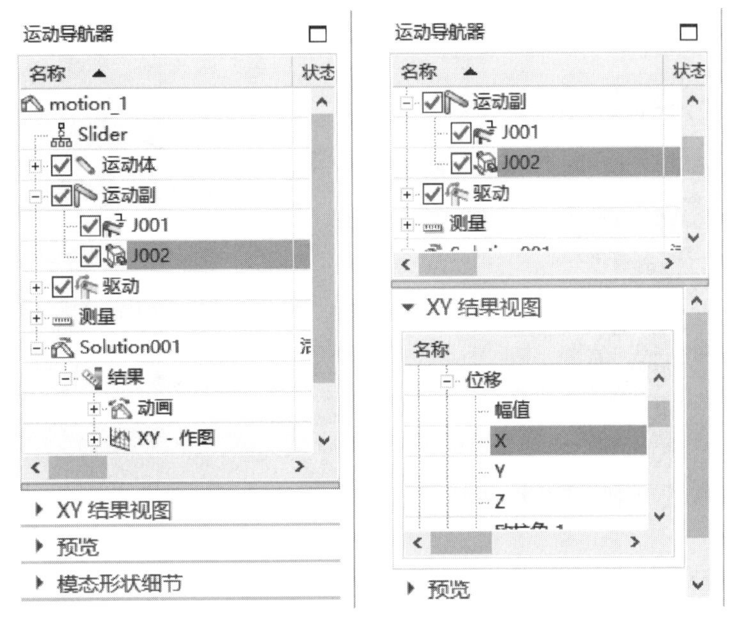

图 13-72　【图表】对话框

Step 04　双击绘图属性，弹出【查看窗口】对话框，鼠标单击选择窗口即可绘制图形，如图 13-73 所示。

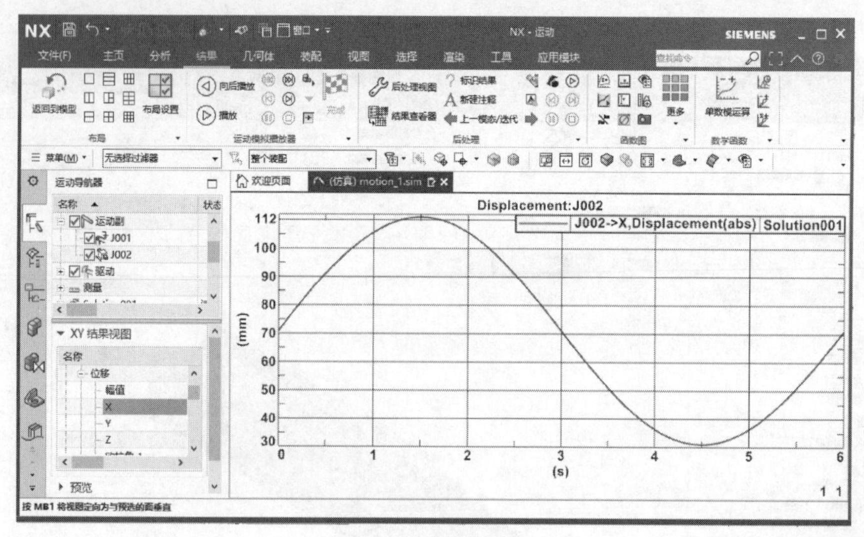

图 13-73　图表绘制

13.10　上机习题

扫码看视频

扫码看视频

习题 13-1

如图习题 13-1 所示的曲柄活塞机构，试采用运动体、运动副、解算方案和结果输出等知识在曲轴旋转速度为 60°/s 下进行运动仿真。

习题 13-2

如图习题 13-2 所示的四杆机构，试采用运动体、运动副解算方案和结果输出等知识进行在曲杆旋转速度为 60°/s 下进行运动仿真。

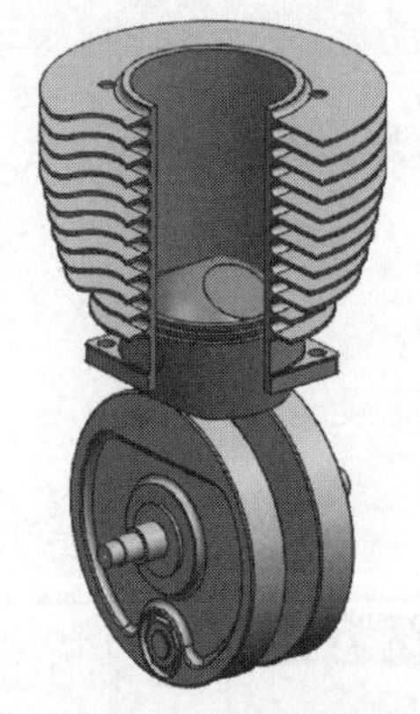

图习题 13-1　曲柄活塞机构

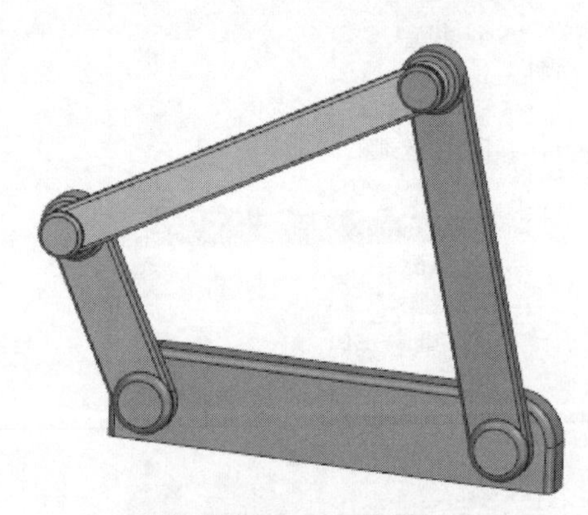

图习题 13-2　四杆机构

本章小结

本章介绍了 UG NX 运动仿真技术（Simcenter Motion）的基本功能和创建运动仿真的常用知识点，并通过典型案例对结构仿真步骤进行详细讲解，包括创建运动仿真方案、运动体、运动副、解算方案和求解以及仿真结果输出等。读者通过本章可掌握及熟练应用 Simcenter Motion 结构仿真的基础知识和操作方法，为 Simcenter Motion 的实际应用奠定基础。

第14章 UG NX结构仿真

有限元法是现代产品及其结构设计的重要工具，它的基本思想是将连续的物理模型离散为有限个单元体，然后对每个单元选择一个比较简单的函数，近似模拟该单元的物理量。UG NX 高级仿真是一种综合性有限元建模和结果可视化产品，它包括一整套前处理和后处理工具，并支持多种产品性能评估解法。

本章介绍 Simcenter3D 结构仿真的基础知识，包括高级仿真简介、高级仿真界面、仿真导航器、仿真分析流程等。

本章内容

- Simcenter3D 结构仿真简介
- 几何体理想化
- 材料与单元属性
- 网格划分
- 约束边界条件与载荷
- 求解和后处理

14.1 Simcenter3D 结构仿真技术简介

有限元法是现代产品及其结构设计的重要工具，Simcenter3D 结构分析是一种综合性有限元建模和结果可视化技术，旨在满足结构分析工程师的需要。

14.1.1 Simcenter3D 结构仿真应用

UG NX 是一套 CAD/CAM/CAE 一体化的高端工程软件，它的功能覆盖从概念设计到产品生产的整个过程。其中 Simcenter3D 结构仿真模块包含前处理、求解和后处理等 3 个基本组成部分。Simcenter Nastran 起源于有限元软件 MSC Nastran，通过继承和发展其他优秀的有限元软件，其分析类型越来越多，解算功能越来越强，在国防、航空航天、车辆、船舶、机械和电子等行业得到广泛应用，其分析结果已经成为航天等级工业 CAE 标准，获得 FAA 认证。

Simcenter3D 结构仿真模块是与 UG NX 集成的一种简便而强大的有限元建模与分析工具，它对许多业界标准求解器提供无缝、透明的支持，此类求解器包括 MSC Nastran、Samcef、ANSYS 和 Abaqus，可广泛应用于实际设计分析的众多领域，如图 14-1 所示。

(1) SOL101 线性静态

静力学分析是工程结构设计人员使用最频繁的分析手段，主要用来求解结构在与时间无关或时间作用效果可忽略的静力载荷（如集中载荷、分布载荷、螺栓预紧载荷、温度载荷、强制位移、惯性载荷等）作用下的响应，得出所需的节点位移、节点力、约束反力、单元内力、单元应力、应变能等。该分析同时还需要提供结构的重量和重心数据。

① SOL101 线性静态-全局约束　该解算方案可以创建具有位移载荷的子工况，但是每个子工况均使用相同的约束条件（包括接触条件）。

② SOL101 线性静态-子工况约束　该解算方案可以创建多个子工况，每个子工况既包含位移的载荷又包含位移的约束，设置不同子工况参数并提交解算作业时，解算器将在一次运行中求解每个子工况。

（2）SOL103 实特征值

该解算方案用于求解正则模态，即结构的固有频率和相应的振动模态，不需要设置载荷和阻尼（即使设置了，也会被忽略）。约束根据实际情况进行设置，如果无约束，就是自由模态分析。

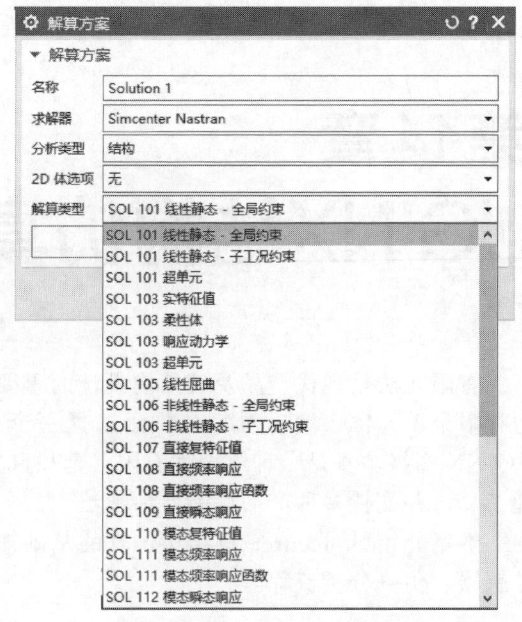

图 14-1　Simcenter3D 解算类型

（3）SOL105 线性屈曲

该解算方案用于研究结构在特定载荷下的稳定性以及确定结构失稳的临界载荷。Simcenter Nastran 中屈曲分析包括两类：线性屈曲分析和非线性屈曲分析。线性屈曲又称为特征值屈曲分析，可以考虑固定的预载荷，也可使用惯性释放；非线性屈曲分析包括几何非线性屈曲分析、弹塑性屈曲分析以及非线性后屈曲分析等。

（4）SOL106 非线性静态

该解算方案用于求解结构响应与所受的外载荷不能呈线性关系的场合。由于结构非线性，结构可能产生大位移、大转动或多个零件在载荷作用下接触状态不断发生变化。

（5）SOL108 直接频率响应

该解算方案直接对整个模型的阻尼耦合方程进行求解，得到关于各频率对外载荷的响应结果，即求解结构在一个稳定的周期性正弦外力谱的作用下的响应，分析可得到复位移、速度、加速度、约束力、单元力和单元应力，这些量可以进行正则以获得传递函数。

（6）SOL111 模态频率响应

该解算方案用于对无阻尼或只有模态阻尼的运动方程进行解耦。模态叠加法通常不需要包含所有的模态。对于固有频率远高于所关注频率的那些模态可以舍去，只保留前几阶或几十阶模态，即模态截断。一般情况下，在模态频率响应分析中至少应该保留最高激励频率2～3 倍的所有模态。尽管模态截断会造成一点误差，但计算量大大减少，可以提高效率。

（7）SOL109 直接瞬态响应

该解算方案分析在时域内计算结构在随时间变化的载荷作用下的动力响应。该分析在节点自由度上直接形成耦合的微分方程并对这些方程进行数值积分，直接瞬态响应分析求出随时间变化的位移、速度、加速度和约束力以及单元应力。

（8）SOL112 模态瞬态响应

该解算方案是先计算模态，然后基于模态叠加对运动方程进行解耦，用于分析在时域内计算结构在随时间变化的载荷作用下的动力响应，从而得出与 SOL109 直接瞬态响应分析类型相同的输出结果。

14.1.2 启动 Simcenter3D 结构仿真

单击【应用程序】选项卡中的【前/后处理】按钮 前/后处理，进入结构仿真模块，如图 14-2 所示。

图 14-2 【前/后处理】命令

单击【主页】选项卡的【关联】组中的相关命令，或在【仿真导航器】窗口中选择部件，单击鼠标右键，在弹出的快捷菜单中选择相关新建命令，如图 14-3 所示。

技术要点

【新建 FEM】在主模型或优化模型的基础上创建一个有限元模型节点，需要设置的内容主要有模型材料属性、单元网格属性和网格类型；【新建 FEM 和仿真】同时创建有限元模型节点和仿真模型节点；【新建装配 FEM】像装配 Part 模型一样对 FEM 模型进行装配，非常适合对大型装配部件进行高级仿真之前的前处理。

选择【新建 FEM 和仿真】命令，弹出【新建 FEM 和仿真】对话框，选择合适的求解器和分析类型，如图 14-4 所示。

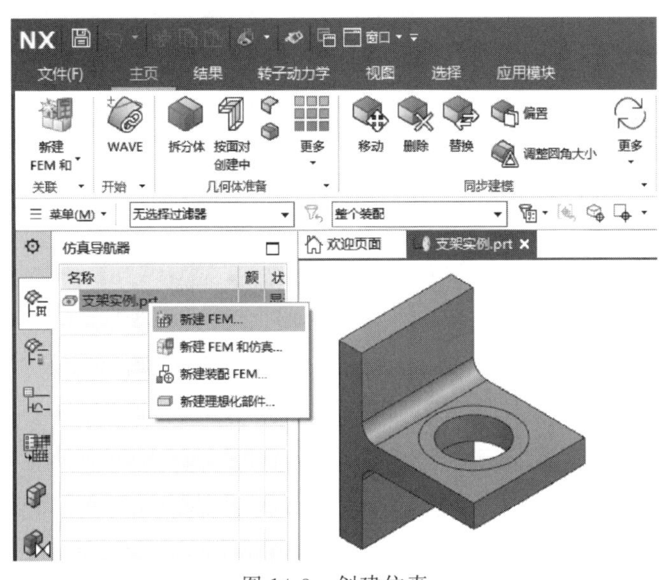

图 14-3 创建仿真

图 14-4 【新建 FEM 和仿真】对话框

单击【确定】按钮，系统弹出【解算方案】对话框，选择合适的解算类型，如图 14-5 所示。

单击【创建解算方案】按钮，弹出【解算方案】对话框，设置解算参数，如图 14-6 所示。

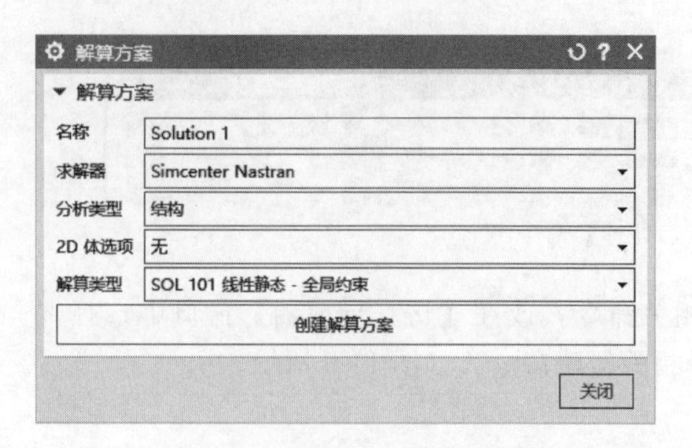

图 14-5 【解算方案】对话框

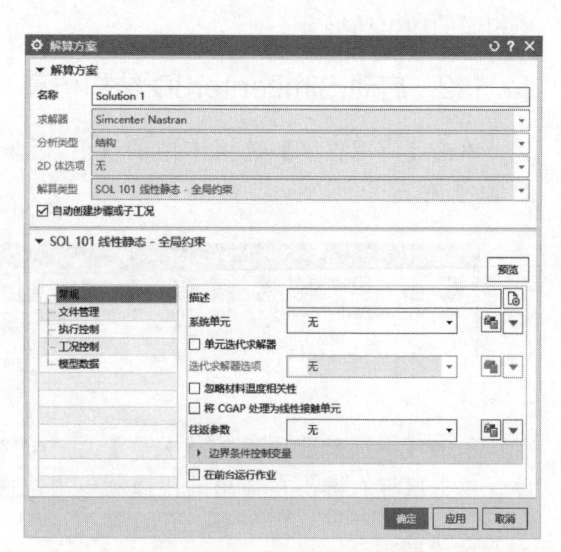

图 14-6 设置解算参数

单击【解算方案】对话框中的【确定】按钮进入结构仿真环境，典型的结构仿真用户界面主要由有限元用户界面和仿真分析界面组成，如图 14-7 所示。

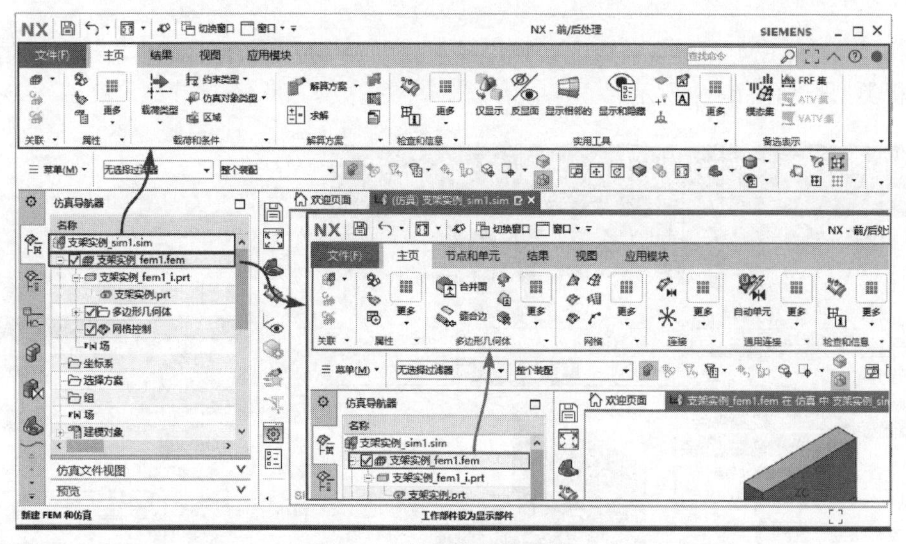

图 14-7 结构仿真用户界面

14.1.3 仿真导航器

仿真导航器以图形化、交互式、层次结构树的形式显示仿真文件关系和分析数据，用于查看和操控 CAE 分析的不同文件和组件，每个文件或组件均显示为该树中的独立节点，如图 14-8 所示。

14.1.3.1 仿真导航器结构

仿真导航器中各节点的含义如表 14-1 所示。

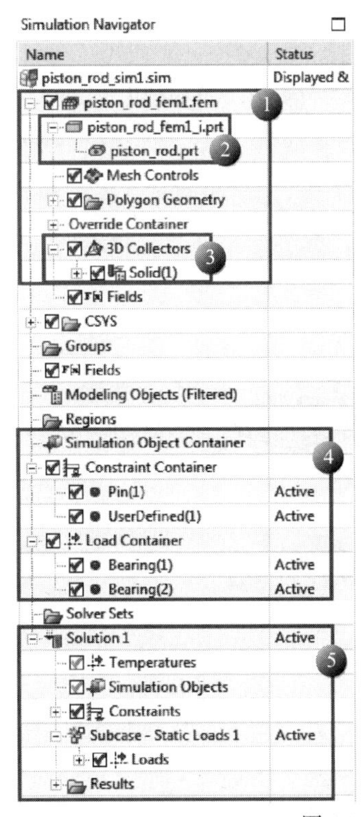

❶ 组件FEM文件

❷ 关联的CAD几何体

❸ 网格收集器和网格

❹ 载荷、约束和定义边界条件的对象

❺ 解算方案和结果

图 14-8 仿真导航器

表 14-1 仿真导航器节点描述

图标	节点名称	节点描述
	仿真	含有所有仿真数据，如专门求解器、解决方案、解决方案设置、仿真对象、载荷和约束等。可以有多个仿真文件与单个 FEM 文件关联
	FEM	含有所有网格数据、物理特性、材料数据和多边形几何体。FEM 文件总是相关到理想化。可以关联多个 FEM 文件到单个理想化部件
	理想化部件	含有理想化部件，当建立 FEM 时由软件自动建立
	主模型部件	当主模型部件是工作部件时，在主模型部件节点上右击，建立一个新的 FEM 或显示已有的理想化部件
	多边形几何体	含有多边形几何体(多边形体、表面和边缘)。一旦网格化有限元模型，任何进一步几何体提取都发生在多边形几何体上，而不是在理想化或主模型部件上
	3D 网格	包含所有 3D 网格
	载荷容器	包含指派给当前仿真文件的载荷。在解算方案容器中，载荷容器包含指派给给定子工况的载荷
	约束容器	包含指派给当前仿真文件的约束。在解算方案容器中，约束容器包含指派给解算方案的约束
	仿真对象容器	包含求解器特定和解算方案特定对象，如面对面接触或粘连对象
	解算方案	包含解算方案的解算方案对象、载荷、约束和子工况
	子工况	包含特定于某一解算方案中每个子工况的解算方案实体，例如载荷、约束和仿真对象
	结果	包含一个求解的任何结果

14.1.3.2 高级仿真文件结构

高级仿真在 4 个独立而关联的文件中管理仿真数据。要在高级仿真中高效工作，需要了解哪些数据存储在哪个文件中，以及在创建哪些数据时哪个文件必须是活动的工作部件，如图 14-9 所示。

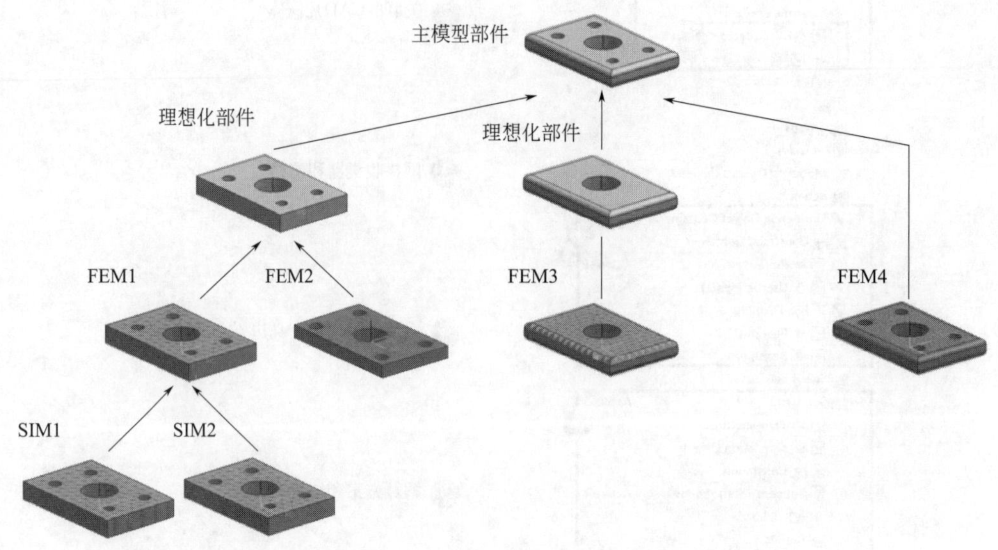

图 14-9 高级仿真文件结构

(1) 主模型部件文件 xxx. prt

主模型部件文件 xxx. prt 包含主模型部件，该文件包含未修改的部件几何体，如图 14-10 所示。大多数情况下，主模型部件将不更改，也不会具有写锁定。

(2) 理想化部件文件 xxx _ i. prt

理想化部件（Idealize Part）文件 xxx _ i. prt 包含理想化部件，理想化部件是主模型部件的装配实例，如图 14-11 所示。理想化工具（如抑制特征或分割模型）允许使用理想化部件对模型的设计特征进行更改，而不修改主模型部件。

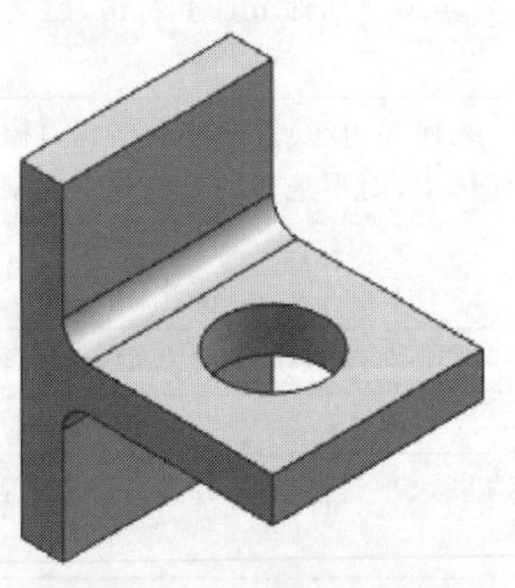

图 14-10 主模型部件

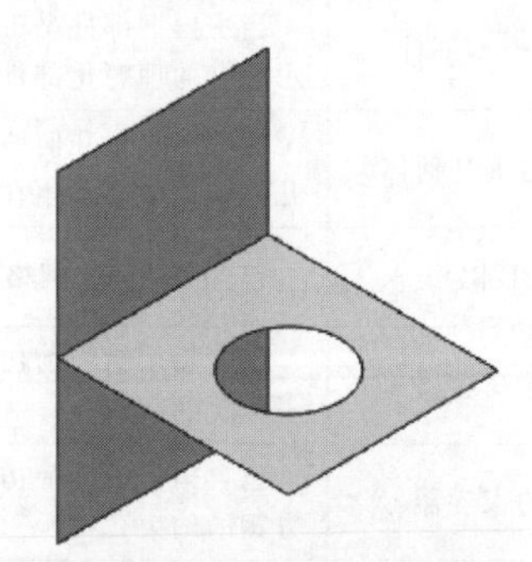

图 14-11 理想化部件

技术要点

在利用理想化工具修改它的几何体前，必须提升或 WAVE 链接理想化部件。所有修改随理想化部件文件存储。

(3) 有限元模型文件 xxx _ fem. fem

有限元模型（FEM）文件 xxx _ fem. fem 包含网格（节点和单元）、物理属性和材料，如图 14-12 所示。FEM 文件中的所有几何体都是多边形几何体，如果对 FEM 进行网格划分，则会对多边形几何体进行进一步几何体抽取操作，而不是理想化部件或主模型部件。

技术要点

FEM 文件（. fem）担当仿真文件的主模型。节点、单元及物理与材料特性随 FEM 文件存储。典型的，FEM 文件包括从相关的理想部件文件导得的多边形几何体。

(4) 仿真文件 xxx _ sim. sim

仿真（SIM）文件 xxx _ sim. sim 包含所有仿真数据，如解法、解法设置、解算器特定仿真对象（如温度调节装置、表格、流曲面等）、载荷、约束、单元相关联数据和替代，如图 14-13 所示为仿真模型。

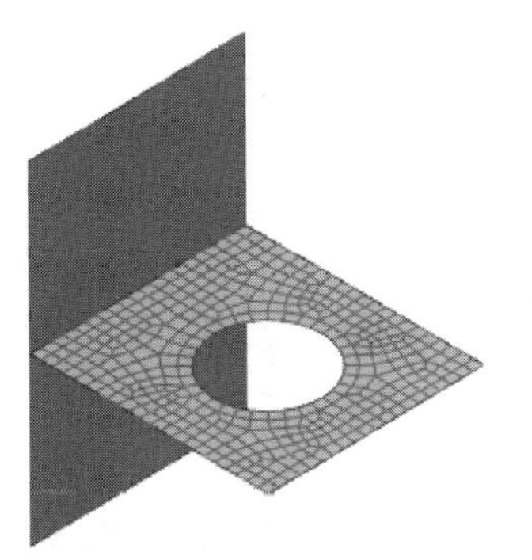

图 14-12　有限元模型

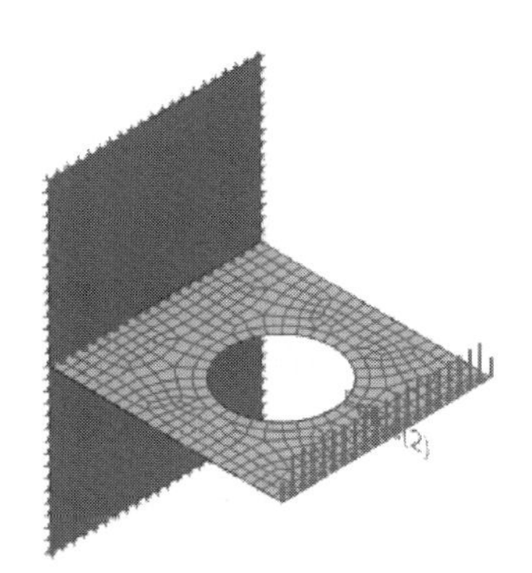

图 14-13　仿真模型

技术要点

仿真文件（. sim）是一个含有组件 FEM 的 UG NX 装配，边界条件和解算随仿真文件存储。

14. 1. 4　Simcenter3D 结构仿真分析流程

Simcenter3D 结构仿真和其他有限元分析软件操作步骤基本相同，如图 14-14 所示。

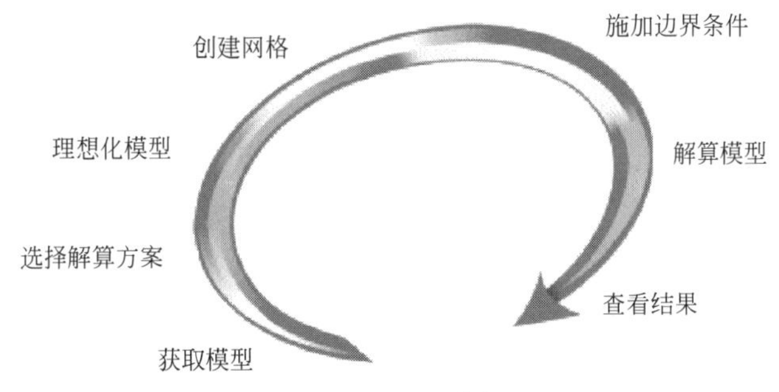

图 14-14　有限元分析过程

(1) 创建主模型或者导入三维模型

三维模型在UG NX高级仿真中也称为主模型，它是有限元分析和计算的基础，并且仿真模型和三维主模型是关联的。因此，构建合理的、参数化的主模型，可以大大提高仿真和优化计算的速度和效率。当然，也可以导入由其他CAD软件构建的模型（一般为实体模型）。

技术要点

Simcenter3D结构分析使用界面与UG NX其他应用类似，可以很容易地将几何模型转换成具有相关性的有限元模型。转换过程从抑制非主要特征和抽取中面几何体开始，也可以编辑和控制模型的特征参数。

(2) 启动仿真模块并创建解算方案

单击【应用程序】选项卡中的【前/后处理】按钮 前/后处理，进入结构仿真模块。创建仿真项目，并选择合适的求解器和解算类型。

(3) 理想化模型

如果主模型中有细节特征或者几何要素对整个分析结构影响不大，在高级仿真的环境中也可以对此几何结构进行抑制或者删除。

(4) 创建网格（有限元模型）

网格划分是有限元建模过程的阶段，可将一个连续结构（模型）拆分成有限数量的单元，并由节点连接在一起。Simcenter3D中创建有限元模型包括模型赋予材料属性、物理属性、定义单元属性、划分网格，网格划分是有限元分析的关键步骤之一。

(5) 施加边界条件和载荷

载荷、约束和仿真对象都被认为是边界条件。通过约束设置模型的边界条件，通过载荷设置各个类型的载荷和大小。

(6) 仿真模型求解

求解就是Simcenter3D通过有限元法建立联立方程并计算联立方程的结果。在求解过程中，可借助【解算监视器】来查看求解过程及其求解结果是否收敛等信息。

(7) 结果后处理

后处理，通俗而言就是观察和分析有限元的计算结果。在Simcenter3D中通过【后处理导航器】来查看和编辑计算结果。

14.2 几何体理想化

在有限元分析过程中，往往需要将模型中的细节特征或对分析结果影响不大的特征，从主模型中移除或抑制，这时就需要进行几何体理想化。在Simcenter3D中，几何体理想化是对主模型的一个装配实例进行操作，不会修改主模型。

14.2.1 启动几何体理想化

在【仿真导航器】中选择xxx_i.prt，单击鼠标右键在弹出的快捷菜单中选择【设为显示部件】命令，或者鼠标双击该部件，如图14-15所示。

系统弹出【理想化部件警告】对话框，警告要想对几何体进行修改必须使用提升或WAVE链接，如图14-16所示。

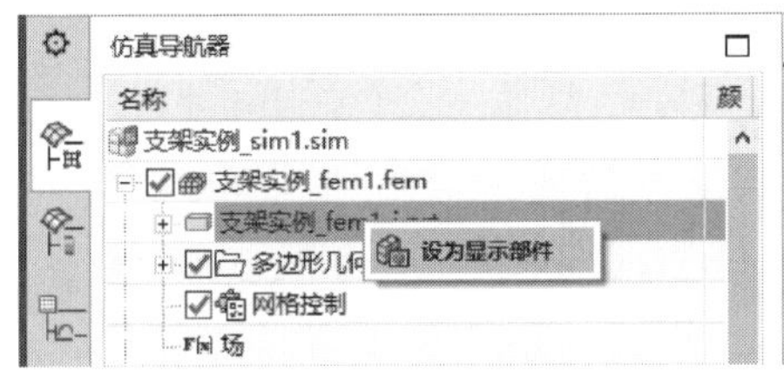

图 14-15 【仿真导航器】窗口

图 14-16 【理想化部件警告】对话框

单击【确定】按钮，即可进入几何体理想化界面，如图 14-17 所示。

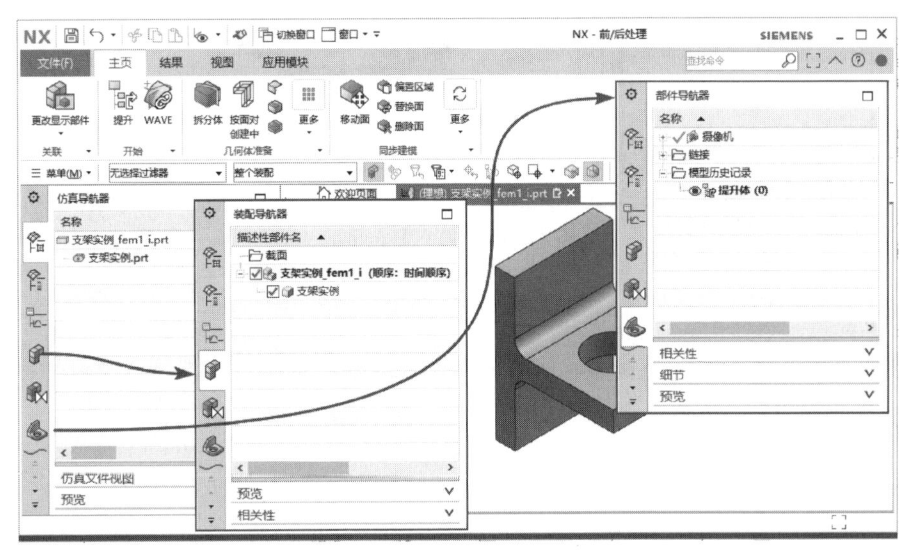

图 14-17 几何体理想化界面

> **技术要点**
>
> 几何体理想化是在定义网格前从模型上移除或抑制特征的过程。此外，还可以使用几何体理想化命令来创建特征（如中面），以支持有限元建模目标。

14.2.2 几何体理想化工具

进入几何体理想化环境后，几何体理想化相关命令集中在【插入】菜单下，如图 14-18 所示。

（1）草图功能

选择菜单【插入】|【在任务环境中绘制草图】命令，可启动草图绘制功能。具体功能此处不再介绍，请读者参见 CAD 相关书籍。

（2）曲线

选择菜单【插入】|【曲线】命令或【派生曲线】命令，可启动曲线创建和编辑功能。具体功能此处不再介绍，请读者参见 CAD 相关书籍。

（3）关联复制

关联复制主要有提升体和 WAVE 几何连接器等命令，可选择下拉菜单【插入】|【关联复制】下的相关命令，或【主页】选项卡上【开始】组中的命令。具体功能此处不再介绍，请读者参见 CAD 相关书籍。

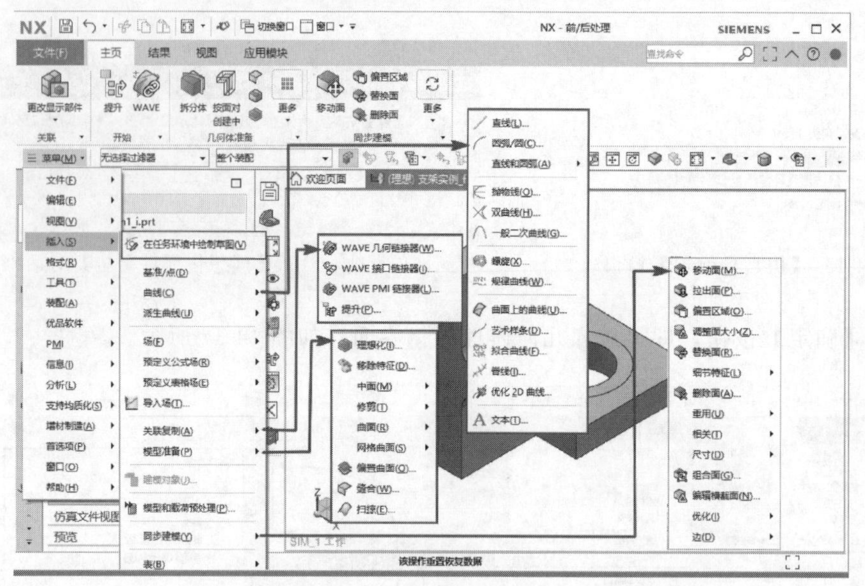

图 14-18 【插入】菜单

技术要点

要使用理想化几何体，必须在图形窗口中显示理想化部件；若要修改理想化部件，必须首先提升或 WAVE 链接体。

(4) 模型准备

模型准备主要有理想化几何体、移除特征、中位面、曲面等命令，可选择下拉菜单【插入】|【模型准备】命令，或【主页】选项卡上【几何体准备】组中的命令。具体功能此处不再介绍，请读者参见 CAD 相关书籍。

(5) 同步建模

同步建模用于在不考虑模型的来源、关联性或特征历史记录的情况下修改该模型，主要有移动面、偏置区域、替换面、删除面等命令，可选择下拉菜单【插入】|【同步建模】下的相关命令，或【主页】选项卡上【同步建模】组中的命令。具体功能此处不再介绍，请读者参见 CAD 相关书籍。

操作实例——支持架理想化几何体实例

如图 14-19 所示为一个夹持架模型，通过几何体理想化移除凸台和孔特征。

扫码看视频

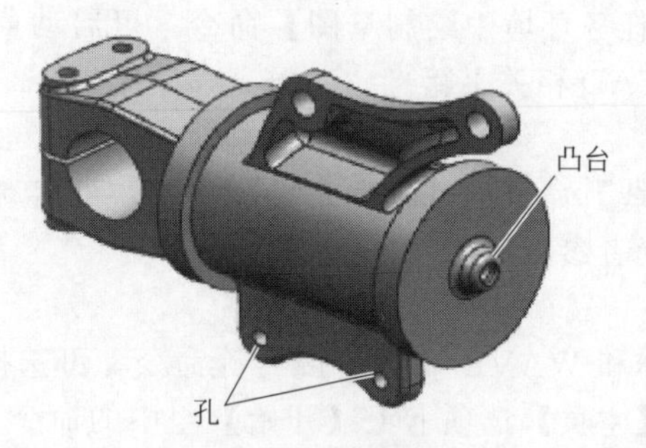

图 14-19 夹持架模型

操作步骤

(1) 打开模型进入高级仿真模块

Step 01 在功能区中单击【主页】选项卡中【标准】组中的【打开】按钮，在弹出【打开】对话框中选择素材文件“实例\第14章\原始文件\14.2\支持架_fem1.fem”，如图14-20所示。

(2) 几何体理想化

Step 02 在【仿真导航器】中双击【支持架_fem1_i.prt】节点，系统弹出【理想化部件警告】对话框，如图14-21所示。

图14-20 打开有限元文件

图14-21 【理想化部件警告】对话框

Step 03 在功能区中单击【主页】选项卡中【开始】组中的【提升体】按钮，弹出【拆分体】对话框，选择如图14-22所示的实体，单击【确定】按钮完成提升体创建，如图14-22所示。

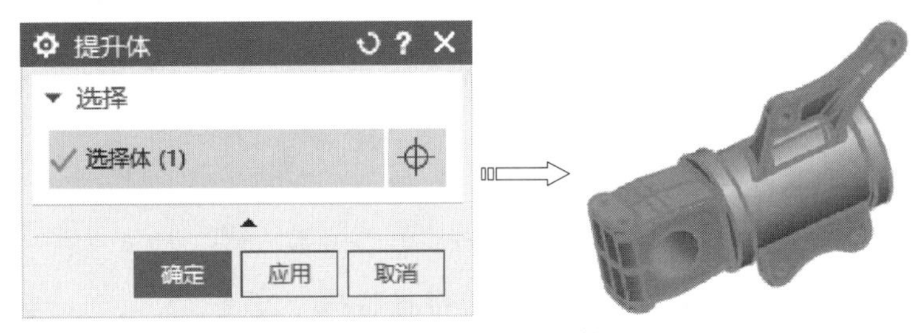

图14-22 创建提升体

(3) 删除面

Step 04 在功能区中单击【主页】选项卡中【同步建模】组中的【删除面】按钮，弹出【删除面】对话框，如图14-23所示。

Step 05 在【选择意图】中选择“区域面”，选中种子面（凸台侧面）和边界面，单击鼠标中键确定选择，然后单击【确定】按钮，完成删除面创建，如图14-24所示。

(4) 理想化几何体（移除孔）

Step 06 在功能区中单击【主页】选项卡中【几何体准备】组中的【理想化几何体】按钮，弹出【理想化几何体】对话框，如图14-25所示。

Step 07 选择如图14-26所示的实体作为目标，选择如图14-26所示的两个孔，单击【确定】按钮移除孔特征。

图 14-23 【删除面】对话框

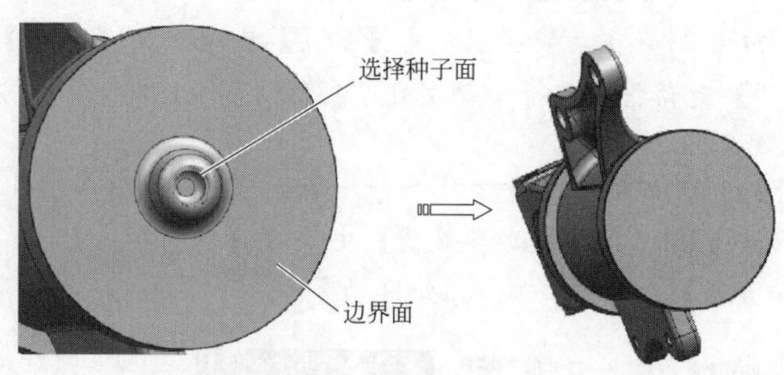

图 14-24 创建删除面

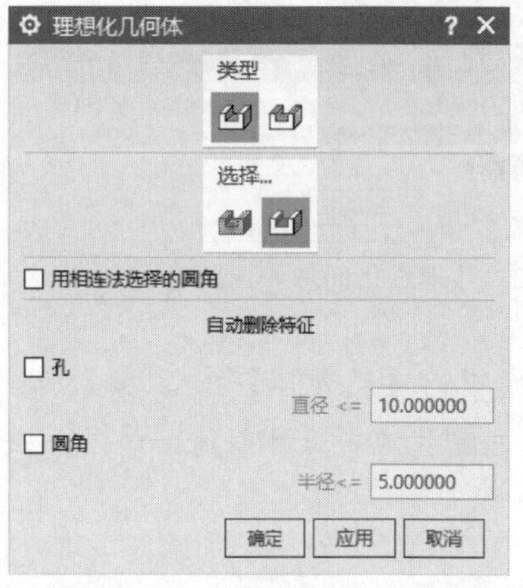

图 14-25 【理想化几何体】对话框

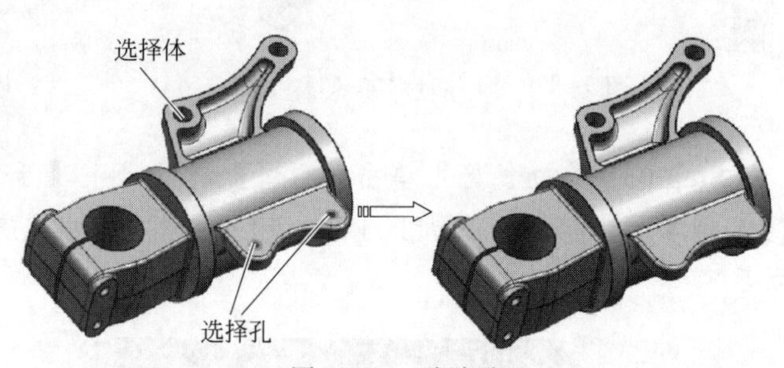

图 14-26 移除孔

14.3 材料与单元属性

在 Simcenter3D 中需要指定材料属性，并将材料特性赋值给网格实体（单元属性）。Simcenter3D 提供了强大的属性管理工具，下面介绍 Simcenter3D 属性管理工具，包括材料属性、物理属性、网格属性（网格收集器）等。

14.3.1 指派材料属性

用于将材料属性直接指派到部件文件中的体。

单击【主页】选项卡的【属性】组中的【指派材料】按钮，弹出【指派材料】对话框，如图 14-27 所示。

图 14-27 【指派材料】对话框

【指派材料】对话框中相关选项参数含义如下。

(1) 类型

用于确定在模型中要向其指派材料的体类型，包括以下选项：

- 选择体：在模型中选择要向其指派选定材料的单独的体。
- 无指派材料的体：选择模型中尚未指派材料的所有体。
- 工作部件中的所有体：选择模型中所有的体。

(2) 材料列表

用于显示材料的列表，包括“首选材料”“库材料”“本地材料”，用户可选择指定模型的材料名称和属性，最常用的是系统自带的【库材料】，如图 14-28 所示。

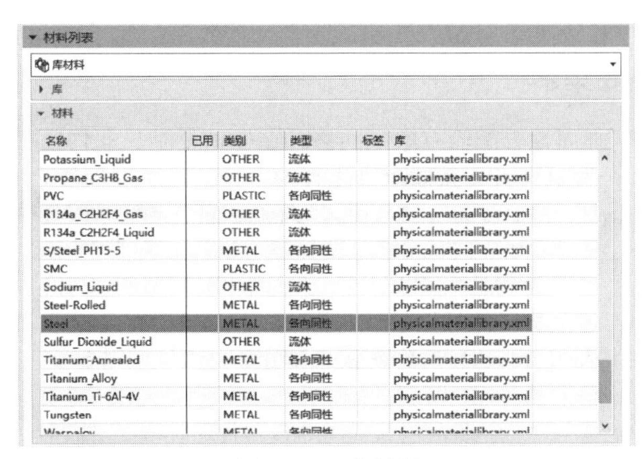

图 14-28 库材料

(3) 新建材料

- 类型：选择要创建的材料的类型，如各向同性或正交各向异性。
- 创建：创建新材料并输入材料属性。

14.3.2 创建物理属性

物理属性描述单元的物理质量和特性，如厚度或非结构质量。可以在 FEM 文件或仿真文件中创建物理属性表以存储这些物理属性。

单击【主页】选项卡的【属性】组中的【物理属性】按钮，弹出【物理属性表管理器】对话框，如图 14-29 所示。

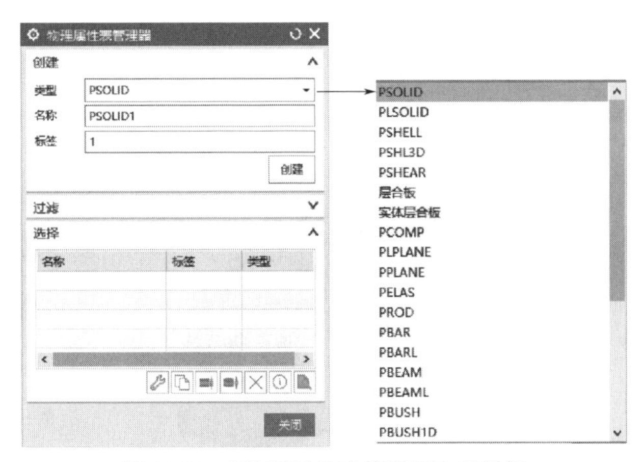

图 14-29 【物理属性表管理器】对话框

【物理属性表管理器】对话框中相关选项参数含义如下。

(1) 创建

• 类型：指定物理属性表类型。可用的类型取决于为 FEM 文件或仿真文件选择的求解器类型。

• 名称：列出物理属性表的名称。

• 标签：为该物理属性表指定一个标签号。

(2)【创建】按钮

单击【创建】按钮，打开一个对话框，可以在其中为所选的物理属性表类型创建物理属性表。

14.3.3 创建网格收集器

【网格收集器】将物理属性分配给有限元网格。在处理复杂、非均质模型或基于装配模式时，网格收集器是非常有用的工具，方便对网格进行管理。

单击【主页】选项卡的【属性】组中的【网格收集器】按钮，弹出【网格收集器】对话框，如图 14-30 所示。

图 14-30 【网格收集器】对话框

【网格收集器】对话框中相关选项参数含义如下。

(1) 单元拓扑

• 单元族：指定单元族。选择以下选项：0D、1D、2D、3D、1D 接触、2D 接触。

• 收集器类型：指定所选族的收集器类型。单元名取决于为有限元模型选择的求解器语言。

(2) 属性

• 类型：指定物理属性表类型。可用的类型取决于为 FEM 文件或仿真文件选择的求解器类型。

• 物理属性：为网格指定单元属性表。下列收集器类型没有物理属性：1D 刚性连杆收集器、1D 两个自由度弹簧收集器、0D 集中质量收集器。

(3) 名称

指定网格捕集器名称，可输入一个有意义的名称或接受默认名称。

操作实例——风机材料与单元属性实例

如图 14-31 所示为一个风机模型，指定上下箱体材料为 Steel，风机材料为 Aluminum_6061，并设置物理属性和单元属性。

扫码看视频

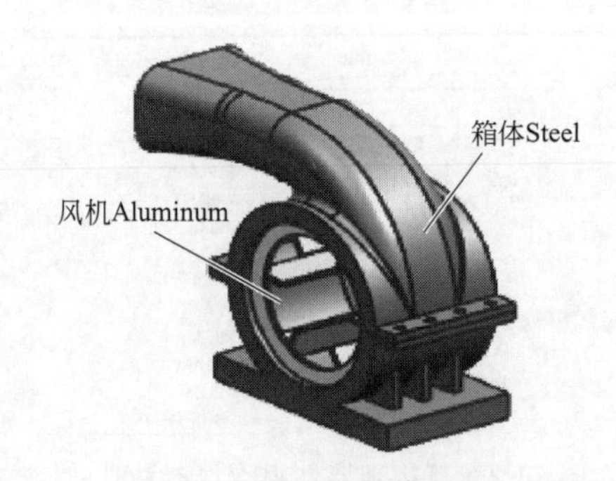

图 14-31 风机模型

操作步骤

(1) 打开模型进入高级仿真模块

Step 01 在功能区中单击【主页】选项卡中【标准】组中的【打开】按钮，在弹出【打开】对话框中选择素材文件“实例\第14章\原始文件\14.3\风机总装_fem1.fem”，如图14-32所示。

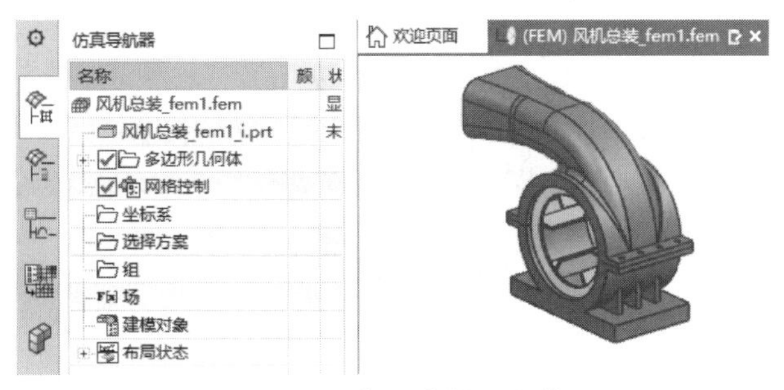

图14-32 打开有限元文件

(2) 指派材料属性

Step 02 单击【主页】选项卡的【属性】组中的【指派材料】按钮，弹出【指派材料】对话框，在【类型】中选择“选择体”，选择图形区上、下箱体，在【材料列表】中选择“库材料”，在【材料】框中选择“Steel”，单击【确定】按钮完成箱体材料指派，如图14-33所示。

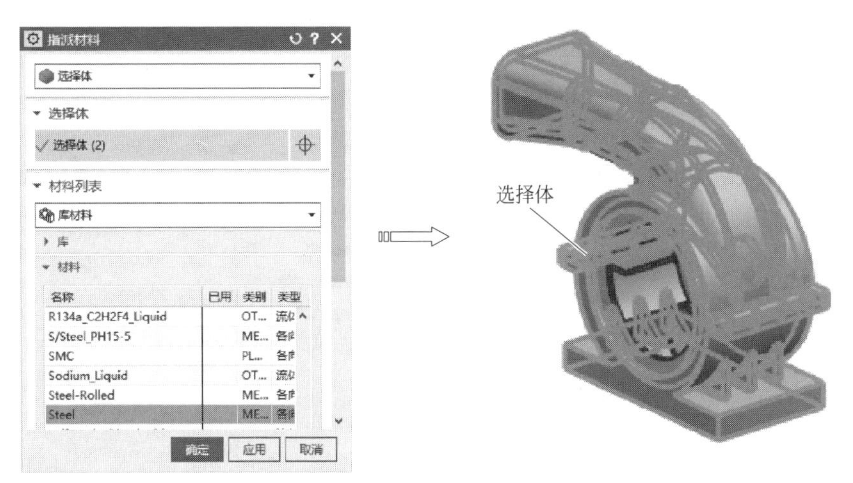

图14-33 指派箱体材料

Step 03 单击【主页】选项卡的【属性】组中的【指派材料】按钮，弹出【指派材料】对话框，在【类型】中选择“选择体”，选择图形区风机，在【材料列表】中选择“库材料”，在【材料】框中选择“Aluminum_6061”，单击【确定】按钮完成风机材料指派，如图14-34所示。

(3) 创建物理属性

Step 04 单击【主页】选项卡的【属性】组中的【物理属性】按钮，弹出【物理属性表管理器】对话框，如图14-35所示。

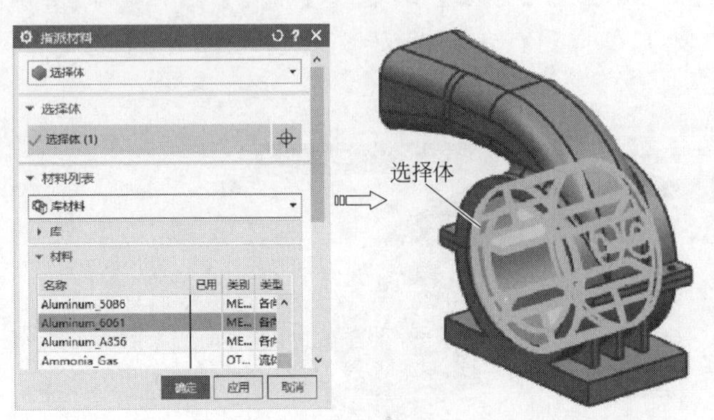

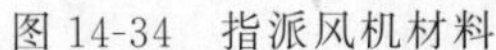

图 14-34 指派风机材料

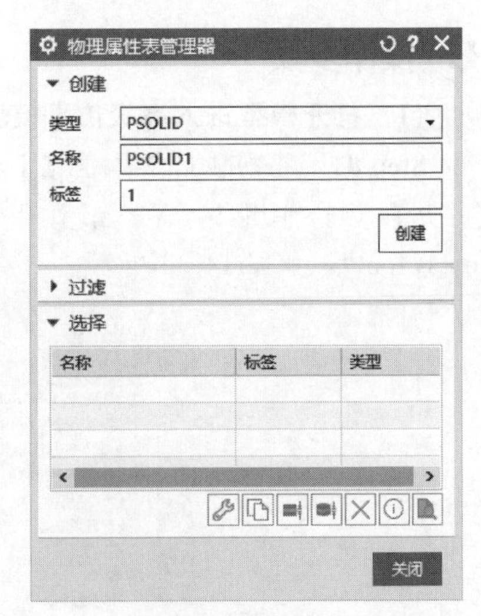

图 14-35 【物理属性表管理器】对话框

Step 05 单击【创建】按钮，弹出【PSOLID】对话框，选择【材料】为“Steel”，如图 14-36 所示。单击【确定】按钮返回。

Step 06 再次单击【创建】按钮，弹出【PSOLID】对话框，选择【材料】为“Aluminum _ 6061”，如图 14-37 所示。单击【确定】按钮返回。

图 14-36 设置 Steel 属性

图 14-37 设置 Alumium _ 6016 属性

(4) 创建网格收集器

Step 07 单击【主页】选项卡的【属性】组中的【网格收集器】按钮，弹出【网格收集器】对话框，设置【单元族】为“3D”、【类型】为“PSOLID”、【实体属性】为“PSOLID1”、【名称】为“箱体”，如图 14-38 所示。单击【确定】按钮完成。

Step 08 单击【主页】选项卡的【属性】组中的【网格收集器】按钮，弹出【网格收集器】对话框，设置【单元族】为“3D”、【类型】为“PSOLID”、【实体属性】为“PSOLID2”、【名称】为“风机”，如图 14-39 所示。单击【确定】按钮完成。

图 14-38　创建箱体网格收集器

图 14-39　创建风机网格收集器

14.4　网格划分

网格划分是有限元分析必不可分的一部分，通过网格划分将几何模型生成包括节点和单元的有限元模型。网格划分是有限元分析的关键步骤之一，有限元计算中只有网格的节点和单元参与计算，因此网格的疏密程度直接影响计算结果的精度和正确性。

14.4.1　3D 网格划分

在 Simcenter3D 中提供了多种网格划分方法，包括 3D 四面体网格、3D 扫掠网格、由壳单元网格生成体。

14.4.1.1　3D 四面体网格

四面体（CTETRA）网格划分方法是基本的划分方法。使用 3D 四面体网格生成 4 节点线性或 10 节点抛物线四面体单元的网格，如图 14-40 所示。

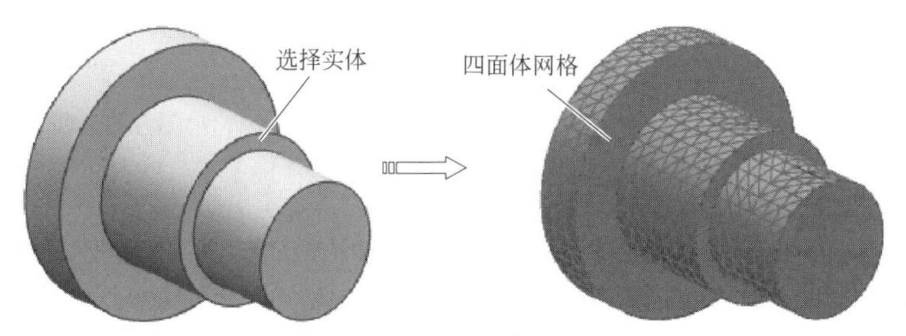

图 14-40　四面体网格

单击【主页】选项卡的【网格】组中的【3D 四面体】按钮，弹出【3D 四面体网格】对话框，选择要划分网格的实体，如图 14-41 所示。

【3D 四面体网格】对话框中常用选项参数含义如下。

（1）要进行网格划分的对象

【选择对象】可选择要进行网格划分的实体。

（2）单元属性

【类型】用于指定要创建的 3D 四面体单元类型，UG NX 支持 4 节点 CTETRA（4）和

图 14-41 【3D 四面体网格】对话框

10 节点 CTETRA（10）的四面体单元。

(3) 网格参数

① 单元大小　用于设置实体上四面体单元的边长。如果未设置实体上的任何边或面局部单元大小，则系统使用【单元大小】指定实体单元的真实大小。

② 自动单元大小　在网格划分中可以使用【单元大小】选项，让系统根据所选的几何体计算单元的估计长度。

> **技术要点**
>
> 通常单元大小设置方法，选中模型几何体后，先单击【单元大小】按钮，然后在【单元大小】数值基础上，在不影响计算规模的前提下，修改更小的单元大小值，以便于提高计算精度。

③ 尝试自由映射网格划分　用于控制软件是否尝试在自由网格创建中生成类似于映射网格的网格，通常映射网格为规则六面体网格。

14.4.1.2　3D 扫掠网格

3D 扫掠网格是一种先划分源面再延伸到目标面的创建六面体网格方法，源面和目标面间的单元层是由插值法建立，如图 14-42 所示。

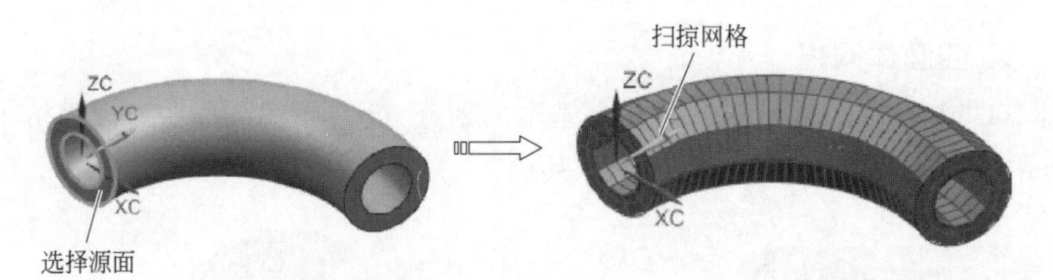

图 14-42　3D 扫掠网格

单击【主页】选项卡的【网格】组中的【3D 扫掠网格】按钮，或选择菜单【插入】|【网格】|【3D 扫掠网格】命令，弹出【3D 扫掠网格】对话框，如图 14-43 所示。

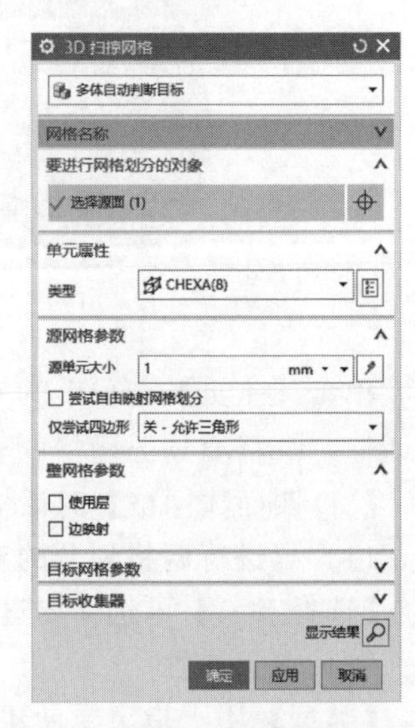

图 14-43 【3D 扫掠网格】对话框

【3D 扫掠网格】对话框可实现 4 种类型扫掠网格划分。

(1) 多体自动判断目标

在【类型】中选择“多体自动判断目标”，可将网格从选定的源面扫掠到软件确定的目标面。在单个体或多个体中扫掠网格。如果从多个体中选择源面，软件将在各个体中扫掠独立网格，如图 14-44 所示。

(2) 直到目标

在【类型】中选择“直到目标”，可在整个实体中将网格从一个体中的源面扫掠到另一个体中的目标面，如图 14-45 所示。

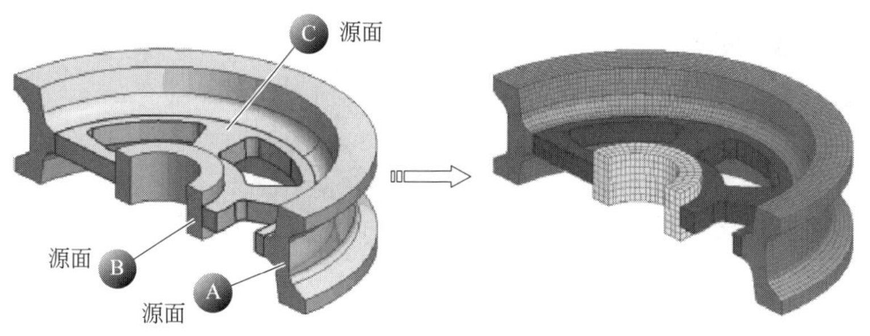

图 14-44　多体自动判断目标

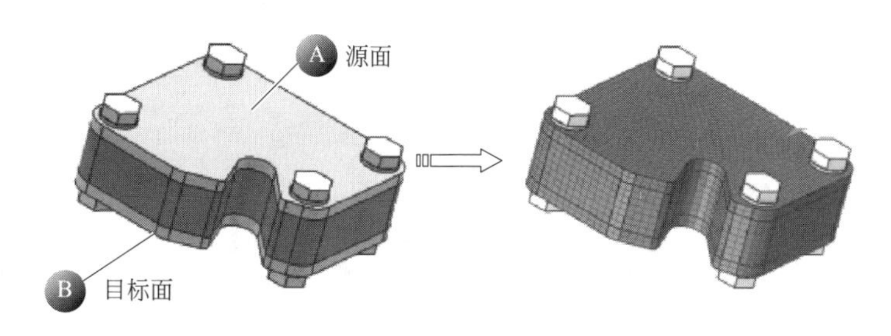

图 14-45　直到目标

(3) 自动操作范围

在【类型】中选择“自动操作范围”，按照确定的源面和目标面之间边和环对应关系，系统自动扫掠生成网格，如图 14-46 所示。仅当源面和目标面平行并且位置相近时才适用。

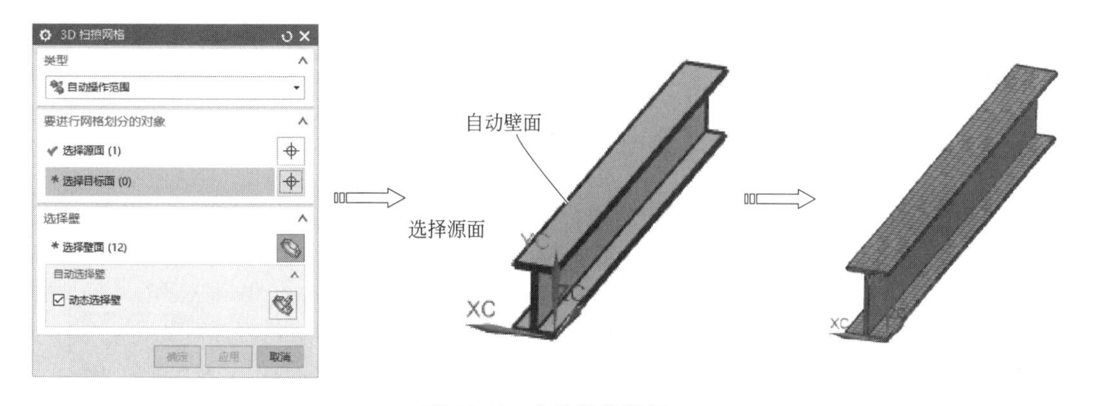

图 14-46　自动操作范围

(4) 手工操作范围

在【类型】中选择“手工操作范围”，手动定义源面和目标面之间的边和环对应关系，系统按照源面与目标面对应关系扫掠构建网格，如图 14-47 所示。

技术要点

创建扫掠网格时，如果源面是未网格化的或使用四边形壳单元网格化的，则可以选择线性或抛物线六面体单元（CHEXA8 或 CHEXA20）；如果源面是使用三角形壳单元划分网格的，则可以选择线性或抛物线楔形体单元。

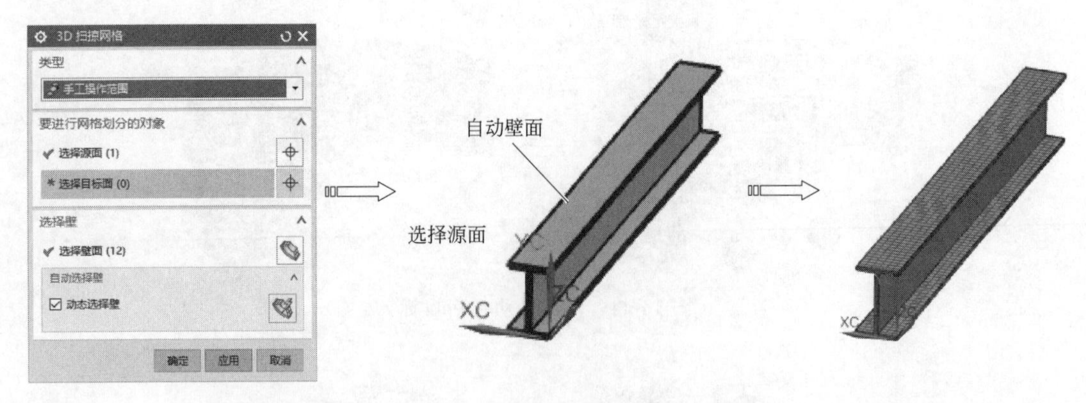

图 14-47　手工操作范围

14.4.2　2D 网格划分

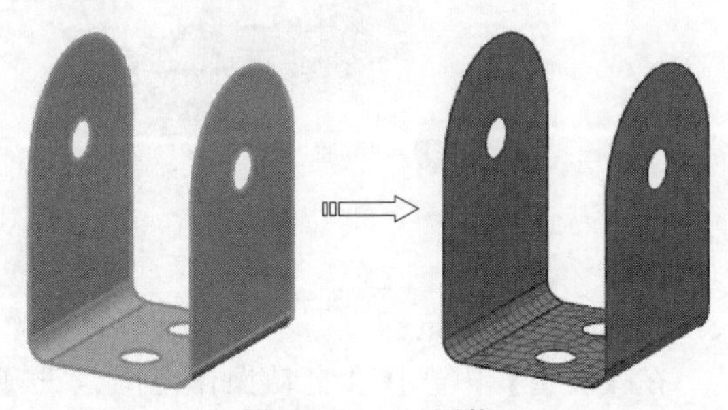

图 14-48　2D 网格

在 Simcenter3D 中提供了多种网格划分方法，包括 2D 网格、2D 映射网格等。

14.4.2.1　2D 网格

2D 网格能在选定的面上生成线性或抛物线三角形或四边形单元网格，2D 单元一般也称为壳单元或板单元，如图 14-48 所示。

选择菜单【插入】|【网格】|【2D 网格】命令，或单击【主页】选项卡上的【2D 网格】按钮，弹出【2D 网格】对话框，如图 14-49 所示。

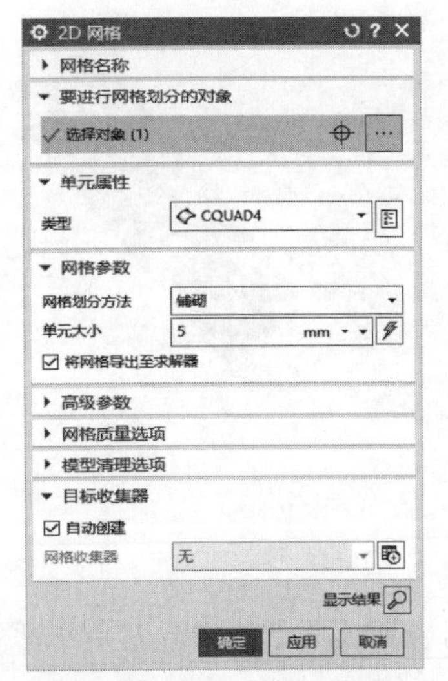

图 14-49　【2D 网格】对话框

【2D 网格】对话框提供了 2 种“网格划分方法”：

（1）细分

使用细分网格划分方法时，软件使用递归细分技术在选定面上生成网格，如图 14-50 所示。

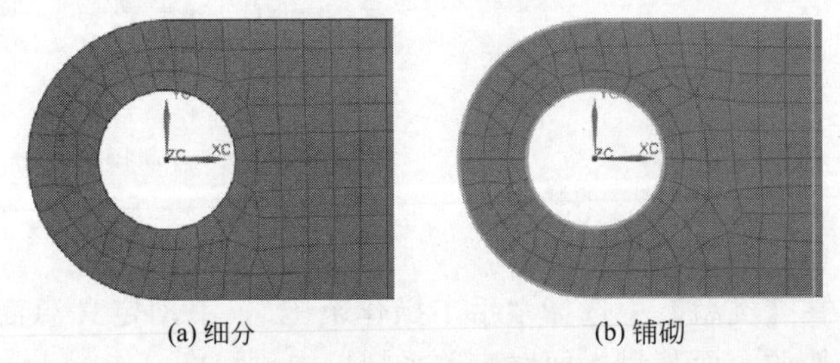

(a) 细分　(b) 铺砌

图 14-50　细分和铺砌

（2）铺砌

使用铺砌网格划分方法时，软件使用混合技术在选定面上生成网格，将铺砌方法与递归细分方法结合使用，以生成结构化程度更高的、边界合格的高质量自由网格。

技术要点

选择铺砌网格，软件使用混合网格化方法，在外部边界和任何内部孔周围生成结构化更强的网格，并在几何体的奇异部分生成自由网格。

14.4.2.2 2D 映射网格

2D 映射网格可在选定的面上生成线性或抛物线三角形或四边形单元结构化网格，图 14-51 为四边形单元的自由网格和四边形单元的自由映射网格之间的区别，可见自由映射网格更为规则。

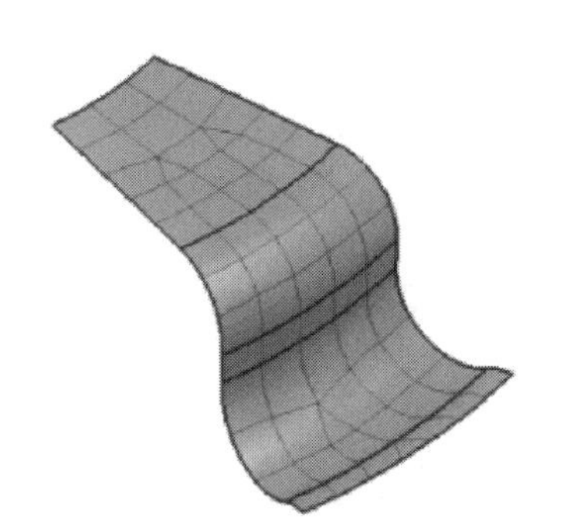

(a) 四边形单元的自由网格

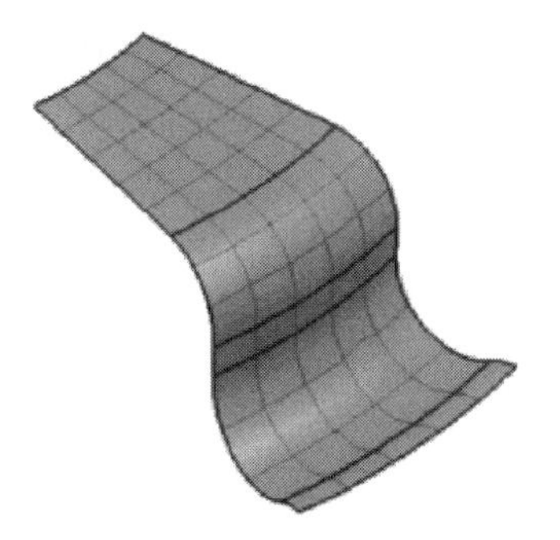

(b) 四边形单元的自由映射网格

图 14-51　自由网格和映射网格

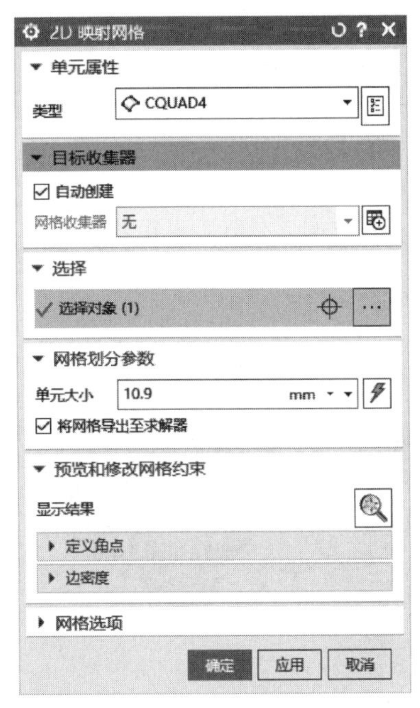

图 14-52　【2D 映射网格】对话框

选择【主页】选项卡上的【网格】组中的【2D 映射网格】按钮，或选择菜单【插入】|【网格】|【2D 映射网格】命令，弹出【2D 映射网格】对话框，如图 14-52 所示。对话框中相关选项参数的含义可参考“2D 网格”。

14.4.3 1D 网格划分

1D 网格用于创建与几何体关联的一维单元网格，可以沿曲线或多边形边创建或编辑一维单元，如图 14-53 所示。一维单元是包含两个节点的单元，1D 单元通常应用于梁、加强筋和桁架结构。

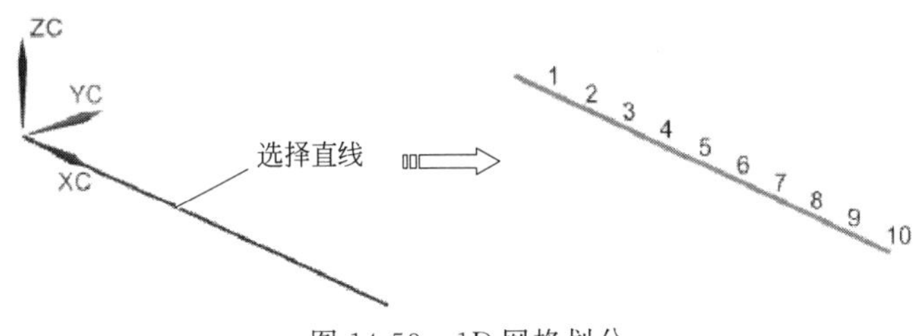

图 14-53　1D 网格划分

单击【主页】选项卡的【网格】组中的【1D 网格】按钮，弹出【1D 网格】对话框，如图 14-54 所示。

14.4.4 0D 网格划分

使用 0D 网格命令在特定节点处创建基于点的单元或标量单元，一般用于集中质量单元、特定类型的弹簧单元。

单击【主页】选项卡上的【网格】组中的【0D 网格】按钮，弹出【0D 网格】对话框，如图 14-55 所示。

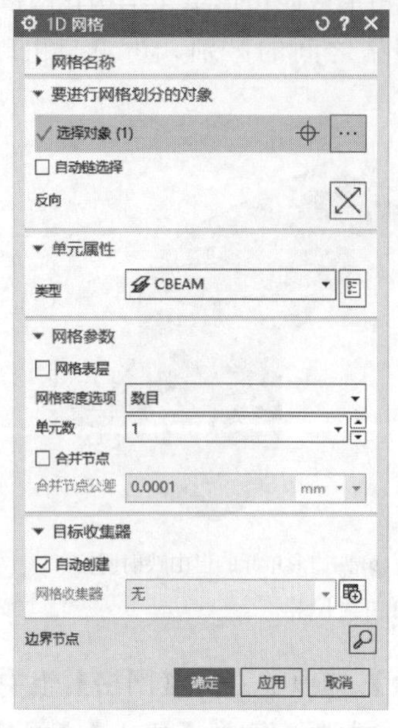

图 14-54 【1D 网格】对话框

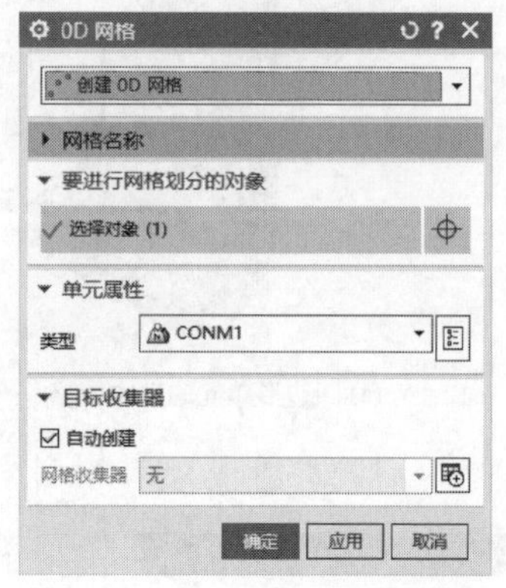

图 14-55 【0D 网格】对话框

操作实例——曲柄网格划分实例

如图 14-56 所示为一个曲轴，已经通过几何体理想化拆分成 5 个实体，实体已经进行网格配对，现要求通过控制 2D 网格来创建四面体网格。

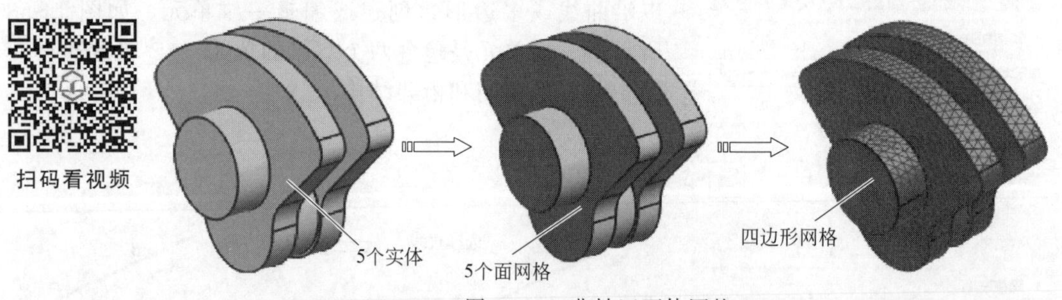

图 14-56 曲轴四面体网格

操作步骤

(1) 打开模型进入高级仿真模块

Step 01 在功能区中单击【主页】选项卡中【标准】组中的【打开】按钮，在弹出【打开】对话框中选择素材文件“实例＼第 14 章＼原始文件＼14.4＼曲柄 _ fem1.fem”，如

图 14-57 所示。

（2）创建 2D 网格

Step 02 选择菜单【插入】|【网格】|【2D 网格】命令，或单击【主页】选项卡上的【2D 网格】按钮，弹出【2D 网格】对话框，设置【单元属性】为“CQUAD4”，【网格划分方法】选择“铺砌”，取消【将网格导出至求解器】复选框，如图 14-58 所示。

图 14-57 打开有限元文件

图 14-58 【2D 网格】对话框

Step 03 选择模型表面为要划分网格的面，单击【单元大小】按钮，然后更改【单元大小】为 5mm，单击【确定】按钮创建网格，如图 14-59 所示。

Step 04 同理，重复上述过程，创建其他 4 个面的自由网格，如图 14-60 所示。

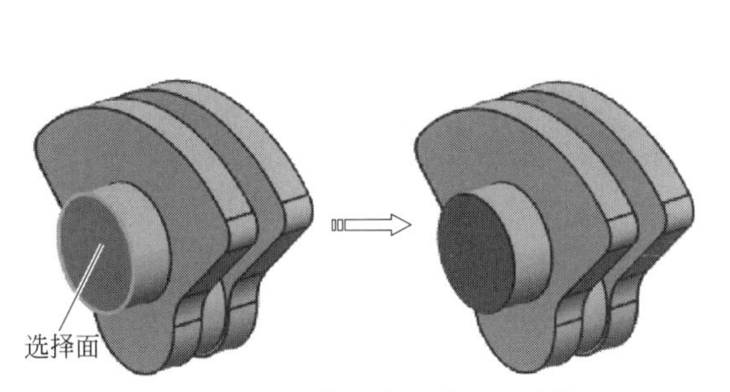

图 14-59 创建一个面的 2D 网格

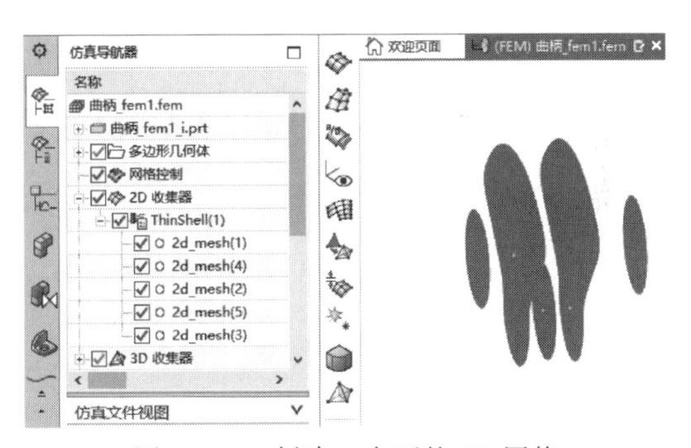

图 14-60 创建 5 个面的 2D 网格

技术要点

在【仿真导航器】窗口新增【2D 收集器】等节点，展开节点后看到【2d _ mesh (1)】节点前面有个小圈，表示该节点的数据不会进入解算器参与计算，或者说 2D 网格划分仅仅为 3D 网格划分做铺垫。

(3) 创建3D四面体网格

Step 05 单击【主页】选项卡的【网格】组中的【3D四面体】按钮 3D四面体，弹出【3D四面体网格】对话框，在【单元属性】选项组中的【类型】下拉列表框选择CTETRA（10），设置【单元大小】为5mm，在【目标捕集器】选项组中取消选中【自动创建】复选框，【网格收集器】选择Solid（1），如图14-61所示。

Step 06 选择其中一个网格划分实体，单击【确定】按钮完成网格划分，如图14-62所示。

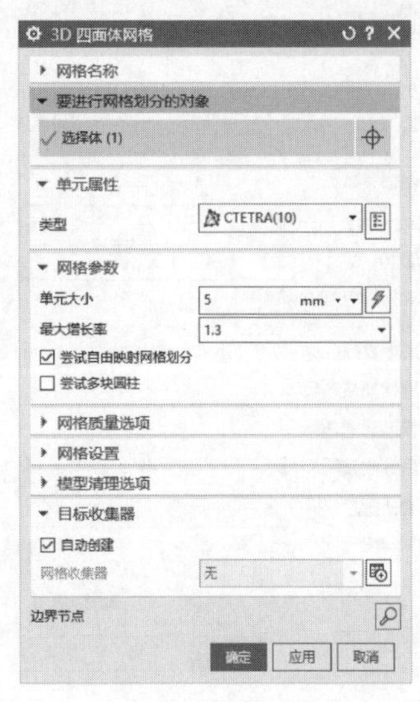

图14-61 【3D四面体网格】对话框

选择体

图14-62 创建一个实体的四面体网格

Step 07 重复上述过程，创建其余4个实体的四面体网格，如图14-63所示。

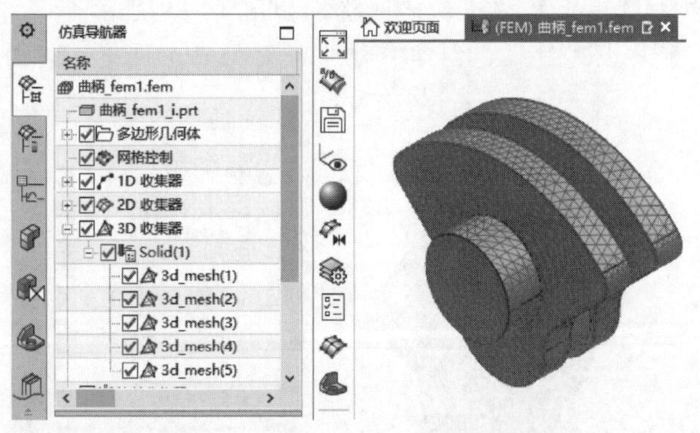

图14-63 创建5个实体的四面体网格

14.5 约束边界条件与载荷

载荷、约束和仿真对象都被认为是Simcenter3D的边界条件。Simcenter3D提供了创建、编辑和显示边界条件的工具。

14.5.1 约束类型

Simcenter3D 提供了多种约束类型以支持用户不同的分型类型，如表 14-2 所示。

表 14-2 Simcenter3D 约束类型

约束	图标	含义
用户定义约束		根据用户自身要求设置所选对象的移动和转动自由度，各自自由度可以设置为固定、自由或限定的幅值运动
强迫位移约束		可以为 6 个自由度分别设置一个运动幅值
固定约束		选择对象的 6 个自由度都被约束
固定旋转约束		3 个转动自由度被约束，而移动自由度自由
固定平移约束		3 个移动自由度被约束，而转动自由度自由
销钉约束		在一个圆柱坐标系中，旋转自由度是自由的，而移动自由度被约束
滚子约束		对于滚子轴的移动和旋转方向是自由的，其他自由度被约束
滑块约束		在选择平面的一个方向上自由度是自由的，其他各自由度被约束
圆柱形约束		在一个圆柱坐标系中，根据需要设置径向长度、旋转角度和轴向高度 3 个值，可设置为固定、自由或限定的幅值运动
自动耦合		自动在偏置或对称网格之间创建耦合自由度
手工耦合		手工在偏置或对称网格之间创建耦合自由度
对称约束		在对称结构中，可提取实体模型一半，施加对称约束
反对称约束		在对称结构中，可提取实体模型一半，施加反对称约束

下面以用户定义约束来介绍约束定义常用参数的含义。单击【主页】选项卡上的【载荷和条件】组中的【用户定义约束】按钮，弹出【用户定义约束】对话框，如图 14-64 所示。

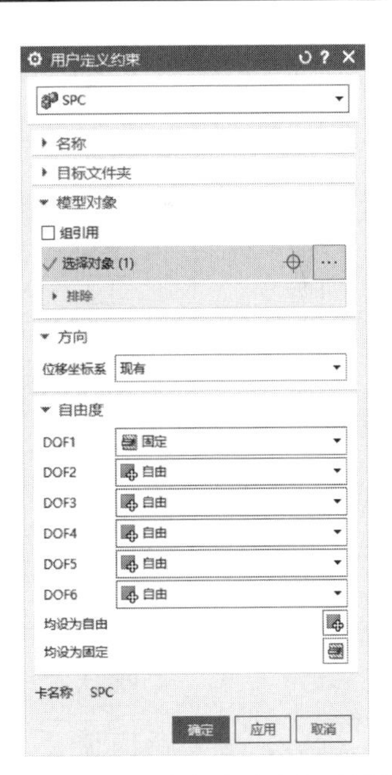

图 14-64 【用户定义约束】对话框

【用户定义约束】对话框中常用的选项参数含义如下。

(1) 模型对象

- 选择对象：选择将向其应用约束的几何体或有限元实体。
- 排除：可从选择中移除单独的实体，如移除边。

(2) 方向

① 位移坐标系　选择应用约束的位移坐标系，可选择当前为选定节点或几何体定义的坐标系，或者选择一个局部笛卡儿坐标系、圆柱坐标系、球坐标系。

② 局部　用于创建或选择局部坐标系，如图 14-65 所示的圆柱坐标系。

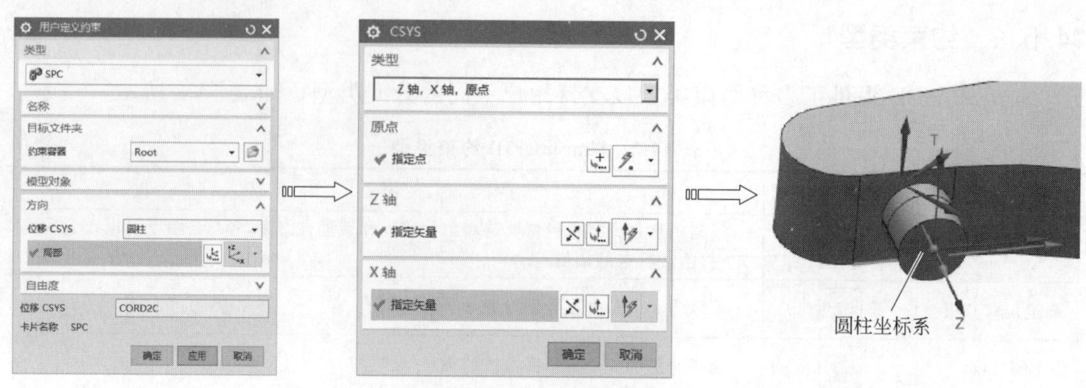

图 14-65　圆柱坐标系

(3) 自由度

分别为六个自由度（DOF）中的每一个定义强制位移大小，包括以下选项：

- 固定：不允许该自由度移动。
- 自由：允许该自由度自由移动。
- 位移：对于自由度 1～3，定义该自由度中平移位移量。
- 旋转：对于自由度 4～6，定义该自由度中旋转量。

14.5.2　载荷类型

Simcenter3D 中的载荷包括力、力矩、重力、压力、力矩、扭矩、轴承、扭转、螺栓预紧力等，如表 14-3 所示。

表 14-3　载荷类型

载荷	图标	含义
加速度		定义加速度载荷
力		力载荷可施加到点、线、边和面上
重力		重力载荷作用在整个模型上，不需要用户指定
流体静压力		施加在面上的沿坐标轴方向变化的压力，用于模拟流体对容器的压力作用
力矩		施加在边界、曲线和点上
压力		施加在面上、边界和曲线上，压力可在作用对象上指定作用方向，而不一定是垂直于作用对象
旋转		施加绕回转中心转动的离心力，系统默认坐标系的 Z 轴为旋转中心
温度载荷		施加在面、边界、点、曲线和体上的温度载荷
扭矩		施加在面上、边界上的扭矩载荷
螺栓预紧力		施加螺栓预紧载荷

续表

载荷	图标	含义
轴承载荷		作用于圆柱面或圆形边上的分布力，且在作用对象上分布不均匀，可按正弦规律也可按抛物线规律

下面以力载荷来介绍载荷定义时常用参数的含义。单击【主页】选项卡的【载荷和条件】组中的【力】按钮 力，系统弹出【力】对话框，如图 14-66 所示。

【力】对话框中常用的载荷定义方法如下。

(1) 幅值和方向

通过指定大小和方向定义力载荷，如图 14-67 所示。

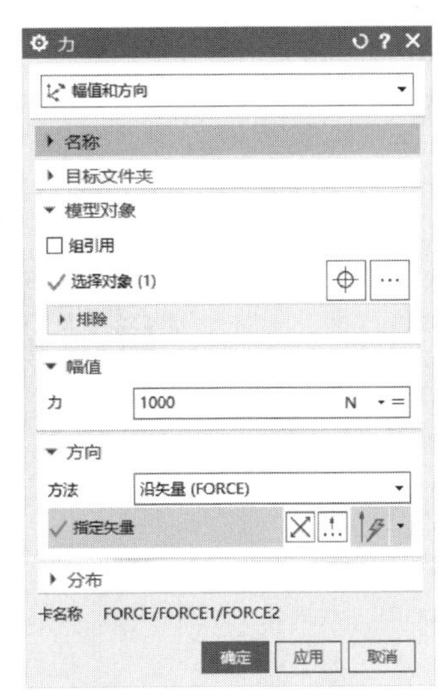

图 14-66 【力】对话框

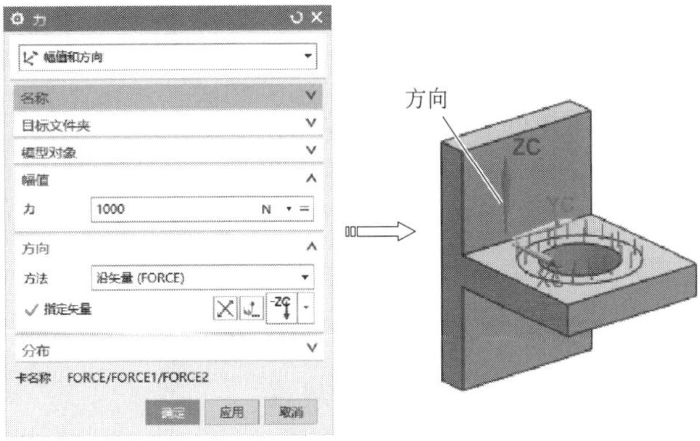

图 14-67 【幅值和方向】定义载荷

(2) 法向

用于定义垂直于选定的几何体或单元面的力载荷，如图 14-68 所示。

(3) 分量

用于按全局或局部坐标系定义各个方向的力载荷。例如，如果选择局部笛卡儿坐标系，

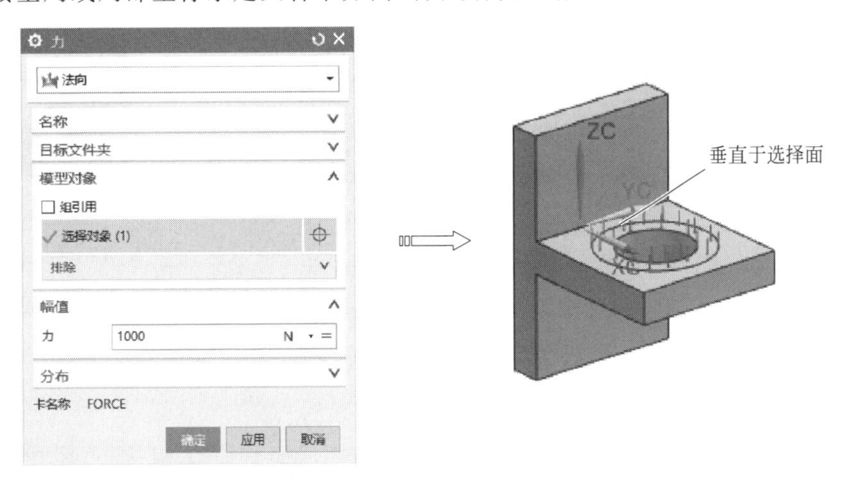

图 14-68 【法向】定义载荷

则可以输入 X 向分量、Y 向分量和 Z 向分量的力幅值，如图 14-69 所示。

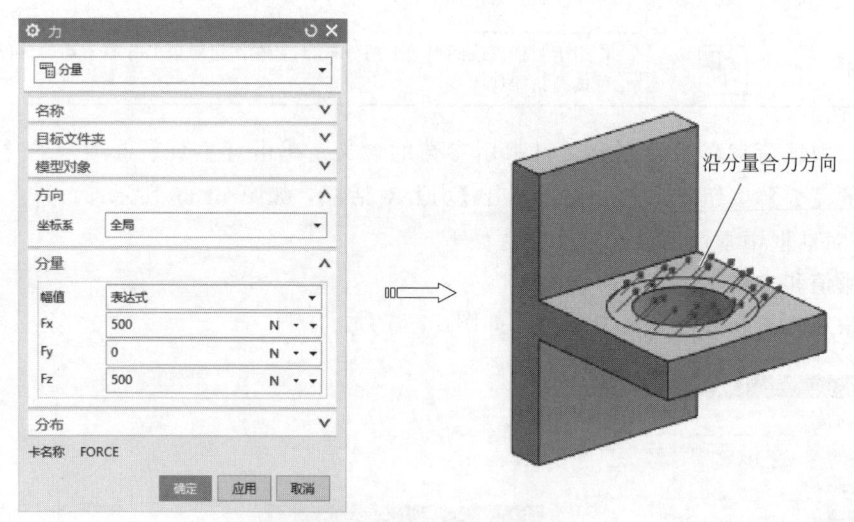

图 14-69 【分量】定义载荷

操作实例——托架载荷和约束边界条件实例

如图 14-70 所示为一个托架，已经完成网格划分，现要求在内孔边线施加 20N 垂直向下的力载荷，在顶部 4 个孔施加固定约束。

操作步骤

(1) 打开模型进入高级仿真模块

Step 01 在功能区中单击【主页】选项卡中【标准】组中的【打开】按钮，在弹出【打开】对话框中选择素材文件“实例\第 14 章\原始文件\14.5\托架_sim1.sim”，如图 14-71 所示。

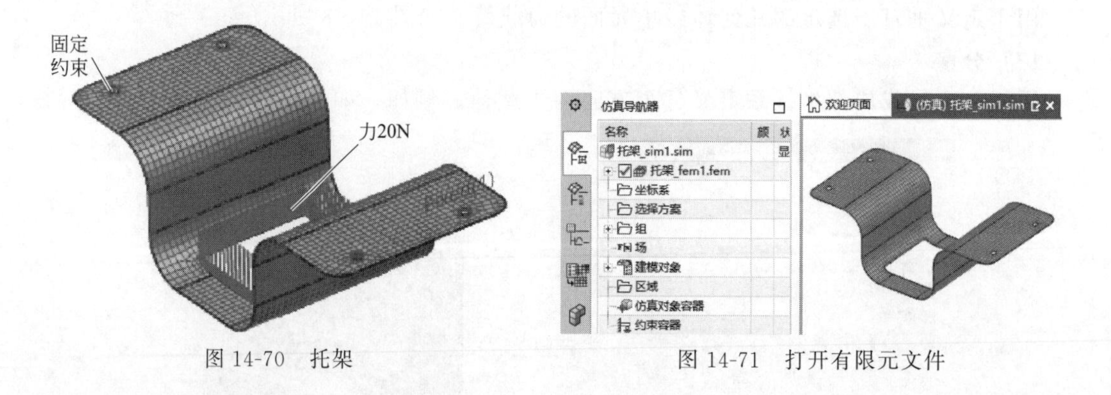

图 14-70 托架

图 14-71 打开有限元文件

(2) 施加固定约束

Step 02 单击【主页】选项卡中的【载荷和条件】组中的【固定约束】按钮，弹出【固定约束】对话框，如图 14-72 所示。

Step 03 在【名称】文本框中输入“Fixed (1)”，选择如图 14-73 所示的顶部 4 个孔边，单击【确定】按钮完成固定约束施加。

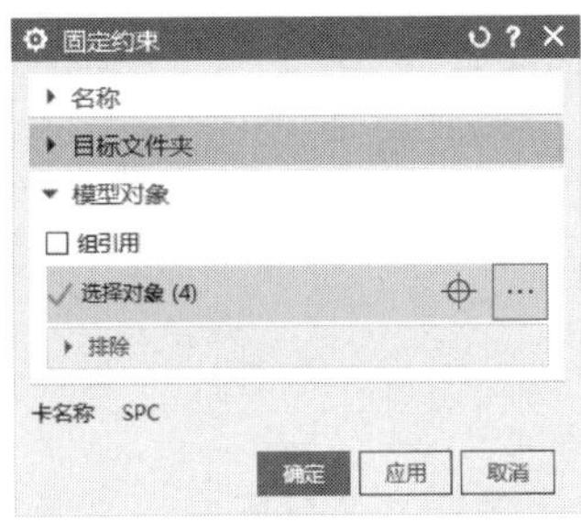

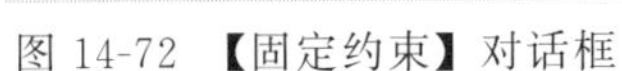
图 14-72 【固定约束】对话框

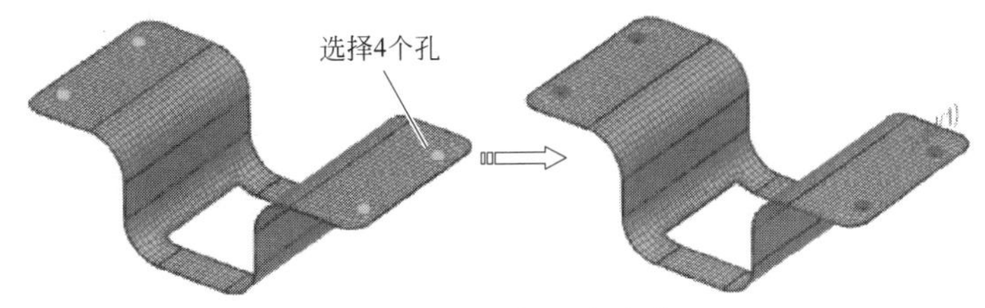

图 14-73 施加固定约束

（3）施加力

Step 04 单击【主页】选项卡的【载荷和条件】组中的【力】按钮 力，系统弹出【力】对话框，设置【类型】为“幅值和方向”、【幅值】为 20N、【指定矢量】为“－ZC”方向，如图 14-74 所示。

Step 05 选择如图 14-75 所示的底部孔的所有边线，单击【确定】按钮施加力载荷。

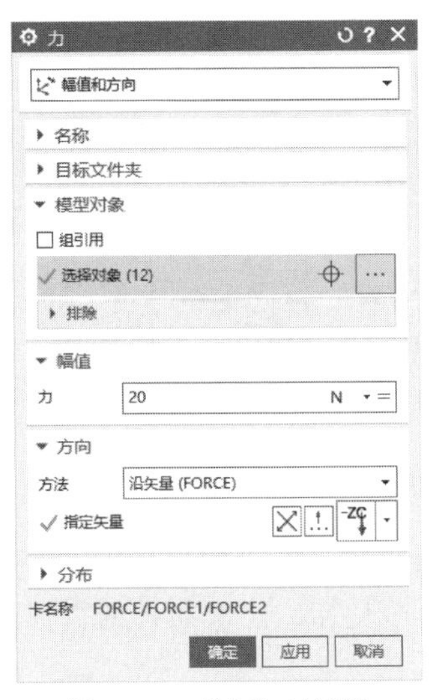

图 14-74 【力】对话框

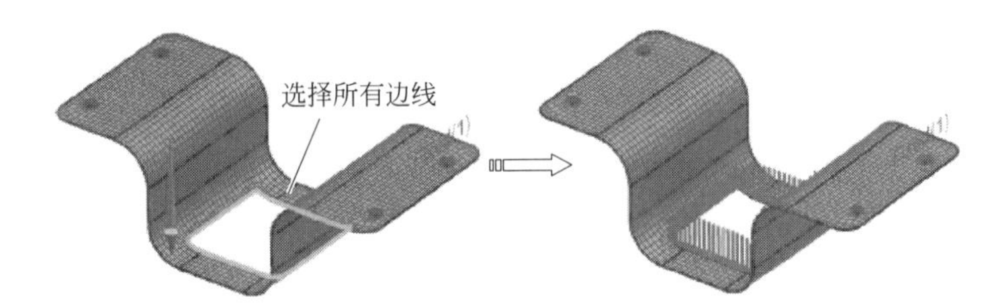

图 14-75 施加力载荷

14.6 求解和后处理

有限元模型和仿真模型创建后，在仿真模型（＊sim1.sim）中，用户可以进行分析求解和后处理。

14.6.1 求解

在【仿真导航器】中，右键单击【解算方案】并选择【求解】命令，或选择【主页】选项卡上【解算方案】中的【求解】按钮，或选择菜单【分析】|【求解】命令，弹出【求解】对话框，如图 14-76 所示。

【求解】对话框中相关选项参数含义如下。

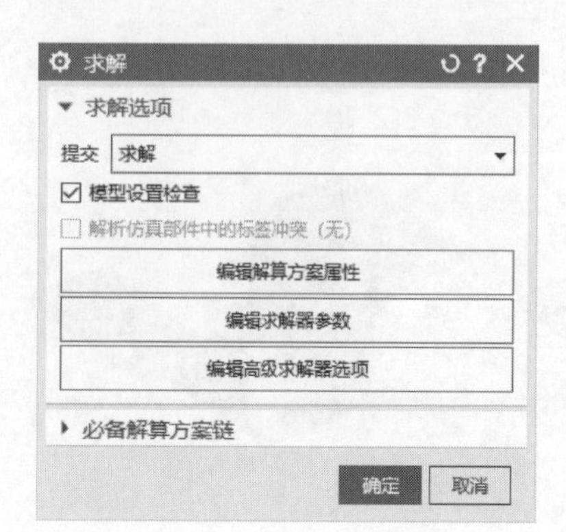

图 14-76 【求解】对话框

（1）提交

用于指定要运行的求解的类型：

• 求解：设置输入文件格式并自动开始处理。按照这种模式，一旦数据被格式化，分析作业则提交给求解器。

• 写入求解器输入文件：创建输入文件，无需执行求解，也不要求用户输入文件名。

• 求解输入文件：求解由【写入求解器输入文件选项】编写的输入文件。

• 写入、编辑并求解输入文件：创建输入文件而不执行求解，然后打开现有的输入文件进行编辑。如果关闭文件，求解过程则自动开始。

（2）模型设置检查

在开始求解前检查模型是否存在问题。如果模型检查发现问题，求解将不会开始，信息窗口中将显示问题的描述。

（3）编辑解算方案属性

单击该按钮，打开【编辑解算方案】对话框，可编辑此解算方案的属性。

（4）编辑求解器参数

单击该按钮，打开【编辑求解器参数】对话框，可编辑当前求解器的参数。

（5）编辑高级求解器选项

当 Simcenter Nastran、Samcef、Abaqus、ANSYS 或 LS-DYNA 为选定的求解器时出现，单击该按钮，打开【高级求解器选项】对话框，可编辑输出、导出和格式设置选项。

14.6.2 后处理

后处理是有限元分析的重要一步，当求解完成后，得到分析结果数据非常多。如何从中选出对用户有用的数据，数据以何种形式表达出来，都需要对数据进行合理的后处理。

Simcenter3D 后处理工作在后处理导航器中进行，以图形化、交互、层次结构的树形式显示结果，如图 14-77 所示。

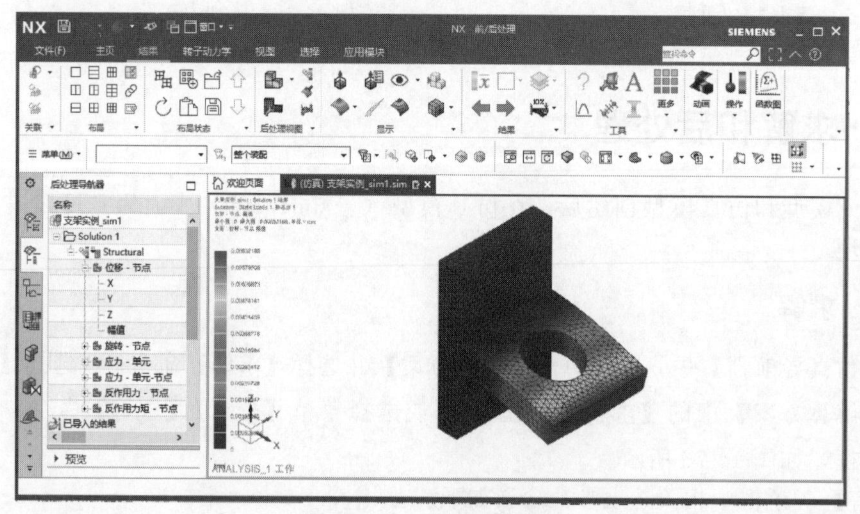

图 14-77 后处理导航器

14.6.2.1 后处理视图

视图是最直观的数据表达形式，UG NX高级分析模块一般通过不同形式的视图表达结果。通过视图能较容易识别最大变形量、最大应变、应力等在图形的具体位置，如图14-78所示。

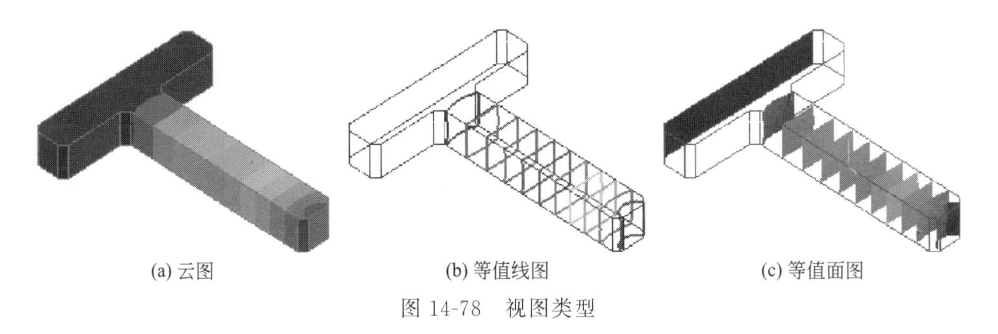

图14-78 视图类型

单击【结果】选项卡上的【后处理视图】组中的【编辑后处理视图】按钮，弹出【后处理视图】对话框，可对后处理视图结果、显示等进行编辑，如图14-79所示。

14.6.2.2 标识

使用标识可探测、显示和保存指定节点和单元的结果。用户标识所需的节点结果或单元结果之后，可以将特定的选择保存到组，以显示结果或做进一步前处理。

显示加载的结果和至少一个后处理视图：单击【结果】选项卡上【工具】组中的【标识】按钮，弹出【标识】对话框，如图14-80所示。在【节点结果】选择“从模型中选取”，在模型中选择区域节点。当选中多个节点时，系统自动判定选择的多个节点结果最大值和最小值，并做总和和平均计算，显示出最大值和最小值ID号。

图14-79 【后处理视图】对话框

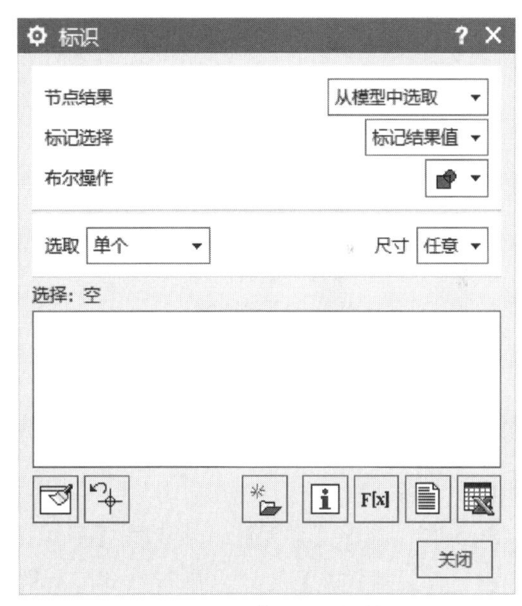

图14-80 【标识】对话框

14.6.2.3 动画

动画可生成各动画帧的显示，能更好地显示可视化模型如何响应特定解算结果。

单击【结果】选项卡上的【动画】按钮，弹出【动画】对话框，将【动画】选项设为“结果”，单击【播放】按钮，即可在屏幕中模拟动画显示结果；单击【停止】按钮，可删除各帧动画并返回初始状态，如图 14-81 所示。

图 14-81 【动画】对话框

操作实例——托架静力学求解和后处理实例

如图 14-82 所示为一个托架，已经完成网格划分和载荷施加，现求在载荷作用下的应力和变形。

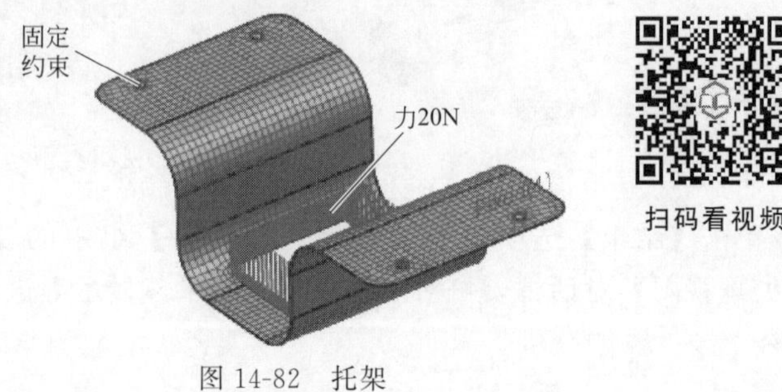

扫码看视频

图 14-82 托架

操作步骤

(1) 打开模型进入高级仿真模块

Step 01 在功能区中单击【主页】选项卡中【标准】组中的【打开】按钮，在弹出【打开】对话框中选择素材文件“实例 \ 第 14 章 \ 原始文件 \ 14.6 \ 托架 _ sim1. sim”，如图 14-83 所示。

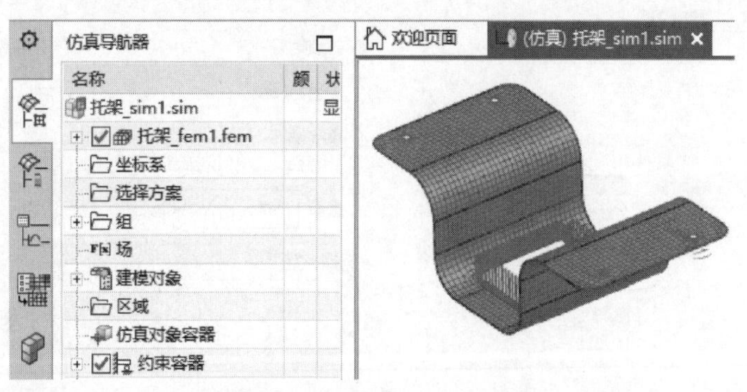

图 14-83 打开仿真文件

(2) 求解

Step 02 单击【主页】选项卡的【解算方案】组中的【求解】按钮，弹出【求解】对话框，设置【提交】为“求解”，如图 14-84 所示。

Step 03 系统会将施加网格和边界约束的模型送到 NASTRAN 解算器中进行解算，求解完成后弹出【分析作业监视】对话框，如图 14-85 所示。单击【取消】按钮。

Step 04 同时，弹出【Review Results】信息窗口，单击【Yes】按钮完成求解，如图 14-86 所示。

图 14-84 【求解】对话框

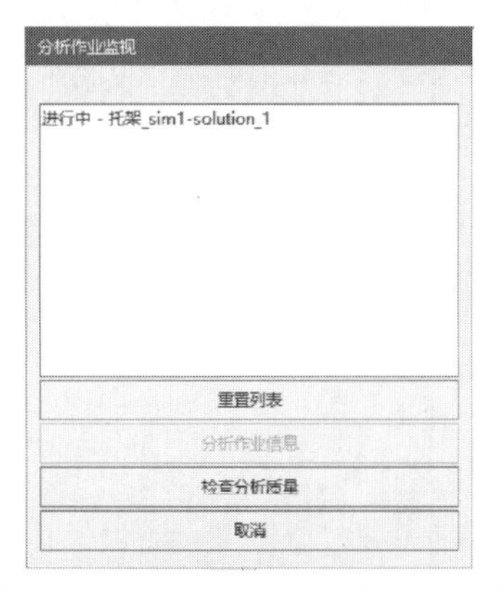

图 14-85 【分析作业监视】对话框

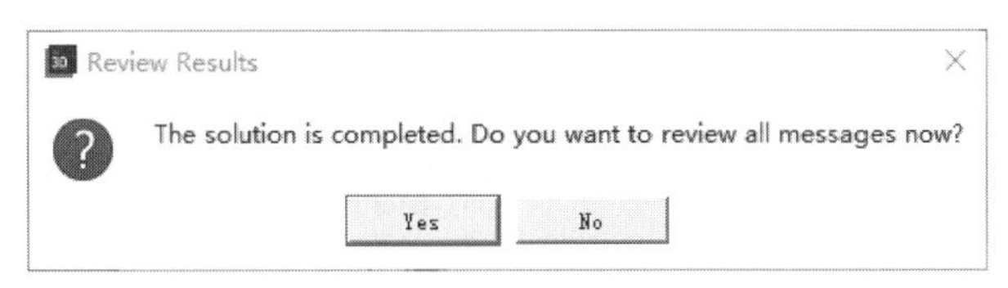

图 14-86 【NX Review Results】信息窗口

(3) 后处理查看仿真结果

Step 05 在导航器窗口单击【后处理导航器】图标，进入【后处理导航器】窗口，如图 14-87 所示。

Step 06 加载求解结果。选择【Solution 1】下的【Structural】节点，单击鼠标右键，在弹出的快捷菜单中选择【加载】命令，或者双击该节点也可加载求解结果，如图 14-88 所示。

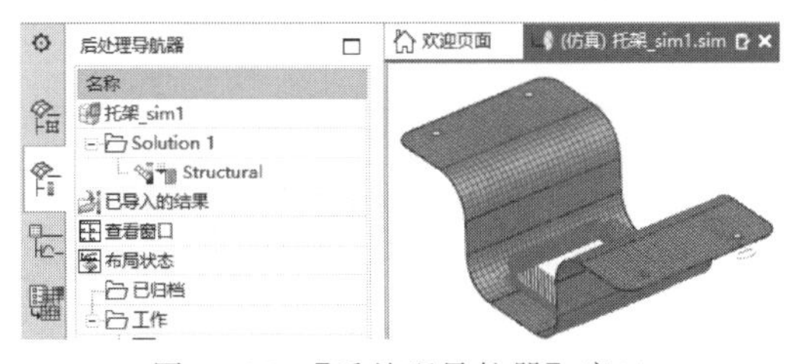

图 14-87 【后处理导航器】窗口

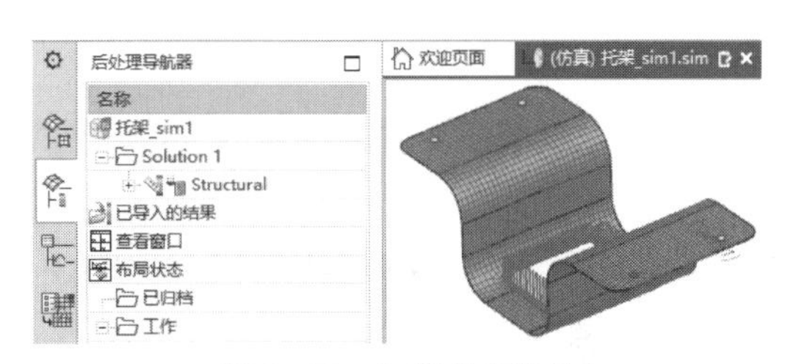

图 14-88 加载求解结果

Step 07 显示位移。在【后处理导航器】窗口中依次展开【Solution 1】|【Structural】|【位移-节点】|【幅值】节点，双击该节点在窗口中出现位移云图，如图 14-89 所示。

Step 08 显示应力。在【后处理导航器】窗口中依次展开【Solution 1】|【Structural】|【应力-单元】|【Von Mises】节点，双击该节点在窗口中出现应力云图，如图 14-90 所示。

Step 09 单击【结果】选项卡上的【后处理视图】组中的【编辑后处理视图】按钮，弹出【后处理视图】对话框。单击【结果】选项卡，设置【单位】为 MPa；单击【显示】选项卡，设置【边】为“特征”，如图 14-91 所示。

Step 10 单击【确定】按钮，显示特征模式下的单位为 MPa 的应力云图，如图 14-92 所示。

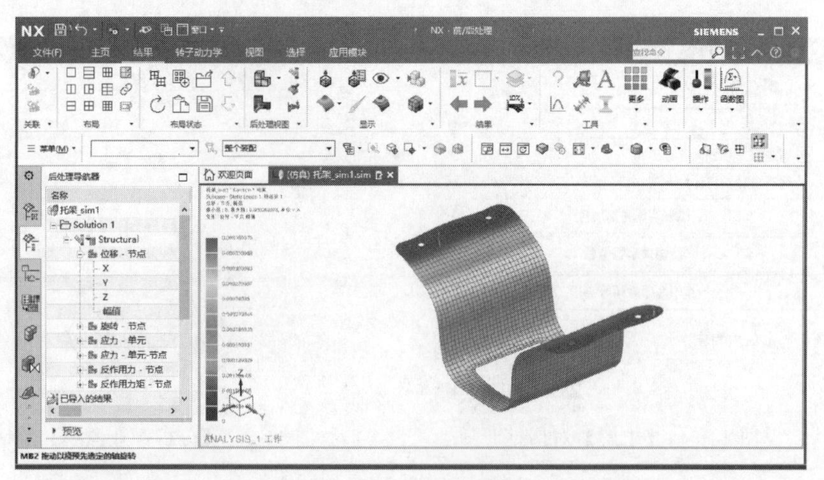

图 14-89　显示位移

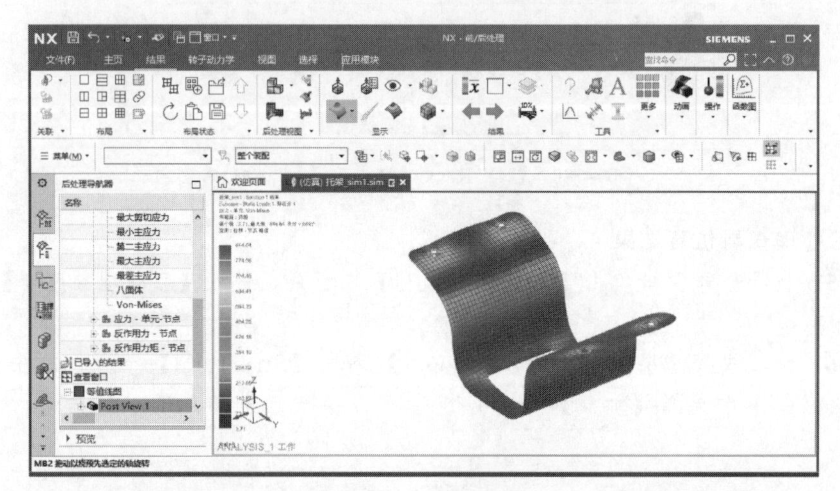

图 14-90　显示应力

图 14-91　【后处理视图】对话框

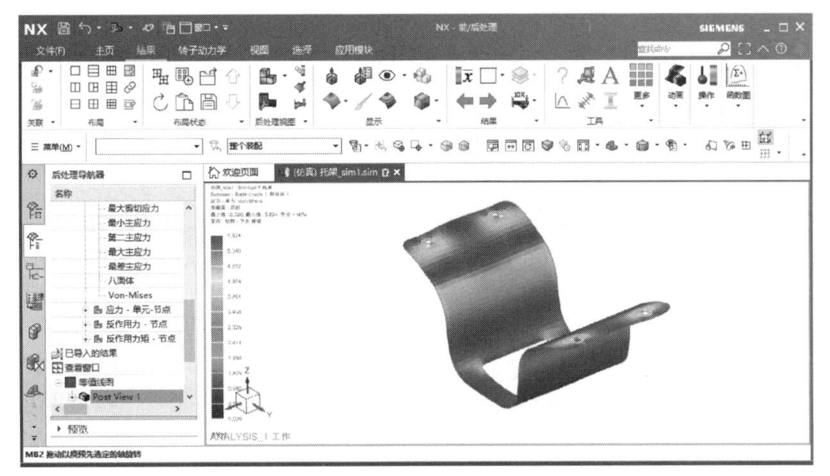

图 14-92　特征模式下应力云图

14.7　上机习题

扫码看视频

扫码看视频

习题 14-1

如图习题 14-1 所示的固定支架，试分析在圆孔周边施加均匀分布 500N 载荷时，支架变形和应力分布。

习题 14-2

如图习题 14-2 所示的扳手，截面宽度为 10mm 的六方形，在手柄端部施加力为 100N。材料为钢，弹性模量为 207GPa，泊松比为 0.3，求其变形和应力分布。

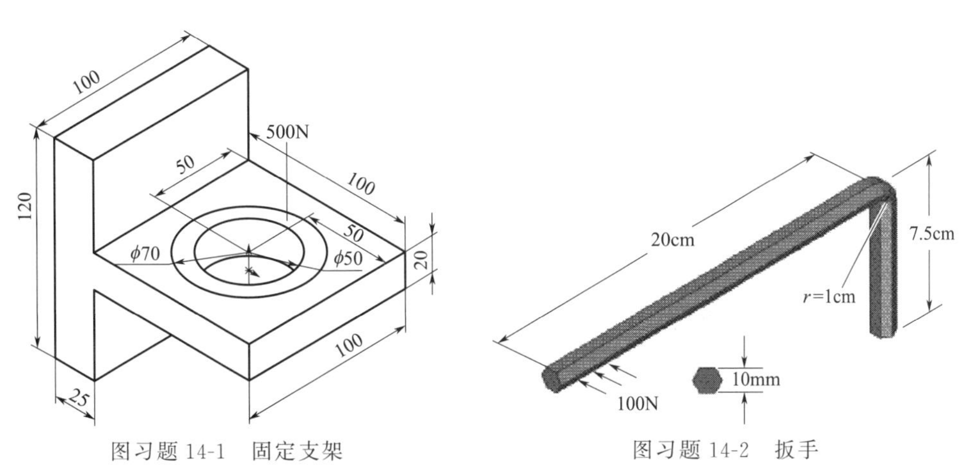

图习题 14-1　固定支架　　　　图习题 14-2　扳手

本章小结

本章介绍了 Simcenter3D 结构仿真技术，并通过典型案例对结构仿真步骤进行了详细讲解，包括分析流程、几何体理想化、材料与单元属性、网格划分、边界条件和载荷等。读者通过本章可掌握及熟练应用 Simcenter3D 结构仿真的基础知识和操作方法，为 Simcenter3D 的实际应用奠定基础。

15

第15章 UG NX实体设计典型案例

实体特征造型是 UG NX 软件典型的造型方式，本章以 2 个典型实例来介绍各类实体建模的方法和步骤。希望通过本章的学习，读者可轻松掌握 UG NX 实体特征造型功能的基本应用。

本章内容

- 航模发动机机座造型设计
- 平口钳组件造型设计

15.1 综合实例 1——航模发动机机座造型设计

本节以航模发动机机座为例，对实体特征设计相关知识进行综合性应用。航空发动机机座模型如图 15-1 所示。

15.1.1 航模发动机机座造型思路分析

小型航空发动机机座模型结构复杂，外形结构整齐，下面介绍航空发动机机座的实体建模流程。

(1) 零件分析，拟定总体建模思路

总体思路：首先对模型结构进行分析和分解，分解为相应的部分，包括发动机外结构（基体）、发动机内结构（腔体）等。根据总体结构布局与相互之间的关系，按照先外后内、内外交叉的顺序依次创建各部分，如图 15-2 所示。

图 15-1 发动机机座模型

图 15-2 发动机机座模型结构分析

(2) 发动机基体的特征造型

首先采用旋转特征创建传动壳体，再通过拉伸和拉伸阵列特征创建活塞壳体，利用筋板创建加强支撑，最后采用拉伸特征创建发动机中间壳体，如图 15-3 所示。

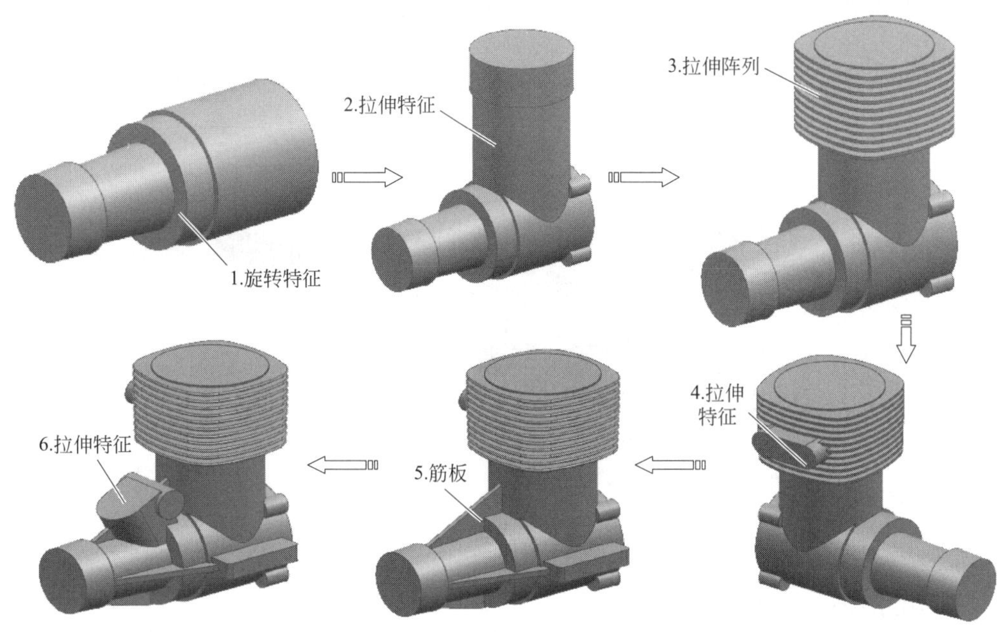

图 15-3 发动机机座壳体的创建过程

(3) 发动机腔体的特征造型

首先通过连续创建孔特征创建传动部内腔，然后通过孔特征创建活塞部内腔，最后通过孔特征和圆形阵列创建连接定位孔，如图 15-4 所示。

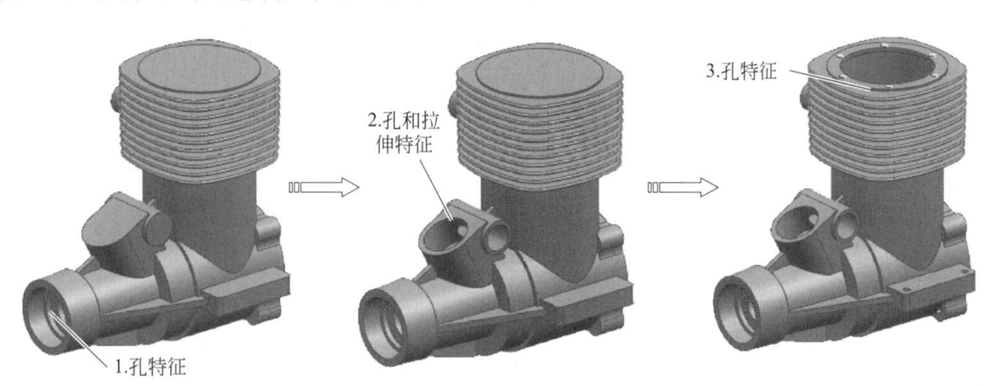

图 15-4 发动机机座腔体的创建过程

15.1.2 航模发动机机座设计操作过程

操作步骤

操作视频

15.2 综合实例 2——平口钳组件造型设计

本节以平口钳为例，对实体特征设计相关知识进行综合性应用。平口钳模型如图 15-54 所示。

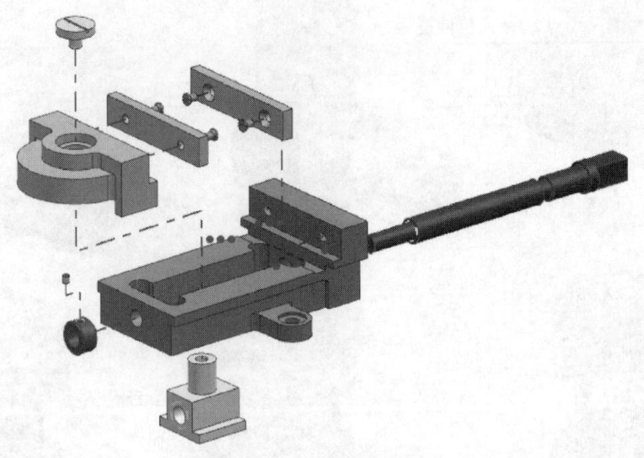

图 15-54 平口钳模型

15.2.1 平口钳造型思路分析

平口钳是典型机械零部件，下面介绍平口钳主要零件的实体建模流程。

(1) 钳座的特征造型

采用拉伸特征建立外形结构和内腔结构，通过拉伸镜像特征创建连接部，如图 15-55 所示。

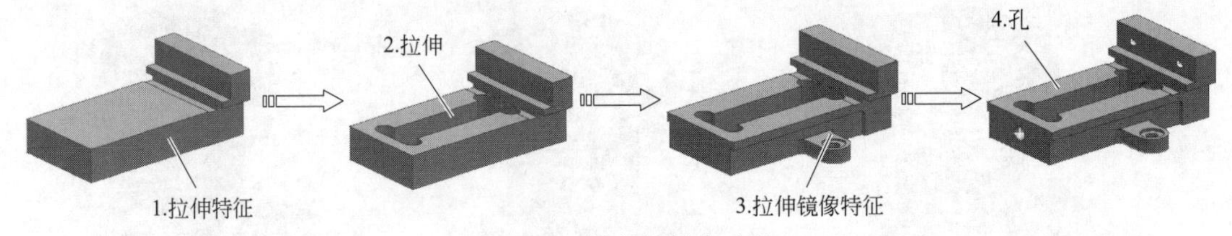

图 15-55 钳座的创建过程

(2) 活动钳口的特征造型

采用拉伸特征建立外形结构，通过孔特征创建安装定位孔，如图 15-56 所示。

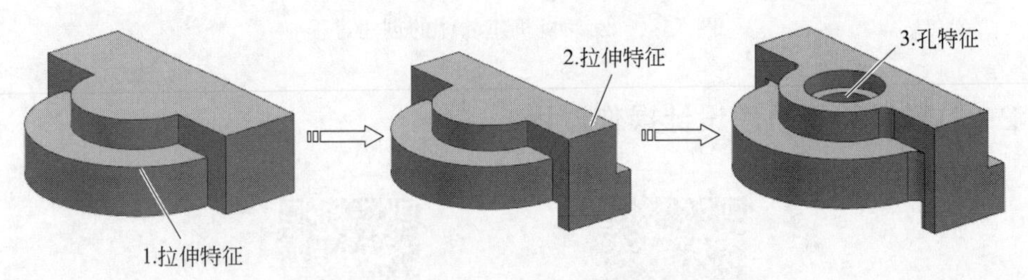

图 15-56 活动钳口的创建过程

(3) 方形螺母的特征造型

采用拉伸特征建立外形结构，通过孔特征创建丝杠孔，如图 15-57 所示。

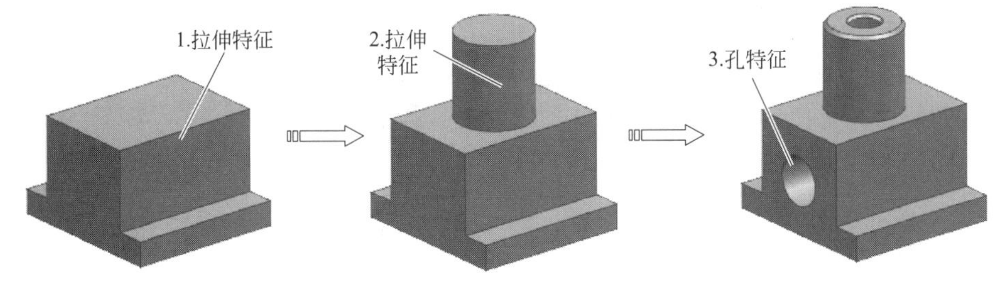

图 15-57 方形螺母的创建过程

(4) 丝杠的特征造型

采用旋转特征建立外形结构，采用拉伸切除特征建立六角结构，通过倒角特征完成丝杠创建，如图 15-58 所示。

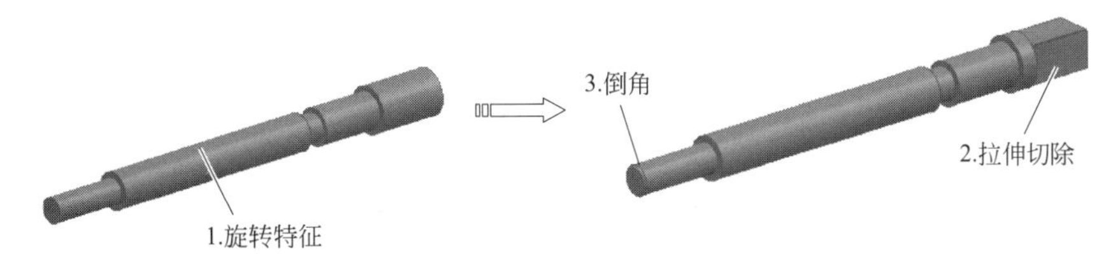

图 15-58 丝杠的创建过程

15.2.2 平口钳设计操作过程

15.2.2.1 钳座设计过程

操作过程

操作视频

15.2.2.2 活动钳口设计过程

操作过程

操作视频

15.2.2.3 方形螺母设计过程

操作过程

操作视频

15.2.2.4 丝杠设计过程

操作过程

操作视频

15.2.2.5 钳口板设计过程

操作过程

操作视频

15.2.2.6 一字螺母设计过程

操作过程

操作视频

15.2.2.7 固定套设计过程

操作过程

操作视频

第16章 UG NX产品与制造信息设计实例

本章通过实例来讲解PMI产品与制造信息（三维标注）基本知识的综合应用。读者通过对典型零件的三维标注，可掌握PMI产品与制造信息相关知识在实际产品中的具体应用方法和过程。

本章内容

- 支架产品与制造信息
- 三通产品与制造信息

16.1 PMI支架产品与制造信息

为了巩固前面PMI基础知识，本节以支架零件为例来讲解叉架类零件的三维标注方法和过程，如图16-1所示。

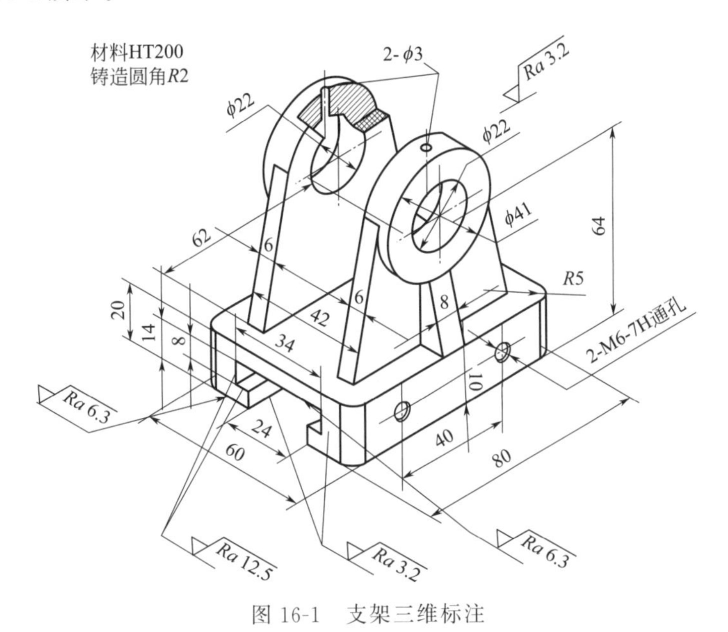

图16-1 支架三维标注

16.1.1 支架产品与制造信息分析

（1）结构分析

叉架类零件一般有拨叉、连杆、支座等，该类零件常用倾斜或弯曲的结构连接零件的工作部分与安装部分。叉架类零件多为铸件或锻件，因而具有铸造圆角、凸台、凹坑等常见结构。

(2) 视图选择

为了清晰和便于测量，叉架类零件结构形状比较复杂，加工位置多变，有的零件工作位置也不固定，所以这类零件的视图一般按工作位置原则和形状特征原则确定。

(3) 技术要求

在对叉架类零件做尺寸标注时，通常会选用安装基面或零件的对称面作为尺寸基准。有配合要求的表面，其表面粗糙度、尺寸精度要求较严；有配合的轴颈和重要的端面，有形位公差要求，如同轴度、径向圆跳动、端面圆跳动及键槽的对称度等。

16.1.2 PMI支架三维标注过程

操作步骤

操作视频

16.2 综合实例2——PMI三通产品与制造信息

本节以三通零件为例来讲解叉架类零件的三维标注方法和过程，如图16-30所示。

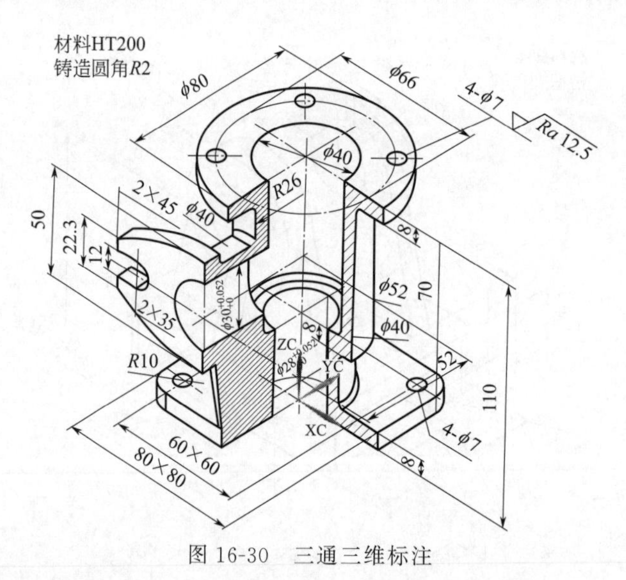

图16-30 三通三维标注

16.2.1 三通工程图分析

(1) 结构分析

三通阀体以及减速器箱体、泵体、阀座等这类零件，大多为铸件，一般起支承、容纳、定位和密封等作用，内外形状较为复杂。该零件的内外形均较复杂，主要结构是由均匀的薄壁围成不同形状的空腔，空腔壁上还有多方向的孔，以达到容纳和支撑的作用。另外，三通阀体还具有强肋、凸台、凹坑、铸造圆角、拔模斜度等常见结构。

(2) 视图选择

三通阀体类零件一般经多种工序加工而成，因而视图主要根据形状特征和工作位置来确定。由于零件结构较复杂，常需做出局部的剖视图结构，并广泛地用各种方法来表达。

(3) 技术要求

根据三通阀体类零件的具体要求确定其表面粗糙度和尺寸精度，较复杂的零件定位尺寸较多，各孔轴线或中心线间的距离要直接注出。

16.2.2 PMI三通三维标注过程

操作过程

操作视频

第17章 UG NX曲面设计典型案例

曲面特征造型是 UG NX 软件典型的造型方式。本章以 2 个典型实例来介绍各类曲面造型的方法和步骤。希望通过本章的学习，读者可轻松掌握 UG NX 曲面特征造型功能的基本应用。

本章内容

- 卡盘曲面造型设计
- 显示器外壳曲面造型设计

17.1 综合实例 1——卡盘曲面造型设计

本节以卡盘为例，对曲面设计相关知识进行综合性应用。卡盘曲面如图 17-1 所示。

17.1.1 卡盘曲面造型思路分析

卡盘外形流畅、结构美观，其曲面造型流程如下。

(1) 零件分析，拟定总体建模思路

总体思路：首先对模型结构进行分析和分解，分解为相应的部分，包括凸面和基体曲面等。根据总体结构布局与相互之间的关系，按照先凸面再基体曲面的顺序依次创建各部分，如图 17-2 所示。

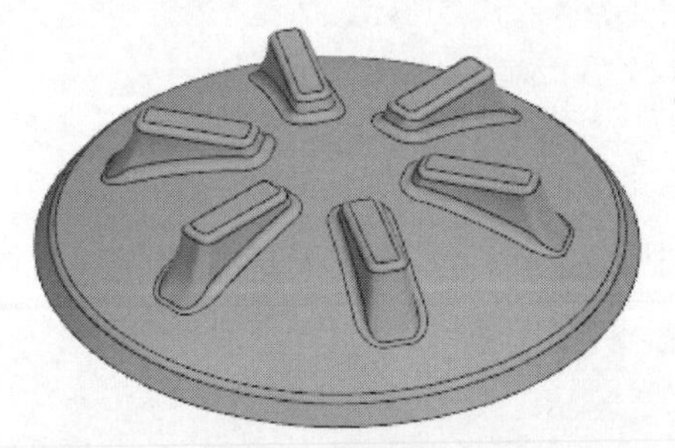

图 17-1 卡盘曲面

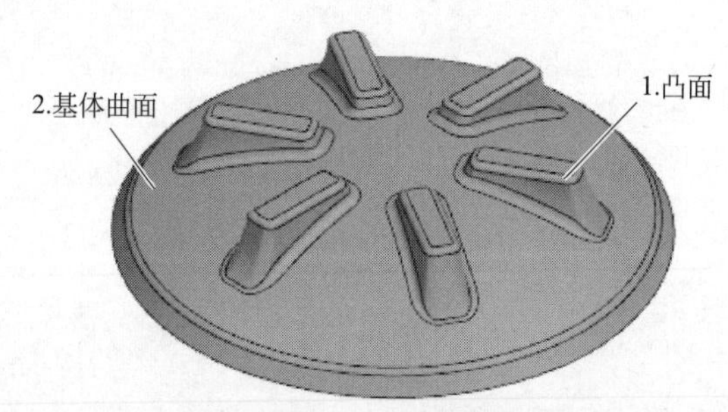

图 17-2 卡盘曲面分解

(2) 曲线的构建和操作

常规曲线创建按照点、线顺序，由点来控制曲线的位置。简单的单根曲线可采用 UG NX 曲线功能实现，复杂曲线利用 UG NX 草图功能创建，如图 17-3 所示。

(3) 曲面的构建和操作

在建立好曲线的基础上，通过扫掠曲面建立凸面，然后利用旋转曲面建立基体曲面，最

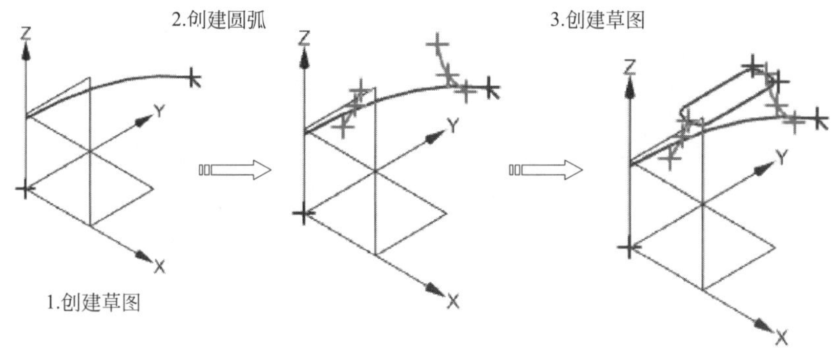

图 17-3　曲线创建过程

后进行修剪，如图 17-4 所示。

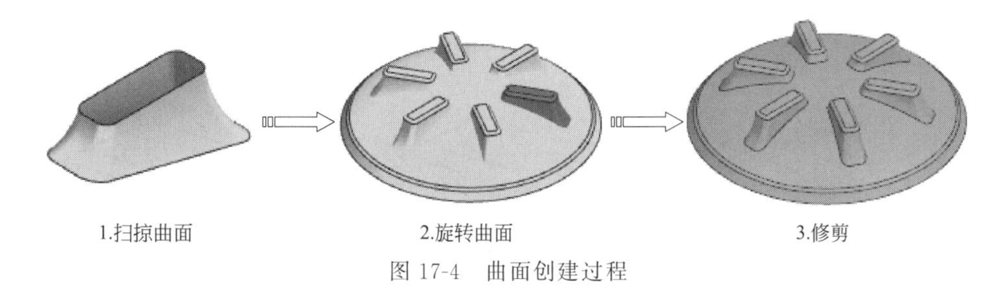

图 17-4　曲面创建过程

17.1.2　卡盘造型设计操作过程

操作过程

操作视频

17.2　综合实例 2——显示器外壳曲面造型设计

本节以显示器外壳为例，对曲面设计相关知识进行综合性应用。显示器外壳曲面如图 17-23 所示。

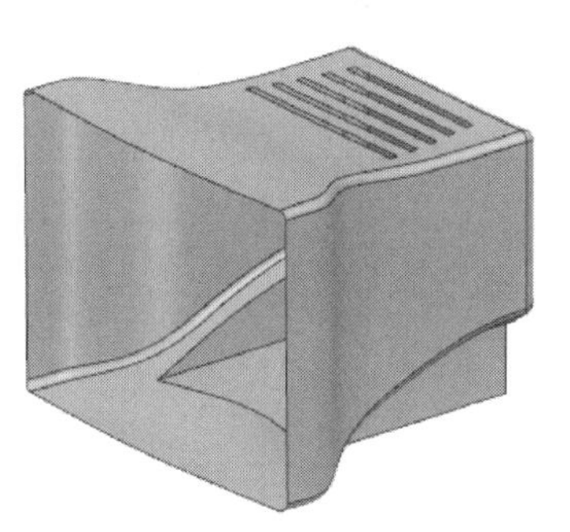

图 17-23　显示器外壳曲面

17.2.1　显示器外壳曲面造型思路分析

显示器外壳曲面外形流畅、结构美观，其曲面造型流程如下。

(1) 零件分析，拟定总体建模思路

总体思路：首先对模型结构进行分析和分解，分解为相应的部分，包括外壳曲面、下凸面和后底面等。根据总体结构布局与相互之间的关系，按照先外壳曲面、再凸面和底面曲面的顺序依次创建各部分，如图 17-24 所示。

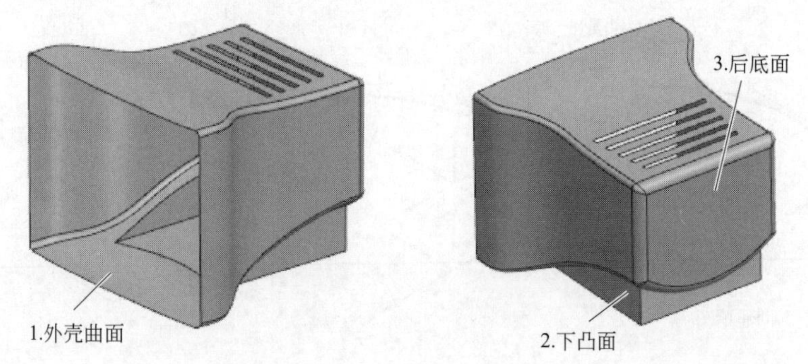

图 17-24　显示器外壳曲面分解

(2) 曲线的构建和操作

常规曲线创建按照点、线顺序，由点来控制曲线的位置。简单的单根曲线可采用 UG NX 曲线功能实现，复杂曲线利用 UG NX 草图功能创建，如图 17-25 所示。

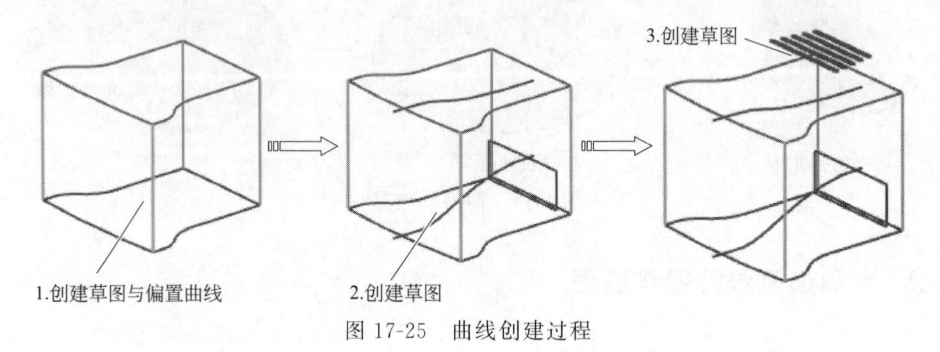

图 17-25　曲线创建过程

(3) 曲面的构建和操作

在建立好曲线的基础上采用通过扫掠曲面建立凸面，然后利用旋转曲面建立基体曲面，最后进行修剪，如图 17-26 所示。

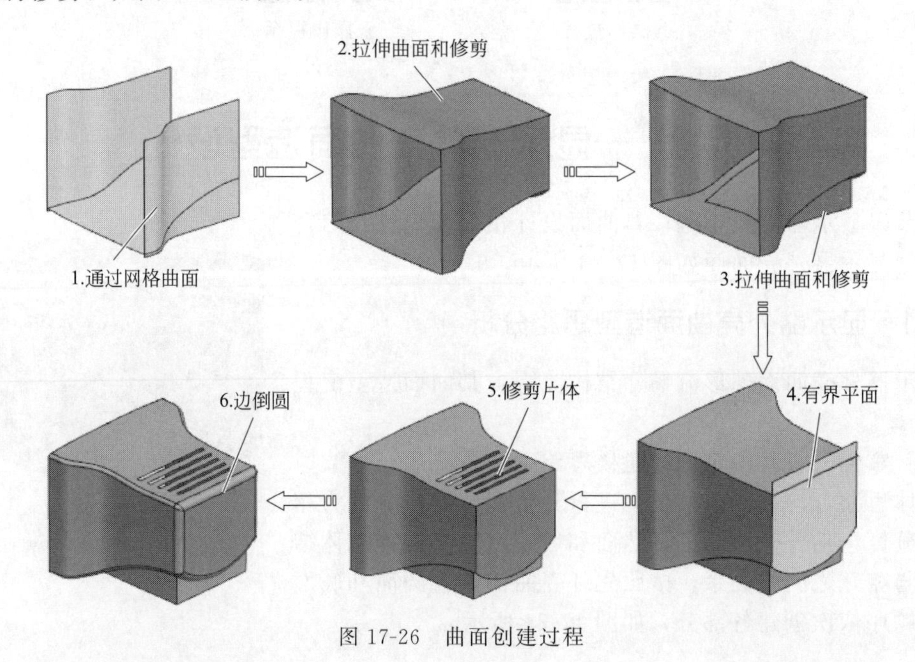

图 17-26　曲面创建过程

17.2.2 显示器外壳造型设计操作过程

操作过程

操作视频

第18章 UG NX装配体设计典型案例

UG NX 装配体是通过装配约束关系来确定零件之间的正确位置和相互关系。本章以 2 个典型实例来介绍装配体设计的方法和步骤。希望通过本章的学习，读者可轻松掌握 UG NX 装配功能的基本应用。

本章内容

- 落地风扇装配
- 平口钳装配

18.1 综合实例 1——落地风扇装配设计

本节以落地风扇装配为例，详解产品装配设计过程和应用技巧。落地风扇结构如图 18-1 所示。

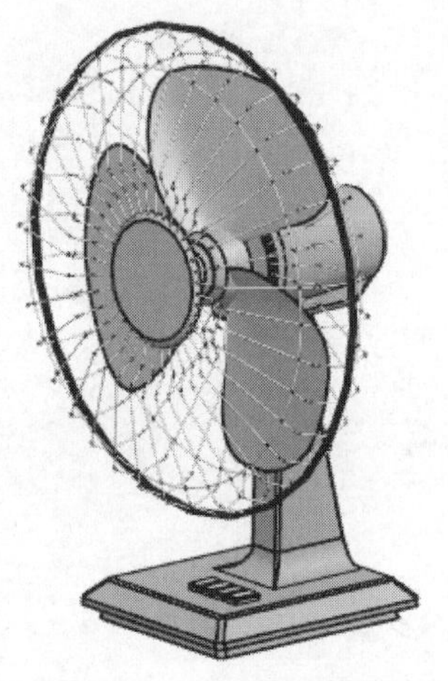

图 18-1 落地风扇结构

18.1.1 落地风扇装配设计思路分析

首先根据实体造型、曲面造型等方法创建装配零件模型，然后添加组件到装配体，最后利用装配约束方法施加约束，完成装配结构。

(1) 创建装配体

单击【主页】选项卡上的【新建】按钮，弹出【新建】对话框，选择【装配】模板进入装配模块，如图 18-2 所示。

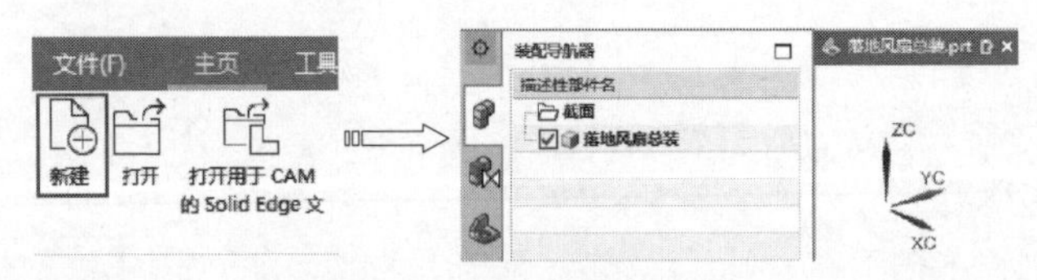

图 18-2 创建装配体文件

(2) 装配风扇基座零件

首先选择【添加组件】将轴承座零件加载到装配体文件，然后施加约束来固定该零件，如图 18-3 所示。

(3) 装配风扇马达零件

首先选择【添加组件】将风扇马达零件加载到装配体文件，然后对该零件施加约束，如图 18-4 所示。

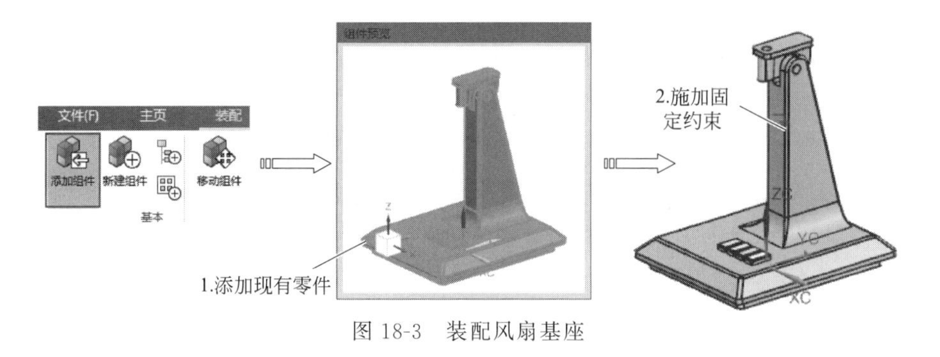

图 18-3　装配风扇基座

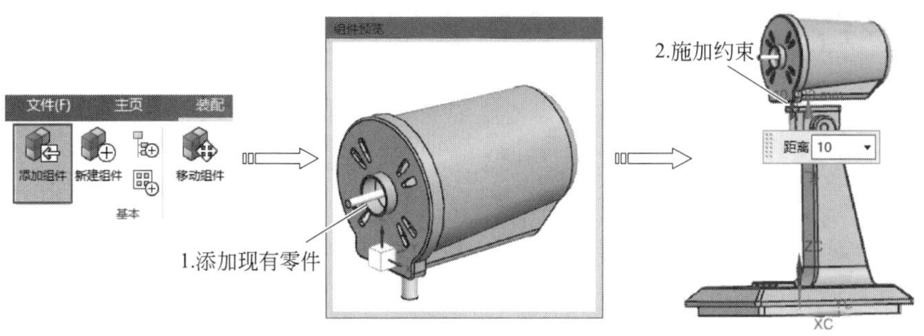

图 18-4　装配风扇马达

(4) 装配扇叶零件

首先选择【添加组件】将扇叶零件加载到装配体文件，然后对该零件施加约束，如图 18-5 所示。

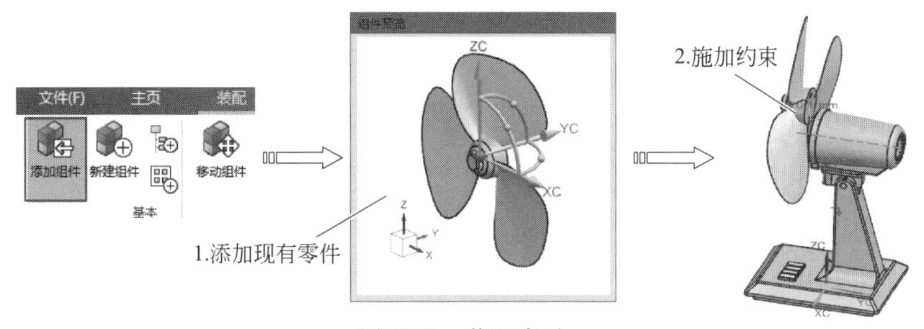

图 18-5　装配扇叶

(5) 装配风扇罩零件

首先选择【添加组件】将一字螺母零件加载到装配体文件，然后利用移动组件调整好零件位置，最后对该零件施加约束，如图 18-6 所示。

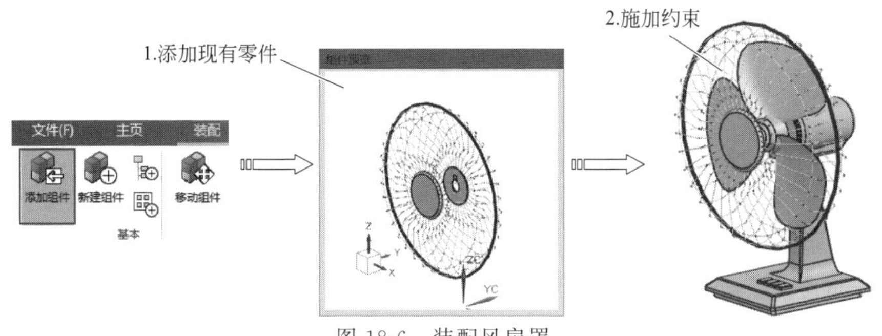

图 18-6　装配风扇罩

18.1.2 落地风扇装配操作过程

操作过程

操作视频

18.2 综合实例 2——平口钳装配体设计

本节以平口钳装配为例，详解产品装配设计过程和应用技巧。平口钳结构如图 18-22 所示。

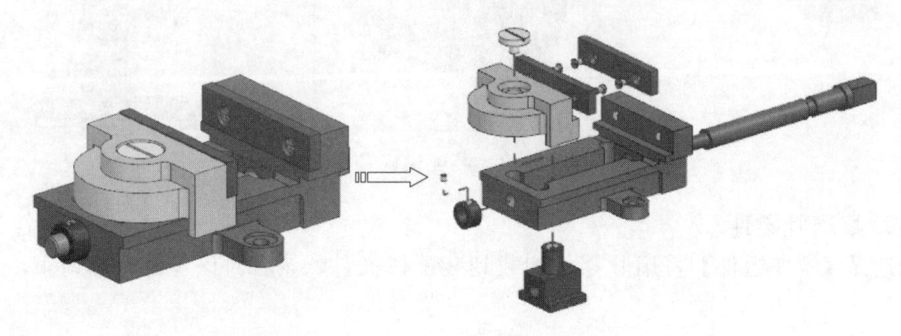

图 18-22　平口钳结构

18.2.1 平口钳装配设计思路分析

首先根据实体造型、曲面造型等方法创建装配零件模型，然后添加组件到装配体，最后利用装配约束方法施加约束，完成装配结构。

(1) 创建装配体

单击【主页】选项卡上的【新建】按钮，弹出【新建】对话框，选择【装配】模板进入装配模块，如图 18-23 所示。

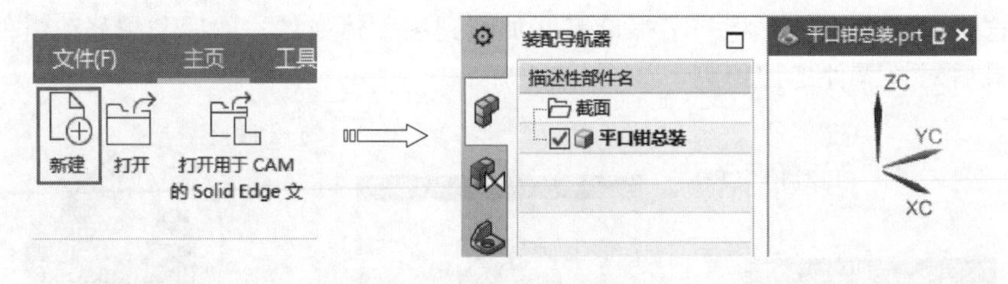

图 18-23　创建装配体文件

(2) 装配钳座零件

首先选择【添加组件】将轴承座零件加载到装配体文件，然后对该零件施加约束，如图 18-24 所示。

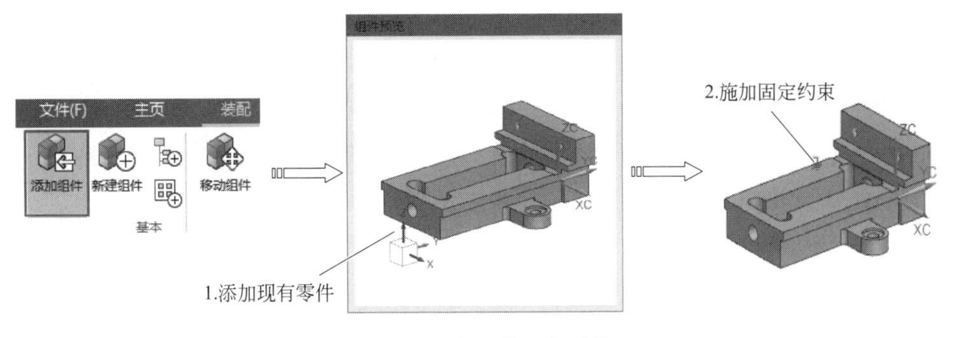

图 18-24　装配第一个零件

(3) 装配活动钳口零件

首先选择【添加组件】将活动钳口零件加载到装配体文件，然后对该零件施加约束，如图 18-25 所示。

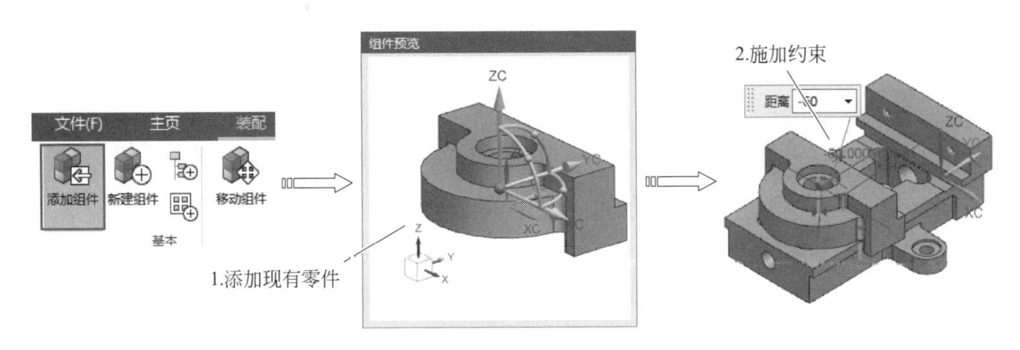

图 18-25　装配活动钳口

(4) 装配方形螺母零件

首先选择【添加组件】将方形螺母零件加载到装配体文件，然后对该零件施加约束，如图 18-26 所示。

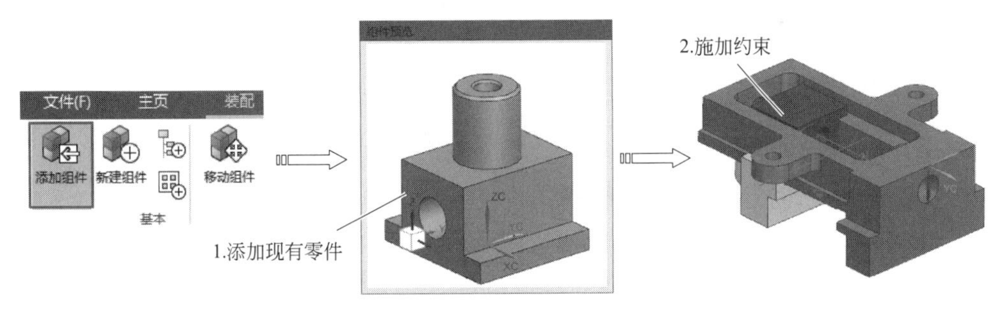

图 18-26　装配方形螺母

(5) 装配一字螺母零件

首先选择【添加组件】将一字螺母零件加载到装配体文件，然后利用移动组件调整好零件位置，最后对该零件施加约束，如图 18-27 所示。

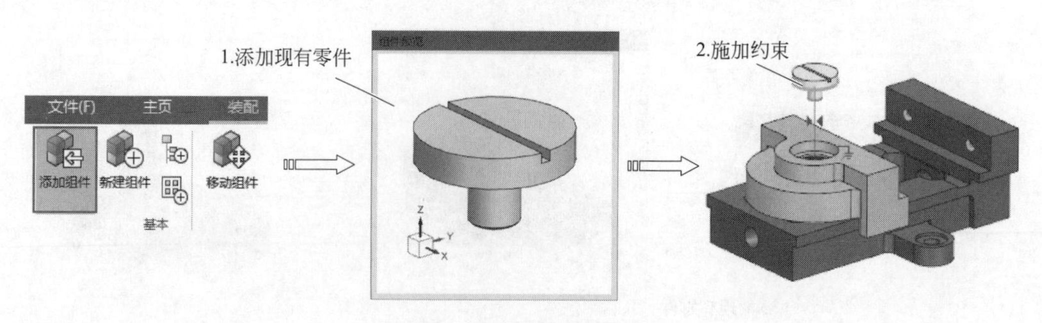

图 18-27　装配一字螺母

（6）装配丝杠零件

首先选择【添加组件】将丝杠零件加载到装配体文件，然后对该零件施加约束，如图 18-28 所示。

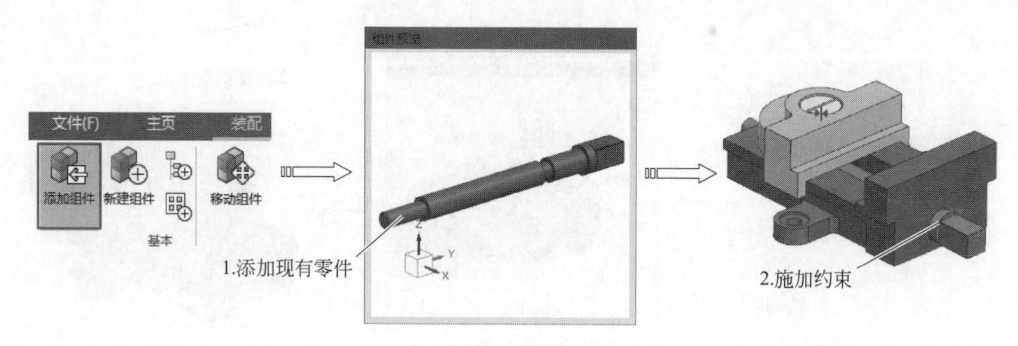

图 18-28　装配丝杠

（7）装配钳口板零件

首先选择【添加组件】将钳口板零件加载到装配体文件，然后对该零件施加约束，如图 18-29 所示。

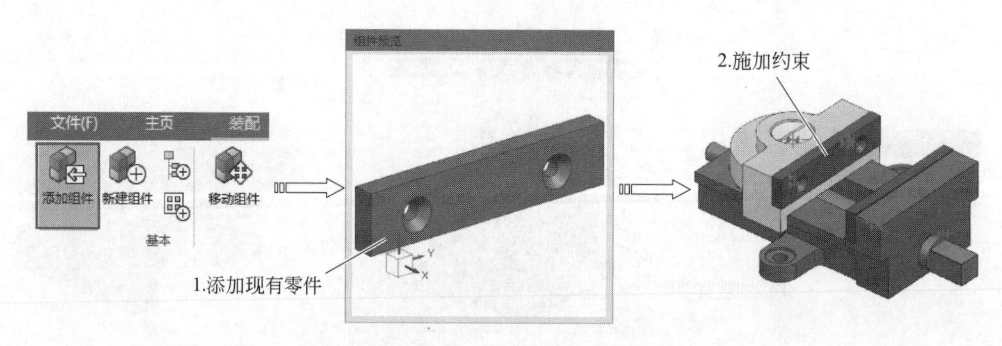

图 18-29　装配钳口板

（8）装配钳口板零件

首先选择【添加组件】将固定套零件加载到装配体文件，然后对该零件施加约束，如图 18-30 所示。

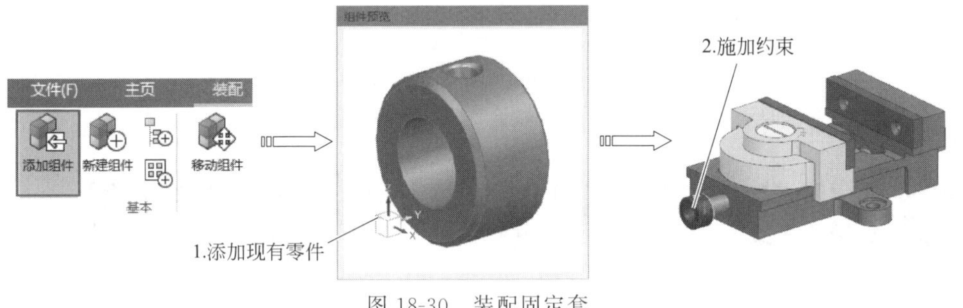

图 18-30　装配固定套

18.2.2　平口钳装配操作过程

操作过程

操作视频

第19章 UG NX工程图设计典型案例

本章通过实例来讲解 UG NX 工程图绘制基本知识的综合应用。读者通过对典型零件的工程图的绘制，可掌握工程图相关知识在实际产品中的具体应用方法和过程。

本章内容

- 支架零件工程图
- 阀盖零件工程图

19.1 支架零件工程图

本节以一个支架为例，介绍 UG NX 工程图设计的创建方法和过程，如图 19-1 所示。

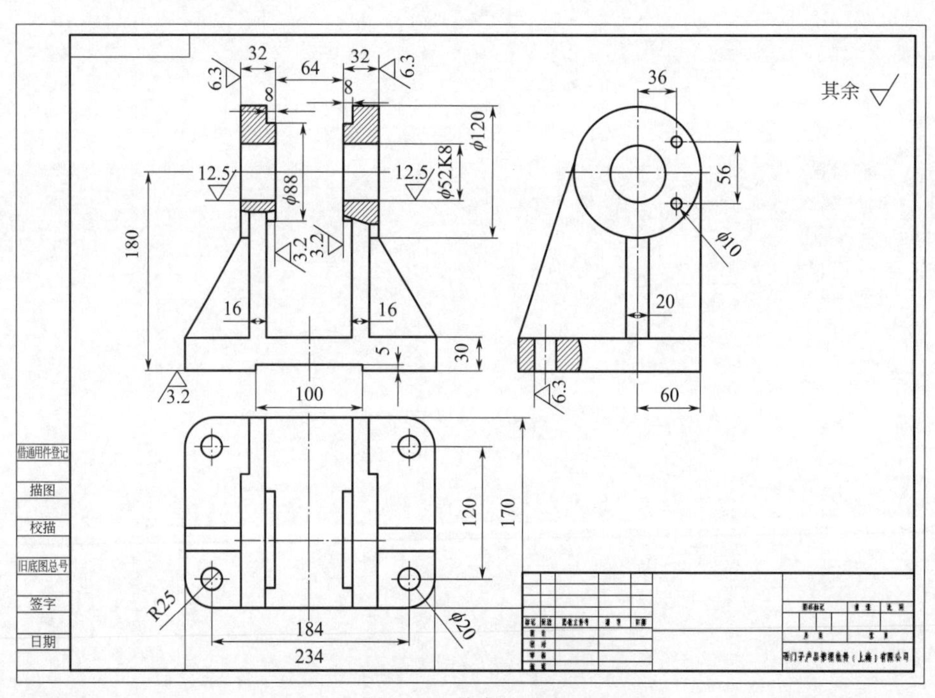

图 19-1 支架工程图

19.1.1 支架工程图设计分析思路

(1) 结构分析

支架类零件的内外形均较复杂，主要结构是由均匀的薄壁围成不同形状的空腔，空腔壁上还有多方向的孔，以达到容纳和支撑的作用。另外，有些支架还具有强肋、凸台、凹坑、铸造圆角、拔模斜度等常见结构。

(2) 表达方法

支架类零件一般经多种工序加工而成，因而主视图主要根据形状特征和工作位置确定。由于零件结构较复杂，常需三个以上的图形，并广泛应用各种方法来表达。

(3) 尺寸标注

支架类零件的长、宽、高方向的主要基准是大孔的轴线、中心线、对称平面或较大的加工面；较复杂的零件定位尺寸较多，各孔轴线或中心线间的距离要直接注出；内外结构形状尺寸应分开标注。

(4) 技术要求

根据支架类零件的具体要求确定其表面粗糙度和尺寸精度。一般对重要的轴线、重要的端面、结合面等应有形位公差的要求。

19.1.2 支座工程图绘制过程

操作过程

操作视频

19.2 阀盖零件工程图

本节以一个阀盖架为例，介绍 UG NX 工程图设计的创建方法和过程，如图 19-34 所示。

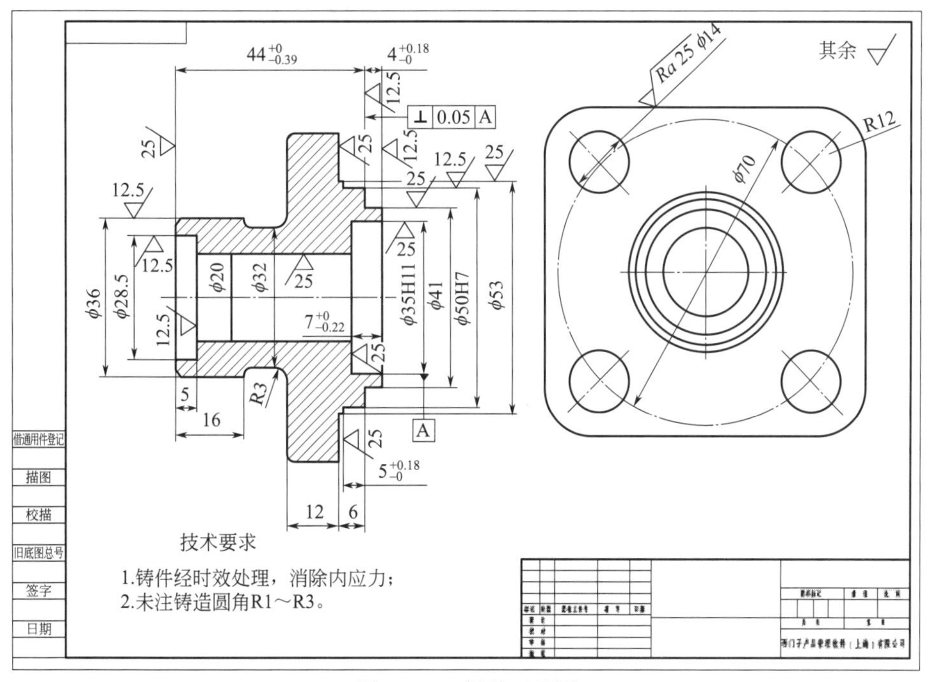

图 19-34 阀盖工程图

19

19.2.1 阀盖工程图设计分析思路

(1) 结构分析

阀盖类零件主体由共轴回转体组成，一般轴向尺寸较小、径向尺寸较大，其上常有凸台、凹坑、螺孔、销孔、轮辐等局部结构。

(2) 工程图表达方法

阀盖类零件的毛坯有铸件或锻件，机械加工以车削为主，一般需要两个以上基本视图：

• 主视图：按照加工位置原则，轴向水平放置，采用剖视图表达零件内部特征。视图具有对称面时，可作半剖视；无对称面时，可作全剖或局部剖视。

• 左（右）视图：表达外形，反映孔、槽、筋板等结构分布，需要注意的是轮辐和肋板的规定画法。

(3) 尺寸标注

阀盖类零件的尺寸一般为两大类：轴向尺寸及径向尺寸。径向尺寸的主要基准是回转轴线，轴向尺寸的主要基准是重要的端面。

定形和定位尺寸都较明显，尤其是在圆周上分布的小孔的定位圆直径是这类零件的典型定位尺寸，多个小孔一般采用如“4-ϕ18 均布”的形式标注，均布即等分圆周，角度定位尺寸就不必标注了。内外结构形状尺寸应分开标注。

(4) 技术要求

配合要求或用于轴向定位的表面，其表面粗糙度和尺寸精度要求较高，端面与轴心线之间常有形位公差要求。

19.2.2 阀盖工程图绘制过程

操作过程

操作视频

第20章 UG NX注塑模具设计典型案例

Moldwizard 是 UG NX 注塑模具设计模块。本章通过 2 个典型实例来介绍多腔模和多件模设计方法与步骤。希望通过本章的学习，读者可轻松掌握 NX 注塑模具功能的基本应用。

本章内容

- 游戏手柄模具设计
- 转盘多件模具设计

20.1 综合实例 1——游戏手柄模具设计

本节以游戏手柄为例，对注塑模具设计相关知识进行综合性应用。游戏手柄结构如图 20-1 所示。

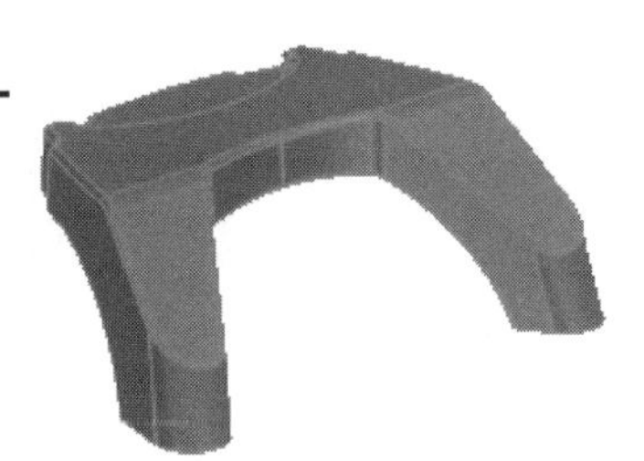

图 20-1 游戏手柄结构

20.1.1 游戏手柄模具设计思路分析

(1) 零件分析，拟定总体设计思路

游戏手柄分型线不在一个平面上，需要分段创建分型面，如图 20-2 所示。

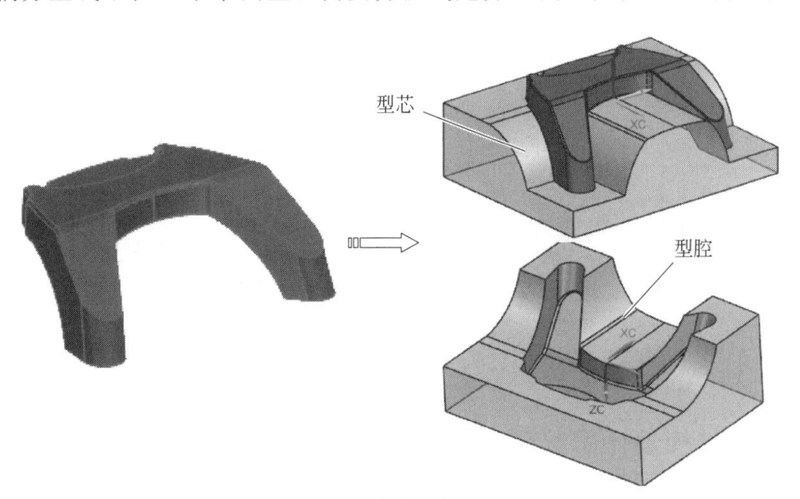

图 20-2 游戏手柄分型面

(2) 游戏手柄注塑模具设计过程

游戏手柄注塑模具设计过程为：加载产品→设置模具坐标系→定义成形工件→定义型腔布局→创建分型线→创建分型面→创建型芯和型腔，如图 20-3 所示。

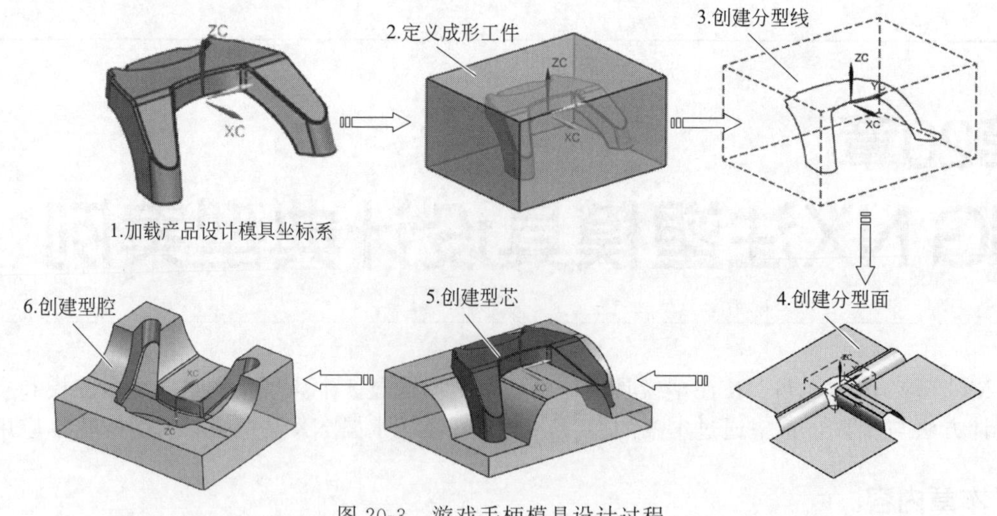

图 20-3　游戏手柄模具设计过程

20.1.2　游戏手柄模具设计操作过程

20.2　综合实例 2——转盘多件模具设计

本节以转盘为例，对曲面设计相关知识进行综合性应用。转盘产品模型如图 20-38 所示。

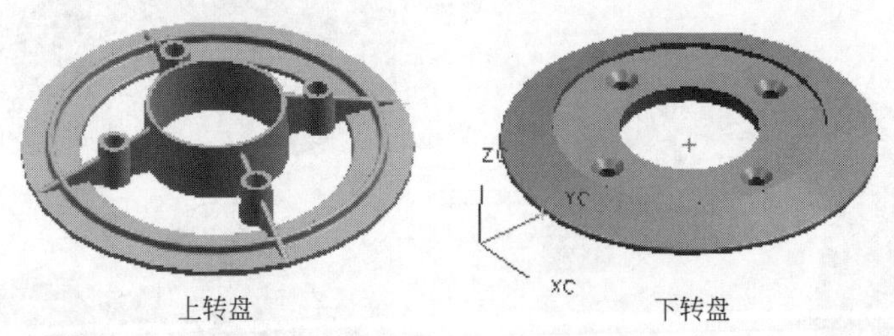

图 20-38　转盘产品模型

20.2.1　转盘多件模设计思路分析

（1）零件分析，拟定总体建模思路

转盘由上、下两部分组成，上转盘与下转盘产品的外形尺寸近似相等，使用时上转盘和下转盘装配在一起，模具结构如图 20-39 所示。

（2）转盘注塑模具设计过程

转盘注塑模具设计过程为：加载产品→设置模具坐标系→定义成形工件→定义型腔布局→创建分型线→创建分型面→创建型芯和型腔，如图 20-40 所示。

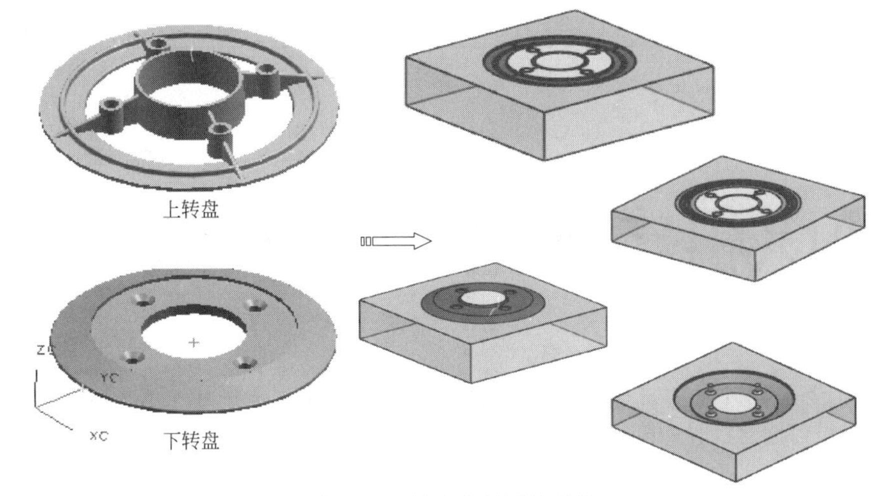

图 20-39　转盘产品模具结构

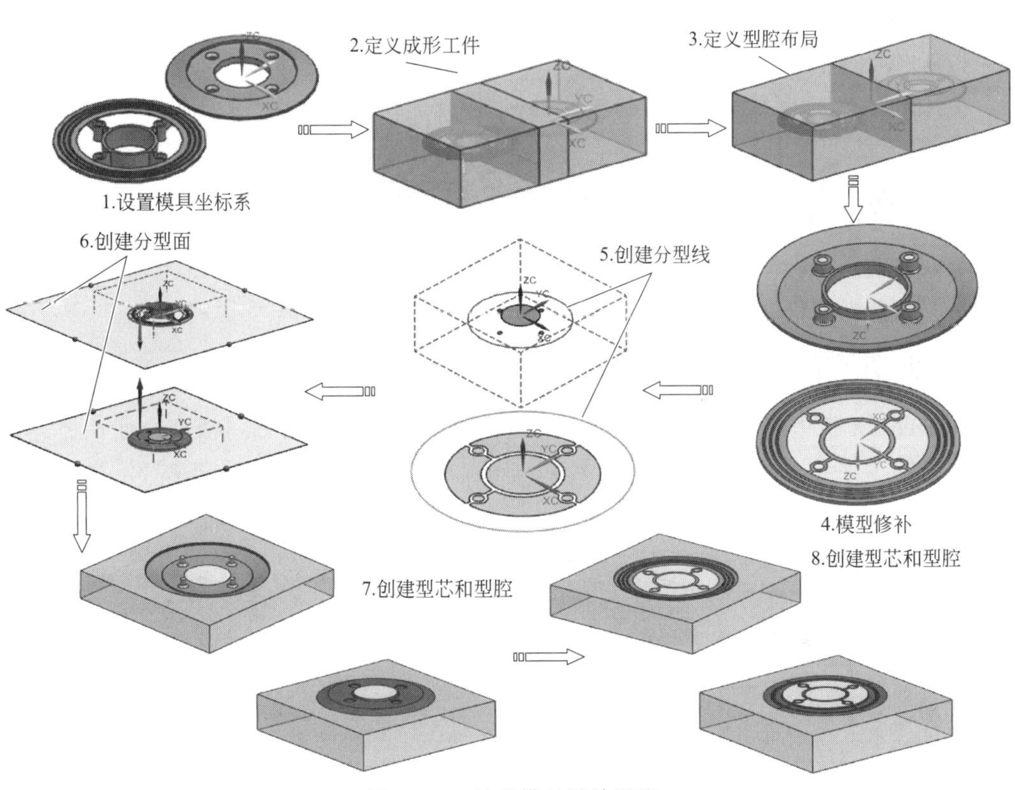

图 20-40　转盘模具设计过程

20.2.2　转盘多件模具设计操作过程

操作过程

操作视频

第21章 UG NX机电概念设计典型案例

MCD是基于功能开发的机电一体化概念设计解决方案，适用于机器的概念设计。借助MCD，设计人员可创建机电一体化模型，对包含多体物理场以及通常存在于机电一体化产品中的自动化相关行为的概念进行3D建模和仿真。本章通过2个实例来讲解机电概念设计的过程。

本章内容

- 曲柄活塞机构机电概念设计案例
- 机器臂分拣机电概念设计案例

21.1 曲柄活塞机构机电概念设计案例

本节以曲柄活塞机构为例介绍运动副的创建操作方法和步骤，活塞以30°/s的速度进行旋转，采用滑动副和铰链副进行运动仿真。曲柄活塞机构模型如图21-1所示。

21.1.1 曲柄活塞机构运动副设计思路分析

根据UG NX机电概念设计对曲柄活塞机构进行建模，然后创建活塞、曲柄、连杆刚体，赋予实体质量等参数，创建铰链副和滑动副，最后创建速度控制活塞以30°/s的速度进行旋转，如图21-2所示。

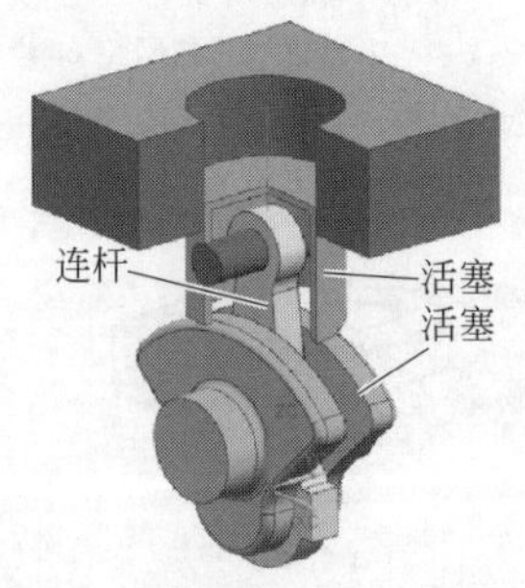

图21-1 曲柄活塞机构模型

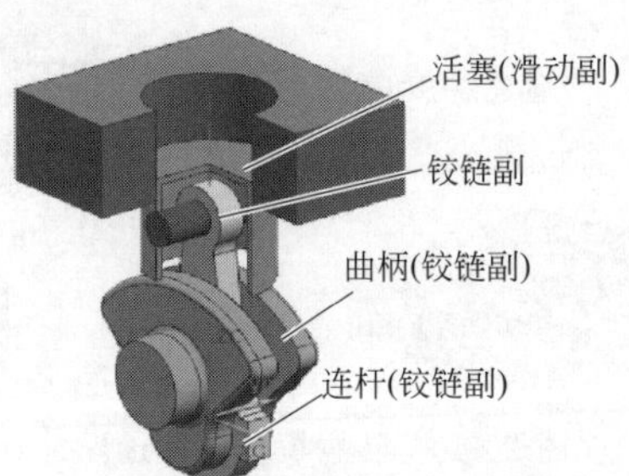

图21-2 曲柄活塞机构机电模型

21.1.2 曲柄活塞机构运动副操作过程

操作过程

操作视频

21.2 机器臂分拣机电概念设计案例

本节以机器臂分拣为例介绍基于时间仿真序列的创建操作方法和步骤，并进行运动仿真。机器臂分拣模型如图 21-14 所示。

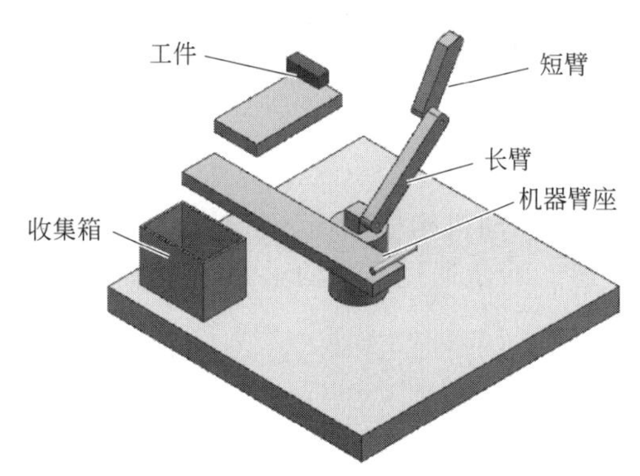

图 21-14 机器臂分拣模型

21.2.1 机器臂分拣仿真序列思路分析

根据 UG NX 机电概念设计对机器臂分拣机构进行建模，然后创建各个零件刚体，赋予实体质量等参数，创建铰链副和滑动副，创建传输面、速度控制和位置控制，最后创建仿真序列并仿真，如图 21-15 所示。

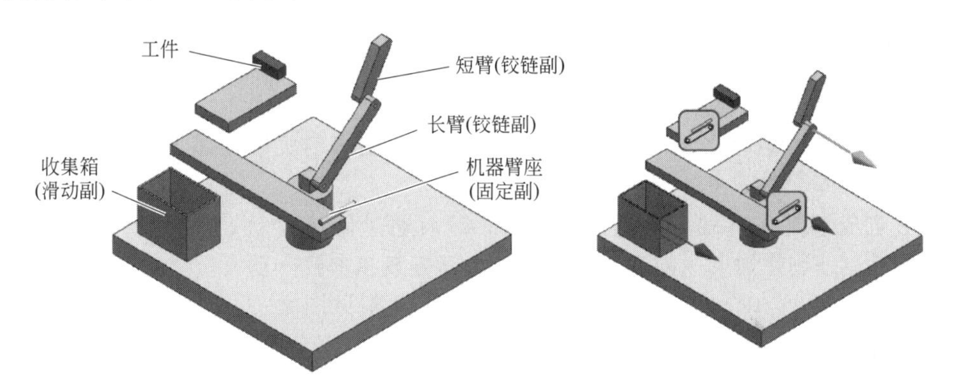

图 21-15 机器臂分拣机构机电模型

21.2.2 机器臂分拣仿真序列操作过程

操作过程

操作视频

第22章 UG NX运动仿真设计项目式案例

UG NX 运动仿真用于建立运动机构模型，分析其运动规律。本章以 2 个典型实例来介绍运动仿真设计的方法和步骤。希望通过本章的学习，读者可轻松掌握 UG NX 运动仿真功能的基本应用。

本章内容

- 电风扇运动仿真
- 探针运动仿真

22.1 电风扇运动仿真项目式设计案例

本节以一个简单的摇头电风扇运动为例，介绍 UG NX 运动仿真分析的创建方法和过程。摇头电风扇机构如图 22-1 所示。

22.1.1 电风扇运动仿真设计思路分析

摇头电风扇扇叶圆周旋转速度为 360°/s，马达在 120°范围内做左右简谐运动，马达座在 20°内做上下简谐运动，玻璃切割机模型需要创建 4 个运动体、3 个旋转副、1 个固定副。

首先在已有装配体基础上创建运动仿真，然后通过创建运动体→创建运动副→创建约束→创建驱动→创建计算方案和求解→动画仿真等步骤完成仿真分析。仿真时各运动体和运动副见图 22-2 所示。

图 22-1 摇头电风扇机构

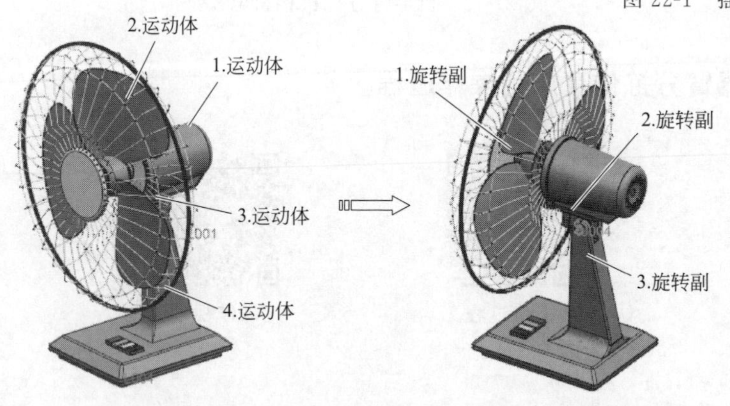

图 22-2 仿真时运动体和运动副

22.1.2 电风扇运动仿真设计操作过程

操作过程

操作视频

22.2 探针运动仿真项目式设计案例

本节以一个简单的探针运动为例，介绍 UG NX 运动仿真分析的创建方法和过程，探针水平移动速度为 3in/s。探针机构如图 22-26 所示。

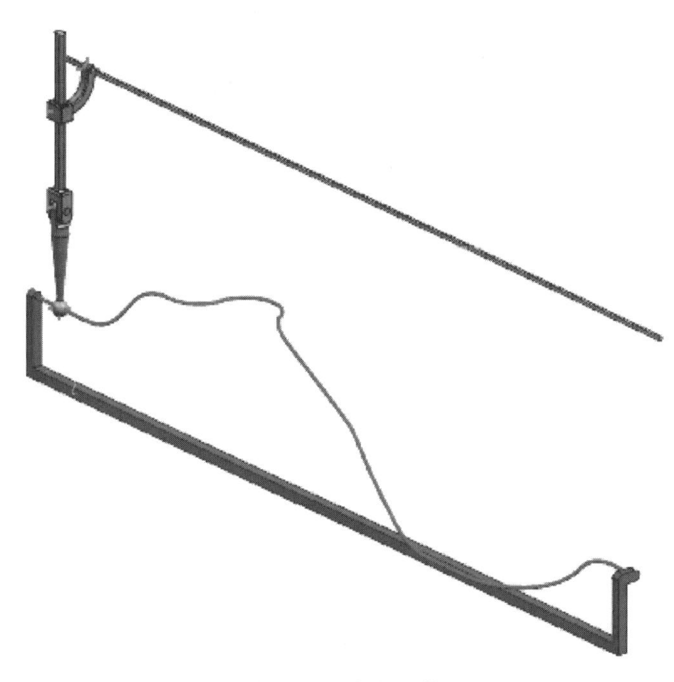

图 22-26 探针机构

22.2.1 探针运动仿真设计思路分析

探针支架沿着横梁直线运动，探针头沿着曲线移动，它是一个典型的多轴运动机构。探针机构模型需要创建 3 个运动体、2 个滑动副、1 个旋转副、1 个点在线上约束。

首先在已有装配体基础上创建运动仿真，然后通过创建运动体→创建运动副→创建约束→创建驱动→创建计算方案和求解→动画仿真等步骤完成仿真分析。仿真时各运动体和运动副见图 22-27 所示。

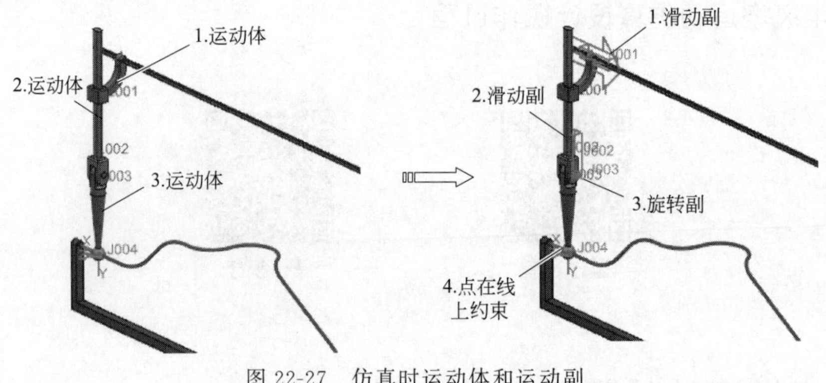

图 22-27　仿真时运动体和运动副

22.2.2　探针移动运动仿真设计操作过程

操作过程

操作视频

第23章 UG NX结构仿真分析典型案例

UG NX 结构仿真用于结构模型有限元分析，本章以 2 个典型实例来介绍结构仿真设计的方法和步骤。希望通过本章的学习，读者可轻松掌握 UG NX 结构仿真功能的基本应用。

本章内容

- 旋转光盘二维静力学分析
- 手工钳装配静力学分析

23.1 综合实例 1——旋转光盘二维静力学分析实例

本节以一个旋转光盘为例，介绍 UG NX 结构仿真分析的创建方法和过程。旋转光盘结构如图 23-1 所示。

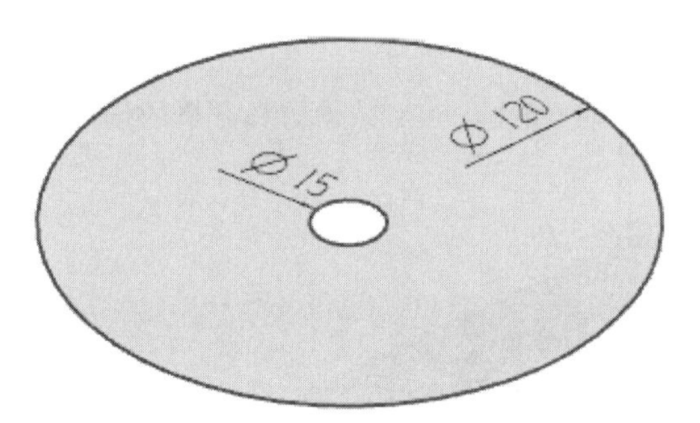

图 23-1　旋转光盘结构

23.1.1 旋转光盘二维静力学分析思路

如图 23-1 所示的标准光盘，置于 52 倍速的光驱中处于最大读取速度（约为 10000r/min)，外径 120mm，内径 15mm，厚度 1.2mm，求解其变形和冯氏（Von Mises）应力分布。旋转光盘材料性能属性如表 23-1 所示。

表 23-1　旋转光盘材料性能属性

牌号	密度 /(kg/m³)	弹性模量 /GPa	泊松比	屈服强度 /MPa	抗拉强度 /MPa
ABS	22000	16	0.28	20	—

旋转光盘结构仿真分析步骤为：创建或导入三维模型→创建仿真项目→理想化模型→创建网格→施加约束和载荷→求解→后处理等。仿真时的边界条件和结果如图 23-2 所示。

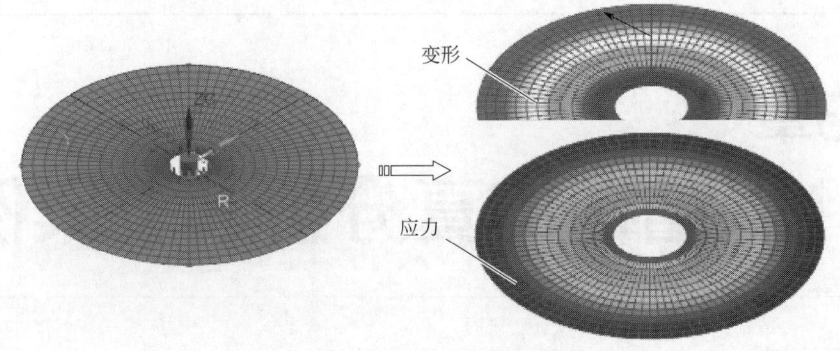

图 23-2　仿真时边界条件和结果

23.1.2　旋转光盘二维静力学分析操作过程

操作过程

操作视频

23.2　综合实例 2——手工钳装配静力学分析实例

本节以一个手工钳为例，介绍 UG NX 结构仿真分析的创建方法和过程。手工钳结构如图 23-42 所示。

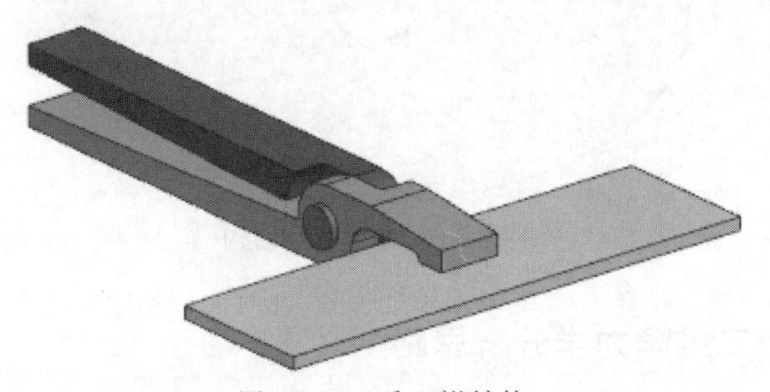

图 23-42　手工钳结构

23.2.1　手工钳装配静力学分析思路

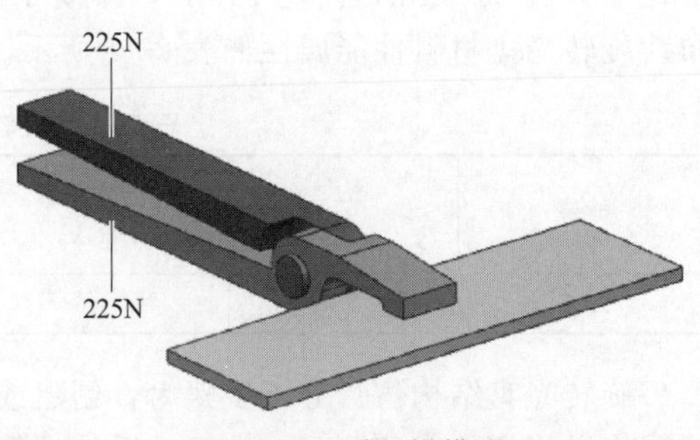

图 23-43　手工钳模型

手工钳具有两个相同的钳臂和一个销钉。钳身材料为 Q235，销钉为 45＃，计算当一个 225N 的压力作用在钳臂的末端，钳臂的应力分布，试分析强度是否满足要求，如图 23-43 所示。

手工钳装配仿真分析步骤为：创建或导入三维模型→创建仿真项目→理想化模型→创建

网格→施加约束和载荷→求解→后处理等。仿真时的边界条件和结果如图 23-44 所示。

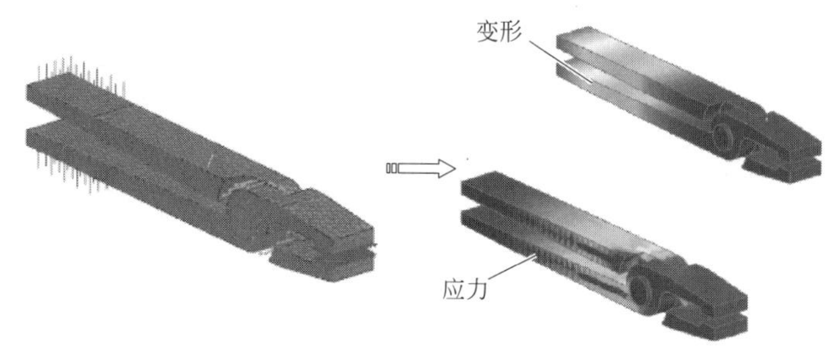

图 23-44 仿真时边界条件和结果

23.2.2 手工钳装配静力学分析操作过程

操作过程

操作视频